Materials and Design 3rd Edition

재료와 디자인

Michael Ashby · Kara Johnson 원저

권오양 · 이캐시연주 공역

ELSEVIER

북스힐

ISBN: 9780080982052
Translated Edition ISBN: 978-89-5526-995-6
Publication Date in Korea: 30 November 2015

Translated by Book's Hill Publishers Co., Inc.
Printed in Korea

머리말

이 책의 제3판은 저자인 Mike Ashby(MA)가 다년간 재료과학과 재료 선택의 원리와 응용에 대하여 가르치고 연구한 것과 그 이후에 Kara Johnson(KJ)이 여러 해 동안 디자이너들과 함께 디자인산업의 맥락에서 재료, 재료성, 제작에 관련된 아이디어들을 탐구한 것의 결실을 보여준다. 이 책에서는 이러한 아이디어들을 일반적으로 다루기도 하지만, 하나의 재료 또는 하나의 제조공정 또는 하나의 특별한 제품디자인에 특정화시켜 다루기도 한다. 독자들이 이번 제3판을 즐겁게 읽기를 기대하며 이 책이 현재는 물론 미래에도 소중한 참고서가 되기를 바란다.

제1판과 제2판의 성공에 힘입어 우리는 학생들과 선생님들, 그리고 디자이너들로부터의 인풋과 저자들 자신의 경험을 바탕으로 하여 이 책의 스토리텔링과 상세한 내역들을 한층 더 진화시키고자 제3판을 준비하였다. Swayspace 사의 Willy와 Patrick의 도움으로 표지 디자인에서 'Materials'와 'Design'이라는 단어가 보다 실감나게 통합되도록 재배치하였다. 단순히 재료와 디자인에 관한 하나의 관점을 보여주는 것뿐만 아니라 재료성과 제작의 역할 또한 도입하고 정의할 수 있도록 저자 중 한 명인 KJ가 최근 십 년 이상 쌓은 산업체 경험을 바탕으로 보다 많은 IDEO 사례를 포함시켰다. 지속가능성과 친환경 '녹색' 디자인에 관하여 제8장이 새로이 추가되었는데, 이는 MA의 최근 업적에 바탕을 둔 것이다. 참고자료인 재료 및 공정 프로파일 역시 생체고분자와 섬유를 포함하도록 확장되었으며, 쉽게 접근하고 영감을 떠올릴 수 있도록 여러 장의 새로운 사진들을 추가하였다.

현재 찾아볼 수 있는 다수의 재료선택 관련 책들 대부분은 재료의 특성과 디자인의 기술적 요구조건과 재료과학 사이의 부합에 초점을 두고 있다. 그런 일을 할 수 있는 방법들은 이미 잘 개발되어 있으며, 정교하게 다듬어진 소프트웨어(Granta Design, CES)에 의해 지원된다. 실제로 이러한 도구는 세계적으로 공과대학에서 재료선택 수업의 기본이 되었다. 그러나 이들 소프트웨어는 '재료의 예술'이라고 부를 수 있는 것, 즉 산

Mike Ashby가 추천하는 책 5권

1. 《*The Material of Invention*》, Manzini, E. (1989), ISBN: 0-85072-247-0. ('발명'에 있어서 재료의 역할에 관한 흥미로운 서술)
2. 《*Experiences in Visual Thinking*》, McKim, R.H. (1980), ISBN: 0-8185-0411-0. (창의적 사고와 디자인에 대해 매우 유익하게 읽을 만한 입문서)
3. 《*The Visual Display of Quantitative Information*》, Tufte, E.R. (1983), ISBN: 0-9613921-0-X. (정보를 표현하는, 그리고 잘못 표현하는 그래픽 방법들에 관해 경전과도 같은 책)
4. 《*Designing Pleasurable Products*》, Jordan, P.W. (2000), ISBN: 0-748-40844-4. (기능, 편의성, 즐거움과 같은 디자인 요구조건에 관한 논의)
5. 《*Design Everyday Things*》, Norman, D.A. (1998), ISBN: 0-385-26774-6. (친숙한 제품들의 디자인에 대한 통찰력을 제공하는 책)

Kara Johnson이 추천하는 책 5권

1. 《*Manufacturing Processes for Design Professionals*》, Thompson, R. (2007), ISBN: 978-0-500-51375-0. (공장 내부를 들여다 볼 수 있는 최선의 참고서)
2. 《*Ronan and Erwan Bouroullec (Works)*》, Bouroullec R&E and Koivu, A. (2012), ISBN: 978-0714862447. (Bouroullec 형제의 디자인 프로세스 및 실험에 관한 감동적인 기록)
3. 《*Haptic*》, Takeo Paper Show (2004), ISBN: 978-4022579317. (종이에 의해 영감을 얻고 종이로 만든 물건들의 컬렉션)
4. 《*Suke Suke, Fuwa Fuwa, Zawa Zawa*》, Nuno Corporation, www.nuno.com. (아름다운 직물을 극단적으로 처리한 것들의 컬렉션)
5. 《*I Miss My Pencil*》, Johnson, K. and Bone, M. (2009), ISBN: 978-0-8118-6075-8. (감각, 모던크래프트, 사랑, 숭배에 관한 일련의 실험들, 옮긴이 주: 모던크래프트는 현대의 디자인에서 볼 수 있는 획일화에 반대하여 일부 생활용품에 수공업의 장점을 도입하려는 경향을 말하며, 유리그릇이나 도자기의 디자인에서 많이 주창되고 있음)

업디자인에서 재료의 역할에 관해서는 종종 무시하거나 거의 관심을 두지 않는다. 이는 아마 공학이 기술적 관점에 치우치다보니 하나의 공식적인 과정으로서 기록되고 가르쳐질 수 있도록 구조화되고 해석적인 분야를 형성하였기 때문일 것이다. 디자인은 그처럼 쉽게 하나의 방법으로서 공식화될 수 없으며, 대신에 '시각적' 사고, 스케치와 모델링, 미학적 탐구와 인지, 행동과 스토리텔링에 의존한다.

이 책의 주제는 제품디자인에 있어서 재료 및 공정의 역할에 관한 것이다. 따라서 이 책은 MA에 의해 앞서 출간된 바 있고, 제품의 기술적 요구조건을 충족하는 재료 및 공정을 선택하는 방법을 제시한 책 《Materials Selection in Mechanical Design》(옮긴이 주: 한국어판은 《기계재료-설계를 위한 선택방법론》으로 출간되었다)의 내용을 보완해준다. 그와는 대조적으로, 여기서는 디자이너들이 필요로 하는 재료, 그들이 재료를 사용하는 방법, 그리고 그들이 그렇게 하는 이유를 중심으로 재료에 관한 광범위한 정보를 다루는 데 중점을 둔다. 이 책은 KJ에 의해 수년 전에 출간된 책 《I Miss My Pencil》보다 앞서 출판되었지만 동시에 그 책에서 다룬 몇 가지의 디자인 실험을 보완한다. 이들 디자인 실험은 디자이너들로 하여금 대상체와 재료성에 관해 감각, 기교, 사랑, 집착과 같은 범주 안에서의 스토리텔링 형태로 생각하는 것을 고취시킬 목적으로 계획되었다.

이 책은 두 종류의 독자, 즉 학생들과 실무 디자이너들을 예상하였다. 학생들에게는 그들이 이미 익숙한 용어와 개념을 사용하여 디자인에서 재료 및 공정의 역할에 대한 기초를 가르치는 것이 목적이다. 디자인 실무자들에게는 재료특성의 개요를 알려주면서 재료와 제조공정에 대한 간결한 참고문헌 정보를 제공하고자 했다. 이러한 목표를 위하여 이 책은 두 부분으로 나누어진다. 첫 부분은 재료성과 디자인의 혼합에 관한 아이디어들, 재료선택의 방법들, 그리고 그에 합당한 사례연구들을 제공하며, 두 번째 부분은 프로파일들로 채워진다. 공부하는 학생이든 일하는 디자이너이든 그 대상을 불문하고, 이 책은 디자인에 대해 더 많이 알고자 하는 재료과학자들과 재료에 대해 더 많이 알고자 하는 디자이너들을 위하여 집필되었다.

고맙게도 많은 동료들이 그들의 시간과 아이디어를 나누어 주었다. 특별히 다음의 분들로부터의 검토, 비판, 기여, 건설적인 제안에 대하여 감사드린다. 프랑스 그레노블대학교의 Prof. Yves Brechet, 영국 케임브리지대학교의 Dr. David Cebon, Dr. John Clarkson, Dr. Hugh Shercliff, Dr. Luc Salvo, Dr. Didier Landru, Dr. Amal Esawi, Dr. Ulrike Wegst, Ms. Veronique Lemercier, Mr. Christophe LeBacq, Mr. Alan Heaver, 네덜란드 델프트공대(TU Delft)의 Dr. Pieter-Jan Stappers, 덴마크공대(TU Denmark)의 Dr. Torben Lenau가 그들이다. 또한 한국 홍익대학교 IDTC의 김지훈과 IDEO의 Nicolas Zurcher에게는 제공받은 사진에 대하여, 미국 샌프란시스코 Surface Design 사의 Julie Christennsen에게는 그의 조언자 역할에 대하여 감사드린다. IDEO로부터 제공된 사례연구를 포함하였으며, 우리 저자들은 모두 디자인에 있어서 재료의 역할과 재료성을 정의하고 탐구할 수 있도록, 그리고 여러 가지를 만들고 아이디어를 창조하는 문화를 현실로서 드러낼 수 있도록, 계속하여 IDEO와 함께 일할 수 있는 기회가 제공되었음에 깊이 감사한다. 그러한 과정은 디자인 프로세스에서 본질적으로 끝없이 추구되는 경이로운 부분에 속한다. 우리는 또한 미국 뉴욕 Swayspace 사의 Willy Schwenzfeier와 Patrick Fenton에게 이 책의 디자인에 기여한 바에 대하여 특별히 감사하고자 한다. 다음 쪽에 열거된 여러 사람들과 기관들로부터 책에 포함된 이미지를 제공받거나, 그들의 제품 이미지나 사진을 사용할 수 있도록 허락을 받았으며, 이에 감사드린다.

2013년 4월, 저자 Mike Ashby와 Kara Johnson

도움을 준 기관들에 대한 감사

ALPA of Switzerland
Capaul & Weber
Neptunstrasse 96
PO Box 1858
CH-8032 Zurich
Switzerland

Antiques Collectors' Club
5 Church St
Woodbridge, Suffolk
UK

Apple Press
6 Blundell St
London N7 6BH
UK

Arnoldo Mondadori Editore S.p.A.
Milan
Italy

Bang and Olufsen, UK
630 Wharfdale Rd
Winnersh Triangle
Berkshire RG41 5TP
UK

Cynthia Nicole Gordon
4108 Eastern Ave North
Seattle, WA 98103
USA

Dyson
20 Shawfield St
London SW3 4BD
UK

Ergonomic Systems Inc.
5200 Overpass Rd
Santa Barbara, CA 93111
USA

Gisela Stromeyer
Architectural Design
165 Duane St #2B
New York, NY 10013
USA

Han Hansen
Admirilitatstrasse 71
Hamburg, 20459
Germany

IDEO
100 Forest Avenue
Palo Alto, CA 94301
USA

IDTC (International Design Trend Center)
#625, Hongmun R-dong, Hongik Univ. 7
2-1, Sangsu-dong, Mapo-ku, 121-791
Seoul, Korea

Chris Lefteri
University of the Arts London
1 Granary Square
King's Cross
London N1C 4AA
UK

MAS Design
Axis House, 77A
Imperial Rd
Windsor SL4 3RU
UK

Nokia Group
Keilalahdentie 4
FIN-02150, Espoo
Finland

Porsche Design GmbH
Flugplatzstrasse 29
A-5700 Zell am See
Germany

Sony Corp.
6-7-35 Kitashinagawa
Shinagawa-Kei
Tokyo
Japan

Vectra
1800 S. Great Southwest Parkway
Grand Prairie, TX 75051
USA

Vitra Management AG
Klunenfeldstrasse 22
CH-4127 Birsfelden
Switzerland

Yamaha Corporation
10-1, Nakazawa-cho
Shizuoka Pref., Hamamatsu 4308650
Japan

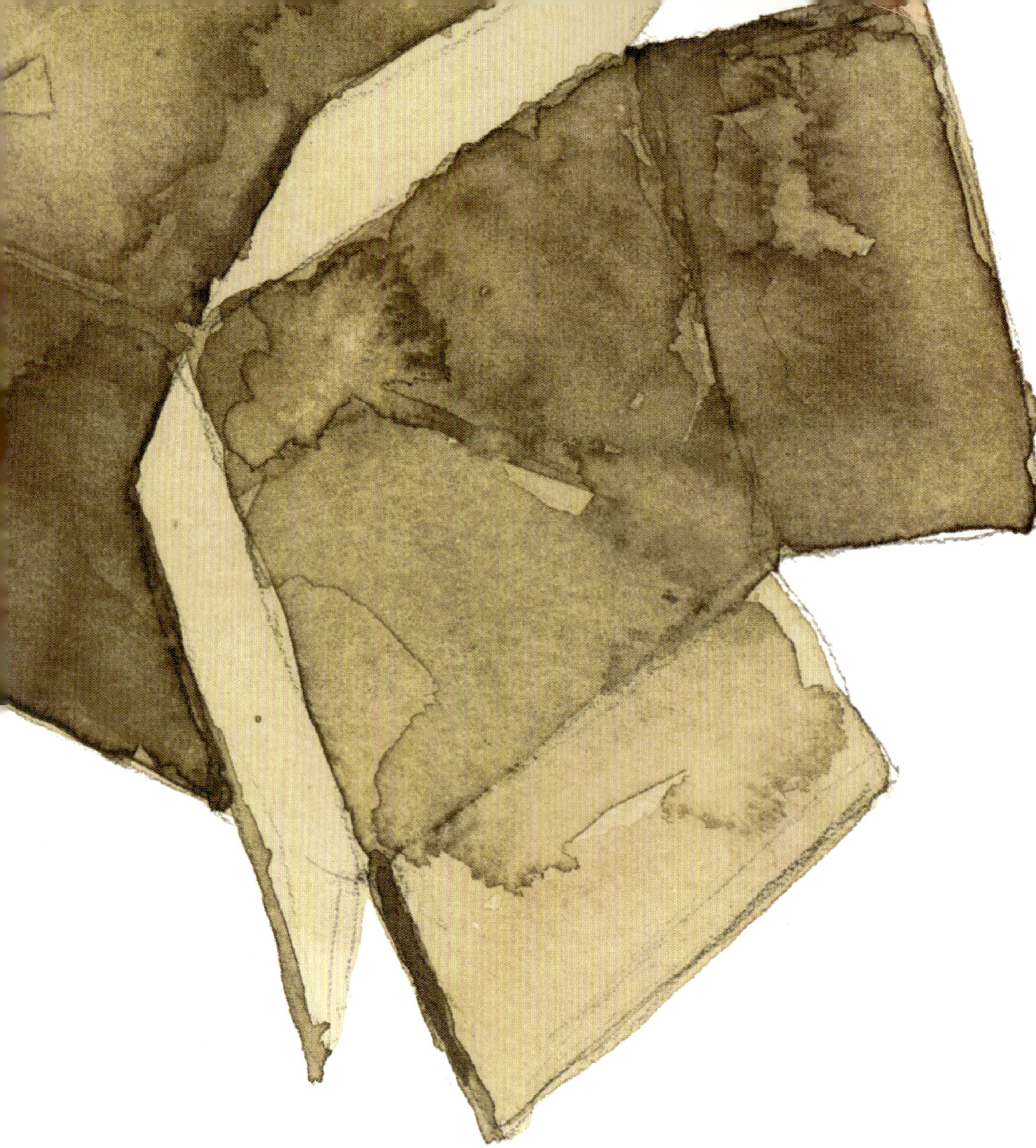

목 차

10개의 장

부록

영감을 위한 실용적인 참고자료

이 책은 재료와 디자인의 연관성에 대해서 깊이 있게 알아보는 10개의 장으로 구성되어 있다. 재료와 제조공정(materials and manufacturing, M & M)을 이해하는 것은 디자인 프로세스를 이해하는 데 가장 핵심이다. 이 책에서 의도하는 바는 M & M에 관련된 정보와 지식의 기초를 확립하는 것 그리고 디자인이라는 큰 흐름 속에서 M & M을 적극적으로 활용하는 방법을 알리기 위함이다. 이 책은 재료에 대해 더 많이 알고자 하는 디자이너들을 위한, 그리고 디자인에 대해 더 많이 알고자 하는 재료과학자들을 위한 실용적인 안내서이다.

학생들과 디자인 실무자들의 이해를 돕기 위해, 부록에는 기술적인 정보를 담은 더욱 상세한 맵들이 참고자료로 포함되었고, 각 장의 내용과 관련된 연습문제가 포함되어 있다. 이 책의 끝부분에 다다르기 이전에, 책의 첫머리부터 시작해보자. 첫 번째 장은 도입부로서, 서사인 Mike와 Kara가 재료와 디자인에 대한 각자의 관점을 이야기한다.

Chapter 1

들어가며

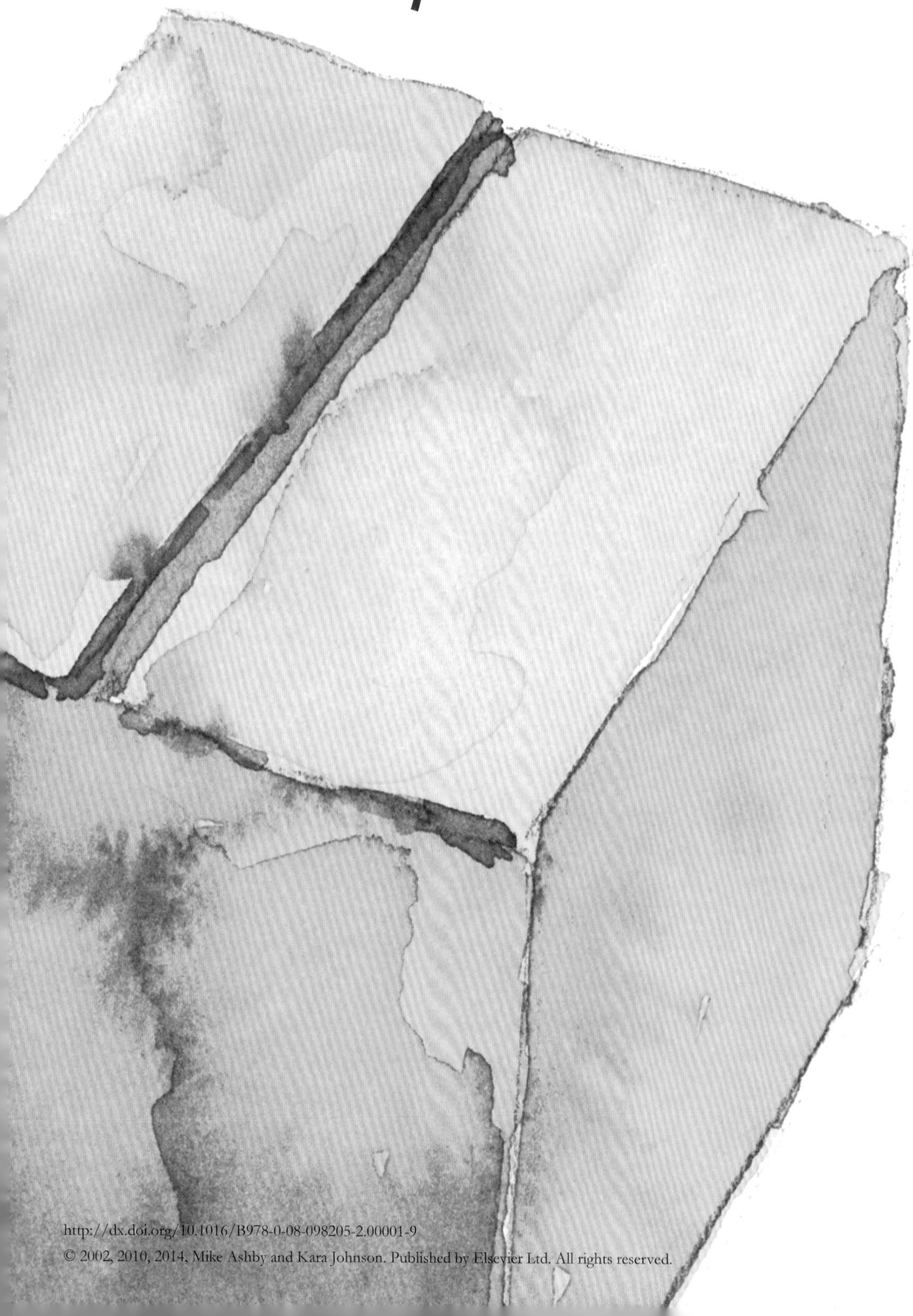

http://dx.doi.org/10.1016/B978-0-08-098205-2.00001-9

우리는 재료의 세상에 살고 있다. 우리가 보고 만지는 것에 실체를 부여해주는 것이 재료이다. 우리 인류(호모사피엔스)는 디자인할 수 있는 능력(재료를 가지고 물건을 만들어 내는 것)을 통해, 그리고 물체의 내면을 꿰뚫어 볼 수 있는 능력을 가졌다는 점에서 다른 종들과 뚜렷한 차이를 보인다. 물체는 의미를 가질 수 있고, 연상을 수반할 수 있으며, 더욱 추상적인 아이디어의 상징이 될 수도 있다. 디자인된 물건은 실용적일 뿐만 아니라 상징적이며, 그 어떤 기록된 언어보다도 먼저 존재했다. 이러한 물건들은 문화적인 사회와 상징적 추론을 증명해주는 가장 오래된 흔적이다.

이러한 물건들 중 어떤 것들은 기능성을 최우선적인 목적으로 한다. 물레방아, 증기기관, 가스터빈과 같은 것들이 그러하다. 다른 것들은 순전히 상징성이나 장식을 목적으로 하기도 하였다. 라스코(Lascaux) 동굴벽화, 페루(Peru)의 나무가면, 아티카(Attica)의 대리석 조각상을 예로 들 수 있다. 그러나 더욱 중요한 것은, 기능성과 상징성을 동시에 추구하는 디자인들이 존재한다는 것이다. 그 두 가지의 조합은 아마 건축 분야에서 가장 뚜렷하게 나타날 것이다. 수천 년 동안 위대한 건축가들은 실용성을 추구함과 동시에 그들의 문화적 비전이나 위상, 고객의 요구를 함께 반영한 건축물들을 창조해 왔다. 로마의 콜로세움, 뉴욕의 엠파이어스테이트 빌딩, 파리의 퐁피두센터는 모두 기술과 미학적 요소를 조화시킨 예로 볼 수 있다.

그림 1.1 보기 좋은 장식과 실용적인 기능의 조합
미국 매사추세츠 주 케임브리지의 MIT Stata Center. (사진 제공: MIT 건축학과의 John Fernandez 교수)

그림 1.2 보기 좋은 장식과 실용적인 기능의 조합

Colt 권총의 예.

이보다 작은 스케일인 제품디자인 분야에서도 디자이너들은 실용성과 함께 감성적인 즐거움을 만족시킬 수 있도록 기술적 요소와 미학적 요소를 조화시키고자 한다. 예를 들어 웨지우드(Wedgewood) 도자기, 티파니(Tiffany) 채색유리, 치펜데일(Chippendale) 가구를 생각해보라. 이러한 물건들은 처음에 기능적인 목적을 위해 제작되고 판매되었지만, 오늘날까지 귀중품으로 대접받고 살아남은 데에는 기능적 요소만큼이나 미적 가치를 지닌다고 판단하기 때문이다. 다음과 같은 것들을 생각해보자. 악기 중에서 상감무늬가 들어간 바이올린이나 하프시코드, 전쟁무기 중에서 장식된 방패나 세공된 총들, 그리고 금박을 입힌 펜이나 문서들을 생각해보라. 이것들은 모두 만든 사람의 상상력을 나타내는 수단인 동시에 실용성과 즐거움을 주는 물건을 창조하고자 한 제작자의 갈망을 드러내고 있는 제품이다(그림 1.1과 1.2).

재료와 디자인에 있어서, 예술적 요소와 과학적 요소를 겸비하는 것은 필수적이다. 재료는 데이터시트에 나타낼 수 있는 단순한 숫자가 아니다. 그리고 디자인은 무의미한 스타일링이 아니며 독립된 기술적 탐색도 아니다. 중요한 것은 사람들에게 의미가 있는 해결책을 찾아가는 과정이며, 이를 통해 우리들의 일상과 사회에 새로운 경험과 영감을 심어주는 것이다. 오늘날 사람들은 지속가능하고 애착이 가는 제품을 찾고 있고, 이러한 제품을 창조해내는 것은 디자이너의 몫이다. 우리는 소비주의에 의해 움직이는 산업사회에서 더 발전하여 재료성(materiality)과 효율성을 인정하고 존중하는 사회를 만들어야 할 필요가 있다. 재료성을 알기 위해서는 그 제품을 생산하는 공장의 장인들을 만나 볼 필요가 있다. 재료의 효율적인 사용에 대한 결정을 내릴 때에는, 재료에 대한 기초적인 기술적 지식과 생산과정에 대한 이해가 필요하다. 재료성과 효율성을 조합함으로써, 디자이너는 창의적이면서 최적화된 현실적인 아이디어를 제품으로 창조해낼 수 있다. 그렇게 구현된 아이디어가 시장에 등장하게 될 것이다.

소비자들은 좋아하기 때문에, 심지어 사랑하기 때문에 그 물건을 산다. 하나의 제품이 시장에서 성공하기 위해서는 당연히 제대로 작동해야 하지만, 그것만으로는 부족하다. 사람들이 쉽고 편리하게 사용할 수 있으면서 그들을 만족시키고, 그들에게 영감을 불러일으키면서 즐거움을 주는 개성 있는 제품이어야 한다(그림 1.3). 마지막 항목인 개성의 경우, 제품의 산업디자인에 의해 커다란 영향을 받는다. 기술적으로 동등한 제품들이 경쟁할 때, 시장점유율은 그 제품의 시각적 및 촉각적인 매력, 감각 혹은 감성과의 연결, 제품이 주는 연상 작용, 제품이 인지되는 방식과 제품이 주는 경험이 어떠한 것인지에 따라 좌우된다. 오늘날의 소비자들은 그들이 구매하는 모든 제품의 기능성뿐만 아니라 그것이 주는 즐거움까지도 기대한다. 이를 창조하는 것이 디자인의 가장 중요한 역할이다.

그림 1.3 기능, 용도, 개성
자전거는 제대로 작동해야 하고(바퀴, 체인, 기어), 용도를 위한 디자인이어야 하며(사람이나 짐을 한 장소에서 다른 장소로 이동), 소유자에게 어울리는 개성을 가져야 한다. (프레임과 핸들의 테이프)

재료의 진보는 기술적 디자인(technical design, 옮긴이 주: 보통 '공학설계' 또는 '설계'라 부르며, 여기서도 공학설계로 옮김)에서와 마찬가지로 산업디자인의 진보를 가져왔다. 이러한 진보에 의해 새로운 행동방식과 새로운 경험, 그리고 새로운 건축양식이 나타난다(그림 1.4).

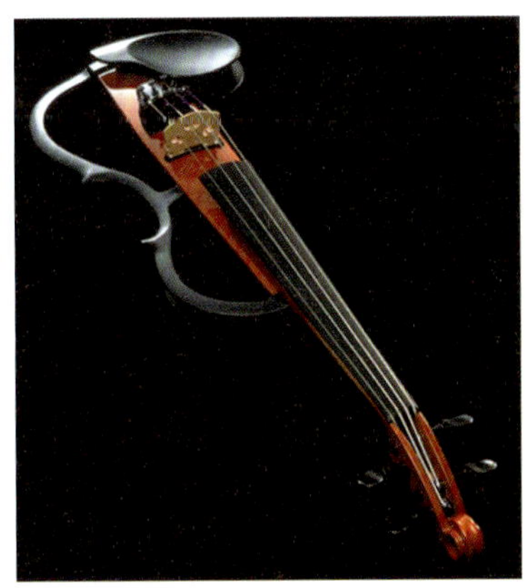

그림 1.4 가상적인 바이올린
바이올린의 형태는 그것의 개성을 나타내는 핵심적인 요소이다. 이 전자바이올린의 유령과 같은 형태는 바이올린 본연의 특성에 연결됨과 동시에 변질된 개성도 암시한다. (사진 제공: Yamaha Corp.)

여기서 특별히 정의가 필요한 한 단어가 있다. '영감'(inspiration)은 창의적 사고를 촉진시키는 능력이다. 새로운 재료 및 공정의 발전은 제품디자인에 있어서 참신한 시각적, 촉각적, 조형적, 공간적 해결방안을 제시함으로써 제품디자이너들에게 창의적 사고를 가능하게 한다. 최근의 예로, 고분자에 색을 넣고 몰딩하여 밝고 반투명한 형상을 만들어내는 능력, 탄성중합체(elastomer)의 동시몰딩으로 부드러운 촉감의 표면을 얻는 기술, 질감을 가진 강화유리로 투명한 벽과 마루를 만들어내는 기술, 빛을 반사하고 굴절시키며 분산시킬 수 있는 코팅을 입히는 표면처리 기술, 탄소섬유강화 복합재료를 사용하여 눈에 띄게 날씬하고 섬세한 구조를 가능하게 하는 기술 등 수없이 많은 예가 있다. 이와 같은 사례에서는 재료와 공정에 창의적으로 접근함으로써 혁신적인 제품을 탄생시킬 영감을 얻을 수 있었다.

그러므로 재료는 제품에 기술적인 기능성을 부여하는 것과 제품이 개성을 가질 수 있도록 해주는 두 가지 역할을 한다고 볼 수 있다. 이 시점에서 뚜렷한 불균형이 보이게 된다. 공학설계자들은 그들이 필요로 하는 정보를 핸드북이나, 재료선택 소프트웨어, 재료공급자의 자문 등을 통해 손쉽게 얻을 수 있고, 안전하고 경제적인 설계를 위한 해석 및 최적화 소프트웨어도 활용할 수 있다. 반면에 산업디자이너들은 일반적으로 문서나 자문을 받아 정보를 얻는 데에 있어서 공학설계자들과 동등한 지원을 받지 못해 어려움을 느낀다. 대학교육에서도 이와 마찬가지로 불균형의 문제가 발생한다. 재료과학과 공학적 응용을 가르치는 교육은 체계화된 시스템이 있어, 관련된 많은 서적과 소프트웨어, 학술지와 학술회의 등을 통해 정보를 얻을 수 있다. 반면, 산업디자인에서의 재료에 대한 교육은 그와 비슷한 수준의 지원을 기대하기 어렵다.

정보와 방법론적인 부분에 있어서 이러한 괴리를 해소하는 것은 간단하지 않다. 엔지니어들이 사용하는 전문용어들은 산업디자이너들이 사용하는 일상적인 단어가 아니며, 실제로 디자이너들에게는 무의미한 것들일지도 모른다. 거꾸로 산업디자이너들이 아이디어를 표현하고 재료에 대해 묘사하는 방식은 엔지니어들에게는 어리둥절할 정도로 애매하고 정성적인 것으로 보일 수 있다. 이러한 괴리를 좁히는 첫 걸음은, 각 그룹이 각각의 재료와 정보의 특징을 어떻게 사용하는지를 파악하는 것이다. 둘째로는 두 가닥의 서로 다른 생각을 하나의 통합된 직물로 엮는 그들만의 방법과 도구에 대해 연구하는 것이다. 그 두 가지가 바로 이 책에서 다루고자 하는 내용이다.

Kara Johnson: 10년 이상 디자인산업에서 일하고 난 뒤, 재료가 어떻게 디자인 프로세스의 일부가 되는가 하는 문제에 있어 재료와 재료성에 두었던 나의 시각이 실험과정과 스토리텔링으로 옮겨갔다. 처음 몇 년 동안 나는 어떻게 하면 디자이너들이 새로운 재료를 사용하고 또 기존 재료를 새로운 방식으로 사용하게끔 할 것인지에 집중하였다.

우리가 디자인한 제품의 시작 과정부터 끝나는 과정에 이르기까지, 초반에는 영감을 생각했고 그 다음에는 재료선택에 집중하여 진행했다. 또한 함께 일했던 모든 관련 산업에 걸쳐서 광범위한 재료들(고분자, 금속, 세라믹, 천연재료)과 그만큼 광범위한 제조공정들을 고려해야만 했다. 이와 같은 재료들과 공정들에 관해서는 실무 디자이너들이 참고할 수 있도록 후빈부에 별도의 참고자료로 포함시켰다. 거기에 포함된 자료의 수준은 디자이너가 스스로 속도를 내고, 무언가를 시작할 수 있고, 더 많은 질문을 할 자세가 되며, 스스로 배우고 동시에 자신과 남들에세 영감을 줄 수 있도록 설정되었다. 당신의 물건을 만들 공장이나 납품업체, 고객을 포함하여 당신의 디자인팀과 나눌 수 있는 올바른 대화는 당신의 특정한 디자인 과제에서 최선의 해결책을 찾아낼 수 있는 지름길이다.

그 다음 몇 년간 디자이너로서 일하면서 재료가 브랜드와 비즈니스 전략에 있어서 어떠한 역할을 할 수 있는지, 즉 제품과 사람을 연결해 주는 데 있어서 재료의 역할에 대해, 그리고 사물의 재료성이 감성과 물리적 요소를 어떻게 연결해줄 수 있는지에 대해 연구하기 시작하였다. 우리가 고려한 재료들은 제품에서 시작하여 공간, 디지털 경험이나 서비스 경험까지 광범위하였다. 재료성이란 다음과 같은 것들을 포함하는 하나의 아이디어이다. 몰딩된 펠트로 만들어진 붙박이 힌지, 발포확장된 폴리스타이렌 포장재의 구조, 금문교에 칠해진 녹슨 색의 초벌(primer) 페인트, 구리나 다른 금속 표면의 녹청(patina), 픽셀(pixel)의 질감과 패턴, 런던 길거리의 니트(knit) 낙서, 그리고 몰딩된 바이오플라스틱의 달콤한 냄새와 같은 것들이 그것이다. 산업에서 우리는 이러한 아이디어들을 현실적인 방식으로 구현한 사례들을 찾아볼 수 있다. 나이키의 첫 편물 신발과 맨발 조깅에 맞추어 섬세하게 몰딩된 EVA 부품, BMW가 만들어낸 금속을 대신하여 직물로 표면을 감싼 시제품 자동차 'Gina'와 불타오르는 듯한 표면, 아이폰의 절대 깨지지 않는 Gorilla Glass™, iTunes 소프트웨어 초판 발매 당시의 브러쉬 처리된 금속성 디지털 표면 등을 그러한 예로 들 수 있다.

사람들과 제품들 사이의 연결을 구축한 후, 재료성에 대한 아이디어는 우리의 디자인 프로세스에 깊이 뿌리 내릴 수 있었으며 각 디자이너는 그것에 대하여 내부적, 혹은 외부적으로 생각하고 이야기할 수 있는 수단이 생기게 되었다. 그 후 몇 년 동안 디자인 프로세스에 있어 재료의 역할은 실험활동 개념을 포함하면서 진일보할 수 있었다. 엄격한 제한을 받는 재료, 공정, 디자인의 세상에서 때로는 우리 스스로를 시대에 앞서 나가도록 몰아가야 할 필요가 있다는 점이 명백해졌다. 그러한 세상에서는 때로는 가격 제한조건이, 때로는 기술적 한계가, 때로는 지속가능성의 문제가 최종 재료선택을 결정하기 때문이다. 디자인 프로세스의 초반부에서 무엇이 가능하며 새로운 제한조건은 무엇인지 파악하기 위해 규칙을 깨는 실험을 행하여야 했다. 실험활동은 디자인 프로세스의 자연스런 일부이다. 여유 있는 팔레트와 열린 마음으로 우리는 산업에서의 전형적인 제한조건의 경계를 뛰어넘는 아이디어를 구현하기 위해 노력하였다. 우리는 표면이 펠트로 마감된 프린터, 유리 뚜껑을 가진 코르크로 만든 병, 완벽하게 절삭가공된 검정색 마이크로카메라를 만들었다. 우리는 아이디어를 구현시키기 위해 재료를 사용하고자 하였으며, 우리 주위의 물자들에 관해 이야기를 나누기 시작했으며, 어느 시점부터는 어떻게 무엇을 디자인할지와 그것에 대하여 어떻게 이야기할 것인지로 대화가 옮아갔다. 우리는 스토리를 이야기하기 위해 재료를 사용하고자 한다.

앞날을 내다보면, 향후 10년 동안 다음 세 가지 주제가 디자이너로서 우리가 하는 일을 이끌어갈 것이며 재료의 역할에 영향을 미치게 될 것이다. (1) 제작과 메이커 운동의 부활 (2) 특정 지역 생산품을 추구하는 세계시장의 움직임 (3) 브랜드에 대하여 생각하고, 이야기하고, 만드는 보다 가시적인 방법에 대한 연구.

우리는 모두 어떤 방식으로든 메이커 운동에 참여하고 있다. 메이커 운동은 소량생산 공예(www.etsy.com)로부터 대량생산 산업에도 존재하고, 그 중간에도 존재한다(www.kickstarter.com). 이는 물리적인 플랫폼과 디지털 플랫폼 모두에 초점을 맞추고 있으며, 예술적인 표현과 상업적인 목적을 동시에 가진다.

세계적인 것과 지역적인 것을 동등하게 중요시하는 경제권에서는 어떤 제품의 원산지가 중요하다. 이러한 지역중심 사고는 물건이 만들어진 나라나 도시의 이름을 하나의 브랜드처럼 만들었다. 당신은 한국산 제품과 일본산 제품 중에서 어느 것을 사겠는가? 당신은 그 차이를 아는가? 그 차이가 문제가 되는가? 애플 제품은 캘리포니아에서 디자인되지만 중국에서 생산된다. 그것은 그 제품 스토리의 일부이다. 이런신 제품은 무엇인가? 윌리엄스버그산 제품은 무엇인가? 윌리엄스버그는 어디에 있는가? 그 스토리와 각 지역의 의미, 그리고 제작 문화가 어떻게 진화했는지는 우리가 제품에 얽힌 스토리를 사랑하면 사랑할수록 점점 더 디자인 프로세스에 큰 영향을 미치게 될 것이다.

당신의 브랜드가 공장에서 만들어진다면 어떠하겠는가? 재료(직물, 금속, 플라스틱)나 공정(사출성형, 용접, 바느질)에 대한 당신의 선택이 슬로건, 유명인사의 보증, 로고 선택만큼이나 중요하다면 어떻게 할 것인가? 당신의 브랜드는 제조되는 것이지, 관리되는 것이 아니다. 당신의 브랜드는 당신이 만들어낸 특별한 상면들의 축약이며, 그 부분에서 사람들은

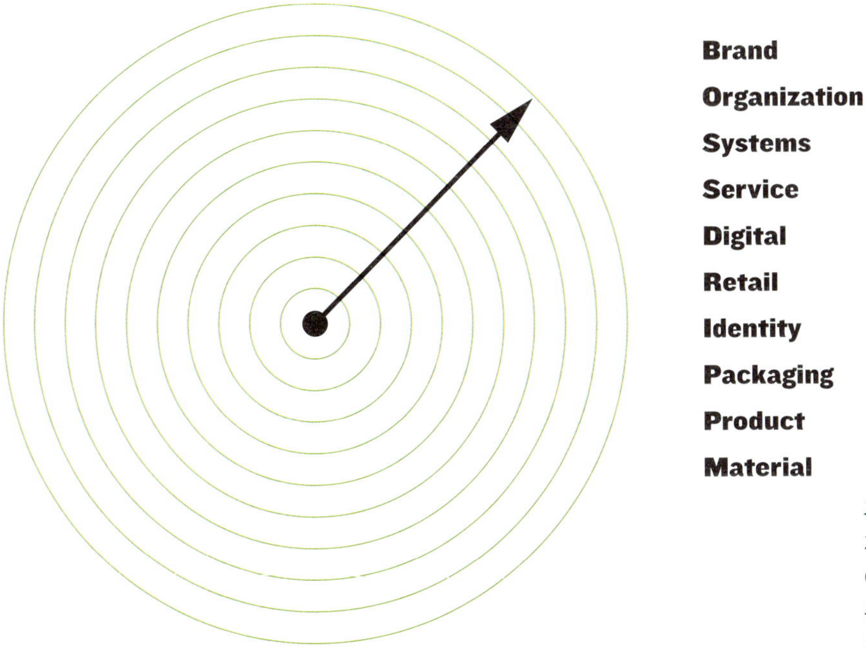

그림 1.5 브랜드 구축
제품에 초점을 맞춘 브랜드 만들기 – 안쪽에서부터 바깥쪽으로 – 재료를 핵심 주성분으로 시작하여 하나의 완전한 36종 브랜드 경험까지.

당신의 브랜드와 물리적으로 연결된다. 당신의 제품은 당신의 스토리이고, 당신의 스토리는 당신의 제품이다. 디자인이 끝날 때까지 전략 또한 끝나지 않는다. 산업계에서 회사들과 소비자들에게 브랜드는 안쪽에서 바깥쪽으로, 즉 재료에서부터 제품으로, 정체성으로, 디지털 경험으로, 시스템으로, 이어서 조직으로 구축되는 것이다(그림 1.5). 브랜드가 내부에서부터 외부로 형성될 때에 재료성과 제작의 요소가 가장 중요시된다. 디자인은 재료들을 더 큰 스토리와 이어주는 역할을 하게 된다.

이 책은 제품디자인의 핵심 구성성분에 관한 것이다. 디자이너가 하나의 아이디어를 상상하고 창조하고 변형하는 데에 있어서 사용되는 주성분이 재료이며, 이는 제품이 만들어졌을 때 단순한 하나의 제품 이상일 수 있는 스토리텔링과 경험을 표현해줄 수 있는 더 큰 시스템의 일부가 된다. 우리는 디자이너들로 하여금 특별하고 상징적인 제품, 그리고 그 자체로 목소리와 스토리가 내재되어 있는 무엇을 창조할 수 있도록 격려하고 이끌어주고자 한다.

Mike Ashby: 디자인에 초점을 맞춘 재료 관련 책에는 세 가지 종류가 있다. 첫 번째는 영감을 주는 것들로, 이미지를 통해 재료를 보여주고 저자의 감성적 및 심미적 의견을 함께 넣은 책이다. 두 번째는 공학설계의 재료선택에 관한 것이며, 기술적 설계 요구조건에 따라 정해진 기계적, 열적, 전기·자기적, 환경적 제한조건을 만족할 수 있는 체계적인 재료선택 방법의 개발에 관한 것이다. 세 번째는 이 책으로 대표될 수 있는 것으로, 앞의 두 가지 접근방법을 연결하고 융합을 추구하는 종류이다.

나는 물리와 재료과학/공학을 전공하였으며, 떠돌아다닌 역사들로써 특색을 가지게 되었다. 일찍이 호주에서 학교를 다녔고, 그 후에는 영국 맨체스터, 북아일랜드 벨파스트의 퀸즈대학교, 그리고 영국 케임브리지까지. 이후 독일 괴팅겐의 금속물리연구소에서 3년간 일하였고, 미국 하버드대학교에서 9년간 일한 후 영국 케임브리지대학교 공학부(Engineering Department)로 돌아왔다. 또한 케임브리지에 돌아온 후 런던의 왕립예술대학(Royal College of Art)에 3년간 방문교수로 겸직하였다. 오늘날이 비록 연결된 세상이지만, 환경이 바뀌면 어려움이 뒤따르기 마련이다. 각 지역마다 뿌리내리고 있는 문화적 가치가 존재하며, 그것은 당신이 아는 것과는 다를 것이다. 이는 당신에게 관찰하는 법과(당신이 할 수 있는 것이 보호색 위장뿐이라면), 낯선 방식으로 표현된 낯선 관점을 경청하는 것, 그리고 구체적인 내용보다는 지배적인 개념을 발견하는 법을 가르쳐 준다.

이러한 경력을 가진 내가 산업디자인에 관하여 저술하는 것이 부적합할 수도 있으나, 디자인에 심취된 Kara의 식을 줄 모르는 열정을 통해서 보완적인 의미의 자극을 받을 수 있었고 미국과 영국에 있는 디자이너들과의 교류가 가능할 수 있었다. 이러한 협력에 의해 결국 이 책을 만들어내게 되었다.

참고문헌

제품디자인에 관해서는 수많은 참고문헌들이 있다. 일부는 쉽게 이해할 수 있고, 다른 것들은 그렇지 않을 수도 있다. 쓸모 있는 참고문헌들을 ISBN과 간단한 해설을 곁들여 각 장의 끝에 수록하였다. 아래에 열거된 문헌들이 좋은 출발점이다.

Baxter, M. (1995) "Product Design", Chapman and Hall, London, UK. ISBN 0-7487-4197-6. (제품디자인 프로세스에 대한 전체적인 이해를 목적으로 한 이 야심적인 책은 외관을 위한 디자인, 제조를 위한 디자인, 저비용을 위한 디자인, 신뢰성을 위한 디자인, 환경보호 책임을 위한 디자인 식으로 제품디자인의 전 분야에 대한 이해를 목표로 한다. 비교적 쉬운 언어로 저술된 훌륭한 입문서)

Clark, P. and Freeman, J. (2000) "Design, a Crash Course," The Ivy Press Ltd, Watson-Guptil Publications, BPI Communications Inc., New York, NY, USA. ISBN 0-8230-0983-1. (기원전 5000년부터 현재까지 제품디자인의 역사를 관통하여 흥미 위주로 기술한 가벼운 책)

Coates, D. (2003) "Watches Tell More than the Time," McGraw-Hill, New York, NY, USA. ISBN 0-07-136243-6. (과거부터 현재까지의 제품을[자동차 디자인이 많음] 예로 들어 미학, 연상, 인지에 대하여 분석한 책)

Dormer, P. (1993) "Design since 1945," Thames and Hudson, London, UK. ISBN 0-500-20269-9. (잘 구성된 도표를 포함하면서도 저렴한 소프트커버 책으로 산업디자인이 가구, 가전제품, 직물 디자인에 끼친 영향에 관해 다루었으며, Haufe(1998)가 다룬 더 광범위한 역사 중 현대 디자인의 역사를 보완해 줄 수 있는 책)

Forty, A. (1986) "Objects of Desire – Design in Society since 1750," Thames and Hudson, London, UK. ISBN 0-500-27412-6. (프린트된 직물과 가정용 제품, 사무용 기구와 운송시스템의 디자인 역사에 관하여 새롭게 정리한 책이다. 책은 고맙게도 디자이너들에 대한 찬사가 적고, 업적을 이룬 누군가보다는 산업디자인의 역할이 무엇인지에 대해 충실하게 저술되었다. 도표가 대부분 19세기와 20세기 초에 그려진 흑백 그림인 것이 한 가지 흠이며, 현대 디자인의 사례는 거의 없다.)

Haufe, T. (1998) "Design, a Concise History," Laurence King Publishing, London, UK (원서는 독일어). ISBN 1-85669-134-9. (비교적 저렴한 소프트커버 책으로, 아마도 학생들과 일반인을 대상으로 산업디자인에 대하여 가장 적절하게 소개하는 책일 것이다. 간결하면서도 포괄적이며, 명확하고 알기 쉬운 구성에 더하여 작지만 좋은 컬러 그림들을 포함하고 있다.)

Jordan, P.W. (2000) "Designing Pleasurable Products," Taylor and Francis, London, UK. ISBN 0-748-40844-4. (저자인 조던은 Philips Design 사의 미학 연구팀 매니저로서, 오늘날의 제품은 반드시 제대로 작동해야 하고, 사용하기 쉬워야 하며, 즐거움도 줄 수 있어야 한다고 주장한다. 책의 많은 부분이 제품에 대한 소비자들의 반응을 반영하는 시장조사 방법을 설명하는 데 할애되어 있다.)

Julier, G. (1993) "Encyclopedia of 20th Century Design and Designers," Thames & Hudson, London, UK. ISBN 0-500-20261-3. (훌륭한 그림과 제품디자인의 진화에 대한 해설을 곁들인 디자인 역사에 관한 간략한 해설서)

Manzini, E. (1989) "The Material of Invention," The Design Council, London, UK. ISBN 0-85072-247-0. (창의적 디자인을 의미하는 '발명'에 있어서 재료의 역할에 관한 흥미로운 저술. 이탈리아어로 된 원문을 번역하는 과정에 사용된 흥미로운 어휘는 재료에 관한 전통적인 저술에는 잘 쓰이지 않는 표현이지만, 통찰력이 풍부한 주석을 제공한다.)

McDermott, C. (1999) "The Product Book," D&AD in association with Rotovison, UK. (존경받는 디자이너들에 의한 50개의 에세이를 담았으며, 디자인에 대한 그들의 정의, 제품디자인에 대한 그들 회사의 역할과 그들의 접근방법을 엿볼 수 있다.)

Norman, D.A. (1998) "The Design of Everyday Things," MIT Press, London, UK. ISBN 0-385-26774-6. (제품디자인에 대한 이해를 제공하는 책으로, 특히 인간공학적 디자인과 사용의 편리성에 대하여 강조하였다.)

Vezzoli, C. and Manzini, E. (2008) "Design for Environmental Sustainability", Springer-Verlag, London, UK. ISBN 978-1-84800-162-6. (《The Material of Invention》의 저자와 공동집필한 책이며, 제품개발에 친환경 요구조건을 접목시킬 수 있는 도구와 전략에 관해 다루고 있다.)

Chapter 2

무엇이 제품디자인에 영향을 끼치는가?

http://dx.doi.org/10.1016/B978-0-08-098205-2.00002-0

어떤 것도 정적인 것은 없다. 오늘날의 디자이너는 시장의 요구조건을 가장 잘 만족하도록 최적화된 디자인을 추구하지만, 관련된 경계조건들, 즉 디자인 결정에 영향을 미치는 구동력이 끊임없이 변하므로 지속적인 방향조정과 새로운 최적화를 적용해야 한다. 따라서 그러한 구동력을 인식하는 것이 도움이 되며, 이것이야 말로 디자인이 이루어지는 환경을 만들어낸다.

그림 2.1은 다섯 가지 구동력을 보여주는데, 이것들은 시장, 기술, 투자환경, 환경영향, 산업디자인이다. 이는 단순화된 형태지만 그만큼 쓸모가 있다. 그림의 가운데 동그라미는 디자인 프로세스를 나타내는데, 그것의 작용과 역학에 관해서는 제3장에서 살펴보기로 하자. 디자인 프로세스는 여러 가지 외부요인들에 의해 영향을 받게 되며, 이러한 요인들이 그림의 둘레에 한 갈래씩 나뉘어 나타나 있다. 훌륭한 디자이너는 늘 과학적 연구를 바탕으로 한 기술발전을 염두에 두고 작업한다. 새로운 기술은 기업의 투자환경에 부합하는 방식으로 활용되며, 기업의 환경은 제품이 생산되고 사용될 나라들의 경제적 상황에 따라 달라진다. 공업적인 제품에 의해 야기될 생태계적 부담을 최소화하기 위해 디자인의 친환경적 측면을 강조하고, 나아가 장기적으로는 '지속가능성을 위한 디자인'을 선호하게 된다. 그리고 21세기 시장의 소비자들은 적절한 가격대에 기능이 잘 작동되는 제품 이상으로 더 많은 것들을 원한다. 즉 제품에서 만족감과 즐거움도 함께 추구하기 때문에 생산자 입장에서는 산업디자인과 미학으로부터 받는 인풋을 중요시할 수밖에 없다. 물론 이 외에도 영향을 끼치는 요소들은 많으나, 현재 디자이너들이 중요하게 여기는 요소들 중에서는 이것들이 가장 중요한 것으로 인식된다. 그리고 이 요소들 간에도 자주 상충이 일어날 수 있는 것 또한 사실이다.

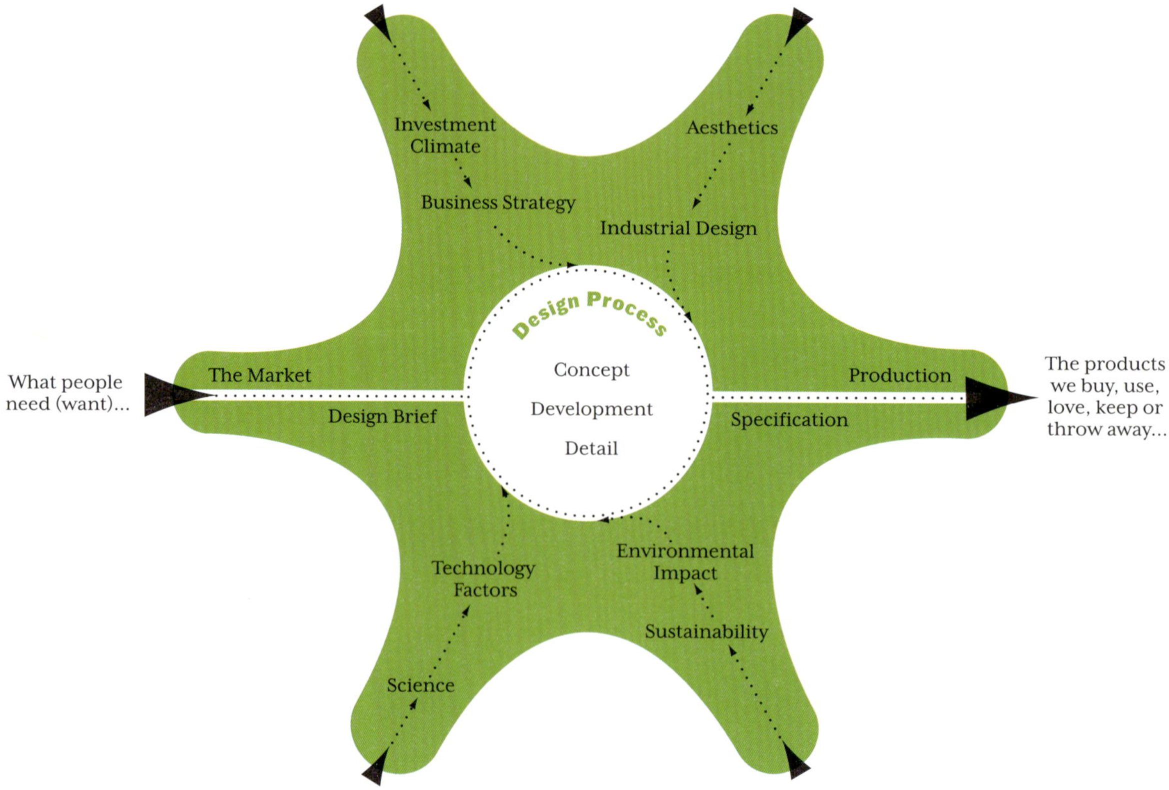

그림 2.1 디자인 프로세스의 인풋
제품디자인의 주된 인풋은 시장의 수요, 과학과 기술, 비즈니스 전략, 환경영향에 관한 고려, 산업디자인이다.

이 책의 주요 내용을 전개하기 전에, 이러한 요소별 영향력 하나하나에 대하여 간단히 짚고 넘어가도록 하자. 그 이후에 이러한 요소별 중요성이 부각되는 시점에서 다시 거론해보기로 하자.

사람들과 시장

오늘날의 국가적 및 개인적 경제성장과 번영, 그리고 자유 시장경제의 특성상 시장은 제품디자인의 강력한 구동력이 되었다. 선진국에서는 많은 제품들이 기술적으로 성숙하게 되었고, 그와 관련된 시장도 포화상태에 이르렀다. 말하자면 거의 누구나 그들이 필요로 하는 것을 가지게 되었다. 그때부터는 시장의 힘을 만들어내는 것은 '수요(need)'보다는 '욕구(want)'이다. 오늘날 많은 제품디자인이 이러한 욕구에 따라 이루어지고 있으며, 소비자들의 욕구 중 하나는 더 많은 기능을 갖춘 제품을 만나는 것이다. 이러한 변화에 의해 개발 과정이 수십 년 또는 수 세기에 걸쳐 느리게 진행되었던 구조용 재료 중시 흐름이 이제는 참신하고 독창적인 재료를 중시하는 흐름으로 변모되었다. 이러한 흐름에 크게 기여한 것은 비구조용 재료 또는 기능성 재료이다. 이러한 재료는 전기적 속성, 광학적 속성, 자기적 속성, 생물학적 속성이 중요하다. 그렇다고 하여 현 흐름이 구조용 재료의 종말을 고하는 것은 아니다. 사실은 그 정반대라고 할 수 있다. 생산되는 공업재료의 95 % 이상이 주로 기계적 하중을 지탱하는 데 쓰인다. 이 분야의 연구개발은 아주 새로운 재료를 찾는 것보다는 더욱 효율적인 공정과 더 높은 수준의 품질관리, 그리고 융통성 있는 제조방법을 확보하는 데 역점을 둔다. 그러나 자동차를 예로 들사면, 내부분의 자동차는 아직도 강철로 만들어지는 반면에, 창문과 의자, 와이퍼와 거울 등을 조종하기 위하여 많게는 30개의 모터들을 필요로 하고(자성재료와 전기재료), 엔진제어와 유도장치를 위한 마이크로프로세서(반도체 재료), 강화유리와 무반사유리, 액정(LCD) 및 발광다이오드(LED) 모니터(광학재료), 열과 소리의 전달을 막아줄 마루바닥과 패널(단열 및 방음 재료)도 포함된다. 그러므로 이런 분야들에 대해 현재 많은 연구개발이 집중되고 있다.

흔히 디자이너는 시장의 요구에 반응할 줄 알아야 한다고 하지만, 때로는 수요를 만들어내기도 하는 것이 디자이너의 역할이다. 혁명적인 제품은 시장을 놀라게 한다. 극소수의 사람만이 워크맨(Walkman), 디지털 시계, 레이저프린터가 시장에 나타나기 전에 그 필요성을 느꼈다. 이 경우에는 디자이너가 그 수요를 예측했고, 해결방안을 제시함으로써 수요를 창출한 것이다. 이러한 개념 뒤에 숨어 있는 영감은 시장으로부터가 아니라 과학기술의 발전에서부터 오게 된 것이며, 이로써 고자장 자석, 수정진동자, 반도체레이저 등의 기술개발에 우리의 관심이 옮겨가고 있다.

의도적으로 디자인된 제품들은 보통 사람들의 습성을 연구함으로써, 사람들이 무엇을 원하고 무엇을 필요로 하며 그들의 삶 속에 이 제품이 어떻게 스며들 것인지를 이해하기 위한 노력에서부터 출발한다. 이러한 방식은 때로 인적요인 혹은 디자인 리서치로 불리며, 이는 인간 중심의 접근을 통해 시장과 사용자를 분석하고, 개인면담을 통해 무엇을 왜 만들어야 하는지를 알고자 하는 것이다.

과학과 기술

가장 예측하기 어려운 변화의 구동력은 과학의 발전 그 자체이다(그림 2.2). '과학은 막바지에 다다랐다.'는 주기적인 예측에도[1] 불구하고, 과학은 재료 및 공정의 혁신을 가능하게 하는 새로운 기술을 끊임없이 선보이고 있다.

1. 예를 들어, 참고문헌의 Horgan(1996)을 찾아보라.

이미 언급하였던 것과 같이, 용적톤수를 기준으로 하면, 구조용 재료가 공업재료 소비량의 대부분을 차지하고 있다. 시멘트와 콘크리트, 강철과 경합금, 구조용 고분자와 복합재료는 모두 20세기에 중요한 연구의 대상이었으며, 기술적으로 이미 일종의 성숙단계에 이르렀다고 볼 수 있다. 이 분야에서 새로운 과학과 기술이 할 수 있는 일은 무엇일까? 경량구조와 고온용 구조에 사용할 더 나은 재료들이 가져다 줄 잠재적 이득이 워낙 크기에 아직도 연구개발이 계속되어야 할 여지를 강하게 뒷받침하고 있다. 소형화를 추구하는 경향도 역시 새로운 기계적 및 열적 문제를 야기하고 있다. 소형이 의미하는 것은 종종 극도로 얇고 날씬해야 하기 때문에 특별히 높은 강성과 강도의 재료를 요구하며, 소비전력은 낮더라도 전력밀도는 높아야 하므로 열 관리를 위한 새로운 재료가 필요하다. 미래의 중요성이 인정된 MEMS(Micro-Electro-Mechanical Systems) 장치는 더욱 어려운 과제를 만들어낸다. 마이크론(μm, 10^{-6} m) 크기의 빔, 베어링, 기어, 새시의 재료는 고전역학의 법칙이 다른 방식으로 작용해야 하는 크기에서도 적절한 기능을 발휘해야 한다. 예를 들면, 관성력이 중요하지 않게 되는 반면에 표면장력의 영향이 중요해지는 경우와 같은 조건이다.

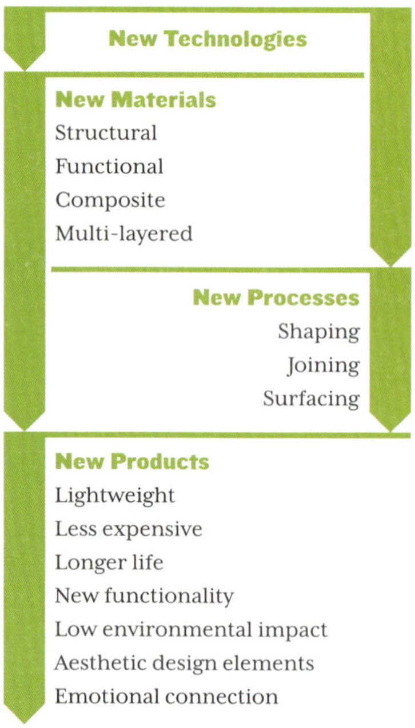

그림 2.2 과학의 역할
과학은 새로운 기술을 낳고, 이러한 기술로부터 새로운 재료 및 공정이 나타난다. 이는 결국 제품디자인의 새로운 기회를 촉진한다.

그 무엇보다도, 참신한 기능성 재료를 발견하고 개발하려는 구동력이 존재한다. 이러한 기능성 재료와 그 용도에 대해서는 앞 절에서 이미 사례를 들어 소개하였다. 많은 재료들이 현재 개발 중에 있으며 시간이 흐름에 따라 혁신적인 제품들이 탄생할 것이다. 이렇게 새로이 나타나는 재료들의 예를 들면, 전기활성 고분자, 비결정질 금속, 새로운 자성 및 초전도 금속간화합물과 세라믹, 발포금속, 마이크로가공법이나 3차원 직조법으로 만든 격자재료 등이 있다. 세포생물학에 관한 보다 깊은 과학적 이해를 바탕으로 하여, 세포가 인식할 수 있는 생체활성 및 생체비활성 표면의 개발에 대한 새로운 접근방법에 의해, 미묘한 자연을 모사하는 재료에 대한 연구가 촉진되고 있다. 또한 나노 수준의 어셈블리 기술에 의해 하나의 전자 또는 자속양자의 움직임에 반응하는 2차원 장치를 만들어 낼 수 있다. 20세기가 벌크 재료, 3차원 재료의 시대로 인식될 수 있다면, 21세기는 표면의, 단층의, 심지어는 분자의 시대이고, 그것들이 새로운 기능을 가능하게 해주는 시대라고 할 수 있다.

지속가능성과 환경영향

인류의 모든 활동은 우리가 살고 있는 환경에 어느 정도 영향을 미친다. 환경은 이러한 변화를 수용할 수 있는 능력을 갖고 있기 때문에 일정 수준까지의 충격은 지속적인 손상이 없이도 흡수할 수 있다. 그러나 현재 인류의 활동은 이러한 한계를 자주 넘어서기도 하며, 이는 우리가 사는 세상의 질을 떨어뜨리고 미래에 우리 후손들의 복지를 위협하는 수준임이 분명하다. 이러한 상황은 다음과 같이 잘 표현될 수 있다. 매년 3 %의 증가율을 가정할 때, 향후 25년간 우리는 현재까지의 인류 문명 역사에서 행해졌던 것보다 더 많은 물자를 채굴하고 가공하며 폐기할 것이다. '환경을 위한 디자인'은 보통 기존의 디자인 프로세스를 조정하여 측정가능한 환경손상을 줄이고자 하는 노력으로 해석된다. 이러한 사고방식의 시간개념은 10년 정도로서 제품들의 평균 기대수명과 동일하다. 그러나 지속가능성은 좀 더 장기적으로 생각해야 하는 문제이다. 미래 후속세대

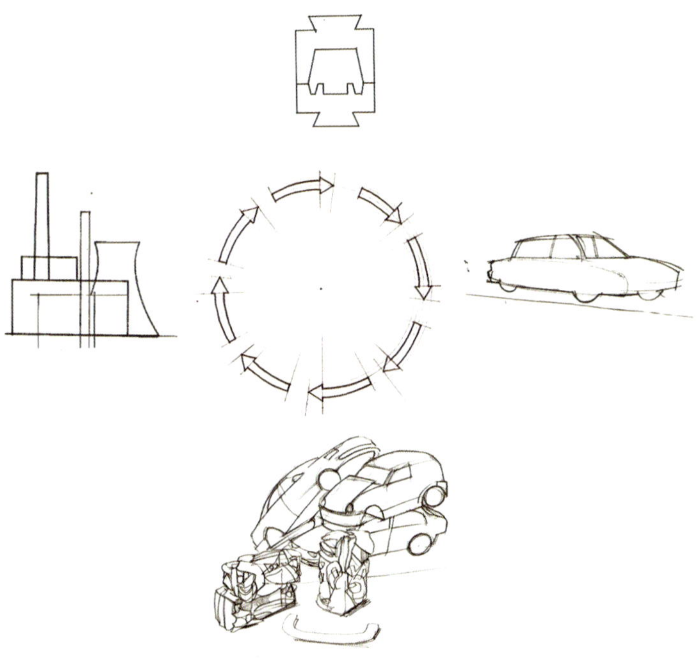

그림 2.3 **재료의 일생**

광물이나 원자재가 채굴되고 처리됨으로써 재료가 만들어진다. 재료는 제품으로 제조되고, 제품은 사용되며, 수명이 다하면 폐기되거나 재활용된다. 각 단계마다 에너지와 재료가 소모되며, 고체, 액체, 기체의 배출과 함께 폐열을 만들어낸다.

의 수요를 잠식하지 않으면서 현재의 요구를 만족할 수 있도록 생활양식을 개조해야 할 필요가 있다. 이를 고려한다면 필요한 시간개념은 연장되어 향후 50년 정도의 미래를 내다봐야 한다.

환경을 위한 디자인에 관한 실질적인 고려는 그림 2.3에 개략적으로 나타난 재료의 수명주기를 통해 명확해질 수 있다. 광석이나 원재료들은 대부분 재생되지 않고 재료를 만들어내는 데 사용된다. 이렇게 만들어진 재료는 제품으로 제조되며 제품들은 사용수명이 끝날 때에 폐기되는데, 아주 낮은 비율만 재활용되고 나머지는 매립 또는 소각된다. 이러한 주기의 각 단계마다 에너지가 소모되는데, 이산화탄소와 함께 열, 기체, 액체, 고체의 폐기물이 배출된다. 여기서 중요한 것은 대충 짐작만으로도 알겠지만, 이러한 달갑지 않은 부산물들이 합쳐져 자연이 흡수할 수 있는 한계를 넘어선다는 것이다. 눈에 띄는 손상은 대체로 국지적인 것이며, 그 근원도 찾아낼 수 있어서 개선이 가능하다. 환경보호를 위한 대다수의 법규는 환경손상 행위를 감소시킬 수 있는 지속적이면서 적절한 수준을 목표로 하고 있다. 예를 들어 승용차 연료소비를 평균 20 % 줄이도록 규제할 경우에는 거센 저항을 받기 쉽다.

지속가능성을 위해서는 전혀 다른 종류의 해결책이 필요하다. 장기적으로 환경의 평형을 회복할 수 있도록 조정하려면, 그림 2.3의 재료와 에너지 소비 흐름을 1/4로 줄여야 한다. 어떤 이들은 1/10로 줄여야 한다고 주장하기도 한다[2]. 인구증가와 인구증가에 대한 기대치는 선진국의 소비를 20 % 절약하더라도 감당하기 힘들다. 이는 굉장히 어려운 문제이며 각고의 노력이 필요한 사안이고, 이 책에서 해답을 찾을 수 없다. 그러나 이는 제품디자인에 있어서 하나의 구동력이자 궁극적 경계조건이며, 앞으로 모든 창의적 사고의 밑바탕이 될 것이다.

2. 참고문헌의 Weizsäcker(1997)와 Schmidt-Bleek(1997)가 실제로 가능한 사례를 들어가면서, 에너지 및 재료 소비의 대폭적인 삭감을 주장한다.

그렇다면 과소비로 인한 단기적 문제에는 어떻게 반응할 것인가? 한 가지 분명한 방법은 적은 재료로 많은 제품을 만드는 것이다. 재료의 소비는 재활용과 재생이 가능한 재료를 사용하거나 소형화시키는 방법, 그리고 제품을 서비스로 대체함으로써 줄일 수 있다. 에너지 소비의 감소는 교통기관의 경량화 설계, 건물의 열관리 최적화, 산업체의 에너지 변환 및 이용 효율 향상 등의 방법에 의해 가능하다. 하지만 아마도 가장 효과적인 수단은 제품의 수명을 연장하는 방법일 것이다. 제품의 수명을 두 배로 늘리면 그림 2.3에 나타낸 4단계 중 3개 단계의 영향을 반으로 절감시키는 효과를 가져올 수 있다. 그리고 이를 통해 산업디자인의 중요성을 재조명할 수 있다. 이는 곧 사람들이 자신이 아끼는 물건은 쉽게 버리지 않는다는 사실이다.

경제와 투자환경

많은 디자인들은 시장에까지 진입하지 못하고 사라진다. 디자인을 성공적인 제품으로 바꾸기 위해서는(그림 2.4) 투자가 필요하고, 투자는 경제적 성공가능성에 대한 자신감에 의해 좌우된다. 이는 부분적으로 디자인 자체에 의존하는 것이긴 하지만, 보다 중요한 것은 디자인이 목표하는 시장의 속성과 그 속의 경쟁을 이기고 살아남을 수 있는 능력에 의해 크게 좌우된다는 것이다. 상업적인 목적을 가진 제품은 확실한 경제적 성공가능성을 추구한다.

하나의 제품은 그것의 시장가치가 비용보다 훨씬 더 커서 그것을 만들 수 있는 투자를 받을 수 있다면 경제적으로 성공가능성을 갖추게 된다. 그것이 바로 제품의 잠재적 수익성을 결정하는 요소이다. 제품의 가격에 대한 모델링은 제작비용을 추산하는 데 영향을 미친다. 제품의 최종 가격을 매기는 것은[3] 더욱 복잡한 일로서, 제품에 대한 소비자의 인지도와 그들이 성능에 중요성을 부여하는 정도, 그리고 경쟁의 속성을 파악하기 위한 시장조사를 필요로 한다. 가치는 제품이 목표로 하는 시장과 산업에 의해 결정된다. 한 가지 예로서, 티타늄 자전거는 산악자선서에 빠진 사람들에게 매력적이기 때문에, 그들에게는 그 가치가 가격을 초과할 것이다. 반면, 도시에서 쇼핑을 하는 보통 사람들에게는 그 가격이 가치를 초과하므로 전혀 매력적이지 않게 되는 것이다.

경제적인 성공가능성을 보여주는 것은 상업화에 신뢰를 주는 일부분에 불과하다. 생산에 들어가기 위해서는 투자가 필요하고, 이것은 충분한 수준의 경제성 확보에 대한 신뢰가 있어야만 실현될 수 있다. 제품이 가져다 줄 가치를 높이는 제품 개발자의 능력은 지적재산권을 획득하고 주요 자산(사람, 거래비밀, 독점 또는 동업 계약)을 선점함으로써 경쟁을 줄여나가는 방식으로 증대될 수 있다. 성공 가능성 있는 제품을 상업화하는 데에는 기술적으로도, 시장의 요구에 비추어서도, 사업화 측면에서도 모두 매력적이어야만 투자가 이루어질 수 있다. 그리고 마지막은 예측가능한 위험에 대한 자세가 어떠한지에 달려 있다. 어떤 산업에서는 성공가능성 여부에 상관없이 새로운 기술을 받아들이는 것이 다소 느리기도

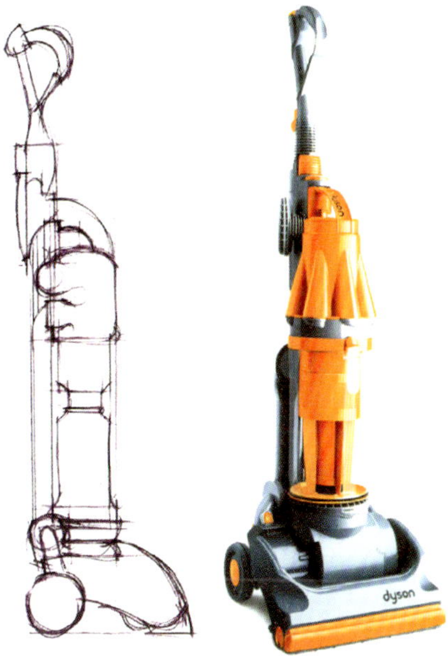

그림 2.4 개념으로부터 제품까지
하나의 아이디어가 개념에서 제품으로 바뀌려면 기술적 및 경제적 실현가능성, 시장의 수용태세, 자본의 투자에 대한 입증이 필요하다. (사진 제공: 영국 Dyson)

3. 참고문헌의 Clark 등(1997)에 의한 저술을 보면 가치분석, 효용과 기술적 비용분석에 관한 설명이 나온다.

하다. 원자력 산업, 토목공학 산업, 그리고 항공우주 산업이 가장 그러한 분야이다. 반면에 어떤 산업들은 그렇지 않다. 스포츠 장비나 많은 소비용품 제조사들은 새로운 재료에 대한 관심이 매우 높으며, 새로운 재료 및 공정으로 만들어진 제품을 긍정적으로 받아들인다. 이러한 산업에서는 새롭게 개발되어 아직 완전한 평가를 받지 못했다 하더라도, 혹은 기대수명 이전에 일찍 파손된다 하더라도 그러한 위험부담을 감수하기도 한다.

이러한 시나리오가 재료개발에 미치는 영향은 중대하다. 새로운 구조용 재료를 개발하고, 검증받고, 상업화하려면 보통 15년 정도의 시간이 필요하며, 또한 정확히 그 시점에 기술적, 경제적 성공가능성이 있을지도 분명하지 않다. 20세기에 대부분의 구조용 재료 개발비는 정부의 승인 하에 방위산업, 항공우주, 원자력발전 프로그램을 통하여 장기적으로 투자가 이루어졌다. 이러한 투자는 개인사업자들이 감당하기 힘든 것이었다. 그러나 기능성 재료는 상대적으로 연구개발 과정이 단기적일 수 있고, 혁명적인 제품들을 가능하게 해주며 그러한 잠재적 가치가 높다고 판단되어, 결과적으로 더 매력있는 투자의 대상이 되었다. 그러므로 디자인 프로세스는 투자환경에 영향을 받는 것이다. 예상되는 이윤과 손해에 대한 판단, 판매수량과 생산의 용이함 등이 모두 재료개발과 상업화에 직접적으로 연관되어 있다.

미학, 행동과 산업디자인

마취제는 감각을 둔감하게 하고 느낌을 억압한다. 즉 마취는 감각의 결여를 의미한다. 미학은 그 정반대의 역할을 한다. 미학은 흥미를 불러일으키고, 자극을 주며, 감각 중에서 특히 아름다움에 대한 감각을 불러일으킨다. 공감각이란 여러 감각의 조합을 의미한다. 어떤 사람들에게는 신체적 이상을 의미할 수도 있지만, 디자이너에게는 영감이 될 수 있다. 미학적 요소가 심하게 격리되거나 예상 밖의 조합을 이루었을 때 디자인에 새로운 기회를 제공해주고 디자인 자체를 가능하게 한다. 미학은 '영감'과 마찬가지로 참으로 많은 뜻을 내포하고 있어 뚜렷한 메시지를 전달하기 힘들 정도로 어려운 단어이지만, 재료와 제품의 감각적 속성을 파악하기에 가장 적합한 단어는 그것뿐이다. 디자이너는 제품에 개성을 부여하기 위해 이런 감각들과 각각의 감각에 대한 반응을 다루는 것이다[4].

과거에서부터 오늘날까지도 여전히 논쟁이 되고 있는 문제는 적절한 기능성을 가진 제품은 자동적으로 미학적 매력을 갖는가 하는 것이다. 즉 '형태는 기능을 따라가므로' 이러한 추론에 의하면 기술적으로 훌륭한 디자인에는 미학적 매력도 저절로 따라오게 되고, 산업디자인(미학적 요소와 행동과 스토리텔링 모두에 대한 탐색으로 정의함)에 큰 노력을 들이는 것은 불필요하다는 관점에 이른다. 이러한 관점이라면 산업디자인은 순전히 포장에 불과하다. 반면, 다른 시각도 존재한다. 단지 기능만을 중심으로 만들어진 제품은 전혀 디자인된 것이 아니며, 그저 공업적으로 생산되었을 뿐이라는 의견이다. 물론, 진실은 하나의 제품에 대한 공학설계와 산업디자인이 모두 제품과 생산 기업의 성공 여부에 큰 영향을 미친다는 것이며, 그에 합당한 근거가 있다. 이에 대하여 좀 더 살펴보자.

4. 디자이너와 재료 또는 디자이너와 제품의 상호작용은 아마 공감각적인 경험으로 더 잘 설명할 수 있을 것이다. 공감각(synesthesia)은 심리학 용어로 두 가지 이상의 감각이 연결되어 나타나는 물리적 경험을 뜻한다. 많은 사람들이 화났을 때 붉은색을 본다고 하고, 톡 쏘는 치즈는 포트 와인과 즐기며, 시원한 재즈를 듣기 좋아한다고 말한다.

제품의 차별화

많은 제품들이 현재 기술적으로 성숙한 단계에 있다. 제품마다의 기술적 성능의 차이가 적고, 거의 동일한 성능을 가진 제품들의 가격 또한 큰 차이가 없다. 어떤 제품의 시장이 포화상태에 다다르면, 판매 시에 차별화 전략이 필요해진다. 이것은 차별화된 제품 라인업과 특정한 소비자그룹의 기호를 반영할 수 있는 제품의 개성을 살리는 것이 중요함을 뜻한다. 여성들을 매료시키는 우아함, 운동선수들의 거친 동작도 버텨낼 수 있는 견고함, 아이들이 가지고 놀기 쉬우면서 동시에 오남용까지도 수용할 수 있는 제품들이 이에 해당한다. 특정한 기능을 가지고 있고 차별화를 염두에 둔 이러한 세부사항들이 고유한 디자인 언어를 탄생시키며, 교묘하게 브랜드 가치로 연결된다(그림 2.5).

단순한 인터페이스

만일 제품이 작동하는 방식을 디자인으로부터 읽을 수 있다면, 그 제품은 안전하고, 효율적이며, 즐거움을 주는 제품이다. 크기, 비율, 배치구성, 색상을 사용하여

그림 2.5 제품 가족
동일한 재료와 표면처리를 사용하여 여기 네 가지 제품을 하나로 묶는 디자인 어휘와 브랜드 요소를 만들어낸다. (사진 제공: Porsche Design GmbH)

제품의 조작방법과 용도를 알 수 있게 하는 것; 조명, 음향, 화면, 그래픽으로 현재 상태를 나타내는 것 등의 예를 들 수 있다. 제품의 기능성은 증대되었으며, 소비자들은 이러한 욕구는 유지함과 동시에 작은 크기, 단순하고 조작하기 쉬운 인터페이스를 원한다. '인터페이스'를 위한 물리적 공간은 줄어들었고 자연스레 디자이너들이 활용할 수 있는 공간 역시 제한적이게 되었다. 우수한 산업디자인은 이러한 문제의 해결에 도움을 준다. 사람들과 제품 사이의 복잡한 상호작용 문제를 풀기 위해 Interaction Design(옮긴이 주: 디지털 기술을 이용하여 사람과 제품 간의 상호작용을 조종, 서로 소통할 수 있도록 하는 디자인)이라는 완전히 새로운 분야가 나타났지만, 번잡함을 최소화하기 위해 이 책에서는 다루지 않도록 하겠다.

기업 및 브랜드 아이덴티티

하나의 기업이나 그 제품들이 주는 이미지는 가장 귀한 자산 중의 하나이다. 실제로 특정 회사들의 가장 중요한 자산은 그들의 브랜드이다. 한 회사의 브랜드를 창조하고 드러내며 한 세대의 제품에서 다음 세대로 이어지게끔 하는 것은 산업디자인의 역할이며, 그 회사의 제품 및 광고, 심지어 사옥의 건축술에 이르기까지 여러 가지 면모와 관련된다. 제국, 군대, 종교 교단, 항공사, 철도회사 등은 모두 그들이 무엇인지를 알리거나 또는 그들이 비추어지고 싶은 대로 이미지를 전달하기 위하여 디자인을 이용한다. 브랜드는 어떤 회사의 아이디어와 그 회사가 실제로 만들고 판매하는 제품 사이의 감성적 연결에 관한 것이다. 재료와 재료성은 사람과 브랜드 사이에 이러한 연결을 구축하는 하나의 방법이다. 회사가 이야기하는 스토리와 그들이 만들어낸 브랜드는 실질적이고 구체적인 디자인을 표현해야 하며 광고와 마케팅을 통해서만 해결할 수 있는 문제가 아니라는 것이 핵심적인 사실이다.

제품 수명

제품은 '디자인 수명'을 갖는다. 이는 다른 대체품이 나타날 때까지의 시간 길이를 뜻하지만, 굳이 그럴 필요는 없다. 현실적으로 어떤 제품의 수명은 시장이나 소비자가 더 이상 원하지 않을 때 끝났다고 할 수 있다. 자동차는 보통 12년 정도의 디자인 수명을 갖지만, 클래식 자동차는 그보다 훨씬 오래 살아남는다. DC3 항공기는 20년 정도의 디자인 수명을 가졌었지만, 60년이 지난 후에도 여전히 날아다닌다. 에펠탑(Eiffel

Tower)은 단지 2년의 디자인 수명을 가졌었지만, 한 세기가 지나도록 파리의 상징으로 우뚝 서 있다. 어떤 면에서 '클래식' 제품이란 기대수명을 능가하는, 때로는 여러 세대를 넘어 살아남는, 그러한 품질의 디자인을 갖춘 것을 의미한다. 재료를 섬세하고 독창적으로 사용하여 뛰어난 디자인들은 오랫동안 살아남게 되는데 그 까닭은 이러한 디자인은 마음을 사로잡고, 상징성이 있으며, 좋은 기억을 상기시켜 주므로 소중하게 간직하고 보존하고 싶게 하기 때문이다. 반면, 따분하면서도 재료를 적절하게 사용하지 못한 특징 없는 디자인들은 고의적이든 우연이든 쉽사리 덧없는 것이 되고 만다. 우리는 별 생각 없이 그러한 제품들을 버리게 되는 것이다.

필요한 균형

제품들은 집에서, 직장에서, 길거리 등에서 우리가 살고 있는 환경의 일부를 구성한다. 소수의 사람들만이 제품을 소유할 수 있던 수공업 시대와 비교하여, 대량생산 시대인 지금은 훨씬 더 큰 시장에 훨씬 더 많은 제품을 공급한다. 이러한 관점에서는 대량생산이 삶의 질을 향상시켰다고 할 수 있으나, 다른 관점에서는 삶의 질을 저하시켰다고도 할 수 있다. 우리의 환경은 만족스러운 제품에 의하여 향상된다. 반면, 제품이 충족시킬 수 없는 기대치를 만들어내고, 자부심이나 사회적 존재감에 도움을 주지도 않으며, 만족감을 주지도 못한다면, 결과적으로 삶의 질을 떨어뜨리는 것이 된다.

성공적인 제품들은 공학설계와 산업디자인의 균형을 이룬 조화에 의존한다. 이러한 사실은 제품디자인보다 건축학에서 더 적극적으로 받아들여지고 있다. 건축가들은[5] 효율성, 경제성, 우아함의 세 가지 '이상'에 대해 이야기한다. 이와 비슷한 개념이 제품디자인에 적용될 수 있다는 인식이 커지고 있다[6]. 이러한 이유들을 포함하여 몇 가지 이유로 인해, 산업디자인은 다른 디자인 못지않게 전체 디자인 프로세스에서 중요성을 가지게 되었다. 제2장의 마지막 부분에서 소개되는 사례들은 이러한 점을 보다 자세히 보여줄 것이다.

5. 예를 들어, 참고문헌의 Billington(1985)을 찾아보라.

6. 참고문헌의 Pye(1997)가 특히 이 점에 대해 잘 설명하고 있다.

혁신의 유형

제품은 혁신을 통해 진화한다. 혁신은 그림 2.6(a)에 나타낸 매트릭스처럼 한 가지 형태 이상으로 일어난다. 매트릭스는 신비롭게도 급속이행

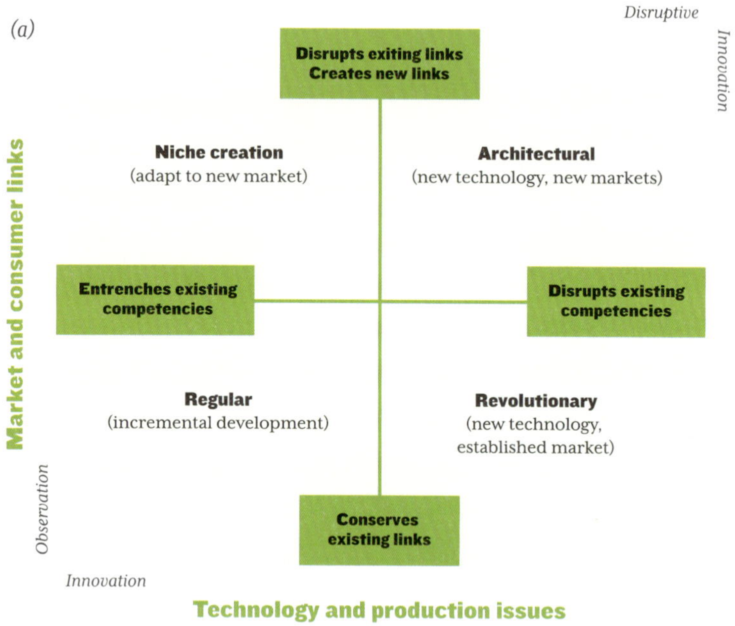

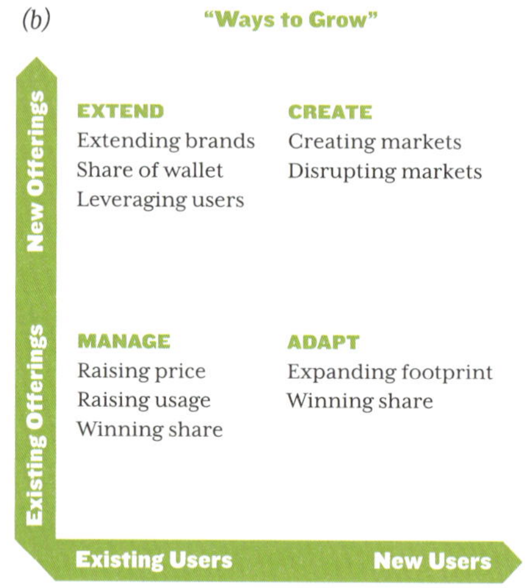

그림 2.6 (a) 급속이행 맵

혁신의 네 가지 유형을 보여주는 급속이행 맵. 우측상단은 가장 파행적이지만 동시에 이윤을 남길 가능성이 가장 크다.

그림 2.6 (b) 혁신의 유형

혁신에 관한 2×2 매트릭스. 이 매트릭스는 2007년 《Design Management Review》에 실린 Jacoby and Rodriguez의 〈Innovation, Growth and Getting to Where You Want to Go〉에서 인용하였다.

맵으로 알려져 있다. 각각의 셀 제목은 그것들 스스로를 충분히 설명하지는 못하지만, 시장조사 분석가들이 워낙 널리 사용하는 표현이므로 우리는 그대로 따르기로 한다. 정상적인 혁신은 성능, 신뢰도, 경제성의 점진적인 향상이며, 이는 기존의 시장과 고객들을 대상으로, 확립된 기술적, 생산적 능숙함을 바탕으로 이루어진다. 이것은 정상적인 제품개발의 과정이다. 틈새시장 창출은 이미 존재하는 기술을 특별한 사용자 그룹이 매력을 가질 수 있도록 개조하거나 발전시켜 새로운 시장을 개척하는 데 활용하는 것이다. 예로서, 자동차 실내장식을 여성운전자에게 매력적일 수 있도록 다시 디자인하는 것을 들 수 있다. 혁명적인 혁신은 기존의 확립된 기술적 생산 방법과 결별하되, 생산자는 기존의 시장과 고객들에게 제품을 팔 수 있는 경우이다. 예로서, 디지털 방송이 아날로그 방송을 대체한 것을 들 수 있다. 끝으로 건축적인 혁신은 기존의 생산능력과 기존의 시장 및 고객과의 연계를 모두 포기하고 새로운 기술을 채택하는 것으로 일어난다. 흔히 인용되는 예로, 말이 끄는 마차를 대신한 자동차를 들 수 있다.

IDEO, ARUP, Porsche Design과 같은 디자인 회사들은 혁신을 위한 자신들만의 독자적인 전략을 발전시켰다. 한 가지 예를 들면 IDEO 방법(그림 2.6(b), Jacoby and Rodriguez, 2007)이 있다. 그것은 네 가지 섹터를 가진 'Ways to Grow' 매트릭스를 중심으로 하며, '관리(Manage)', '확장(Extend)', '개조(Adapt)', '창조(Create)'의 개념은 그림 2.6(a)와 공통점이 많다. 관리와 확장은 정상적인 혁신과 틈새시장 창출과 아주 잘 일치하며, 개조는 혁명적인 혁신, 창조는 건축적인(또는 파괴적인) 혁신과 일치한다. 다만, 어휘 자체로는 개조는 진화적인 변화와 연결되고, 창조는 혁명적인 변화와 연결된다.

그림 2.7 **제품의 차별화: 손목시계**
위의 것은 그것을 가보로서 대대로 물려받던 시대의 시계이고, 아래 것은 극단적인 디자인의 Swatch 시계이다. (사진 제공: 런던의 Apple Publishers)

몇 가지 사례들

제품 차별화 – 손목시계

손목시계는 1850년부터 상업화되었지만, 당시에는 부자들만이 살 수 있는 물건이었다. 불과 40년 전에만 해도, 시계는 가치 있는 귀중품이었고, 일생의 중대한 이벤트에 적합한 선물로 인식되었다(그림 2.7의 상단). 시계 하나를 가지면, 다른 시계는 필요하지 않았다.

1945년 이후 경제적으로 부의 증가가 일어나면서 시계 시장 역시 넓어지고 포화상태에 이르게 되었다. 즉 누구나 시계를 하나씩 갖게 된 것이다. 판매를 촉진하는 것이 급선무가 되었고, 시계를 패션화할 필요가 생겼으며, 부자들만이 아닌 모든 사람을 고려해야 했다. 시계는 옷처럼 일상용품으로 인식되었고 대량으로 판매되었다. 하나의 예로 2001년에 발행된 우편주문 카탈로그에는(시계는 이 책자의 아주 작은 부분이었음) 312개나 되는 시계 그림이 있었으며, 대부분의 시계는 $50 이하였고, 어떤 것은 $10 이하이기도 했다. 이 시계들은 모두 디지털 기술을 사용하고 있었으며, 대부분의 사람들이 필요로 하는 것보다 높은 정확성을 가지고 있었기 때문에 성능에 초점을 맞춘 마케팅은 더 이상 적절하지 않았다. 만일 $50 이상으로 팔리는 시계라면, 물론 많은 시계가 그러하지만, 어떤 방식으로든 소비자의 스타일과 기호, 개성에 맞출 수 있어야 한다.

만일 최근에 산업디자인이 시장을 점유하는 추세에 대한 사례가 좀 더 필요하다면, 스와치(Swatch)를 생각해보라. 1975년 이전에 스위스는 세계의 시계 제조업을 독점하고 있었고, 시계는 스위스의 품질을 상징하는 제품으로까지 인식되었다. 그러나 미국에서 발명되고, 이어서 일본에서도 개발된 전자시계는 스위스 시계 산업에 일종의 재앙이었다. 1984년이 되자 몇 년 전에 비하여 스위스의 시계공장 숫자와 생산량, 그곳에 고용된 직원의 수가 1/3 수준으로 줄어들었다. 회복이 불가피하게 되자, 스위스의 시계 제작사들은 의기투합하여 동아시아 제품보다 정확하고

품질이 우수하며 더 얇은 제품을 경쟁력 있는 가격에 내놓기 시작했다. 더욱 중요한 것은 '컬렉션'이라는 개념을 고안하였다는 것인데, 기술적으로는 동일하지만 색상, 질감, 패턴, 스타일이 다른 일련의 제품들을 시장에 내놓는 것이었다(그림 2.7의 하단). 장인들은 하나 또는 컬렉션에 대하여 의뢰를 받았고, 각각의 새로운 디자인에는 이름이 지어졌다('Calypso Beach', 'Lolita', 'Graffiti'). 1989년까지 이러한 이미지가 성공적으로 자리 잡게 되었으며, 시장이 확대되었음은 물론 소비자로 하여금 시계를 하나 이상 심지어 백 개까지도 수집하게 하였다. 그 브랜드는 현재 하나의 혁신적인 기술에 1,000여 가지의 디자인을 내놓고 있다.

단순한 인터페이스 – 휴대전화

휴대전화는 최근의 성공적인 전자제품 혁신의 전형적인 예이다(그림 2.8). 휴대용 CD 플레이어, 워크맨, 퍼스널컴퓨터와 마찬가지로 휴대전화는 기술적인 장점 못지않게 미학적 요소가 판매에 영향을 미친다. 휴대전화 통신시스템은 네트워크를 통제하는 중계기지가 필요하다. 1988년에 시작된 초기 무선통신 사업의 성장은 최소 숫자의 기지국에 기반을 두었다. 이러한 기술은 상대적으로 새로웠고, 소위 '얼리어답터'들에 의해 선택되었다. 이들은 새로운 기술에 대한 애정이 남다르고, 기술이 보편화되어 사용하기에 편리하게 되기 이전에 이를 구매하는 소수의 소비자 그룹을 말한다. 당시의 휴대전화는 벽돌 모양에, 검은 색의 무거운 군용 무전기에 가까운 형태였다(그림 2.8). 시장의 확대는 기술적인 진보를 필요로 했다. 보다 가벼운 휴대전화(효율적인 배터리와 낮은 전력소모를 의미

그림 2.8 단순한 인터페이스: 휴대전화
몇 가지 예: 초기의 노키아 전화기부터 최근의 블랙베리 스마트폰까지.

함), 그리고 건강 문제를 고려하여 전자파의 세기를 낮춘 수신감도가 높은 것을 요구했다. 1995년에 이르러, 선진국의 중계기지국은 대부분의 지역을 포함하게 되었으며, 기술적 발전은 예상을 뛰어넘는 수준에 다다르게 되었다. 1999년까지 유럽과 미국의 시장은 초기 포화상태에 이르게 되었다.

대부분의 휴대전화는 좀 더 유기적인 형태를 지니게 되었고, 다양한 색상과 패턴을 사용하여 옷과 기분, 그리고 상황을 고려한 다양한 휴대전화 케이스 디자인의 출현으로 이어지게 되었다. 현대의 휴대전화는 재료의 시각적 및 촉각적 속성을 최대한 활용하여, 다양한 사회계층을 만족시키는 제품을 생산하고, 1년이 지나면 구형으로 취급받는 디자인 트렌드를 만들어 낸다. 희미하게나마 내부구조를 볼 수 있는 반투명 케이스, 팝아트나 '모나리자'와 같은 고품질의 장식, 한정판 제품 등은 모두 시장을 자극하는 방법들이다. 인지되는 제품의 가치는 이제 디자인의 구동력으로서 기술적 가치를 보완하고 있다. 최근의 다른 혁신 사례들 또한, 시간 규모는 다르지만 동일한 패턴을 따르고 있다. 1970년에 출시된 워크맨, 1980년에 출시된 휴대용 CD 플레이어, 1984년에 출시된 컴퓨터 마우스 등은 기능 위주의 둔탁하고 평범한 제품에서부터 반투명하고 밝은 색상의 마치 조각된 것 같은 감성적인 제품으로 변모하고 있다.

기업 아이덴티티 – Bang & Olufsen

스테레오나 음향기기에 조금만 관심 있는 사람이라면 Bang & Olufsen (B&O) 제품을 본 적은 없을지라도 금방 알아차릴 수는 있을 것이다(그림 2.9). 1960년대 후반에 이 회사는 제품의 디자인을 이용해 눈에 띄는 기업 아이덴티티(CI)를 확립하였다. 이 회사의 라디오, 텔레비전, 전화기 등은 고도의 기술적인 형상, 날카로운 모서리, 평활한 표면, 엄선된 선명한 그래픽으로 잘 알려져 있다. 나무합판과 새틴 처리된 알루미늄, 스테인리스강의 조합은 질적 우월함을 부각시키고 세간의 주목을 끌기에 충분했다. 손잡이와 움직이는 뚜껑과 복잡한 조절기가 사라진 대신, 적외선 센서와 단순화된 리모컨을 사용한다. 디자이너들은 차별화와 탁월함의 조화를 찾는 데 주력하게 되었다.

B&O는 그 철학[7]을 다음과 같이 표현한다. "디자인은 형태와 기능을 하나로 통합하는 데 쓰이기 전에는 아무것도 아니다. 우리는 새로운 기술을 도입하는 데 있어서 선두주자가 되고자 노력한 적이 없다. 우리의

7. 참고문헌의 Bang & Olufsen(2002).

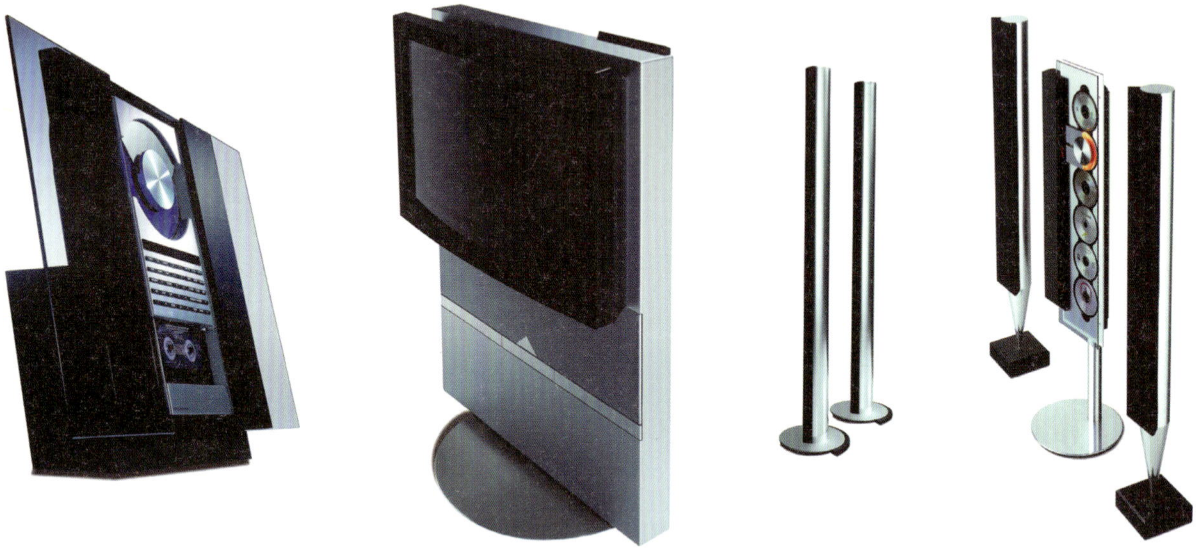

그림 2.9 **기업 아이덴티티: Bang & Olufsen**
이러한 이미지는 일관되고 강력하게 기업과 제품의 정체성을 보여준다. (사진 제공: 덴마크의 Bang & Olufsen)

목표는 다르다. 우리는 우리 제품이 이치에 맞고 소비자로 하여금 특별한 느낌을 가질 수 있도록 만들고자 한다. 우리는 그러한 제품들이 소비자에게 감성적으로 호소력이 있는 동시에, 타의 추종을 불허할 정도로 우월한 기술력을 바탕으로 함으로써, 더욱 특별한 느낌을 주고 감성적 유대를 이끌어내는 개성을 가진 제품이라고 믿는다. 우리의 제품 대부분은 다양한 색상으로 준비되어 마치 소비자가 새 소파를 고를 때처럼 선택권을 준다. 이러한 색상은 유행을 따르지는 않지만, 구매자는 가구와 잘 조화되는 색상을 선택할 수 있을 것이다. 표면 질감도 또 하나의 디자인 요소로서, 혹자는 부수적인 것이라고 생각할 수도 있겠으나, 우리는 심사숙고하여 결정하는 사안이다. 우리는 단 하나의 규칙을 가지고 있다. B&O 제품은 반드시 그 성능을 한 눈에 이해할 수 있도록 만들어져야 한다. 우리는 대량생산과 개발의 지루함에서 벗어나기 위하여 특이하고 진취적인 발상이 주는 충격에 초점을 둔다."

이 회사야말로 집중적인 산업디자인을 통해 만들어진 인지가능한 가치, 인지도와 매력 그리고 기업 정체성을 중심으로 생각하는 회사이다. 이 회사의 지속적인 이윤창출과 성공은 그것이 옳다는 것을 보여준다.

혁신의 유형 – USB Keys

디지털 정보 저장에 관한 초기 저장매체는 천공테이프였다. 1960년대에 이르러 그것은 천공카드로 대체되었으며, 그 후 얼마 안가서 다시 자

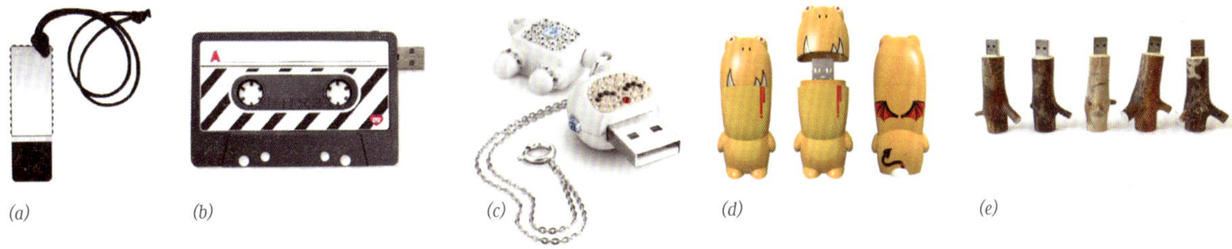

그림 2.10 혁신의 유형: USB Keys
(a) 스테인리스강으로 만든 Cartier 제품(www.gizmodo.com) (b) 아날로그 카세트테이프로 만든 Mixa 제품(www.makeamixa.com) (c) 스와로브스키 크리스털 제품(blog.getitnext.com) (d) PVC 몰딩으로 된 Mimobot 제품(www.gizmodo.com) (e) 나무로 된 Oooms 제품(www.ooms.nl).

기테이프로 대체되었다. 테이프는 레코드판(vinyl and acetate)을 대신하여 음악과 영화의 기록매체가 되었지만, 1980년대에 이르러서는 CD로, 1990년대에 이르러서는 다시 DVD로 대체되었다. 요즘은 디지털 다운로드가 일반화되면서 이들조차도 반도체 데이터 저장매체에 가려지고 퇴조하고 있다. 우리가 매일 사용하는 USB Key가 혁신을 통한 제품의 진화를 보여주는 대표적인 예라고 할 수 있다.

초기의 USB Key는 64 또는 128 MB를 수용할 수 있는 블랙박스에 불과했다. 그것들은 오로지 기능성만을 고려하였고, 시장 차별화 전략은 고려할 부분이 아니었다. 놀랍지도 않을 정도로 초기의 혁신은 저장능력의 향상이었고, 처음에 1 GB로 늘어났던 것이 곧 이어 8 GB 이상으로 진화하였으며, USB2의 도입을 통해 전송속도 또한 향상되었다. 공급량이 증가하자 곧 시장이 포화되었고, 자연스레 틈새시장을 창출하려는 시도가 이어졌다(그림 2.10(a)~(d)).

재료의 진화

이미 살펴본 바와 같이 기술, 환경영향, 투자 환경, 산업디자인이 제품디자인에 미친 영향의 결과로 특정 제품 또는 제품 클래스에 사용되는 재료 자체의 진화를 초래하였다. 세 가지 사례로 주전자, 카메라, 헤어드라이어를 소개한다.

그림 2.11 재료의 진화: 카메라
금속으로부터 고분자, 종이를 거쳐 금속으로 코팅된 고분자에 이르기까지 재료의 진화를 보여주는 카메라들.

그림 2.12 주전자
(좌에서 우로) 주철, 황동, 스테인리스 강철, 폴리프로필렌.

주전자

주전자는 가장 오래된 가재도구의 하나이며 어느 집에서나 가장 흔하게 사용되는 것이다. 100 % 확신할 수는 없지만 약 4,000년 묵은 주전자가 발견된 적이 있다. 불 위에 직접 가열했던 옛날 주전자는 열전도가 잘되고 직접 닿는 화염에 잘 견뎌야 해서 철, 구리, 청동으로 만들어졌다. 1890년대에 개발된 전기주전자는 외부에 발열체를 두어 화염을 대체한 것 외에는 근본적으로 달라지지 않았다. 이러한 개념은 1922년 Swan 사가 개발한 발열체를 내장한 금속 튜브를 물통 안에 설치한 주전자에 의해 바뀌었다. 주전자의 몸체는 이제 더 이상 열을 전달할 필요가 없으며, 실제로 안전이나 사용상의 편의를 고려할 때 열 및 전기의 부도체로 만드는 편이 훨씬 더 낫다. 오늘날 거의 모든 주전자는 플라스틱으로 만들어지고 있으며, 성형 공정이나 제품 색상에 있어서 크게 융통성을 가지고 저렴하게 생산할 수 있다. 그림 2.12이 이러한 주전자들의 예를 보여준다.

카메라

카메라에 사용된 광학 자체는 카메라보다 훨씬 오래된 것이다(그림 2.11). 갈릴레오의 렌즈는 하늘의 문을 열었고(1600년), 후크의 현미경(1665년)도 카메라보다 몇 세기 앞선다. 하지만 핵심 요소는 이미지를 저장(Joseph Nicephore Niepce, 1814)한다는 점이다. 초기의 카메라는 나무, 놋쇠, 가죽, 유리로 만들어졌다. 이 카메라들은 특정한 스타일을 가지고 있었는데, 수공업 제작을 반영하듯이 캐비닛과 같은 외관을 가졌다. 그러나 조금씩 예술적, 상업적, 과학적 도구가 되어갔고, 마침내 다분히 과학적 장치처럼 진화되었으며, 시각적 매력보다는 기능성을 더 중요시하게 되었다. 이렇게 변화된 카메라는 금속을 소재로 하였으며, 내구성이 강하고 공학적인 품질을 부각하는 데 주력했다. 그러나 마찬가지로 시장이 포화상태

그림 2.13 카메라
(좌에서 우로) 나무, 금속, 플라스틱, 종이.

에 다다르자, 새로운 변종들이 생겨났다. (종이로 만든) 일회용 카메라, (금속표면화 고분자로 만든) 소형 스파이 카메라, (고분자 몸체에 탄성중합체를 몰딩으로 덧씌운) 방수 카메라 등으로, 기술적 혁신을 통한 차별화는 종종 재료의 변화를 수반한다. 기술적 발전은 오늘날에도 계속된다. 줌렌즈와 디지털 화상처리가 그런 예이다. 그러나 이것은 관련분야에 또 다른 종류의 차별화를 이루었다. 아동용 카메라, 해저관광용 카메라, 즉석카메라, 심지어 패션 장식품용 카메라 등이다. 그림 2.13에 몇 가지 예를 보여준다.

여기서 제품들이 어떻게 혁명적으로 성장하는지, 용도를 재정의하여 새로운 시장을 형성하는지 눈여겨볼 필요가 있다. 하나의 예로 필름을 기반으로 한 사진에서 디지털 영상화로의 도약이 있다. 또 다른 예로는 전화기의 전통적인 유선 개념에서 무선 휴대전화 기술로의 진화가 있다. 그리고 시간을 측정하는 데 있어서 구식의 밸런스 휠(balance wheel) 방식에서 수정진동자(quartz-oscillator) 방식으로의 도약 역시 예로 들 수 있다. 이러한 것들은 흔히 기존의 시장을 와해시키기 때문에 '혁명적인' 혁신이라 불린다. 그것은 새로운 기술이 기존의 것과는 다른 제조 부문에 의해 지배되기 때문이다.

헤어드라이어

전기 헤어드라이어는 1945년에 처음으로 보편화되었다. 그 이후로 그것의 기능을 달성하기 위한 방식에 크게 바뀐 것은 없다. 전기모터가 팬을 움직이고 그것이 공기를 발열체 위로 불어넣어 뜨거운 바람이 생성되면 노즐을 통해 머리 방향으로 바람이 불게 한다. 초기의 헤어드라이어(그림 2.14(a))는 겨우 100와트의 전력소모 장치였다. 그것들은 아연 다이캐스팅 또는 얇은 철판을 프레스로 성형하여 만들어졌으며, 덩치가 크고 무거웠다. 당시의 제작기술은 금속 중심주의로 형성되어 있었는데, 부품은

그림 2.14 재료의 진화: 헤어드라이어
주철로부터 프레스성형된 강철판, 그리고 사출성형된 고분자에 이르기까지.

쉽게 주조되고, 프레스 성형되고, 가공되어 여러 개의 잠금장치(fastener)를 사용하여 하나로 조립되었다. 금속은 전기와 열을 모두 잘 통하기 때문에 사용자의 감전사고나 화상을 방지하기 위해서는 절연이 필수적이었다. 모터와 팬의 효율이 낮았던 것과 함께 이러한 절연의 필요성이 제품의 덩치를 키운 이유였다. 그 이후에 나온 유일한 기술적 발전은 원심력 팬을 사용함으로써 모터를 팬의 중심축에 위치하게 하여 좀 더 얇은 디자인이 가능해진 것이다(그림 2.14(b)).

고분자의 발전은 헤어드라이어에도 영향을 끼쳤는데, 처음에는 베이클라이트(경화된 페놀수지, 그림 2.14(c))가 사용되었고, 그 후에 다른 고분자 재료들이 케이스와 손잡이에 사용되었다. 초기 버전은 금속제품을 모방한 플라스틱 제품이었다. 베이클라이트 제품은 금속제품과 같은 형상을 하고 같은 숫자의 부품으로 구성되었지만, 금속제보다 오히려 더 많은 잠금장치를 사용하였다. 처음에 고분자는 장식을 목적으로 하는 몰딩의 자유도가 높다는 장점 때문에 매력적이었다. 헤어드라이어는 차츰 공장 기계 같은 형태로부터 탈피하기 시작하였고, 제품들은 좀 더 유행에 민감한 대중들을 목표로 하게 되었다. 그러나 이러한 디자인들도 화려한 색상, 서로 맞물리는 단면을 갖는 복잡한 몰딩, 똑딱단추(snap-fastener)를 사용한 쉬운 조립 등 고분자가 가진 장점을 충분히 활용하지 못했다. 그럼에도 약간의 소득은 있었으니, 제품이 가벼워졌으며, 고분자의 열전도도가 상대적으로 낮기에 제품이 과열될 염려도 줄어들었다. 그러나 팬의 움직임에 이상이 생기면, 온도가 고분자의 연화온도를 쉽게 넘어서 버리는 문제점을 안고 있었다. 이 시대로부터 현재까지 남아 있는 오래된 헤어드라이어들은 대부분 열로 인하여 심하게 비틀어진 모습을 하고 있다. 그럼에도 불구하고 더 작은 모터와 보다 나은 열전달 디자인으로 성능은 향상시키고 무게는 줄였고, 나중에는 좀 더 효율적인 축 방향 공기흐름 디자인으로 회귀한 제품도 가능하게 되었다(그림 2.14(d)).

위에서 언급된 디자인의 변화는 새로운 재료의 도입으로부터 시작되었다. 현대의 헤어드라이어에 들어가는 작은 모터는 고출력을 위하여 세라믹 자석과 세라믹 프레임을 사용한다. 센서는 과열을 감지하고 필요시에 전력을 차단한다. 보다 빠른 공기흐름으로 높은 전력밀도의 발열체를 사용할 수 있게 되어 케이스와 발열체 사이의 절연 필요성도 감소하였다. 현재의 케이스는 고분자의 속성을 충분히 활용한 디자인이다. 두 개의 부품으로 나누어 몰딩되고, 보통 한 개의 잠금장치로 결합된다. 조정 가능한 노즐은 고분자의 높은 강도/탄성계수 비율을 활용한 똑딱맞춤(snap-fit) 방식이어서 비틀어 제거할 수 있다. 요즘의 그 디자인은 젊은 층에게 매력적이며, 가볍고 매우 효율적이다. 이러한 제품이 등장하였음에도 기존의 금속제품을 고수하는 회사가 있다면 이제 그러한 제품을 위한 시장은 사라져 버렸음을 알게 될 것이다.

헤어드라이어는 벌써 여러 해 동안 기술적으로 수렴상태이다. 시장점유율을 증가시키려면 새로운 사회적 그룹(운동선수, 어린이, 여행자 등)의 수요를 이끌어내고, 시각적으로나 촉각적으로 다른 속성을 가지며 색다른 연상을 유발하는 새로운 모델들을 내놓아야 할 것이다. 스누피 헤어드라이어는 어린이를 위한 것이며, 작은 스포츠용/여행용 드라이어는 기대 이상으로 가볍다. 각각의 경우에 재료와 디자인이 기술의 진보를 이루고 소비자의 주의를 끌며, 시장점유율을 높이는 데 사용되었다.

재료와 사회

유모차

영국의 실버크로스(Silver Cross) 사는 1877년 이래로 유모차를 만들고 있다. 사실 통상적인 유모차 수준이 아니라 유아용 자동차라고 해야 맞나. 이것은 주문제작용 고급 유모차로 'Bentleys for Babies'라고 할 수 있으며, 부모가 직접 끌기보다는 보모를 고용해서 아기들과 공원에서 놀게 할 정도의 재력이 있는 가문을 위한 제품이다. 이 회사의 제품들은 'Fleur de Lis(프랑스 부르봉 왕조의 상징)' 또는 'Silver Cross Balmoral(영국 여왕의 저택들 중 하나)'과 같은 이름을 가졌다. 그림 2.15(a)를 참고하라. 부분적으로 겹치는 커다란 휠이 거창한 판 스프링에 연결되고 이는 다시 가죽 끈으로 나무 프레임에 연결되며, 차양 지지대와 손잡이를 갖춘 수제 운반대는 셜록 홈즈 시대의 이륜마차 택시(hansom cab)를 연상시킨다.

이 회사는 제2차 세계대전 이후의 긴축시대를 견뎌냈지만 2002년에는 법정관리를 받아야 했다. 보모를 고용할 형편이 안 되는 가정에서는 합리적인 가격에 장바구니도 실을 수 있고, 접어서 자동차 트렁크에 넣거나 작은 집의 좁은 복도도 통과할 수 있는 유모차가 필요했다. 이렇게 진화된 제품(그림 2.15(b))은 이륜마차 택시보다는 수퍼마켓 카트로부터 진화했다고 보는 편이 더 알맞을 것이다. 그것은 작은 바퀴와 강철 튜브로 된 프레임, 그리고 철망 바닥으로 이루어졌다.

그림 2.15 최고급 유모차
(a) 실버크로스 회사의 Balmoral (b) 접을 수 있는 유모차 (c)~(d) 스포츠 (고급) 유모차.

1980년대 중반에는 부모 역할의 분담이라는 인지가 유모차 제작사들의 세상에도 스며들었다. 아기와 쇼핑을 다니는 것은 더 이상 보모나 엄마의 전유물이 아니었다. 그에 더하여 소득이 상승함에 따라 신나는 곳으로 휴가를 가거나 흥미진진한 스포츠에 참여할 수 있는 여유가 생긴 것도 한몫을 했다. 결과적으로 유모차는 여성 못지 않게 남성의 눈길도 끌 수 있는 제품이 되어야 했다. 이러한 요구를 반영한 제품은 그림 2.15(c)~(d)에 나타나 있다. 'Baby Enterprise All Terrain push-chair', 'Slalom Pro Baby Buggy', 'Jogger' 등이다. 아웃도어 활동을 위한 강건한 제품은 이름에서부터 시작한다. 견고한 제작구조와 당당한 타이어에, 케이블 브레이크, 신속탈착 휠은 산악자전거 디자인에서 유래하였다. 경량 프레임과 인성을 높여주는 웹(web) 구조는 히말라야 산악등반 용품에서 따온 것이고, 아기 멜빵의자는 Formula 1 경주용 자동차에서 유래한 것이다. 이 모든 것들은 '가장 높은 수준의 요구조건을 만족할 수 있도록 현장 테스트를 거쳤다.' 이러한 비유법은 굉장히 효과적이며, 그러한 모델들이 현재 높은 점유율로 시장을 석권하고 있다.

이것이 암시하는 것은 여기에 사용된 재료들이 각 제품에 독특한 개성을 만들어 냈다는 사실이다. 실크로 안을 대고, 래커를 칠한 나무 프레임으로 된 Balmoral 본체는 함께 사용된 크롬도금 황동 연결쇠와 가죽과 캔버스와 어우러져 전통은 물론 개별적인 장인정신을 나타낸다. 접이식 유모차의 강철튜브로 만든 프레임, 그리고 용접된 철망과 고체단면 고무타이어의 소재는 단순하고 강건한 구소를 위한 재료이다. 스포츠용 유모차의 와이어스포크 휠, 알루미늄과 CFRP로 된 프레임, 그리고 인성이 강한 나일론 웹구조는 야외활동에 적합하여 어디든지 갈 수 있는 장비로, 자유로움과 건강과 운동을 나타낸다.

결론

오늘날 산업디자인은 대부분의 새로운 제품의 디자인 프로세스의 일부로 통합되었으며, 치열한 국제경쟁의 세상에서는 그렇게 하는 것이 훌륭한 비즈니스 상식으로 자리 잡았다. 선글라스, 스키, 커피메이커와 같은 부류의 제품에서는 전구, 기계공구, 제트엔진과 같은 부류의 제품에서보다 훨씬 더 분명하게 산업디자이너가 중심적인 영향력을 가진다. 물론 후자의 경우에도 영향력을 찾아볼 수 있다. 다음에 비행기에서 내릴 때에는 엔진 커버에 뚜렷하게 새겨진 Pratt and Whitney 또는 Rolls Royce 같은 상표를 찾아보라. 이러한 상표 디자인들은 우연이 아니다. 간단히 정리하면, 공학설계와 산업디자인 두 가지 모두 무엇인가를 디자인하는 데 있어서 필수적이고 상호보완적인 부분이다.

이 책은 공학설계와 산업디자인의 균형을 맞추는 데 재료가 할 수 있는 역할을 탐구하고, 제품디자인에 필요한 재료선택 방법을 찾는 데 그 목적을 두고 있다.

참고문헌

Abernathy, W.J. and Clark, K.B. (1985) "Innovation: Mapping the Winds of Creative Destruction", Research Policy, Number 14, pp. 3-22. (저자들에 의해 발전된 'transilience map'은 혁신에 대한 분석방법의 하나로 널리 인정되었다.)

Ashby, M.F. (2013) "Materials and the Environment", 3rd edition, Butterworth-Heinemann, Oxford, UK. ISBN 978-0-12-385971-6. (환경보호 문제를 재료관련 과목들에 도입하기 위하여 배경, 방법, 데이터와 같은 자료들을 제공하는 교재이다.)

Bang & Olufsen (2002) Product Catalogue and website. www.bang-olufsen.com (B&O 제품들의 그림과 회사의 디자인 철학에 대한 설명을 담고 있다.)

Billington, D.P. (1985) "The Tower and the Bridge, New Art of Structural Engineering," Princeton University Press, Princeton, NJ, USA. ISBN 0-69102393-X. (Billington 교수는 토목공학자로서, 훌륭한 건축물들이[브룩클린 다리, 시카고의 마천루, Pier Luigi Nervi의 콘크리트 곡면판 지붕] 기술적 어려움을 해결했음은 물론 예술적 경지도 이루었다고 주장한다. 대부분 전기적인 내용이며, 각각의 구조건축가가 성취한 업적에 대한 내용이지만, 중간중간의 주석들은 명확하고 깨우침을 주는 것들이다.)

Braun (2002) Product catalogue and website. www.braun.de (Braun 제품의 그림과 회사의 디자인 철학에 대한 설명을 담고 있다.)

Clark, J.P., Roth, R. and Field, F.R. (1997) "Techno-economic Issues in Materials Science," p. 255, ASM Handbook Vol. 20, "Materials Selection and Design," ASM International, Materials Park, Ohio, USA. ISBN 0-349-10926-5. (저자는 비용/가치 분석방법들에 대하여 설명하고 있으며, 재료선택에 있어서 환경영향 문제도 다루고 있다.)

Edwards, F. (1998) "Swatch, a Guide for Connoisseurs and Collectors," Apple Press, London, UK. ISBN 1-85076-826-9. (Swatch의 디자인 역사에 대하여 짜임새 있는 설명과 넘칠 정도로 그림을 곁들인 책으로, 300개 이상의 예제에 대하여 각각 간단한 설명을 포함하고 있다.)

Horgan, J. (1996) "The End of Science," Abacus Books, Little Brown Co., London, UK. ISBN 0-748-40844-4. (Horgan은 거의 대부분의 과학 분야에서 다루는 내용들은 세부사항에 관한 것으로 혁명적인 발견이 아니라고 주장한다. 많은 사람들이 동의하지 않고 있다.)

Jacoby, R. and Rodriguez, D. (2007) "Innovation, Growth and Getting to Where You Want to Go," Design Management Review, Volume 18(1), p. 10-15.

Jordan, P.W. (2000) "Designing Pleasurable Products," Taylor and Francis, London, UK, ISBN 0-748-40844-4. (저자인 조던은 Philips Design 사에서 제품의 미

학 분야 매니저이며, 오늘날의 제품들은 즐거움을 줄 수 있어야 한다고 주장한다. 책의 대부분은 제품에 대한 소비자들의 반응을 이끌어내기 위한 인터뷰, 질의, 현장 조사, 포커스그룹 인터뷰 등의 시장조사 방법에 대한 설명이다.)

Pye, D. (1997) "The Nature and Aesthetics of Design," Cambium Press, CT, USA. ISBN 0-9643999-1-1. (디자인에 대한 이해, 특히 기계설계에 관하여 집중적으로 다룬 책이다. 미학적 요소의 역할에 대하여 설명하였으나, 재료에 대해서는 특별한 참고문헌을 언급하지 않았다.)

Schmidt-Bleek, F. (1997) "How Much Environment Does the Human Being Need – Factor 10 – The Measure for and Ecological Economy," Deutscher Taschenbuchverlag, Munich, Germany. (저자는 진정한 지속가능성을 위해서는 선신국들이 에너지와 자원의 소비를 현재의 10분의 1로 줄이는 것이 필요하다고 주장한다.)

Von Weizsäcker, E., Lovins, A.B. and Lovins, L.H. (1997) "Factor Four," Earthscan Publications, London, UK. ISBN 1-85383-407-6. (지속가능성을 위해서는 인류의 행동방식과 소비에 대대적인 변화가 필요하다는 견해를, 논란거리이긴 하지만 충분히 방어할 수 있는 주장을 펴낸 최초의 책이다.)

Chapter 3

재료성, 디자인, 그리고 창의성

http://dx.doi.org/10.1016/B978-0-08-098205-2.00003-2

이탈리아어에는 디자인과 공학을 하나로 묶는 단어가 있으니, 'la progettazione'이다[1]. 그리고 디자이너 또는 엔지니어를 일컬어 'il progettista'라고 한다. 문자 그대로 옮긴다면, 'il progetto'란 계획을 의미한다. 마찬가지로 영어로도 '디자인(design)'이란 단어는 좀 더 광범위한 의미로 '계획(plan)'을 의미한다. 디자인은 모자의 예처럼 패션에 관한 것일 수도 있고, 터빈블레이드의 예처럼 공기역학과 유체의 흐름에 관한 것일 수도 있으며, 심지어 심리상태에 관한 것일 수도 있다[2]. 이렇게 광범위한 의미 때문에 이 단어는 혼란을 야기할 우려가 있다. 이런 것을 방지하기 위해 우리는 공학설계, 산업디자인, 제품디자인 같은 용어들을 상황에 따라 적절히 사용할 것이다.

디자인과 창의성에 관한 다음의 논의에서 우리는 늘 우리가 속해 있는 재료성 및 제작의 세상에 각 개념의 적용을 고려한다는 사실 또한 매우 중요하다. 이 논의는 소모적인 해설도 아니거니와, 적절하거나 가장 최선의 디자인 방법론과 창의성 기법을 추천하려는 것도 아니다. 우리는 이 책을 읽게 될 여러 유형의 독자들에게 영감을 주고 길잡이가 될 수 있도록 넓은 범위에 걸쳐서 서술할 것이다.

공학설계에는 그 제품의 적절한 기술적 가동성을 담보하는 디자인 요소가 포함된다. 즉 그것의 기계적 및 열적 성능, 비용, 내구성이 고려된다. 이러한 것들을 포괄적으로 칭하여 그 제품의 기술적 속성이라 한다. 이는 제품이 어떻게 작동하는지, 어떻게 만들어지는지를 보여주는 속성이다. 산업디자인은 제품에 의해 만족감을 얻을 수 있도록 해주는 디자인 요소들을 위주로 한다. 제품의 시각적 및 촉각적 속성, 연상과 인지, 역사적 유래 등이 고려된다. 이러한 속성은 제품의 개성이나 특성을 나

1. Manzini의 뛰어난 저서《Materials of Invention》(1989)로부터 인용하였음.

2. "나는 옷을 디자인하는 것이 아니라 꿈을 디자인한다." – 1986년 4월 19일자 뉴욕 타임즈 지에서 Ralph Lauren이 한 말.

타내준다. 여기서 말하는 제품디자인이란 성공적인 제품들을 창조하기 위하여 공학설계와 산업디자인을 종합하는 것을 의미한다.

공학설계와 산업디자인을 두 개의 서로 연관 없는 행위로 분리하여 구분하는 것은 위험이 따르는 일이다. 좀 더 균형 잡힌 시각으로 보자면 두 가지는 서로 연속체를 이루며, 전체적인 디자인 프로세스를 구성하는 부분들이라고 이해하는 것이 좀 더 균형감각을 갖춘 관점이다. 그러나 공학설계는 잘 확립된 방법들과 수준 높은 컴퓨터기반 기술을 활용하는 반면에, 산업디자인은 체계적 또는 정량적으로 만들기가 그리 쉽지 않다. 절대적이고 정밀하게 지정되는 기술적 속성과는 달리 산업디자인의 많은 속성은 문화와 시대에 의존하고 있다. 일본인들의 이상적인 아름다움은 유럽인이 추구하는 것과는 다르며, 한 세대에서 아름다움으로 분류되었던 것이 다음 세대에는 추한 것으로 분류되기도 한다. 과학적 및 기술적 언어와 사고는 아이디어가 명쾌하고 정확하게 표현될 수 있을 때 효력을 발휘하지만, 아이디어 자체가 애매모호하고 주관적 감정이나 감각이 개입될 때는 효력을 발휘하지 못한다. 이러한 경우에는 다른 사고방식이 필요해진다.

사고의 방식

공학설계는 논리와 해석에 바탕을 둔 연역적 추론을 기반으로 한다. 연역적 추론은 재료선택에 적용되며 자세한 것은 제7장에서 다룰 것이다. 그것은 공식화를 일련의 문제해결 수단으로 사용하며, 종종 수학적 해석이 수반된다. 반대로 산업디자인은 기존의 경험으로부터 이끌어낸 종합에 바탕을 둔 귀납적 추론을 기반으로 한다. 인지와 가시화를 사용하여 재료를 선택하는 귀납적인 방법 역시 제7장에서 자세히 다루어질 것이다. 이러한 개념들은 앞으로 논의할 문제들의 중심이 되기 때문에 좀 더 자세히 살펴볼 필요가 있다.

그림 3.1 인지를 달리함
(사진 제공: Harley Davidson USA와 Piaggio Corporation)

관찰과 인지

자신이 모터사이클 전시회에서 Harley Davidson(그림 3.1)을 살펴보고 있는 두 남자 뒤에 서 있다고 가정해보자. Harley는 스펙에 열거된 다음과 같은 기술적 속성을 가지고 있다. 무게, 실린더의 숫자, 파워, 최고속도, 본체에 사용된 재료. 이것들과 기타 여러 가지 기술적 속성들은 엄밀하게 정의될 수 있으며 정확하게 측정될 수 있다. 그러나 Harley는 미학적 속성 또한 가지고 있다. 그것은 검은색이고 금속성이며 시끄럽다. 두 남자는 같은 모터사이클을 보고 있지만 매우 다른 방식으로 이를 인지한다. 한 사람의 마음에는 부드럽고, 노란색이고, 세련된 스쿠터 형태에, 기계적 부품들이 밖으로 표출되지 않고, 깨끗한 외곽선과 최신 유행을 반영한 스타일이 이상적인 모터사이클이다. 따라서 그는 Harley를 무겁고 사치스러우며 위험하다고 인지할 것이나. 나른 한 사림의 생긱에 이상적인 모터사이클은 탁 트인 도로에, 검은 전신재킷, 짙은 색 차양이 달린 헬멧, 양쪽 배기통으로 꾸며진 이미지이다. 이 사람은 Harley를 파워가 넘치고, 권위 있고, 자유의 표현이라 인지할 것이다.

인지란 우리가 관찰한 것에 대하여 해석한 결과이다. 두 관찰자는 같은 제품을 다른 방식으로 인지한다. 그들이 관찰한 제품에 대한 반응, 정신적으로 축적된 제품에 대한 이미지, 제품에 대하여 가지고 있는 경험 등을 통하여 인지하는 방식이다. 관찰과 인지 모두 디자인의 창의성에 공헌한다. 이 시점에서 우리는 제품의 속성들, 특히 산업디자인과 제품의 개성에 연관되는 속성을 표현하는 네 사용할 네 가지 용이에 대한 정의를 명확하게 할 필요가 있다. 아래에 소개하는 순서는 추상성이 증가하는 순서이다.

- 미학적 속성(*aesthetic attributes*)은 감각과 직접적인 관련이 있다. 시각, 촉각, 후각, 미각, 청각을 포함하며, 특히 시각의 경우 형태, 색상, 제품 및 재료의 질감도 포함한다.
- 연상의 속성(*attributes of association*)은 시간, 장소, 사건, 사람, 문화와의 연관성에 관한 것이다. 따라서 Jeep은 군대를, 금은 부를, 검은 색은 죽음을, 빨간색은 결혼을 연상시킨다.
- 인지되는 속성(*perceived attributes*)은 재료나 제품에 대한 반응을 나타낸다. 예를 들면, 정교함, 현대적임, 익살스러움 등이 있을 수 있고, 이러한 반응들은 처음으로 인지된 것들의 합이며, 상황과 경험에 의해 크게 영향 받는다.
- 감성적 속성(*emotional attributes*)은 재료나 제품이 어떤 느낌을 주는지를 나타낸다. 행복, 슬픔, 위협 등이 있으며, R. Seymour(런던의 Seymour Powell 사)의 표현을 빌리자면 '감성적 인간공학'이라 할 수 있다.

여기에 디자인 역사에 바탕을 둔 스타일이라는 개념을 추가하게 된다. 스타일에도 이름이 있다. 아르누보(Art Nouveau), 아르데코(Art Deco), 모더니스트(Modernist), 포스트모던(Post-Modern) 등이다. 각각의 이름들은 약칭이며, 말하자면 미학적 속성, 인지되는 속성, 감성적 속성, 연상의 속성 등을 특정하게 묶은 것을 지칭하는 용어로서, 일반적으로 통하는 이름이다. 디자인 스타일은 때때로 특정한 재료에 연관되지만, 그러나 재료 자체가 스타일을 갖는다고 할 수는 없고, 스타일은 재료가 제품의 일부가 되었을 때 비로소 얻어진다. 이 장과 다음 장에서 다룰 예제들은 이러한 구분을 명확하게 해줄 것이다.

언어 · 수리적 및 시각적 사고

McKim[3] 같은 작가는 인간의 두뇌가 두 가지의 아주 다른 프로세스를 추론하고 구별하기 위하여 정보를 처리하는 방법에 대하여 논하고 있다(그림 3.2). 첫째, 두뇌의 왼쪽 반구는 언어적인 추론과 수학적 절차를 활용한다. 이는 해석에 의해 본질적으로 선형적이면서 순차적인 경로를 따라 아는 것에서 모르는 것으로 이동한다. 둘째, 두뇌의 오른쪽 반구는 이미지를 활용하는데, 이미지에는 기억된 것과 상상하는 것이 모두 포함된다. 그것은 종합에 의해, 즉 아이디어와 이미지를 해부하고, 재결합하고, 순서를 바꾸고, 몰핑(morphing)하는 과정을 통해 아는 것으로부터 모르는 것을 이끌어 낸다. 첫 번째 사고의 방법인 언어 · 수리적 사고는 문법과 논리에 바탕을 둔다. 두 번째 사고의 방법인 시각적 사고는 상상력을 더 많이 사용한다. 그것은 덜 구조화되었지만 자유로운 연상을 통해 더 높은 개념의 도약을 가능하게 해준다.

잠시 당신이 시각적 정보를 저장하는 방법에 대한 다음의 예를 생각해보라. 아마 당신은 수백 명 또는 그 이상의 사람들을 알아볼 수 있을 것이다. 그러나 만일 그들 중 한 사람을 누군가가 인식할 수 있는 수준의 그림으로 나타내라고 하면 할 수 있는가? 아마도 대부분의 사람들은 불가능할 것이다. 많은 사람들은 아마 그들의 상상력 안에 있는 사람의 얼굴을 그림으로 떠올리는 것조차 어려울 것이다. 이는 시각적 이미지가 굉장히 조악한 방법으로 저장됨을 의미한다. 반면에 만일 당신이 LA 국제공항에서 아는 사람과 우연히 마주친다면, 수많은 여행객들 중에서 그 사람을 즉각 구분해낼 수 있을 것이다. 얼굴 또는 장소를 인식하는 것은 기억 속에 저장된 이미지와 시각적 이미지의 세밀한 비교를 필요로 한

3. McKim의 저서 《Experiences in Visual Thinking》(1980)은 이미지가 창의적 사고의 과정에 포함되는 방식에 대하여 가장 잘 설명하고 있다.

그림 3.2 좌뇌 우뇌
좌뇌로부터의 생각 또는 우뇌로부터의 생각 – 1차적으로 논리와 해석에 의한 해답을 구하고, 2차적으로 회상이나 상상에 의한 이미지 또는 유추에 의한 종합으로 해답을 구한다.

다. 아무리 미묘한 종류의 일치라도 가능하며, 평균적인 사람은 보통 하나가 아니라 수백 개를 인식하고 구별할 수 있는 정보를 저장해두고 있다. 정신적으로 어떻게 이미지를 저장하는지는 아직 잘 이해되지 않았으나, 이런 이미지의 데이터베이스는 굉장히 방대하며 필요하다 싶으면 매우 빠르고 정확하게 정보에 접속할 수 있음은 분명하다.

공학설계와 산업디자인 모두에서 창의력은 자유로운 연상과 원하는 속성의 집합을 얻기 위하여 이미지를 종합할 수 있는 능력에 의존한다. 이미지는 시각적(대상체의 관찰, 사진, 스케치, 그림)이거나 또는 정신적인 것이며, 디자이너의 기억과 상상력에 저장된다.

재료과학에서의 시각적 사고

'과학'이란 단어는 즉각적으로 연역적인 사고, 즉 해석을 암시한다. 그러나 레오나르도다빈치나 뉴턴에서부터 아인슈타인이나 크릭(Crick)/왓슨(Watson)에까지 이르는 창의적인 과학자들이 입증하듯이 그들의 위대한 영감의 발현은 해석 못지않게 종합(시각적 사고)에 의해 나타났다. 특히 재료과학은 의사소통과 사고의 방식으로 이미지를 활용한다(그림 3.3). 벤다이어그램(Venn diagram)과 흐름도는 전후관계와 절차에 관하여 잘 나타내준다. 막대그래프와 차트는 크기와 수치의 경향을 보여준다. 개략도(schematics)는 분자구조를 보여주며, 메커니즘이 어떻게 작용하는지 또는 장비들이 어떻게 작동하는지 보여준다.

이러한 정보는 좀 더 밀집된 다이어그램이나 이미지로 나타낼 수 있다. 평형상태도(phase diagram)는 경쟁하는 합금의 안정상 영역을 보여준다. 현미경사진은 다른 재료에서 유사한 구조가 나타날 수 있음을 보여줌으로써, 어떤 재료에 쓰이는 열처리 방법이 다른 재료에도 효과적일 수 있음을 암시하고 있다. 변형 메커니즘 맵은 경쟁하는 각 변형기구가

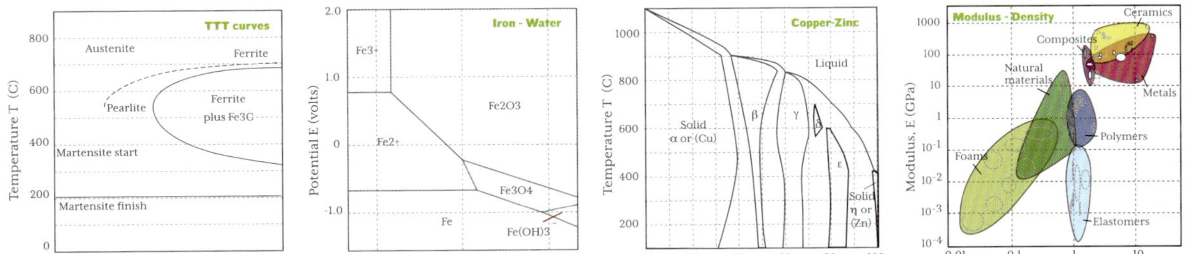

그림 3.3 재료과학에서의 이미지
재료과학에서 시각적 이미지가 활용되는 몇 가지 방식은 다음과 같다. 전자현미경 사진(옮긴이 주: 그림에 없음), 등온변태도(첫 번째 그림), 평형상태도(두 번째와 세 번째 그림), 변형기구 맵(옮긴이 주: 그림에 없음), 재료특성 차트(마지막 그림).

4. 이러한 차트는 이 책에서 매우 많이 사용되며 제4장에서 소개된다.

우세한 영역을 보여준다. 재료특성 차트[4]는 재료 · 특성 공간(다차원 공간)에 분포하는 재료의 위치를 나타낸다. 이러한 각각의 도표는 방대한 양의 정보를 하나의 이미지로 나타낸 것이며, 수식이나 말로는 표현하기 어려운 데이터 패턴을 보여준다. 그것들은 의사소통의 수단이 되었을 뿐만 아니라 추론의 도구로도 자리 잡았다.

시각적 이미지의 강점은 정신적으로 다룰 수 있다는 점이며, 창의적 사고를 촉진시킬 수 있다는 점이다. 아크릴로 만들어져 투명성과 색상을 가질 수 있는 자동차 후미등의 이미지는 더 많은 것을 보여준다. 이는 복잡한 모양으로 몰딩될 수 있으며, 물과 기름을 견뎌낼 수 있고, 길거리에서 발생할 수 있는 사소한 사고까지도 충분히 견딜 수 있는 내구성을 지니고 있다. 이렇듯 관계를 보여주는 다이어그램은 새로운 아이디어를 유발할 수 있는 능력을 가졌다. 제4장의 예들은 재료의 정보를 도표화함에 따라 어떻게 참신한 재료의 조합과 복합에 대한 아이디어를 얻을 수 있는지를 보여준다. 시각적 이미지 없이는, 이런 아이디어들은 쉽게 떠오르지 않는다. 시각적 의사소통과 추론은 재료과학에 있어서 오랫동안 자리 잡아온 방법이다. 그러나 디자인에는 어떻게 사용될까? 이 질문에 답하기 위해서는 디자인 프로세스에 대하여 자세히 알아볼 필요가 있다.

디자인 프로세스

우선, 디자인의 종류에 대하여 얘기해보자. 독창적 디자인은 완전히 새로운 아이디어 또는 작동원리(working principle)에서 비롯된다. 램프의 전구, 전화기, 볼펜, 컴팩디스크(CD), 휴대전화 등이다. 좀 더 흔히 디자인은 기존의 개념을 수렴하고 개선과정을 통해 점진적인 성능향상을 추구하는 적응형(adaptive)이다.

디자인의 출발점은 시장의 요구 또는 새로운 아이디어지만, 끝나는 점은 요구를 충족하거나 아이디어를 완벽하게 구현한 제품에 대한 완전한 상세스펙(또는 최종스펙)이다. 요구를 꼼꼼하게 정의하는 것이 필수적이다. 즉 제품의 요구조건, 예상되는 사용환경, 잠재적 사용자에 대하여 언급한 수요명제(need statement) 또는 디자인브리프(design brief)를 작성해야 한다. 디자인에 대하여 저술한 사람들은 이러한 수요명제가 해답에 대하여 중립적이어야 한다는 점을 강조하는데, 그것은 명제를 달성하기 위해 어떻게 일을 추진해야 하는지를 암시해서는 안 된다는 뜻이며, 이는 선입견에 의한 편협한 사고를 피하기 위한 것이다.

디자인브리프와 제품의 최종스펙 사이에는 여러 단계를 거쳐야 한다. 디자인은 크게 개념디자인, 발전디자인, 상세디자인의 세 가지 단계로 나누어진다[5]. 개념디자인에서는 제품이 요구를 어떻게 충족시키는지, 즉 작동원리를 보여준다. 이 단계에서 디자이너는 기술적 및 미학적으로 가능한 가장 광범위한 아이디어를 고려한다. 개념의 선택은 디자인의 종합적인 구성을 암시하지만, 재료나 형태에 관한 대부분의 결정은 다음 단계로 미루어진다.

5. 여기서는 존경받는 디자인 교재인 Pahl and Beitz(1997)의 어휘를 사용한다. 많은 사람들이 공학설계에 대한 영향력이 큰 이 책을 따른다.

다음 단계인 발전디자인에서는 앞에서 유망할 것으로 선택된 각각의 개념을 발전시키고 작동을 분석하여, 예상되는 하중, 온도, 환경의 범위 내에서 안전한 작동을 보장할 수 있는 재료 및 공정의 선택 폭에 대하여 고려해본다. 이와 함께 형태, 색상, 질감에 대하여 여러 가지 가능성을 탐색해보고, 그것을 만들어 줄 수 있는 재료 및 공정을 제6장에서 설명할 방법으로 찾아낸다.

발전디자인 단계는 실현가능한 하나의 디자인을 결정함으로써 마감되고 다음 단계인 상세디자인으로 넘어간다. 여기서는 각 부품의 상세스펙이 작성된다. 중요한 부품들은 정확한 기계적 및 열적 해석을 거치게 되며, 부품들과 부품군에 최적화 방법을 적용하여 성능을 극대화하고, 비용에 대한 분석도 이루어진다. 3차원 모델링을 통해 형태를 드러내고, 기하학적 구조, 재료, 제조공정, 표면마감에 대한 최종 선택을 내리게 된다. 이 단계의 결과물은 제품의 상세스펙이다.

이러한 사고 방법에 있어서 디자인의 각 단계별로 재료정보가 필요하게 된다(그림 3.4). 초기 단계에 필요한 정보의 속성은 그 정밀도의 수준과 폭이 이후 단계에서 필요한 것과 매우 다르다. 개념디자인에서 디자이너는 가능한 최대로 넓은 범위의 재료에 대한 일반적인 정보를 필요로 한다. 이 단계에서는 모든 가능성이 열려 있다. 요구되는 기능이 동일하더라도 어떤 개념에서는 고분자가, 다른 개념에서는 금속이 최선의 선택이 될 수 있다. 이 단계에서 필요한 것은 정밀도가 아니라, 넓은 선택의 폭과 용이한 접근성이다. 어떻게 디자이너로 하여금 모든 가능성을 고려할 수 있도록 최대한의 융통성을 가질 수 있는 방향으로, 방대한 범위의 재료정보를 제공할 수 있을까?

발전디자인에서는 이러한 재료들의 어떤 부분집합에 대한 정보가 필요하며, 보다 높은 수준의 정밀도와 상세함을 필요로 한다. 기술적 속성은 하나의 재료나 속성을 다루는(예를 들어, 금속의 부식저항) 특화된 핸드북

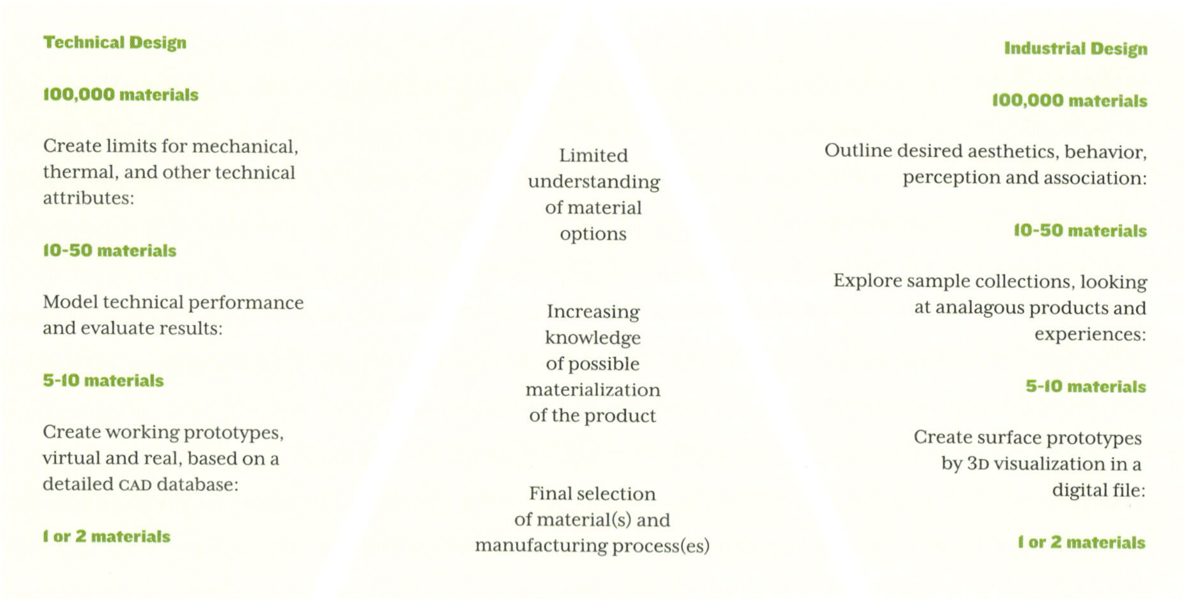

그림 3.4 디자인 프로세스에서의 재료
제품디자인은 개념디자인, 발전디자인, 상세디자인의 과정을 통하여 과제를 식별하고 명확하게 하는 것으로부터 제품의 최종스펙까지 진행된다. 처음에는 모든 재료(아마 100,000종 이상)가 후보가 된다. 기술적 제한조건(왼쪽)과 산업디자인의 제한조건(오른쪽)이 적용되면서 점점 선택의 폭이 좁아지며 결국에는 소수의 재료에 대한 상세한 탐색이 이루어진다.

이나 소프트웨어에서 찾을 수 있으며, 모든 재료에 대한 정보를 폭넓게 다루었던 이전 단계에서는 불가능했던, 보다 상세한 수준의 선택이 가능하다. 산업디자인에 적합한 재료의 속성은 다른 방법으로 모아진다. 다른 디자이너 또는 제품으로부터 따온 아이디어, 재료 컬렉션에 대한 조사, 무드보드(mood board)의 조립, 창의성 보조물의 사용, 스케칭, 모델만들기가 있다. 각각에 대해서는 잠시 후에 살펴보겠다.

마지막 단계인 상세디자인에서는 더 높은 수준의 정밀도와 상세함을 필요로 하지만 그런 작업은 하나 또는 몇몇 재료에 국한되며, 재료 생산자로부터 얻을 수 있는 정보가 최선이다. 특정한 종류의 재료(예를 들어, 폴리프로필렌)는 다른 생산자가 다른 방식으로 만든 경우 조금씩 다른 특성을 가질 수 있다. 그리고 때로는 이러한 것으로도 충분하지 않을 때가 있다. 만일 부품이 중대한 것(예를 들어, 파손되면 심각한 재앙을 초래할 수 있는 것)이라면 제품에 사용될 재료의 샘플을 가지고 자체 검사를 통해 중요한 특성을 측정해봄으로써 점검하는 것이 현명할 것이다. 최종 단계는 실물크기의 시제품을 만들고 그것을 가지고 시험해 봄으로써, 디자인이 고객의 기술적 및 미학적 기대치를 충족시킬 수 있을지 확인하는 것이다.

디자인에 들어가는 재료관련 인풋은 제품의 상세스펙과 최종생산으로 끝나는 것이 아니다. 제품은 사용 중에 파손될 수 있고, 그러한 파손에는 정보가 담겨 있다. 파손에 관련된 정보를 모으고 분석하는 것을 게을리 한다면 신중하지 못한 생산자인 것이다. 종종 그 원인이 잘못된 재료의 사용으로 귀결되고, 재디자인 또는 재료의 재선택에 의해 문제를 해결할 수 있다.

이러한 디자인의 구조화된 모델에 대해서는 할 얘기가 많다. 그 형식성이 응력해석(stress analysis)이나 열흐름의 문제를 해결하는 체계적인 방법에 익숙한 공학설계자들에게는 매력적이다. 그러나 디자인에 있어서 상호의존성의 수준은 응력해석의 그것을 훨씬 넘어서며, 결과적으로 디자인에는 추가적인 솜씨가 요구되는데, 이는 마치 경험 많은 변호사나 정치가가 사실이나 정보를 모으고 재구성하는 훈련과 그들 사이의 유사성, 차이점, 확률, 함축적인 의미를 판단하는 훈련을 거치는 것과 매우 비슷하다. 디자인에 대하여, 특히 재료의 역할에 대해서는 이러한 모델이 지나치게 구조적일 수도 있다. 그런 방법은 시장의 요구와 제품의 상세스펙 사이에 존재할 수 있는 다양한 경로나 영향을 고려할 수 없게 만든다.

개념 · 발전 · 상세 디자인 모델의 독일어 원전을 번역한 Ken Wallace는 다른 추론 방법으로서 버블모델을 제안한다(그림 3.5). 여기서 각 버블들은 디자인 프로세스의 단계 또는 그 단계의 결과물을 보여준다. 최초의 '디자인브리프'로부터 '제품의 최종스펙'까지 선형적인 경로는 없지만, 대신에 그 사이의 여러 경로들은 수천 개의 버블들을 통해 연결된다. 중요한 것은 문제에 제대로 직면할 수 있는 초기 버블에 진입하는 것이다. 그러나 그 버블로부터 최종 단계의 버블까지 알려진 경로는 존재하지 않으며, 다른 버블이 중요한 영향을 끼치는 것은 언제나 가능하다. 버블모델은 불규칙하고 구조화되지 않은 디자인 프로세스를 대표한다. 가장 효율적인 디자이너는 자기 스스로 버블들 안에 잠겨서 적절한 자료들을 이용하여 생겨나는 문제점들에 대한 해답을 찾을 수 있다. 하나의 버블에 발이 묶이는 것은 전문가들의 약점일 수 있으며 치명적이다. 진전을 위해서는 한 발짝 물러서서 버블을 하나의 패턴이자 상세정보의 원천으로서는 물론 패턴으로 바라보고, 패턴을 제어하는 훈련을 하며, 꼭 필요한 경우에만 세부적인 사항을 들여다보는 능력이 필요하다. 이

그림 3.5 디자인 프로세스의 버블모델
디자인 프로세스의 비유. Wallace의 저서 《Research in Design Thinking》(1991)으로부터 인용하였으며, 이는 1991년 네덜란드 델프트공대에서 개최된 컨퍼런스 주제였다.

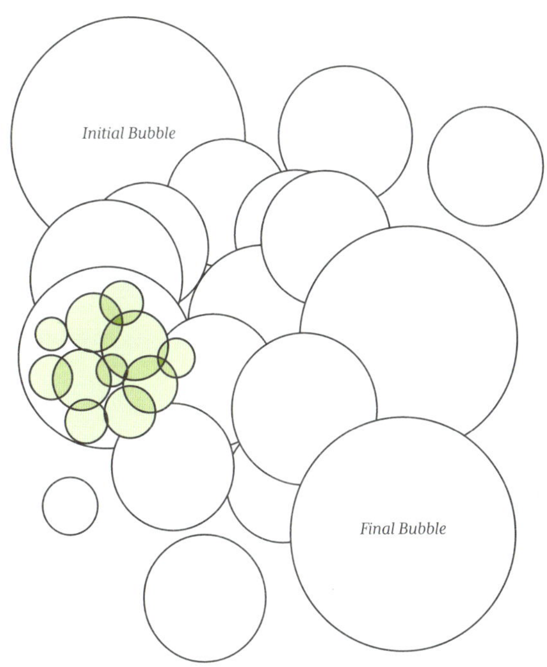

것은 디자인 프로세스와 연관시켜 재료를 선택하는 우리의 관점에 더욱 가까우며, 제7장에서 재료선택 방법의 세부사항을 다룰 때 더 자세하게 취급할 것이다.

펜의 디자인 – 사례

위의 아이디어를 설명하기 위하여 펜의 디자인을 생각해보자. 펜은 실용성과 욕구 두 가지를 모두 충족시켜야 하는 물건이다. 완벽하게 잘 써지는 펜 하나를 $2이면 살 수 있지만, 하나에 $2,000가 넘는 펜의 시장을 성공적으로 형성하는 것도 가능한 일이다. 펜은 기술적 요소와 미학적 요소를 매우 효율적으로 결합한 제품의 전형적인 예이다. 여기서는 펜의 디자인에 대하여 간단히 살펴보자.

최초의 개념

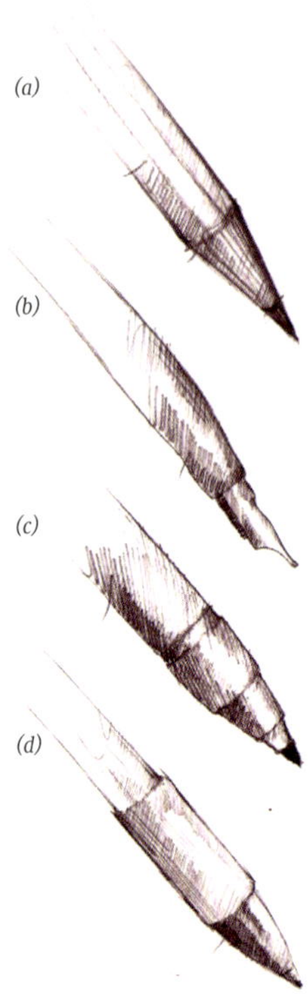

그림 3.6 쓰기의 개념
필기도구의 네 가지 개념에 대한 스케치. (a) 고체 물감을 표면에 문질러서 남김 (b) 펜촉으로 액체 잉크를 흘려보내 자국을 남김 (c) 다공성의 펠트 또는 나일론으로 된 촉을 통해 흘려보내 자국을 남김 (d) 구르는 공의 표면에 유성 잉크를 묻혀서 표면에 자국을 남김.

인류가 기록할 수 있는 언어를 고안한 이후로부터 평평한 표면에 정확하고 오랫동안 남을 수 있는 표기 방법의 필요성이 존재해왔다. 표기에는 긁어내거나 새기는 방법을 사용할 수도 있지만, 느리다. 실제로 필요한 것은 신속하게 마크를 남길 수 있는 간단한 도구였다. 물감을 사용하여 표시하는 것이 해답이었다.

그림 3.6은 물감을 사용하여 마크를 남기는 네 가지 개념을 보여준다. (a)의 개념은 마찰을 통해 목탄, 흑연, 크레용(색소 물감을 넣은 왁스 또는 분필)과 같은 고체 물감을 표면에 남기는 것이다. (b)의 개념은 수성 물감 또는 잉크를 펜촉으로부터 흘려보내 표면을 적시는 방법이다. 잘라낸 거위깃털이나 금속으로 된 펜촉에 잉크를 보관하고 표면장력을 이용하여 도관을 따라 펜촉 끝으로 흘려보낸다. (c)의 개념도 역시 표면장력을 이용한 것이다. 저장소로부터 끌어낸 물감으로 다공성의 펠트 또는 나일론으로 만든 촉을 적셔두었다가 이 부분이 닿는 표면에 잉크를 묻히는 방법이다. 마지막 (d)의 개념은 구르는 공의 표면에 유성 잉크를 묻혀서 표면에 찍어내는 것으로, 유성 잉크의 점성과 좋은 젖음성에 의존한다.

이들은 모두 펜촉을 잉크 웅덩이나 가루 물감에 담가 색소를 찍어낼 수 있다. 그러나 오늘날 실용적이기 위해서는, 펜은 몇 시간이고 재충전 없이 연속적으로 쓸 수 있어야 하며, 온도의 변화에도 견뎌야 하고, 웬만한 압력의 변화에도 견딜 수 있어서 원하지 않을 때에는 잉크가 스며 나오는 일이 없어야 한다.

반복과 발전

그림 3.7은 개념 (b)의 발전된 형태를 보여준다. 이는 잉크를 저장소로부터 흘려보내는 방식의 펜이다. 그림은 대체로 추가설명 없이 충분히 이해할 수 있다. 잉크 저장소는 펜의 꼬리에 부착되어 있는 피스톤(자전거용 펌프의 피스톤과 같은 방식)을 펌프질하여 채워진다. 다 채우고 난 후에 펜의 꼬리부분은 펜 몬제에 나사식으로 돌러 고징될 수 있다. 잉크는 모세관 현상에 의해 플러그의 쪼개진 채널을 지나 그림에서는 보이지 않는 아래쪽을 따라 흘러 펜촉에 도달하게 된다.

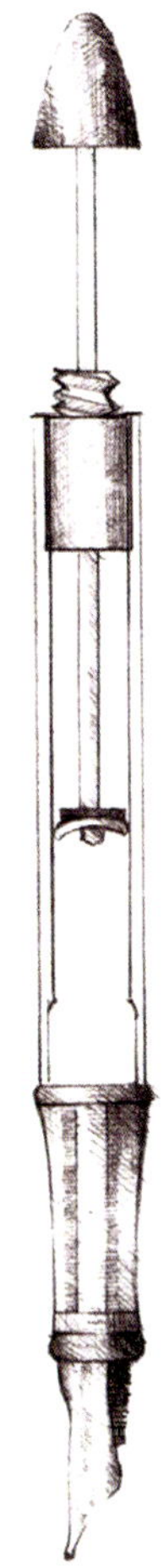

그림 3.7 만년필의 발전디자인
어떤 만년필의 발전디자인. 작동원리와 구성을 보여준다.

디자인 세부사항

펜을 만들기 위해서는 훨씬 더 많은 세부사항들이 필요하다. 그림 3.8은 상세디자인 단계에서 전개되는 정보의 일부를 보여준다. 필요한 경우 응력해석을 행하고, 무게와 균형의 최석화, 정확한 치수 결징, 비용의 분석, 그리고 재료의 선택도 물론 포함한다.

심하게 가황된 고무인 경질고무(ebonite)의 발명(1841)은 만년필의 발명과 시기적으로 일치한다. 만년필 본체용으로 거의 이상적인 재료로 입증되었고, 현재까지도 더러 쓰이고 있다. 그것은 기계가공이 가능하고, 몰딩되고 연마될 수 있으며, 짙은 검은색은 금과 은을 사용한 장식과 어우러져 세련되게 보이게 한다. 하나의 약점이라면 검은색 외에 다른 색은 얻기 어렵다는 점이다. 지금의 경쟁적인 시장에 1880년대부터 새로이 등장한 셀룰로이드(니트로셀룰로오스와 장뇌의 화합물)로 전환되었는데, 이는 쉽게 염색할 수 있고, 유연하고도 질기며, 상아나 자개(mother of pearl) 등의 표면 마감을 모사한 특수효과까지도 가능하기 때문이다. 1910년에 개발된 베이클라이트는 너무 부서지기 쉬워서 펜을 만들기에는 부적합한 것으로 판명되었기 때문에 1950년까지 별다른 변화는 일어나지 않았다. 그러나 이후부터는 역시 염색이 가능하고 신속하게 패턴과 몰딩이 가능한 합성 열가소성 플라스틱(특히 아크릴)이 펜 디자인을 석권하게 되었다. 금속(스테인리스강, 티타늄, 은)으로 본체를 만든 한

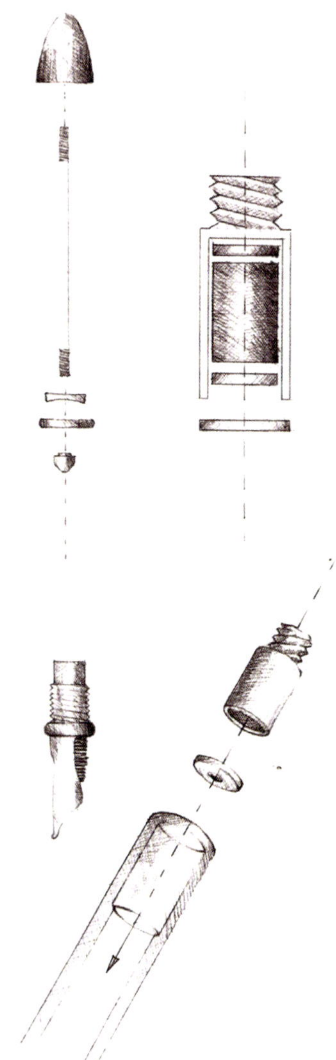

그림 3.8 만년필의 상세디자인
각 부품에 대한 재료, 공정, 치수가 지정되는 상세디자인.

정판매용 만년필도 물론 가능했으나, 이러한 만년필에도 고분자 부품이 포함된다.

펜촉에는 금이 거의 독점적으로 사용되었는데, 그 이유는 초기의 잉크가 산성이어서 다른 대부분의 금속을 부식시켰기 때문이다. 그러나 금은 합금으로 만들더라도 비교적 연하므로, 종이에 문질러도 종이에는 세라믹 충전재가 들어 있어 쉽게 마모된다. 이 때문에 펜촉 끝에 오스뮴 또는 이리듐의 미립자를 첨가하게 되었고(둘 다 금보다 훨씬 단단함), 현재까지도 계속 사용되고 있다. 중성 잉크가 개발된 지금은 다른 재료를 사용할 수 있으며, 특히 강철도 합금하고 코팅하면 녹슬지 않기 때문에 펜촉으로 사용할 수 있다.

$2짜리나 $5짜리도 잘만 써지는데, 왜 굳이 펜 하나에 $2,000나 지불하는가? (참고로 이 책은 $5짜리 펜으로 쓰였다.) 쓰기의 역사는 연상의 여러 줄기를 가지고 있다. 여기에 몇 가지 예를 들어본다. 쓰기〉읽기〉책에 대한 사랑('책이 없는 집은 창문이 없는 주택과 같다.'). 쓰기〉배움〉지혜, 리더십('아는 것이 힘.'). 쓰기〉창의성〉예술적 찬사('문학가.'). 쓰기〉정치적 설득력〉정치적 명성('펜은 칼보다 강하다.'). 쓰기〉책과 도서관〉개인의 부(공공도서관은 비교적 최근의 혁신이다). 쓰기〉문학〉우정, 사랑('문학은 사랑의 묘약!').

여기서 우리는 보기 드물게 풍부한 조합을 가졌다. 줄줄이 연결된 단어들은 큰 무리의 다양한 사람들의 열망으로 이어진다. 이런 연결이 분명하게 보이는 사람들에게는 소유자의 개성을 확연하게 보여주는 펜 하나가 $5보다는 훨씬 큰 가치를 지닐 것이다. 펜 생산자는 이러한 추론(또는 자기 스스로 만든 비슷한 추론)을 사용하여 커다란 효과를 만들어냈다. 펜을 지적인 서술로, 또는 부유함, 세련된 취향, 개성, 젊음, 즐거움의 상징으로 만들었다. 이러한 것들은 제품의 개성을 통하여 소비자의 관심을 끌려는 계산된 시도이다.

이제 우리는 다음과 같은 추론의 고리를 통해 실무적인 방법을 생각해보자. 제품은 기능을 가지는데, 여기서는 쓰는 기능이다. 그 기능에 따라오는 연상은 무엇일까? 바로 창의성, 예술성, 정교함, 파워, 부유함, 세련됨이다. 이러한 연상 중에서 어떤 것이 바람직한 개인의 속성으로 비추어질까? 답은 지적인 세련됨, 예술적 성취, 고상한 취향, 리더십, 부유함 등일 것이다. 이런저런 연상을 주려면 어떤 (시각적인 프롬프터, 스타일의 표준) 특징을 제품에 적용할 수 있을까? 확연히 눈에 들어오는 은, 금과 같은 비싼 재료 또는 에나멜 장식, 고전적인 형태, 식별가능한 예술

그림 3.9 Bic 펜의 광고
광고의 메시지는 분명하다. 펜 자체의 재료성과 사람들에게 Bic 로고가 의미하는 바를 바탕으로 만들어졌다. (출처: www.adsoftheworld.com)

운동을 의미하는 그래픽과 색상, 젊음의 혈기와 비전을 암시하는 형태와 표면 등을 들 수 있다. 같은 방식의 추론은 광고에도 동기를 부여한다. 교황이나 유명 배우가 들고 있는 펜, 보석이나 값비싼 물건들 사이에 놓인 펜, 클래식 악보 위에 놓인 펜 등이다. 하나의 예로 그림 3.9와 3.10의 Bic 펜에 대하여 더 자세하게 알아보자.

21세기의 제품디자인은 기능, 용도, 개성을 복합적으로 제공해야 한다. 첫째로 필요한 것은 우수한 공학설계, 즉 제품이 제대로 작동해야 하는 것이다. 둘째는 인적 요인이나 인간공학에 대한 의문, 즉 제품이 사용자의 신체적 및 정신적 능력에 합당한지에 대한 것이다. 마지막은 위의 두 가지가 화합된 것에 더하여 우수한 산업디자인에 의해 얻는 즐거움까지 요구된다. 디자이너의 역할은 제품에 이렇게 다면적인 개성을 만들어주는 것이다. 그런데 그들은 대체 어디서 아이디어를 얻는 것일까?

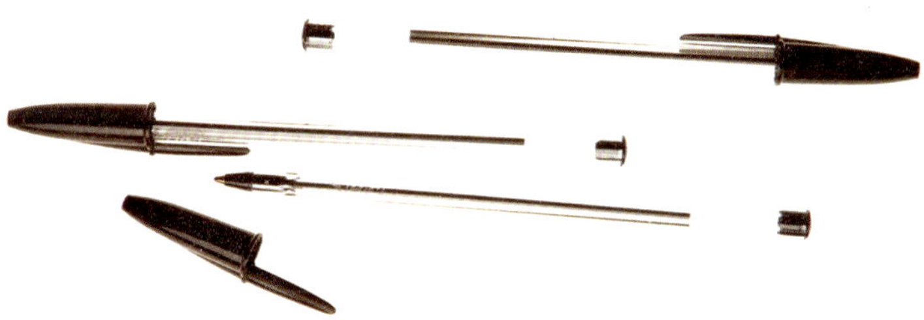

그림 3.10 펜과 그 효용성
헝가리 사람 Ladislas Biro가 1935년에 볼펜의 특허를 등록하였다. 그러나 그는 돈이 없었기에 그 아이디어를 Marcel Bich에게 팔았고, 그가 1950년에 Bic 펜을 출시하였다. 비록 싸구려이지만, 형상과 색상과 질감에 대한 세심한 고려가 있었다. 투명한 자루는 사용자로 하여금 잉크가 얼마나 남았는지 볼 수 있게 해주고, 자루의 육각형 단면은 펜이 책상에서 굴러 떨어지는 것을 방지하며, 캡의 색상은 잉크의 색상과 일치한다. 오늘날 Bic 펜은 하루에 3백만 개 이상 팔린다.

영감의 원천

신문기자는 결코 쉬는 법이 없다고 한다. 그들의 정신의 반은 금방이라도 새로운 뉴스거리가 나타날 수 있다는 긴장감으로 팽팽하다. 만일 쉬고 있다가는 그 순간을 놓치게 될 것이고, 더 나쁜 것은 다른 기자가 먼저 가져갈 수 있다는 것이다. 디자이너들과 대화해보면 비슷한 증후군을 보인다. 그들은 언제나 형상, 질감, 재료, 표면, 이미지 등이 혁신적인 디자인으로 개작될 수 있는 가능성에 대한 긴장감으로 가득 차 있다. 이러한 기질은 제품디자이너에게만 국한되는 것이 아니며, 패션디자이너와 건축가들 역시 그들이 관찰한 것과 그것을 다룰 수 있는 그들의 능력을 창의적인 도구로 사용한다.

산업디자이너와 엔지니어도 패션디자이너나 건축가들과 마찬가지로 그들의 작업을 '창의적'으로 정의한다. 의미인즉 그들의 최고 아이디어는 스스로 창조하는 것이며, 일종의 영감으로부터 비롯된다는 것이다. 그러나 영감조차도 그 출처가 있으며 거기에는 방법이 있다[6]. 디자이너들과 애기해보면 몇 가지를 알려주며 재료 및 공정의 중심적 역할에 대하여 강조한다. 여기 몇 가지를 소개한다.

디자인 잡지, 연례 평론, 박물관 전시회와 국제상품전

디자인 잡지[7]와 연례 평론[8]은 혁신적인 제품의 사례를 보여주며, 디자이너에 대한 간략한 설명과 함께 가끔은 사용된 재료에 대해서도 설명을 곁들인다. 디자인 연감[9] 또한 이와 비슷하지만, 디자인 히스토리와 선례, 동기, 특징에 대한 설명(종종 디자이너와의 인터뷰에 의해 보강됨)에 더 많은 지면을 할애한다. 이런 것들을 브라우징 함으로써 영감을 얻을 수 있으나 이러한 정보는 대부분 구조화되지 않은 정보이므로 효율적으로 사용하기는 어렵다. 대부분의 디자이너들은 또한《Vogue》,《Domus》,《Wallpaper》와 같은 패션, 건축, 디자인 관련 간행물들로부터 광범위하게 아이디어를 찾는다. 디자인 전시회[10]는 다양한 제품 분야별로 풍부한 아이디어의 원천을 관람객에게 제공하며, 종종 어떤 제품에 사용되었을 때 특별한 느낌, 질감, 색상, 연상을 얻을 수 있는 재료를 추천하기도 한다. 디자인과 응용미술에 관한 박물관들은(표 3.11) 디자인 히스토리와 혁신에 대해 기록하고, 영구 전시물과 더불어 일시적 전시회와 교육프로그램을 함께 운영한다. 마지막으로 국제상품전이 있는데, 매년 열리는 하

6. 건축가와 디자이너는 그들의 아이디어를 어디서 얻는가? 물론 대답은 '주로 다른 건축가와 디자이너로부터'이다. 영국의 디자인 비평가 Stephen Baylay의 저서《Commerce and Culture》(1989) 제3장에 나오는 말이다.

7. ID Magazine이 좋은 예.

8. 예를 들어, 참고문헌의 Byars(1995, 1997a&b, 1998) 참조.

9. 참고문헌의 International Design Yearbook(1998, 1999), 그리고 ID Magazine Annual Design Review(1998, 1999, 2000).

10. 예를 들어, 참고문헌의 MOMA 전시회 카탈로그에서 Antonelli(1995)《Mutant Materials》또는 2000년 밀라노 전시회 카탈로그인 참고문헌의 Arredo(2000)《Materials and Ideas for the Future》(Material Connexion)를 찾아보라.

국가	디자인박물관
호주	The Powerhouse Museum (시드니)
영국	The Design Museum (런던) The Victoria and Albert Museum (런던) The Science Museum (런던)
체코공화국	Uměleckoprůmyslověé museum v Praze (프라하)
덴마크	The Danish Museum of Decorative Art (코펜하겐) Danish Design Centre (코펜하겐)
프랑스	Musée Nationale des Techniques (파리) Musée des Arts Décoratifs (파리) Musée Nationale d'Art Modern (파리) The Musee d'Orsay (파리) Foundation National d'Art Contemporain (파리)
독일	Das Deutsche Museum (뮌헨) Vitra Design Museum (바일 암 라인)
네덜란드	The Stedljk Museeum (암스테르담) The Booymans van Beumijen Museeum (로테르담)
이탈리아	Sandretto's Plastics Museum (폰트 카나베제, 토리노 부근)
스웨덴	The Form Design Centre (말뫼)
스위스	Design Collection, Museum für Gestaltung, (취리히)
미국	The Smithsonian Museum (워싱턴) Museum of Modern Art (MOMA) (뉴욕) The National Academy of Design (뉴욕) Cooper-Hewitt (뉴욕)

표 3.11 디자인박물관과 국가 응용미술 박물관

디자인 박물관은 디자이너들에게 풍부한 영감의 원천이다.

노버상품전, 뒤셀도르프의 고분자상품전('K'), 밀라노가구쇼 등이 있다. 이러한 전시회는 현대적인 재료와 디자인에 대한 진열장 역할을 한다.

재료샘플 컬렉션

많은 디자이너 개인들과 디자인 회사들은 재료컬렉션을 구축한다. 단순히 금속, 플라스틱, 세라믹 정도가 아니라 직조, 표면 마감, 코팅, 형상 등 재료가 가공된 다양한 방식에 따라 재료들을 모으고 분류한다(표 3.12). 그 샘플들의 물리적 성질이 가장 핵심이다. 새로운 아이디어, 즉 영감은 단지 바라보는 것뿐만 아니라 재료를 직접 다루어 봄으로써 더

표 3.12 재료 컬렉션

컬렉션은 시대를 따라 가고 또 온다. 여기에 나열된 것들은 이 책이 저술된 시점에 유효했던 것이고 아마 지금도 유효할 것이다.

재료 컬렉션	본사 위치	웹사이트
MaterialConnexion	미국 뉴욕	www.materialconnexion.com
Materials Library	영국 런던	www.materilaslibrary.org.uk
Central Saint Martins College	영국 런던	www.arts.ac.uk
Materio	프랑스 파리	www.materio.fr
Rematerialize	영국 킹스턴	www.kingston.ac.uk
Materia	네덜란드	www.materia.nl
Modulor	독일	www.modulor.de
Matdat	미국	www.matdat.com
Matbase	네덜란드	www.matbase.com
Transmaterial	미국	www.transmaterial.net

쉽게 얻을 수 있다. 친숙한 재료에는 그것의 전통적인 용도로부터 오는 연상이 따른다. 연마된 나무는 따뜻함, 문명적임, 확연한 고결함 등을 나타내고, 잘 닦은 알루미늄은 청결함이나 기계적 정밀도 등을 나타낸다. 그러나 친숙한 재료를 전혀 친숙하지 않은 방식으로 사용하는 것 역시 창의적 방법 중 하나이다. 새로운 재료는 특히 창의적 사고에 방아쇠 역할을 하며, 참신한 디자인의 가능성을 제공한다. 이러한 이유로 재료컬렉션을 유지하는 것이 보람을 느낄 만한 일이 된다. 대부분의 재료 개발은 산업디자인에서 비롯된 동기가 아니라 기술적 요구에 의해 이루어지며, 이러한 정보는 디자이너에게는 잘 전달되지 않는 결과를 초래

그림 3.13 무드보드

해변에서 사용될 것이므로 방수가 되어야 하고, 서핑을 즐기는 생활 스타일에 밀접하게 연관된 펜을 위한 하나의 무드보드.

한다. 재료정보[11] 서비스는 큰 규모의 샘플컬렉션을 유지하기 위하여 존재하며, 이미지와 재료공급자에 대한 온라인 접속을 제공해주지만, 그뿐이다(표 3.12). 이미지와 재료공급자에 대한 정보로부터 미학적 및 기술적 데이터를 포함한 더 큰 데이터베이스로 접근할 수 있는 재료샘플 컬렉션이 필요하다. 이에 대해서는 이 책의 뒷부분에서 다시 다룰 것이다(그림 3.13).

11. 하나의 예는 Material Connexion (www.materialconnexion.com) 구독 서비스이다.

영감의 원천인 자연

영감을 준다는 것은 창의적 사고를 촉진하는 것이다. 영감은 다양한 원천으로부터 얻어질 수 있다. 제품디자인에 대한 영감은 분명 다른 제품이나 그런 제품에 사용된 재료 및 공정으로부터 얻을 수 있고, 특히 새로운 제품들로부터 많이 얻어진다. 그 다음으로는 자연이 아마 가장 풍부한 원천일 것이다. 식물 또는 동물의 작동기구, 즉 그들이 할 수 있는 행동과 행동하는 방식은 지속적으로 공학설계를 신비롭게 하고, 일깨워주며, 영감을 불어 넣어준다. 찍찍이(Velcro), 미끄럼방지 신발, 흡입컵, 심지어 수중음파탐지기(sonar)까지도 자연에 대한 관찰에 그 근원을 두고 있다(그림

그림 3.14 자연의 요소들
역사를 통하여 자연은 디자이너들에게 풍부한 영감의 원천을 제공해왔다.

그림 3.15 뼈의자
Joris Laarman은 뼈가 힘을 받았을 때 자체적으로 형상을 변경하는 방식을 모사한 소프트웨어를 사용하여 이 자연모방 의자를 창안하였다(왼쪽). Ross Lovegrove가 만든 'Go Chair'는 곰 해골의 곡선에서 영감을 얻은 것이다(오른쪽).

3.14). 산업디자인의 자극제로서도 자연은 마찬가지로 영향력을 가진다. 유기체의 형상, 자연스러운 표면 마감, 애매모호하기도 하고 자세하기도 한 식물과 동물의 형태, 이런 모든 것들은 제품에 대한 연상, 인지된 또는 감성적인 개성을 만들어 낸다. 자연으로부터 직접적인 영감을 받은 디자인은 굉장히 독특한 관점을 가지고(그림 3.15) 종종 놀라운 행동양식을 보여준다. 게코(gecko) 도마뱀의 발을 모사하여 그다지 끈끈하지 않으면서도 굉장한 부착력을 가지는 접착제가 그 예이다.

창의성

창의적 사고를 위한 기법들은 장벽을 허물어 버리고 새로운 시각의 관점을 밀고나갈 때 잘 먹혀든다. 어떤 것들은 디자이너가 현재 그대로의 '제품'으로부터 탈출하여 새로운 방식으로 바라보는 것을 돕는다. 다른 것들은 과거나 현재로부터의 아이디어를 연장하여 미래를 위한 새로운 해결방안을 상상하는 방식이다. 그리고 또 다른 것들은 아이디어의 '비계(scaffold)'를 천천히 구축하여 마지막 한 조각이 제자리에 놓였을 때 새로운 디자인의 골격이 되는 디자인 과제 관련 정보의 축적에 의존한다. 모두 노력이 필요한 일이다. 정말로, 창의성은 1 %의 영감과 99 %의 땀으로 얻어진다.

브레인스토밍, 무드보드, 마인드맵

브레인스토밍은 참가자들이 그들의 아이디어가 얼마나 거친 것이든지 간에 발표할 수 있고, 전체 과정이 끝날 때까지 모든 가치판단을 미루어 놓을 때 나타날 수 있는 집단의 역동성에 의존한다. 유머가 중요한 역할을 한다. 잘 먹혀드는 농담은 창의적인 비약, 예상외의 성과, 기존의 틀에서 벗어난 추론에 의존한다. 말하자면, 이러한 농담은 요점을 바꾸고, 사고의 틀을 기존의 궤도에서 벗어나 새로운 길로 인도한다. 효과적인 농담의 창의성이야말로 즐거움을 주고 당신을 웃긴다. 그것을 도입함으로써 창의적 사고에 합당한 분위기를 만든다. 그러기 위해서는 브레인스토밍 세션은 즐거워야 하고 가급적 짧은 시간에 끝내야 한다. 경험에 따르면 20분을 넘어서면 세션의 생산성이 떨어지기 시작한다고 한다.

마인드매핑은 일종의 개인적인 브레인스토밍으로, 아이디어들을 한데 모아 놓고 적절하게 연결시키면, 이러한 연결이 보다 진전된 사고를 촉진시키는 데 사용된다. "경량화 재료… 나무… 셀… 다공질 고체… 발포재… 발포금속… 티타늄 발포재…?" 또는 그것은 보다 심사숙고한 종류의 맵일 수도 있다(다음 참조).

무드보드는 시각적인 스크랩북으로 디자이너가 잘 볼 수 있도록 커다란 게시판에 정보를 늘어놓은 것이다. 그것은 개인화되고, 프로젝트에 초점을 맞춘 이미지, 물건, 재료 샘플의 컬렉션 형태를 가진다. 그것들이 선택된 것은 디자인에 기여할 수도 있는 색상, 질감, 형태, 특징, 연상을 가졌기 때문이다. 디자이너가 찾고 있던 것과 비슷한 특징을 지닌 제품 이미지와 제품이 사용될 환경 또는 상황의 이미지는 창의적 사고의 프롬프터 역할을 할 수 있다. 많은 디자이너들이 제품의 개성을 창조하는 데 있어서 어려움에 부딪히며, 보다 새롭고 신선한 방식으로 활용되어야 할 표면 마감, 연상, 스타일을 가진 제품들의 샘플을 우선 구매하여 살펴본다. 무드보드는 재료선택에 관한, 그리고 재료의 병렬배치에 관한 아이디어를 촉발하는 역할을 한다.

더욱 공식적인 방법: 귀납적 추론과 유추법

귀납적 추론(Kolodner, 1993)은 이전의 경험에 그 바탕을 둔다. 여기서 출발점은 문제의 특징으로 표현된 디자인 요구조건이다. 그 다음으로는, 새롭고 잠재적인 해('가설')를 합성하고 검증받을 수 있도록 하면서, 요구조건들과 이미 해결된 다른 문제의 특징들 사이의 일치를 추구한다.

여기서의 중심적인 특징은 이전에 해결한 문제의 목록 또는 '사례들(cases)'이다. 사례는 하나의 문제이며, 그 특징에 대한 해석과 해답, 그리고 해답이 얼마나 성공적이었는지에 대한 평가를 포함한다. 이러한 목록을 구성할 때 가장 큰 어려움은 적절한 인덱싱(indexing)인데, 각 사례에 그 특징을 나타내주는 검색어의 집합을 추가하는 것이다. 검색어가 너무 구체적이면 정확하게 일치하는 검색어라야만 사례가 검색될 것이고, 반면에 너무 추상적이면 인덱스 작성자 외에는 별다른 의미가 없을 것이다. 하나의 예로서 손에 힘이 없는 노인들도 쉽게 사용할 수 있는 전기 플러그의 재디자인 사례를 들어보자. '전기 플러그'로 인덱싱을 하면 너무 구체적이어서, '플러그'라는 단어가 명시된 경우에만 검색된다. 보다 추상적이긴 하지만, '노인을 위한 디자인'으로 검색하는 편이 훨씬 더 효과적이다. 플러그 외에도 노인들이 사용에 어려움을 느끼는 것들이 많다. 식탁용 날붙이류, 수도꼭지, 지팡이 등 여러 제품들이 노인들에게 맞도록 적절히 개조되었다. 플러그의 형상과 재료, 그것을 만드는 데 사용된 공정을 살펴보면 플러그에 대한 새로운 해결방안을 얻을 수도 있을 것이다. 사례기반 시스템을 만들어주는 기능을 제공하는 소프트웨어 셸(shell)이 존재하지만, 어떠한 주어진 문제의 영역에서도 문제의 목록들은 가급적 풍부해야 한다.

TRIZ와 9개창방법

TRIZ(Teoriya Resheniya Izobretatelskikh Zadach; Theory of Innovative Problem-Solving)는 러시아의 특허전문가 Genrich Altshuller가 특허에 관한 그의 연구로부터 추출해낸 발명이다. 그는 공업제품을 창조하는 데 40개 원리와 8개 진화패턴이 있다고 결론지었다. 그의 방법에 대한 추종자들도 있는 반면에 불신자들도 있다. 아무튼, TRIZ 도구세트의 일부로 주장되는 9개창방법(nine-window method)은 창의적 사고를 촉진시키는 하나의 기법으로 널리 사용된다. 지금도 마찬가지지만 혁신의 장애물은 시스템에 사로잡히는 것이다. 9개창방법은 다른 개념스케일에서, 그리고 지금이 아닌 다른 시점에서 시스템의 관점을 강제한다. 그것은 3×3 매트릭스의 형태로 처음에는 모두 빈칸이다. 창의적 사고의 대상이 되는 시스템을 중앙의 칸에 놓아둔다. 그것은 말로 설명될 수도 있고 시스템을 표현하는 개략도나 지금의 그림처럼 이미지로 기록될 수도 있다.

수평축은 과거, 현재, 미래를 나타내는 시간축이다. 이것을 1년 전, 현재, 1년 후 또는 50년 전, 현재, 50년 후 이런 식으로 정량적으로 나타내면 도움이 된다. 수직축은 스케일을 나타낸다. 하위시스템(시스템의 구성요소)은 아랫줄에 두고, 가운데 줄에 시스템이 오고, 맨 윗줄에는 상위시스템을 둔다. 상위시스템은 시스템이 그것의 일부이거나 그 속에서 시

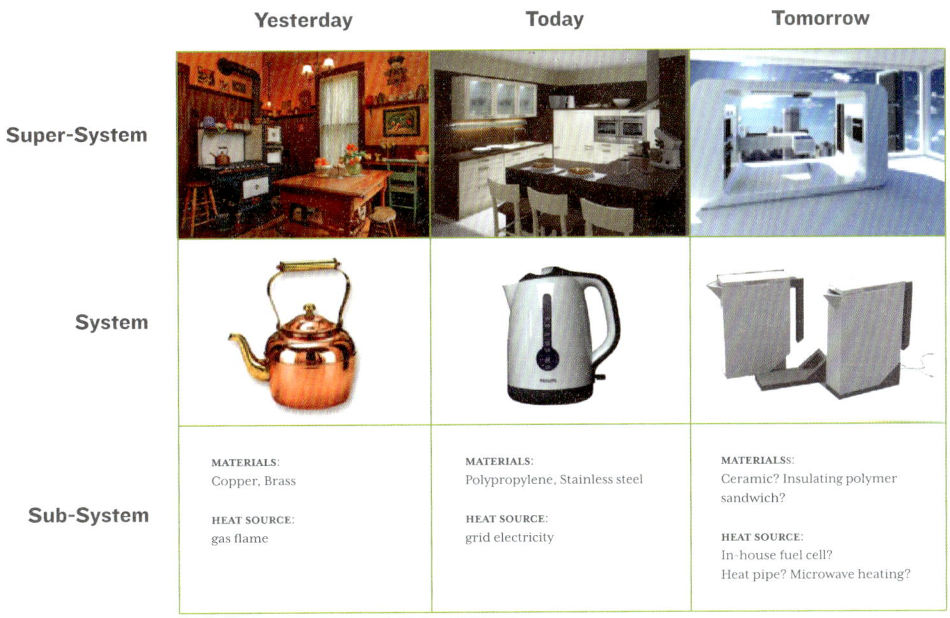

그림 3.16 TRIZ 방법
전기주전자의 재디자인에 적용된 9개창방법.

스템이 작동하는 환경을 뜻한다. 과거, 현재, 미래에 해당하는 칸을 사용하는 방식은 몇 가지가 있다. 하나는 이렇게 묻는 것이다. 하위시스템과 상위시스템 중 무엇이 그 시스템의 조상이며, 미래에는 이것들이 무엇이 되기를 바라는가? 나른 하나는 이렇게 묻는 것이다. 만일 당신이 과거에 그 시스템을 다르게 디자인할 수 있었다면 당신은 무엇을 만들었을까? 지금 나는 시스템을 개선하기 위하여 무엇을 할 수 있는가? 지금 시점에서 나는 무엇을 미래의 목표로 삼아야 하는가? 세 번째는 이렇게 묻는 것이다. 우리는 현재 어디에 있는가? 지난 5년간 우리는 어디로부터 오고 있었는가? 지금부터 5년간 우리는 어디로 가기를 기원하는가? 지금 시점에서 나는 무엇을 미래의 목표로 삼아야 하는가? 아이디어는 줌인과 줌아웃을 허용하면서 문제를 전면과 후면으로부터, 그리고 위와 아래로부터 바라보도록 격려하는 것이다. 이 방법은 어떤 예제를 가지고 입증하였을 때 충분히 쓸모가 있다.

그림 3.16에 9개창을 보여준다. 재디자인하게 될 제품은 중앙의 '오늘' 칸에 놓인 전기주전자이다. 주전자는 기나긴 역사를 가지고 있다. 그것은 가운데 줄의 '어제' 칸에 놓인 것과 같은 주전자로부터 진화되었다. 목표는 '내일'의 주전자를 디자인하는 것이다.

우선 그 주전자가 사용될 상위시스템에 대하여 생각해보자. 윗줄은 과거와 현재에 해당하는 부엌의 크기, 색상, 치장, 장비를 보여주고, 이러한 것들이 미래에는 어떤 모습일지, 극도의 하이테크이고 극도로 작아진 모습일 것이라 추측한 것이다. 재디자인에는 이러한 진화를 반드시 반영해야 한다. 그것이 주전자의 사용자가 살아갈 환경이기 때문이다. 미래 부엌의 금욕적이고 직선적인 디자인은 그 비슷한 미니멀리스트 미학의 컴팩트한 직육면체형 주전자를 암시한다.

아랫줄은 주전자의 기술적 측면, 특히 재료선택과 가열하는 방식에 있어서 급격한 변화가 있어 왔음을 알려준다. 새로운 재료와 열전달 방법에 의해 어떤 기회가 찾아왔는가? 고성능 세라믹과 유리는 이제 요구조건이 과중한 여러 용도에 사용된다. 그 재료들은 고도의 내구성이 장점이다. 열전달 기술에는 많은 변화가 있었다. 세계적으로 새롭게 등장한 우선순위는 에너지, 광물자원, 물을 절약하는 것과 환경보호와 경제적 책임에 대한 전제조건이라는 것도 잘 기억하고 있다. 새롭게 등장하는 기술은 새 주전자가 이러한 기대치를 만족할 수 있도록 개조하는 데 어떻게 사용될 수 있을 것인가?

9개창 해석방법은 생각의 지평선을 넓혀준다. 그것은 우리가 시작한 칸, 즉 현재의 주전자에 전적으로 매달린 상태로부터 털고 나올 수 있는 문을 제공한다. 더 발전된 주전자 정도로는 어쩌면 당신의 고상한 목표에 미치지 못할지도 모른다. 그렇다면 다른 것으로 바꾸어 보라. 개인적인 교통수단(자동차), 통신(이메일시대 이후에 나타난 것), 데이터 관리(수기로 하는 회계, 검색이 가능한 엑셀 스프레드시트, 데이터마이닝이 가능한 빅데이터 클라우드 서버).

아이디어의 문화

좋은 아이디어는 대체 어디서 오는 것일까? 그것들은 그저 단지 '굴러 떨어지는' 것이 아니다. 오히려 그것들은 집착에 가까울 정도로 문제에 심취하는 데서 오며, 하찮은 조각 정보라도 어쩌면 해결책을 찾는 데 기여할지도 모른다는 생각에 당신을 예민하게 만든다. 이것과 함께 일기와 토론을 결합하고, 배경정보와 함께 관련된 문제들의 해결책으로 마음을 꽉 채우는 것이 적절할지도 모른다. 사람의 정신은 정보의 조각들을 재배열하고 패턴을 찾는 데 능숙하며, 종종 무의식중에 그러기도 한다. (우리는 모두 전날 저녁에 미처 풀지 못한 문제에 대한 해답을 가지고 밤중에 걸어 다닌 경험이 있다.) 그것은 마치 지도에 나오지 않는 지역을 가로지르는 경로를 찾는 것과 같다. 그 경로가 당신이 원하는 것이지만, 그것을 찾기 위해서는 최소한 대략적으로라도 그 지역 전체에 대한 지도를 작성해야 한다. 다른 비유를 들자면, 그것은 마치 불편하고 외딴 지붕 꼭대기에 도달하기 위하여 수많은 비계용 막대를 가지고 비계를 구축하는 것과도 비슷하다. 마지막 막대가 제자리에 놓일 때 비로소 당신은 꼭대기에 도달할 수 있으며, 그때까지는 그곳은 접근할 수 없는 곳이다. 반복하면, 좋은 아이디어는 그냥 '굴러 떨어지는' 것이 아니라, 그것들을 찾아낼 수단인 마음을 쏟아 부어야만 나타난다.

재료에 관한 주제는 답을 구하지 못한 문제들이 풍부한 것 중 하나이다. 적절한 정보의 '조각'들로 이루어진 정신적 목록을 구축하는 것과 그 조각들을 여러 가지로 배열해보면서 심사숙고할 시간을 허용함으로써 배양하는 것은 모두 결국에 가서는 그것들을 하나의 패턴에 도달하게 한다. 그리고 그 패턴이야말로 새로운 식견을 주거나 새로운 제품을 제시하는 것이다.

스케칭과 CAD

새로운 제품의 형태는 처음에 스케치, 즉 맨손으로 그린 그림에 자유롭게 주석을 다는 것으로부터 시작되는데, 이는 디자이너로 하여금 대안을 모색하고 떠오르는 아이디어를 기록할 수 있게 한다. 스케칭은 아이디어를 메모하고 그것을 재구성하고 다듬어가는 방법이라는 점에서 자기 자신 또는 다른 사람들과 이미지를 기반으로 토론하는 것의 일종이다. 나중 단계에서야만 디자인은 치수를 갖추어 정확하게 그려지고 모델링 소프트웨어 패키지에 데이터로 입력된다. 물론 모델링 소프트웨어[12]는 제품의 투영도를 보여주고 색상과 질감의 시각적 양상에 대한 실험을 가능하게 한다. 그러나 디자이너들이 강조하는 것은 이런 소프트웨어가 아니라 창의성을 자극하는 스케칭 행위이다.

12. SolidWorks의 Pro-E는 기계공학 엔지니어나 설계자들을 위한 고체 모델링 패키지이며 급속조형을 위한 파일 다운로드 기능을 갖추고 있다.

모델만들기와 급속조형

디자인은 모델을 통해 진화한다. 이러한 모델은 산업디자이너와 공학설계자 사이의, 그리고 디자이너와 제품을 원하는 고객 사이의 중요한 하나의 대화수단이다. 초기 모델은 흔히 고분자 발포재, 석고, 나무, 점토 등을 사용하여 제품의 형태를 표현하고, 나중 단계의 모델은 형태, 색상, 질감, 작동기구, 무게를 표현한다. 모델은 크기가 작은 경우 움직일 수 있고, 제품을 여러 각도에서 바라보도록 하는데, 이는 제품이 클 때 특히 중요하다. 급속조형(rapid prototyping)은 나중 단계의 모델 만들기를 변형시킨 것이며, 모델링 소프트웨어 패키지로부터 제품 CAD 파일을 다운로드할 수 있고, 이를 즉시 왁스 또는 고분자 모델로 바꿀 수 있다[13].

13. 급속조형시스템의 프로파일은 이 책의 후반부 참고자료의 성형 프로파일에서 찾아볼 수 있다.

IDEO 제공 사례연구

재료와 디자인의 조합에 대한 실질적 표현방법을 제시하기 위하여 IDEO가 제공하는 몇 가지 사례연구를 이 장에 소개한다. 이 사례연구들은 제7장에서 소개될 구조를 따르기보다는, 재료와 디자인을 우리가 디자인 또는 재디자인 하고자 하는 제품의 일부로서 생각하도록 영감을 제공하려는 데 목적을 두고 있다. IDEO의 디자인 철학, 디자인 프로세스, 그리고 디자인 팀들은 일종의 구조화된 혼돈상태로 조직되어 있어서 영감과 문제해결에 필요한 많은 요소들 사이의 균형을 잡을 수 있다. 여기 소개되는 사례연구들을 통하여 재료와 제조공정에 대한 세부사항과 각 디자이너가 창조하고자 한 재료성의 개념에 대하여 집중적으로 알아보자.

스틸케이스 i2i 의자

2008년에 Steelcase 사와 IDEO는 사무공간 가구와 사무환경을 진전시키는 사용자의 경험에 대한 전략과 디자인에 대한 공동 프로젝트를 수행하였다. 이 프로젝트의 일환으로, IDEO는 다양한 방식으로 앉을 수 있게 하는 표면과 구조를 연결하여 재료성 요소(elements of materiality)를 개발함으로써 의자에 앉은 채로 일하고 움직일 수 있게 만들었다. 디자인 팀은 사출성형된 나일론으로 유연한 열린 구조를 만들고 폴리에스터 섬유로 직조된 3-D 직물로 표면을 덮어 마감하였다. 앉는 부위는 대부분의 다른 의자들보다 넓고 플라스틱과 직물은 앉은 사람이 움직이는 대로 구부러진다(그림 3.17). 이 두 가지 재료의 조합은 딱딱한 발포재에 두꺼운 덮개천을 씌운 전통적인 형태의 의자를 대신하게 되었으며, 동역학적 편안함에 관한한 완전히 독특한 방식을 창조하였다.

그림 3.17 3차원 직물로 만든 구조
유리섬유로 충전된 나일론으로 사출성형하고 3차원 직물로 감싼 의자는 당신과 함께 움직이면서 당신이 새로운 방식으로 일할 수 있게 해준다. (사진 제공: IDEO)

OXO 쓰레기통

2006년에 OXO 사는 IDEO와 협업하여 일련의 쓰레기통 제품을 개발하였다. 이 프로젝트의 일환으로, IDEO는 내구성과 단순함을 표

그림 3.18 **멜라민 몰딩**
당신의 부엌, 욕실, 쓰레기를 위한 단순한 구조. (사진 제공: IDEO)

현하는 재료성 요소를 개발하였다. 디자인 팀은 제품의 외부 표면을 멜라민으로 몰딩하였다. 이런 쓰레기통은 큰 각도의 기울기와 두꺼운 벽과 단순한 손잡이를 가진 형상으로 사출성형을 통해 쉽게 만들어진다(그림 3.18). 이런 쓰레기통의 표면은 기존의 플라스틱보다 단단하여 긁힘에 잘 견디고, 주방이나 가정용으로 적합한 세라믹 수준의 품질을 가졌다.

Pangea Organics 비누

콜로라도 주 Boulder에 본사를 둔 Pangea Organics 사는 100% 유기농 비누, 로션, 얼굴 피부관리 제품을 판매한다. 2006년에 이 회사의 창업자이자 CEO인 Joshua Onysko가 IDEO에 브랜드이미지를 재정의하는 데 대한 도움을 요청하면서 4년간의 대형 프로젝트를 시작하였다. 이 프로젝트의 일환으로, IDEO는 지속가능성 및 유기농 성분과 브랜드의 연관성을 나타내는 재료성 요소를 개발하였다. 디자인 팀은 흔히 달걀 보관용으로 쓰이는 제지용 펄프의 몰딩을 사용하는 방안을 고안하였다. 최종 포장은 재료 자체에 씨앗이 내장된 생분해성 비누박스로 완성되었는데, 박스가 뒷마당이나 아무 데나 버려졌을 때 씨앗이 자라서 새로운 식

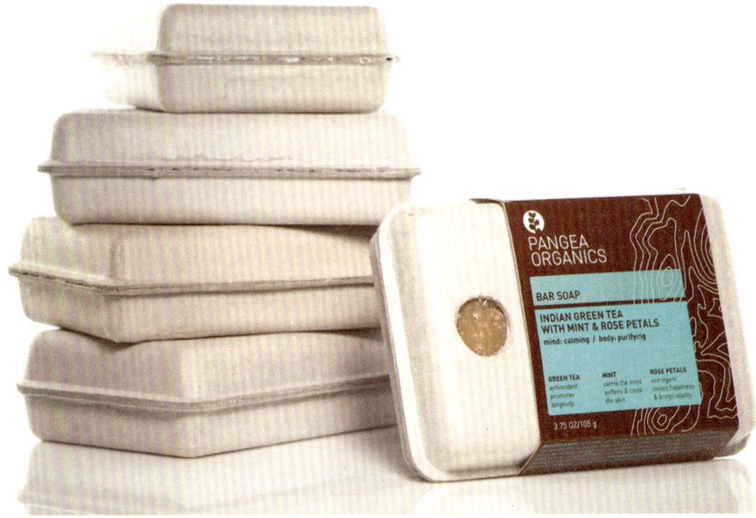

그림 3.19 몰딩 후에 다이로 절단된 종이펄프 상표와 내용물을 잘 표현한 포장. (사진 제공: IDEO)

물이 될 수 있는 것이었다(그림 3.19). 이 포장은 비누 보호케이스 역할, 매장 전시대 역할, 세부사항에 대한 의사소통의 통로 역할을 한다.

리바이스 주문제작 단추

2009년에 IDEO는 리바이스(Levi's) 사와 협업하여 리바이스의 고유한 주문제작 버튼플라이를 구현하였는데, 이는 리바이스가 고유의 501 브랜드를 재출시하고 젊은 층을 목표로 벌인 더 큰 캠페인 '단추 안채우고 살기(Live Unbuttoned)'의 일부였다. 이 프로젝트의 일환으로, IDEO는 리바이스의 핵심 요소에 연결되고 기존의 버튼에도 사용될 수 있는 재료성 요소를 개발하였다. 디자인 팀은 기존의 501 청바지 단추에 부착할 수

그림 3.20 금속사출성형(MIM)된 스테인리스강 당신의 리바이스 청바지 501의 특징을 살려주는 단추. (사진 제공: IDEO)

있는 두 조각의 스테인리스 부품으로 만들어진 버튼 덮개를 고안하였다. 이러한 버튼들은 개개인의 개성과 일상의 패션을 표현할 수 있는 예술작업을 위한 빈 캔버스의 역할을 제공한다(그림 3.20).

Handspring 전자수첩

2000년에 Handspring 사는 인기 있는 휴대용 전자수첩인 Visor 시리즈에 Visor Edge라는 새로운 품목을 추가하였다. 이는 두께가 7/16인치에 불과하여 당시로서는 매우 세련된 전자수첩이었다(그림 3.21). 이 프로젝트의 일환으로, IDEO는 새로운 형태를 칭조하고 얇은 외형을 표현하기 위한 시각적 정체성을 정의할 수 있는 재료성 요소를 개발하였다. 디자인 팀은 본체와 버튼에 스탬핑된 알루미늄 부품을 사용할 것을 고안하였다. 알루미늄은 세 가지 다른 색상으로 애노다이징 처리될 수 있고, 부착된 힌지는 덮개로 화면을 보호하고 쉽게 간직할 수 있게 한다. 최종 제품은 휴대하기 좋고, 사용하기 편하고, 매력적이며, 강건하다.

그림 3.21 스탬핑된 알루미늄 단추
챙기기 쉬우면서 아름다운 외관을 갖춘 휴대용 기기. (사진 세공: IDEO)

Zyliss 샐러드스피너

2004년에 IDEO는 Zyliss USA 사와 협업하여 광범위한 주방 용구를 디자인하였다. 이 프로젝트의 일환으로, IDEO는 회전할 수 있으며 보관에도 용이한 점을 강조한 재료성 요소를 개발하였다(그림 3.22). 디자인 팀은 엷은 빛깔의 플라스틱(styrene-acrylonitrile, SAN)을 사출성형하는 방법을 고안하였다. 뚜껑과 용기 모두 투명한 재질로 만들고 청소하기 쉽도록 안쪽에 다른 추가적인 구조요소 없이 몰딩된다. 위 표면에는 쉽게 포갤 수 있도록 디자인된 완전평면 뚜껑이 있는데, 백색 ABS 플라스틱으로 만들어 안에 포함된 엔진 부품들을 완벽하게 가려준다. 놀라울 정도로 효율적인 구조이며, 스피닝이 쉽고, 신속하게 정지할 수 있다.

그림 3.22 사출성형된 SAN
상추가 잘 보일 뿐만 아니라 샐러드를 저장하기도 쉬운 샐러드스피너. (사진 제공: IDEO)

Lufthansa 무선리모컨

2003년에 IDEO는 Lufthansa Technik 사와 협업하여 항공기 운항 중 엔터테인먼트 및 객실관리 시스템에 적용되는 최초의 무선리모컨을 만들었다(그림 3.23). 이 프로젝트의 일환으로, IDEO는 유례없이 독특하게 수공예품의 미학을 암시하는 재료성 요소를 개발하였다. 디자인 팀은 이 재

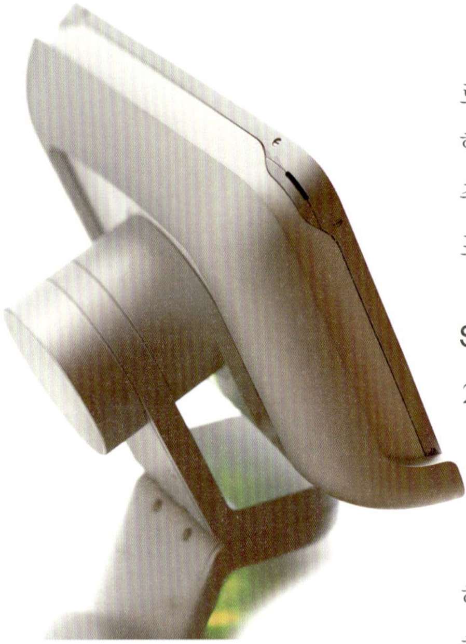

그림 3.23 **절삭가공된 세라믹충전 플라스틱 ('Corian')**
매우 좋은 조명도의 항공기용 무선 리모컨. (사진 제공: IDEO)

그림 3.24 **사출성형된 아크릴**
멀리서도 눈에 띄고 브랜드 선전효과도 곁들인 생맥주 따르는 손잡이. (사진 제공: IDEO)

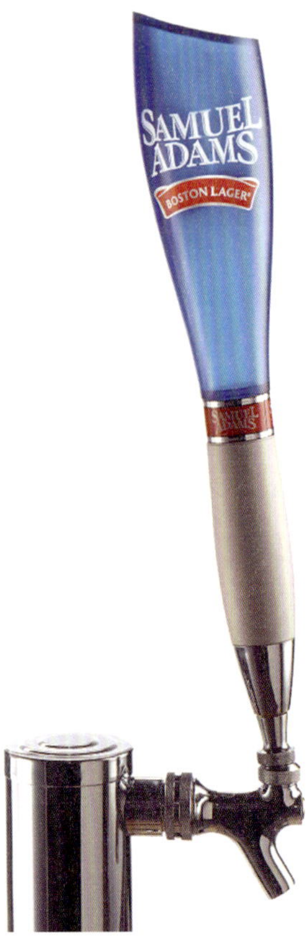

료의 세라믹과 같은 표면과 고유한 반투명성이 균형을 이루도록 세부사항을 고안하였다. LED조명은 은은하게 어둠속에서 물건의 위치를 알려주며, 외부는 금속으로 감싸서 백색 표면을 강조하고 또한 기계적으로 표면을 지탱한다.

Samuel Adams 생맥주 따르기 핸들

2004년 IDEO는 Boston Beer Company와 협업하여 바에서 사용되는 Samuel Adams 맥주의 새로운 손잡이를 디자인하였다(그림 3.24). 이 프로젝트의 일환으로, IDEO는 맥주를 쏟아내는 기능과 브랜드 고유의 상징성(진품, 신뢰성)을 연관시키는 손잡이의 재료성 요소를 개발하였다. 디자인 팀은 멀리서도 알아볼 수 있는 현대적인 디자인을 고안하였다. 몰딩된 반투명 푸른색 아크릴은 브랜드의 이름을 표기하기에 충분히 넓은 표면을 제공하며 호화로운 느낌을 준다. 그 형태는 인간공학적이며 표현력이 있다.

결론

떠오르는 그림은 디자이너의 마음이 일종의 인종 용광로(melting pot)와 같다는 것이다. 좋은 디자인으로 가는 체계적인 경로는 없다. 오히려 디자이너들은 아이디어의 바다와 함께 재료, 형상, 질감, 색상에 대한 반응을 포착하고 수용하여, 그것들을 재배열하고 재결합함으로써 디자인 브리프를 만족하는 해결방안과 그것을 채울 수 있는 특별한 비전을 찾아낸다. 잡지와 연감, 재료컬렉션, 박물관 전시회, 상품전, 그리고 디자이너 자신의 경험은 다듬어지지 않은 원재료를 제공한다. 디자이너는 브레인스토밍 또는 자유토론과 함께 다른 디자이너들이 무엇을 하고 있는지에 대한 기민한 관찰 등에 자극을 받아 이것들의 순서를 바꾸고, 수정하고, 결합한다. 이런 과정에는 기억 또는 이미지로부터 자유로운 그림을 그리는 것과, 각각의 양상을 결합하고, 새로운 해결방안을 상상하고 비판적으로 검토하는 것이 수반된다. 일종의 저절로 생성되는 가상현실이라고 말할 수 있다. 두뇌는 대량의 이미지를 저장하는 데 능숙하지만, 프롬프터나 특정한 촉발 없이는 기억된 상세한 내용들을 불러오는 것에 미숙하다.

이러한 프롬프터는 재료나 제품에 관해 저장된 이미지나 시각적 정보에 의해 창조될 수 있다. 물론 이러한 정보가 신속하게 불러올 수 있는 방식으로 인덱싱되어 있다는 전제조건 하에서다. 그러므로 인덱싱은 재료 및 공정에 관한 정보를 주문하여 디자인 도구로 제공하는 과정의 핵심이다. 이를 효과적으로 실행하려면, 인덱싱은 관계를 포착할 수 있도록 충분히 추상적이어야 하는 동시에 초보자들도 쉽게 이해할 수 있을 만큼 충분히 구체적이어야 한다. 만일 이것이 성공적으로 이루어진다면, 재료의 속성과 공학설계 및 산업디자인에 있어서 그들의 역할을 체계화하고 조작하는 구조가 가능해진다. 이러한 창의적 구조의 궁극적인 목표는 아마 다음과 같은 것일 것이나.

- 잡지, 연감, 전시회 관련 발간물에서 포착할 수 있는 재료 및 공정에 관한 정보를 수집하고 저장하는 것.
- 제품디자인에 적합한 창의적인 포맷으로 재료 및 공정에 관한 정보를 나타내는 것.
- 하이퍼텍스트 링크나 원문(free-text) 검색을 통하여 가능성 있는 후보 재료 및 공정을 찾아내는 브라우징을 가능하게 하는 것.
- 재료, 공정, 그리고 그것으로 만들어진 제품에 대한 기술적 및 인지되는 속성에 대한 정보의 작은 조각들까지도 검색이 가능하게 하는 것.

이 모든 것들은 오늘날의 소프트웨어 공학에서 실현가능한 범위에 놓여 있지만, 디자이너를 위하여 정보를 체계화하는 최선의 방법에 대해서는 더 많은 고려가 필요하다. 이 문제에 대하여 제7장에서 더 자세히 알아볼 것이다.

참고문헌

Altshuller, G. (1994) "The Art of Inventing (And Suddenly the Inventor Appeared)", Translated by Lev Schulyak. Worcester, MA, USA: Technical Innovation Center. ISBN 0-9640740-1-X. (TRIZ 접근법에 대한 창시자의 저술)

Antonelli, P. (1995) "Mutant Materials in Contemporary Design", Museum of Modern Art, New York, NY, USA. ISBN 0-87070-132-0 and 0-8109-6145-8. (뉴욕현대미술관[MOMA]이 출간하였으며 제품의 재료에 대한 광범위한 1995년판 리뷰에 딸린 책)

Arredo, F. (2000) "Materials and Ideas for the Future," Material Connexion, 4, Columbus Circle, New York, NY, USA. (2000년에 밀라노에서 개최된 전시회 Salon Internatazionale del Mobile의 카탈로그)

Ashby, M.F. (2005) "Materials Selection in Mechanical Design," 3rd edition, Butterworth-Heinemann, Oxford, UK. ISBN 0-7506-6168-2. (공학설계의 요구조건을 충족시키기 위한 재료 및 공정의 선택방법을 설명하고 있으며, 이 책을 보완해 줄 수 있는 교재로, 많은 숫자의 재료특성 차트를 포함하고 있다.)

Beylerian, G.M. and Osborne, J.J. (2001) "Mondo Materialis," the Overlook Press, Woodstock and New York, NY, USA. ISBN 1-58567-087-1. (125명의 건축가와 디자이너들의 창의적인 재료사용을 담고 있으며, 커다란 포맷에 전면 컬러의 콜라주 방식으로 표현하였다. 원본 컬렉션은 1990년 전시회에 출품되었다.)

Burge, S. (2011) "The systems thinking toolbox," http://www.burgehugheswalsh.co.uk/uploaded/documents/AF-Tool-Box-V1.0.pdf (Affinity 사고에 대한 소개) [옮긴이 주: Affinity Diagram(AD)은 어떤 상황이나 문제에 관한 아이디어를 창출하고, 대량의 아이디어와 의견들을 의미 있는 그룹으로 체계화하며, 그들의 아이디어를 단순하면서도 효과적으로 표현하는 수단으로 알려져 있다.]

Byars, M. (1995) "Innovations in Design and Materials: 50 Chairs", (1997) "50 Lights" and "50 Tables", (1998) "50 Products" RotoVision SA, Switzerland. ISBN: 2-88046-264-9, 2-88046-265-7, 2-88046-311-4. (최소한의 텍스트와 함께 호화로운 색상의 그림으로 꾸며진 카탈로그. 50개의 현대적인 제품군에 관련된 디자이너, 재료, 공정을 다루었다.)

Dragoni, G. and Fichera, G. (1998) editors. "Fountain Pens, History and Design," Antique Collectors' Club, 5, Church Street, Woodbridge, Suffolk, UK. ISBN 1-85149-289-5. (유명한 펜 제조사인 Parker, Sheaffer, Montblanc, Waterman, Pelikan이 출시한 펜들의 역사와 특성을 호화로운 그림을 곁들여 집대성한 책)

Ferguson, E.S. (1992) "Engineering and the Minds Eye," MIT Press, Cambridge, MA, USA. ISBN 0-262-06147-3. (1700년대 이후의 디자인 역사에 관하여 대대적으

로 훑어 내린 책이며, 과거와 현재의 결함에 대하여 강조하고, 디자인 실행에 있어서 오로지 해석만 할 것이 아니라 시각적 상상에 기반을 둘 것을 강조하고 있다.)

ID Magazine (1998, 1999), Pearlman, C., editor, 440 Park Avenue South, Floor 14, New York, NY, USA. (International Design Magazine은 현대적이고 실험적인 제품과 그래픽에 대한 리뷰를 수행한다.)

ID Magazine Annual Design Review (2000), Pearlman, C. editor, 440 Park Avenue South, Floor 14, New York, NY, USA.

Jacoby, R. and Rodriguez, D. (2007) "Innovation, Growth and Getting to Where You Want to Go" Design Management Review, Volume 18(1), pp. 10-15.

Johnson, S. (2010) "Where do good ideas come from? The natural history of innovation," Penguin Books, London, UK. ISBN 978-1-846-14051-8. (광범위한 산업 영역에 걸친 혁신에 관한 주목할 만한 설문조사)

Kelly, T. and Littman, J. (2001) "The art of innovation", Doubleday, NY. ISBN 0-385-49984-1. (디자인 회사 IDEO의 철학과 방법들에 관한 창업자의 해설)

Kolodner, J.L. (1993), "Case Based Reasoning", Morgan Kaufmann Pub., San Mateo, CA, USA. ISBN 1-55860-237-2. (사례기반 귀납법적인 문제해결에 관한 읽기 쉬운 입문서)

McKim, R.H. (1980) "Experiences in Visual Thinking," 2nd edition, PWS Publishing Company, Boston, MA, USA. ISBN 0-8185-0411-0. (창의적 사고 및 디자인에 관한 매우 읽기 쉬운 입문서)

Manzini, E. (1989) "The Material of Invention," The Design Council, London, UK. ISBN 0-85072-247-0. (창의적 디자인을 의미하는 '발명'에 있어서 재료의 역할에 관한 흥미로운 저술. 이탈리아어로 된 원서를 번역하는 과정에 사용된 흥미로운 어휘는 재료에 관한 전통적인 저술에는 잘 쓰이지 않는 표현이지만, 통찰력이 풍부한 주석을 제공한다.)

Pahl, G. and Beitz, W. (1997) "Engineering Design," 2nd edition, translated by K. Wallace and L. Blessing, The Design Council, London, UK and Springer-Verlag, Berlin, Germany. ISBN 0-85072-124-5 and 3-540-13601-0. (공학설계 분야에 관한 성경과 같은 필독서이며, 아마도 구약성서라고 표현하는 것이 더 정확하리라. 정통 독일 방식에 입각한 공식적인 방법을 전개하였다.)

Rantanen, K. and Domb, E. (2002) "Simplified STIZ: New Problem-Solving Applications for Engineers and Manufacturing Specialists", St. Lucie Press, CRC Press, Boca Raton, FL, USA. ISBN 1-57444-323-2. (저자들은 창의적 사고를 위한 TRIZ 방법의 추종자로, 그것이 산업에서 어떻게 사용되는지 보여준다.)

Savransky, S.D. (2000) "Engineering of Creativity: Introduction to TRIZ Methodology of Inventive Problem Solving," CRC Press, USA.

Technology Futures Analysis Methods Working Group (2004) "Technology futures analysis: toward integration of the field and new methods," Technological Forecasting & Social Change, Volume 71, pp. 287-303. (기술지능, 예보, 도로지도 제작, 측정평가, 과거재구성을 포함한 미래기술과 그 파급효과를 분석한 포괄적인 조사 연구)

"The International Design Yearbook" (1998), Sapper, R., editor and (1999), Morrison, J., editor, Laurence King, London, UK. (혁신적인 제품디자인에 관한 연례 리뷰)

Tufte, E.R. (1983) "The Visual Display of Quantitative Information," Graphics Press, PO Box 430, Cheshire, CT 06410, USA. ISBN 0-9613921-0-X. (정확하게 또는 부정확하게 정보를 표현하는 그래픽 방법에 관한 필독서. 이 책은 잘만 사용하면 그래픽이 정보에 관한 추론에 좋은 도구임을 보여준다. 책 자체가 그래픽디자인의 걸작이다.)

Wallace, K. (1991) "Engineering Design," 1st edition, translated from Pahl, G. and Beitz, W. (1989), The Design Council, London, UK, and Springer-Verlag, Berlin, Germany.

Chapter 4

재료: 우리 주위의 물자

http://dx.doi.org/10.1016/B978-0-08-098205-2.00004-4

재료는 디자인의 중요한 요소이다. 우리가 재료에 대한 '정보'라고 얘기할 때 그것은 무슨 의미일까? 그림 4.1은 실험실의 재료가 성공적인 제품으로 변화되는 과정을 보여준다. 실험은 미가공 데이터를 생산한다. 이 값들은 적절한 통계적 분석을 통해 정제됨으로써 '재료특성'을 나타내는 데이터가 된다. 이것이 안전하게 디자인의 기반으로 사용할 수 있는 특성치이다(통상 평균값을 기준으로 3×표준편차 이내의 값). 재료는 매력적인 '재료특성'을 가졌을 수 있지만, 제품으로 탈바꿈하기 위해서는 성형되고, 결합되고, 표면처리될 수 있어야 한다.

재료 특성평가의 결과는 데이터 정보를 나타내는 표로 정리된다(그림 4.1 가운데) 이러한 정보처리에 의해 안전한 제품의 공학설계가 가능하다. 말하자면, 공학적 차원에 중점을 둔 것이다.

이는 단지 시작에 불과하다. 일단 만들어지면, 제품은 사용될 것이고, 재료의 선택은 어린이, 여행자, 노인 등 다양한 사용자의 취향에 따라 영향을 받게 된다. 이러한 것이 제품으로서 갖추어야할 법적인 요구조건들(FDA 승인은 물론이고 제한적인 가연성, 소음, 진동, 생체적합성에 대한 요구조건)을 충족시키는가? 제품은 사용 중에 제대로 사용되는 것은 물론 잘못 사용되었을 때에도 잘 견딜 것인가? 독성을 가진 재료인가? 이에 관한 정보는 사용의 차원에서 재료선택의 중요한 지침이 된다. 대부분 제품의 최종 사용자는 대중이며, 우리는 그들의 요구사항을 디자인 프로세스의 초기부터 고려할 필요가 있다. 여기에 열거한 사항들 말고도 사람들이 원하는 것은 많지만, 그런 문제들에 대해서는 이 장의 뒷부분에서 좀 더 다루도록 하자.

물론 그 뿐만이 아니다. 생산자와 그들의 고객은 지속가능하고 친환경적인 해결방안을 찾는다. 제조업의 세계에서는, 이것이 ISO 9000 또는 14000으로 알려진 공장 자격요건으로 문서화되어 있다. 그것은 품질관리 기준과 환경영향 평가 및 대응 절차가 확립되어 있음을 뜻한다. 이는 환경문제 차원에서 추가적인 한 겹의 재료정보를 필요로 하는데, 바로 제품의 생산과 사용, 그리고 폐기에 관한 정보이다. 심지어는 그것이 마지막도 아니다.

제품의 산업디자인은 다른 어떤 것만큼이나 그 제품 창조의 일부이다. 문서화하기는 어렵지만, 산업디자인에 기여하는 재료의 특성은 기술적인 특성과 마찬가지로 중요하다. 감성적인 유대감을 만들어내고 아름다운 디자인을 하려면 재료정보의 제4차원이 필요하다. 바로 미학적 요소와 개성에 관련된 것들이다.

이러한 다섯 가지 속성을 바탕으로, 재료를 사용한 합리적이고 감성적인 디자인이 가능하게 된다. 디자인을 생산으로 이어가는 것은 제2장에서 언급했던 것처럼 투자에 달렸으며, 그러기 위해서는 성공적인 비즈니스 사례로서 매력적이어야 한다. 그러나 그것 말고도 다뤄야 할 문제들은 충분히 많다. 여기서는 재료정보에 관한 다섯 가지 속성에 대하여 알아보자: 공학, 제품의 사용, 환경영향, 미학, 감성.

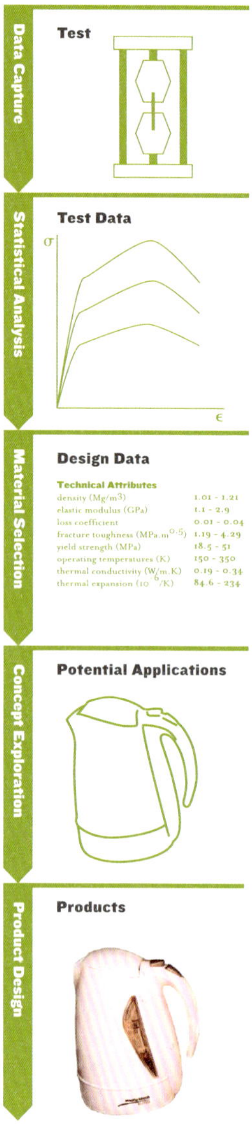

그림 4.1 새로운 재료에 대한 신뢰도
하나의 재료가 실험실에서부터 성공적인 제품으로 이동하는 과정의 단계들.

공학적 차원: 기술적 속성

재료에 관한 과학적 연구, 즉 재료과학은 재료특성에 대한 근본적인 원리에 대한 이해를 추구하며, 궁극적으로 그것들을 처리하는 데 관심이 있다. 이미 두 가지 모두에 대하여 괄목할 만한 성공을 거두었다. 대부분 재료특성의 근원은 재료의 원자구조와 전자구조에서부터 비롯된다. 이에는 밀도, 강도, 열전도도 및 전기전도도, 광학적 투명성 등 많은 것들이 포함된다. 이들은 이미 잘 이해되어 있으며, 물리적 법칙에 의한 허용한도 내에서 조종이 가능하다. 복합재료는 지난 50년간의 뛰어난 기술적 진보 중 하나이며, 두 가지의 매우 다른 재료특성의 결합을 의미한다. 예를 들면, 고분자와 탄소섬유를 결합한 스포츠 용구, 탄성중합체와 강철을 결합한 자동차 타이어, 금속과 세라믹섬유를 결합한 항공우주용 부품들이 있다. 여기서도 역시 과학적인 이해는 심오하며, 재료를 '설계'할 수 있는 능력은 매우 중요하다.

재료과학은 재료의 물리적 속성에 근거를 둔 분류체계를 발전시켰다

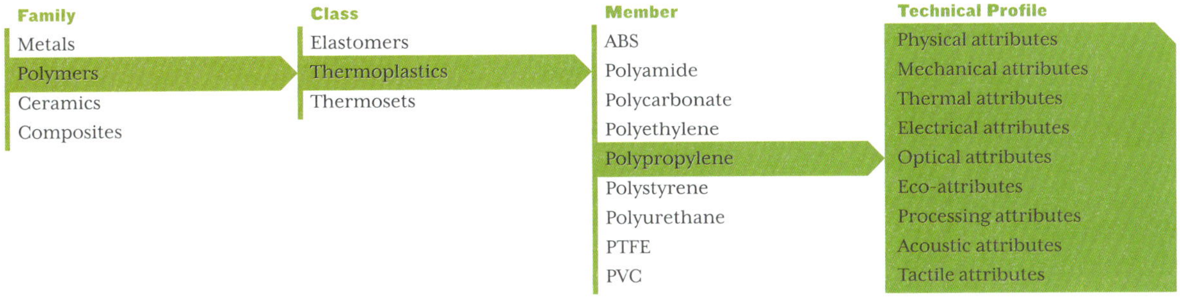

그림 4.2 재료의 분류
재료에 포함된 원자들의 성질과 원자들 간의 결합에 관한 과학적 이해를 근거로 한 재료의 분류. 마지막 칼럼은 특정한 재료에 대하여 가능한 속성들을 보여준다.

(그림 4.2). 그러나 그것이 유일한 것은 아니다. 건축가를 예로 들면, 재료에 대하여 다른 방식으로 생각한다[1]. 과학을 바탕으로 한 분류는 원자들이 서로 결합하는 방식에 대한 이해로부터 생겨난다. 복합재료의 경우 서로 다른 재료가 어떻게 혼합되고, 각각의 고유한 속성을 유지하면서 거동하는지에 대한 이해가 이에 해당한다. 그러나 과학과 디자인은 별개의 문제이다. 과학에 근거를 둔 분류가 공학설계 엔지니어들에게 도움이 되는가? 이를 좀 더 깊이 이해하기 위해서는 재료의 기술적 속성을 먼저 살펴보아야 한다. 그림 4.2에서처럼 가족(family), 클래스(class), 구성원(member)으로 나누는 분류를 보면, 첫 번째 수준에서는 재료를 구성하는 원자의 속성과 그들 사이의 결합의 속성에 따라('Polymers'), 두 번째 수준에서는 변종에 따라('Thermoplastics'), 그 다음 수준에서는 구성원의 상세한 조성에 따라('Polypropylene') 나뉜다. 각 구성원들은 물리적, 기계적, 열적, 전기적, 광학적 거동을 정량화한 속성의 집합을 지닌다. 우리는 이것을 재료의 기술적 프로파일이라고 부를 것이다.

핸드북이나 인터넷에서 재료를 이름으로 찾아보면, 기술적 데이터를 찾을 수 있을 것이다. 이러한 정보는 대부분 숫자로 되어 있다. 탄성계수, 강도, 인성, 경도, 열전도도 및 열팽창계수, 전기비저항 등이 모두 수치인 반면에(표 4.3), 부식저항과 내마모성에 관한 설명 중심의 정보가 조금 추가되어 있다. 이러한 데이터는 안전한 하중, 온도, 열흐름, 사용수명을 계산해야 하는 공학설계를 위해 필요하다. 공학설계를 위한 가장 효율적인 분류는 이러한 기술적 속성의 프로파일이 비슷한 재료의 그룹으로 분류한 것이다. 그러나 여기서 '비슷한'이라는 단어의 의미는 과연 무엇일까?

1. 예를 들어, Caldwell 등(1997)은 물리보다는 친숙도를 기준으로 하는 매우 다른 분류를 제안하였다. 친숙하지 않음, 친숙함, 경멸할 만한(!), 알려지지 않음, 알려질 수 없음 등으로 분류한다.

표 4.3 기술적 프로파일
폴리프로필렌의 주요 기술적 속성들.

물리적 속성	
밀도, kg/m³	900~910
기계적 속성	
탄성계수, GPa	1.14~1.55
항복강도, MPa	31~35
인장강도, MPa	33~36
압축강도, MPa	37~45
연신율, %	100~350
인성, kJ/m²	10~11
피로한도, MPa	11~15
경도, Vickers	9.2~11
열적 속성	
최고사용온도, ℃	90~105
열전도도, W/m.℃	0.11~0.12
열팽창계수, 10^{-6}/℃	145~180
몰딩온도, ℃	210~250
전기적 속성	
유전상수	2.2~2.3
유전손실, %	0.05~0.08
비저항, $\mu\Omega$.cm	3×10^{22}~3×10^{23}

기술적 속성의 매핑

만일 두 가지의 색상이 비슷하냐고 묻는다면 두 색의 파장을 비교해보면 대답할 수 있을 것이다. 그러나 '비슷하다'는 의미가 좀 더 광범위한 여러 가지 특성에 바탕을 둔 것이라면, 이는 훨씬 더 어려운 문제로서, 거동의 유형에 대한 인식의 문제이다. 사람의 두뇌는 인풋이 글자를 바탕으로 한 경우보다 시각적인 것일 때 유형인식에 훨씬 익숙하다. 그렇다면, 기술적 속성을 어떻게 시각적으로 표현할 것인가? 한 가지 방법은 두 가지 속성을 쌍으로 도시하여 일종의 지도처럼 나타내는 것이다. 그림 4.4가 하나의 예로, 표 4.3의 속성 중에서 강성의 척도인 탄성계수(E)와 무게의 척도인 밀도(ρ)를 한 쌍으로 선택하여 매핑함으로써 $E-\rho$관계를 시각적으로 보여준다. 작은 버블의 차원에서는 개별 재료의 탄성계수와 밀도의 범위를 보여주고, 더 큰 테두리는 같은 가족에 속하는 구성원 재료들을 모두 포함한다. 금속들이 맵의 한 영역에 무리지어 위치하고, 고분자는 다른 하나의 무리를 이루며, 세라믹, 나무, 발포재, 탄성중합체 등이 각각 다른 무리를 이룬다. 흔히 보아왔던 그래프들과 마찬가지로 이러한 맵 역시 대량의 정보를 이해하기 쉬운 하나의 통합된 이미지로 압축하여 나타내준다[2].

우리는 무엇을 배웠는가? 그림 4.2의 각 재료가족의 구성원들은 뚜렷하게 무리를 이룬다. 이 두 가지 공학적 특성을 기준으로 분류하였을 때 그것들은 분명히 유사성을 가지며 쉽게 그룹으로 뭉쳐 다른 곳에 그룹으로 위치하는 다른 가족들과 구별될 수 있다. 그러나 부분적으로는 중첩되는 곳도 있다. 가장 가벼우면서 강성이 높은 금속은 고성능 세라믹이나 복합재료와 중복되고, 탄성중합체는 고분자와 중복된다. 이런 데서는 구분이 다소 애매해진다.

그러나 이는 단지 두 가지의 기술적 속성으로 구분했을 뿐이다. 재료는 수많은 다른 속성들을 갖는다. 그것들을 차례대로 매핑해보면[3], 그룹으로 나뉜 분류는 같지만 중첩되는 내용은 같지 않다는 사실을 알 수 있을 것이다. 만일 원하는 분류가 기술적인 것이고 공학적 속성에 바탕을 둔 것이라면, 과학자들이 제안하는 분류가 적절해 보일 것이다.

그림 4.4와 같은 맵은 복합재료나 두 가지 재료의 혼합을 권장한다. 가장 흔한 복합재료는 섬유강화 또는 입자강화 고분자이다. 유리섬유는 나일론보다 강성이 높고 밀도도 크다. 나일론에 유리섬유를 첨가하면 강

2. 맵에 사용된 표기는 공간의 여유가 부족하여 축약되었다. 이에 따르면 fPU는 유연 폴리우레탄 발포재, rPU는 강직 발포재, ocPU는 개방쎌 폴리우레탄 발포재, ccPU는 밀폐쎌 발포재, tsPolyester는 열경화성 폴리에스터, tpPolyester는 열가소성 폴리에스터이다.

3. 재료의 다른 기술적 속성에 관하여 그림 4.4와 같은 맵들이 존재한다. 그것들은 Ashby(2011)로부터 무제한으로 복사하거나, www.grantadesign.com으로부터 무료로 다운로드 받을 수 있다.

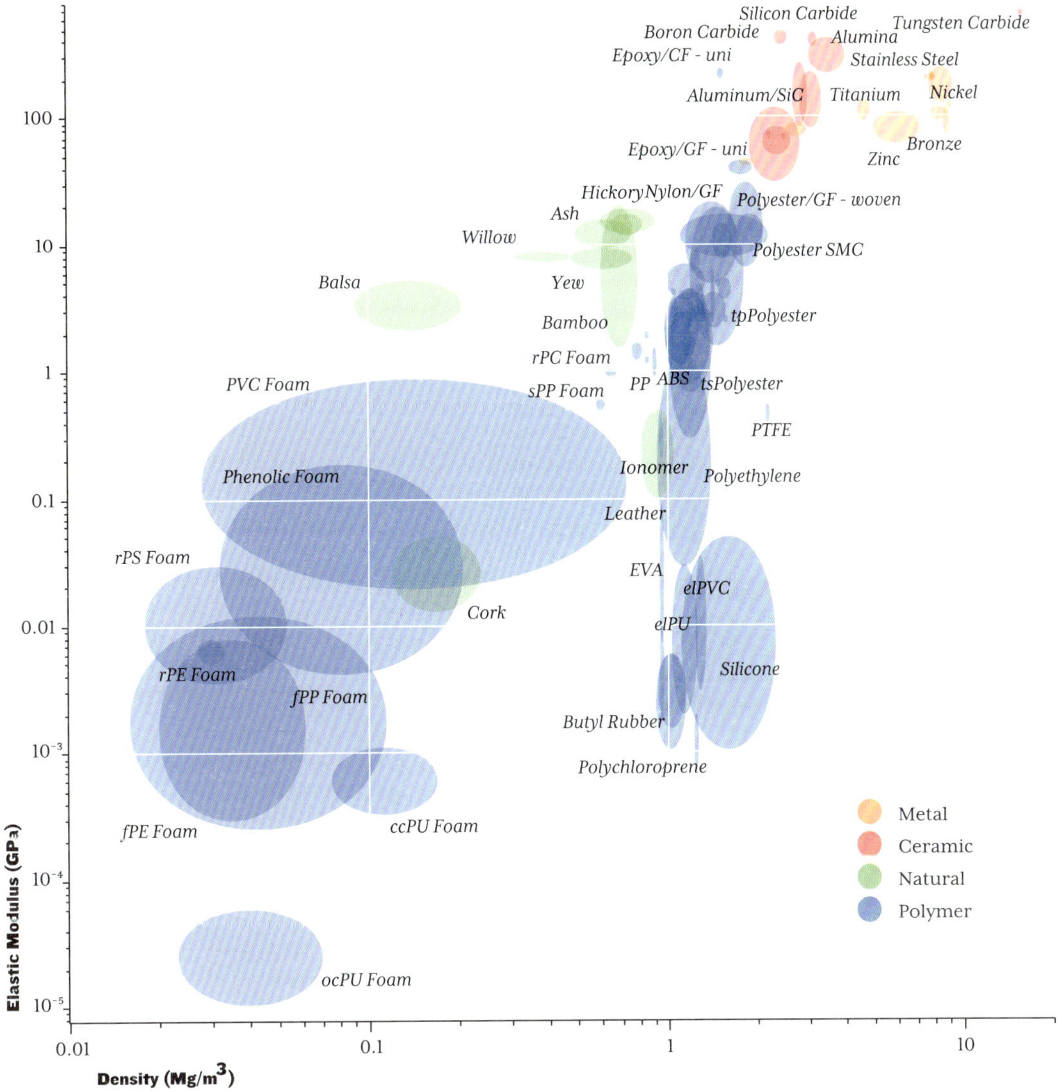

그림 4.4 탄성계수 대 밀도
재료의 탄성계수와 밀도 사이의 관계를 보여주는 차트. 금속, 고분자, 세라믹, 발포재, 나무 등으로 무리를 형성하는 것을 볼 수 있다(CES Edu, 2009).

성과 밀도가 두 재료의 중간 어디쯤에 해당하는 재료를 만들 수 있다. 이와 비슷하게 혼합고분자는 혼합된 두 가지 고분자의 중간 특성을 갖는다. 맵은 이러한 사실을 시각적으로 보여주며, 이렇게 조합함으로써 특정한 요구를 충족시킬 수 있음을 암시한다.

그러므로 데이터의 시각적인 표현은 다른 방법으로는 알아채기 어려운 유사성을 나타내는 데 효과적이다. 그리고 이러한 사실은 한 단계 더 나아가, 수많은 속성들을 따로따로 짝짓는 방법 대신에 하나의 총괄맵에 모두 나타내어 종합적으로 개관할 수 있는 방법은 없을까 궁금하게 한다. 과연 이것이 가능할까? 물론 그렇게 할 수 있는 방법이 있다. 다만 이러한 맵이 나타내는 정보는 그다지 명확하지 않을 수도 있다. 그렇다 하더라도 살펴볼 가치는 있다. 우리는 이를 다차원 스케일링(multi-dimensional scaling; MDS)이라 부른다[4].

4. 다차원 스케일링 방법은 Kruskal and Wish(1987)의 작은 책에 잘 설명되어 있다.

MDS는 단지 두 가지가 아니라 수많은 속성에 관한 정보를 사용하여, 어떤 그룹의 구성원들 사이에 유사성과 차이점을 나타내는 방법이다. 재료에 적용하게 되면 다음과 같은 방식을 통해 이루어진다. 우선, 그룹의 각 재료를 짝을 지워 재료 간의 '거리'를 측정한다. 여기서 '거리'란 두 재료 사이의 차이점의 척도이다. 만일 두 재료의 모든 속성이 같다면, 두 재료간의 거리는 0이 된다. 만일 하나를 제외한 모든 속성이 같고, 그 하나의 다른 정도가 10단위로 주어진다면, 거리는 10이라는 값으로 나타낼 수 있다. 만일 모든 속성에서 다르고, 다른 정도도 다양하다면, 각각의 차이점에 값을 부여하고 모든 값을 통합된 하나의 수치로 모으게 된다. 이것을 우리는 두 재료 간의 전반적인 '거리'라고 부른다. 이 단계의 결과물은 각 재료에 대하여 다른 재료와의 거리를 보여주는 표로 정리된다.

우리는 이 표를 보고 여러 가지를 배울 수 있다. 예를 들면 가장 짧은 거리만큼 떨어진 재료 그룹들을 찾아낼 수 있다. 그러나 재료의 숫자가 많아질 경우, 시각적인 작업이 고무적일 수 없다. 그러므로 두 번째 단계가 필요하다. 바로 이런 표로 정리된 데이터를 처리하여 '거리-맵'을 만드는 것이다. 이에는 일종의 최적화 기법이 필요하며 다음과 같은 식으로 잘 설명될 수 있다. 가정하여 당신이 딱 세 가지 재료를 가지고 있고, 그들 사이의 거리가 이미 원하는 여러 속성에 대하여 계산되었으므로, 세 가지 값을 가졌다고 하자. 그러면 당신은 그림에 하나의 점을 찍고 그것을 '재료 1'이라 칭하고, 재료 1과 재료 2의 거리만큼 떨어진 위치에 두 번째 점을 찍고 그것을 '재료 2'라 칭할 수 있다. 그 다음에는 재료 3에 해당하는 점을 찍어 삼각형을 만들되, 1과 2로부터 합당한 거리에 위치하도록 해야 한다.

여기까지는 괜찮다. 하지만 네 번째 재료를 추가해보자. 일반적으로는 1, 2, 3으로부터의 거리를 모두 유지한 채 네 번째 재료에 해당하는 정확한 위치를 찾는 것은 불가능하다. 2차원으로 표현된 그림이 가지는 당연한 한계이다. 그러나 만일 어느 거리는 좀 늘이고 다른 거리는 줄일 수 있다고 가정하면, 여러 차례 늘이고 줄이기를 통해서 네 번째 재료에

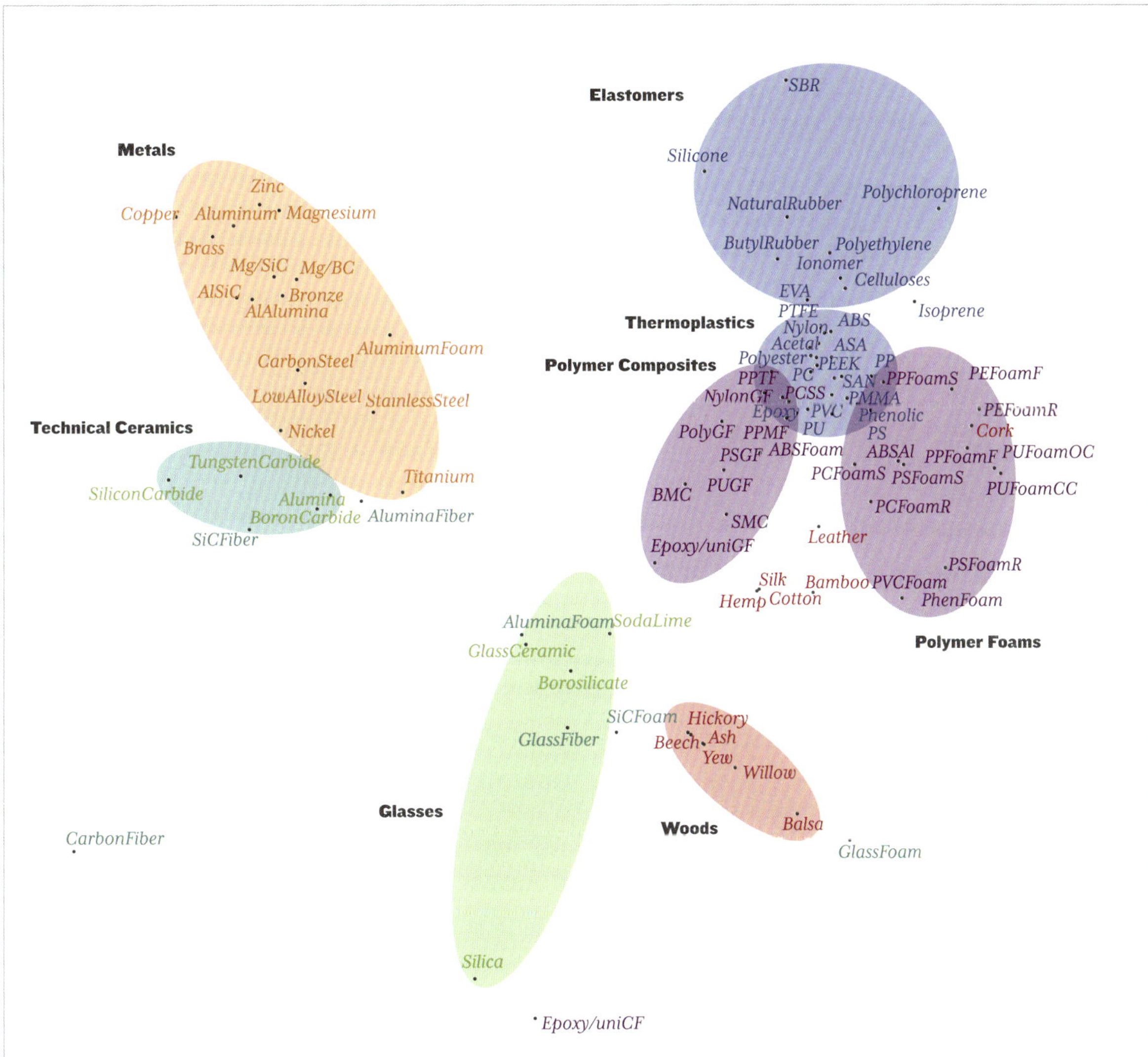

해당하는 위치를 정할 수 있을 것이다. 하지만 이제 맵은 왜곡되어 근사치를 보여줄 뿐 더 이상 정확하게 거리를 시각적으로 나타내지 못한다. 그리고 그 다음 번째 재료들을 계속해서 추가할 수 있을 것이고, 그 때마다 좀 더 늘이고 줄이기를 계속하게 된다. 이렇게 되면 아마 극도로 뒤틀린 맵이 나오리라 생각할 것이다. 그러나 만일 당신이 각 단계마다 전체적인 늘이기와 줄이기를 최소화할 수 있는 알고리즘을 가지고 있다면, 전체적인 뒤틀림 역시 최소화할 수 있을 것이다. 그것이 바로 다차원 스

그림 4.5 다차원 맵: 기술적 속성
이 맵은 재료의 기술적 속성을 기준으로 재료들 간의 유사성을 보여준다(CES Edu, 2009 데이터 사용).

케일링이 하는 역할이다[5].

이렇게 만들어진 맵은 근사치를 나타내는 데 불과하므로 조심스럽게 활용해야 한다. 여기서 사용하는 '거리'는 다수의 속성을 종합하여 하나의 수치로 나타낸 것으로, 그렇게 만드는 과정에서 많은 양의 정보가 날아가게 된다("거리 20이 의미하는 것이 모든 속성들이 조금씩 골고루 다른 것일까 아니면 대부분의 속성은 같지만 하나만 크게 달라서 나온 결과일까?"). 그럼에도 불구하고 이 방법은 뚜렷하게 그룹을 형성하는 것을 보여주는 흥미로운 맵을 만들어낸다.

그림 4.5가 하나의 예이다. 그것은 15가지의 기계적 및 열적 속성을 기준으로 구성한 공업재료들에 대한 MDS 맵이다. 세라믹, 금속, 고분자는 각각 서로 독립된 그룹을 형성한다. 그리고 고분자가족 내에서 열가소성수지와 탄성중합체는 서로 겹치는 그룹을 형성한다. 해석에 따른 결과는 재료과학에서 사용하는 재료 가족 및 클래스의 분류와 매우 닮은 그룹을 형성하는 것으로 나타난다.

그러므로 기술적 속성에 대해서는 그림 4.2와 같은 분류가 우리가 원하는 것이다. 분류는 인덱싱의 기초이며, 재료정보를 목록화하는 데 필수적인 절차이다. 인덱싱에 대해서는 제7장에서 다시 자세히 알아볼 것이다. 여기서는 그저 우리가 기술적 속성에 대해서는 좋은 기본을 갖추고 있음을 알아두고, 제품디자인에 기술적 속성을 활용하는 데 대하여 잠시 살펴보자.

5. 다수의 임의 판단이 개입된다. '거리'는 하나 이상의 방법으로 측정되고 종합될 수 있다. 한 가지 예를 들어보자. 모든 데이터를 일정한 범위(−10~10)로 정규화한 후에 한 재료의 각 속성에 대하여 개별적인 거리를 계산한 다음 그것들의 평균제곱근(root-mean-square; RMS)을 구하여 무리를 만든다(Euclidean aggregation). 거리를 늘이고 줄이는 작업도 여러 가지 다른 대안을 만들어 낸다. 예를 들면, 이상적으로 원래 가져야 하는 값으로부터의 편차의 평균제곱근을 최소화하는 것이다. 그럴 듯하게 들리지만, 두 가지 예는 모두 작은 차이와 큰 차이의 상대적인 가중치에 관하여, 그리고 허용가능한 왜곡의 수준에 관하여 묵시적인 가정을 포함하고 있다. 만일 이 방법을 사용하고자 한다면, 먼저 참고문헌 Kruskal and Wish(1987)를 읽어보기 바란다.

기술적 속성의 사용

어떤 제품이 시장에서 성공하느냐는 우리가 주장하듯이 산업디자인에 크게 의존한다. 즉 시각적으로 그리고 감성적으로 소비자에게 얼마나 매력적인가에 달려 있다. 그러나 이는 제품이 제대로 작동한다는 것을 전제로 한다. 즉 그것의 가격이 감당할 수 있는 수준에서 기능이 안전하게 제대로 작동해야 함을 의미한다. 이러한 문제는 공학설계의 책임이며, 공학설계는 건전한 재료 데이터를 기반으로 한다.

공학설계를 위한 재료의 특성평가는 이미 잘 발전되어 있다(그림 4.1의 윗부분). 표 4.3과 같은 데이터시트는 널리 이용가능하다[6]. 이런 데이터시트가 제공하는 정보는 공학설계에 필요한 인풋을 제공하며, 응력해석, 열분석(thermal analysis), 최적화 방법, 시뮬레이션 등의 공학적으로 표준화된 방법을 사용한다. 이러한 모든 것들은 잘 개발된 소프트웨어 패키

6. 재료공급자는 그들의 제품(즉 재료)에 대한 데이터시트를 제공하지만, 그 내용은 흔히 제한적이다. 보다 포괄적인 데이터는 ASM International, Butterworth-Heinemann, McGraw-Hill 등에서 출판하는 핸드북에 표로 제시되었고, 일부는 검색이 가능한 CD형태로도 구할 수 있다. Granta Design과 같은 소프트웨어(CES Edu, 2009) 시스템은 매우 다른 여러 출처로부터 수집된 수천 가지의 표준포맷 데이터시트에 신속하게 접근할 수 있다. 기술적 데이터는 점점 더 쉽게 www.matweb.com과 같은 인터넷 웹사이트에서 찾아볼 수 있다.

지로 지원된다. 물론 이런 것들이 확실히 안도감을 줄 수는 있지만, 한 가지 정말 중요한 문제가 남아 있다. 재료에 대한 기술적 데이터를 찾으려면 당신이 원하는 것이 무엇인지 알아야만 찾을 수 있다. 하지만 그런 선택을 어떻게 결정할 것인가? 또한 당신의 선택이 이 장의 처음에 언급하였던 다른 '차원들'과 호환성을 가지는지 어떻게 확신할 것인가? 이러한 질문에 대해서는 제7장에서 자세히 알아보도록 하자. 그보다 먼저 다른 차원들을 검토해보고 그렇게 하는 데 필요한 재료정보를 살펴보자.

편의성: 인간공학과 인터페이스

누구나 느끼고 있듯이, 스타일에 너무 충실한 나머지 어둠 속에서는 스위치를 찾는 것이 불가능한 TV, 너무나 매끈하게 생겨서 비누 묻은 손으로는 돌릴 수 없는 수도꼭지, 너무 시끄러운 나머지 전화벨 소리를 듣는 것이 불가능한 헤어드라이어 등 불편한 것들을 열거하면 끝도 없다. 이런 제품들은 작동은 잘하지만 인터페이스가 형편없이 디자인되었다고 할 수 있다. 즉 사용하기에 불편한 제품들이란 뜻이다. 잘 디자인된 제품들은 작동에 문제가 없을 뿐만 아니라, 편리하고, 안전하며 쉽게 조작할 수 있다. 즉 사용사 친화적(user-friendly)이디.

제품의 인터페이스 디자인에는 세 가지 커다란 측면이 있다. 첫째로 고려할 것은 제품이 인체의 능력에 잘 맞을 것, 둘째로는 사람의 주리력에 잘 맞을 것, 마지막으로는 사람이 살고 일하는 환경에 적합할 것이다. 이러한 것들은 통틀어 인적요인(human factor)으로 알려져 있으며, 이 문제에 관한 연구는 인간공학(ergonomics; human-factor engineering) 또는 인터페이스 디자인으로 불린다. 이에 대하여 좀 더 자세히 알아보자.

인체측정학(Anthropomorphics)과 생체역학

제2차 세계대전 중에 군대의 효율성은 점점 더 복잡해지는 군용장비를 쉽게 다룰 수 있는 데 크게 의존한다는 것이 명백해졌다. 이것은 인체측정학과 인간 생체역학에 대한 연구의 필요성을 증대시켰다. 인체측정학은 인간 신체의 크기와 형상에 대한 측정이고, 생체역학(bio-mechanics)이란 신체가 감당할 수 있는 동작, 힘, 파워, 지구력에 대한 분석을 뜻한다.

표 4.6에는 유럽인과 미국인 남녀를 대상으로 이러한 것들 몇 가지에 대한 데이터를 열거하였다. 신체적으로 사람들은 크기와 힘에 있어 다

표 4.6 인체의 측정
취업 연령에 속한 유럽 및 북미 남성과 여성의 평균적 속성.

특징	남성(18~40세)	여성(18~40세)
키 높이, m	1.63~1.85	1.54~1.76
앉은키 높이, m	0.84~0.96	0.79~0.91
앉은자리 폭, m	0.33~0.40	0.35~0.43
손이 닿는 거리, m	0.77~0.92	0.60~0.75
어깨 넓이, m	0.42~0.50	0.38~0.46
눈높이, m	1.52~1.74	1.44~1.65
몸무게, kg	60~94	44~80
머리무게, kg	1.4~1.7	1.25~1.6

양한 값을 가진다. 가늠하기 위한 잣대로서, 디자인은 흔히 취업가능한 성인 인구의 90% 범위를 기준으로 사용하며, 이 표에도 그러한 범위를 사용하였다. 이는 소위 표준 디자인 인간(Standard Design Person)이라 부를 수 있는 것을 정의한다. 편의성을 위한 디자인에서 이러한 특성들은 제한조건으로 다루어진다. 제품은 이 범위에 속하는 체격과 신체적 능력을 가진 어느 누구에게라도 맞아야 한다. 더군다나, 일터에서는 지나친 피로 또는 근육이상과 그로 인한 사고를 방지하기 위한 법률적인 규제에 부합하도록 이러한 제한조건은 반드시 만족되어야 한다.

그러나 여기 그러한 관점에 적합한 스토리로 면도기를 발명한 사람의 사례가 있다. 이 기계를 얼굴에 대고 스위치를 누르면, 짜잔, 당신의 면도는 끝난다. 이 기계가 어떤 사람의 얼굴에 적합하냐고 물으면 그는 표준형 얼굴에 적합하다고 말한다. 그러나 만일 기계를 사용한 누군가가 표준형 얼굴을 가지고 있지 않다면? 그는 말하기를 이 기계를 사용한 후에는 누구나 표준형 얼굴이 될 것이라고 한다.

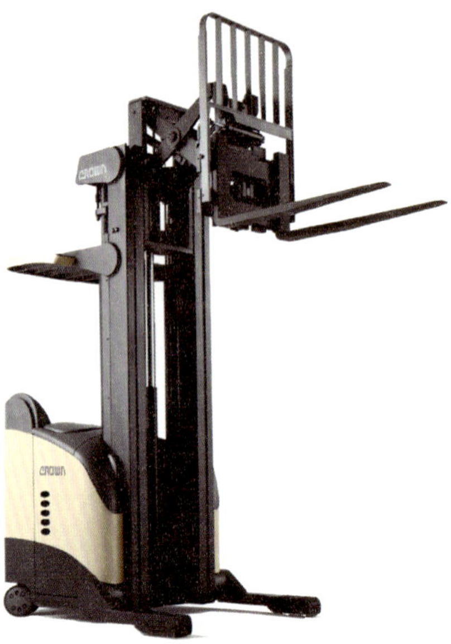

그림 4.7 인간공학적 디자인
복잡한 기동을 최대한 직감적으로 조종할 수 있도록 디자인된 포크리프트의 운전석.
(사진 제공: Ergonomic Systems Inc.)

그렇다면 표준형 얼굴이라는 개념 자체가 좀 우스꽝스러운 것이다. 진정한 편의성을 위해서라면 기계는 단순히 표준이 아니라 개개인의 역량과 반드시 부합되어야 한다(그림 4.7). 운동기구의 디자인과 마케팅만큼 이러한 매칭이 분명하게 드러나는 곳은 없다. 이 부문에서 제품은 개별 운동선수의 생체측정학적(bio-metric) 및 생체역학적 특성에 신중하게 맞춰서 내놓은 것들이며, 그렇게 함으로써 이 부문의 사업을 키우고 큰 이윤을 거둘 수 있게 된다. 물론 이 부문 말고도 특별한 주의를 기울여야 하는 그룹들은 많다. 대표적인 비표준 디자인 신체(표준이 아닌, 즉 앞의 표에 제시된 범위를 벗어난, 가끔은 아주 많이 벗어난 것을 의미함)로는 아이들, 장애인, 노인들이 있다. 그들의 요구사항은 과거에 때때로 간과되어 왔으나 지금은 훨씬 널리 시행되고 있으며, 그들의 요구를 충족시키는 것이 우선과제가 되었다.

재료는 여기서도 일정한 역할이 있다. 무거운 물건은 들어 올리거나 이동시키려면 종종 물리적 제약이 따르지만, 경금속 합금, 고분자, 발포재코어 샌드위치구조(foam-cored sandwich-structures) 등을 사용하면 가볍게 만들 수 있다. 탄성중합체는 필요한 곳에 잘 붙잡을 수 있는 표면을 제공할 수 있으며, 고분자 셀과 발포재로는 부드러운 촉감의 표면을 만드는 것이 가능하고, 직물과 부직포는 몸체의 형상을 따라 곡면을 형성할 수 있다. 몰딩된 부품은 손에 잘 맞고, 부드러운 곡선으로 처리된 모서리를 가지므로 의복을 찍지 않아 사고위험을 줄여준다. 크기의 차이는 찍찍이(Velcro), 재박리형 접착제, 탄성중합체와 같이 조정이 가능한 재료의 사용으로 감수할 수 있다.

이런 것들은 모두 비교적 알기 쉽다. 그러나 제품과 사용자 사이에는 다른 방법으로 상호작용이 일어난다. 특별한 정보에 대한 의사소통이 요구되는 방법들이다.

정보 관리

오늘날 우리가 사용하는 제품들은 과거에 비하여 훨씬 더 복잡하고 기능성이 풍부하다. 대부분의 기능들은 전자공학의 소산이거나 전자공학에 의해 제어된다. 전자는 단순한 기계적인 것들과는 달리 보이지 않으므로 전자가 하는 일이나 사용자가 내린 지령에 대하여 어떻게 반응하는지 파악할 단서를 별로 제공하지 않는다. 그러므로 두 종류의 의사소통이 전체적인 디자인에 반드시 내장되어야 한다. 첫째는 기능을 나타내는 수동적인 것이고, 둘째는 인풋에 반응하는 능동적인 것이다.

첫 번째 수요는 명확한 아이콘 또는 그림 도표를 기반으로 한 식별장치에 의해 만족될 수 있다. 아이콘은 쉽게 읽을 수 있으며(그림 4.8), 언어에 구애받지 않기 때문에 국제적인 통상과 여행의 시대에서는 커다란 자산이 된다[7]. 이모티콘(그림 4.8)은 아이콘이 전자문서시스템에 적합하게 개조된 것으로서 키보드 조작의 특정한 조합을 바탕으로 하며, 이를 통하여 감정을 표현할 수 있다. 완전한 단어들을 제품 표면에 인쇄해야 할 때 가장 잘 읽히는 글씨는, 실험에 의하면 Helvetica나 Arial 같은 산세

그림 4.8 아이콘과 이모티콘
우리들의 일상생활에서 안내하는 시각적 트리거와 감성을 표현하는 트리거(모바일 문자메시지에 사용).

7. 여기서는 주의할 필요가 있다. 어떤 아이콘에 대한 설명은 문화에 따라 달라질 수 있다. 나이프와 포크는 '레스토랑'을 의미하지만 젓가락으로 식사하는 사람들에게는 의미가 없다.

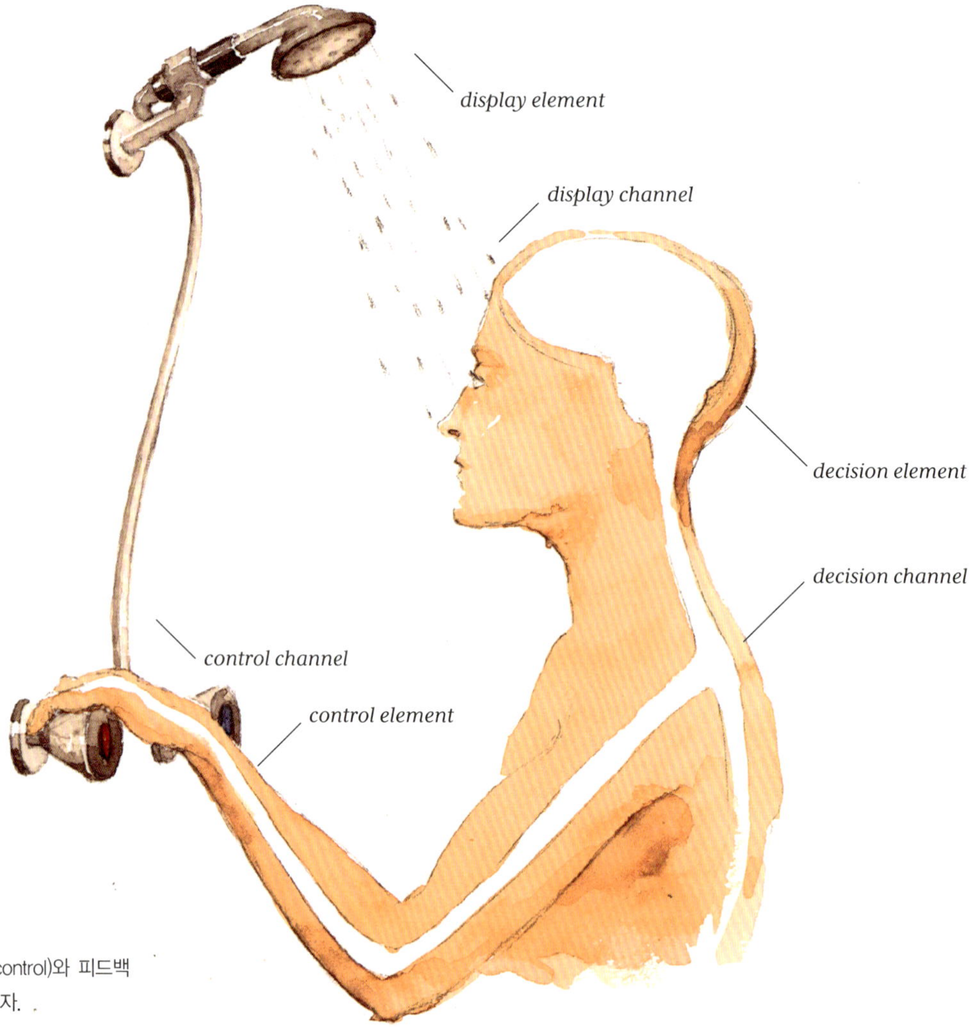

그림 4.9 제어와 피드백
폐쇄회로 제어(closed-loop control)와 피드백 시스템을 이루는 제품과 사용자.

리프 글씨체를 사용하여 머리글자를 제외하고는 소문자로 작성하고 높은 명암을 사용한 것이라고 한다[8].

8. 책 속의 문장에는 같은 원리가 적용되지 않는다. 타임스나 산세리프 활자체는 우리 눈이 쉽게 줄, 그리고 행간을 따라 가도록 한다.

장치를 다루는 사람은 폐쇄적 제어루프(closed control-loop)의 일부이다(그림 4.9). 이러한 루프는 첫째, 현재의 상태를 기록한 하나 또는 그 이상의 디스플레이를 필요로 한다. 긴박한 경보에는 소리가 더 좋지만, 시각적인 디스플레이는 정보를 정확하게 전달하는 데 가장 효율적인 방법이다. 둘째, 루프는 제어요소(control element) 또는 입력방법을 필요로 한다. 누르는 버튼이나 손잡이와 레버 등은 키보드, 마우스, 레이저포인터, 터치스크린, 음성인식시스템 등으로 대부분 대체되었다. 인풋은 기계에 의해 번역되고, 곧이어 인풋에 대한 반응으로 이어진다. 셋째, 요구조건은 표시장치(indicator)로 시각, 촉각, 청각을 통하여 인풋이 제대로 전달되었음을 알려준다. 표시장치가 없다면 사용자는 자신의 인풋이 입력되었는지 즉시 알 수 없고, 계속해서 인풋을 반복하거나 또는 인풋을 무효화시키는 실수를 저지를 수도 있다. 마지막 남은 제어요소 하나는 결정(decision)이며 사용자에 의해 수행된다.

여기서도 재료는 중요한 역할을 하는데, 센서와 구동기와 디스플레이의 재료들이다. 센서는 흔히 압전재료, 열감응재료, 광감응재료(photodiode)를 바탕으로 한다. 구동기의 재료로는 근육(무엇인가를 작동시키는 가장 오래된 방법), 바이메탈 재료, 형상기억합금, 압전재료, 전왜재료 및 자왜재료, 고분자 젤 등이 있다. 열변색(thermo-chromic) 재료는 가열하면 색상이 변하고, 전기변색(electro-chromic) 재료는 전기장을 가할 때 색상이 변한다. 유연한 재료는 형상화되어 쌍안정 키 반응(bi-stable key response)을 줄 수 있으므로, 접촉에 의해 키보드나 키패드를 통한 인풋을 확인해준다. 표면 프로파일링은 중요한 키의 위치에 대한 촉감적인 피드백을 제공한다. 디스플레이는 인광물질, 액정(LCD), 발광다이오드(LED), 그리고 가장 최근에 개발된 발광고분자(LEP)를 바탕으로 한다. 표면 프린팅 기법 덕분에 아이콘, 컬러코드, 바코드, 문자의 사용이 가능해졌다.

의사소통은 제품과 사람이 교감할 수 있는 바람직한 방법이다. 그러나 모든 교감 또는 상호작용이 그리 바람직한 것은 아니다.

소음 관리

소리는 진동에 의해 발생하고, 피치는 주파수에 따라 정해진다. 사람의 귀는 젊을 때 20~20,000 Hz 범위의 주파수에 반응한다. 이는 파장으로 말하면 17 m부터 17 mm까지에 해당한다. 피아노의 가장 낮은 음은 28 Hz이고, 가장 높은 음은 4,186 Hz이다. 음향디자인의 관점에서 보았을 때 가장 중요한 범위는 대략 500~4,000 Hz이다. 음압은 파스칼(Pa) 단위로 측정하지만, 귀로 들을 수 있는 음압은 10^6 정도의 범위를 가지므로 로그스케일을 사용하여 데시벨(dB) 단위로 나타내는 것이 훨씬 편리하다. 표 4.10은 dB 단위로 측정된 음압의 수준을 보여준다. 50 dB 이상이면 집중력 저하를 유발할 수 있고, 90 dB 이상의 음압이 지속되면 청각에 손상을 줄 수 있다.

소음과 마찬가지로 진동도 임계값을 넘어서면 손상을 유발할 수 있다. 진동의 수준은 가속도(단위: m/sec^2)에 의해 평가되며, 안전하게 사

표 4.10 얼마나 큰 소리인가?
소리의 크기를 측정하는 단위는 데시벨.

소리의 출처	dB
들을 수 있는 문턱값	0
사무실 배경잡음	50
길거리 교통 소음	80
디스코텍	100
1 m 거리의 공압식 드릴	110
100 m 거리의 제트기 이륙	120

표 4.11 **소리 흡수**
흡음계수.

재료	500~4,000 Hz
유약을 바른 타일	0.01~0.02
거친 콘크리트	0.02~0.04
나무	0.15~0.80
코르크 타일	0.20~0.55
두꺼운 카펫	0.30~0.80
발포 폴리스타이렌	0.35~0.55
방음 석고스프레이	0.50~0.60
유리솜(글래스울)	0.50~0.99

용하려면 1 m/sec^2 이하로 제한되어야 한다(이는 0.1 g에 해당하며, g는 중력가속도를 의미). 주파수 역시 중요한 개념이다. 1 Hz 이하는 뱃멀미를, 1~100 Hz는 호흡곤란이나 두통을 야기할 수 있고, 10~1,000 Hz는 촉감의 상실 또는 '백지병(white finger)'을 겪게 할 수 있다. 지속시간 역시 중요하므로, 지속시간이 길어질수록 수준은 낮추어야 한다.

주어진 공간 안에서(예를 들면, 방 안에서) 소리나 진동의 수준을 줄이는 것은 소리가 어디서부터 오느냐에 따라 다르다. 만일 방 안에서 소리가 발생한다면, 소리를 흡수하는 방법을 고려할 수 있다. 만일 소리가 외부로부터 온다면, 소리를 차단하는 방법을 찾으면 된다. 만일 어떠한 구조물의 뼈대를 타고 전달된다면(기계공구나 길거리 교통으로부터), 구조를 진동의 발생원과 격리시키는 방안을 찾아야 할 것이다.

제품디자인에서 소리를 흡수하는 것은 보통 필수적이다. 부드럽고 다공성인 재료는 공기를 타고 들어오는 음파를 흡수하여 열로 변환시킨다(매우 큰 소음일지라도 소리의 에너지는 작은 양이어서 온도의 상승은 거의 무시할 정도임). 저밀도 고분자, 세라믹 발포재, 석고, 유리섬유 등의 다공성이거나 매우 유연한 재료가 소리를 잘 흡수한다. 카펫이나 커튼처럼 직조된 고분자 역시 비슷한 특성을 보인다. 어떤 표면에 의해 흡수되는 소리의 비율을 '흡음계수(sound-absorption coefficient)'라 한다. 흡음계수가 0.8인 재료는 재료에 닿은 소리의 80 %를 흡수하고 20 %는 반사함을 의미하며, 흡음계수가 0.03인 경우에는 오직 3 %의 소리만을 흡수하고 97 %의 소리를 반사한다는 의미이다.

진동은 고감쇠고무 마운트, 발포재, 탄성중합체 그립 등을 사용하여 진동의 발생원을 다른 구조와 격리시킴으로써 감쇠시킬 수 있다. 여기에는 코르크 입자로 충전된 고무 복합재료가 좋은 해답이 될 수 있다. 고무의 낮은 전단계수(shear modulus)는 전단파(횡파)를 격리시키며, 코르크의 압축가능성은 압축파(종파)를 효과적으로 막아주는 데 기여한다.

열 관리

동력을 소비하는 모든 제품은 열을 발생시키고, 열 관리에 있어서 두 가지 종류의 문제를 야기한다. 첫째는 열에 민감한 부품이나 사용자에게 닿는 부품을 단열처리 함으로써, 너무 뜨거워지는 것을 방지해야 하는 것이다. 헤어드라이어의 경우 케이스는 발열체로부터 철저히 단열시켜야 한다. 둘째는 정반대의 문제이다. 어떤 재료를 사용하면 열을 골고루

전달시킬 수 있는가에 관한 문제이며, 열전도도가 높은 재료가 필요하다. 고급 프라이팬의 경우 높은 열전도도의 재료를 사용하여 널리 열을 분산시킴으로써 요리를 골고루 익힐 수 있다.

고분자는 열전도도(λ)가 약 0.25 W/m.K로 우수한 단열재이다. 하지만 공기(λ=0.025)가 훨씬 더 좋은 단열재이며, CO_2(λ=0.016)나 CFC의 일종인 삼염화불화메탄(CCl_3F, λ=0.008)은 그보다 더 좋다. 가장 좋은 단열재는 이런 기체들을 밀폐된 기공에 가둔 발포재, 또는 공기를 정지상태로 포함하는 유리솜(glass wool)이나 광물섬유 같은 섬유질 재료이다. 만일 열원의 온도가 낮고(<150℃) 강도가 필요하지 않다면, 고분자 발포재가 좋은 선택이다. 만일 열원의 온도가 높다면, 유리솜 또는 유리 발포재, 광물섬유, 세라믹 발포재가 더 좋은 방안이다. 만일 높은 강도도 함께 필요하다면, 압축된 마이카(compacted mica)나 다공질 세라믹이 가장 좋은 해답일 수 있다.

열전도를 목표로 할 때에 가장 좋은 재료는 고체상태의 은, 금, 다이아몬드(!)지만, 명백한 이유로 이것들은 현실적이지 못할 수 있다. 고체상태의 구리와 고체상태의 알루미늄은 이들과 비슷한 특성을 가지면서 저렴하고 성형하기 쉬우므로 대부분의 열분산 시스템에 사용된다. 가끔 어떤 경우에는 열전도도는 높으나 전기를 통하지 않는 재료(전기절연체)가 요구된다. 이러한 경우에 가장 좋은 선택은 질화알루미늄(AlN)이나 산화베릴륨(BeO)이다. 표 4.12는 대표적인 전도체와 단열재의 열전도도를 보여준다.

빛 관리

지나치게 높은 세기의 빛을 발산하는 경우는 드물지만, 많은 제품들이 사용자의 시야를 방해할 정도로 빛을 반사한다. 표면의 반사도는 60도로 입사된 빛이 120도 방향에 위치한 사용자에게 반사되는(입사각과 반사각이 같음) 비율로 측정한다. 흑색 무광택(black matte) 표면은 1 % 미만을 반사하고, 광택 표면은 80 % 이상을 반사하며, 경면(mirror)은 100 % 반사한다. 반사도는 표 4.13에 나와 있다.

환경영향: '녹색'디자인과 지속가능성

최근에 당신이 버린 물건 중에 여전히 작동하거나 또는 작동하지 않지만

표 4.12 열관리
주요 재료의 열전도도.

재료	W/m.K
구리	384
알루미늄	230
유리	1.1
고분자 고체	0.15~0.35
소나무	0.112
발사나무	0.055
코르크	0.045
유리 발포재	0.050
광물섬유	0.046
유리솜(글래스울)	0.042
고분자 발포재	0.02~0.10

표 4.13 경면인가 죽은 무광택인가?
재료와 표면의 반사도.

재료	%
알루미늄	60
베릴륨	49
탄소강	57
인바	41
마그네슘	72
스테인리스강	70
티타늄	56
표면 질감	**%**
죽은 무광택	<1
무광택	1~10
뿌연 무광택(eggshell)	15~20
반광택	40~50
광택	>80
경면	>95

수리가 가능한 것은 무엇인가? 유행이 바뀌면, 부추기는 광고에 힘입어, 새것에 대한 욕구가 강해지고 아직 쓸모 있는 물건들을 교체하려고 한다. 산업디자인은 여기에 막중한 책임을 느껴야 한다. 한동안 산업디자인은 창의적진부화(creative obsolescence)를 추구하였다. 이것은 제품이 오로지 새것일 때에만 마음에 들게 하고, 소비자로 하여금 그렇게 하는 것이 사회적 및 심리학적으로 필요한 일이라 느끼도록 암시하는 마케팅 기법을 사용하여, 최신 모델을 구입하도록 독려하는 것을 뜻한다. 그리하여 제2장에서 다루었듯이 소비를 가속화함으로써 걱정꺼리의 근원을 증가시키는 새로운 문제를 만들어내게 되었다.

그러나 그것은 단지 반쪽짜리 진리일 뿐이다. 잘 디자인된 제품은 계획된 수명을 훨씬 뛰어넘는, 때로는 세기를 뛰어 넘는 수명을 갖게 되고, 오래될수록 천덕꾸러기가 되기보다는 오히려 가치가 상승할 수도 있다. 뉴욕, 런던, 파리의 경매소와 골동품 딜러들은 원래는 실용적인 목적으로 디자인되었으나 현재에 와서는 그것들의 미학적인, 연상시키는, 인지되는 성질에 더욱 가치가 부여되는 제품들의 판매로 톡톡히 재미 보는 수가 많다. 사람들은 정서적으로 애착을 가진 물건을 쉽게 버리지 않는다. 바로 그것이다. 산업디자인은 악당인 동시에 영웅의 역할을 하는 양면성을 가졌다. 이는 굉장히 복잡한 미로와 같은 문제로, 때로는 여러 번의 시행착오를 감수해야 하는 문제이므로 좀 더 상세하게 살펴보도록 하자.

자원으로서의 재료

우리가 정말로 재료나 석유, 가스 등의 자원이 바닥나는 상황을 맞이할까? 현재의 낭비적인 습관을 고려했을 때 그럴지도 모른다. 여러 가지로 조사가 이루어졌고, 특히 1972년에 발간된 로마클럽(Club of Rome)의 보고서[9]에 따르면 이러한 문제가 현실로 나타날 것이라는 점이다. 시장경제는 여러 가지 결함이 있기는 하지만, 자제하는 성격의 피드백 메커니즘을 보유한다. 재료를 위한 천연자원이 고갈되면서 광석의 품위는 떨어지고 가격은 올라간다. 낮은 품위를 사용하면 경제적으로 불안정해지고 소비는 감소하게 된다. 좀 더 균형 잡힌 관점에서 보면 우리가 고갈되는 상황을 맞이하지는 않는다는 전제이지만, 가격상승에 의한 조정은 살아가기에 매우 불편한 환경을 만들어, 과소비를 규제하거나 보존을 장려하

9. Meadows 등(1972)의 저술《The Limits of Growth – Report of the Club of Rome》은 처음 출판되었을 때 굉장한 반응을 일으켰으나, 어떤 면에서는 다소 비현실적인 것으로 판명되었다.

는 정책의 필요성에 충분한 입지를 제공한다.

좀 더 임박한 걱정은 제조업이 환경에 미치는 영향이다. 제2장에서 이미 언급하였듯이, 현재의 소비수준과 성장률을 고려했을 때 대폭적인 삭감만이 자연에 끼치는 악영향을 허용가능한 수준으로 낮출 수 있다고 주장하는 사람들이 있다. 이러한 변화가 거의 누구나 받아들이기 어려운 생활양식의 변화 없이 가능할까? 그럴 수도 있겠지만 확신하기는 매우 어렵다. 25년 전에 평균적인 자동차는 1갤런 당 20마일(14리터로 100킬로미터)을 달렸다. 오늘날 우리는 1갤런 당 60마일(4.7리터로 100킬로미터)을 달리는 자동차를 살 수 있다. 거의 3배 정도 효율이 늘어난 것이다. 25년 전에는 타이어의 평균수명이 20,000마일이었으나 지금은 50,000마일까지도 가능하다. 2.5배 정도 수명이 늘어난 것이다. 그러므로 커다란 변화가 가능하지만 그것만으로는 충분하지 않다. 같은 기간에 자동차 보유 대수와 평균 주행거리 역시 6배 가량 늘어났기 때문에, 대폭적인 기술발전보다 소비량이 훨씬 크게 증가한 셈이다.

재료와 에너지 소비의 균형

재료를 절약하는 가장 분명한 방법은 제품을 더 작게 만들고, 더 오래 사용할 수 있게 하며, 수명이 끝났을 때는 재활용할 수 있게 하는 것이다. 명쾌해 보이지만 때로는 함정이 숨어 있을 수 있다. 재료와 에너지는 그림 4.14에 나타낸 것처럼 굉장히 복잡한 상호작용 시스템의 일부를 형성한다. 여기서 인구의 증가, 부의 증가, 새로운 기술과 같은 주요 소비 촉진제들은 재료 및 에너지의 소비와 그로 인한 부산물의 발생을 가속화한다. 그러나 단 하나의 예만 들더라도, 부의 증가는 동시에 교육을 촉진함으로써, 이러한 부산물이 만들어내는 문제에 대한 인식을 키워주므로, 다시 소비를 삼가는 순기능을 갖는다.

이렇듯 서로에 대한 영향은 복잡한 상호작용을 가진다. 한 예로서, 새로운 기술은 더 많은 재료효율적이고 에너지효율적인 제품을 가능하게 하지만, 동시에 새로운 기능성도 부여함으로써 기존 제품을 구식으로 만들고 아직 사용할 수 있는 제품을 대체하고 싶은 욕구를 유발시킨다. 전자제품들이 가장 좋은 예이다. 80%가 여전히 잘 작동함에도 불구하고 버려진다. 그리고 가장 단순한 수준에서, 일견 명백한 척도인 듯하지만, 제품의 수명이 늘어난 결과를 살펴보자. 수명이 늘어난 것은 분명 재료를 절약하는 데 도움을 주지만, 새로운 기술에 의해 더 매력적이고 얇은 제품들이 (특히 자동차, 전자제품, 가전기구 등) 속속 등장하는 이 시대에, 낡은 제품의 수명을 늘리는 것은 오히려 환경에 악영향을 끼칠 수 있다. 그리고 마지막 예로, 산업디자인의 이중가치적인 영향을 살펴보자. 과거부터 지속되는 디자인은 소중하게 여기고 보존하고 싶어 할 제품을 만들어내는 능력을 가졌음이 명백하다. 그러나 오늘날 그것은 종종 소비를 촉진시키는 강력한 도구로 사용되고, 새로운 것이 바람직한 것이고 조금이라도 오래된 것은 매력이 떨어지는 것이라는 인지를 만들어낸다. 어떻게 하면 디자인이 환경을 위협하는 도구가 아니라 환경을 보존하고 개선하는 데 사용될 수 있을까?

친환경 디자인

당신이 살고 있는 집이 더 이상 맞지 않는다면, 당신에게는 두 가지 선택이 있을 수 있다. 첫째는 새 집을 사서 옮기는 것이고, 둘째는 지금까지 살던 집을 개조하는 것인데, 그 과정에서 당신의 기호에 더 알맞게 바꿀 수 있다. 집은 이런 개조가 가능하지만 대부분의 제품은 그렇지 않다. 오래된 제품은 오래된 집과는 달리 가치가 많이 떨어진 것으로 인지되며 손쉽게 버려진다. 그것이 바로 디자인이 직면하게 되는 숙제이다. 개조될 수 있고 개성화될 수 있는 제품, 그리하여 집의 경우처럼 그것 나름의 개성을 갖추고, '버리지 마세요. 나는 당신 인생의 일부예요.'라는 메시지를 보낼 수 있는, 그런 제품을 만들어야 한다. 이는 공학설계와 산업디자인을 결합하여 진화하는 기술을 수용할 수 있는 제품을 만들어야 하지만, 동시에 오래 지속되고 개성을 살릴 수 있도록 수준 높은 재료와 디자인과 개조가능성까지 갖춘 제품을 창조해내는 것, 그리하여 자녀들에게까지 물려주고 싶어 할 제품을 만들어내야 함을 의미한다.

물론 그것은 아마 하나의 이상일 것이다[10]. 디자인뿐만 아니라 문화적인 변화에도 의존하기 때문이다. 이 문제를 좀 더 실무적인 수준에서 살펴보고 재료의 역할을 좀 더 명확하게 규명하기 위해서는, 두 가지의 중요한 특징을 인식하는 것이 필요하다. 첫째는 그림 4.14에 강조한 것처럼 재료 및 에너지의 소비는 고도의 복잡하고 상호작용을 가진 시스템의 일부라는 점이다. 단순한 해결방안('납의 사용을 금지하자.' 또는 '에너지집약적인 플라스틱을 사용하지 말자.')은 기대한 효과와 정반대의 결과를 낳을 수도 있다. 둘째는 그림 2.3에 나타낸 재료 수명주기의 개념으로부터 얻어지는 것이다. 여기에서 중요한 점은 구별되는 네 가지의 단계로 나누어진

10. 그러한 이상을 추구하는 단체로 www.eternally-yours.nl을 찾아보라.

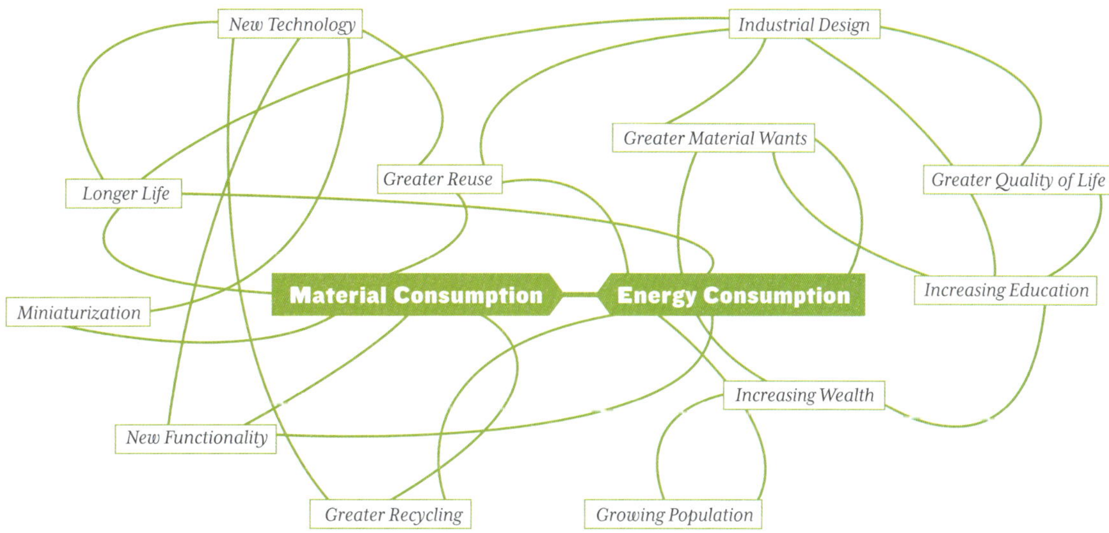

그림 4.14 환경과의 복잡한 상호작용
재료와 에너지의 소비에 영향을 미치는 요인들의 상호작용 성질.

다는 사실이다. 광물과 원료는 재료를 만들어내는 데 소모된다. 재료는 다시 제품으로 제조되고, 거의 예외 없이 그들의 수명이 다할 때까지 에너지를 소비하게 된다. 그리고 수명이 다하였을 때에는 버려지거나 또는 재활용된다. 수동적 제품은 그것들의 주요기능을 사용하는 데 에너지가 별로 필요하지 않은 것을 말한다(가구, 카펫, 이음쇠, 다리, 냉난방 없는 빌딩). 이 경우에는 재료의 생산과 제품의 제조단계가 에너지 및 재료 소비의 대부분을 차지한다(그림 4.15). 이 경우에는 제품의 수명이 길어질수록 바람직하다. 제품의 수명이 두 배로 늘어나면 소모되는 자원은 거의 반으로 줄어들 것이다. 우리는 이미 잘 디자인되고 좋은 재료로 만들어진 가구는 가치가 있고 시간이 지날수록 그 가치가 상승하며, 반영구적인 수명이 결코 부정적인 결과를 초래하지 않음을 그림 4.14의 시스템으로부터 알고 있다.

반대로 에너지를 소비하는 제품들(가전제품, 자동차, 냉난방하는 빌딩)은 자원을, 특히 에너지를 지속적으로 소비한다. 그림 4.16에서 보듯이 이런 제품들은 다른 모든 단계에서 소비하는 총량보다 더 많은 에너지를 사용과정에서 소비한다. 그러므로 제조과정보다

그림 4.15 친환경 화분
소형 아파트를 위해 디자인된 이 화분은 재활용 폴리프로필렌으로 만들었으며, 배달에 사용된 포장재는 비료로 활용한다. (사진 제공: Cynthia Garden Design)

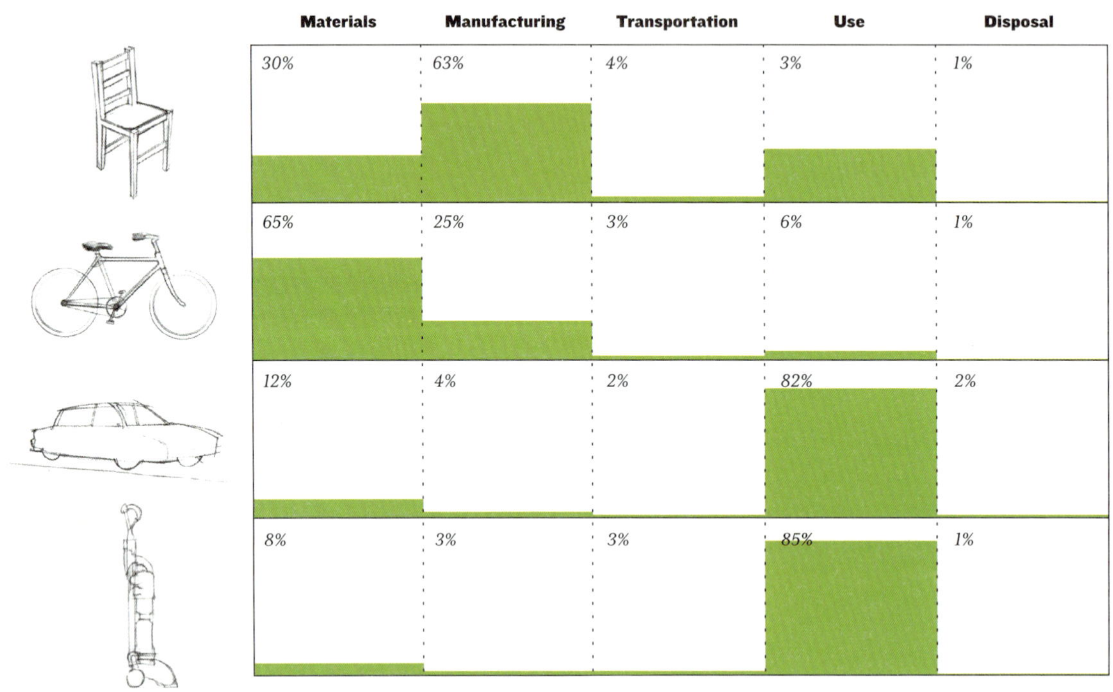

그림 4.16 제품에 포함된 에너지
네 가지 제품의 재료생산, 제조, 사용, 폐기 과정에서의 대략적인 에너지 소비.

는 사용과정 및 폐기단계를 검토함으로써 훨씬 더 큰 잠재적 개선가능성을 찾을 수 있다. 이렇게 에너지를 소비하는 제품들, 특히 기술의 변화가 빠르게 진행되는 분야에서 제품의 수명을 늘리는 것은 이미 위에서 설명한 것처럼 생산적인 일이 되지 못할 것이다. 대신에 가벼운 재료를 사용하여 연료소비량을 줄인 교통기관, 사용하지 않는 동안 '대기' 또는 'sleep' 모드로 하여 에너지 소비를 최소화하는 가전제품, 냉장고나 히터 등의 에너지 손실을 감소시킬 수 있도록 단열성능이 뛰어난 재료에 주력하는 것이 옳다. 그리고 제품수명이 짧다면, 재사용이나 재활용이 더욱 월등한 이득을 가져다준다.

국가 차원의 규제: 표준, 지침, 세금, 무역

미국 환경청 법이나 EU가 정하는 환경관련 지침(Directive)으로 대표되는 규제는 생산자들에게 그들이 만드는 제품이 환경에 미치는 영향을 조사하고 그 충격을 최소화할 수 있는 방안을 강구하도록 압력을 가한다. 규제는 크게 네 가지의 형태를 가진다.

- 표준을 수립하는 것

- 산업계와 자발적인 협정을 이끌어내는 것
- 요구조건을 명시한 규제를 집행하고 이에 따르지 않을 때 벌하는 것
- 변화를 유도하는 시장의 힘을 이용하는 경제적인 수단을 확립하는 것. 이것들은 세금, 보조금, 무역제도 등의 형태를 가진다.

산업표준

국제표준화기구가 제정한 ISO 14000 시리즈는 환경관리시스템을 위한 일련의 표준이다[11]. 여기에는 1997년부터 2000년 사이에 제정된 ISO 14040, 14041, 14042, 14043이 포함되는데, 제품의 수명주기 측정과 해석에 대한 넓지만 다소 애매한 절차를 규정하고 있다. ISO 14025는 수명주기측정(LCA) 데이터를 환경제품선언(EPD) 또는 기후선언(CD)의 일환으로 보고하는 데 관한 지침을 담은 보다 구체적인 표준이다[12].

11. 요약된 것을 www.iso-14001.org.uk/iso-14040에서 찾을 수 있다.

12. 더욱 긴밀한 세부사항을 알아보려면 www.environdec.com을 찾아보라.

자발적인 협정과 규제에 따르는 것. 현재의 법적 규제는 생산자들의 책임을 증대하고, 환경손상이나 폐기에 대한 비용을 부담하게 함으로써 비용을 내재화하는 것[13]과 재료를 절약하는 것에 목표를 두고 있다. 여기에 몇 가지 사례가 있다.

13. "오염시킨 자가 비용을 물라."의 원리.

- 미국 자원보전 및 회수법(Resource Conservation and Recovery Act; RCRA)은 사회를 폐기물에 의한 손상으로부터 보호하고, 재사용, 재활용, 소비감소를 장려하는 연방법이다.
- 미국 EPA 환경보호법(Code of Federal Regulation; CFR Part 302)은 환경보호와 인간의 건강을 다루며, 화학물질의 제조, 사용, 폐기의 과정에서 환경으로 누출될 가능성에 대한 규제를 담고 있다.
- 유럽 휘발성유기화합물(Volatile Organic Compounds; VOCs, 1999) 규제지침은 유기용매 및 유기용매기반 페인트나 산업용 세척제 등에 포함된 용매로부터의 VOC 방출에 제한을 두었다. 지침 준수는 2007년부터 의무화되었다.
- 유럽 폐자동차(End-of-Life Vehicles; ELV, 2000) 규제지침은 폐차되는 자동차로부터 일정 재료를 재활용하는 표준을 제정하였다. 최초의 목표는 2006년에 규정한 것으로 폐차된 자동차를 무게비로 80 % 재사용 및 재활용하는 것과 유해물질을 안전하게 폐기하는 것이었다. 2015년까지 재활용률을 85 %로 끌어올리는 것이 목표이다.
- 유럽 폐전기및전자장비(Waste Electrical and Electronic Equipment; WEEE, 2002) 규제지침은 전자장비 및 가전제품의 회수, 재활용, 재사용을 촉신

하기 위한 것이다. 이 지침은 생산자로 하여금 그들의 제품에 대한 회수와 안전한 폐기를 위하여 자금을 지원하고, 일정한 재활용 목표를 충족시킬 것을 요구한다.

- 유럽 에너지사용제품(Energy-using Products; EUP, 2003) 규제지침은 에너지를 지속적으로 소비하는 제품(가전제품, 펌프, 모터 등)에 대한 친환경적 디자인 요구조건의 뼈대를 마련했다. 이 지침은 에너지를 사용하는 어떠한 제품이라도 "제품은 재료, 제조공정, 포장, 수송 및 배포, 사용, 폐기와 관련하여 소비하는 에너지를 고려하였음을 입증해야 한다. 이러한 각각의 과정에서의 에너지 소비를 측정하고 검토하였으며, 소비를 최소화하는 조치를 찾아내야 한다."라고 생산자들에게 요구한다.
- 유럽 화학물질 등록, 평가, 승인, 제한(Registration, Evaluation, Authorization and Restriction of Chemical Substances; REACH, 2006) 규제지침은 화학물질에 의한 위험성의 관리와 가장 위험한 물질에 대한 대체물질을 찾는 데 대한 생산자의 책임을 부과하고 있다. 유럽의 화학물질 생산자와 유럽으로 수입하는 무역업자들은 그들이 취급하는 제한물질을 등록해야 하며, 각각에 대하여 특성을 열거하고 그것들이 환경과 인류의 건강에 미치는 영향을 평가하고, 위험 감소를 위하여 그들이 채택한 대책을 기록한 일체의 서류를 제출해야 한다. 등록하지 않고는 생산자와 수입업자 모두 시장에 제품을 내놓는 것이 불법으로 간주된다.

이러한 규제는 재료산업과 제조업에 상당히 큰 부담을 준다. 이 모두가 생산자에게는 추가적인 비용으로 작용한다. 이러한 것들은 잘 고안된 소프트웨어 도구를 사용하면 최소화할 수 있다. 이에 관한 설문조사, 그리고 환경보호 규제에 대한 보다 심층적인 논의는 근래에 출간된 많은 문헌에서 찾아볼 수 있다[14].

14. Guidice 등(2006), Vezzoli and Manzini(2008), Ashby(2009) 참조. 1 MJ은 약 0.3 kWh에 해당한다.

생산에너지

우리가 소비하는 모든 에너지와 대기 중으로 방출하는 CO_2의 약 20 %는 재료를 생산하는 과정에서 발생한다(그림 4.17과 4.18). 대부분의 에너지는 우리가 가장 많은 양을 사용하는 11가지 재료를 만드는 데 사용된다. 생산에너지는 1 kg의 쓸모 있는 재료(1 kg의 철, 플라스틱 펠릿, 시멘트 파우더 등)를 만들어 내는 데 필요한 에너지를 말하며 MJ/kg의 단위로 측정된다[15]. 이는 광석을 채굴하고, 수송하고, 정제하는 데 필요한 에너지를 포함하고, 재료를 만드는 데 필요한 원료를 포함하며, 정제된 광석을 금

15. 생산에너지는 보통 약 100 MJ/kg이다. 그것은 3리터 또는 1갤런(US)의 가솔린에 포함된 에너지와 대략 맞먹는다.

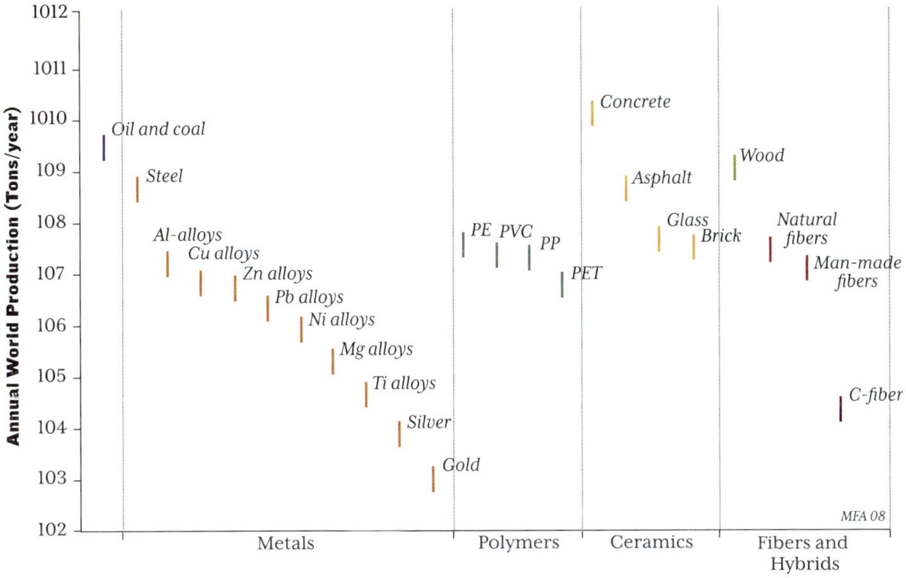

그림 4.17 원재료

우리가 대량으로 사용하는 재료의 연간 세계 생산량.

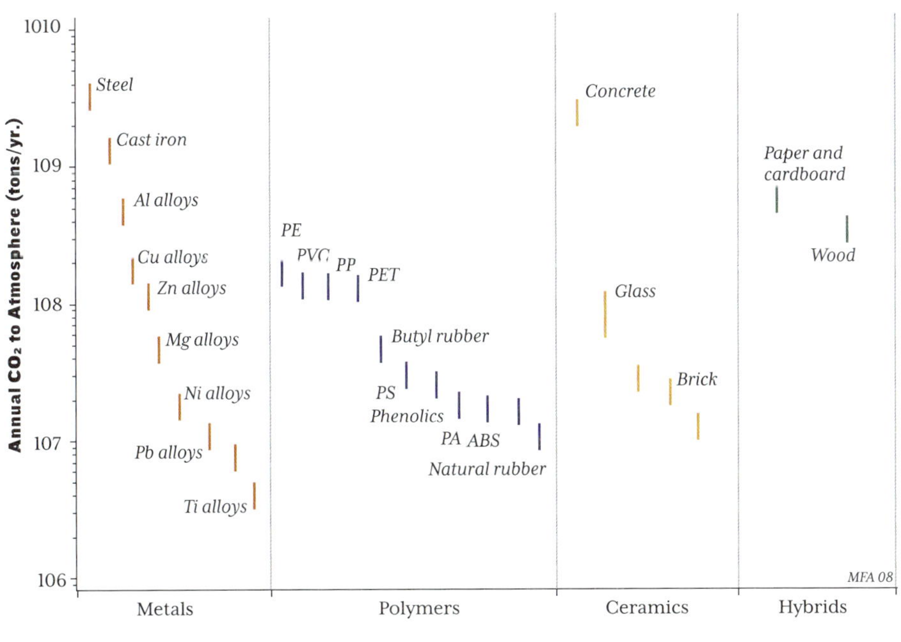

그림 4.18 이산화탄소 배출 수준

재료를 생산하는 데 대기 중으로 배출되는 이산화탄소의 양.

속으로 변환하거나 석유에서 추출된 화학물질로 플라스틱을 만드는 데 필요한 에너지도 포함한다. 내재에너지(embodied energy)란 용어는 어떤 형태로든 재료에 포함되어 있고 회수가 가능함을 암시하기 때문에 호도하는 것일 수 있다. 물론 부분적으로는 회수할 수 있지만, 그래서 재활

그림 4.19 재료 단위무게 당 생산에너지

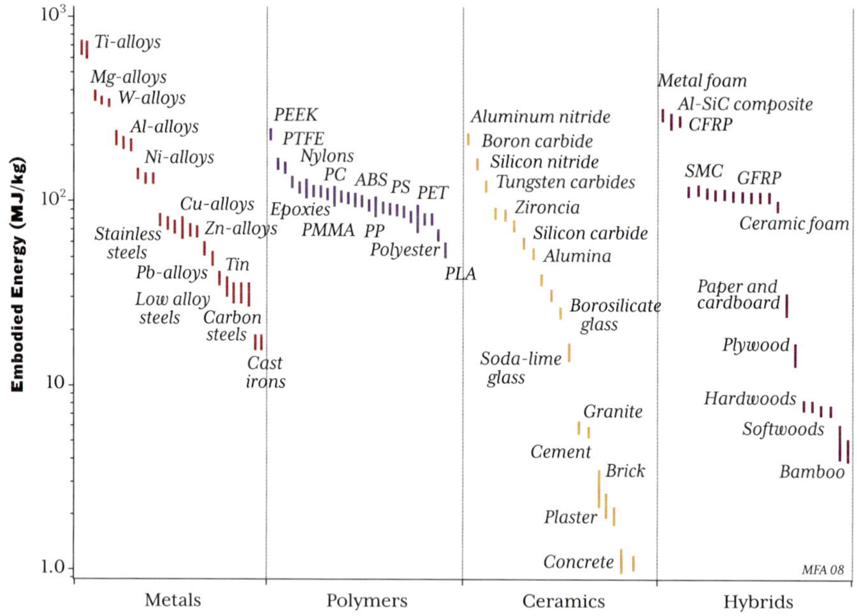

그림 4.20 재료 단위부피 당 생산에너지

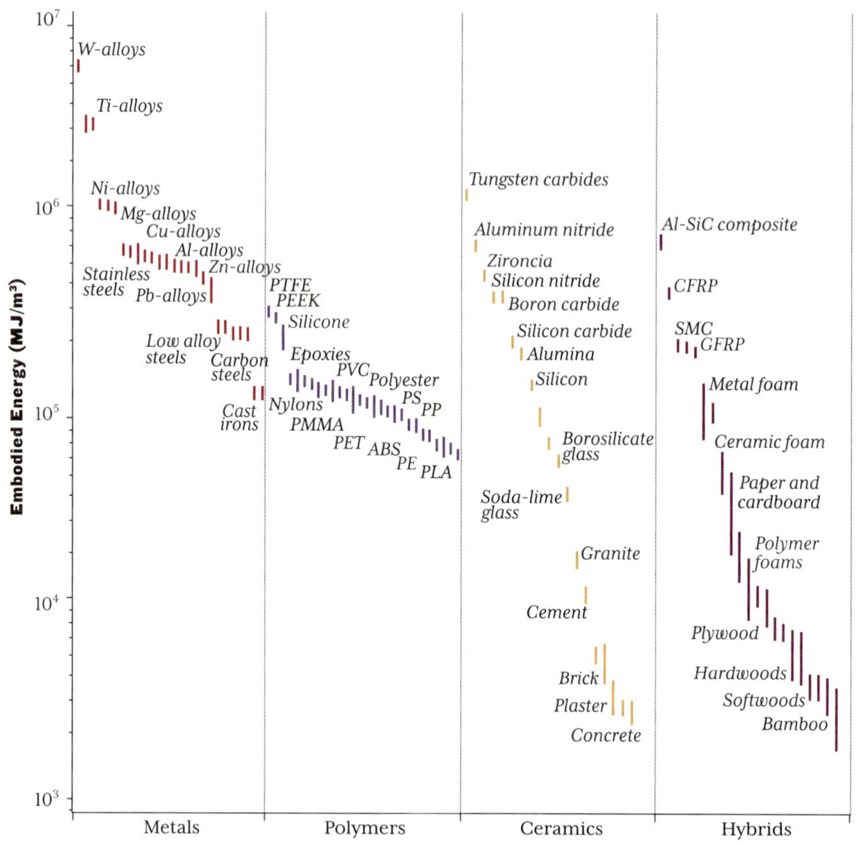

용이 매력적인 것이지만, 전체적으로는 결코 가능하지 않다(옮긴이 주: 따라서 자매편인 《기계재료 – 설계를 위한 선택방법론》[ISBN: 978-8-95-526460-9]에서와 마찬가지로 이 책에서도 '생산에너지'로 부르기로 하자.).

단위무게 당 생산에너지(MJ/kg)는 그림 4.19에 비교되어 있다. 흔히 사용되는 금속들 중에서 알루미늄, 마그네슘, 티타늄을 기반으로 한 경합금이 가장 높은 값을 가지며, 티타늄의 경우 거의 1,000 MJ/kg의 값을 보인다(귀금속의 경우 이보다 더 높은 값). 고분자의 경우 대부분이 100 MJ/kg 정도로 경합금보다는 작은 값이지만, 20~40 MJ/kg 정도의 값을 가지는 강철이나 주철보다는 훨씬 높다. 진자부품용 알루미나(Al_2O_3)와 같은 고성능 세라믹은 높은 생산에너지를 가지며, 전통적 세라믹인 유리, 시멘트, 벽돌, 콘크리트는 훨씬 낮은 값을 갖는다. 복합재료도 역시 넓은 범위의 값을 갖는다. CFRP와 같은 고성능 복합재료는 가장 높은 값을 가지며, 대부분의 금속보다 훨씬 높다. 다른 한쪽 극단에서 종이, 합판, 목재는 건축시공에 사용되는 다른 재료들과 대등한 수준이다.

그러나 단위무게 당 생산에너지가 적절한 비교 방법인가? 만일 무게 대신 단위부피 당으로 비교한다고 가정해보자(그림 4.20). 그러면 전체적인 그림이 달라진다. 이제는 금속 가족이 다른 재료들의 위에 놓이게 된다. 고분자들은 대부분의 금속보다 낮은 값을 가지고 뭉치게 된다. 이런 측정기준에서 본다면 고분자 그룹은 때때로 지탄을 받는 것처럼 에너지 과소비 재료가 아닌 것으로 분류된다. 건설에 사용되는 비금속재료(콘크리트, 벽돌, 나무)는 그들보다도 훨씬 아래에 위치한다. 여기서는 CFRP도 알루미늄과 대등한 수준이다.

여기서 명백한 의문점이 하나 생겨난다. 우리가 생산에너지를 최소화하는 재료를 선택해야 할 때 어떤 비교기준을 사용해야 하는가? 지금 살펴본 바와 같이 잘못된 기준에 의한 선택은 비교 자체를 무의미하게 한다. 올바른 방법은 단위기능 당 생산에너지로 비교하는 것이다.

미학: 다섯 가지의 감각

미학적 속성은 다음과 같은 감각에 관련된 것이다. 시각, 촉각, 청각, 후각, 미각이다(표 4.21). 물론 모든 감각이 동등하게 필요하고 마지막 두 가지를 고려하는 것이 감흥을 주는 것이긴 하지만, 우리는 이 장에서 처음 세 가지를 중점적으로 살펴보기로 한다. 거의 모든 사람들이 금속은 차

표 4.21 감각에 도달하기
재료의 촉각적, 시각적, 청각적 속성들.

감각	속성
촉각	따뜻한
	차가운
	부드러운
	단단한
	유연한
	뻣뻣한
시각	광학적 투명
	투명
	반투명
	불투명
	반사하는
	광택이 나는
	무광택
	질감이 있는
청각	죽인(muffled)
	둔탁한
	날카로운
	공명하는
	울리는
	낮은 피치의
	높은 피치의
미각/후각	쓴맛
	단맛

갑게 느껴진다는 데 동의할 것이며, 코르크는 따뜻하고, 와인잔은 두드리면 울리는 소리가 나고, 백랍 머그잔은 둔탁한 소리를 낼 것이라 생각할 것이다. 조금 떨어져 보면 플라스틱 음료수 잔은 시각적으로 유리잔과 구별하기 어렵겠지만, 들어 보면 더 가볍고, 더 따듯하며, 덜 견고할 것이다. 그리고 물론 두드려보면 매우 다른 소리를 낼 것이다. 이는 유리잔과는 전혀 다른 인상을 줄 것이고 비싼 레스토랑이라면 이런 느낌은 절대로 용납될 수 없다. 이러한 것은 가장 단순한 미학적 구분이고, 근사적으로 수치화될 수 있다. 여기에는 물론 명백히 한계가 존재하지만, 그 한계 내에서 지정된 미학적 요구조건을 충족시키는 재료에 대한 1차적인 가려내기(screening)를 할 수 있게 해준다는 점에서 시도할 만한 가치가 있다. 지금부터 자세히 알아보도록 하자.

촉각: 만져서 느끼는 속성

강철은 단단하고, 유리도 마찬가지이다. 물론 다이아몬드는 두 가지 중 어느 것보다도 단단하다. 단단한 재료는 쉽게 흠집나지 않고, 오히려 다른 재료에 흠집을 내는 데 사용될 수 있다. 이런 재료들은 대부분 높은 광택을 가지고, 쉽게 변형되지 않으며, 내구성이 크다. 재료가 단단하다는 느낌은 '경도'라는 재료특성과 직접적으로 연관되며, 이는 재료공학자들이 측정한 것으로 핸드북에 표로 수록되어 있다. 여기에 감각적 속성이 기술적 속성과 직접적으로 연관되는 예가 있다.

'부드럽다'라고 하면 '단단하다'의 반대처럼 들리지만, 공학적인 언어로 말하자면 반대는 아니며, 공학적 특성에 '부드러움'이라 불리는 것은 없다. 부드러운 재료는 다룰 때 쉽게 구부러지고, 잘 짓눌러지지만, 힘을 제거하면 다시 원래의 형상으로 돌아온다. 이것은 탄성(또는 점탄성)거동이라 불리며, 이 특성에 영향을 미치는 것은 경도가 아닌 탄성계수이다. 탄성중합체(고무)는 부드러운 느낌이 난다. 고분자 발포재 역시 같은 느낌이다. 두 종류의 재료 모두 보통의 '단단한' 고체보다 100~10,000배 정도 낮은 탄성계수 값을 가진다. 바로 이 때문에 부드러움이 느껴지는 것이다. 단단한 재료는 성형하여 구부리거나 비틀리는 형상으로 바꾸면 '부드럽게' 바뀔 수 있다. 단단한 강철이 부드러운 스프링으로 성형될 수 있고, 유리는 섬유로 뽑혀 옷감처럼 직조될 수 있다. 이렇게 형상에 의해 얻어진 부드러움이 아니라, 재료의 본질적인 부드러움을 비교하기 위해서는 재료들이 같은 형상에서 비교되어야 한다. 그러면 탄성계수가 비

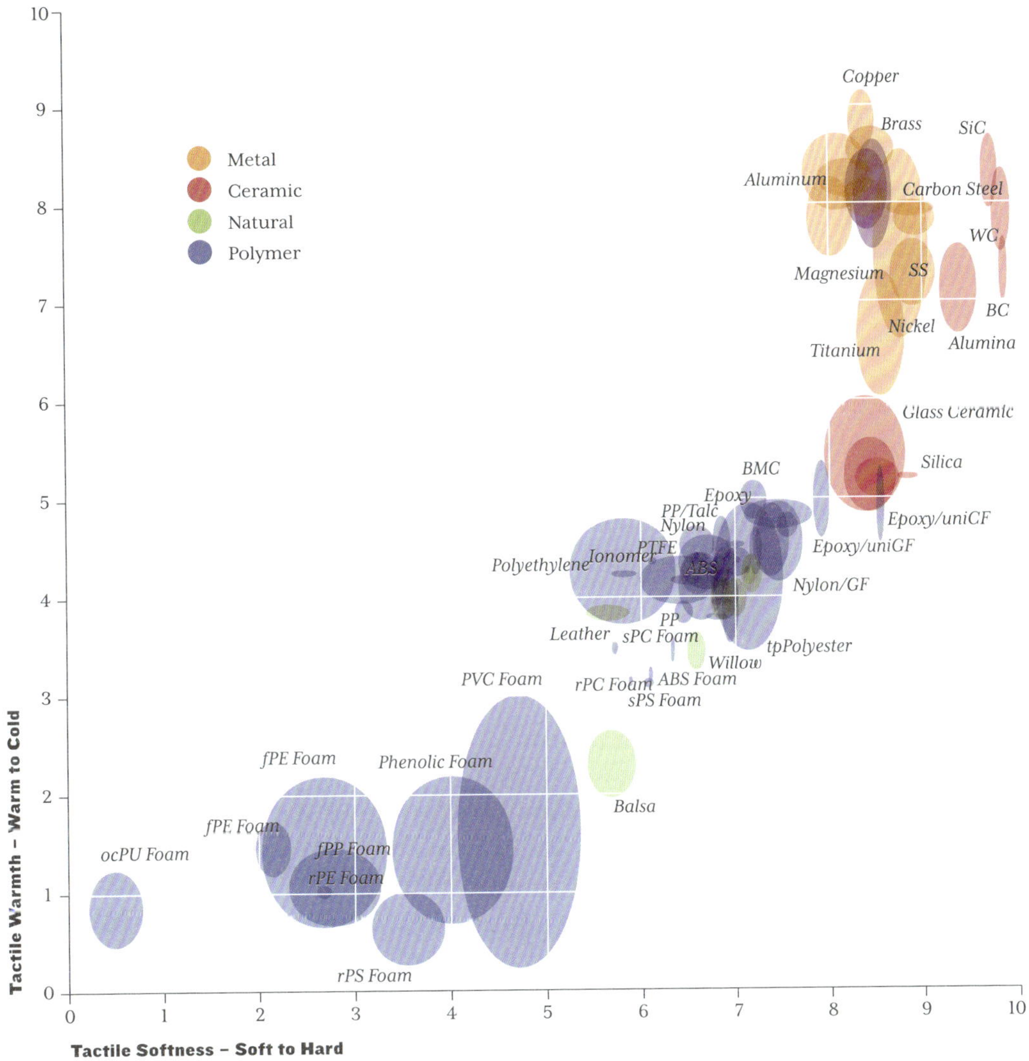

교에 결정적인 특성이 된다. 단단함과 부드러움의 적절한 척도에 관해서는 부록에서 다시 논의하겠지만, 그림 4.22의 한 축으로 사용되었다.

만일 재료가 손가락으로부터 열을 재빨리 뺏어 간다면, 재료는 만졌을 때 차갑게 느껴질 것이고, 그렇지 않다면 따뜻할 것이다. 이것은 기술적 속성인 '열전도도'와 관련이 있지만, 실은 그보다 더 깊이 연관된 것이 있다. 그것은 비열과도 관련이 있다. 재료가 차갑거나 따뜻하다고인지되는 척도(색상이 아닌 열에서 오는 느낌)는 부록에 전개되어 있다. 이는 그림 4.22의 다른 한 축으로 사용되었으며, 그림은 재료의 촉각적 속성을 아주 잘 보여준다. 고분자 발포재와 저밀도의 나무는 따뜻하고 부드럽

그림 4.22 재료의 촉각적 속성
어떤 재료들은 부드럽고 따뜻하며, 다른 재료들은 단단하고 차갑다. 이러한 속성을 차트로 구성하면 둘 사이에 확연한 상관관계를 나타낸다(CES Edu, 2009).

다. 발사나무와 코르크가 이에 해당한다. 세라믹, 돌, 금속은 차갑고 단단하다. 유리도 마찬가지이다. 고분자와 복합재료는 그 사이에 놓인다.

시각: 눈으로 볼 수 있는 속성

금속은 불투명하다. 대부분의 세라믹은 다결정이며 결정은 빛을 산란시키기 때문에 불투명하거나 반투명하다. 유리와 일부 세라믹의 단결정은 투명하다. 고분자는 광학적 투명부터 완전 불투명까지 가장 다양한 투명성을 가진다. 투명성은 보통 네 가지 수준으로 순위가 매겨진다. 불투명, 반투명, 투명, 무색투명(또는 광학적 투명)으로 나뉜다. 이런 일상적인 단어들은 쉽게 이해할 수 있다. 이 책 뒷부분의 재료 프로파일에도 같은 용어가 사용된다. 그림 4.23은 일반 고분자의 투명성에 순위를 매긴 것이다. 데이터를 쓸모 있게 펼쳐두기 위하여 세로축을 가격으로 설정하였다. 광

그림 4.23 가격 대 빛 투과율
고분자의 광학적 속성을 각 범주별로 가격이 감소하는 순서로 보여준다(CES Edu, 2009).

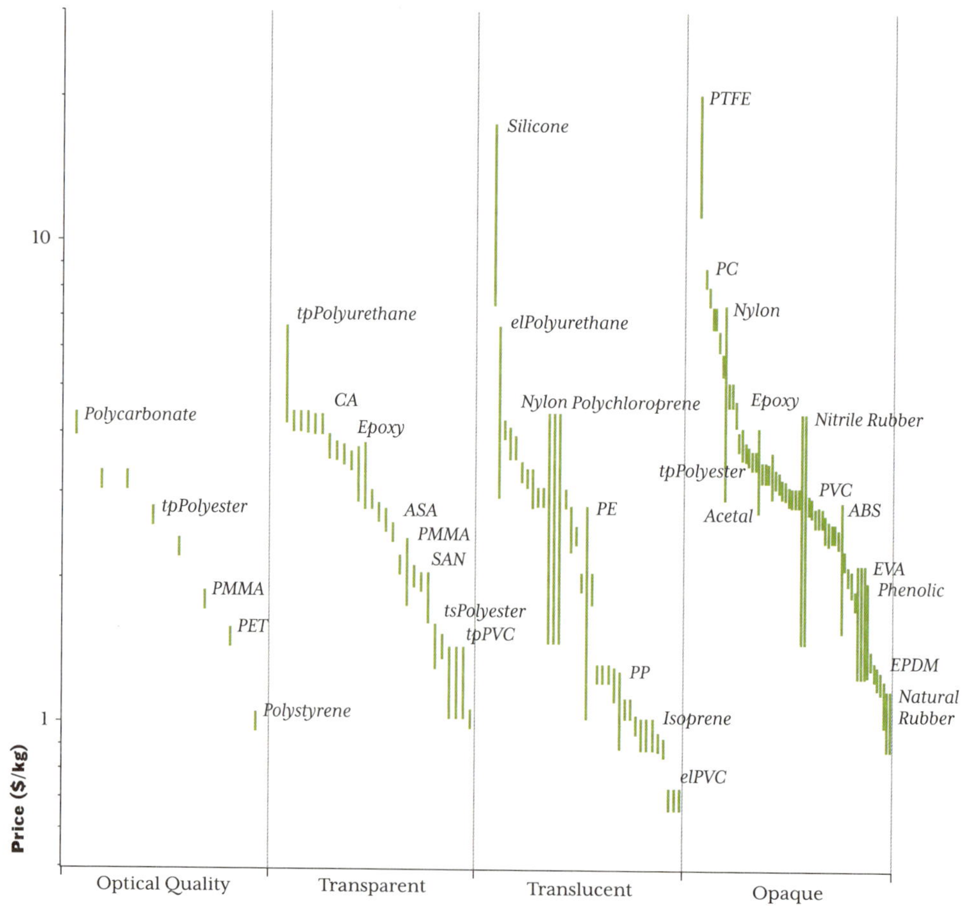

학적 투명성을 제공하는 가장 저렴한 고분자는 PET, PS, PMMA이다. 에폭시도 투명하지만 광학적 투명까지는 아니다. 나일론은 기껏해야 반투명까지이다. 페놀릭과 대부분의 ABS, 그리고 탄소충전 또는 탄소강화 고분자는 반투명 또는 불투명하다.

색상은 스펙트럼 분석에 의해 정량화할 수 있지만, 디자인의 관점에서 본다면 별로 도움이 되지 않는다. 보다 효과적인 방법은 Pantone[16]이 제공하는 컬러차트 등을 사용하여 색상을 매치시키는 것으로, 매치를 찾게 되면 각 색상에 부여된 코드로 표현할 수 있다. 마지막으로 반사도가 있는데, 이 속성은 부분적으로는 재료에 의해 다른 부분적으로는 세밀한 표면 상태에 의해 결정된다. 투명성과 마찬가지로 흔히 순위를 매겨 구분한다. 죽은 무광택(dead matte), 뿌연 무광택(eggshell), 반광택(semi-gloss), 광택(gloss), 경면(mirror)으로 나뉜다(표 4.13).

16. Pantone(www.pantone.com)은 색상 매칭 차트와 함께, 색상에 대한 연상과 인지에 관해 좋은 설명을 포함하고 있으며, 색상 선택에 대한 상세한 도움을 제공한다.

청각: 소리의 속성

소리의 주파수(frequency or pitch)는 물체를 두드릴 때 생겨나며 탄성계수와 밀도 두 가지의 재료특성에 관련된다. 이런 피치의 척도(자세한 설명은 부록 참조)가 그림 4.24의 한 축으로 사용되었다. 주파수가 음향 응답의 전부는 아니며, 고려해야 할 나른 하나는 감쇠(damping)이다. 감쇠가 큰 재료는 둔탁하거나 죽은 소리를 내는 반면에 감쇠가 적은 재료는 울린다. 음향 밝기, 즉 감쇠의 역수(역시 자세한 설명은 부록 참조)는 그림 4.24의 다른 축으로 사용되었다. 이 차트는 비슷한 음향거동을 가진 재료들이 그룹으로 뭉치게 나타내준다.

청동, 유리, 강철은 두드리면 울리는 소리가 나고, 그들이 방출하는 소리는 상대적으로 높은 피치를 갖는다. 이 재료들은 종을 만드는 데 사용된다. 알루미나도 이들과 비슷하게 종에 사용될 만한 품질을 가지고 있다. 고무, 발포재, 그리고 많은 고분자들은 둔탁한 소리를 내며 상대적으로 낮은 주파수를 갖는다. 이 재료들은 소리 감쇠용으로 사용된다. 납 또한 둔탁한 소리에 낮은 피치를 가지므로 건물에 덧씌워서 소리를 차단하는 데 사용된다.

만일 이 모든 것들을 통합한다면 어떤 결과를 낳을까? 그림 4.25가 그 결과를 보여준다. 그것은 우리가 방금 살펴본 모든 속성들을 통합한 MDS 맵이다. 이전에 살펴본 MDS 맵과 마찬가지로 뚜렷하게 비슷한 것들끼리 군집을 이루는 것이 보이는데, 이는 경험적인 사실과 일치한

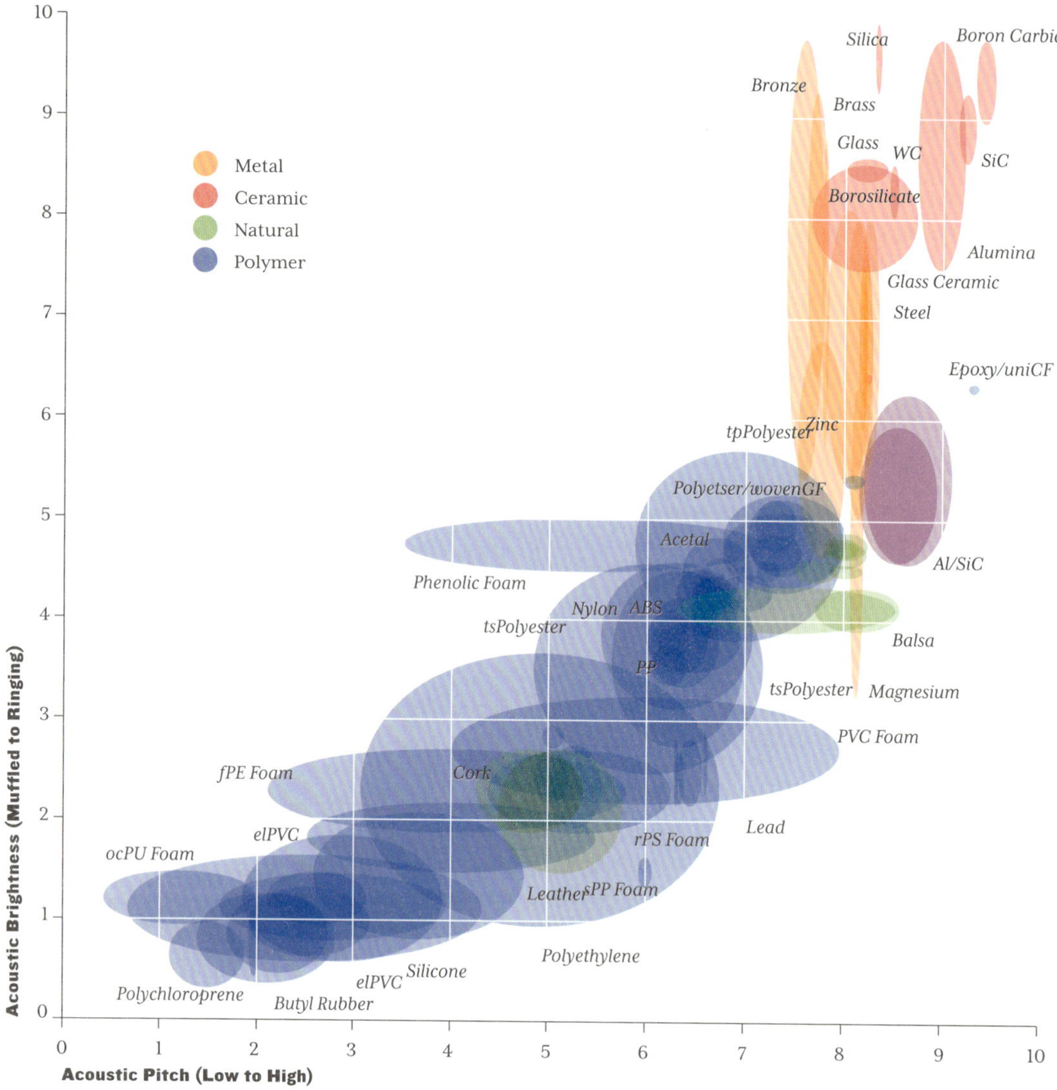

그림 4.24 음향 피치 대 밝기
재료들의 청각적 속성(CES Edu, 2009).

다. 가죽은 PVC 근처에 있으며, 세라믹은 금속 근처에 있고, 나무는 페놀릭 근처에 있다. 하지만 이러한 맵을 확대해석해서는 안 되며, 그 이유는 이미 설명하였다. 그럼에도 불구하고 그것은 뭔가를 암시하는 능력을 가졌다고 할 수 있다.

개성: 감성적 연대감의 형성

우리는 제품을 통해 재료와 교류한다. 교류는 기술적 및 미학적 속성을

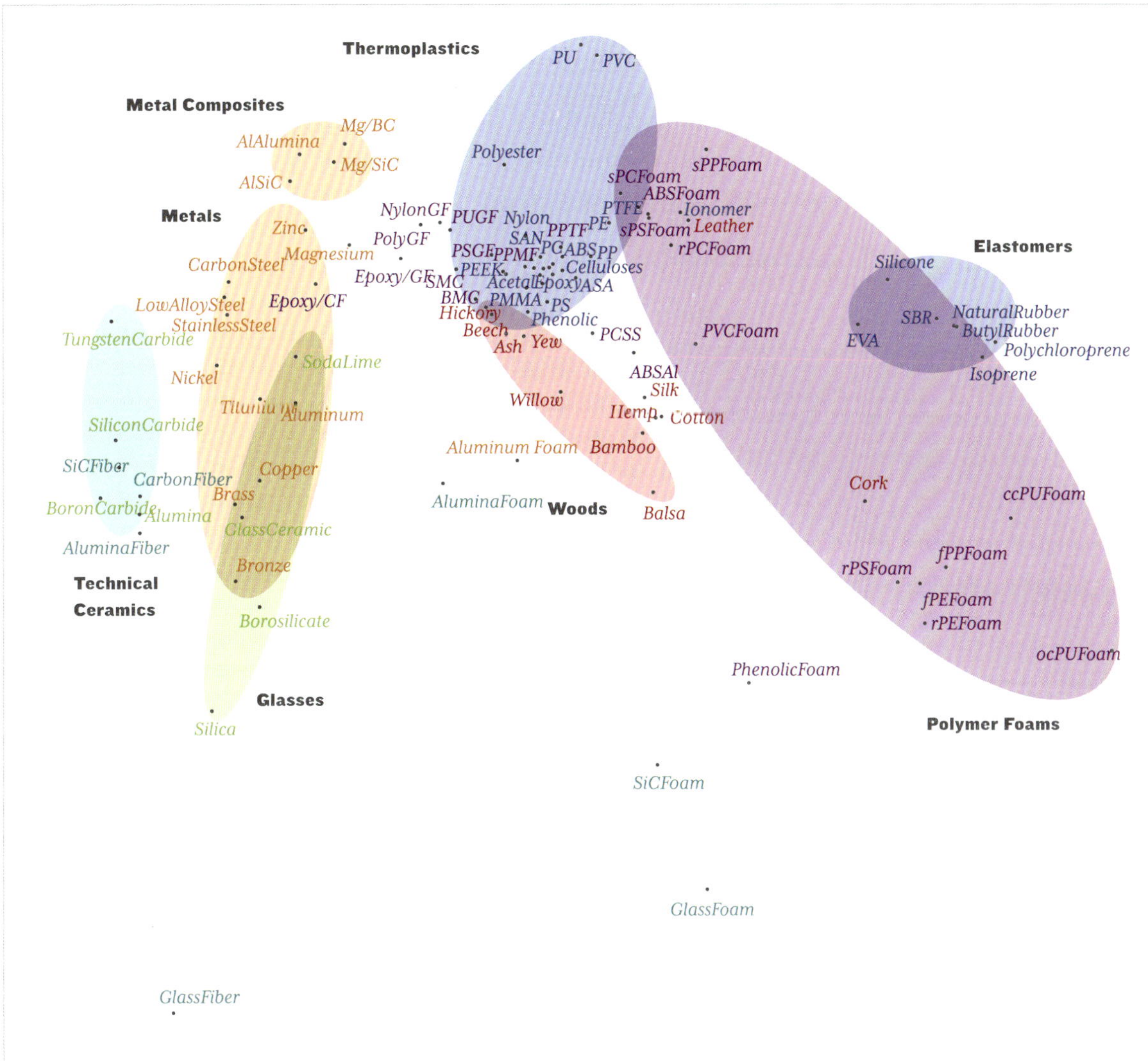

포함하지만, 그것만이 전부는 아니다. 제품은 인지되는 속성과 연상도 가지고 있다. 이 부분이 제품에 개성을 부여하는 것이고, 디자이너들이 창조해내기 위하여 공을 들이는 바로 그것이다. 그러나 하나의 재료가 인지되는 속성 또는 논란의 여지없는 연상을 지녔다고 말할 수 있을까? 과연 재료 자체로 개성을 가질까? 물론 얼른 보아도 대답은 '아니오.'일 것이다. 개성은 재료가 제품에 사용될 때에만 생겨나는 것이다. 마치 영화배우처럼 재료는 여러 다른 개성들을 지닐 수 있으며, 주어진 역할에 따라 다른 개성을 나타내게 되는 것이다.

그림 4.25 다차원 맵: 미학적 속성
미학적 속성을 기준으로 구성한 재료들의 MDS 맵(CES Edu, 2009 데이터 사용).

그럼에도 불구하고 나무에 대하여 생각해보자. 목재는 나무결을 가진 자연재료로 다른 재료들은 가질 수 없는 표면 질감, 패턴, 느낌을 가지고 있다. 그것은 촉각에 의한 것으로 다른 재료에 비하여 따뜻하게 인지되며, 부드럽게 여겨진다. 그것은 독특한 소리와 냄새를 연상시킨다. 그것은 전통적인 것이며, 장인의 솜씨를 연상하게 한다. 또한 시간이 지남에 따라 추가되는 특성을 가지게 된다. 나무로 만들어진 것들은 시간이 지남에 따라 오히려 더 높은 가치를 갖는다. 여기에는 단지 미학적 요소 이상의 무엇인가가 있다. 개성의 창조는 디자이너들이 이끌어낼 것이 분명하지만, 그러나 원래부터 거기 있었다.

그리고 금속에 대하여 생각해보자. 금속은 차갑고, 깨끗하고, 정확한 것으로 여겨진다. 금속은 두드리면 울리는 소리가 난다. 매끈하게 연마하면 반사도 가능하다. 그것들은 일반적으로 인정받고 믿음직스럽다. 절삭가공된 금속은 강해 보이고, 그 본질에 의해 공학적으로 만들어졌음을 암시한다. 금속의 강도 덕분에 날씬한 구조도 가능하다. 대성당의 돔처럼 널찍한 기차역이나 다리의 강철 경간구조 등이 있다. 그것은 복잡한 레이스처럼 흐르는 형태로 가공될 수도 있고 또는 복잡한 세부구조를 일체화시킨 고체 형상으로 주조될 수도 있다. 그리고 나무와 마찬가지로 시간이 지남에 따라 처음에 비하여 더 많은 품격을 지니게 된다. 예를 들어 청동 동상이나 백랍 머그컵, 납과 구리로 만든 지붕 등을 생각해보면, 녹동(patina)이 형성되면서 새로이 연마되었을 때보다 그것들을 더 매력적으로 보이게 한다.

세라믹이나 유리는 어떤가? 이들 역시 오래된 전통을 가지고 있다. 그리스 도기나 로마의 유리를 생각해보라. 이들은 거의 모든 색상을 받아들인다. 이에 더하여 긁힘, 마모, 부식, 변색에 대한 저항 또한 높기 때문에 반영구적이지만, 단지 깨지기 쉽다는 단점이 있다. 그리하여 유명한 공예산업의 재료가 되었다. 베네치아(Venetian) 유리세공, 마이센(Meissen) 자기, 웨지우드(Wedgwood) 도자기 등은 거의 은과 동일한 수준의 값을 받는다. 그리고 오늘날의 세라믹은 추가적인 연상을 불러일으킨다. 바로 고도로 진보된 기술이다. 주방 스토브의 가열판, 고압/고온 밸브, 우주왕복선 타일 등 극한적인 조건에 사용되는 재료이다.

그리고 마지막으로 고분자에 대하여 생각해보자. '값싼 플라스틱 모조품'이라는 말이 관용구처럼 굳어졌으며 지우기 힘든 평판으로 널리 각인되었다. 그것은 초기의 플라스틱 사용에서 유래되었다. 당시 유럽에서 널리 인기가 있었던 일본산 수제품 도기의 광택과 색상을 흉내 내는 데 사용되었던 것이다. 생활용품에 사용되는 고분자는 굉장히 저렴하다. 이들은 쉽게 색상을 입히고 몰딩될 수 있으며(이 때문에 '플라스틱'이라 불림) 모조품을 만들기 쉽다. 세라믹과는 달리 이들의 표면은 쉽게 긁히거나 손상되며, 시간이 지남에 따라 색도 바래고, 낡아가면서 우아해지지도 않는다. 좋지 못한 평판이 어디서부터 유래된 것인지 알 수 있을 것이다. 그러나 그것이 정당한 것인가? 다른 어떤 재료도 고분자보다 더 많은 특성을 가지지 않는다. 쉽게 색상을 입힐 수 있고, 세라믹 같아 보이며, 찍어내면 나무나 직물처럼 보일 수도 있고, 금속표면화되면 금속과 똑같이 보이기까지 한다. 유리처럼 투명한가 하면, 납처럼 불투명할 수도 있고, 고무처럼 유연한가 하면 강화시킬 경우 알루미늄만큼 강성이 높을 수도 있다. 그러나 이런 카멜레온과 같은 거동에도 불구하고 그것들도 일정한 개성을 갖는다. 플라스틱은 금속이나 유리보다 따뜻한 느낌을 주고, 쉽게 개조될 수 있는 것이 특별한 개성의 일부이다. 또한 산뜻한 색상으로 채색되거나, 기분좋고 편안하게, 심지어 유머가 넘치는 디자인에도 쉽게 맞출 수 있다.

그러므로 눈에 띄는 형태로 만들어지기 전에 이미 재료에는 개성이 숨겨져 있다. 이는 일종의 내재된 개성으로서, 수줍게 숨어 있고, 항상 드러나는 것은 아니며, 쉽게 가려지지만, 적절하게 다루었을 때에는 좋은 디자인에 공헌할 수 있다. 우리가 여기서 논의한 속성은 정성적이고 가끔은 주관적이며, 제4장의 앞부분에서 살펴본 기술적 속성의 엄밀한 정밀도와는 거리가 멀다. 하지만 제품디자인에서 그것들의 중요성을 감안하면 좀 더 깊이 알아볼 가치가 있다. 그러면 여기서 잠시 재료에서 제품으로 방향을 바꾸어 더 쉬운 질문에 대하여 생각해보자. 제품의 인지되는 속성은 어떻게 평가될 수 있을까? 우리는 언어, 즉 속성들을 말로 표현할 수 있는 방법이 필요하다.

인지의 어휘

제품의 미학적 및 인지되는 속성에 대한 연구가 존재한다[17]. 이 연구에 의하면 인지에 대한 묘사가 어느 정도 선에서 합의점을 찾을 수 있다고 한다. 하지만 인지되는 속성을 말로 표현하려는 시도는 물론 매우 위험한 작업이다. 왜냐하면 모든 사람이 같은 관점으로 바라보지 않기 때문이다. 이 속성은 주관적이다. 제품 자체에 의존하며, 더욱 중요하게는 제

17. 그러한 연구가 꽤 많다. 그것들을 읽어보면 심취하게 된다. Manzini(1989)는 재료와 형태의 조합이 어떻게 특정한 제품의 속성과 사람들의 반응을 얻는 데 사용되는가를 보여준다. Harni(1996)는 12개의 다른 스타일을 시제품으로 사용하고 각 스타일을 다섯 가지 제품에 적용하여, 감각적인 경험과 물건이 주는 연상에 대하여 연구하였다. 12개 스타일은 민속, 호화로운, 저질, 포르노, 장난감, 만화, 스포츠, 사이비 친환경, 군대, 전문가, 우주, '하얀색'이고, 다섯 가지 제품은 토스터, 다리미, 헤어드라이어, 주방용 믹서, 전기면도기이다. 그 연구는 재료, 표면처리, 형태가 제품의 인지되는 속성을 만들어내는 데 사용될 수 있음을 극적으로 보여준다. 조금 더 공식적인 수준에서는 제품 기호학(semiotics)이라는 분야가 있으며, 이는 사회문화적 거동에 있어서 기호의 역할에 관한 연구이다. 제품은 징후(기호)를 전달하는데 이는 관찰자와 상황에 따라 다르게 설명될 수 있다. '아이콘', '인덱스', '심벌' 같은 단어들이 제품 기호학을 설명하는 데 사용되는 기본적인 어휘들이다. 아이콘은 시제품이고, 어떤 제품 속성의 이상화된 관념(프레임은 그림을 의미)이다. 인덱스는 원인을 나타내는 그 무엇인가와 연결된다(눈 위의 바퀴자국은 누군가 여기 왔었음을 암시). 심벌은 사람들 사이의 합의에 대한 승인을 나타낸다(왕관은 왕권을 상징). 이러한 것들은 제품에 의미를 부여하는 데 사용될 수 있다.

18. 예로 들 수 있는 것은 다음과 같다. ID Magazine의 《International Design Year Book》(1998, 1999), 《ID Magazine Annual Design Review》(1998, 1999), Byars의 책들(1995, 1997a&b, 1998), MOMA 전시회 카탈로그인 《Mutant Materials》(Antonelli, 1995), Material Connexion의 전시회 카탈로그인 《Materials and Ideas for the Future》(Arredo, 2000).

표 4.26 인지

재료와 제품의 인지되는 속성. 서로 반대되는 속성을 짝지어 수록하였다.

재료 또는 제품의 인지되는 속성	
적극적	수동적
싼	비싼
고전적	현대적
사무적인	친근한
똑똑한	멍청한
흔한	흔치않은
장식된	평범한
연약한	견고한
일회성	지속되는
따분한	도발적인
우아한	꼴사나운
호화로운	검소한
여성적	남성적
공식적	비공식적
수작업의	대량생산의
정직한	속이는
유머 섞인	진지한
격의 없는	격식 차린
짜증나는	사랑스러운
오래가는	일시적인
성숙한	청년다운
과거지향의	미래지향의

품이 사용되는 상황과 문화에 따라 달라진다. 속성은 때로는 애매하며 시간에 따라 의미가 달라지기도 한다. 오늘날 진취적이고 멋지다고 생각되는 물건들이 미래에는 우스꽝스러운 복고풍이거나 단지 볼품없는 물건에 지나지 않을 수도 있다(자동차의 스타일에 대하여 생각해보라). 그러나 우리는 언어에 의해 묶여 있고, 말은 의사소통에 있어서 가장 중요한 방법이다. 그러므로 그것도 한번 시도할 만한 가치는 있다.

인지에 관한 어휘를 편집하는 한 가지 방법은 흔히 언어학자가 새로운 언어를 연구할 때 쓰는 방법을 따르는 것이다. 원어민들이 사용하는 단어를 경청하고 그들이 말하는 대상에 대하여 관찰하는 것이다. 신문, 잡지, 전시회 카탈로그, 디자인 책들은 제품에 대한 리뷰를 담고 있다[18]. 이들은 제품의 그림들, 디자이너의 이력, 그리고 흔히 비평가들(원어민에 해당)이 제품에 대해 그들의 인지를 서술한 것을 포함하고 있다. 이에 대한 개괄적인 조사의 결과는 표 4.26과 같은 목록이다. 단어들은 제품과 그 속성을 표현하는 데 꾸준히 사용되는 것이며 각각의 의미를 보다 명확하게 하기 위하여 반대말을 함께 수록하였다. 목록은 단순화되었고 길이를 줄이기 위하여 여러 단어들은 거의 동등한 하나의 단어로 대체되었다(예를 들어 comical, funny=humorous, 그리고 durable, long-wearing=lasting).

그러한 어휘가 얼마나 쓸모 있는가? 비평가들은 독자들과 대화하기 위하여 그런 단어를 사용하며, 출판물이 인기가 있다는 전제하에 그것들을 의미하는 말을 사용한다. 그러나 이런 단어는 비전문가들도 사용할 수 있는 것인가? 특정 그룹을 대상으로 목록을 주고 주어진 제품에 알맞은 단어를 고르도록 실험한 결과, 최소한 하나의 사회문화적 그룹 안에서는 통계적으로 의미 있는 일치를 보였다. 놀랍게도 약 80% 정도가 하나 또는 그 이상의 같은 단어를 같은 제품에 부여한 것이다. 그러한 연구의 동기는 인지에 대한 이해와 인지를 통한 의사소통이다. 이는 표 4.26의 인지 리스트에 있는 단어를 제품에 연결시키는 능력으로, 비슷하게 인지되는 속성을 지닌 제품들을 비교할 수 있게 한다. 그것은 쓸모 있는 아이디어이므로 제7장에서 다시 살펴보도록 하자.

그리고 혹시라도 이런 인지에 대한 아이디어가 여전히 지적으로 애매모호하게 보인다면 역사적인 디자인 스타일에 대하여 생각해보자(표 4.27). 제품들을 마치 '아르누보' 또는 '스트림폼' 또는 '팝' 등의 요소를 가진 것처럼 하나의 단어 또는 한 구절, 아이디어의 묶음으로, 일부는 좀 구체적으로 다른 일부는 좀 추상적으로 표현한다. 각각의 스타일은 어떤 특정한 재료들을 연상시킨다. '아르누보'는 조각된 나무와 청동 주물, 그리고 연철을, '스트림폼'은 강철과 알루미늄을, '팝'은 플라스틱을 연상시킨다. 각각은 형태, 장식, 색상에 대한 연상을 가졌지만, 그 무엇보다도 시대에 대한 연상을 수반한다. '아르누보'는 19세기 후반의 유럽, '스트림폼'은 1930년대의 미국, '팝'은 1950년대의 미국을 연상시키며, 그 시대의 문화적, 경제적, 지적 특징을 그것의 개성으로 나타낸다.

그러므로 제품의 인지되는 속성을 표현하는 어휘가 가능하다. 만일 단어들이 이미지와 함께 상황에 사용되어 속성들을 설명하게 되면, 그것들이 의사소동의 통로 역힐을 헌다. 이는 디자인에서 쓸모가 있을 뿐만 아니라 광고에도 종종 사용(또는 잘못 사용)된다. 어떤 언어에서든지 단어와 그 의미는 시간이 흐르면서 진화한다. 여기서 차이점은 진화의 속도가 전체 언어의 그것보다 빠르다는 점이고, 따라서 종종 사전을 재편찬할 필요가 있다는 사실이다. 모든 단어와 마찬가지로 이런 단어들은 포괄적인 의미를 갖지 않지만, 그러나 이런 것은 감수해야 한다. 다른 대안이라고는 의사소통의 두절뿐이기 때문이다.

따라서 제품은 인지되는 속성을 가지며, 그것들은 특정한 스타일과 연관될 수 있고, 사람들은 대상 자체, 그것이 만들어 주는 경험, 그것이 전해주는 줄서리를 좋아힐 수도 있다. 그러나 재료에도 동일하게 적용될 수 있는가?

표 4.27 디자인 스타일
주요 디자인 운동의 연대표. 때로는 재료의 혁신에 연계되었다.

1900년 이전	
아르누보(Art Nouveau)	1890
아츠앤크래프츠 (Arts and Crafts)	1890
펑셔널(Functional)	1900
1900년－1950년	
모더니스트(Modernist)	1900
퓨처리스트(Futurist)	1920
아르데코(Art Deco)	1920
스트림폼(Streamform)	1930
컨템퍼러리(Contemporary)	1945
1950년 이후	
팝(Pop)	1960
레트로(Retro)	1960
클래식(Classic)	1970
포스트모더니스트 (Post-Modernist)	1970
멤피스(Memphis)	1980

기술적 속성에 대한 인지

어떤 재료가 다른 재료보다 더 강인한지를 구별하는 데 공학사 학위까지 필요한 것은 아니다(음식도 마찬가지). 어떤 것들은 탄력성이 더 뛰어나고(사람도 마찬가지), 어떤 것들은 마치 당신의 저축예금 계좌처럼 좀 더 유연하며, 또 어떤 것들은 마치 아이들처럼 마모저항이 낮을 수도 있다. 이렇듯 강인함, 탄력성이 좋음, 유연함, 마모저항 등의 단어들은 우리 일상생활에 자주 쓰이는 단어인 동시에 재료의 특징을 효율적으로 나타내는 데 활용된다. 이것들은 확실히 기술적 거동에 대한 인지이며, 이런 의미에서 표 4.26에 열거된 속성들과는 다르다. 그리고 그것들은 종종 기술적 속성에 기반을 두기 때문에 어느 정도 정량화될 수 있고 측정될 수 있으며, 이러한 친숙한 용어를 사용하여 순위를 매길 수 있다.

일정한 형상에서 물체의 질량은 구성 재료의 밀도(ρ)에 의해 결정된다. 마모저항은 좀 더 복잡하다. 그것에 가장 가까운 연결고리는 경도(H)

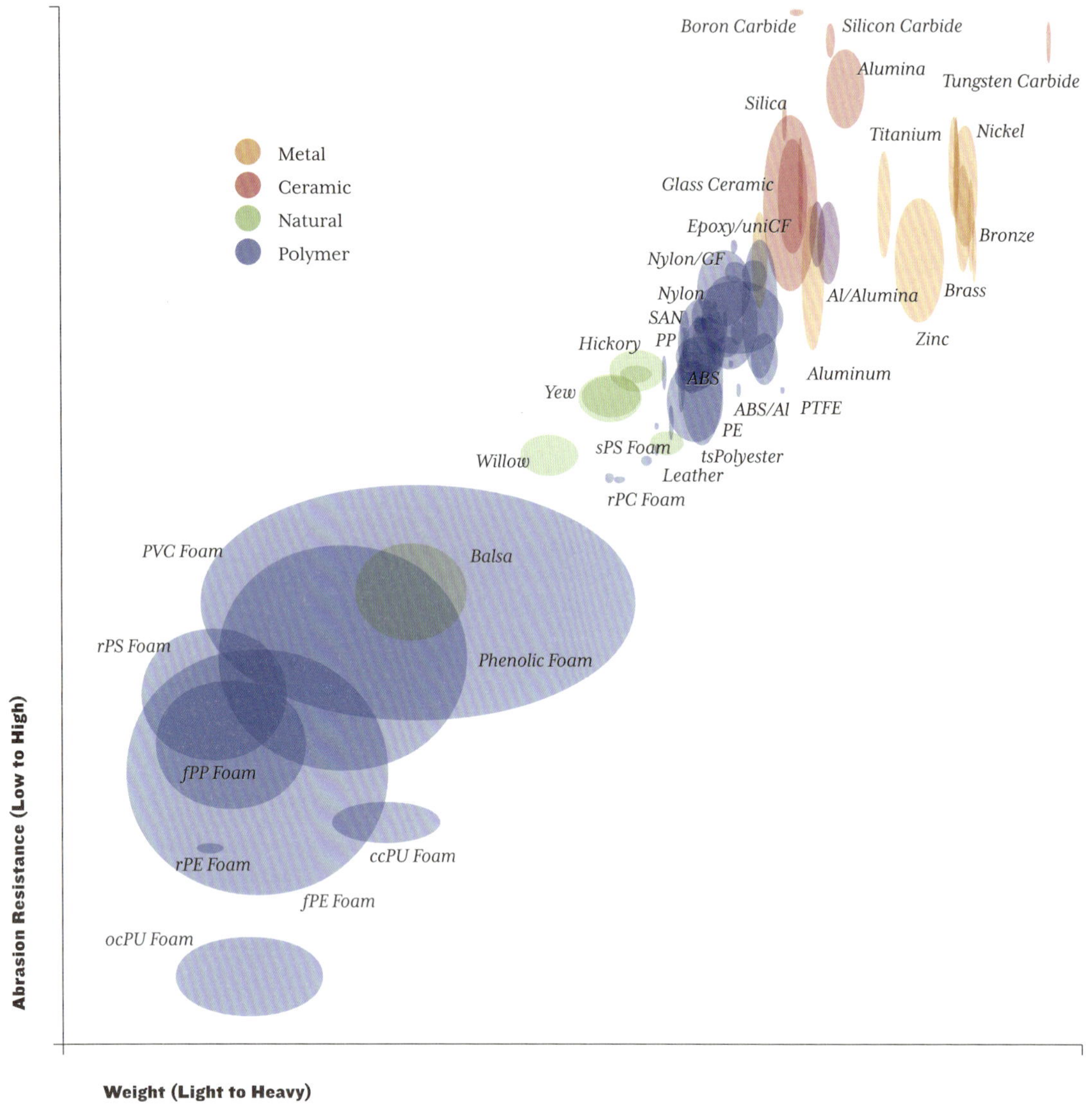

그림 4.28 마멸저항 대 (단위부피 당) 무게 경도가 높은 재료는 마멸에 잘 견디고, 밀도가 높은 재료는 무겁다. 두 가지 속성 사이에는 강한 상관관계가 있다(CES Edu, 2013).

이다. 이 두 가지 특성을 가지고 그림 4.28이 작성되었다. 두 가지 특성 사이에는 놀라울 정도로 밀접한 상관관계가 있다. 일반적인 규칙으로 흠집이 잘 나지 않는 재료는 강성 또한 크다.

탄력성과 강성의 관계는 조금 더 복잡하다. 탄력성이란 손상 없이 처짐 또는 변형을 수용하고 (힘이 제거되면) 원래의 형상으로 돌아올 수 있는 능력을 말한다. 자동차 타이어는 탄력성이 좋아서 바퀴를 경계석 위로 몰더라도 무난히 견딘다. 강성은 처짐에 대한 저항이며, 형상이 일정한 경우라면 재료의 탄성계수로 측정된다. 이러한 거동은 기술적 속성으로

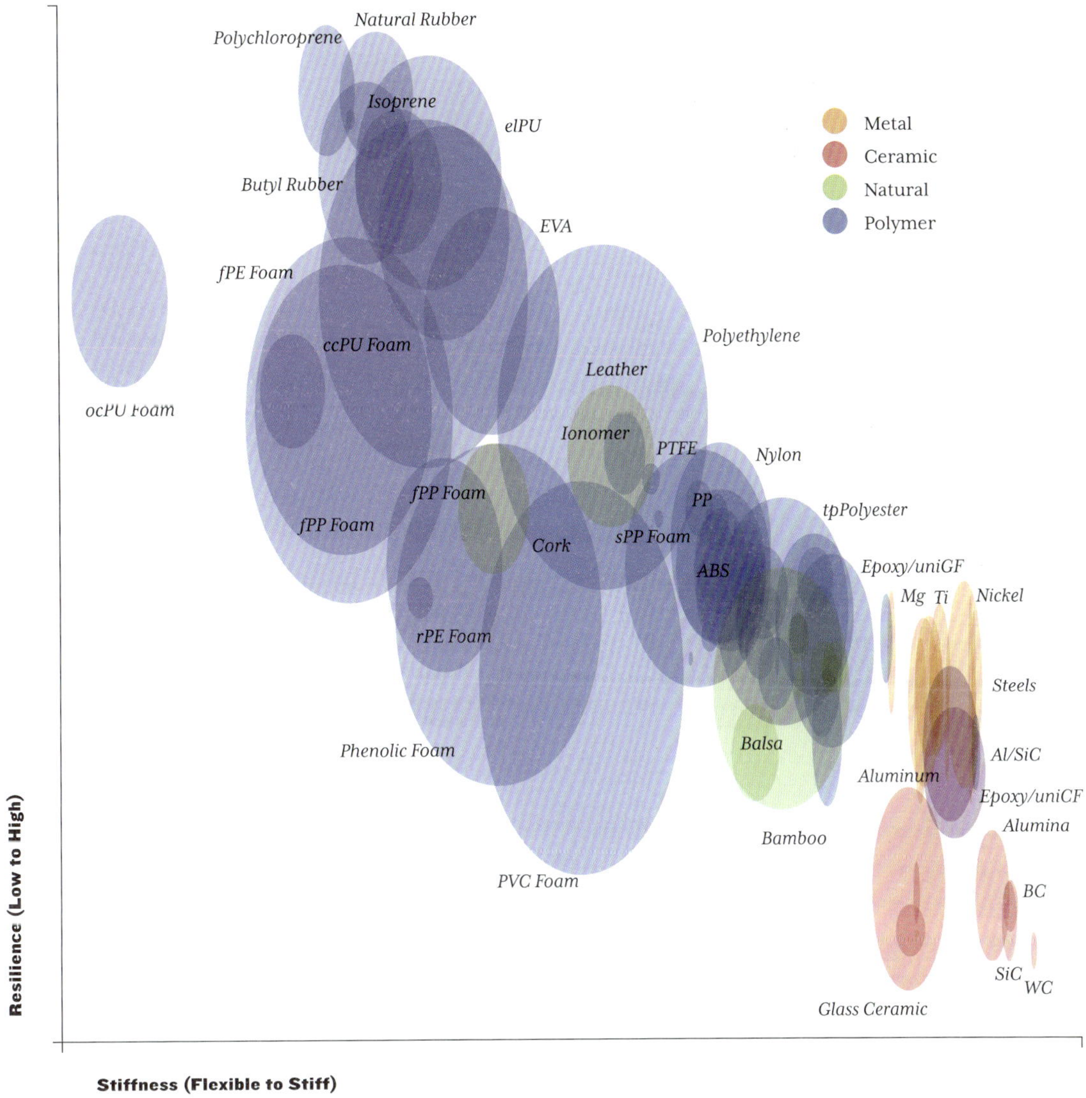

나타낼 수 있으며, 그림 4.29에 맵으로 나타내었다. 강철과 다른 금속들은 강성은 좋지만 탄력성은 별로 좋지 않다는 점을 주목하자. 고무와 많은 고분자들은 탄력성은 좋으나 강성과는 거리가 멀다.

그림 4.29 탄력성 대 강성
탄력성이 큰 재료는 부러지지 않고 구부려지며, 강성인 재료는 쉽게 구부려지지 않는다(CES Edu, 2009).

결론

재료가 '정직하게' 사용되어야 한다는 대원칙을 가진 디자인학교가 있다. 의미인즉, 재료의 속성을 속이거나 감추는 것을 허용하지 않는다는

(a)

(b)

(c)

그림 4.30 재료를 통한 표현
선택된 재료들은 부분적으로는 기능성을, 부분적으로는 바람직한 미학적 속성을 나타낸다. (a) PTFE (b) 아크릴 (c) 알루미늄. (자전거 사진 제공: MAS Design)

것이다. 또한 모든 재료는 그것이 가진 강도, 자연스런 겉모습, 타고난 품질을 충분히 살릴 수 있는 방식으로 사용되어야 한다. 이런 아이디어는 전통적인 장인정신으로부터 유래한 것으로, 도예가는 점토와 유약을 사용하고, 목수는 나무를 사용하고, 은세공인은 기술로 아름다운 공예품을 만들어내는 것 등이었다. 그들은 각기 사용하는 재료의 특별한 품질을 활용하였으며, 공예와 재료의 결합을 추구하였다.

이러한 관점은 당연히 존경받아야 한다. 하지만 그것이 전부는 아니다. 디자인의 완전성은 소비자가 그 가치를 매기는 것이지만, 유머, 동정, 놀라움, 자극, 충격과 같은 다른 품질도 가치를 인정받아야 한다. 이런 품질을 지닌 어떤 물건을 찾는 데 멀리까지 돌아볼 필요도 없으며, 그것은 종종 눈속임이나 자극하는 방법으로 재료를 사용함으로써 달성된다. 고분자는 이미 살펴보았듯이 자주 이러한 방식으로 사용되는데, 그것들의 양호한 적응성을 높이 사기 때문이다. 그리고 물론 그것은 정의 내리기 나름이다. 만일 당신이 고분자의 속성을 다른 재료를 모방하는 것이라고 정의한다면, 고분자를 그런 방식으로 사용하는 것 자체는 본질에 충실한 것이다.

정직함과 정통성은 디자인의 중요한 부분이지만, 발명과 표현 또한 중요하다. 디자인 프로세스 중에는 재료를 사용하여 단순하고 순수한 구조 또는 표면을 만들어야 할 순간들이 있다. 반면에 상징적인 거동이나 회사의 로고들을 만들어야 할 순간들 역시 많다. 두 가지 모두 좋은 디자인에 필요한 요소이며, 이런 재료성 요소가 제품을 시장에서 성공할 수 있게 해주고, 디자인 히스토리의 관점에서 하나의 고전으로 남게 해준다.

그러므로 우리는 이 장을 다음과 같은 질문과 함께 끝내기로 한다. 어느 정도까지 재료의 속성들(기술적, 미학적, 인지되는 속성)이 표현의 수단으로 사용될 것인가? 여기에는 명백한 몇몇 예들이 있다. 금, 은, 백금, 다이아몬드, 사파이어는 부와 성공, 정교함, 지속되는 가치를 연상시킨다. 제품에 사용되면 제품도 역시 같은 연상을 가지게 된다. 조각되거나 잘 세공된 나무는 공예가의 솜씨를 나타낸다. 세라믹은 고급스러움과 높은 성능 요구조건을 암시한다. 금속은 일반적으로 금속으로 인식되며, 금속으로 만들어진 제품은 거의 즉각적으로 산업화된 속성과 함께 강도가 그 개성의 일부로 자리 잡는다. 그러나 고분자는 최소한 외관상으로는 거의 모든 재료의 특징을 가질 수 있다. 특히 그것들은 금속처럼, 또는 나무처럼, 심지어는 유리처럼 보일 수도 있다. 그림 4.30이 그러한 예를 보여준다. 고어텍스(Gore-tex 또는 PTFE)는 신발에 사용되며, 아크릴은 후미등에 사용되고, 나일론과 알루미늄은 접이식 자전거에 사용된다. 플라스틱에서 디자이너들이 찾아야 할 묘미는 다른 방법으로는 불가능한 것을 플라스틱이라면 할 수 있는 능력이다. 다른 모든 재료들과 마찬가지로, 우리는 그것들이 어떻게 재활용될 수 있을 것인지에 대하여 주의해야 할 필요가 있고 심사숙고해야 한다. 디자인과 표현은 하찮은 것을 위함이 아니며, 그 과정의 각 단계는 의미가 있고, 단지 신기하고 새로울 뿐만 아니라 지속가능한 아이디어 중심으로 생각해야 할 필요가 있다.

참고문헌

Antonelli, P. (1995) "Mutant Materials in Contemporary Design", Museum of Modern Art, New York, NY, USA. ISBN 0-87070-132-0 and 0-8109-6145-8. (뉴욕현대미술관[MOMA]이 출간하였으며 제품의 재료에 대한 광범위한 1995년판 리뷰에 딸린 책)

Arredo, F. (2000) "Materials and Ideas for the Future," Material Connexion, 4, Columbus Circle, New York, NY, USA. (2000년에 밀라노에서 개최된 전시회 Salon Internatazionale del Mobile의 카탈로그)

Ashby, M.F., Shercliff, H.R. and Cebon, D. (2013) "Materials: Engineering, Science, Processing and Design", 3rd edition, Butterworth-Heinemann, Oxford, UK. ISBN 978-0-7506-8391-3. (디자인주도의 접근방법을 사용한 공업재료 및 공정의 선택에 대하여 다룬 입문서)

Ashby, M.F. (2013, 2009) "Materials and the Environment", 3rd and 2nd editions, Butterworth-Heinemann, Oxford, UK. ISBN 978-0-12-385971-6 and 978-1-85617-608-8. (환경보호 문제를 재료관련 과목들에 도입하기 위해 배경, 방법, 데이터와 같은 자료들을 제공하는 교재)

Byars, M. (1995) "Innovations in Design and Materials: 50 Chairs;" (1997) "50 Lights" and "50 Tables;" (1998) "50 Products," RotoVision SA, Switzerland. ISBN 2-88046-264-9. (현대적인 제품들의 그림을 수록하고, 각각에 대하여 디자이너와 주요 재료들의 목록을 작성하였다.)

Cardwell, S., Cather, R. and Groak, S. (1997) "New Materials for Construction," The Arup Journal, Volume 3, p.18-20, Ove Arup Partnership, 13 Fitzroy Street, London WIP 6BQ. (저자는 친숙도의 수준에 근거한 흥미로운 재료 분류법을 고안하였다.)

CES Edu '13 (2013) Granta Design, Cambridge, UK. www.grantadesign.com (2,000가지 이상의 재료와 150여 개 공정에 관한 데이터시트를 포함한 재료 및 공정 선택 소프트웨어)

Charles, J.A., Crane, F.A.A. and Furness, J.A.G. (1997) "Selection and Use of Engineering Materials," 3rd edition, Butterworth-Heinemann, Oxford, UK. ISBN 0-7506-3277-1. (재료선택에 관한 재료과학적 접근방법을 저술했으며, 미학적인 요소는 다루지 않는다.)

Dieter, G.E. (1991) "Engineering Design – A Materials and Processing Approach," 2nd edition, McGraw-Hill, New York, NY, USA. ISBN 0-07-100829-2. (균형 잡히고 인정받은 교재로, 공학설계에 있어 재료 및 공정이 차지하는 위치에 중점을 두고 있다. 산업디자인에 대해서는 뚜렷한 언급이 없다.)

Dul, J. and Weerdneester, B. (1993) "Ergonomics for Beginners," Taylor and Francis, London, UK, ISBN 0-7484-0079-6. (인간공학에 대한 간결하지만 포괄적이며 읽기 쉬운 입문서)

Eternally Yours (2001), www.eternally-yours.nl (Eternally Yours 재단은 사람들이 자기와 연대감이 점점 줄어드는 물건들을 점점 더 주변에 두는지에 대하여 분석하고, 오랫동안 매력이 지속되는 제품의 디자인에 대하여 연구한다.)

Farag, M.M. (1989) "Selection of Materials and Manufacturing Processes for Engineering Design," Prentice-Hall, Englewood Cliffs, NJ, USA. ISBN 0-13-575192-6. (재료선택에 관해 재료과학적으로 접근했으며, 미학적 속성은 다루지 않는다.)

Flurschein, C.H. (1983) "Industrial Design in Engineering," The Design Council and Springer-Verlag, London, UK. ISBN 0-85072-123-7 and ISBN 3-540-12627-9. (인간공학과 미학의 관점에서 디자인을 바라본 여러 저자들의 에세이 모음집)

Guidice, F. La Rosa, G. and Risitano, A. (2006) "Product Design for the Environment" CRC/Taylor and Francis, London, UK. ISBN 0-8493-2722-9. (친환경 제품디자인에 대한 현재의 시각을 균형 잡히게 담아낸 해설)

Harni, M. (1996) "The Koodi Code," University of Arts and Design, Helsinki.

Harper, C.A. (Editor) (2001) "Handbook of Materials for Product Design," 3rd edition, McGraw-Hill, New York, NY, USA. ISBN 0-07-135406. (다수의 저자가 강철, 알루미늄 및 티타늄 합금, 상용 고분자, 복합재료, 세라믹, 유리의 상세한 특성에 대하여 나누어 집필한 모음집. 스타일과 구성이 각양각색이지만, 유용한 한 권짜리 참고도서)

Hawkes, B. and Abinett, R. (1984) "The Engineering Design Process," Longman Scientific and Technical, Harlow, UK. ISBN 0-582-99471-3. (제품디자인의 기술적 측면을 다룬 입문서)

ID Magazine (1998, 1999), Pearlman, C. editor, 440 Park Avenue South, Floor 14, New York, NY, USA. (《International Design Magazine》은 현대적이고 실험적인 제품과 그래픽에 대한 리뷰를 수행한다.)

International Design Yearbook (1998), Sapper, R. editor; (1999), Morrison, J. editor, Laurence King, London, UK. (혁신적인 제품디자인에 관한 연례 리뷰)

Koodi Book (1996) "The Koodi Code, 12 Styles, 5 Products," The University of Art and Design Helsinki, Finland. ISBN 951-9384-97-9. (디자인 연습을 그림으로 설명하는 보기 드물게 작은 책. Industrial Design Program at Helsinki의 일환으로, 다섯 가지 제품[토스터, 다리미, 헤어드라이어, 주방믹서, 전기면도기]이 열두 가지 스타일[민속, 호화로움, 천박함, 포르노, 장난감, 만화, 스포츠, 꾸며낸 친환경, 군대, 전문성, 우

주, 하얀색]로 새롭게 디자인되었다.)

Kruskal, J.B. and Wish, M. (1987) “Multidimensional Scaling,” Sage Publication No 11, Sage Publications Inc. 275 South Beverly Drive, Beverly Hills, CA 90212, USA. ISBN 0-8039-0940-3. (다차원 스케일링의 방법과 응용에 관한 짧고 명료한 논문으로, 데이터베이스의 숨겨진 구조, 특히 데이터가 불명료한 데이터베이스를 가시화하는 방법을 다루었다.)

Lewis, G. (1990) “Selection of Engineering Materials,” Prentice-Hall, Englewood Cliffs, NJ, USA. ISBN 0-13-802190-2. (사례연구에 주로 기반을 둔 공학설계의 재료선택에 관한 교재)

Manzini, E. (1989) “The Material of Invention,” The Design Council, London, UK. ISBN 0-85072-247-0. (디자인과 발명에서 재료의 역할에 대한 흥미로운 내용을 담고 있으며, 이탈리아어에서 영어로 번역된 책으로, 번역하는 과정에 흥미롭고 때로는 영감을 불러일으키는 주석과 어휘를 사용하였는데, 재료에 관한 전통적인 저술에는 흔히 쓰이지 않는 표현이다.)

Meadows, D.H., Meadows, D.L., Randers, J. and Behrens, W.W. (1972) “The Limits to Growth – 1st Report of the Club of Rome,” Universe Books, New York, NY, USA. ISBN 0-87633-165-0. (자원고갈의 가능성에 대해 세상에 호소하는 전기를 마련한 발간물로, 비록 분석된 데이터의 질적인 수준에 의심스러운 측면이 있긴 하지만, 이후의 연구에 대한 촉매 역할을 하였으며, 지금은 널리 받아들여지는 자원고갈 문제에 주목하는 계기를 만들었다.)

Norman, D.A. (1988) “The Design of Everyday Things,” Doubleday, New York, NY, USA. ISBN 0-385-26774-6. (제품디자인에 대한 이해를 제공하는 책으로, 특히 인간공학적 디자인과 사용의 편리성에 대하여 강조하였다.)

Pantone (2001) www.pantone.com (팬톤은 색상매칭 차트와 함께, 색상에 대한 연상과 인지에 관해 좋은 설명을 포함하고 있으며, 색상 선택에 대한 상세한 도움을 제공한다.)

Vezzoli, C. and Manzini, E. (2008) “Design for Environmental Sustainability”, Springer-Verlag, London, UK. ISBN 978-1-84800-162-6. (《The Materials of Invention》의 저자와 공동집필한 책이며, 제품개발에 친환경 요구조건을 접목시킬 수 있는 도구와 전략에 대해 다루고 있다.)

Chapter 5

제조공정: 성형, 결합, 표면처리

http://dx.doi.org/10.1016/B978-0-08-098205-2.00005-6

만일 재료를 가지고 무언가를 만들고자 한다면, 그에 알맞은 공정이 필요하다. 공정은 형상을 만들어 내고, 각 부품들이 서로 결합되게 하며, 보호와 장식을 목적으로 질감, 마감, 코팅을 부여해준다. 공정은 재료와 궁합이 맞아야 하므로, 고분자를 성형하거나 결합하는 공정은 세라믹, 유리, 금속과 같은 부류의 재료들을 처리하는 공정과 달라야 하며, 심지어 고분자 재료가족 중에서도 특정한 고분자 종류와 궁합이 맞아야 한다. 여기서 우리는 공정의 기술적 속성에 대하여 알아보고, 제품의 산업디자인에 기여하는 공정의 특징들에 대하여 탐색해 보고자 한다.

공학적 차원: 기술적 속성

공정을 분류하는 것은 재료를 분류하는 것처럼 쉽지는 않다. 재료의 경우, 원자들 또는 분자들 사이의 결합에 대한 과학적 이해를 바탕으로 명확한 분류가 가능하다. 그러나 공정은 사람에 의해 고안된 것이지, 자연에 의해 지배되는 것이 아니기 때문에 과학은 공정의 분류에 그다지 도움이 되지 못한다. 가장 좋은 방법은 애매함을 피할 수 없더라도 공정이 사용될 목적에 맞추어 분류하는 것이다. 공학설계에 사용하기 위하여 수정된 방법이 그림 5.1에 나와 있다. 가장 높은 수준에서, 공정은 이미 언급한 것처럼 세 개의 공정가족(성형, 결합, 표면처리)으로 나뉜다. 이들 각각은 그림 5.1에 나타낸 방식으로 전개되며, 클래스와 구성원 수준을 보여주기 위하여 부분적으로 확대되어 있다.

성형에 대하여, 첫 번째 질문은 "어떻게 이 재료를 형상화할 것인가?"이다. 성형의 클래스들은 공정이 적용될 수 있는 재료가족에 의해, 그리고 공정들 사이에 존재하는 유사성에 의해 잘 정리되어 있다. 각 클래스

그림 5.1 공정의 분류
엔지니어들에게는 친숙한 그룹핑을 바탕으로 하였다. 마지막 칼럼은 특정한 공정에 대하여 가능한 속성 리스트를 보여준다. 위는 성형공정의 분류이고, 중간은 결합공정의 분류이며, 아래는 표면처리공정의 분류이다.

는 많은 구성원들을 포함하고 있다(그림 5.1의 윗줄). 각 구성원에 대한 기술적 데이터는 그것의 속성을 정의한다. 그림의 마지막 칼럼에 표시된 것처럼, 만들 수 있는 형상의 상세내역과 크기, 정밀도, 가격에 걸리는 제한사항 등을 포함한다.

공정의 선택은 형상화될 재료, 형상 자체, 공정의 경제성에 의해 결정된다. 재료가 열가소성 수지이고 형상이 이중곡률 표면들을 가진 복잡한 형상인 경우, 사출성형 방식이 경제성 측면에서 유리하다(그림 5.2). 강철 몰드는 상대적으로 비싸며, 뱃치크기가 아주 작은(10개 정도) 경우 에

그림 5.2 **사출성형과 다이캐스팅**
사출성형된 플라스틱(왼쪽)과 다이캐스팅된 금속(오른쪽).

폭시 몰드를 사용한다. 100개 이상의 경우 금속충전 에폭시 몰드로 견딜 수 있으며, 100,000개 이상일 경우 공구강으로 된 몰드가 필요하다. 그리고 그보다 더 큰 경우 스텔라이트(코발트, 크롬, 텅스텐이 주성분인 합금) 몰드만이 감당할 수 있다.

이러한 용도에 적합한 재료로서 금속은 고분자와 직접적으로 경쟁한다. 알루미늄 및 마그네슘 합금의 다이캐스팅(그림 5.3)은 이중곡률을 가진 복잡한 형상을 경제적으로 생산할 수 있게 해준다. 큰 뱃치크기에는 압력 다이캐스팅 방식이 중력 금형주조 방식보다 빠르고 훨씬 저렴하다. 사출성형의 경우와 마찬가지로 다이(금형)는 비싸다. 알루미늄은 철에 적으나마 고용도를 보이므로 강철 다이의 수명을 약 100,000개로 제한시킨다. 반면 마그네슘은 철에 고용도가 없으므로 거의 무제한의 다이 수명이 가능하다.

그림 5.3 **성형을 통한 표현**
새 모양 램프는 형상을 통하여 유머를 표현한다.

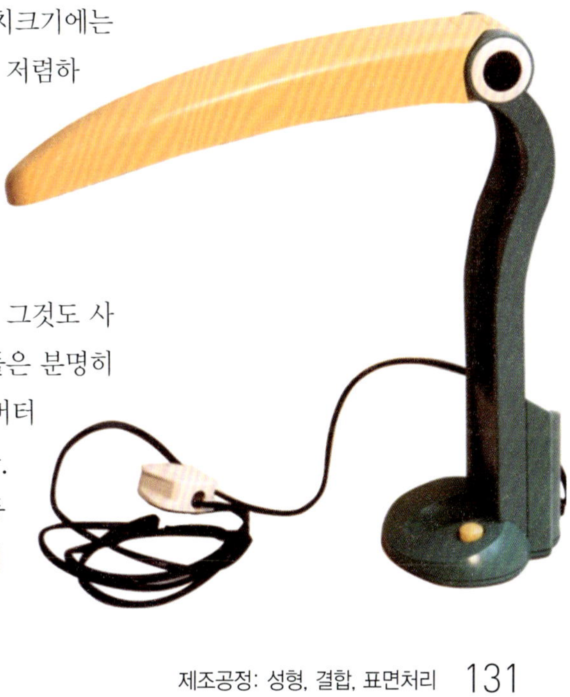

높은 인건비와 낮은 재료비용 때문에 많은 제품들을 한번, 그것도 사소한 용도에 쓰고 쉽게 버리는 사회가 되었다. 그러한 물건들은 분명히 극도의 저비용 공정으로 만들어져야 한다. 요구르트 용기, 버터 용기, 음료 페트병 등은 프레스나 블로몰딩으로 만들어진다. 다이는 저렴하고, 공정은 신속하며, 흔히 장식용 레이블을 동시몰딩으로 해결할 수도 있다. 금속 판재의 프레스 성형 역시 빠르고 저렴하게 할 수 있으며, 연속공정으로 장식용 레이블도 가능하다(음료 캔을 생각해보라).

결합공정 역시 비슷한 방식으로 분류된다(그림 5.1의 가운데 줄). 첫 번째 구분은 연결부를 얻는 방식에 의해 클래스로 나뉘는데, 접착하거나, 용접하거나, 잠금장치(fastener)를 사용하는 것이다. 클래스 다음에는 구성원이 있다. 마지막 칼럼은 구성원들을 특징지을 기술적 데이터의 본성을 보여준다.

마지막 트리(그림 5.1의 아래 줄)는 표면처리 공정에 대한 분류를 보여준다. 제조된 부품은 거의 모두 어느 정도 표면처리를 해야 한다. 그 이유는 다양하다. 제품의 표면을 단단하게 하거나 긁힘에 대한 저항력을 높이기 위해서, 부식이나 마모로부터 보호하기 위해서, 마감된 부품의 시각적 및 촉각적 질을 향상시키기 위해서 등이다. 이러한 각각의 이유를 위한 여러 가지 다양한 방법이 있으며 그림 5.1의 두 번째 수준에 잘 나타나 있다. 화학적 처리, 기계적 처리, 페인팅, 프린팅 등이 있으며 각각 많은 구성원들을 거느린다. 마지막 칼럼은 각 구성원에 대한 기술적 데이터의 성격을 보여준다.

그림 5.1의 각 구성원에 대한 기술적 데이터는 공정에 관한 서적[1], 소프트웨어[2], 재료공급자 데이터시트[3] 등에서 찾을 수 있다. 그 중에서 가장 중요한 65개 프로파일이 이 책의 후반부에 참고자료로 수록되어 있다.

1. 어떤 책들은 공정에 대한 폭넓은 개관을 다루고, 다른 책들은 그림 5.1의 클래스 중 하나를 집중적으로 다룬다. Lesko(1999)와 Swift and Booker(1998)는 소개하는 내용으로 좋고, 경전에 해당하는 Bralla(1998)는 포괄적이지만 재미있게 읽을 수 있는 책은 아니다. 보다 특화된 책으로는 Houldcroft(1990)가 용접공정에 대한 개관으로 좋고, Wise(1999)는 고분자의 결합에 관한 특화된 정보를 제공한다. Grainger and Blunt(1998)는 기술적 용도에 필요한 표면코팅 공정을 상세하게 다루었다. 우리는 미학적 기능을 위주로 표면공정을 다룬 책을 찾을 수 없었다. 이 책의 후반부에서 그 부족함을 보완하려고 노력하였음을 밝혀둔다.

2. 미국금속학회(ASM)는 20권으로 된 《Metals Handbook》과 이를 간추린 《Desk Edition》, 그리고 《Engineered Materials Handbook》을 CD 버전과 Internet 버전으로 발행하여 모든 종류의 공정들에 대한 신속한 검색이 가능하다. Cambridge Materials Selector, CES 4(2002)에는 약 120개의 공정에 대한 데이터시트가 포함되어 있고 최신 검색엔진도 내장되어 있다.

3. 사례를 찾아보려면 Poeton(1999) 《The Poeton Guide to Surface Engineering》을 참조하라(www.poeton.co.uk/pands/surface/).

다른 차원

공정은 제품과 그것을 만드는 데 사용된 재료의 인간공학, 미학, 인지에 영향을 준다. 성형은 형태를 부여한다. 공정이 가능한 형상이란 개념은 매우 중요하다. 예를 들면 압출은 각기둥 형상에만 적용가능한 공정이지만, 금속의 다이캐스팅이나 고분자의 사출성형은 아주 복잡한 모양도 가능한 공정이다. 제품의 조립에 필수적인 공정인 결합은 또 다른 대비와 겉으로 드러나는 특징을 만들어낸다. 어떤 공정은 거의 보이지 않는 연결부를 만들며, 다른 공정은 눈에 확 띄는 연결부를 만들기도 한다. 표면처리 공정은 특히 색상, 반사도, 질감, 느낌을 통하여 미학과 인지에 영향을 미치지만, 사용자와의 시각적 및 촉각적 소통을 가능하게 하므로 인간공학 측면에서도 중요하다. 공정을 통한 표현에 대하여 검토하며 이러한 것들을 탐색해보기로 하자.

성형을 통한 표현

형태를 만드는 것은 인간의 가장 오래된 표현 중의 하나이다. 무엇인가를 새긴 돌과 몰딩된 도기의 그림, 두드려 만든 장식, 주조된 보석 등은 글씨나 그림으로 문서화하는 어떤 능력보다 먼저 나타났다. 오늘날의 조각상, 도기, 건축물은 이런 선사시대 조상들의 진화된 후예이며 여전히 과거의 공정들을 사용한다. 몰딩(원래는 점토를 사용했으나 지금은 고분자를 사용), 소각(지금은 기계가공의 일부), 로스트왁스(지금은 매몰) 주조가 이들의 예이다. 여기서 성형은 자기표현을 위한 하나의 수단이다.

그림 5.3은 형태와 재료가 서로 다른 미학과 인지를 창조하는 데 이용된 예를 보여준다. 램프는 열성형과 사출성형에 의해 성형된 ABS와 아크릴을 사용한다. 펼쳤을 때와 접었을 때 모두 유머 넘치고, 친근하고, 매력적으로 흔들리는 인지를 만들어 내면서도 기능상으로 완벽하다.

결합을 통한 표현

결합은 책 제본, 나무의 사개맞춤(dove-tailing), 의복의 장식성 솔기 등에서 예술적인 형태를 만든다. 제품디자인에서도 역시 연결부는 표현의 방식으로 사용될 수 있다(그림 5.4). Audi TT의 연료주입구 뚜껑은 스테인리스강을 절삭가공하여 만들었으며, 8개의 육각홈나사(Allen screw)로 부착된 정밀기술을 과시함으로써, 자동차의 다른 부분도 같은 정밀도를 가졌음을 암시한다. 산악자전거 프레임 중 눈에 띄게 디자인된 용접부는 디자인의 강건함을 나타낸다. 의도적으로 드러낸 연결부는 종종 제품의 기능을 강조하기 위하여 사용된다. 대비되는 두 가지의 고분자로 동시몰딩된 칫솔은 외관을 향상시키는 동시에 두 가지 재료의 서로 다른 기능(하나는 구조적인 것이며, 다른 하나는 그립을 주기 위함)을 강조한다.

표면처리를 통한 표현

세계 유명 박물관의 그림과 사진들은 표면처리를 고차원의 예술로 승화시킨 것이라고 설명할 수 있다. 두 가지 기술 모두 제품디자인에 있어서는 비교적 저급의 업무로 받아들여진다. 이것들과 함께 다른 범주 중 매우 독창적인 어떤 것들은 여러 가지로 다양한 표현을 가능하게 한다.

20세기 후반과 21세기 초반은 흠이 없는 완벽함에 푹 빠진 시기이

그림 5.4 결합을 통한 표현
대비되는 색상의 동시몰딩한 칫솔 손잡이는 그것의 구조적, 인간공학적 기능을 강조한다.

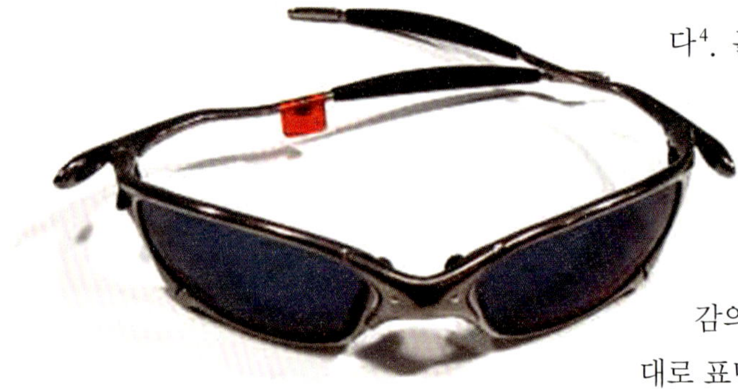

그림 5.5 **표면처리를 통한 표현**
금속성 파랑색으로 코팅한 선글라스는 독특한 표면조건을 만들어낸다.

4. 완벽함과 결함. 표면의 완벽함은 작은 결함에 의해서 망가진다. 낡아가면서 우아하게 유지되는 것은 바라지 말라. 차라리 시각적인 결함을 제품의 개성을 살리는 것으로 활용하라. 천연재료(나무, 가죽, 돌)를 매력적으로 보이게 해주는 것이 바로 그것이다.

다[4]. 흙을 운반하는 중장비를 만드는 회사들은 그들의 제품이 팔리기 위해서 승용차에 버금가는 표면마감이 필요하다는 것을 오래 전부터 알고 있었다. 제품의 구매자가 첫 번째로 하는 일이 반쯤 진흙으로 차있는 구멍으로 장비를 넣고 굴착하는 것일지라도 말이다. 그 까닭은 표면마감의 완벽함이 전체 제품의 완벽함을 나타내기 때문이다. 반대로 표면마감이 허술하면, 사실은 그렇지 않음에도 불구하고, 전체적으로 질이 떨어지는 인상을 줄 수 있다.

그러므로 표면처리 공정은 중장비(굴착기)의 경우에서 보듯이 관심을 끄는 데 기여할 수 있다. 이는 때때로 눈속임을 목적으로 하는 경우도 있는데, 금속표면화된 플라스틱이 하나의 예이다. 참신함을 더하면서 놀라움까지 가져다주기도 한다. 열변색 물질로 표면코팅된 전기주전자는 물의 온도가 올라가면 색이 변하는데, 이는 즐거움을 줄 수도 있다. 홀로그램 처리된 표면필름은 부착된 제품 안에 무엇인가 숨겨진 듯한 느낌을 주기도 하며 또한 기능을 더하기도 한다. 미끄럼방지 코팅은 인간공학적 기능을 추가하며, 전기회로를 제품 위에 프린트하는 기술은 감지 및 정보처리 기능을 부여한다.

디자이너는 종종 표면처리를 통해 표현 요소들을 만들어낸다. 스크린 프린팅은 서핑보드, 보드 스타일, 개인적 스타일을 구별하는 데 사용되며, 유리 표면을 비드블라스팅(bead blasting)하면 서리가 내린 듯 우아한 느낌이 난다. 금속산화물을 코팅한 선글라스는 눈부시게 반사되는 색상으로 첨단기술을 사용한 패션을 나타낸다(그림 5.5).

제조공정을 통한 표현

흔히 RV나 Caravan으로 불리는 여행용 트레일러가 있고, 그림 5.6과 같은 Airstream이 있다. 대부분의 여행용 트레일러들은 오두막처럼 생겼지만, Airstream은 항공기처럼 만들어진다. 이는 단지 재료선택만의 문제는 아니다. 그것들은 물론 알루미늄으로 만들어지며, 70년 이상 동안 그래왔다. 단지 재료뿐만 아니라 제조방법도 스타일을 만들어내는 것이다. 본체는 모노코크 곡면판(shell)으로 만들어지며 자동차 제조공정처럼 용접하는 것이 아니라 의도적으로 눈에 잘 띄는 리벳으로 결합된다. 표면처리는 금속표면 자체를 노출시켜(자동차의 경우 페인팅이 기본) 비행기를 조상으로 함을 강조한다. 이것이 사용되는 재료와 성형, 결합, 표면

처리 공정의 선택에 따라 제품의 질이(가격에 반영됨) 결정되는 사례를 보여준다.

그림 5.6 **제조를 통한 표현**
제조과정의 세부사항과 품질은 회사와 그 제품에 관하여 많은 것을 나타낼 수 있다. (사진 제공: Airstream Inc., Jackson Center, OH)

결론

어떤 제품의 미학은 그것을 만드는 데 사용된 재료와 공징(성형, 결합, 표면처리)에 의해 창조된다. 공정이 사용되는 방식에 따라 아이디어가 표현되고 인지와 연상이 만들어진다. 제품에 대한 기술적 요구조건은 형상에 제한조건을 부여하지만, 이러한 제한조건 내에서도 품질, 유머, 세련됨, 정교함을 나타낼 수 있는 여유는 존재한다. 결합 또한 솜씨나 강건함을 나타내는 데 사용될 수 있고, 또는 제품의 다른 목적을 가진 부품들과 차별화하는 데 사용될 수도 있다. 무엇보다도 표면처리는 색상과 반사도, 질감과 느낌을 조정하고, 그리고 가르치고, 즐겁게 하고, 눈속임하기 위하여 패턴, 기호, 글자를 추가할 수 있게 해준다.

이 책의 후반부에는 이러한 특징들을 만들어주는 약 65개의 공정에 관한 프로파일이 포함되어 있다. 이들은 제품디자인에 미치는 중요성을 고려하여 선발되었다.

참고문헌

ASM (2001) "ASM Metals Handbook Desk Edition" and "Engineered Materials Desk Edition," both on CD and offered on-line, American Society for Metals, Materials Park, OH 44073, USA. (두 책 모두 성형, 결합, 표면처리 공정에 관한 심층적인 기술정보를 담고 있다. 검색이 가능한 소프트웨어의 특성 상 신속한 정보획득이 가능할 것이다.)

Bralla, J.G. (1998) Handbook of Product Design for Manufacture, 2nd edition, McGraw-Hill, New York, NY, USA. ISBN 0-07-007139-X. (제조공정에 관한 방대한 양의 정보를 집대성한 경전과 같은 책으로, 다양한 분야의 전문가들이 저술하였고 Bralla에 의해 편집되었다. 교재가 아닌 핸드북이다.)

Canning, W. (1978) "The Canning Handbook on Electroplating," W. Canning Limited, Gt Hampton St., Birmingham B18 6AS, UK. (이름 그대로 전기도금에 관해 필요한 모든 정보가 들어 있다.)

Cambridge Materials Selector, CES 4 (2002) Granta Design, Cambridge, UK. http://www.grantadesign.com.

CES Edu '13 (2013) Granta Design, Cambridge, UK. www.grantadesign.com. (2,000가지 이상의 재료와 150여 개 공정에 관한 데이터시트를 포함한 재료 및 공정 선택 소프트웨어)

DeGarmo, E.P., Black, J.T. and Kohser, R.A. (1984) "Materials and Processes in Manufacturing," Macmillan Publishing Company, New York, NY, USA. ISBN 0-471-29769-0. (재료에 대한 간략한 소개와 함께 제조공정에 중점을 둔 포괄적인 단행본. 금속 제조공정의 관점에서 다루었기 때문에, 고분자, 세라믹, 유리의 공정에 대해서는 훨씬 더 간략하게 처리하고 있다.)

Grainger, S. and Blunt, J. (1998) "Engineering Coatings, Design and Application," 2nd edition, Abington Publishing, Woodhead Publishing Ltd, Abington Hall, Abington, Cambridge, UK. ISBN 1-85573-008-1. (실무 엔지니어를 위한 전공서적으로 표면의 내마모성과 내식성을 향상시키는 공정에 관하여 상세하게 다루고 있다.)

Houldcroft, P. (1990) "Which Process?," Abington Publishing, Woodhead Publishing Ltd, Abington Hall, Abington, Cambridge, UK. ISBN 1-085573-008-1. (금속의 결합에 대하여 용접을 포함한 28개 공정을 다룬 간략한 소개 책자로, 대부분 TWI International[옛 명칭은 영국 용접연구소]의 전문성을 바탕으로 하고 있다.)

Hussey, R. and Wilson, J. (1996) "Structural Adhesives: Directory and Data Book," Chapman & Hall, London, UK. (여러 공급자들로부터 생산된 구조용 접착제에 관한 데이터를 포괄적으로 정리해 놓은 책)

IDTC – International Design Trend Center (2003) "How Things are Made", AG Book (www.agbook.co.kr), Korea, ISBN 89-7059-184-2. (디자이너의 관점에서 바라본 공장 안의 모습을 담은 훌륭한 책)

Kalpakijian, S. (1984) "Manufacturing Processes for Engineering Materials," Addison Wesley, Reading, MA, USA, ISBN 0-201-11690-1. (모든 클래스의 재료에 대한 제조공정을 포괄적으로 다룬 책으로 교재로 널리 사용된다.)

Lesko, J. (1999) "Materials and Manufacturing Guide: Industrial Design," John Wiley & Sons, New York, NY, USA, ISBN 0-471-29769-0. (산업디자인에 다년간의 경험을 가진 컨설턴트에 의해 저술된 책으로, 재료와 제조공정에 관한 간단한 설명과 그림, 그리고 사진을 포함하며, 쓸모 있는 특성 매트릭스도 곁들여 있다.)

Mayer, R.M. (1993) "Design with Reinforced Plastics," The Design Council and Bourne Press Ltd, London, UK, ISBN 0-85072-294-2. (섬유강화플라스틱을 사용하여 설계하려는 엔지니어들을 위한 책으로, 고분자기지 복합재료의 성형공정에 관한 유용한 정보의 출처이다.)

Pantone (2001) www.pantone.com. (색상에 의한 연상에 대하여 정의하고, 설명하고, 연구할 필요가 있다면 팬톤의 웹사이트부터 찾아보라.)

Poeton (1999) "The Poeton Guide to Surface Engineering," www.poeton.co.uk/pands/surface/. (공학적 특성 향상을 위한 표면처리에 관한 쓸모 있는 정보를 담은 웹사이트)

Roobol, N.R. (1997) "Industrial Painting, Principles and Practice," 2nd edition, Hanser Gardner Publication, Cincinnati, OH, USA, ISBN 1-56990-215-1. (페인딩과 수지 코팅에 관한 포괄적인 지침서)

Swift, K. and Booker, J.D. (1998) "Process Selection: From Design to Manufacture," John Wiley & Sons, UK, ISBN 0-340-69249-9. (금속의 성형과 결합을 위한 48개 공정을 표준 포맷으로 정리한 데이터시트. 다른 재료들이나 시각적 효과를 위한 표면처리에 관한 내용은 없다.)

Thompson, R. (2007) "Manufacturing Processes for Design Professionals", Thames and Hudson, ISBN 978-0-500-51375-0. (디자이너로 하여금 공장 안을 살펴볼 수 있게 하고, 우리가 알고 아끼는 제품들이 어떻게 제조되는지를 알려주는 가장 적합한 참고서)

Wise, R.J. (1999) "Thermal Welding of Polymers," Abington Publishing, Woodhead Publishing Ltd, Abington Hall, Abington, Cambridge, UK. (고분자의 용접 공정에 관한 정보를 편집한 것이며, 대부분 TWI International[옛 명칭은 영국 용접연구소]의 전문성을 바탕으로 하고 있다.)

Chapter 6

형태는 재료를 따라감

http://dx.doi.org/10.1016/B978-0-08-098205-2.00006-8

재료는 제품의 형태에 엄청난 영향을 끼친다. 건축물처럼 이러한 영향이 가시적으로 드러나는 곳도 없다. 파르테논신전, 에펠탑, 금문교는 모두 그들이 속한 시대를 상징하는 것이며, 특정한 재료로 가능한 것이 무엇인지를 보여주는 독특한 표현이다. 돌로 쌓은 에펠탑을 상상하기 어려운 것처럼 연철로 만든 파르테논신전이나 강화콘크리트로 만든 금문교도 마찬가지이다. 재료는 각 디자인에 제한조건을 부여하지만, 이런 제한조건 내에서도 디자이너는 구조 예술로서 후대에 길이 빛날 형태를 창조하였다.

재료와 건축

재료와 형태 사이의 가장 직접적인 연결은 재료가 지탱하는 힘을 통해 생겨난다(그림 6.1). 요점을 이해하기 위하여 그림 6.2를 보자. 각 쌍의 그림은 1차구조에 사용된 재료의 본성에 의해 구현될 수 있는 형태를 보여주는데, 이는 심지어 반드시 디자인에 반영되어야 한다. 석재와 시멘트

그림 6.1 **굽힘, 인상, 압축**
무거운 물건을 지탱하는 세 가지 방법. 물건의 무게에 의해 지지대에 하중이 걸린다. 만일 석재처럼 오직 압축하중만을 지지할 수 있는 재료가 사용되면, 형태는 중앙의 것과 비슷해야 한다. 만일 재료가 강한 와이어나 섬유처럼 인장에는 강하지만 압축이나 굽힘은 지탱할 수 없다면, 오른쪽과 같이 매달린 형태가 요구된다. 만일 목재나 구조용 강철처럼 굽힘에 견디는 재료가 사용되면, 왼쪽과 같은 형태가 가능해진다.

그림 6.2 영국 잉글랜드의 다리들

(a), (b) 이러한 구조의 형태는 석재의 취성에 의해 정해진다. 취성 때문에 석재는 압축에는 강하지만 인장이나 굽힘에는 20배나 약하다. 석재와 마찬가지로 벽돌도 압축에만 강하다.

(c), (d) 이러한 형태는 나무의 높은 강도-대-밀도 비와 나무가 인장 및 압축 하중을 모두 지탱할 수 있는 능력을 아주 잘 보여준다.

(e), (f) 이러한 형태는 복잡한 형상으로 주조될 수 있지만 인장이나 굽힘에는 비교적 약한 주철의 특징을 잘 보여준다.

(g), (h) 강철은 I-단면 형태로서 압축 및 굽힘 하중을 효율적으로 지탱하며, 고강도 케이블로 인발되면 인장하중에도 매우 효율적이다. 적나라하게 드러난 이 디자인에서 버팀목들의 방향은 힘이 작용하는 방향을 가리킨다.

(i), (j) 미리 응력을 걸어준 철근 콘크리트는 형상과 형태의 섬세함에 있어 큰 융통성을 가질 수 있다. 강철과 콘크리트의 복합재료인 이 재료는 인장, 굽힘, 압축 하중을 똑같이 잘 지탱한다.

(k), (l) 고장력강 케이블과 트러스처럼 생긴 압축구조가 유리섬유강화 PTFE 복합재료로 된 격막을 지지한다(왼쪽). 고무화시킨 나일론 격막이 내부압력에 의해 지지되고 있다. 이러한 형태는 재료선택의 직접적인 결과이다(오른쪽).

벽돌(그림 6.2(a)~(b))은 압축에 강하며, 인장과 굽힘에는 약하므로, 압축에 의해 하중을 전달하는 디자인을 필요로 한다. 촘촘히 배열된 기둥(a) 또는 압축응력을 받는 아치(b)가 이에 해당한다. 목재는 인장, 압축, 굽힘에 강하므로, 삼각형 모양으로 엮은 공간프레임 또는 트러스를 만들 수 있으며(c), 외팔보 형의 구조도 가능하다(d). 초기의 주철(e, f)은 석재와 마찬가지로 인장과 굽힘에 취성이어서 압축에 의해 하중전달이 가능한 기둥/아치 원리를 따르는 디자인이어야만 했다. 그러나 복잡한 형상을 쉽게 주조할 수 있다는 장점으로 인하여 가벼운 구조를 만드는 데 새로운 재료로 떠올랐다. 연철(g)과 강철(h)은 석재나 주철의 취성을 극복하며, 인장과 굽힘하중을 지탱할 수 있는 날씬한 부재를 활용하여 공간프레임 개념의 발달을 더욱 촉진시킨다. 강화콘크리트 역시 압축강도는 물론 인장강도도 가지며, 형상을 바꾸기 쉬운 강화재(흔히 철근)를 사용함으로써 유선형의 곡면판(shell) 구조를 만드는 것이 가능하다(i, j). 직물과 고장력강 케이블은 인장하중에는 잘 견디지만 굽힘이나 압축하중을 지탱할 수 없으므로(좌굴이 일어남) 다른 종류의 형태가 나타난다(k, l).

이러한 모든 예에서 재료는 일정한 힘을 지탱할 수 있는 요소로 형태를 갖추었다. 이런 요소들은 구조에 걸린 하중을, 사용된 재료에 적합한 힘으로 변환할 수 있도록 디자인된 형태로 통합된다. 그림 6.2에 소개된 대부분의 건물은 응력해석이라는 과학이 발전되기 전에 고안되었지만, 그런 과학적 도구 없이도 디자이너는 이런 힘들을, 그리고 힘, 재료, 형태 사이의 상관관계를 가시화하는 능력이 있었다. 어느 사례에서나 건물의 형태는 그 구조를 만드는 데 사용된 재료의 성질에 의해 커다란 영향을 받았다. 따라서 형태는 재료를 따라간다고 할 수 있다.

재료와 제품

Bouroullec 형제와 같은 많은 디자이너들이 재료와 기하학적 구조를 조종하여 우리를 단순한 형태 이상의 무엇인가를 보여주는 여행으로 안내한다. 그들은 심오한 의미와 강력한 미학을 띄는 재료성의 기발하고 아름다운 표현을 창조한다. 이러한 표현들은 항상 공장에 적용할 수 있는 것이 아니지만, 일반적으로 그것들 속에서 재료에 대한 연구에 의해 산업디자이너와 산업체로 하여금 대량생산의 경계로 몰아가도록 고취시킨다.

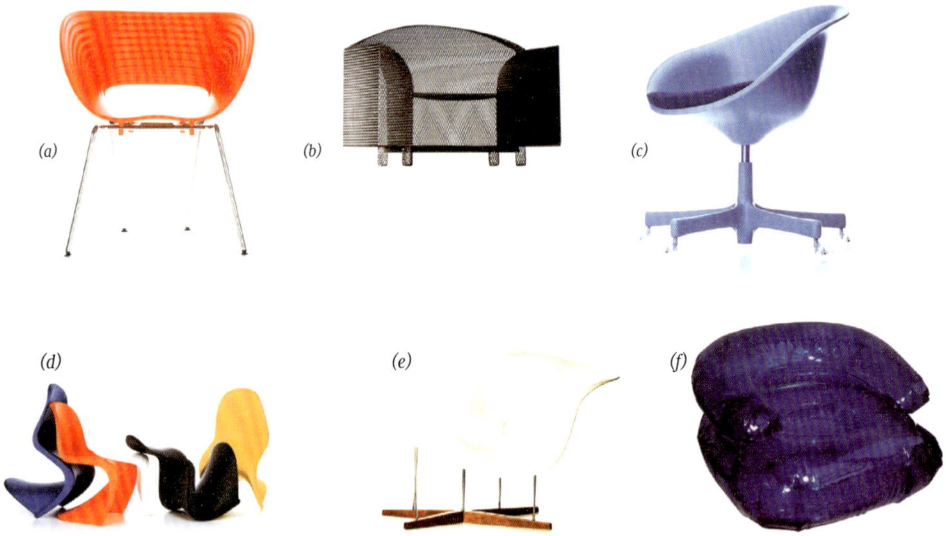

그림 6.3 의자들
의자는 산업디자이너 또는 엔지니어들이 가장 흔하게 다루게 되는 형태 중의 하나이지만, 조금은 독특한 형태와 재료들이 여기에 소개되었다. (사진 제공: Vitra Museum and Hans Hansen)

하나의 예로서, 의자는 어떤 명백한 역학적 제한조건을 만족해야 하지만, 그 제한조건이 가혹한 것은 아니어서 재료의 선택과 형태에 있어 다양성을 추구할 여지는 남아 있다. 형태가 특별히 기능에 의해 제한을 받는 것은 아니다. 만일 그렇다면, 모든 의자는 같은 형태를 하고 있을 테지만, 그림 6.3의 예를 보면 전혀 그렇지 않음을 확인할 수 있다. 그러나 일단 재료가 선택되면, 형태에는 제한이 따른다.

의자는 두 가지 기본 구성요소를 가졌다고 생각할 수 있다. 역학적 하중을 지탱하는 프레임과 프레임을 변형하여 사람이 앉을 수 있게 한 시트이다. 그림 6.3(a)의 의자는 이런 특징들을 가지고 있다. 의자의 프레임은 강관으로 되어 있고 앉는 시트는 주름진 폴리프로필렌으로 몰딩되었다. 그림 6.3(b)에서는 철사 그물망을 사용하였는데, 그물망은 성형되고, 납땜되고, 니켈도금되었고, 에폭시 코팅을 더하여 프레임과 시트를 일체로 만들었다. 그림 6.3(c)는 Philippe Starck가 폴리프로필렌을 사용하여 부드럽고 즐길 수 있는 의자를 몰딩으로 만든 것이다. 그림 6.3(d)에서는 유리섬유강화 폴리프로필렌을 사용하였기에 프레임과 시트를 일체화할 수 있었다. Charles and Ray Eames 부부는 유리섬유강화 복합재료를 사용하여 두 개의 곡면판 부품을 만든 후 연결하고 크롬도금 강관으로 된 받침에 결합시켰다(그림 6.3(e)). 마지막 6.3(f)는 부풀린 PVC로 만들어졌으며 그림 6.2(l)의 부풀려진 건물처럼 볼록하고 공기가 가득한 느낌을 준다. 여기서는 프레임이 사라졌으며 앉는 시트가 지지대 역할을 겸하고 있다. 빌딩의 경우와 마찬가지로 재료는 의자의 형태에 커다란 영향을 준다.

그러므로 재료의 선택에는 한 가지 이상의 접근방법이 있다. 하나는 기술적인 기능에 의한 것이고 다른 하나는 형태와 특징에 의한 것으로, 그러한 형태와 특징을 제공해줄 수 있는 재료를 찾는 것이다. 이제 형태와 특징의 개념에 대하여 알아보자.

특징리스트의 추출

디자인의 역할은 '수요'를 '제품'으로 변환하는 것이다. 그것은 특징 없는 추상으로부터 시작하여 구체적인 현실로 끝난다. 우선 몇 가지 정의가 필요하다. '수요'는 추상적인 아이디어이다. '조명'에 대한 수요는 빛이라는 아이디어를 수반하지만, 그 형태나 느낌이 어떠한지, 어떻게 성취될 것이며, 어떤 식으로 인지될 것인지에 대해서는 아무것도 말해주지 않는다. '개념'은 수요가 만족될 수 있는 하나의 방법이다. 촛불, 백열등, 형광등, 레이저 등에는 각각 가능한 하위개념이 있다. '제품'은 이러한 것들 중의 하나가 현실화된 것이다. 그것은 형태와 특징을 가진 구체적인 물체이며, 눈으로 볼 수 있고 손으로 만질 수 있다. 그것은 공정을 통해 만들어지며, 그 자체로서 시각적 및 촉각적 거동을 지닌 재료를 사용한다. '특징'은 제품의 기능성, 편의성, 개성에 기여하는 디자인의 면모이다[1]. 특징에는 여러 가지 유형이 있다. 제품의 배치구성을 결정하는 위상학적 특징도 있다. 형상이나 크기와 관련된 특징도 있는데, 어떤 것들은 기술적 요구조건(강도, 안정성, 효율성 등)에 의해 결정되기도 하는 반면, 다른 것들은 사용자의 요구(인체공학적 특징)에 의해 결정되기도 하지만, 또 다른 것들은 일정한 시각적 및 촉각적 품질을 부여하기 위한 것도 있다. 이러한 것들 다음으로는 인지되는 특징들이 있다. 그들은 제품이 연상시키는 바와 제품이 뜻하는 의미를 창조해낸다. '해결책'은 개념을 구현하고, 그것을 현실화하되, 어느 정도까지는 디자이너의 의도를 만족시킬 수 있는 방법으로 행하는 특징들의 조합이다. 해결책 중에서 제조공정에 맞추어 선택된 것이 제품이 된다.

형태개발의 출발점은 제품에 요구되는 특징들을 가지고 수식화하는 것이다. 특징들에 의해 형태와 재료가 따라야 하는 제한조건들이 정의된

1. 기능성은 어떤 제품이 기술적인 기대치를 얼마나 잘 만족하는지에 대한 척도이다. 개성은 제품이 소유자에게 제공하는 감성적인 즐거움과 만족의 정도를 나타낸다. 따라서 책상용 램프는 필요한 위치에 적절한 세기의 빛을 제공하는 것으로 기능성에서는 높은 점수를 받을 수 있지만, 나머지 실내장식과 상충되는 형태, 색상, 느낌을 가진다면 개성에서는 낮은 점수를 받는다.

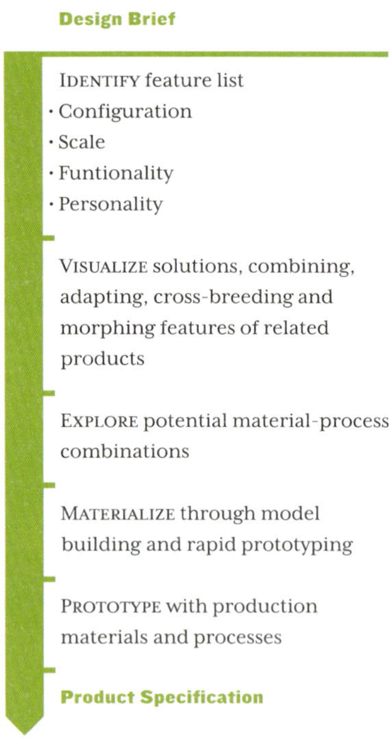

그림 6.4 추출, 가시화, 재료화
제품 형태개발의 단계들. 리스트는 순차적인 과정을 암시하지만, 실제로는 전혀 그렇지 않다.

다. 제한조건을 수식화하고 적용하는 것이 어떠한 선택 행위에서도 중심에 있다. 제한조건을 충족시키지 못하는 해결책은 비록 성공적으로 적용된다 하더라도 쉽게 다룰 수 있을 정도로 적은 숫자만 남을 때까지 거부당한다. 그러나 디자인은 가능한 해결책의 숫자를 감소시키는 과정을 포함할 뿐만 아니라 그 숫자를 증가시키는 과정 역시 포함한다는 사실이 중요하다. 디자이너는 특징이 사용되고, 진화되고, 결합되는 실험을 통해 새로운 해결책을 가시화한다. 그러므로 개념에서 제품으로 변환되는 과정은 제한조건을 만족하지 못하는 것을 가려내어 해결책의 개수를 줄이는 것과 제한조건을 충족시키는 새로운 해결책을 만들어 내고 다시 가려내는 과정을 통해 해결책의 개수를 늘이는 것을 모두 포함한다. 특징리스트는 이렇듯 제한조건을 부과하는 동시에 영감의 구성성분을 제공하는 역할을 한다.

특징은 추출되고, 해결책은 합성되고, 그리고 추출, 가시화, 재료화의 이름 아래 그룹을 형성함을 통해 가려내진다(그림 6.4). 책의 순차적인 성질(쓰인 순서대로 읽히는 것)은 이것이 선형적인 진행임을 의미하지만, 여기서의 의도는 그것이 아니다. 문자 기반의 비유를 사용한다면, 디자인, 특히 형태를 창조하는 것은 세금신고서를 작성하는 것처럼 선형적인 절차("이것 다음은 저것이고…")가 아니라, 마치 다차원의 크로스워드 퍼즐과 비슷하다("이것이 이것들에 맞는가… 또는 아마도 이것들은 여기에 잘 맞는다고 보기 어렵고… 대신 이것을 시도해보면 어떨까…").

추출

개념의 추출은 초기의 추상적인 아이디어에 대한 특징리스트를 발전시키는 첫 번째 단계이다. '앉을자리'에 대한 수요를 예로 들어보자. 아이디어는 초기에는 추상적이어서, 아직 어떠한 형태도 지니고 있지 않는다. 앉을자리에 대한 많은 개념들이 가능하며, 모두 하중을 지탱하는 기본적인 방법들이다. 그림 6.5에 보이듯이 벤치, 스툴, 등받이의자, 긴 등받이의자, 그네, 의자 겸용 사냥지팡이 등 다양하다.

우리는 '등받이의자'라는 개념을 선택하기로 하자. 이것은 이전에도 사용된 개념이고, 비록 우리가 디자인에서 가능한 최대의 자유를 원하더라도, 등받이의자를 선택한 것은 그것이 어떤 포괄적 특징, 즉 의자의 특성으로 받아들여진 특징을 가진다는 것을 암시한다. 그림 6.5의 의자 막대-다이아그램은 이러한 것들을 보여준다. 그것들은 두 가지 타입의

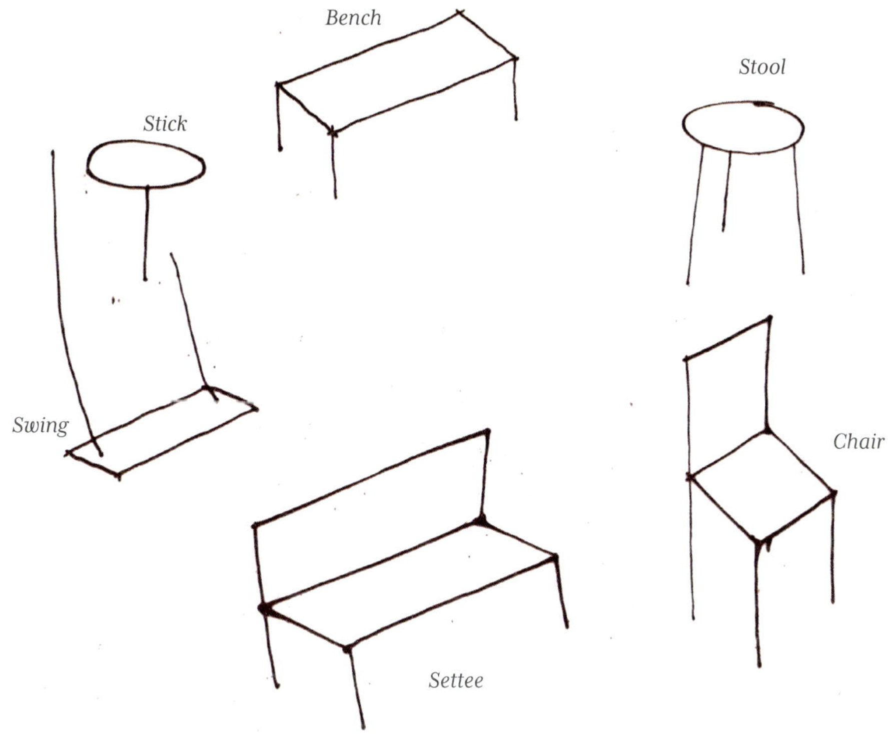

특징을 가지며 첫 번째는 배치구성과 관계가 있다. 등받이의자는 일반적으로 한 사람이 앉을 수 있도록 디자인된 것이다. 수평의 앉을자리가 바닥에 세워진 다리 또는 그에 상응하는 구조에 의해 지시되고, 등을 기댈 수 있는 구조를 가지고 있다. 이러한 포괄적 특징의 조합은 이미 그것을 그림 6.5의 모든 다른 개념들과 구별해준다. 두 번째 특징은 크기와 관련이 있다. 의자가 어른 한명을 위한 것이라면 앉을자리의 깊이와 폭, 그리고 바닥으로부터 높이는 일정한 범위 안에 존재하도록 제한을 받는다. 그러므로 개념을 선택하면 특징의 집합이 추출되는데, 어떤 특징들은 배치구성을 제한하고, 다른 특징들은 크기를 제한한다(표 6.6). 창의성은 특징들을 선택하고 그것을 조합하여, 제한조건을 충족시키면서 동시에 디자이너의 '의도'를 최적화하는 해결책을 만들어 내는 데 달려 있다. 의도라는 것은 설명이 필요한 단어이므로, 이에 대하여 알아보자.

공항용 의자의 특징은 유치원용 의자의 특징과는 다르다. 각각 의도한 바의 용도를 위하여 디자인되었다. '무엇을 위한 디자인(Design for X)'이라는 구절은 그 의자의 특징들이 염두에 두고 있는 하나 이상의 광범위한 의도를 가지고 선택되었음을 아주 잘 나타낸다. 여기서는 대중을

그림 6.5 앉을자리의 개념
'앉을자리'의 아이디어는 여러 가지 개념과 연관된다. 어떤 것은 네 다리, 어떤 것은 다리 없음, 어떤 것은 한 사람을 위한 것, 어떤 것은 여러 사람을 위한 것.

표 6.6 의자라는 개념의 특징들
의자는 형태를 제한하는 어떤 타고난 특징인자들을 가졌다.

배치구성
한 사람이 앉을 수 있음
수평 좌석
등받이
스케일
0.3<폭<0.4 m
0.7<높이<0.9 m
0.3<깊이<0.4 m

표 6.7 디자인의 의도
의도는 디자인의 길잡이가 되는 폭넓은 비전이다. 하나의 제품이 여러 개의 두드러진 의도를 가질 수도 있다.

시장
공용을 위한 디자인
여성을 위한 디자인
노인을 위한 디자인
경제성
최소비용을 위한 디자인
조립을 위한 디자인
대량생산을 위한 디자인
지속가능성
환경을 위한 디자인
재활용을 위한 디자인
생분해성을 위한 디자인
성능
최대단열을 위한 디자인
최소무게를 위한 디자인
최소체적을 위한 디자인

위한 디자인과 어린이를 위한 디자인을 의미한다. 특징 선택의 길잡이로서 이렇게 의도를 사용하는 것은 단순한 시장의 목표를 넘어선다. 디자인은 경제적 목표, 친환경 목표, 그리고 물론 성능목표를 충족시키기 위하여 적절히 수정될 수 있다. 표 6.7은 그러한 범주들을 보여준다.

하나의 예로서 사무용 의자의 디자인을 고려해보자(그림 6.8). 의도를 정의하면 '사무실을 위한 디자인'인데, 사무용 의자의 어떤 특징들은 다음과 같은 법규를 만족해야 한다. 유럽의 일부 국가에서 사무용 의자는 네 개가 아니라 다섯 개의 다리가 바닥에 닿아야 한다. 다른 것들은 사무용 가구의 개념에 대하여 이미 존재하는 해결책(디자인의 다른 의도에 맞게 잘 수정된 것으로 보이는 것들을 찾을 것)을 검토하면 알아낼 수 있다. 그러므로 '가벼운 사무용 집기의 디자인'을 위한 특징에 우선순위를 두는 것은 '재활용가능한 사무용 집기의 디자인'을 위한 특징에 우선순위를 두는 것과는 다르다. 그러한 의도들은 어떤 특징들을 가려내는 필터 역할을 한다. 의도를 기준으로 한 인덱싱에 의해 같은 의도를 가지고 디자인된 다른 제품들의 특징에 대한 탐색이 가능하다(그림 6.9).

성공적인 제품은 사용될 주위환경에 맞게 잘 적응된 것이다. 사무용 의자는 하루에 여러 시간 사용될 것이고, 항상 같은 사람이 사용하지 않을 수도 있다. 이 의자는 확실히 편안함을 줄 수 있어야 하고, 높이와 앉을자리 및 등받이 각도는 조정될 수 있어야 한다. 움직임이 자유롭기 위해서는 회전도 가능해야 한다. 그것은 또한 충분히 강하고 안정성이 있어야 한다. 산업재해는 매우 부담스러운 손해배상 문제를 야기하기 때문이다. 그것은 내구성이 있어야 하고, 커피 자국이나 마모에도 견뎌야 한다(그림 6.10).

그리고 마지막으로 개성이 있다. 개성은 연상을 설명하며 사용할 사람 또는 소유자에게 제품이 주는 의미이다. 개성은 시각과 촉각에 가장 크게 의존하는데, 구체적으로는 질서 있는 느낌, 비율과 내부적인 일관성, 형상, 색상, 질감에 따라 좌우된다. 그것은 소비자의 라이프스타일과 열망에 합당한 감각도 포함한다. 이

그림 6.8 사무용 의자의 가시화
사무용 의자에는 요구되는 어떤 특징인자들이 있다. 유럽에서는 의자가 바닥에 닿는 위치에서 반드시 다섯 개(네 개가 아님) 접점을 갖도록 법으로 정해져 있다.

그림 6.9 **사무실 환경의 가시화**
의자가 사용될 환경에 따라 의자를 주변이나 목적 그리고 사용자의 희망과 연관시켜줄 시각적 특징이 드러난다.

러한 시각적인 메시지를 창조하고 전달하는 특징은 궁극적으로 최종 해결책으로 나타날 특징리스트의 다른 일부가 된다.

이런 특징들 중에서 설명하기 가장 쉬운 것들은 색상, 질감, 느낌, 형태의 특징이다(제4장의 표 4.21 참조). 인지는 정확하게 표현하기 더 어렵고, 보통은 '튼튼한(rugged)', '여성적인(feminine)', '전통적인(classic)'과 같이 애매하게 정의된 단어나 비유를 통해 표현하며, 이는 인지를 정의한다기보다는 암시에 가깝다. 하지만 여전히 형태와 재료의 선택에 의해 창조된 특징들의 어떤 집합을 나타낸다. 표 4.26은 그러한 단어들의 리스트이며 디자인 잡지의 리뷰와 전시회 카탈로그로부터 추출하였다. 사무용 의자에도 적용될만한 몇 가지가 표 6.11에 실려 있다.

가시화

개성을 창조하기 위한 전략은 제품이 사용될 환경, 그리고 이 환경에서 다른 제품들이 비슷한 개성을 만들어내는 데 성공한 방법들에 대한 조사를 통해 이루어진다. 흔히 사용하는 기법 중의 하나는 제품의 이미지, 환경, 색상, 질감에 대한 샘플, 그리고 추구되는 개성의 일부 측면을 보여주는 재료 자체의 샘플을 한데 모으는 것이다. 이것들은 콜라주나 무드보드로 집결되고 움직이거나, 재배치되거나, 겹쳐지는 작업을 통해 제3장에서 설명한 것과 같은 새로운 조합들을 찾는 데 기여할 수 있다.

표 6.10 **기능성을 위한 특징리스트**
제품이 적절하게 작동하려면 기술적 및 인간공학적 특징이 요구된다.

기능성
편안한
운동의 범위
조정 가능한
강한
안정된
청소하기 쉬운
마멸에 저항하는

표 6.11 **개성을 위한 특징리스트**
각 제품의 개성을 위해서는 미학적 및 인지되는 특징이 요구된다.

미학
흑색의
금속의
부드러운
유기질의
인지
하이텍
남성의
값비싼

특징리스트를 구축하는 것은 이미 언급한 바와 같이 제품의 형태에 대한 제한조건을 좁히고 집중시키는 효과가 있다. 그러나 동시에 이 리스트는 영감을 위한 도구의 역할도 제공한다. 특징들을 자유롭게 재배치할 수 있다는 것은 새로운 해결책들을 찾아낼 수 있음을 의미하며, 그 중의 일부는 이미 존재하는 해결책이 아니라 추구하는 개성을 얻는 데 근접할 수 있다. 그것은 일종의 시각적인 '추론'으로, 흔히 손으로 그린 스케칭에 의해 지원된다. 이런 맥락에서 스케칭은 '데이터 처리'로 간주될 수 있으며, '데이터'는 각각의 시각적 특징을 의미한다.

따라서 특징리스트는 새로운 해결책의 창의적인 합성에 필요한 제한조건의 집합과 인풋의 집합을 모두 정의한다. 그러나 무엇이 실제로 만들어질 수 있을까? 실상은 재료에 의해, 그리고 성형, 결합, 표면처리에 사용되는 공정에 의해 제한된다. 말하자면 그것들이 디자인의 자유 변수이다. 그들을 선택하는 데 따라 일련의 해결책이 만들어질 수 있다.

재료화

그림 6.12는 재료 및 공정의 선택에 따라 다양한 특징들의 집합이 가능함을 보여준다. 매트릭스는 네 가지 재료와 여섯 가지 공정을 나타내고 있다[2]. 번호가 매겨진 칸들은 옆의 스케치로 탐색해 본 특징들의 조합

2. 이들 대부분에 대한 프로파일은 이 책의 후반부에 실려 있다.

그림 6.12 의자를 위한 재료-공정 매트릭스
형태는 재료 및 공정의 선택에 의해 부분적으로 결정된다.

	Machining	*Sheet Forming*	*Drawing*	*Rotation Molding*	*Lay-up Methods*	*Thermoforming*
Solid wood	*1*					
Plywood					*5*	
ABS				*4*		*6*
Stainless steel	*2*	*2*	*3*			

을 가리킨다. 각각의 조합은 독특한 특징을 가진 형태를 낳게 한다. 나무의 적층(의자 5)은 평면 또는 단일곡면을 가진 구조에 잘 어울리고, 회전성형(의자 4)은 이중곡면을 가진 밀폐되고 속이 빈 구조를 만들어준다. 선택은 또한 색상, 질감, 느낌 같은 제품의 미학적 요소에도 영향을 끼친다. 나무(의자 1과 5)는 자연적인 질감에, 무게가 가볍고, 따뜻한 느낌을 준다. 스테인리스강(의자 2)은 금속이라 반사도가 높고, 무거우며 차갑다. 이러한 조합들이 바람직한 특징리스트와 부합되는 정도는 성공을 가늠하는 척도이다. 바로 여기서 공학설계와 산업디자인의 추론이 어우러지게 된다. 새료화는 보고 만질 수 있는 물건을 만들어 내는 것으로, 부분적으로는 재료 및 공정의 선택에 의해, 부분적으로는 제품이 설계하중을 안전하게 지탱해야 할 필요성에 의해 제한을 받는다. 후자는 공학설계의 표준화된 방법에 의해 잘 해결될 수 있다. 제품이 환경에 미치는 영향도 역시 재료 및 공정의 초기 선택에 의해 영향을 받는다. 제품이 수명이 다하기까지 소비하게 될 에너지와 제품의 수명 자체도 역시 동일하게 영향을 받는다.

이 주제를 접기 전에 재료와 형태에 대한 사례로서 자전거와 병따개, 두 가지에 대하여 좀 더 살펴보도록 하자.

자전거: 재료와 형태

자전거는 다양한 재료와 형태로 만들어진다(그림 6.13). 여기서의 요구소건은 주로 기계적인 것으로, 가벼운 무게와 수용할 만한 가격대에서 얻을 수 있는 강도와 강성이다. 삼각형 구조의 프레임은 자전거를 탄 사람에 의해 발생되는 힘을 그림 6.2의 (c)나 (g)와 같은 건축구조처럼 인장, 압축, 비틀림 하중으로 변환하여 각 구성요소에 전달한다. 이러한 하중을 견딜 수 있도록 재료가 선택되고 성형되어야 한다. 초기의 자전거는 고체 히코리나무 프레임을 접착제로 결합한 형태를 하고 있었는데, 이는 가볍기는 했으나 내구성이 별로 좋지 않았다. 고체 강철은 밀도가 나무보다 10배나 높지만 속이 빈 튜브로 성형하고 브레이징으로 결합하면 나무와 같은 무게에 동일한 강도와 강성을 얻을 수 있다(그림 6.13의 형태 1). 대부분의 금속은 튜브로 성형할 수 있고, 따라서 금속제 자전거는 흔히 이런 형태를 하고 있다.

그러나 어떤 재료에 대해서는 결합이란 어렵고 느리며 비싼 공정이다. 그래서 좀 더 적은 수의 부품으로 프레임을 만들거나 또는 아예 하나

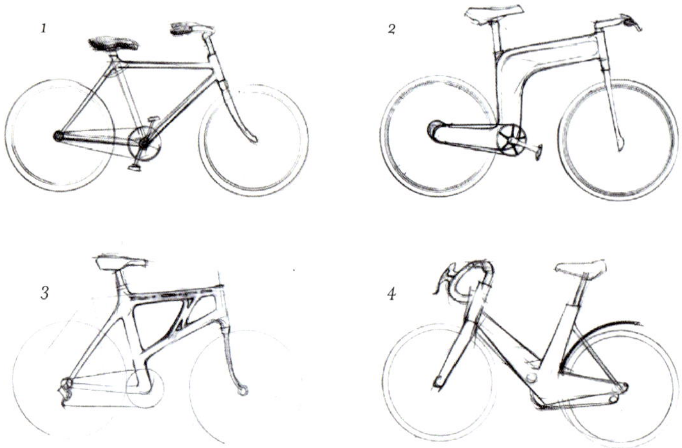

	Extrusion, Drawing	*Sheet Forming*	*Die-Casting*	*Injection Molding*	*Lay-up Methods*
Steel	*1*				
Aluminum		*2*	*4*		
Magnesium			*4*		
Nylon				*3*	
CFRP					*5*

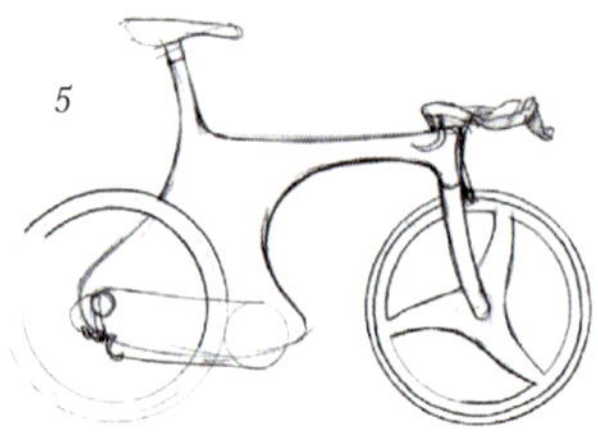

그림 6.13 자전거를 위한 재료-공정 매트릭스 매트릭스는 재료 및 공정의 가능한 조합을 보여준다. 빈칸은 기회 또는 한계를 나타낸다.

로 일체화시켜 만들 수는 없을지 생각하게 되었다. 형태 2는 두 개의 알루미늄 판을 프레스하고 접착제로 접합하여 만든 가볍고 속이 빈 곡면판(shell) 구조의 프레임을 보여준다. 형태 3은 사출성형으로 부품을 일체화시켜 하나의 단위체를 만드는 예이다. 여기서는 프레임과 바퀴들이 모두 하나로 된 나일론 몰딩이다. 대량생산일 경우 몰딩은 저렴할 수 있고, 강철과 달리 나일론은 녹슬지 않는다. 그러나 여기에는 한 가지 문제가 있다. 나일론은 설령 충전재를 넣더라도 고강도 강철에 비해 강성이 1/50로 떨어지고 강도가 1/10로 떨어지며, 그 결과로 단면적이 훨씬 더 커져야 한다. 결과적으로 덩치가 크고 무거워 보이는 고분자 자전거가 만들어진다. 당연히 세련되어 보이지 못하고 자전거로서 원치 않는 개성을 지닌 셈이다. 사출성형이 답이 아니라면, 다이캐스팅은 어떨까? 마그네슘은 가볍고 다이캐스팅이 용이하다. 그러나 튜브는 다이캐스팅으로 만들기는 어렵고, 대신 동등한 강성의 I-형 단면이 가능하다. 형태는 재료 및 공정의 선택에 의해 정해진다는 원리에 따라 형태 4가 만들어진다. 자전거를 위한 가장 가볍고 강성이 높은 재료선택은 CFRP이다(탄소섬유로 강화된 에폭시 수지). 초기의 CFRP 자전거는 강철 자전거를 모방하여 튜브를 사용했지만, 결합하는 것이 어려웠고 연결부가 무게를 증가시키는 원인이 되었다. 그 형태는 재료를 효율적으로 사용하지 못한 것이었다. CFRP의 특성은 형태 5처럼 모노코크 구조(곡면판 형태의 표면)로 만드는 경우 더 잘 활용될 수 있다.

이러한 각각의 예에서 형태는 재료특성과 그 재료가 가공되는 공정을 반영한다.

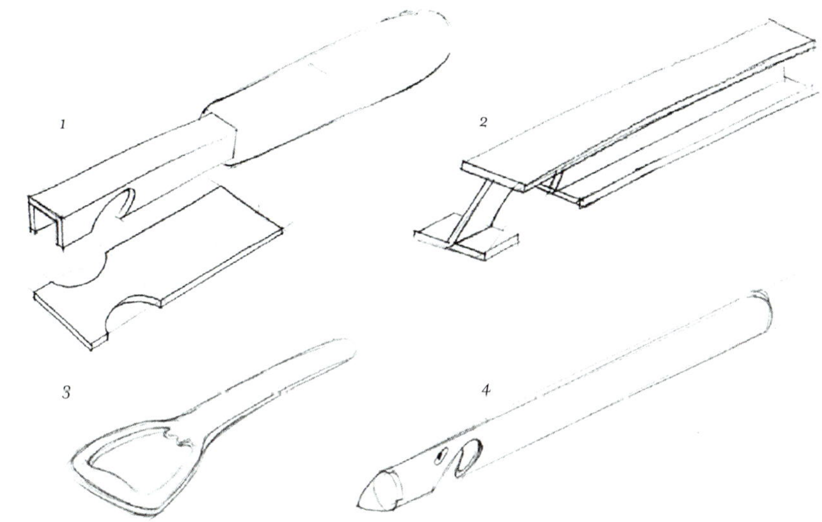

	Stamping, Press Forming	Injection Molding	Extrusion	Stamping
Steel	1		4	3
Thermoplastic		1		
Aluminum			2	

그림 6.14 병따개를 위한 재료-공정 매트릭스
매트릭스는 역시 재료 및 공정의 가능한 조합을 보여줄 수 있다.

병따개: 재료와 형태

병따개는 단순한 역학적 기능을 수행한다. 그것은 이빨로 병뚜껑의 가장자리를 물고 들어가 병따개의 자루에 지렛대 효과의 힘이 가해지면 병뚜껑을 들어 올려 떼어낸다. 그것은 하나의 개념이며(다른 것들도 존재함), 배치구성과 크기에 일정한 제한소선을 시사한다. 그것은 여러 가지 방식으로 구현될 수 있으며, 그 중 몇 개가 그림 6.14의 스케치에 나와 있다. (3)은 강철판으로부터 찍어낸다. (2)와 (4)는 압출된 단면으로부터 만든 것이므로 쉽게 압출될 수 있는 재료여야 한다. (1)은 강철판을 스탬핑하고 접어서 만든 것에 고분자 손잡이를 몰딩한 것이다.

그림 6.12~6.14에서와 같은 매트릭스[3]는 재료화를 탐색하는 데 효과적인 방법이며, 재료 및 공정의 조합에 의해 새로운 해결책을 찾아낼 수 있는 방법을 제시해 줄 수 있는 가능성을 가졌다.

3. 이것을 처음 제안한 것은 Haudrum(1994)이다.

공기압축기: 디자인 언어

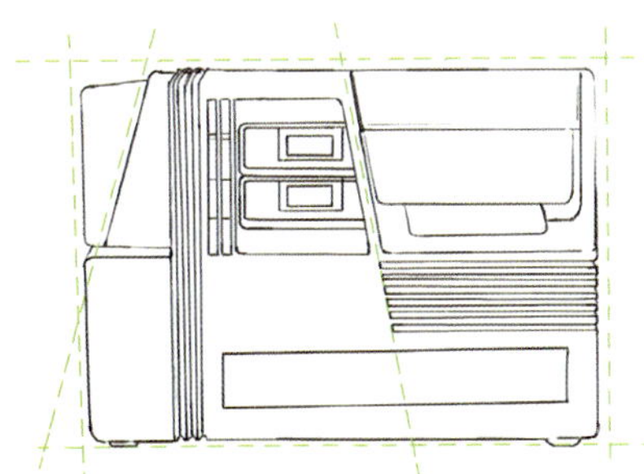

그림 6.15 소형 컴프레서

그림 6.15는 모터사이클 운전자의 비상용 도구로서, 작고 매우 저렴한 12볼트 공기압축기를 보여준다. 여기서 디자이너가 창조하고자 하는 연상과 인지는 무엇일까? 말로 한다면 그는 무슨 얘기를 하고 싶은 것일까? 다음의 두 가지 틀이 그 근원을 분석한다.

그림 6.16에 나타낸 다른 제품들이 시각적인 단서를 제공한다. 네 가

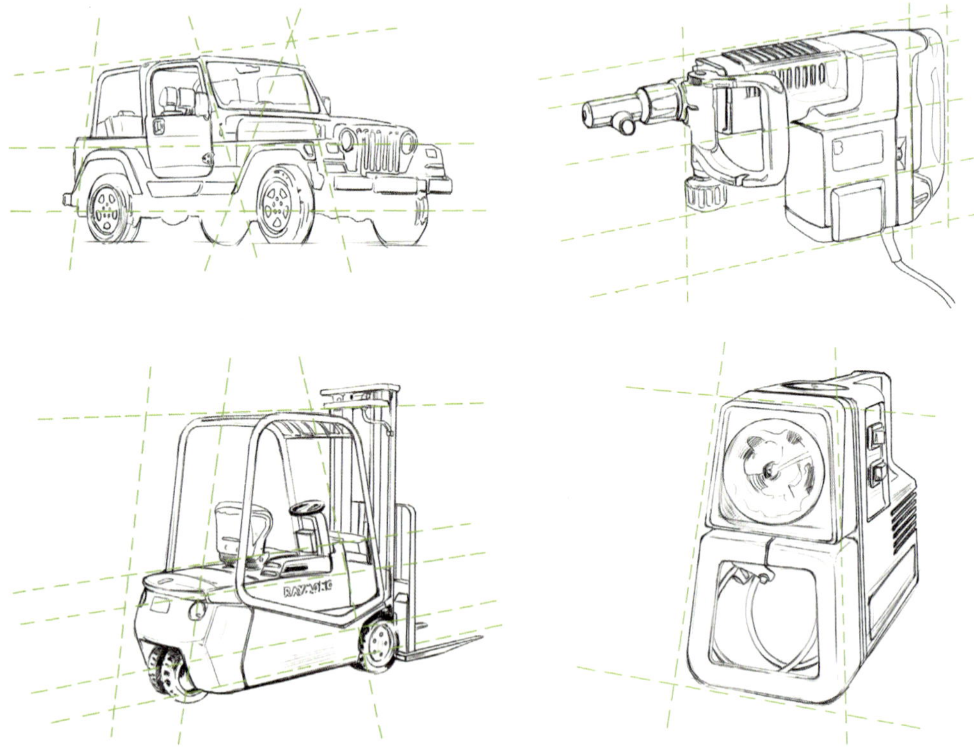

그림 6.16 강도 위주 디자인
전문가용 해머드릴, 포크리프트 트럭, 비포장 도로용 차량, 배터리사용 소형 컴프레서.

지 모두 형태, 색상, 질감, 그래픽을 통해 표현한 '공업적 강도' 디자인의 전형을 보여준다. 그것들은 어떤 공통된 특징을 가지고 있다.

- 각이 진 직선모서리 형태
- 반복적인 수평선
- 위쪽으로 수렴하는 대각선
- 은은한 색상
- 대비를 만들어내는 질감의 사용
- 장식의 최소화

이것이 정확히 공기압축기를 위하여 디자이너가 채택한 디자인 특징들이다. 연상은 전기공구와 상업용 또는 군용 차량의 그것이고, 인지는 강건함과 목적에 적합함이다. 주는 메시지는 "이것은 장난감이 아니라 중요한 도구입니다." 정도일 것이다.

가전제품: 디자인 언어

시각적 재디자인의 예를 하나 들어보고 이 절을 마감하고자 한다. 1995년

헬싱키 예술디자인대학(UIAH) 산업디자인학과 학생들의 창작이다. 과제는 다섯 가지의 소형 가전제품(헤어드라이어, 다리미, 면도기, 토스터, 믹서)을 재디자인하는 것이었다. 그것들은 열두 가지의 각기 다른 '스타일 코드'로 표현되었다. 코드는 형태, 색상, 질감의 사용에 따라 연상과 감성을 불러일으킬 수 있는 스타일 언어이다. 전시회나 책으로 발표된 결과들은 재미있고 도발적이다.

세 가지가 재디자인되었다. 첫째의 경우(그림 6.17) 코드는 보수적이고, 호화로움과는 거리가 먼 것으로, 무광택과 광택 처리된 금속제 표면을 대비시킨 어두운 색상과 나무 같은 질감을 사용하여 얻어졌다. 둘째는(그림 6.18) 장난감과 같은 코드를 채택하여, 투명하고 둥근 형태와 부품별로 기능을 구분해주는 원색으로 친근감과 유머를 이끌어냈다. 셋째의 경우(그림 6.19) 코드는 튼튼하고 절대적인 기능성이고, 단단하고 각이 진 외형과 무반사 흑피처리 금속표면 마감을 사용하여 얻어졌다.

이것들은 스타일의 본질을 위한 스타일 사례이며, 경우에 따라 피상적이거나 경박해 보이기도 한다. 그러나 디자인 연습이라는 관점에서 본다면 이들은 풍자적인 캐리커처가 되며, 디자인을 통해 연상과 인지가 어떻게 다루어질 수 있는지를 재치 있게 보여준다.

이 장을 마감하기 전에 관점을 잠시 바꿔보는 것도 재미있을 것이다. 디자이너로서 디자인하는 관점이 아니라 관찰자의 입장에서 디자인의 기원을 분석해보는 것이다. 제품의 형태와 기타 관련 세부사항으로부터 우리는 그것에 대하여 무엇을 유추할 수 있을까? 다른 분야의 연구에서 재료와 형태의 연결에 대하여 고려해보기로 하자.

거꾸로 프로세스: 제품의 고고학

한 고고학자가 그림 6.20과 같은 그림이 새겨진 유물을 발굴하여 그것이 가진 특징들로부터 그것을 만든 사람들의 수요와 욕구를 찾아내려고 한다. 이 물건의 지름과 약간 오목한 형태는 접시나 그릇의 개념을 암시한다. 얇고 테가 없는 특징이 그것의 기능을 설명하는데, 액체가 아니라 고체를 담는 데 사용되었을 것이다. 디자인의 기하학은 이전에 발견되었던 다른 인공조형물들과 형태와 이미지는 다르지만 같은 스타일을 갖는 물건들을 연상시킨다. 스타일은 비율, 기하학적 패턴, 재료, 그것을 만든 공정에 의한 결과이다. 이는 다시 접시의 시대적, 사회적, 문화적 배경에

그림 6.17 **스타일 위주 디자인**
절제된 모더니스트 형태, 은은한 색상, 미묘한 질감으로 특징을 갖춘 친숙한 제품, 다리미. (출처: The KOODI Code, U. of Arts and Design, Helsinki, Finland)

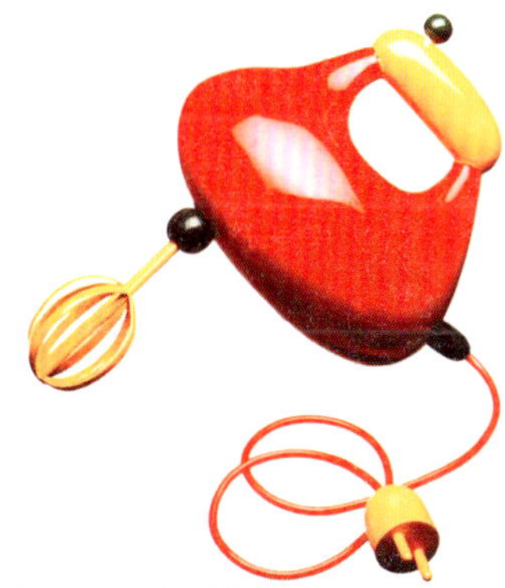

그림 6.18 **귀엽고 친근함**
Mixit 믹서. (출처: The KOODI Code, U. of Arts and Design, Helsinki, Finland)

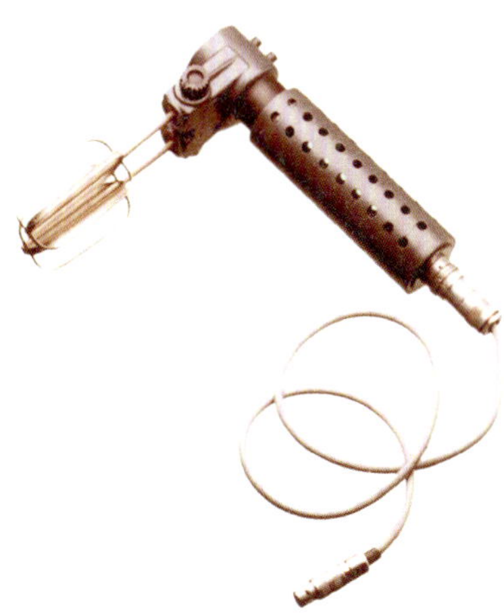

그림 6.19 **강건함, 군사용 강도, 절대적 기능성**
Kalashnikov 믹서. (출처: The KOODI Code, U. of Arts and Design, Helsinki, Finland)

그림 6.20 **수메리안 접시**
두드리고 새긴 패턴과 장식을 가진 수메르의 은 접시.

대하여 아마도 그것이 이미 잘 알려진 고대 수메르(Sumerian) 문명의 것이리라 연상하게 한다. 재료 및 공정(두드려지고 새겨진 은제품) 그리고 솜씨의 수준은 접시에 의미를 부여하기 시작한다. 은과 그것을 다룬 솜씨는 평범한 사람이 열망할 수 있는 물건이 아니었음을 나타낸다. 그 접시는 지금처럼 과거에도 희귀하고 값비싼 물건이었으며, 소유했던 개인 또는 조직이 부유했고, 중요한 위치에 있었고, 권력을 가졌던 것으로 인지된다. 여기서 권력은 새겨진 사자 이미지를 통해 강조된다.

이런 종류의 고고학적 방법은 '유형학(typology)'으로 알려져 있다. 그것의 기본은 대상을 같은 재료, 형태, 표면장식의 속성을 공유하는 그룹(type)으로 분류하는 것이다. 그 이면에는 일정한 시간과 공간으로부터 유래된 물건은 뚜렷하게 구별되는 스타일을 공유하며(오늘날의 '브랜드 아이덴티티[BI]'에 해당) 이러한 스타일의 변화는 점진적이라는 전제가 깔려 있다. 세 가지 광범위한 그룹의 속성이 유형고고학에서 사용되었는데, 그것들은 매우 흥미로운 사실을 보여준다. 다음은 잘 알려진 문헌[4]에서 그것들을 설명하는 방식이다.

4. Fagan(1999)은 고고학적 방법에 대하여 읽어 볼 만한 설명을 제공한다.

- 형태적 속성(formal attributes)은 형태, 측정 가능한 크기, 부품과 같은 특징이다.
- 스타일 속성(stylistic attributes)은 장식, 무늬, 색상, 표면마감을 포함한다.
- 기술적 속성(technological attributes)은 물건을 만드는 데 사용된 재료 및 공정을 설명하는 것들이다.

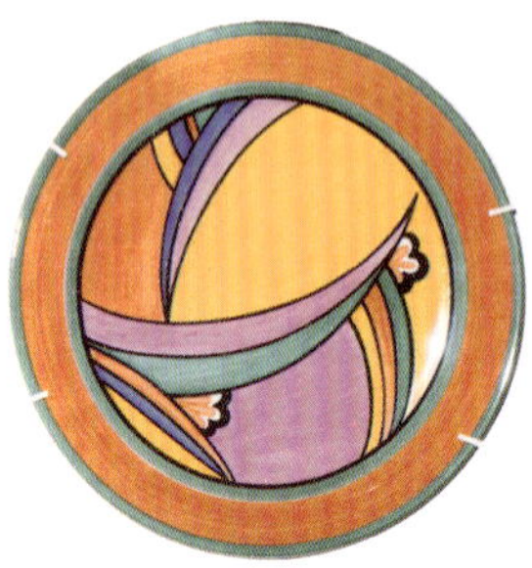

그림 6.21 **아르데코 (Clarice Cliff) 접시**
재료와 형태, 색상, 그리고 장식의 기하학적 형태가 아르데코 운동의 전형이다.

현재의 디자인 사고를 바탕으로, 이 장에서 발전된 특징리스트와 비교해보면 그 유사성이 놀라울 정도이다.

먼저 20세기 디자인에 그것을 적용해보자. 그림 6.21에 보이는 것은 Clarice Cliff 디자인하우스의 작품으로 1920년대 유럽과 미국을 주름잡았던 아르데코(Art Deco) 스타일을 상징적으로 보여준다. 아르데코 스타일은 수평선, 지그재그 선, 역동적인 유선형을 포함하는 반추상적 기하학을 사용한다. 기하학적 장식은 육각형, 팔각형, 타원, 원, 삼각형을 바탕으로 한다. 장식은 콜롬비안 이전 시대, 이집트 시대, 아프리카 시대의 고전양식에서 빌려온 것으로, 부채, 연꽃, 일출, 번개 등의 주제를 사용한다. 아르데코는 고분자를 드러내놓고 사용하는 가장 첫 번째 스타일운동이었다. 베이클라이트(페놀수지)는 다양한 범위의 색상과 질감을 낼 수 있는 최초의 상용 플라스틱으로 아르데코 운동의 모험적인 굽어지고 계단식인 형상을 제공했다. 이러한 형상은 나무로는 만들어내기 어려운 것이다. 하나의 극단적인 예로, 휴대용 라디오에 플라스틱, 크롬, 강철, 알루미늄을 사용함으로써 일련의 값싼 대량생산 제품이 가능해졌다. 다른 극단적인 예는, 원양 호화여객선이나 고급호텔의 개인전용실에 사용되는 것으로, 이국적인 경목, 가죽, 상아, 유리, 청동을 사용하여 아주 부유한 계층을 위한 장식을 만들어냈다. 아르데코에 대한 연상은 대도시의 호화로움, 산업의 진보와 힘, 기술에 대한 신뢰, 미래주의와 같은 것들이다.

앞에 나온 표 4.27의 리스트와 같이 어떤 디자인 스타일들은 그 중요성 때문에 깊이 연구되었다. 형태, 무늬, 장식, 재료, 공정과 같은 속성들의 집합은 잘 정리되어 있다. 그러나 수요를 만족시키기 위하여 자연적으로 생성된 다른 스타일들이 많이 존재한다. 그러므로 군용차량처럼 순전히 실용적인 수요에 기원을 둔 스타일, 즉 명백하게 견고한 내구성, 강인함, 공격성을 연상시키는 스타일도 있다. 자동차 디자이너, 특히 비포장도로(off-road) 차량 디자이너는 그들의 제품에 개성을 만들어주기 위하여 군용차량과 동일한 형태, 색상, 재료를 적용한다. 마찬가지로 순전히 실용적인 수요에 기원을 둔 항공기와 선박의 전자장비와 연관된 스타일, 즉 최첨단의 기술적 성능, 정밀도, 신뢰노를 바탕으로 한 스타일이 있다. 전문가 수준의 음악애호가를 위한 하이파이 오디오 장비의 디자이너는 다음과 같이 스타일의 시각적 정확성을 사용한다. 절제된 직사각형 형태, 흑색 무광택 마감, 전문가용 장비를 흉내낸 스위치와 컨트롤은 절대적인 기술적 리더십을 보여준다. 단순한 유선형 이상으로 항공우주 산업의 특성을 갖춘 색상과 재료(연마된 또는 무광택 알루미늄), 창문과 문의 형상(둥근), 결합방법(리벳팅)에까지 확장된다. 가정용 전자제품의 디자이너는 그 산업의 진보된 성향에 대한 연상을 유도하기 위하여 이런 것과 또 다른 특징적인 항공우주 산업의 속성을 사용한다.

이런 고고학으로의 일탈에는 숨은 의도가 깔려 있다. 유형학의 방법은 제품을 여러 가지 방식으로 인덱싱할 수 있게 해준다. 배치구성에 의해, 크기에 의해, 의도에 의해, 기능성에 의해, 개성에 의해, 그것을 만든 재료 및 공정에 의해 인덱싱이 가능하다. 이런 방법으로 제품을 인덱싱한 카탈로그(또는 동등한 소프트웨어)는 산업디자인의 도구가 되고, 일종의 컴퓨터화된 콜라주 또는 무드보드가 되며, 또한 재료 및 공정을 보여주는 또 다른 방법이기도 하다. 이 아이디어는 제7장에서 좀 더 자세히 전개될 것이다.

결론

디자인 역사상 가장 많이 인용되고 영향력 있는 문구 중의 하나는 '형태는 기능을 따라감'이다. 이 문구의 창시자인 Louis Sullivan은 그가 만들고자 하는 것[5]에 소박한 목적만을 가지고 있었으나, 그것의 간결함, 두운(alliteration), 실용성, 깔끔함은 놀랄만한 품질을 부여하며, 제품에 가장 좋은 형태는 기능에 최대한 충실한 것이라고 말하는 듯하다. 이런 추론은 물건이 제대로 작동하게 만드는 것이 임무인 엔지니어들에게 분명 매력적이지만, 그 외에도 기능에 충실함을 좇음이 아름다움을 창조한 사례가 많이 있다. 샌프란시스코의 금문교, 폭스바겐의 원조 딱정벌레(Beetle), 콩코드 항공기(보잉 B747이 '형태는 기능을 따라감'의 원리에 더 충실하다고 주장할 수도 있지만), 이 모든 것들은 미학적 추구보다는 기술적 과업을 고려해서 디자인되었다. 이러한 인지는 그 구절에 종교적인 신조와 같은 지위를 부여했다.

5. Sullivan은 고층빌딩 건축가인 동시에 디자이너였다. 그의 경구는 모더니즘의 기본원리를 규정한 것이었는데, 그만 콘크리트만큼이나 단단한 오해를 받게 되었다. 그것은 잔인하게도 상상력이 결여된 제품에 알리바이를 제공한 셈이다. 설리반 자신은 그가 진정으로 말하고자 했던 것은 그리스 교회처럼 보이는 은행 건물은 우스꽝스럽다는 얘기였다고 한다. 어차피 창구에 앉은 은행원은 토가(옮긴이 주: 고대 로마시민이 입던 헐렁한 옷)를 입지는 않는다. 은행으로서의 기능을 제공하는 빌딩은 은행처럼 보여야 하고, 박물관은 박물관처럼, 주거용 건물은 주거용 건물답게 보여야 한다.

그러나 그것이 과연 진실일까? 기능을 가장 잘 만족하는 디자인이 가장 훌륭한 디자인일까? 바로 앞에서 보았듯이 형태는 재료에 의해서도 영향을 받는다. 건축학의 경우, 그 영향력은 매우 강하다. 제품디자인의 경우, 더러 덜 명확할 수도 있으나 분명히 존재한다. 경우에 따라서는 '형태는 재료를 따라감'이라는 격언을 만들 수도 있다. 앞에서처럼 멋지게 들리지는 않지만, 현실에 더 가까울지도 모른다. 좋은 디자인은 재료를 가장 효율적인 방식으로 그 특성을 발휘할 수 있도록, 그리고 그 재료가 성형될 수 있도록 사용하는 것이 일반적인 규칙으로 자리 잡아가는 것으로 보인다. 규칙에는 물론 예외가 있다. 어울리지 않는 재료의 사용은 초현실성(모피시계) 또는 터무니없음(고무로 만든 칼날) 또는 한 대상체에서 다른 대상체로의 연상의 전이(초콜릿 에펠탑)를 일으킬 수 있다. 모두 각자의 조그만 공간을 가진다. 그러나 무대의 중심에는 재료를 우아하게, 효율적으로, 경제적으로 사용하는 형태가 있다.

그리고 형태를 지배하는 것은 기능과 재료만이 아니다. 소비자는 그들이 좋아하는 물건을 산다. 그리고 거의 동일한 기술적 이점을 가진 많은 다른 선택이 존재하므로, 소비자는 유행하는 취향에 의해, 광고에 의해, 다른 사람들이 사는 물건에 의해 영향을 받는다. 형태는 불가피하게 패션을 따라간다. 그리고도 형태에 영향을 미치는 것들은 많다. 형태는 즐거움을 따라간다. 2000년대처럼 거의 충족된 사회는 유머에 의해(스누피 헤어드라이어, 바나나 전화기), 완벽성에 의해(새 차의 흠 없는 차체 페인트), 호화스러움에 의해(푹신하고, 부드러운 가죽으로 된 소파), 기발한 참신함에 의해(모든 Philippe Starck 디자인) 이끌린다. 제품의 형태는 여러 가지에 영향을 받지만, 재료 및 공정의 영향은 그 중에서도 가장 강력하다.

참고문헌

Bahn, P. (1996) "Archaeology – A Very Short History," Oxford University Press, Oxford, UK. ISBN 0-19-285379-1. (고고학적 방법 및 학파에 관한 생생하고 비판적이며, 또한 즐거운 조사연구)

Billington, D.P. (1985) "The Tower and the Bridge, New Art of Structural Engineering," Princeton University Press, Princeton, NJ, USA. ISBN 0-69102393-X. (Billington 교수는 토목공학자로서 훌륭한 건축물들[브룩클린 다리, 시카고의 마천루, Pier Luigi Nervi의 콘크리트 곡면판 지붕]이 기술적인 어려움을 해결했을 뿐만 아니라, 예술적인 경지도 이루었다고 주장한다. 대부분 전기적인 내용이며, 각각의 구조 건축가가 성취한 업적에 대한 내용이지만, 중간 중간의 주석들은 명확하고 깨우침을 주는 것들이다.)

Cowan, H.J. and Smith, P.R. (1988) "The Science and Technology of Building Materials," Van Nostrand-Reinhold, New York, NY, USA. ISBN 0-442-21799-4. (건축물에 사용된 재료에 대한 좋은 입문서로서, 구조재[또는 외장재]와 내장재[또는 건물 내부의 소리, 열, 빛 등을 조절하는 재료] 사이의 구분을 분명하게 하였다. 각 장 별로 나누어 석재, 강철, 나무, 콘크리트, 유리, 플라스틱에 관해 다루고 있으며, 그것들의 선택에 관한 지침도 포함하고 있다.)

Duncan, A. (1988) "Art Deco," Thames and Hudson, London, UK. ISBN 0-500-20230-3. (아르데코 디자인 운동의 역사와 특성에 관한 포괄적인 리뷰)

Fagan, B.M. (1999) "Archaeology – A Brief Introduction," 7th edition, Prentice-Hall International, London, UK. ISBN 0-321-04075-2. (현대 고고학의 방법과 기법에 대한 소개)

Haudrum, J. (1994) "Creating the Basis for Process Selection in the Design Stage," PhD thesis, The Institute of Manufacturing Engineering, Technical University of Denmark. ISBN 87-89867-13-0. (디자인 이론의 관점에서 공정선택에 관한 탐색)

Jakobsen, K. (1989) "The Interrelation between Product Shape, Material and Production Method," ICED '89, Harrowgate, August 1993, pp. 775-784. (저자는 기능, 형상, 재료, 공정의 상호의존성을 규명하였으며, 이런 네 가지 측면의 선택에는 각각 다른 수순이 적용될 수 있음을 밝히고 있다.)

Lenau, T. (2001) "Material and Process Selection using Product Examples," presented at the Euromat 2001 Conference, Rimini, Italy, 10-14 June 2001. (산업디자이너들이 필요로 하는 재료정보에 대한 분석)

Muller, W. (2001) "Order and Meaning in Design," Lemma Publishers, Utrecht, The Netherlands. ISBN 90-5189-629-8. (Muller 교수는 델프트공대 산업디자인학부에서 디자인을 가르친다. 이 책은 그가 산업디자인에 관한 이해와 가르침을 위해 발전시

킨 프로세스를 설명하고 있다. 많은 유익한 통찰을 담고 있으며, 그 중 몇몇은 이 장에서도 사용되었다. 옮긴이 주: 독일을 비롯한 유럽 여러 나라의 Technical University는 단순히 공과대학이 아니라 종합대학이며, 대부분 그 지역에서 최고 수준의 고등교육기관이다. 미국의 MIT 또한 이름은 공과대학이지만 실제로는 종합대학인 점을 상기해보라.)

University of Art and Design Helsinki (1995) "KOODI Code", UIAH Books, Helsinki, Finland. ISBN 951-9384-97-9. (헬싱키 예술디자인대학 출판부 발행. 여러 가지 스타일을 가진 집안의 소품들을 재디자인한 흥미로운 사례들의 모음)

Chapter 7

재료 선택

http://dx.doi.org/10.1016/B978-0-08-098205-2.00007-X

재료선택에 필요한 도구를 만들어내기 위하여 우리는 지금까지 살펴본 정보를 구조화할 필요가 있다. 이 도구는 제3장에서도 언급했듯이 (a) 재료, 공정, 제품의 정보를 수집하고 저장하여 신속한 검색이 가능하도록 정리할 수 있고 (b) 같은 정보라도 창의적인 형식으로 나타낼 수 있으며 (c) 재료, 공정, 제품에 관한 정보의 '조각들'을 검색하고 수정하고 조합할 수 있어야 한다. 가장 첫 번째 단계는 분류의 구조화이다.

분류와 인덱싱

분류는 과학적인 노력에 질서를 부여하는 가장 첫 단계이다. 생물학, 동물학, 지질학의 창시자는 모두 분류시스템을 만든 사람들이었다. 분류란 처음에는 뒤섞여 있는 집단을 어떤 방식으로든 뚜렷한 유사성을 가진 그룹으로 분리시키는 것을 뜻한다. 이 그룹들은 각각에 내재된 더 세밀한 수준의 유사성에 의해 계속하여 나누어지게 된다. 우수한 분류시스템으로 성공할 수 있는가는 합당한 속성을 선택하고 '무엇이 매우 비슷한지'를 판단하는 것에 전적으로 달려 있다. 원소를 주기율표로 표현한 멘델레프의 분류, 갈라파고스제도의 생태계에 대한 다윈의 분류, 린네(Linnaeus)의 식물분류 등은 그들의 분류 대상에 질서를 부여할 뿐만 아니라 그 모집단에 누락된 구성원(발견되지 않은 원소나 종)의 존재를 찾아내는 데도 도움이 된다. 그렇다고 모든 분류가 살아남는 것은 아니다. 유전자 지도에 의해 지금까지도 생물학의 분류는 재구축되고 있다. 그러나 이것이 원래의 분류가 가진 중요성을 감소시키는 것은 아니다. 그것은 새로운 구조에 도달하는 데 필수적인 단계였기 때문이다.

분류는 디자인에서 중요한 역할을 한다. 디자인에는 선택이 따르는데, 엄청나게 광범위한 아이디어와 데이터 중에서 선택하는 것을 뜻하

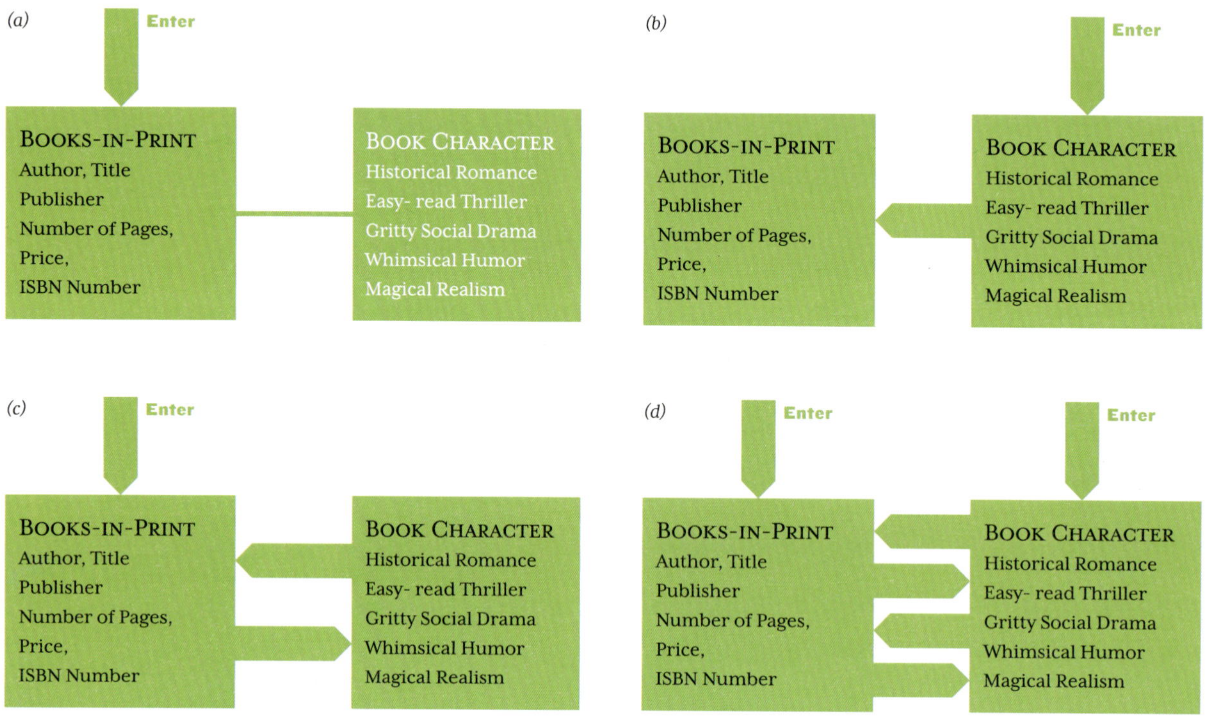

그림 7.1 **인덱싱과 선택**
(a) 목표의 속성에 의한 단순 인덱싱 '그 제품은 이런 속성을…' (b) 연상이나 인지에 의한 심층 인덱싱 '그 제품은 이런 특징을…' (c) 유사성을 이용한 종합에 의한 선택 '그 제품은 …와 비슷한' (d) 브라우징 … 등을 사용한 영감에 의한 선택.

며, 그 중에서도 특히 재료 및 공정의 선택이 필요하다. 분류는 인덱싱과 밀접하게 연결되어 있으며, 정보검색과 선택 두 가지 모두에 중심적인 활동이다. 그러나 효율적으로 행하려면, 분류해야할 대상 집단의 특성과 검색의 목적에 맞게 조정되어야 한다. 다음의 예를 통해 생각해보자.

책방을 위한 정보구조

작은 책방을 운영한다고 가정해보자. 당신은 표준 출판도서 데이터베이스에 접속할 수 있다. 이 목록은 책들의 어떤 속성에 대하여 나열하고 있다. 저자, 출판사, 제목, ISBN, 출판일, 가격 등이다. 어떤 책을 원하는 소비자는 이들 정보 중에서 어느 하나라도 알면 도움을 받을 수 있다. 검색은 목표지향적이고 체계적이어야 한다. 누구든지 같은 단어로 검색할 경우 같은 응답을 얻어야 한다(그림 7.1(a)). 이를 일컬어 '단순 인덱싱(simple indexing)'이라 한다.

그러나 고객이 이러한 정보에 대하여 전혀 아는 바가 없고 그저 '역사적인 낭만주의'에 관한 책을 원한다고 하자. 책방 주인으로서 당신이 책들의 특성을 알고 있거나 또는 그런 정보를 포함한 데이터베이스를 가지고 있다면 고객은 여전히 도움을 받을 수 있다(그림 7.1(b)). 여기서 속성들은 좀 더 추상적인 수준에서 책의 본질을 나타낸다. 전기, 다큐멘터리, 소설; 낭만주의, 비극, 희극; 현대적 또는 역사적 등이다. 이제 '낭만주의+역사적'의 조건으로 검색하면 고객이 원하는 책을 찾을 수 있을 것이다. 이 방법은 주관적이며, 체계적이지 않다. 그것은 명확한 사실에 기반을 둔 것이 아니라 인지를 바탕으로 한 것이고, 책의 특성에 대한 관점은 때때로 다를 것이다. 그러나 광범위한 합의가 존재한다면(책에 대해서는 확실히 그런 것이 존재) 특성에 의한 선택은 생산적이다. 그것은 빠르고, 유연하며, 부정확한 인풋에도 대치할 수 있다. 비록 정확한 것은 아닐지라도 그것은 커다란 진전이다. 예상할 수 있는 다른 반응은 "ISBN을 모르시면 제가 도와드릴 수 없습니다."이다. 그것을 '심층 인덱싱(deep indexing)'이라 부르기로 하자.

그리고 그밖에도 좀 더 있다. 그림 7.1(c)는 다른 종류의 선택을 보여준다. 여기서 선택은 더 이상 적절한 인덱스를 사용한 단순 검색이 아니다. 그 선택은 유사성에 의존한다. 그것은 작가 X의 책을 좋아하지만 이미 해당 작가의 모든 책을 읽었고, 이제는 비슷한 인물이 등장하는 다른 작가가 쓴 책을 원하는 고객에 대한 반응이다. 작가 X가 쓴 책은 하나 또는 그 이상의 추상적인 특성을 가지고 있을 수 있으며, 이런 특성은 똑같이 다른 작가들과 연결될 수 있다. 여기서 책의 성격을 설명하는 데 사용된 정확한 단어는 그다지 중요하지 않다. 그것들은 말하자면 '가짜변수(dummy variables)'이며, 한 작가와 다른 작가 사이의 연상을 만들어낸다.

한걸음 더 나아가서(그림 7.1(d)), 짝을 이룬 한 쌍의 데이터베이스는 '브라우징(browsing)'을 용이하게 한다. 브라우징은 호기심에 바탕을 둔 검색으로서, 느낌으로는 알지만 애매하게 정의된 수요를 만족시키는 방법이다. 그것은 만족스런 조합을 찾을 때까지 책방을 전전하며 책꽂이에서 책을 빼어 읽어보고 그 성격을 파악하는 행동을 반복하는 것과 같다. 브라우징에 의해 계획에 없던 암시, 뜻밖의 발견이 가능해진다. 책방에 들어설 때에는 자신이 원하는 줄 몰랐던 책을 들고 책방을 나서게 된다. 그리고 그것은 일종의 영감이다.

이는 이 책의 중심 주제에서 멀리 벗어난 것처럼 보일 수도 있으나, 그 속에는 쓸모 있는 메시지가 담겨 있다. 이에는 두 가지가 있다. 첫째, 속성의 선택과 그에 따른 분류와 인덱싱은 정보가 사용될 목적에 알맞게 조정되어야 한다. 둘째로, 다중 인덱싱은 보다 다양한 선택방법을 가능하게 하며, 그 중에서 가장 혁신적인 구분은 해석에 바탕을 둔 선택(무엇인가를 가진 대상을 찾음)과 유사성을 사용한 선택(무엇과 비슷한 대상을 찾음) 사이의 구분이다. 그렇다면 분류는 과연 어떻게 만들어지는가?

- 경험적으로: 마치 사회과학자가 인구를 나이, 성별, 결혼 상황, 자녀 수, 직업, 소득 등을 기준으로 분류하는 것처럼, 증명가능하고 보편적인 사실을 사용한다.
- 시각적으로: 마치 범죄 발생지역을 지도에 표시하는 것과 발생빈도에 따라 발생지역을 그룹핑하여 통계를 분류하는 것처럼, 속성의 '밀도 맵'에서 군집을 찾는 것이다. 제4장에서 설명한 속성 매핑과 다차원 스케일링 방법들은 재료, 공정, 제품의 집단 내에서 '유사성'을 드러낸다.
- 과학적 지식을 사용하여: 마치 원자간 결합과 결정구조의 본질을 기준으로 재료를 분류하는 것처럼, 또는 DNA를 바탕으로 동물을 분류하는 것처럼, 기본적으로 깔려 있는 과학적 지식을 사용한다.
- 인지나 연상처럼 보다 추상적인 개념에 의하여: 마치 친구를 감각적, 감성적, 인내심 있는, 참을성이 결여된 등으로 분류하거나, 책을 스릴러, 낭만주의 소설, 사회성 연극 등으로 분류하는 것과 같다.

과학에 근거한 분류는 특성차트에 의해 강화되고 재료의 공학적 속성에 잘 적용되었다(제4장). 경험적인 방법은 공정에 잘 적용되었다(제5장). 그러나 제품에는 보다 추상적인 무엇인가가 필요하다.

제품디자인을 위한 정보구조

그림 7.2는 제품디자인을 위한 정보구조의 개략도를 보여준다. 그것은 앞의 장들에서 전개된 여러 아이디어들을 하나로 묶는 것이다. 그것은 여섯 개의 연결된 데이터 표로 이루어진다. 가운데 표(제품)는 제품의 속성에 대한 사실적인 데이터를 담고 있다. 제품의 이름, 생산자, 모델번호, 가격, 성능에 대한 상세한 설명이다. 책을 제목 또는 ISBN으로 검색할 수 있는 것과 마찬가지로, 이러한 속성을 찾아봄으로써 제품을 검색할 수 있다. 이는 제품에 대한 단순 인덱싱을 가능하게 한다.

보다 심층적인 수준의 인덱싱은 각 제품을 제조에 사용된 재료 및 공정(그림 7.2의 왼쪽)과 연관시킴으로써 가능하다. 이렇게 하면, 예를 들어, ABS나 스테인리스강으로 만든 모든 제품, 패드프린팅으로 장식한 모든 제품 등의 검색이 가능하다. 그것은 또한 유추와 브라우징에 의한 새로

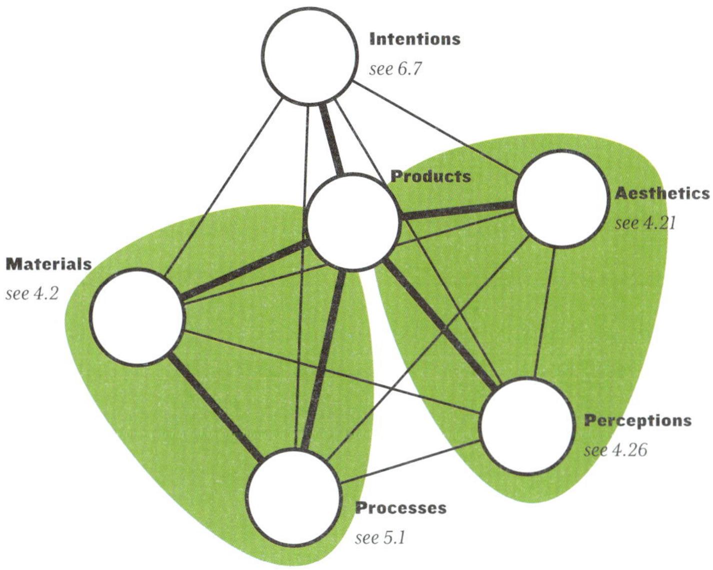

그림 7.2 제품디자인을 위한 정보구조
각 동그라미(표)와 링크는 본문에 설명되어 있다. 각 동그라미 옆의 번호는 이 책의 본문 중의 그림 또는 표 번호를 나타낸다.

운 재료선택 방법도 가능하게 한다. 이에 대해서는 조금 뒤에 다시 살펴보기로 하고, 일단은 먼저 그림 7.2의 오른쪽에 대하여 살펴보도록 하자.

첫 번째는 제품의 미학에 대한 정보를 담고 있다. 시각적, 촉각적, 청각적, 그리고 적절하다면 후각적 속성들이 표 4.21에 나열되어 있다. 그 정보는 이러한 특징들을 가지고 제품을 인덱싱할 수 있게 해주며, 간접적으로는 제품을 통해 이러한 특징들을 그 제품을 만드는 데 사용된 재료 및 공정에 연결시킨다. 두 번째는 인지에 대한 정보를 담고 있으며, 해당하는 속성들은 표 4.26에 나와 있다. 그것은 마치 그림 7.1의 책에 대한 특성 도표와 비슷하다. 그 정보의 내용과 그것을 제품에 연결시키는 것은 판단에 달린 문제이다. 그것들은 문화, 기호, 패션에 따라 달라지며, 시간이 지남에 따라 진화한다. 그러나 앞에서도 주장하였듯이, 그것들이 애매하게 정의되었다는 사실만으로 곧 쓸데없는 것이라는 의미는 아니다. 그것들 덕분에 새로운 방식으로 제품을 인덱싱할 수 있고, 그것들이 사용되는 방식에 따라 재료 및 공정에 대한 정보를 검색할 수 있는 새로운 경로가 생겨난다.

남아 있는 표 하나는 그림 7.2의 상단부이다. 제품을 디자인함에 있어서 디자이너는 비록 정도의 차이는 있더라도 모든 결정과 선택을 조절하는 어떤 폭넓은 우선순위에 따른다. 우리는 이미 제6장에서 이에 대하여 접하였으며, 그것을 '의도'라고 불렀다(그림 6.7). 의도라는 단어는 제품이 의미하는 바가 무엇인지에 대한 설명이며, 디자이너가 마음속에 담아 둔 우선순위를 나타낸다. 의도에 의한 인덱싱은 기능적으로는 매우 다르지만 비슷한 우선순위를 가지고 디자인된 제품들을 그룹핑함으로써 어느 정도 추상화할 수 있게 해준다. '노인을 위한 디자인'의 의도는 노인들에게 적절한 기능, 매력, 가격을 갖춘 제품의 비전을 암시한다. 이러한 의도는 배치구성, 형태, 크기, 색상과 질감, 사용된 재료 및 공정의 선택에 영향을 미친다. '대량생산을 위한 디자인'은 자동화설비에 의하여 빠르고 저렴하게 만들 수 있는 제품에 대한 비전을 암시하며, 이러한 의도는 성형, 결합, 표면처리에 적합한 재료 및 공정에 대한 선택을 이끌어낸다. '재활용을 위한 디자인'은 재료선택과 결합 및 표면처리 방법에 대하여 분해가 가능하여 다시 생산과정으로 돌아올 수 있는 것을 고려해야 함을 암시한다. 의도가 알려지거나 유추될 수 있다면, 제품은 의도와 연결될 수 있다.

그것은 복잡한 그림이다. 유추가 도움이 될 것이다. 제품을 사람으로 생각해보라. 즉 의인화시켜 보라. 그러면 그림 7.2의 왼쪽, 즉 재료 및 공정 영역은 살과 뼈가 되는 것이고, 실질적으로 만지고 느낄 수 있는 것들, 즉 제품의 생리학적 요소이다. 오른쪽, 즉 미학과 인지 영역은 매력과 개성이 되며, 제품의 심리학적 요소이다. 의도에 대한 유추를 찾아내는 것은 더 어렵다. 그것은 아마 유전적으로 물려받은 특질이라 정의할 수 있을 것이다. 그것들이 모두 함께 합쳐지면 그것이 제품의 개성을 창조한다[1].

1. 어쩌면 '제품 DNA'라고 생각할 수도 있으며, 그 제품을 다른 모든 것들로부터 구별해주는 특징들의 특정한 조합을 뜻한다.

이 정보구조는 제품의 이름, 제조사, 일련번호 등과 같은 속성에 의해 제품에 대한 단순 인덱싱을 가능하게 한다. 한층 더 도움이 되는 것은 재료, 공정, 의도, 미학, 인지에 의해 제품의 보다 심층적인 인덱싱이 가능하다는 점이다. 심층 인덱싱에서는 책의 인덱싱에서처럼 선택방법들의 전체적인 집합이 모두 허용된다.

하나의 예를 들어 이러한 것들을 좀 더 설명할 수 있을 것이다. 개념은 어린이용 카시트이다. 출발점은 일정한 요구조건을 설정하고 특징 리스트를 암시해주는 디자인브리프이다. 카시트는 10 g(중력가속도의 10배)까지 급하게 감속되더라도 반드시 어린이를 잡고 보호해야 한다. 따라서 관성력을 견딜 수 있을 만큼 충분히 강해야 하며 아울러 그 동안에 어린이가 다치면 안 된다. 그것의 크기는 자동차 문을 쉽게 통과할 수 있어야 한다. 그것은 가벼우면서도 혹시 잘못 사용하거나 충격을 받더라도 견딜 수 있고, 쉽게 청소할 수 있어야 한다. 두 번째는 의도인데, 여기에는 몇 가지 의도가 있다. 그 중에서 가장 분명한 것은 '어린이를 위한 디자인'이지만, '대량생산을 위한 디자인'과 '저가생산을 위한 디자인'도 아마 고려되어야 할 것이다. 우선 어린이를 위한 디자인에 초점을 맞추어 보자. 어린이를 위한 제품을 생각한다면, 아마 당신은 강건하여 잘못된 사용에도 견딜 수 있을 것과, 안전성을 최우선으로 할 것과, 무독성 재료를 사용할 것과, 단순하고 선명한 형태에 화려한 색상을 가진 제품을 생각할 것이다. 이와 비슷한 의도를 가지고 디자인된 다른 제품들로부터 무엇을 배울 수 있을까?

어린이를 위하여 디자인된 다른 제품들에 대하여 검토하면 카시트에 도움이 되는 아이디어를 얻을 수 있다. ABS, PP, 나일론은 어린이를 위한 여러 가지 제품에 사용되었다. 그것들은 강하고, 질기고, 부식에 강하며, 물론 무독성이어서 FDA 승인을 받았다. 모두 밝은 색상으로 채색될 수 있고 열가소성 고분자이므로 몰딩하기도 쉽다. 이 정보만으로는 어린이용 카시트를 디자인할 수는 없지만, 연구할 만한 가치가 있고 우리가 원하는 특징을 만들어 낼 수 있는 방법에 대하여 옵션을 제시해 줄 수 있다.

카시트는 반드시 일정한 기술적 요구조건을 충족해야 한다. 그것은 가볍고 강해야 하므로, 높은 비강도(단위무게 당 강도) 특성을 가진 재료가 필요하다. 그것은 충격을 견딜 수 있어야 함은 물론 어린이가 그 위에 던져졌을 때 탄력적으로 휠 수 있어야 하므로 인성과 탄력성이 좋은 재료가 필요하다. 이 책 후반부의 재료 프로파일은 인성과 탄력성에 대하여 다루고 있다. 고분자 중에서는, ABS, PP, 나일론이 섬유강화 폴리에스터 및 에폭시와 함께 이에 해당한다. 재료는 몰딩하거나 프레싱하여 복잡한 곡면판과 같은 형태로 성형될 수 있어야 하며, 멜빵이나 안전벨트 그리고 패딩을 고정하는 데 필요한 고정점도 함께 만들어져야 한다. 만일 저렴한 비용으로 색상을 넣거나 몰딩되는 능력이 우선시 된다면, ABS와 PP가 후보재료 목록의 가장 위에 놓일 것이다. 만일 가볍고 강한 특성이 더 중요하다면, 섬유강화고분자 복합재료가 그 목록의 상단에 놓이겠지만, 그것들에는 아마 페인팅이나 코팅이 필요할텐데 아이들은 페인트나 코팅을 벗겨낼 수 있기 때문에 그러한 재료를 적용할 수 있는 가능성을 제한한다.

성공적인 제품디자인은 이러한 모든 정보를 사용하며 한 가지 이상의

그림 7.3 선택의 방법들
(1) 해석에 의한 (2) 종합에 의한 (3) 유사성에 의한 (4) 영감에 의한.

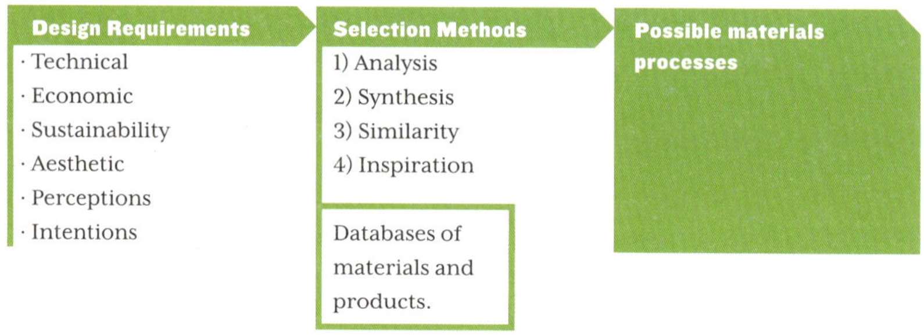

방법으로 활용한다. 이에 대해서는 다음 절에서 재료 및 공정에 대한 선택을 중심으로 살펴보기로 하자.

제품디자인을 위한 재료선택

인생은 어려운 선택으로 가득 차있다. 사람들은 누구나 자신만의 방식으로 이러한 문제를 다루어 나가는데, 어떤 방식은 효과적이고 어떤 방식은 그렇지 못하다. 제3장에서도 이미 언급했지만, 문제해결에 대한 연구는 연역법과 귀납법이라는 두 가지의 뚜렷하게 구분되는 추론과정으로 나누어진다. 그것들은 해석에 의한, 종합에 의한, 유사성에 의한 선택의 기초이며, 이들에 대하여 그림 7.2의 데이터 구조를 사용하여 더 자세하게 검토해보자.

선택하는 행위는 인풋의 집합(디자인 요구조건)을 결과물의 집합(가능성 있는 재료 및 공정의 목록)으로 변환하는 과정에 해당한다(그림 7.3). 이를 행하는 데는 몇 가지 방법들이 있다.

해석에 의한 선택[2]

엔지니어들은 해석에 대한 훈련이 잘 되어 있다. 그들에게 그것은 하나의 직업적인 도구이다. 여기서 인풋은 기술적 요구조건이다. 해석은 네 단계로 진행된다.

- 번역(Translation): 흔히 처음에 비기술적 용어로 표현된 요구조건을 디자인이 반드시 만족해야 할 목표와 제한조건에 대한 서술로 바꾸는 것.
- 해석(Analysis): 알맞은 재료를 구하는 부품에 대하여, 성능지표를 식별하고 이를 성능을 측정하는 수식으로 옮기는 것.
- 식별(Identification): 이러한 수식들로부터 성능을 결정짓는 재료특성을

2. 해석에 의한 재료선택 방법은 부록에 간략하게 요약되어 있다. 재료선택에 관한 완전한 설명은 Dieter(1991), Charles et al.(1997), Ashby(2011), Ashby et al.(2013)을 참고하기 바란다. 마지막 책에는 많은 예제가 풀이와 함께 수록되어 있다.

표 7.4 자전거 바퀴살에 대한 기술적 분석
제한조건(처음 세 줄에 주어진 것)에 의해 가려내기 하여 기능을 제공할 수 없는 재료들을 탈락시킨다. 살아 남은 재료에 대하여 디자인 목표인 무게의 최소화를 기준으로 순위를 매긴다.

인풋	재료선택까지의 경로
충격저항성	파괴인성: $K_{1c}>20\ MPa.\ \sqrt{m}$
부식저항성	물속에서 부식되는 재료는 안 됨
막대로 구입가능성	압출이나 인발 못하는 재료는 안 됨
가벼우면서 디자인 하중을 견딤	강도-대-밀도의 비를 기준으로 순위를 매김

규명하는 것.

- 가려내기(Screening): 재료와 그 특성의 데이터베이스로부터 제한조건을 만족하지 못하는 재료들을 탈락시키고, 성능지표를 최대화할 수 있는 능력에 따라 남아 있는 재료들의 순위를 매기는 것.

그러므로 하나의 간단한 예를 든다면, 경량 자전거의 바퀴살에 사용되는 재료의 선택은 아마 표 7.4에 나타낸 방식으로 진행될 것이다. 처음 세 가지 디자인 요구조건은 재료의 속성에 한계를 부여하여 적합하지 않은 후보군을 가려낸다. 남은 재료들은 네 번째 요구조건(최소무게로 강도 확보)에 의해 순위가 매겨지는데, 여기서는 무게가 성능지표이다. 이것은 다시 가격에 대하여 균형을 이루어야 하므로, 절충 방법을 사용해야 한다. 해석에 의한 선택 방법은 그림 7.5에 요약되어 있으며, 부록에도 나와 있으므로 여기서는 더 이상의 설명을 생략한다.

해석에 의한 방법은 커다란 장점을 가지고 있다. 그것은 체계적이며, 근원적인 현상에 대한 깊은 또는 본질적인 이해를 바탕으로 하고 있다. 또한 그것은 인풋이 정교하게 정의되고 모델링의 기초인 법칙들은 무결함이라는 전제 하에 강건하다. 그러나 이 마지막 가정은 심각한 것이다. 그것은 잘 정의된 문제와 잘 확립된 법칙에 대한 접근방법을 제한한다. 인생의 다른 모든 영역에서도 마찬가지이지만, 공학에서는 때때로 정교하게 정의되지 못한 인풋과 완벽하지 않은 법칙을 바탕으로 결정을 내려야 할 필요가 있다. 이러한 경우 해석에 의한 방법은 한계를 드러내고, 새로운 방법이 필요해진다.

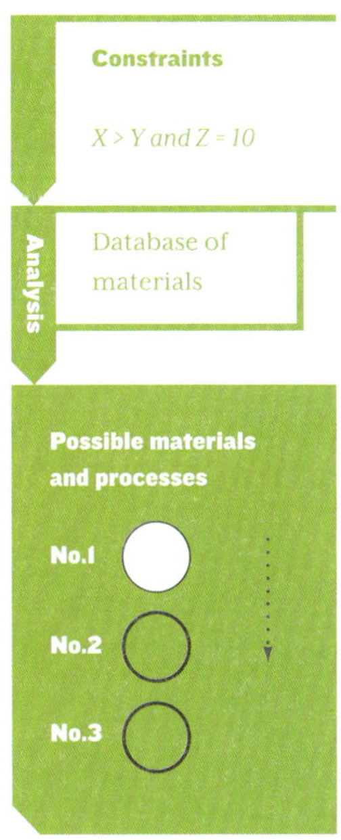

그림 7.5 해석에 의한 선택
재료와 재료속성에 관한 데이터베이스로부터 하나의 재료를 선택해야 한다. 여기서 흰색 동그라미는 모든 제한조건을 만족하고 목표를 최대화하는 해답을 나타낸다.

종합에 의한 선택

종합은 이전의 경험과 유추를 기반으로 한다. 여기서 인풋은 의도, 미학, 인지를 표현하는 특징들의 집합으로 나타낸 디자인 요구조건이다. 재료 선택의 경로는 이 새로운 문제와 하나 이상의 특징들을 공유하는 다른

표 7.6 인슐린 펌프에 대한 바람직한 인지
인지는 특별한 방식으로 인지된 다른 제품들의 특징을 조합함으로써 만들어질 수 있다.

인풋	재료선택까지의 경로
유행	반투명, 밝은 색상의 고분자
	직물 또는 나무 적층판
유머 섞인	부드러운 덧씌운 몰딩 탄성 중합체 표면
	밝은 색상과 단순한 형상
	사출성형된 또는 레이저에칭 된 세부구조

문제('제품 사례들')에 사용된 문제해결 방법에 대한 지식을 활용하는 것이다. 이로써 새롭고 잠재적인 해결책들이 만들어지고, 그것들이 디자인 요구조건을 만족시키는 능력에 대하여 검증될 수 있다.

여기서도 역시 특정한 예가 도움이 될 것이다. 의료장비의 생산자는 인슐린펌프를 새로이 개조할 필요성이 있음을 인지하고, 사무적이고 겁주는 것으로 인지되는 현재의 디자인으로부터 친근하고 유행에 걸맞고 유머까지도 포함하여 보다 호감이 가는 디자인으로 바꾸려고 한다. 이는 표 7.6의 바람직한 인지 목록으로 귀결된다. 출발점은 이런 방식으로 인지된 다른 제품들을 찾아보는 것이다. '유행' 또는 '유머'라는 단어를 검색하면 밝은 색상에 투명한 폴리카보네이트와 반투명의 폴리프로필렌과 폴리에틸렌을 사용하고, 부드럽게 탄성중합체로 덧씌워 몰딩된, 흔히 사출성형으로 만든, 때로는 인간이나 동물의 형태를 참고로 하여 단순하고 둥근 형상으로 만들어진 제품들을 찾을 수 있을 것이다. 이러한 것들이 회사가 아마 추구할 수도 있는 디자인의 변화를 보여준다.

얼핏 보면 유추를 기반으로한 종합(그림 7.7)에 의한 선택방법들에는 한 가지 커다란 결점이 있는 것처럼 보인다. 그것들은 과거의 경험과 디자인들에 의존하기 때문에 아주 새로운 해결책을 내놓을 수 없는 반면, 그러한 인풋이 필요하지 않은 해석에 의한 선택방법은 그것을 내놓을 수 있다. 그러나 이것은 너무나 엄격한 판단일 수 있다. 이 방법은 타화수분, 즉 한 분야에서 발전된 방법이 이전에는 알려지지 않은 다른 분야에 알맞게 수정될 수 있다는 점에서 권장된다. 그것은 다른 종류의 혁신이며, 아마 기술 커플링이라 부를 수 있을 것이다.

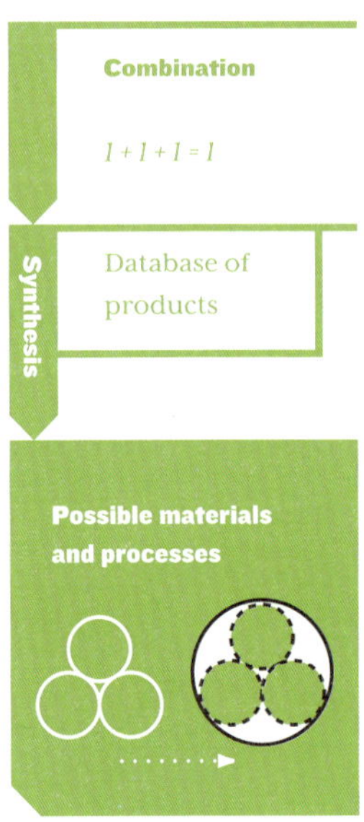

그림 7.7 종합에 의한 선택
새로운 디자인에 필요한 것과 비슷한 특징들을 가진 기존 제품에 대한 검토에 의해 새로운 해결책들이 생성되고 그들을 위한 재료가 선택된다. 여기서 흰색 동그라미는 그것이 포함하는 세 가지 해결책(녹색 동그라미)으로부터 특징들의 합성을 나타낸다.

유사성에 의한 선택

어떤 디자이너가 왜 비슷한 재료들을 고려하기를 원하는지에 대해서는 여러 가지 이유가 있다. 선입견이나 단순한 탐색의 틀을 깨는 교체에 대한 필요 때문이다. 그것들을 찾아내는 데 가장 좋은 방법은 무엇일까? 기존에 확립된 재료를 더 이상 구할 수 없거나 또는 새로운 환경법이 발효되었다는 등의 어떤 이유로 변경된 디자인 요구조건을 충족시키지 못할 때 대체재료를 찾게 된다. 해석(초안으로부터 기능, 목표, 제한조건의 모델링까지)이 가능할 수도 있지만, 그 과정에서 우리는 소중한 정보를 날려버리게 된다. 기존에 확립된 재료는 항상 모든 문제를 다 이해하지 못했더라도 복잡하고도 적절한 속성의 조합을 통해 디자인의 요구조건을 충족시킨 것이기에 존중되어야 한다. 현존하는 속성 프로파일은 마치 이상적인 것에 대한 묘사와 같다. 우수한 묘사는 미묘하고 해석하기 어려운 것들이라도 잘 포착할 수 있다.

이상적으로는, 대체재료는 기존재료의 모든 중요한 속성에 부합해야 한다. 물론 그 중에서 기존의 것을 바꾸고자 하는 이유는 제외된다. 그러한 문제의 해결에 접근하는 한 가지 방법은 '획득-수정-검색(capture-edit-search)'의 과정을 밟는 것이다. 먼저, 기존의 속성 프로파일을 '획득'한다. 오늘날의 데이터베이스를 활용하면 그것은 쉽다. 만일 우리가 이것을 선택의 본보기로 사용한다면, 우리는 아마 처음에 고려했던 재료만을 선택하게 될 것이다. 그 다음 단계인 '수정'은 중요하지 않은 속성에 대한 제한조건을 다소 느슨하게 적용하여 더 넓은 범위의 후보들을 선정하고, 문제를 일으켰던 속성에 대해서만 제한조건을 엄격히 적용하는 것이다. 마지막 단계인 '검색'은 기존 재료의 약점을 제외하고 필수적인 성질을 충족하는 대체재료를 찾아내는 것이다(그림 7.8).

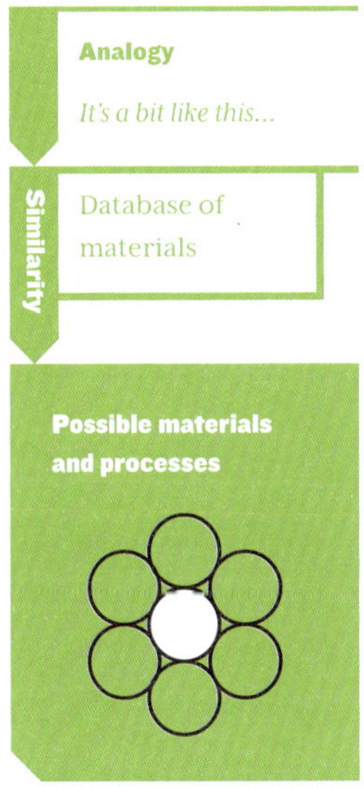

그림 7.8 유사성에 의한 선택
속성 프로파일 매칭에 의해 대체재료를 찾는다. 여기서 녹색 동그라미들은 중요한 속성값이 기존 재료(흰색 동그라미)의 속성값과 매우 잘 매칭되는 재료들을 나타낸다.

유사한 재료에 대한 검색은 가능한 재료 해답의 범위를 넓히는 방법으로 제공될 수 있다. 디자이너들은 종종 선입견을 갖는다. 폴리카보네이트나 ABS, 또는 그 두 재료가 혼합된 것이 제품의 본체나 껍질을 위한 최고의 선택이라는 생각, 폴리에틸렌, 폴리프로필렌, PET가 대부분의 포장재 문제를 해결해 줄 수 있다는 생각, 알루미늄이나 강철이 대부분의 공업제품들을 위한 해답이라는 생각들이다. 예상하는 것은 빠른 해결을 위한 지름길일 수도 있으나 그것은 혁신을 제한한다. 유사한 재료에 대한 검색은 선입견을 깨뜨리고, 따라서 디자인 해결책에 창의성 또는 참신함을 더해줄 수 있다.

영감에 의한 선택

디자이너들은 그들의 아이디어 대부분을 (현재는 물론 과거의) 다른 디자이너들과 주변 환경에서 얻는다. 이러한 아이디어를 체계적인 방식으로 찾는 것도 가능하며, 그것이 종합에 의한 선택의 근거이다. 그것은 특징들과 그것들이 창조된 방식을 검색하기 위하여 정신적 인덱스(또는 인덱싱된 책이나 컴퓨터 파일)에 의존한다. 그러나 많은 좋은 아이디어들은 우발적으로 촉발되며, 계획되지 않은 상황에서 마주치는 것들이다. 이 우연한 마주침이 '영감을 불러일으키는' 것이며, 창의적인 사고를 유발하는 것을 의미한다. 과학적인 방법은 여기서는 도움이 안 된다. 이런 종류의 영감은 몰입에 의해, 또는 마치 보물상자를 뒤지는 것처럼 거의 무작위적인 아이디어 탐색에 의해 얻어진다(그림 7.9). 여기서 '거의'라는 단어가 중요하다. 영감이 쓸모 있으려면 아이디어의 보물창고는 약간의 구조를 가져야 한다. 영감은 재료와의 상호작용을 통해 얻어질 수 있으며, 재료컬렉션 또는 조금 미흡하긴 하지만 재료들의 이미지를 통해서 이루어진다. 영감은 제품과의 상호작용을 통해서도 얻어질 수 있으며, 좋은 디자인을 출시한 상점을 돌아보거나 또는 책을 훑어봄으로써 가능하다. 실제로 ID 매거진과 커피테이블 책자들의 역할 중 하나는 독자들에게 도발적인 이미지를 다소 무작위로 보여주는 것이다.

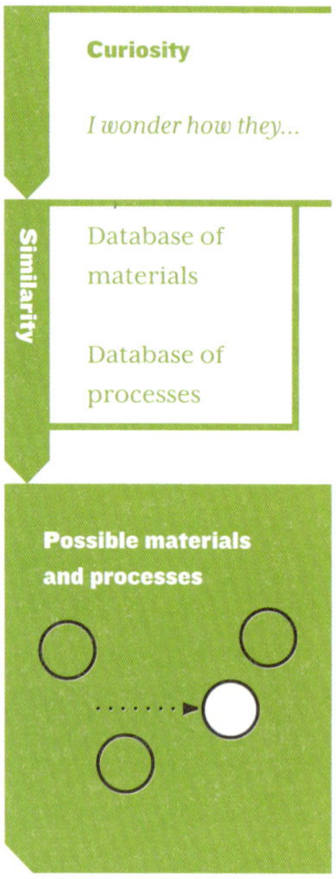

그림 7.9 영감에 의한 선택
영감은 재료나 공정에 의해 촉발될 수 있다. 특히 새것 또는 낡은 재료가 특이한 방식으로 사용되었을 때 그러하다. 여기서 동그라미들은 재료 및 제품의 컬렉션이나 카탈로그를 통한 무작위 행보에 의해 영감을 얻은 해결책을 나타낸다.

방법들의 조합

그림 7.10은 이러한 방법들 모두에 관하여 고려하는 하나의 방식을 보여준다. 그것은 제3장에 나왔던 버블모델을 발전시킨 것이며, 재료 및 공정의 선택으로 특화되었다. 그 속에는 지금까지 우리가 살펴본 선택방법들이 큰 버블들로 나타나 있다. 그들의 역할은 디자인브리프를 위한 가능한 해결책을 만들어 내는 것이다. 각각은 여러 개의 작은 버블들을 만들어내는데, 이들이 선택방법에 의해 살아남거나 선택된 해결책으로, 각각 어떤 재료 또는 재료의 조합에 대한 정보를 포함하고 있다. 선택방법들, 즉 더 큰 버블은 두 가지의 주요 자원을 활용한다. '사례'로 저장되어 있는 재료 및 공정 데이터베이스와 제품 데이터베이스이며, 이는 제품에 사용된 재료에 대하여 인덱싱된 예제들이다.

디자인브리프로부터 제품 상세스펙까지의 경로 선택은 선택문제의 본질에 달려 있다. 만일 스펙이 잘 정의되었다면, 해석에 의한 선택방법은 재료 데이터베이스에 포함된 집단을 효율적으로 걸러낼 수 있을 것이며, 요구조건을 충족하지 못하는 구성원을 탈락시키고, 성능의 척도에 의해 순위를 매김으로써, 가능한 해결책을 '버블' 1, 2, 3, … 식으로 찾아낸다. 그 다음에는 제품 데이터베이스가 추가적인 정보를 제공한다. 찾아낸 재료가 사용된 제품들에 관한 정보이다.

만일 디자인 요구조건이 쉽게 정량화될 수 없다면 해석은 불가능하다. 바람직한 특징을 갖춘 제품에 대한 탐색과 그 제품에 필요한 재료 및 공정의 정보를 추출함으로써, 가능한 해결책인 A, B, C, … 등을 얻기 위하여 종합에 의한 선택방법을 사용할 수 있다. 여기서는 제품의 데이

그림 7.10 재료선택의 경로
선택은 디자인브리프로부터 제품스펙까지의 여행이라 볼 수 있다. 여행자는 여행이 진행됨에 따라 계속하여 정제된 해결책을 만들어내면서 해석, 종합, 유사성, 영감에 의해 (큰 동그라미들) 다양한 수준으로 도움을 받는다.

터베이스가 주요 자원이다. 재료 데이터베이스는 가능한 재료 해결책을 찾았을 때 단지 데이터 프로파일을 제공할 뿐이다. 스펙이 더욱 정밀하지 못한 경우에는 가능한 해결책 a, b, c, …는 유사성에 의한 선택방법을 통해 얻어질 수 있다. 이미 사용했던 재료의 프로파일과 비슷한 프로파일을 가진 재료를 찾는 방법이며, 실제로 제품에 관계없이 사용된 재료를 재평가할 때 대안재료가 무엇인지를 아는 것은 도움이 된다. 여기서 재료 및 제품 데이터베이스는 모두 자원의 역할을 한다. 마지막으로 브라우징 프로세스를 통해서도 가능한 해결책을 찾을 수 있다. 여기서는 단순히 무작위로 선택된 제품에 사용된 재료를 탐색하고, 찾아낸 결과를 영감의 원천으로 사용한다(α, β, γ, …).

이러한 방법들 중 어느 것이나 분리에 사용할 수 있지만, 가장 효율적인 경로는 각각의 가장 쓸모 있는 특징을 활용하는 것이다. 따라서 경량 공간구조물을 위한 재료선택은 잘 정의된 문제이며, 해석에 의해 가능한 해결책을 만들어내게 한다. 그러나 이러한 것들 중 하나가 낯설다면, 디자이너는 예상치 못한 문제에 직면할지도 모르는 두려움으로 인하여 사용하기를 꺼려할 것이다. 그런 경우에는 종합에 의한 선택방법으로 전환하는 것이 도움이 되며, 공간구조물을 사용한 제품들을 찾아서 그것들이 무엇으로 만들어졌는지 알아보거나, 또는 익숙하지 않은 재료로 만들어진 제품에 대하여 알아보는 것이 좋다. 이것의 결과는 해석에 의한 해결책 버블과 종합에 의한 해결책 버블을 합병하여 새로운 하이브리드 해결책을 만들어내는 것으로 생각할 수 있다. 다른 방법에 의한 해결책들도 비슷한 방식으로 결합될 수 있다.

재료선택 프로세스에 대한 모델로서, 이 버블 다이어그램은 비록 복잡하고 애매하지만, 그림 3.4의 선형적 모델보다는 훨씬 정확한 표현이다. 한 가지 선택방법(예를 들어, 해석에 의한 선택) 내에서는 선형적인 경로를 찾을 수 있지만, 이것이 확실한 선택이 되는 경우는 드물다. 거의 대부분의 경우 지금 막 살펴본 것처럼 우회하는 경로가 가장 좋은 방법이다. 이어지는 사례연구들이 이것을 보여줄 것이다.

재료선택

디자인 문제에 대한 창의적인 해결책은 한 가지 이상의 방식으로 얻어질 수 있다. 접근방법에 융통성이 더 있을수록 창의성의 가능성도 높아진다. 핵심적인 요구조건은 다음과 같다.

- 정보구조(information structure): 단순 인덱싱과 심층 인덱싱이 모두 가능해야 하고, 그러면 의도, 제품, 재료, 공정, 미학, 인지에 의한 교차 인덱싱이 가능하다.[3]
- 선택방법(selection methods): 정밀하게 정의된 디자인 요구조건과 법칙 모두를 만족할 수 있어야 하고, 다소 덜 정밀하게 정의된 특징들, 즉 기술적, 미학적, 인지적 차원 또한 고려할 수 있어야 한다.

네 가지의 상호보완적인 방법은 다음과 같이 정리할 수 있다.

- 해석에 의한 선택(연역적 추론)은 정밀하게 정의된 인풋과 잘 확립된 현대적 공학설계 방법, 재료와 그 속성에 대한 데이터베이스를 활용한다.
- 종합에 의한 선택(귀납적 추론)은 과거의 경험을 활용하며, 바람직한 특징, 의도, 인지, 미학과 문서화되어 있는 디자인 해결책(제품 데이터베이스에 저

3. 이 구조는 아마 디자이너의 마음에 '디자이닝의 수명에 관한 경험'으로서 저장되겠지만, 디자인 분야에 생소한 사람들에게는 별로 도움이 되지 못한다. 그런 사람들에게는 컴퓨터를 기반으로 하여 제품, 재료, 공정에 관한 정보를 저장하고 이 장에서 설명한 방법으로 인덱싱하는 구조가 더 도움이 될 것이다.

장된 '사례')의 그것들 사이의 매치를 찾는 것을 통해 이루어진다.

- 유사성에 의한 선택은 기존 재료의 속성과 부합되는 속성을 가진 재료를 찾는 것을 통해 이루어지며, 이들이 갖는 가치의 이유를 모른 채 단순히 디자인의 성공에 적합하다는 사실에만 의존한다.
- 영감에 의한 선택은 현재 직면한 문제에 대한 하나 또는 그 이상의 해결책을 찾을 때까지 무작위로 제품이나 재료의 이미지를 보면서 아이디어를 찾는다(상점을 찾아가 직접 제품과 재료 자체를 관람하는 것 포함).

전통적인 공학교육은 해석적인 방법을 강조하며, 종종 유추와 종합에 관한 아이디어를 제외하기도 했다. 해석은 매우 강력한 노구이고, 현대적인 컴퓨터 기술과 함께 적용하면 굉장히 빠르고 정확한 결과를 얻을 수 있으며, 공식적인 절차의 일환으로서 가르칠 수 있다는 것이 정당화의 논리이다. 그러나 기술적인 분야(특히 과학과 공학)에서 가장 창의적인 아이디어의 대부분은 해석이 아니라 귀납적인 사고에서 비롯된다는 증거가 있다. 즉 연속적인 추측에 (물론 과거의 경험을 활용한 정보화된 추측) 의한 해결책에 의해 비롯되며, 해결책을 찾을 때까지 하나하나 검사해보며, 과거의 여러 해결책으로부터 조각들을 모아서 요구조건에 부합하는 해결책을 찾아낸다.

따라서 이러한 각각의 방법은 나름대로 강점과 약점이 있다. 한 문제에 가장 적합한 방법이 다른 문제에는 적합하지 않을 수 있다. 모두 다 필요하다. 세 가지 모두를 결합함으로써 종종 최적의 해결책을 찾을 수 있다. 이렇게 결합하면 여기서 보듯이 각각 단독으로 사용되었을 때보다 훨씬 강력한 도구가 된다.

이 최종적인 방법(그림 7.10)은 실제 제품디자인 환경에 가장 가깝다. 그것은 약간의 해석, 약간의 종합, 유사한 제품에 대한 조사, 존재하는 재료선택 해답에 대한 폭넓은 영감의 조합이다.

사례연구

지금까지의 장에서는 재료 및 공정의 속성에 대하여 탐구하였고, 이러한 정보를 분류하고 검색할 수 있는 방법에 대하여 알아보았다. 이 장에서는 탐색으로부터 실제 사례로 관심을 돌려보자. 이 정보는 어떻게 사용되는가? 이 장에서 다루는 사례연구는 필연적으로 간단하다. 그것들은 광범위한 선택방법(해석, 종합, 유사성, 영감)의 하나하나를 보여주기 위하여 고안되었다.

구조

각 재료선택 문제에는 그 나름대로 고유한 특징이 있으며, 때로는 독특하기도 하다. 그러므로 한 방에 해결할 수 있는 처방을 내리는 것 자체가 불가능하다. 그럼에도 불구하고 어떤 구조를 세우는 것은 어느 정도는 도움이 된다. 구조는 제7장에서 도입된 것을 따른다. 출발점은 디자인브리프이며, 끝나는 점은 제품의 상세스펙이다. 이 사이에 식별(identification), 선택(selection), 암시(implications)의 단계를 거친다.

식별

재료선택에 있어서 첫 번째 요구조건은 배경에 대한 폭넓은 이해이다. 제품 또는 부품이 하는 기능은 무엇인가? 어떠한 시스템의 일부인가? 어떤 환경에서 사용될 것인가? 어떤 힘을 지탱해야 하는가? 소비자의 예상과 기대치는 무엇인가? 이러한 질문들에 대한 답변은 그 안에서 어떤 해결책을 찾아야 하는 범위에 대하여 지정해준다. 첫째 우선순위는 디자인 요구조건을 식별하는 것이다. 어떤 조건들은 잘 드러나 있다. 제한조건은 기술적, 환경적, 미학적으로 반드시 충족시켜야 하는 조건이다. 목표는 무엇을 최대화하고 최소화할 것인지에 대한 서술이다. 비용을 최소화하는 것이 첫째 목표이고, 무게를 최소화하는 것이 둘째이며, 안전을 최대화하는 것이 아마 셋째일 것이다. 많은 요구조건들은 이런 방식으로 나타낼 수 없다. 대신에 이들은 특징, 의도, 인지 등으로 표현된다. 이러한 인풋의 본질은 선택방법에 대한 선택을 이끌어낸다.

재료선택

목표와 제한조건이 잘 정의된 재료특성의 한계치 또는 재료지수로 표현될 수 있을 때, 해석에 의한 체계적인 선택이 가능하다. 제한조건이 정성적일 때, 해결책은 다른 비슷한 특징을 가진 제품들을 탐색하고, 거기에 사용된 재료 및 공정을 식별함으로써 종합될 수 있다. 기존에 사용 중인 재료에 대한 대안재료를 찾아야 하는데 더 이상 알려진 게 별로 없다면, 유사성에 의한 방법을 사용하여 기존재료의 속성과 매치되는 속성을 지닌 재료를 찾는 것이 안전한 길이다. 그리고 브라우징으로부터 많은 좋은 아이디어들이 나타난다. 선택방법들을 조합하면 더 많은 정보, 더 명확한 통찰력, 해결책에 대한 더 큰 확신을 준다.

암시

이제 우리는 선택된 가능성의 집합을 가지고 있다. 다음 단계는 그것들의 특성의 좀 더 깊숙한 측면까지 면밀히 조사하는 것이다. 어떤 방법으로 성형, 결합, 표면처리 하는 것이 좋은지에 대한 상세한 내역, 즉 그것들이 비용은 얼마나 드는지, 얼마나 오래 사용할 수 있을지, 특정 환경에 어떻게 반응하는지에 대한 내역도 확보해야 한다. 이러한 가능성 있는 해결책들은 원래의 디자인브리프를 얼마나 잘 만족하는가? 이러한 재료의 사용이 예를 들어 환경에 미치는 충격이나 또는 새로운 제조공정을 도입해야 하는 필요성 등의 다른 것들을 암시하는가?

사례연구는 이러한 일반적인 패턴을 따른다. 지나치게 세부적인 사항들은 생략하고, 어떻게 방법들이 조합되며 서로를 뒷받침하는지에 대하여(마치 그림 7.10의 버블다이어그램처럼) 보여주는 것만을 목표로 한다. 선택방법은 때로는 어떤 것으로부터 더 많이 얻고 또 때로는 다른 것으로부터 더 많이 얻기도 하지만, 하나를 사용하기보다는 조합하여 사용할 때 더 많은 것을 얻는다.

사무용 가구

철골 사무용 가구의 생산자는 보다 가볍고 쉽게 움직일 수 있는 책상의 새로운 제조공정 라인을 세우고 싶어 한다. 사무용 책상은 대량생산을 위하여 디자인되었으며 작업공간을 지지하는 프레임을 가지고 있다. 그것은 가볍고 저렴하면서도 정상적인 사무작업 하중을 안전하게 지탱해야 하는데, 이는 무거운 사람이 앉았을 때에도 무게에 의해 손상되거나 심하게 처지지 않아야 하는 것까지 포함한다(그림 7.11). 현재의 디자인은 정사각형 단면의 연강 튜브를 용접하여 연결한 프레임을 가졌다. 일부 고객들은 더 가벼운 금속의 압출을 사용할 수 있는 가능성이 있다고 믿는다. 이는 가벼우면서도 강성을 확보할 수 있고 조립이 쉬운 재료, 결합, 형상에 대한 의문을 제기하게 만든다. 이 문제는 해석에 의한 선택에도, 그리고 종합에 의한 선택에도 함께 해당되는 것으로, 두 가지를 조합하게 되면 더 깊은 통찰력을 얻을 수 있다.

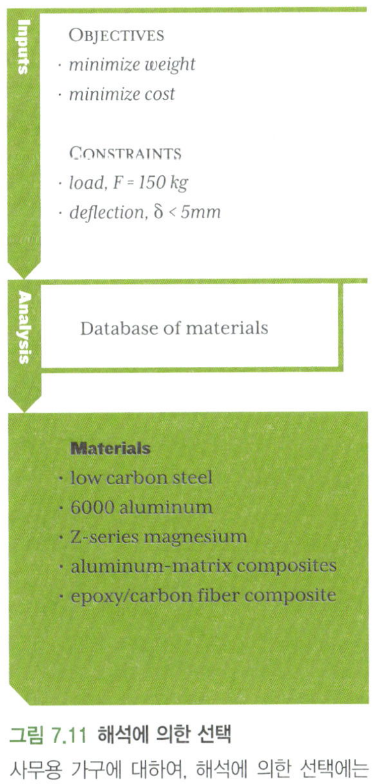

그림 7.11 해석에 의한 선택
사무용 가구에 대하여, 해석에 의한 선택에는 주어진 제한조건의 집합을 만족하면서 목표를 최적화하는 것이 필요하다.

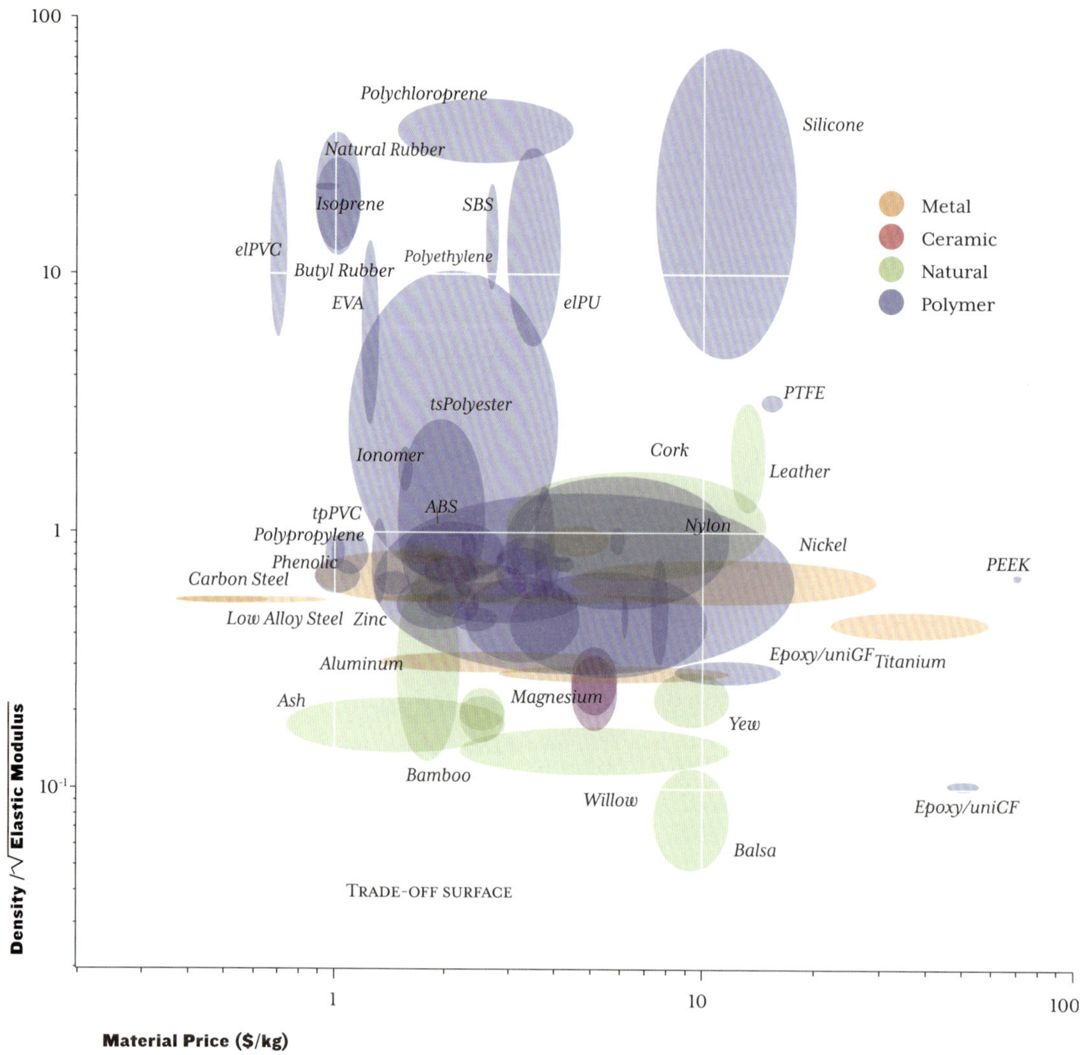

그림 7.12 절충
가벼운 무게와 낮은 비용 사이의 절충점을 구한다(CES Edu, 2009).

재료선택 – 해석

굽힘하중을 받으며, 가볍고 강성이 높은 프레임은 $(\rho/E^{1/2})$ 값이 낮은 재료를 사용하면 가장 잘 만들 수 있다(부록의 표 7A.3 참조). 여기서 ρ는 재료의 밀도를 뜻하고 E는 탄성계수를 나타낸다. 이 특성들의 집합은 프레임의 무게를 결정한다. 가격은 분명히 고려해야 할 사항이다. 재료 가격($/kg)에 대하여 재료지수 $(\rho/E^{1/2})$를 그림 7.12에 차트로 나타내었으며, 거기에 절충표면도 표시하였다(옮긴이 주: 그림에는 절충표면이 나타나 있지 않으며, 부록의 그림 7A.5에서 유사한 절충표면을 찾아볼 수 있음). 이 표면에 가깝거나 그 위에 있는 재료는 가벼운 무게와 낮은 비용의 최선의 조합을 제공한다. 기존의 재료인 탄소강 또한 표시되었다. 그것은 비용은 낮지만 상대적으로 무겁다. 알루미늄 합금은 더 비싸지만, 훨씬 가볍다. 마그네슘 합금은 무게를 더 낮출 수 있으나, 가격이 많이 올라간다. 더욱 더 가벼운 것은 GFRP와 CFRP이고 특히 CFRP이지만, CFRP는 매우 비싸다.

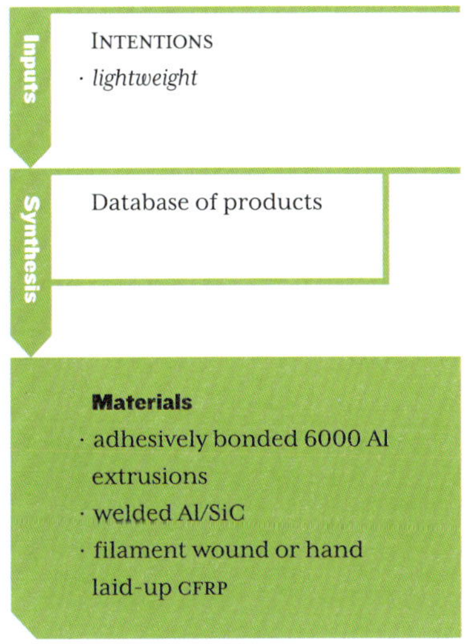

그림 7.13 종합에 의한 선택
여기서 우리는, 그것을 만드는 데 필요한 재료 및 공정을 알아보면서, 경량 공간구조를 포함하는 제품을 찾고 있다.

재료선택 – 종합

종합(그림 7.13)으로부터 우리가 배울 수 있는 것은 무엇일까? 여기서의 의도는 경량 디자인이다. 경량 공간구조물의 사례를 다른 어디에서 찾을 수 있는가? 오늘날 자동차 제조사들은 차체경량화를 위하여 애쓰고 있으며, 자동차 외형을 가볍고 강성이 높은 공간구조물로 구성하여 이러한 목표를 달성하려고 한다. 배낭의 디자인도 경량화를 최우선순위로 삼는다. 배낭, 텐트, 산악등반 및 구명용 장비 등은 모두 가벼운 프레임으로 만들어지며 여기서는 특히 강성 보다는 강도를 찾는다. 무거움은 다른 스포츠 분야에서도 기피 대상이다. 자전거 프레임이나 설피(snowshoes)의 디자인 또한 무게를 최소화하는 데 역점을 두고 있다.

이러한 제품에 사용된 재료 및 공정에 대한 조사는 책상에 대한 옵션을 제시할 수 있다. Audi와 Lotus 모두 6000계열 알루미늄 압출재를 사용하며, 가벼운 공간프레임 차체를 만들기 위하여 용접이나 접착제로 접합하고 리벳으로 고정한다. 배낭과 설피도 역시 6000계열 알루미늄 파이프를 구부리고 용접한 다음 파우더코팅으로 표면처리한다. 자전거 프레임은 여러 가지 다른 재료로 만들어져 왔다. 몇몇 가벼운 모델은 6000/7000계열 알루미늄 또는 알루미늄기지 복합재료 파이프를 사용한다. 고성능 배낭과 자전거는 탄소섬유강화 폴리에스터(또는 에폭시)로 만들어졌으며, 파이프로 사용하거나(이는 비효율적임) 또는 직조 프리프레그를 사용한 수작업 적층법에 의해 얇은 곡면판을 만들어 사용한다. 어느 경우에도 마그네슘은 사용하지 않는다.

처음 세 가지는 대량생산 제품으로 시장을 확고하게 점유하였다. 그것들은 6000계열 알루미늄이 예상치 못한 불상사를 일으키지 않고, 결합될 수 있는 방법(용접과 접착)과 표면처리될 수 있는 방법(파우더코팅)을 가졌기에 신뢰감을 상승시킨다. 이것은 안전한 선택이 될 수 있으며, 다른 비슷한 디자인에 이미 사용되었던 것이다. 알루미늄기지 복합재료를 사용하면 추가적으로 약간의 무게를 더 절약할 수 있으나, 가격의 상승을 감당하기에는 역부족이다.

그림 7.14 이동가능한 사무용 가구
탄소섬유/에폭시 복합재료를 가지고 강성이 크고 가벼운 탁자를 성형할 수 있다.

그런데, 보다 급진적인 해결책이 존재할 수 있는가? CFRP 자전거는 적층법을 사용하여 우아한 이중곡면 형상을 만들어낸다. 이미 존재하는 의자 또한 같은 성형방법을 사용한다. 고급 책상도 비슷한 방법으로 만들 수 있으며(그림 7.14), 자전거를 만들 때처럼 서랍이나 다른 부착물을 위한 고정부를 내재한 몰딩으로 디자인한다. 그런 수준의 정교함은 아마 여기서는 중요하게 다루어지지 않는다. 그러나 고분자기지 복합재료의 가벼움과 강성은 매력적이다. 펄트루젼은 높은 강성에 속이 빈 단면의 복합재료 기둥을 만들 수 있는 비교적 저렴한 방법이다. 이 기둥의 모서리에 주조 알루미늄 노드를 접착하여(CFRP 자전거에 사용된 기술) 프레임을 만들어낸다. 여기에 주요한 무게절감의 가능성이 있으며, 진보된 정밀공학의 인지를 불러일으킬 수 있는 참신한 시각적 효과(연마된 알루미늄 연결부와 검은 CFRP 펄트루젼 기둥) 또한 기대할 수 있다.

CD 케이스

우리는 많은 일용제품들을 당연하게 여긴다. 그것들은 꽤 잘 작동하고, 사용하기 쉬우며, 거의 비용이 들지 않는다고 할 수 있다. 일회용 컵, 서류 폴더, 페이퍼 클립 같은 것들을 생각해보라. 이러한 것을 당연시하기 때문에 우리는 그것들에 값어치를 두지 않는다. 그리고 이런 개념이 어느 정도 그것들의 기능이나 내용에 영향을 끼친다. 그리고 어떤 이유에서든 제대로 작동하지 않으면 그것들은 크나큰 짜증의 대상이 된다. CD 케이스가 그 한 예이다.

대부분의 음악 CD들은 표준 액세서리 케이스에 넣어 출시된다. 이 케이스는 쉽게 금이 가고, 금이 갈 경우 흉물스런 외관을 갖게 되며, 잘 닫히지도 않는다. 표준케이스는 저렴한 가격과 극도의 투명성 때문에 폴리스타이렌(PS)으로 만들어진다. 여기서 해결해야 할 과제는 잘 깨지지 않으면서 가급적 동등한 수준으로 투명한 CD 케이스를 만드는 것이다.

재료선택 – 해석

재료는 힘을 받았을 때 내부에 항상 존재한다고 볼 수 있는 작은 결함이 갑자기 전파되면서 금이 간다. CD 케이스의 경첩(hinge)과 같이 두께의 급격한 변화가 있는 얇은 단면은 응력을 집중시켜 상황을 악화시킨다. 힌지가 금이 가서 파손되는 데 대한 저항력은 한 가지 이상의 방법으로 측정가능하다. 여기서 우리에게 필요한 척도는 탄력성(resilience), 즉 재료가 부러지기 전까지 굽혀질 수 있는 양을 측정하는 것이다[4].

4. 이 해석에 관한 자세한 사항은 부록 또는 참고문헌 Ashby(2011)에서 찾아볼 수 있나. 탄력성을 정의하는 지수는 K_{1c}/E이고, 여기서 K_{1c}는 파괴인성, E는 탄성계수(영의 계수)이다.

그림 7.15 탄력성과 투명성
재료들을 굽혔을 때 파괴에 대한 저항을 폴리스타이렌(PS)의 값에 대한 상대값으로 도시하였다. 여기에 나타낸 모든 재료는 사출성형이 가능하고 광학적 투명 또는 투명인 것들이다 (CES Edu, 2009).

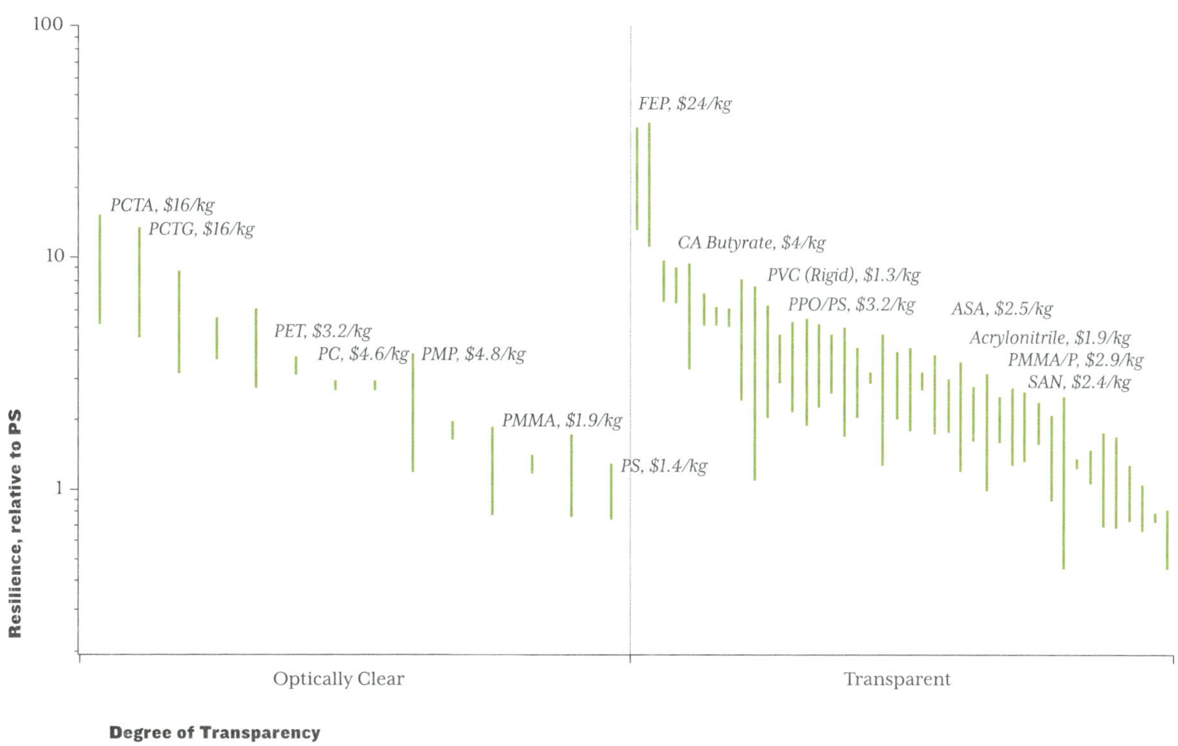

그림 7.15는 기존재료인 PS를 기준으로 이 측정치를 정규화한 결과를 보여준다. 세로축의 눈금은 기준이 되는 PS의 값을 1.0으로 잡고, 다른 재료들이 얼마나 더 좋은지 또는 좋지 않은지를 비교하여 보여준다. 각 막대는 하나의 재료를 나타내며 이름과 대략적인 가격을 옆에 표시하였다. 모두 광학적 투명성을 가지며 사출성형이 가능해야 한다는 제한조건을 만족한다. PS의 3배인 $4/kg 이하의 가격인 재료들을 그림 7.16의 결과 박스에 가격의 오름차순으로 정리하였다.

이 해석은 기존재료인 PS의 강점과 약점을 강조한다. 그것은 광학적 투명성을 가지며, 몰딩가능하고 저렴하지만, 모든 투명한 고분자 중에서 가장 낮은 탄력성을 가진다. 많은 재료들이 깨지는 것에 대하여 더 큰 저항력을 가지지만(PET와 PC는 예외) 투명성에서 상대적으로 못하다. 이들 중에서 PET가 좋은 타협안으로 보이며, 약간의 가격 상승을 감수하면 깨짐에 대한 저항력을 3배나 높일 수 있다. 투명(광학적 투명보다는 떨어짐) 고분자들 중에서는 SAN 역시 저렴하지만(가끔 CD 케이스로 사용됨), 그것도 역시 비교적 취성이다. PVC 역시 흥미로운 후보재료이다. 저렴하고, 높은 탄력성을 가졌으며, 리빙힌지(living hinge)나 일체화된 연결부를 가진 디자인도 가능하므로 말썽 많은 액세서리 케이스의 핀조인트(pin-joint)를 대체할 수 있다. 다만 투명성의 부족은 CD 레이블을 케이스에 프린트하거나 또는 바깥쪽에 부착해야 함을 의미한다. 아니면 CD 자체의 레

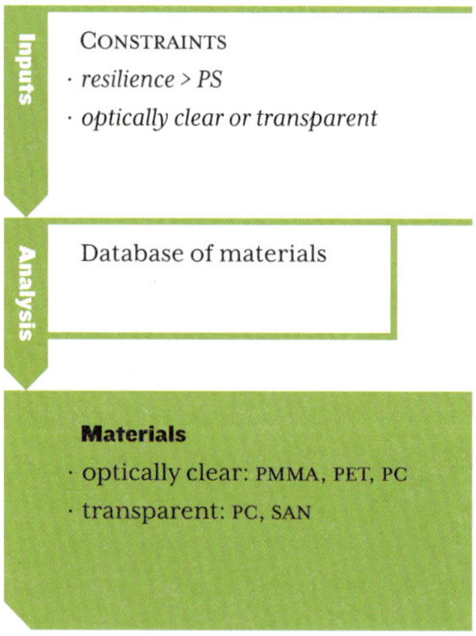

그림 7.16 해석에 의한 선택
CD 케이스에 대하여, 해석에 있어서 제한조건은 탄력성과 투명성이다.

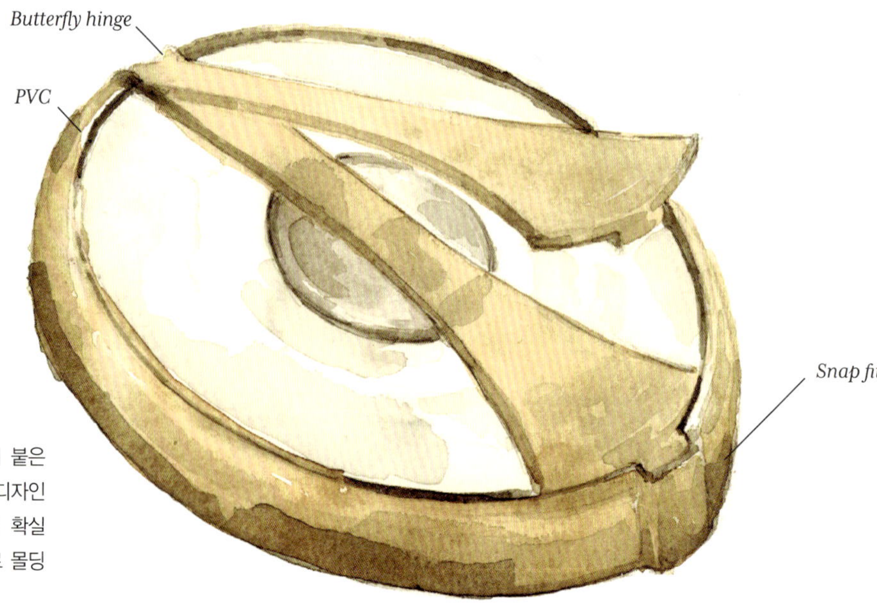

그림 7.17 CD 케이스
이 케이스는 (아마도 PVC 제품) CD에 붙은 레이블을 그대로 읽을 수 있는 개방형 디자인이다. 뚜껑은 '나비' 리빙힌지가 있어서 확실한 밀폐와 개방이 가능하고, 일체형으로 몰딩할 수 있다.

이블 전체가 가려지지 않도록 케이스를 디자인해야 한다. 제안된 해결책은 다음과 같다. PVC 리빙힌지 디자인에, 프린트된 CD 표면을 노출시키기 위하여 케이스의 한 면을 오려내고, 필요한 경우 레이블을 접착식으로 적용하는 방식이다(그림 7.17).

영감은 다른 방식으로도 찾을 수 있는데, 바로 다른 사고의 방법을 자극하는 것이다. 디자인 잡지의 제품 평론가들은 그들이 평가하는 제품이 다음과 같은 단어로 수식할 가치가 있다고 여길 때 'cool', 'trendy', 'futuristic' 같은 단어들을 사용한다. 이러한 인지를 불러일으키는 CD 케이스는 어떨까? 디자인 잡지(ID Magazine 같은)의 최근호를 조사한 결과, 이러한 단어를 사용하는 제품이 많다는 사실이 나타났고, 그것들을 만드는 데 사용된 재료들이 다음과 같이 식별된다. 무지개 빛깔의 반투명 폴리프로필렌으로 만든 핸드백, 오팔처럼 유백색의 반투명 폴리카보네이트(CD 케이스에 사용하기엔 비쌈)로 만든 전등, 리벳으로 결합된 두드러져 편 알루미늄 박판(CD 케이스로는 다소 비쌈)으로 만든 가구, 플라스틱 파이프로 강화된 나일론 직물(CD를 보호하기엔 너무 유연함)로 만든 배낭 등이 있다. 처음 보았을 때에는 모두 유망해 보이지 않는다. 그러나 너무 일찍 단념할 필요는 없는 것이, 여기에는 여러 아이디어들이 존재한다. 폴리프로필렌의 어떤 등급은 거의 투명함에 가깝고, 확실히 반투명은 넘어서며, 색상을 넣거나 몰딩하기 쉬운데, 이러한 성질이 여기서 핸드백에 사용된다. 아크릴(PMMA) 역시 색상을 넣거나 몰딩가능하고 표면이 금속표면화될 수도 있다. 리벳팅한 알루미늄의 강건한 금속성 외관은 이러한 방법으로 만들어질 수 있다(많은 소형카메라 케이스에 적용됨). 나일론 직물의 매력적인 질감 역시 프린팅에 의해 흉내낼 수 있다. 이런 방식으로 브라우징해나가는 것은 상상력을 자유롭게 하며, 해석에만 의존해서는 얻을 수 없는 개념의 도약을 가능하게 한다.

바이올린 활

기능에 적합하게 이미 확립된 재료를 더 이상 사용할 수 없게 되면 대체 재료가 필요해진다. 이는 기존의 재료가 너무 비싸졌기 때문일 수도 있고, 또는 무슨 이유로든 더 이상 이용가능하지 않기 때문일 수도 있다. 혹은 그것을 사용하는 것이 환경을 훼손하는 것이거나, 더 이상 지속가능하지 않은 속도로 사용되었기 때문일 수도 있다. 위의 이유 중에 어떤

그림 7.18 **바이올린 활**
활은 전통적으로 페르남부코로 만들어지며 디자인의 변화도 거의 없다.

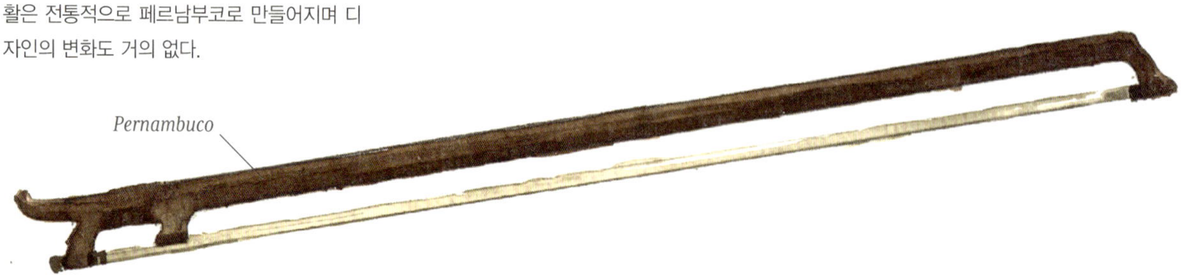

것이라도 그것의 사용을 불가능하게 할 수 있으며, 그 이유만 아니면 거의 완벽하게 적용된 재료일지라도 포기해야 한다. 다음의 사례연구가 하나의 예를 보여준다[5].

바이올린 활(그림 7.18)은 전통적으로 페르남부코(Pernambuco)라는 열대 경목의 한 종으로 만들어졌다. 그러나 페르남부코는 제한된 지역에서 천천히 자란다. 바이올린은 활을 필요로 하고 대량생산되어 왔다. 그 결과 페르남부코는 지나치게 많이 소모되었고, 상업적으로 멸종될 수 있다는 가능성이 현실로 나타났다[6]. 어떤 대안이 존재하는가?

5. Wegst, U.G.K.(1996) 영국 케임브리지 대학교 공학부 박사학위 논문.

6. 전자기타에 온두라스 마호가니를 사용하는 것도 비슷한 이유로 궁지에 몰려 있다.

재료선택 – 유사성

특정한 재료의 사용에 근본적인 물리적 원리를 밝혀내기는 어려우며, 이것이 그러한 사례 중의 하나이다. 활은 여러 가지 기능을 한다. 스프링처럼 작용하여 활줄을 팽팽하게 유지시켜야 하므로 강성이 중요하다. 대체재료를 찾을 때에는 반드시 강성을 매치시켜야 하며 9.5~11.6 GPa 범위의 굽힘 탄성계수를 가진 재료가 필요하다. 활의 무게 역시 중요하다. 활이 현에 가하는 최소의 힘은 활의 무게만으로 얻어져야 하기 때문이다. 그러므로 여기서는 페르남부코와 비슷한 밀도(약 900 kg/m^3)를 가진 재료를 찾아야 한다. 다른 제한조건들 역시 존재한다. 강도는 분명 그 중의 하나이다. 활은 갈라지기도 하지만 페르남부코는 이에 대해선 강점을 가진 듯하다. 그리고 기계적 감쇠(손실계수로 측정됨) 역시 중요할 것으로 예상할 수 있는데, 손실계수가 적은 채는 경쾌한 활질 기법을 가능하게 할 것이다. 그러나 물론 고유진동수는 감쇠처리가 잘 되지 않은 구조에서 더 쉽게 일어난다. 해답은 페르남부코의 감쇠에 매치시키는 것이다. 그림 7.19의 인풋 박스에 필요한 조건이 요약되어 있다.

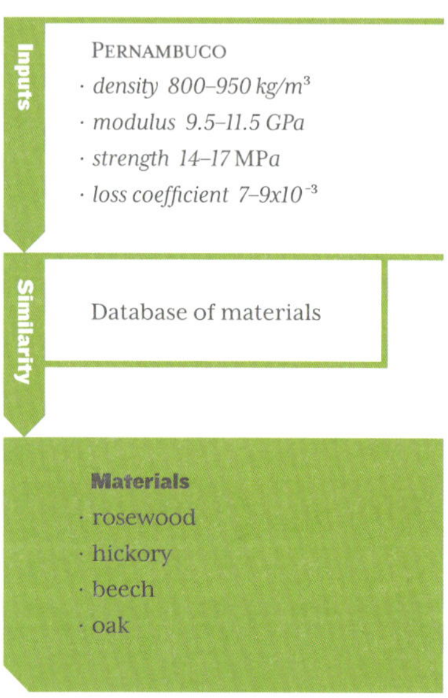

그림 7.19 **유사성에 의한 선택**
바이올린용으로는 그 속성 프로파일에 매칭될 수 있는 합성재료는 거의 없다.

여기서의 전략은 간단하다. 단순히 네 가지 중요한 조건의 범위를 충족시키는 재료를 찾는 것이다. 그 다음에는 그것들을 검토하고, 멸종위기에 놓여 있지 않은 것을 찾는다. 결과는 나무 핸드북[7] 또는 소프트웨어[8]의 검색을 통해 쉽게 얻어질 수 있으며, 그림 7.19의 결과 박스에 정리되었다. 흥미롭게도 모두가 나무이고, 어떤 다른 클래스의 재료도 이런 속성의 조합을 제공하지 못한다.

그러나 어쩌면 우리가 너무 서두른 것인지도 모른다. 우리는 정말 밀도, 탄성계수, 강도, 손실계수가 활의 성능을 결정할 수 있을지 알 수 없다. 우리가 아는 것이라고는 활이 기계적 기능을 발휘한다는 점뿐이다. 이런 점에서 다소 느슨하게 조건에 맞추더라도 모든 기계적 특성을 포괄적으로 사용하는 MDS 맵(그림 4.5)의 형태를 사용하여 재료를 찾아보는 것도 좋은 방법이다. MDS 맵의 근사성에 의존하여 활 재료의 대안을 찾아보면 예상대로 해답은 다른 나무들이다. 그러나 탄소섬유(또는 유리섬유)강화 고분자는 전반적인 면에서 보았을 때 비슷하다고 할 수 있다.

그러므로 대안이 존재하고, 모두 보편적으로 이용 가능하고 지속적으로 확보될 수 있다. 그러나 알고 보니 모두 한 번씩은 시도되었던 재료들이다. 이들이 적합함에도 불구하고 압도적인 선호도는 페르남부코를 향하고 있다. 왜 그럴까?

여기에는 해결되지 않은 몇 가지 명백한 의문이 존재한다. 다른 나무들이 열에 의해 얼마나 쉽게 굽혀질 수 있는가? 그것들은 곡률을 얼마나 잘 보존할 수 있는가? 얼마나 쉽게 사용될 수 있는가? 그들의 정상적인 성장속도는 어느 정도인가? BMC(bulk molding compound)로 만든 활이 얼마나 잘 작동하는가? 이것들을 알아내기 위해서는 이 재료들을 사용하여 실험용 활을 만들어 시험해보는 수밖에 없다. 그리고 이것은 이미 얘기했듯이 겉보기로는 어느 정도 성과가 있었다. 그렇다면 왜 대체품들에 대한 거부감이 존재하는 것일까?

악기를 만드는 재료에 대해서는 기계적 및 음향적 거동뿐만 아니라 전통과 미학적 요소에도 가치를 둔다. 즉 친숙하지 않은 색상과 질감의 나무는 단지 그런 이유만으로도 '틀렸다'는 것이다. 그렇기 때문에 우리는 인지의 속성으로 다시 돌아왔다. 인지는 선택에 영향을 끼치며 특히 바이올린을 만드는 것과 같은 전통적인 시장에서는 더욱 그렇다. 해결하는 방법은 설득하는 방법밖에는 없다. 아마도 뛰어난 연주자로 하여금 새로운 재료로 만든 활을 사용하고 추천하도록 하여 다른 사람들이

7. 미국 농산부 산림청 산하 US Forest Product Laboratory가 편찬한 ≪Handbook of Wood and Wood-based Materials≫와 같은 핸드북에는 목재의 특성치가 표로 정리되어 있다(Hemisphere Publishing Corp, New York, 1989).

8. CES Edu, 2009, Granta Design, Cambridge, UK. (www.grantadesign.com)

그것을 새롭고, 더 바람직하고, 가벼운 것으로 인지하도록 북돋워야 할 것이다.

얼음도끼

산악등반 장비는 두 가지의 기본적인 용도에 사용된다. 하나는 산업등반(건설산업) 다른 하나는 취미등반(산, 암벽, 빙하)이다. 장비는 특화되어 있으며, 로프, 벨트, 캐러비너, 암벽 못, 배낭, 텐트, 얼음도끼가 있다. 여기서는 취미등반용 얼음도끼에 대하여 다루어보자. 얼음도끼는 1870년대에 등반이 처음으로 취미생활의 일부가 되었을 때로 거슬러 올라가며, 알프스의 농부들이 사용하던 도구에서 진화되었다. 초기의 도끼는 철제 머리부와 히코리나무, 물푸레나무, 대나무로 만든 손잡이를 가지고 있었다. 현대적인 도끼는 저합금강(Cr-Mo steel)으로 만들어졌으며, 알루미늄합금 손잡이에 고분자 그립을 씌운 형상을 하고 있다. 이러한 재료의 조합은 잘 어울리지만, 여기에도 대안이 존재하는가? 다른 제품들의 예로부터 더 좋은 도끼를 만들어 낼 수도 있는 무언가를 배울 수 있는가?

재료선택 – 종합

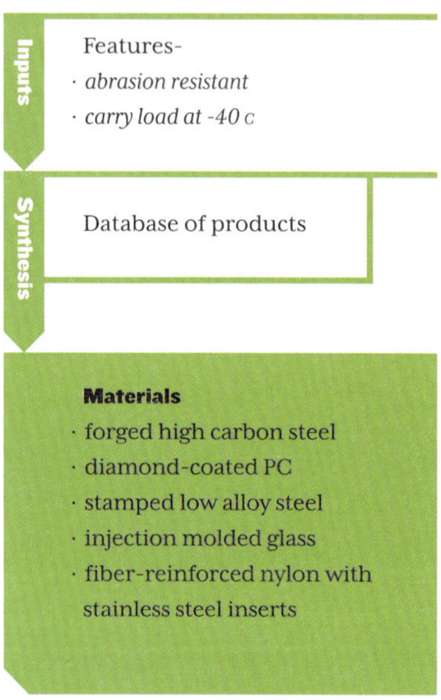

그림 7.20 종합에 의한 선택
얼음도끼에 대하여, 관련되는 제품을 종합하려면 제품들과 그것을 만드는 데 사용된 재료들의 데이터베이스를 사용할 수 있어야 한다.

머리부의 요구조건은 마모와 부식에 대한, 그리고 저온에서의 취성에 대한 저항과 함께, 광택으로 연마될 수 있고 제조사의 로고가 뚜렷하게 새겨질 수 있는 질감이어야 한다. 손잡이는 강도, 가벼운 무게, 낮은 열전도도, 좋은 그립특성을 가져야 한다. 여기서 우리는 용도가 다소 다르더라도 비슷한 제한조건을 가진 다른 제품들로부터 아이디어를 찾아보자. 아이스하키 스케이트, 피겨스케이트 날, 낚시바늘, 아이젠, 하이킹 부츠, 선글라스 등 특별히 저온에서 사용할 수 있도록 디자인된 것에 중점을 두자. 아이스하키 스케이트는 스테인리스강으로 만들어진 날이 유리섬유/나일론 복합재료 밑창 속에 몰딩되어 있다. 피겨스케이트 날과 낚시바늘은 모두 고탄소강으로 만들어지고 소성변형(갈고리의 경우 단조, 날의 경우 스탬핑) 자체로 강화되고 후속 열처리에 의해 더 강화된다. 아이젠은 저합금강을 스탬핑하고 굽혀서 만든다. 아이젠을 하이킹부츠에 고정해 주는 벨트는 폴리우레탄으로 코팅한 직물로 만든다. 선글라스는 사출성형된 폴리카보네이트 테와 마모로부터 렌즈를 보호하기 위하여 유사다이아몬드 코팅을 사용한다. 종합에 의한 선택은 이러한 것들 중 얼음도

끼의 디자인에 가능성이 있는 요소들을 선택하여 진행되며, 이들을 조합하여 제품의 최종스펙을 만들어 낸다(그림 7.20).

탄소강의 연성–취성 천이온도(ductile-to-brittle transition temperature)는 −30 ℃ 이상에 존재할 수 있다. 그것은 사용온도가 −4 ℃ 이하로 거의 떨어지지 않는 낚시바늘과 피겨스케이트에는 적합하지만, 얼음도끼는 종종 그보다 훨씬 낮은 온도에서도 사용되므로 다소 위험하다. 스테인리스강과 저합금강은 모두 인성 요구조건을 만족하지만, 둘 중에서 저합금강이 더 강하다. 머리부의 재료에 변화의 필요성은 없지만, 도끼가 밀도 높은 눈에서 더 효율적으로 그립을 확보하기 위해서는 낚시바늘의 미늘(barb) 또는 스케이트의 이빨과 같은 어떤 디자인 특징이 사용되어야 할 수도 있다. 얼음도끼의 끌날은 심한 마찰마모에도 날카롭게 유지되어야 한다. 세라믹을 또는 선글라스에 사용된 유사다이아몬드 탄소를 코팅하여 성능을 높일 수 있다. 핸들은 혁신에 훨씬 커다란 영역을 제공한다. 유리섬유강화나일론 복합재료를 사용하면 무게를 낮추고 열전도도 역시 훨씬 낮출 수 있는 가능성이 있다. 이는 손으로 잡을 때 매우 중요하게 고려해야 할 사항이다. 그리고 부드러운 폴리우레탄 코팅을 추가하면 눈이나 얼음이 얼어붙지 않도록 유지시켜주고 잡기에도 편하다. 디자인 예는 그림 7.21에 있다.

이것은 분명 더욱 발전시킬 수 있다. 앞에서 살펴본 각 제품에는 수많은 변종이 있고, 어떤 것은 여기에 수록된 것과는 다른 재료, 코팅, 공정을 사용하기도 하며, 그것들로부터 우리는 더 많은 것을 배울 수 있다.

그림 7.21 얼음도끼
유리섬유강화 나일론으로 손잡이를 만들고, 끌날은 마모저항을 높이기 위해 비결정질 다이아몬드로 코팅한다. 머리부의 찍는날은 약간의 미늘이 붙은 강철이고 아마 탄화텅스텐 인서트가 포함되었을 것이다.

이처럼 아주 간단한 조사를 통해서도 종합에 의한 방법이 가능성을 가졌음을 보여주기에 충분하다.

인라인스케이트

롤러스케이팅은 1880년대부터 존재해왔다. 인라인스케이트는 좀 더 현대에 가까운 것이며, 1980년에 롤러블레이드(Rollerblade) 회사에 의해 처음으로 상품화되었다. 처음으로 성공을 거둔 롤러블레이드 스케이트는 아이스하키 부츠에 폴리우레탄 휠을 달았고, 고무로 된 뒤축 브레이크와 유리섬유 활주부를 가지고 있었다. 그 이후에 스케이트는 진화와 차별화

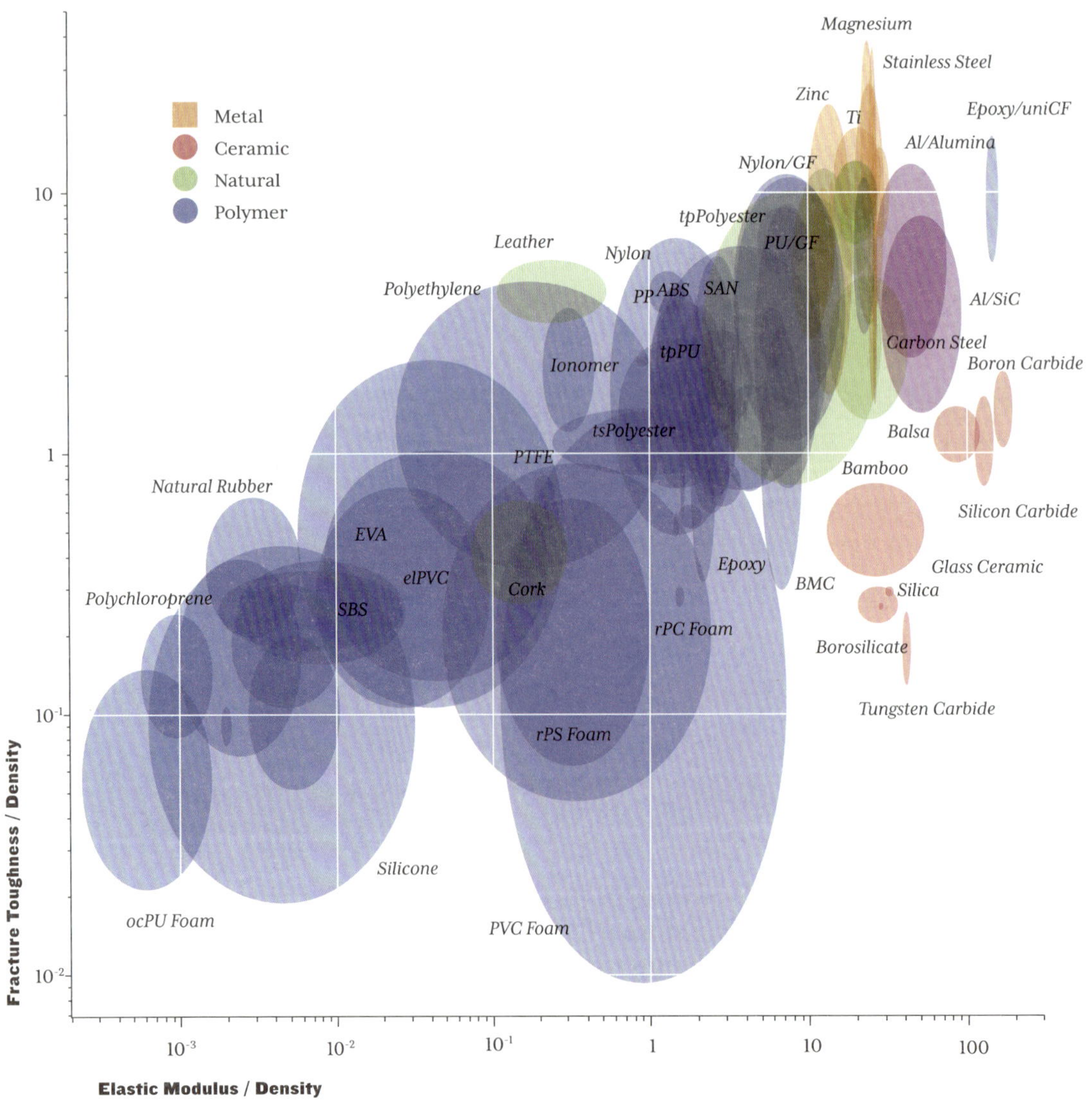

그림 7.22 가벼우면서도 우수한 충격저항과 강성

인라인스케이트에 대한 제한조건은 가벼우면서도 충격저항과 강성 사이의 균형을 맞추는 것이며, 나일론이나 PE와 비슷한 거동을 가져야 한다(CES Edu, 2009).

과정을 거쳐 왔고, 어떤 것은 '산악스케이팅'을 위하여 강인한 휠을 사용하기도 하였고, 다른 것은 부츠에 탈부착식으로 제작되어 신발에서 인라인휠로 쉽게 전환이 가능하며, 또 어떤 것은 여성이나 아이들에게 특별히 호감을 살 수 있는 요소들을 첨가하기도 하였다.

재료선택 – 유사성

이제 문제점에 대하여 다루어보자. 크로스컨트리 스키 훈련에 사용될 인라인스케이트 부츠의 디자인을 요청받았다고 하자. 그것은 강성이면서도 유연해야 하고, 가볍고 충격에도 강해야 한다. 부츠가 휠 플랫폼에 부착되고 발목을 지지하여 적절한 강직성을 갖추기 위해서는 강성이 필요하다. 유연성은 크로스컨트리 훈련에 사용될 때 뒤축이 휠 플랫폼으로부터 들려지고 부츠가 구부러져야 하기 때문에 필요하다. 가벼움 역시 운동선수가 지탱해야 하는 무게를 줄이기 위하여 필요하며, 충격저항은 물체나 땅과의 충돌에 대비해야 하기 때문에 필요하다. 디자이너는 나일론 또는 폴리에틸렌이 가능한 재료 해답이 될 수 있다는 선입견(아이스하키 부츠의 경험으로부터 얻은 것)을 가지고 시작한다. 가능한 재료 해답의 집합은 두 가지 재료의 주요 속성과 부합되는 속성을 가진 재료에 대한 검색을 통해 늘릴 수 있다. 강성과 충격저항은 재료의 특성 중 탄성계수와 파괴인성에 따라 좌우된다. 만일 거기에 더하여, 가벼운 무게를 원한다면 이 특성들의 단위무게 당 값 역시 고려해야 한다. 다시 말하면, '탄성계수/밀도'에 대하여, 그리고 '파괴인성/밀도'에 대하여 매치되도록 찾아야 한다(그림 7.22).

나일론과 폴리에틸렌의 성능과 매치시킬 때, 디자이너는 지정된 각 속성의 범위에 걸쳐 재료를 선택하는 것이 중요하다. 인라인스케이트의 부츠는 SAN으로 만들어진 발끝과 뒤축 사이를 유연한 EVA로 연결한 형태로 제작될 수 있다. 이제 부츠는 그것이 한 지점(toe only) 또는 두 지점(toe and heel)에서 플랫폼에 부착될 수 있도록 디자인되어야 한다. 그래야만 크로스컨트리 스키를 위한 교차 트레이닝이 가능할 수 있는데, 그러나 그것은 하나의 디자인 세부사항이고 여기서는 고려하지 않는다. 이 사례연구를 위한 재료선택의 경로와 인라인스케이트의 디자인 사례는 그림 7.23과 7.24에 각각 나와 있다.

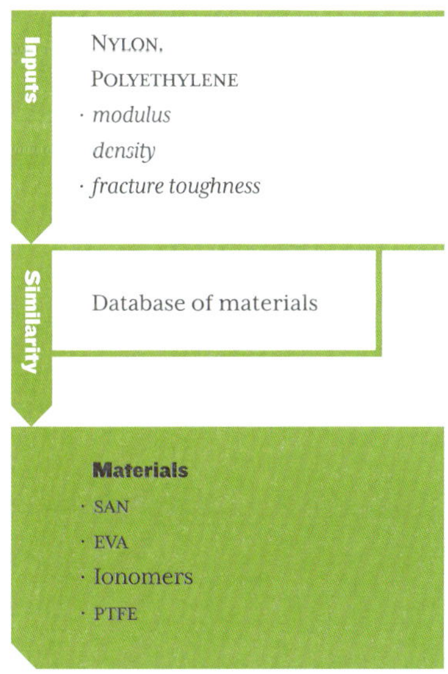

그림 7.23 특성치 매칭에 의한 선택
선택된 재료들은 (탄성계수/밀도)와 (파괴인성/밀도)가 (a) 나일론 및 (b) PE의 그것과 매칭될 수 있어야 한다.

그림 7.24 **인라인스케이트**
SAN 고분자 곡면판은 유연하면서도 적절한 강성을 제공해주는 아코디언형 EVA 힌지와 일체화된다.

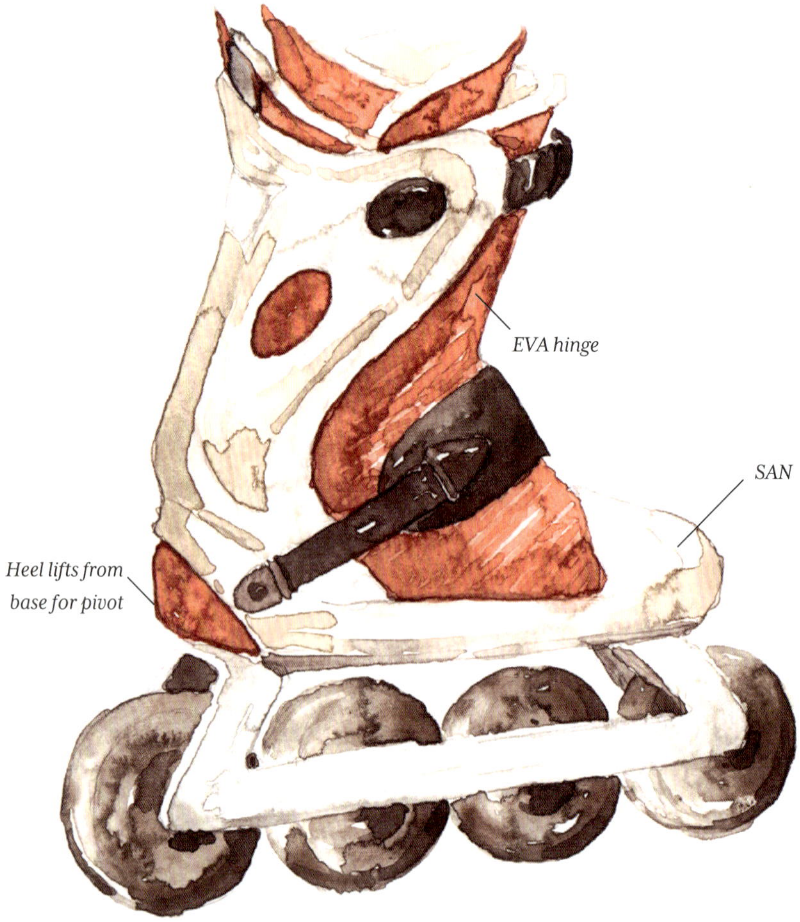

결론

이러한 사례연구들은 요약된 것이며 각 디자인의 세부사항은 완전하게 다루어진 것이 아니다. 그것들은 주로 이전의 장에서 소개된 재료선택의 각 방법에 대하여 설명하는 데 사용되며, 혁신적인 재료 해답을 찾기 위해 그것들이 조합될 수 있는 방안을 모색하는 데 사용된다.

참고문헌

Ashby, M.F. (2011) "Materials Selection in Mechanical Design," 4th edition, Butterworth-Heinemann, Oxford, UK, ISBN 978-1-85617-663-7. (이 책을 보완해 줄 수 있는 자매편. 공학설계의 요구조건을 충족시키기 위한 재료 및 공정의 선택방법을 설명하고 있으며, 다수의 재료특성 차트를 포함하고 있다. 옮긴이 주: 한국어판은《기계재료 – 설계를 위한 선택방법론》[ISBN: 978-8-95-526460-9]으로 출간되었다.)

Ashby, M.F., Shercliff, H.R. and Cebon, D. (2013) "Materials: Engineering, Science, Processing and Design", 3rd edition, Butterworth-Heinemann, Oxford, UK. ISBN 978-0-7506-8391-3. (공업재료 및 공정의 선택을 디자인주도의 접근방법을 사용하여 다룬 입문서)

Bailey, K.D. (1995) "Typologies and Taxonomies, an Introduction to Classification Techniques," Sage Publishers, Thousand Oaks, CA and London, UK. ISBN 0-803-95259-7. (사회과학에서의 분류에 관한 전공서적으로, 그 분야는 물론 다른 분야에서도 잘 적용될 수 있음을 강하게 주장하고 있다.)

Bakewell, K.G.B. (1968) "Classification for Information Retrieval," Clive Bingley, London, UK. ISBN 85157-014-3. (다양한 형태의 분류법에 관한 여섯 개의 강의 모음집으로, 관계형 데이터베이스 구조의 원형인 다면분류법에 관한 내용이 흥미롭다.)

Charles, J.A., Crane, F.A.A. and Furness, J.A.G. (1997) "Selection and Use of Engineering Materials," 3rd edition, Butterworth-Heinemann, Oxford, UK. ISBN 0-7506-3277-1. (재료선택에 관한 재료과학적 접근방법에 대한 저술이며, 미학적인 요소는 다루지 않는다.)

Dieter, G.E. (1991) "Engineering Design – A Materials and Processing Approach," 2nd edition, McGraw-Hill, New York, NY, USA. ISBN 0-07-100829-2. (균형이 잘 잡히고 인정받은 교재로, 공학설계에 있어 재료 및 공정이 차지하는 위치에 중점을 두고 있다. 산업디자인에 대해서는 중요하게 다루지 않았다.)

Everitt, B. (1974) "Cluster Analysis," Heinemann Educational Books Ltd, London, UK. ISBN 0-435-82298-5. (군집분석에 관한 포괄적인 입문서)

Haberlandt, K. (1997) "Cognitive Psychology," 2nd edition, Allyn and Bacon, Boston, MA, USA. ISBN 0-205-26416-6. (통찰력을 갖춘 선택과 의사결정의 심리학에 대한 입문서로 이 책에서도 유용한 내용이다.)

Kolodner, J.L. (1993) "Case-Based Reasoning," Morgan Kaufmann Publishers Inc. San Mateo, CA, USA. ISBN 1-55806-237-2. (사례기반 추론은 과거의 상황에 대한 정보를 저장하여 현재의 문제를 해결하는 데에 쓸모 있는 정보를 취득하게 해주는 기술이다. 이러한 방법은 이 책에서도 잘 소개되었다.)

Zwicky, F. (1969) "Discovery, Invention, Research" Macmillan Co. Toronto, Canada. Library of Congress No. 69-10785. (문제해결의 형태학적 접근방법에 관한 입문서)

Chapter 8

재료와 지속가능성

http://dx.doi.org/10.1016/B978-0-08-098205-2.00008-1

지속가능한 발전의 정의에 대하여 자주 인용되는 구절이 있다. "지속가능한 발전이란 미래세대가 그들의 수요를 충족시킬 수 있는 능력을 해치지 않으면서 현재세대의 수요를 충족시키는 발전을 의미한다." (환경과 발전에 관한 세계위원회, WCED의 Brundtland 보고서, 1987) 그럴 듯하게 들리지만 문제는 어떻게 그것을 달성할 수 있는가? 그리고 재료는 어디에 들어가는가? 그 정의는 명확한 길잡이가 되지 못한다.

그렇다면 회계학 용어를 빌려 표현된 지속가능성의 다른 측면을 살펴보자. 바로 기업이익, 환경지속성, 사회적책임의 3중핵심사항(Triple Bottom Line, 3BL)이다(그림 8.1). 이 아이디어는 기업의 최종적인 성공 또는 건전성은 전통적인 재무적 결과뿐만 아니라 기업의 사회적/윤리적 책임과 친환경 성능에 의해서 측정되어야 한다는 것이다. 손익계산서는 단순히 수입과 지출의 표준화된 결과('이익')를 보여주는 대신 추가로 두 가지 계정의 수지계산 결과를 더 포함해야 한다. 하나는 환경적 수지계산('지구')이고 다른 하나는 사회적 수지계산('사람')이다. 우리가 행하는 사업이 지속가능하려면 세 가지의 영역에서 모두 수지계산의 결과가 흑자이어야 하며, 그림 8.1의 교집합 부분('지속가능')에 해당한다. 이것도 역시 그럴듯하게 들리며, 그것이 통상적인 회계처리의 연장인 것처럼 보이므로 다수의 기업들이 3BL 방식의 회계보고 체계를 갖추었다고 주장한다. 그러나 한 기업의 친환경적 및 사회적 성능은 어떻게 측정되고 종합될 수 있는가? 도대체 앞에서 언급된 세 가지 영역에서 동시에 모두 흑자라는 것이 가능하기나 한 것인가? 그리고 다시 묻지만 재료는 어디에 들어가는가? 3BL 개념도 명확한 길잡이를 제공하지는 못한다.

그림 8.1 3중핵심사항 (또는 'PPP'사고)

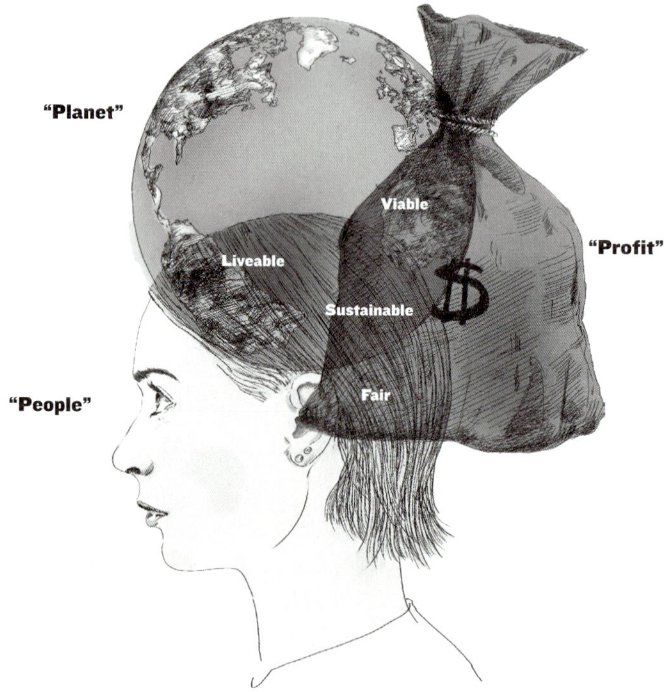

재료의 역할

세 가지 자본

만일 우리가 그림 8.2에 나타난 아이디어들을 분리하고 이를테면 그것들의 내용을 분석한다면 우리는 한 걸음 더 진전을 거둘 수 있을 것이다. 여기서는 경제학의 입장에서 바라본 지속가능성의 관점이 도움이 된다. 세계적 또는 국가적 '부'는 다음 세 가지 요소의 합으로 볼 수 있다. 순 제조된 자본, 순 인간자본, 순 자연자본이 그것이다. 이 세 가지의 합이 순 포괄적 자본이 되며, 그것이 국가적 또는 세계적 부의 척도이다(그림 8.2). 그것들은 각각 다음과 같이 정의된다.

- **제조된 자본**: 산업 역량, 제도, 도로, 축조된 환경, 재정적인 부(GDP)
- **인간자본**: 건강, 교육, 솜씨, 기술적 전문성, 축적된 지식, 행복
- **자연자본**: 청정한 공기, 맑은 물, 기름진 땅, 생산적인 바다, 광물, 화석 에너지
- **포괄적 자본**: 세 가지 자본 모두의 합

다소 어려움이 따르긴 하겠지만 각각은 달러($)와 같은 하나의 공통적인 척도에 의해 정량화될 수 있다. 물론 측정의 정밀도를 높이려면 어려움이 따를 것은 자명하다. 그러나 각 자본의 변화가 플러스인지 마이

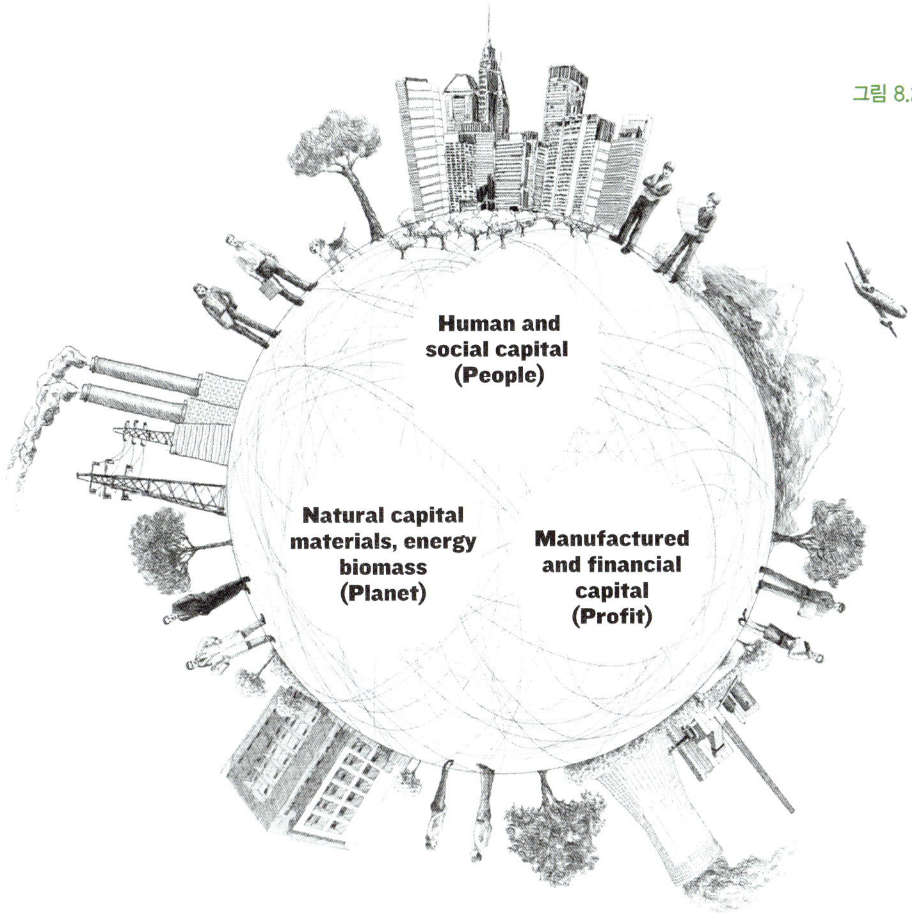

그림 8.2 세 가지 자본(그리고 그것들의 합)

너스인지를 구별하는 것과 어느 정도 큰지 작은지를 자릿수로 나타내는 것은 언제나 가능하다. 이 그림에서 '강한 지속가능성'은 세 가지 자본 모두가 흑자 성장을 이룰 수 있게 해주는 발전이다. '약한 지속가능성'은 포괄적 자본의 흑자 성장을 이끌어내는 발전이며, 미래세대에게 전달될 자본은 혹시라도 그것들 중 하나가 소멸되더라도 합은 반드시 흑자이어야 한다.

오늘날 세 가지 자본의 변화를 이끌어내는 주력은 경제성장에 대한 압력이다. 성장하는 경제는 건강해 보인다. 정체된 경제는 건강하지 못하며, 후퇴하는 경제는 병든 것이다.

흑자 경제성장은 제조된 자본을 증가시키고 국가적 부를 창출하는 데 필수적인 것으로 간주되지만, 다른 두 가지 자본에 대한 영향은 가끔은 부수적인 것으로 취급된다. 경제성장은 교육이나 의료서비스를 더 많이 제공하므로 인간자본의 증가에 기여하기도 하지만, 반대로 부당노동행위나 사회적 불평등을 유발함으로써 인간자본을 감소시키기도 한다. 그리고 무제한의 경제성장은 그것이 장기적으로 지속되면 대체가 불가능한 자원을 소모함으로써 자연자본을 감소시킬 것이 분명하다.

지속가능한 기술의 명료한 표현들의 경쟁

경제성장의 바람직하지 못한 효과에 대한 이러한 인지는 여러 가지 운동을 촉진시켰는데, 특히 자원의 소모와 배기가스의 배출을 줄이자는 움직임이다. 이러한 활동에는 다양한 사례가 있지만, 일반적으로 지속가능한 발전을 위한 기여로 나타난다. Mulder 등(2011)이 정의한 바에 따라 우리는 그것들을 지속가능한 기술의 '명료한 표현(articulations)'이라 부르기로 한다. 그것들 거의 대부분과 관련된 어려움은 그것들끼리 상충된다는 점이다. 문제점의 한 측면을 강조하는 표현이 때로는 다른 문제를 만들어 낼 수도 있다(그림 8.3의 예). 바이오 연료나 생체고분자 예찬론자들은 그것이 화석탄화수소에 대한 의존도를 줄일 수 있다는 이유로 그에 찬성한다. 하지만 그것들을 재배하는 데 필요한 토지는 더 이상 식료품을 생산하는 데 사용할 수 없게 된다. 탄소세는 저탄소경제를 촉진하기 위하여 고안되었지만, 결과적으로 에너지 가격을 올리고 따라서 재료와 제품의 가격도 상승시킨다. 재활용을 위한 디자인은 재료가 재생불가능한 자원으로 버려지는 것을 줄이면서 재료의 수요를 충족시키고자 하는 의도로 주창되었지만, 그것은 경량 복합재료의 사용을 제한한다. 왜냐하면 복합재료는 자동차의 연료절감을 가능하게 하지만, 이러한 복합재료는 재활용이 불가능하기 때문이다. 공정무역을 통한 원재료의 윤리적인 조달은 사회적 책임을 염두에 둔 운동이지만, 부작용은 역시 자원의 가격을 상승시킨다는 점이다.

그러므로 지속가능한 발전은 단순히 하나가 아니고 여러 가지이다. 그림 8.4는 이를 나타내고자 한다. 여기서 'P'로 나타낸 3중핵심사항(3BL)은 세 개의 동그라미로 분리되었고, 각각의 정식 명칭으로 표기되

그림 8.3 지속가능성에 있어서의 상충
지속가능한 기술의 상충을 보여주는 경쟁적인 표현들.

Motivation	Articulation	...but
Reduce dependence on fossil fuels	Bio-fuels; Bio-polymers	Competition with food production (people)
Stimulate low carbon economy	Carbon taxes	Increase energy price (profit)
Stimulate circular materials economy	Design for recycling	Inhibits use of advanced materials
Social responsibility	Ethical sourcing	Increased resource cost (profit)

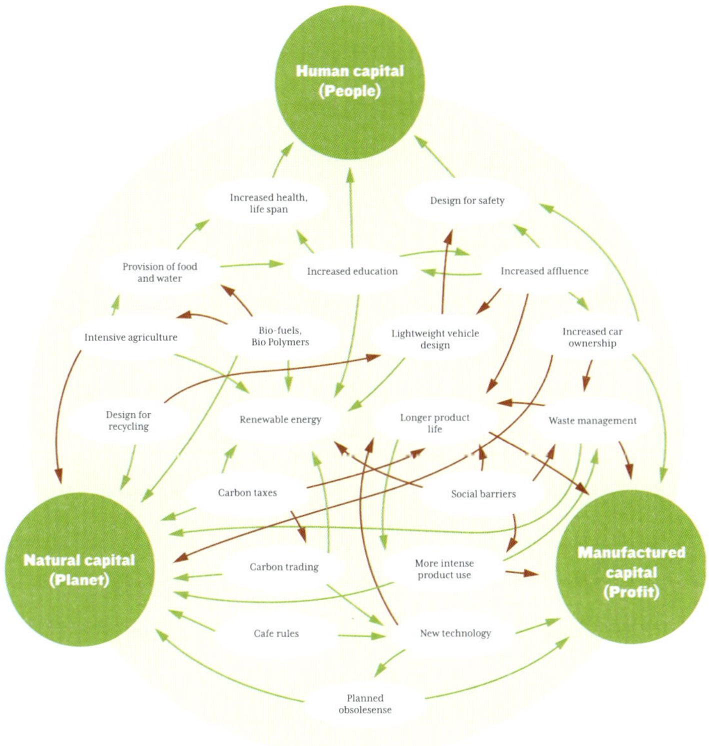

그림 8.4 지속가능한 발전
지속가능한 발전과 그들의 상호작용을 나타내는 수많은 표현 중의 일부.

었다. 이제 그것들은 큰 연못의 가장자리에 놓여 있고, 그 연못 속에서는 지속가능한 발전의 수많은 표현이 그것을 향하여 헤엄친다. 화살표는 그들 사이의 상호작용을 나타내며, 녹색 화살표는 긍정적인 상호작용을, 적색 화살표는 훼손시키는 상호작용을 의미한다. 화살표가 생략된 것들 사이에도 얼마든지 상호작용의 장점을 논할 수 있지만, 현실에 더 가깝도록 바꾸어 나가려면 그림은 훨씬 복잡해진다. 지속가능성의 문제를 한 가지 측면에서 풀어나가려는 것은 만일 그 해결책이 다른 문제를 악화시키거나 새로운 문제를 만들어 낸다면 도움이 되지 않는다. 큰 그림에 대한 안목을 잃으면 시야가 좁아지고 잘못된 인지로 연결되며, 더욱 나쁜 것은 잘못된 입법으로 연결되는 것이다. 만일 이 그림이 다른 문제를 일으키지 않는다면, 그것은 지속가능한 발전이 건설적인 방법으로 이루어진다는 전제 하에 대국적인 관점과 공명정대한 접근방법에 대한 필요를 이끌어 낸다.

숨은 뜻: 더 큰 그림

그림 8.4에 나타난 표현들은 어떤 공통적인 특징인자들을 가졌다. 그

중 많은 것들이 자원의 효율적인 사용에 관련되어 있다. 기술적인 면에서 세 개의 'P'는 세 개의 'E'에 의존한다. 세 개의 E는 에너지 효율성, 생물 효율성, 재료 효율성이다. 여기서 '효율성(efficiency)'이란 '단위자원 당 서비스제공'을 뜻하며 이 '자원'이 다름 아닌 에너지, 바이오매스, 재료이다.

에너지 효율성은 이미 널리 실행되고 있다. 에너지를 사용하는 공정의 에너지 비용은 매우 커서 자연스럽게 우선적인 고려사항이 되었다. 생물 효율성도 농경제학의 형태로 역시 널리 쓰인다. 식료품 생산이 경제에서 차지하는 중요성 때문에 이것도 역시 우선적인 고려사항이 되었으나, 생물 효율성은 단순히 바이오매스의 효율적인 사용 이상으로 확대되어야 한다. 그와는 달리, 경제선진국의 폐기물 처리 흐름에서 보듯이, 재료의 효율성은 같은 정도로 절실하게 취급되지는 않았다.

왜 그럴까? 화폐가치의 인플레를 감안하면 과거 수십 년 동안 상품의 가격은 감소하였으나, 최근에 와서는 급격하게 상승하고 있다. 에너지 비용 역시 과거 수십 년 동안 거의 일정하였으나, 최근에 와서는 급상승하였다. 이 기간 동안 세계적으로 GDP는 꾸준히 증가해왔으며, 그와 함께 인건비도 물론 증가하였다. 따라서, 과거 수십 년 동안 인건비에 대한 재료비의 비율은 감소하였다(에너지의 경우도 마찬가지). 그것이 설령 재료를 낭비하는 측면이 있다 하더라도, 노동행위를 최소화하는 공정을 고안하는 것이 매우 매력적인 것으로 떠올랐다. 보수와 유지에는 노동력이 필요하므로 제품을 고치거나 업그레이드하는 것보다는 폐기하는 편이 싸게 먹힌다. 처음 사용하는 새 재료들이 워낙 저렴하여 그것들을 재활용하도록 유인할 경제적 인센티브가 없었다.

이러한 사정은 이제 변하고 있다. 최근의 재료 가격의 급상승과 그에 따른 에너지 가격의 급상승에 따라 재료 효율성이 더 높은 쪽으로 우선순위가 바뀌고 있다.

재료 효율성

자연은 재료를 효율적으로 사용한다. 가장 키가 큰 나무가 햇볕을 가장 많이 받는다. 가장 힘센 포식자가 가장 많은 먹이를 차지한다. 식물도 동물도 이러저러한 자원을 놓고 경쟁한다. 이들 자원을 가장 효율적으로 사용하는 것들이 끝까지 살아남는다. 단위기능 당 자원의 소모를 최소화하는 방향으로 진화를 유도함으로써 자연은 재료 효율성의 본보기를 보여준다.

인간의 입장에서 재료 효율성이란 더 적은 재료의 생산을 통하여 더 많은 재료 서비스를 제공하는 것을 뜻한다. 재료의 생산과 재료의 소비는 일치하지 않음을 기억하라. 재료의 생산은 매년 광물, 원재료, 에너지로부터 생성되는 재료의 양으로 측정하며, 따라서 천연자원에 의존한다. 재료의 소비는 매년 모든 형태의 제조공정에 사용되는 재료의 양으로 측정한다. 재활용과 재사용이 있기 때문에 재료의 소비가 생산보다 많다. 재료 효율성을 높이는 목표는 재료의 생산을 최소화하면서도 필요한 제품과 서비스에 소요되는 재료의 소비를 감당하는 것이다.

대부분의 광물자원은 현재의 수요를 충분히 만족하지만, 광물자원의 품위가 떨어지면서 채굴과 정련에 더 많은 에너지가 소요된다. 따라서 재료의 생산에 감당할 수 없는 수준의 에너지가 필요하거나 재료의 추출과 가공이 환경보호 측면에서 허용될 수 없는 결과를 초래하는 경우 재료의 조달에는 제약이 따를 수 있다. 그리고 지정학적인 요인도 있다. 광물자원의 희소성은 정치적인 동기를 가진 무역장벽을 만들어내어 재료의 조달을 제한한다.

그러므로 재료 효율성을 추구하는 데는 최소한 네 가지의 절실한 동기가 있다.

- 재생이 불가능한 재료 자원의 고갈을 최소화하기 위하여
- 특히 이미 공급이 달리는 재료에 대한 선진국의 수입의존도를 낮추기 위하여
- 다른 자원(특히 에너지)에 대한 수요를 낮추기 위하여
- 재료의 생산과 사용 중 발생하는 원치 않는 배출(가스)을 줄이기 위하여

재료 효율성을 높이는 데는 네 가지 광범위한 전략이 있다(그림 8.5).

- 개선된 재료기술
- 재료를 효율적으로 사용하는 공학설계
- 경제적인 제도의 이용
- 사회적인 적응(생활방식의 변화)

첫째인 재료기술은 그림 8.5의 좌측상단에 있으며, 보다 효율적으로 재료를 생산하는 방법과 그것들의 특성을 향상시키는 방법, 그것들의 기능성을 증가시키는 방법, 그리고 그것들을 경제적으로 재사용할 수 있

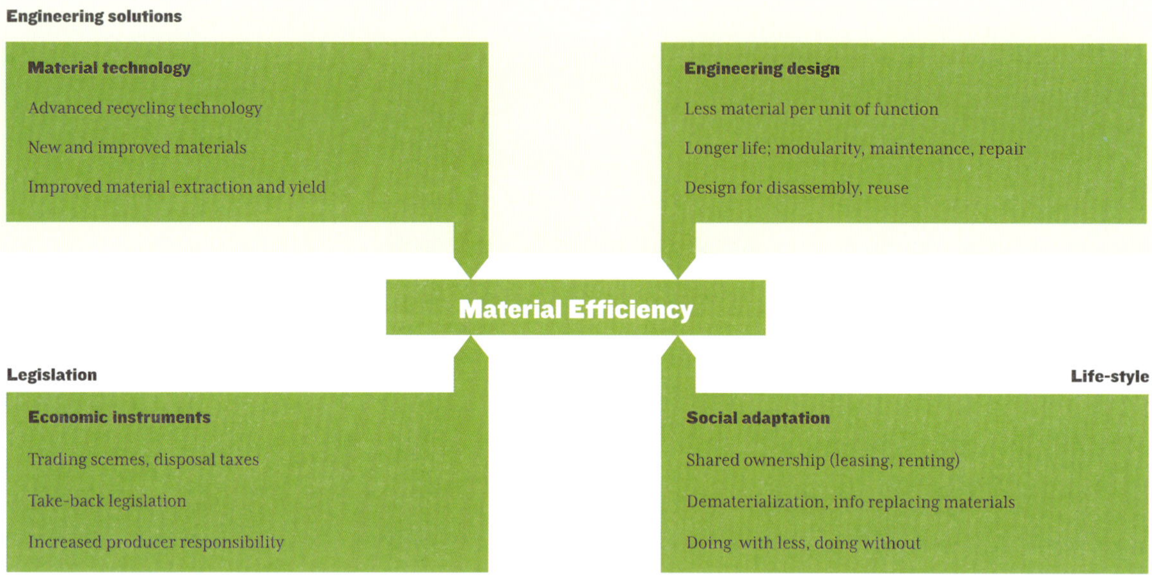

그림 8.5 재료효율성

는 새로운 방법을 찾는 것이다. 둘째인 공학설계는 우측상단에 있으며, 현재 사용 중인 재료를 유지하면서, 현존하거나 수정되거나 또는 새로운 제품에 사용될 재료의 허점을 보완하는 데 공학설계를 활용하는 것이다. 이 두 가지 척도는 소비자들의 행동에 거의 변화를 필요로 하지 않는다. 적극적으로 유지하거나 재활용하려는 의지와 무관하며, 재활용되거나 재생된 재료나 제품을 받아들이는 태도와도 무관하기 때문이다. 두 가지는 그림 8.5에 '공학적 해법'으로 표시되었다.

그림의 하단부는 다른 종류의 전략을 소개한다. 좌측하단은 경제적인 제도나 장치로, 입법을 통하여 재료의 사용이나 재사용에 영향을 미칠 수 있는 방법들을 보여준다. 우측하단은 사회적인 적응으로, 소유에 대한 변화된 관점을 필요로 한다. 단독소유권에는 제품에 대한 무한책임이 따름을 인식하여, 제품의 공동소유나 공동사용을 수락하거나 아예 소유권을 포기하고 대신에 서비스 제공자에게 의존하는 것을 받아들이는 것이다.

현재 사용 중인 재료의 양은 매우 커서 현대적인 인간생활에 필요한 모든 재료 서비스를 제공하기에 충분한 수준이다. 만일 제품수명의 연장에 의해, 또는 제품이나 부품의 재사용에 의해, 또는 사용된 재료를 새 제품을 만드는데 재활용함에 의해 이 재료들이 계속 사용될 수 있다면, 재료 생산에 대한 수요는 아마 거의 사라질 것이다. 물론 그것은 하나의 공상적인 시각이지만, 사용 중인 재료를 폐기하기 보다는 계속 사용함으로써 얻는 혜택은 크다. 이 아이디어는 재료의 저소비(reduce), 재사용(reuse), 재활용(recycle)이라는 세 단어로 압축된다.

소비와 쓰레기

물자가 쓸모가 있을 때 우리는 그것을 존중하면서 '재료'라고 부른다. 동일한 물자가 더 이상 쓸모가 없어지면 우리는 그것을 존중하지 않으면서 '쓰레기'라고 부른다. 쓰레기는 불가피한 것인가? 짧게 대답하면 "그렇다."이다. 그것은 물리적으로 회피불가능한 하나의 법칙에 따른 결과이다. 엔트로피는 오로지 증가할 뿐이다. 보다 길게 대답하면 "그렇다, 하지만."이다. 이 '하지만'에는 여러 가지 측면이 있으며, 그것이 이 절에서 다루고자 하는 내용이다.

우선, 눈금매기기이다. 이 세상의 우리 모두는 유사 이래 가장 빠른 속도로 재료를 소비하고 있다. 한 제품의 첫 소유자는 디자인수명이 다하면 그것을 쓰레기로 버린다. 따라서 쓰레기도 점점 더 빠른 속도로 생산된다. 우리는 이런 짓을 계속할 수 없다. 도대체 이 모든 쓰레기들은 어디로 가야 하는가? 쓰레기 처리는 유럽과 일본과 미국에서 이미 큰 문제이고 다른 곳에서도 그렇게 될 것이다. 우리는 순환하는 재료경제로 옮아가야 한다. 이는 재료를 그저 한 번 사용하고 폐기하는 것이 아니라 재활용하고 재사용함으로써 경제 속으로 피드백시키는 것을 의미한다.

디자인의 역할

최근에 당신이 버린 것 중에 여전히 작동하거나 또는 작동하지 않지만 수리가 가능한 것은 무엇인가? 유행이 바뀌면, 부추기는 광고에 힘입어, 새것에 대한 욕구가 강해지고 아직도 쓸모 있는 물건들을 교체하려고 한다. 산업디자인은 여기에 막중한 책임을 느껴야 한다. 꽤 한동안 산업디자인은 창의적진부화를 추구하였다. 이것은 제품이 오로지 새것일 때에만 마음에 들게 하고, 소비자로 하여금 그렇게 하는 것이 사회적으로 심리학적으로 필요한 일이라 느끼도록 암시하는 마케팅기법을 사용하여 최신 모델을 구입하도록 독려하는 것을 말한다.

그러나 그것은 단지 반쪽짜리 진리일 뿐이다. 잘 디자인된 제품은 시간이 흐를수록 더 가치를 얻을 수 있고, 절대로 지겨워하는 물건이 아니

1. 그러한 이상을 추구하는 단체 중 하나로 www.eternally-yours.nl을 들 수 있다.

어서, 디자인수명의 몇 배를 넘겨서도 살아남는다[1]. 뉴욕, 런던, 파리의 경매소와 골동품 딜러들은 자주 실용적인 목적으로 디자인되었으나 현재에 와서는 그것들의 미학적인, 연상시키는, 인지되는 성질에 더욱 가치가 부여되는 제품들의 판매로 톡톡히 재미보고 있다. 사람들은 정서적으로 애착을 가진 물건을 쉽게 버리지 않는다. 바로 그것이다. 산업디자인은 악당인 동시에 영웅의 역할도 하는 양면성을 가졌다. 어디서 단서를 제공할 수 있을까?

당신이 살고 있는 집이 더 이상 맞지 않는다면, 당신은 두 가지 중에서 선택할 수 있다. 첫째는 새 집을 사서 옮기는 것이고, 둘째는 지금까지 살던 집을 개조하는 것인데, 그 과정에서 당신의 기호에 더 알맞게 개조할 수 있다. 집은 이런 개조가 가능하다. 하지만 대부분의 제품은 그렇지 않다. 오래된 제품은 오래된 집과는 달리 가치가 많이 떨어진 것으로 인지되며 손쉽게 버려진다. 그것이 바로 디자인이 직면하게 되는 숙제이다. 개조될 수 있고 개성화될 수 있는 제품, 그리하여 집의 경우처럼 그것 나름의 개성을 갖추고, "버리지 마세요. 나는 당신 인생의 일부예요."라는 메시지를 보낼 수 있는, 그런 제품을 만들어내야 한다. 이는 공학설계와 산업디자인을 결합하여 진화하는 기술을 수용할 수 있는 제품을 만들어야 하지만, 동시에 오래 지속되고 개성을 살릴 수 있도록 수준 높은 재료와 디자인과 개조가능성까지 갖춘 제품을 창조해내는 것, 그리하여 자녀들에게까지 물려주고 싶은 제품을 만들어내야 함을 의미한다.

좀 더 자세히 살펴보려면 다음과 같이 자문해 볼 필요가 있다. 우리는 왜 물건들을 버리는가?

우리는 왜 물건들을 버리는가?

오늘날 우리가 겪는 것과 같은 제품의 신속한 교체 경향은 비교적 최근의 현상이다. 예전에 가구를 살 때에는 그것이 단지 한 세대가 아니라 여러 세대의 필요를 충족할 수 있으리라는 생각을 바탕으로 하였는데, 오늘날 그러한 생각은 예술품의 취급에나 적절한 것이다. 손목시계나 금장 만년필은 당신이 평생 사용하다가 자녀들에게 물려주는 그런 물건이었다. 말할 것도 없이, 이 모든 것들에 숨어 있는 문제는 어떤 제품의 가치가 오래될수록 증가하는지 혹은 감소하는지에 관한 것이다.

하나의 제품은 더 이상 값어치가 없을 때 그 수명이 다하게 된다. 뚜렷한 이유도 없이 제품이 작동을 멈추는 일은 흔하다. 제품의 기대수명

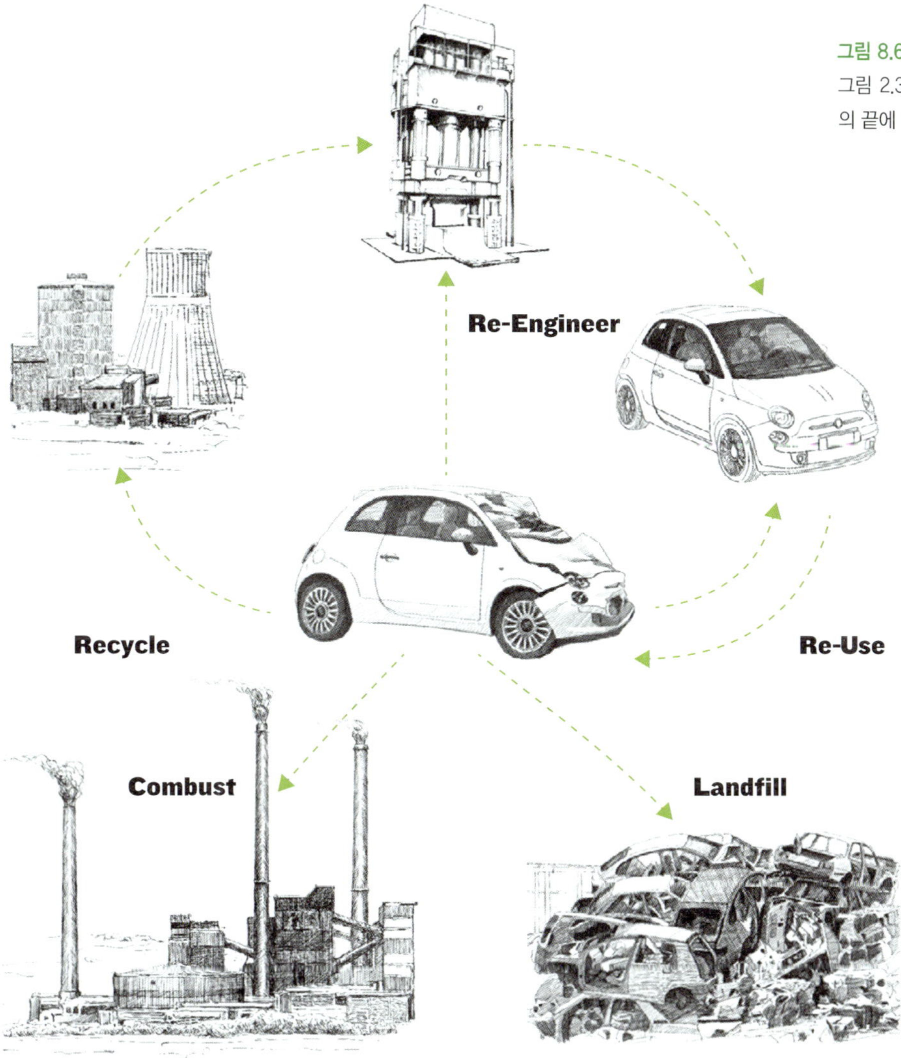

그림 8.6 **수명의 끝**
그림 2.3에 나타낸 재료의 수명주기에서 수명의 끝에 취할 수 있는 선택.

은[2] 다음 중 가장 짧은 것이 된다.

- **물리적 수명**: 제품이 경제성 있게 수리하지 못할 정도로 망가질 때까지의 시간
- **기능적 수명**: 제품의 존재에 대한 필요성이 사라지기 시작하는 시간
- **기술적 수명**: 기술의 진보에 따라 (새로운 제품이 등장하여) 해당 제품은 참을 수 없을 정도로 낡았다고 느끼게 되는 시간
- **경제적 수명**: 디자인과 기술의 진보에 따라 (새로운 제품이) 현저히 낮은 운영비로 해당 제품과 동일한 기능을 제공하게 될 때까지의 시간
- **법적인 수명**: 새로운 표준, 지침, 법률, 규제에 따라 해당 제품을 합법적으로 사용할 수 없게 될 때까지의 시간

2. 이 리스트는 Woodward, D.G. (1997) "Life-cycle costing", Int. J. Project Management, Vol. 15, pp. 335-344에 제시된 것을 약간 확장한 것이다.

- 마지막으로 매력의 상실: 취향, 패션, 미학적 선호도의 변화에 따라 해당 제품이 더 이상 바람직하지 않게 될 때까지의 시간

자원의 소비를 줄이기 위한 한 가지 분명한 방법은 제품을 더욱 내구성 있게 만들어 그 수명을 늘리는 것이다. 그러나 제품의 수명이란 방금 여섯 가지를 열거하였듯이 다양한 의미를 가진다. 제품의 수명을 늘리는 디자인을 원한다면 우리는 이 모든 것들을 다 고려해야 한다. 그 문제는 잠시 덮어두고, 어떤 제품이 수명을 다하였다고 하자. 선택할 수 있는 처리방법은 무엇인가? 그림 8.6에 소개하는 대로 매립, 폐열회수를 위한 소각, 재활용, 재생, 재사용이 있다.

매립과 소각

지금 우리가 버리는 것들의 대부분이 매립된다. 그러나 매립에는 이미 문제가 많다. 많은 나라에서 매립에 사용할 수 있는 땅이 거의 꽉 차버렸다. 행정기관들은 매립세를 부과함으로써 쓰레기를 다른 방식으로 처리하도록 유도하고 있는데, 현재 매립세가 톤당 50달러 수준이며 계속 인상되고 있다.

알다시피, 재료는 에너지를 포함하고 있다. 재료를 쓰레기로 버리기보다는 잘 제어된 연소에 의해 재료가 가진 에너지의 일부라도 회수하여 재사용하는 것이 낫다. 그러나 이것이 말처럼 쉽지는 않다. 우선 소각이 불가능한 것으로부터 소각이 가능한 재료를 분리하는 1차적인 분류가 필요하다. 그 다음으로는 소각을 행하되 독성 가스나 찌꺼기가 발생하지 않는 조건 하에서 이루어져야 한다. 그러기 위해서는 고온, 정교한 제어, 값비싼 장비가 필요하다. 에너지 회수는 불완전할 수 있는데, 연소 자체가 불완전하기 때문이기도 하지만 부분적으로는 들어오는 쓰레기가 가진 수분을 날려 보내야 하기 때문이다. 따라서 소각을 통해서 유용한 에너지를 회수할 수 있지만, 효율이 낮아서 경제적인 매력이 덜하고, 소각장 주위의 환경 유지가 어려워질 수 있다.

재생공학과 수명연장

재생공학은 제품 또는 제품의 살릴 수 있는 부품을 수리하거나 업그레이드하는 것으로 그것이 실행되려면 일정한 조건을 충족해야 한다. 우선 중요한 조건은 제품의 디자인이 고정된 것이어야 한다는 점인데, 예

를 들어 항공기의 경우 일단 감항성(airworthiness) 증명서를 받으면 디자인이 바뀔 수 없다. 또는 제품을 만드는 데 바탕이 된 기술이 매우 느리게 진보하는 것이어서 복구된 제품에 대한 시장의 수요가 여전히 존재해야 한다는 조건이다. 다음과 같은 예를 들 수 있다. 자동차 타이어와 엔진, 도로나 철도의 기반구조물, 사무실 공간 및 사무용 집기, 특히 프린터나 복사기 그리고 통신장비. 이것들은 서비스용이고 제품이 잘 작동하는 한 서비스를 제공받는 사람들에게는 그리 중요하지 않다. 우리가 통상 전화회선이나 휴대전화와 인터넷서비스를 서비스제공자로부터 임차하고 있듯이, 서비스는 임차하여 사용하는 것이 더 바람직하다. 왜냐하면 임대업자는 서비스를 제공하는 장비의 수명을 최대화하는 데 관심이 많기 때문이다.

재사용과 재활용

재사용은 제품을 이미 사용된 상태로 받아들일 의사가 있는, 즉 원래의 용도로 사용하거나(예를 들면, 중고자동차) 다른 형태로 개조하려는[3](예를 들면, 자동차를 개조된 차로 또는 버스를 이동식주택으로 변환) 소비자들에게 재분배하는 것이다. 여기서의 어려움은 구매자와 판매자를 연결해주는 소통 문제에 있다. 주택매물 리스트, 중고 자동차 및 보트 매거진들이 있어서 정확한 소통의 채널을 제공한다. 구호단체가 운영하는 가게는 옷이나 폐품을[4] 그것들이 쓰레기라고 여기는 사람들로부터 기증받아, 그것들의 가치를 인지하는 사람들에게 판매한다. 여기서 잠시 생각해보면, 재사용을 촉진하기 위하여 고안된 가장 효과적인 수단은 아마 이베이(e-bay)라 할 수 있는데, 그것이 성공적인 이유는 세계적인 통신 채널을 제공하기 때문이다.

쓰레기는 그것을 유용하게 만들기 위해 아무 것도 할 수 없을 때에만 쓰레기이다. 쓰레기도 언제든지 자원이 될 수 있다. 재활용은 제품의 수명이 다한 시점에 회수된 재료를 재가공하여 사용이 가능한 반열에 다시 돌려보내는 것이다. 그것은 쓰레기 반열에 놓인 것들로부터 가치를 추출해내는 가장 효과적인 방법이다.

재활용은 에너지를 필요로 하고, 더구나 이 에너지에는 가스배출이라는 부담이 따라 다닌다. 다만 재활용에너지는 일반적으로 최초의 생산에너지(embodied energy)에 비하면 작아서 일단 재활용이 가능하다면 그것은 에너지효율적인 대안이 될 수 있다. 그러나 비용 측면에서는 재활용이

3. 우리들에겐 쓰레기로 보이는 것들이 예술가에겐 발명의 재료가 될 수 있다. 주목할 만한 예로 Musee International des Arts Modestes, 23 quai du Marechal de Lattre de Tassigny, 34200 Sete, France를 방문해보라(www.miam.org).

4. 영국 어떤 마을의 가게에는 "우리는 쓰레기를 사서 골동품으로 판다."는 간판이 걸려 있다.

효율적이지 못할 수도 있으며, 그것은 실제 그 재료가 어느 정도로 분산되었느냐에 달렸다. 사업장 내에서의 생산이나 제조과정에서 발생한 자투리 재료는 분산이 심하지 않으므로 거의 100 % 회수되어 재활용되고 있다. 반면에 버려진 제품들처럼 재료가 광범위한 분포를 보이는 것은 수집하고, 분리하고, 세척하는 데 비용이 너무 많이 든다. 많은 재료들은 비록 저급의 용도에는 여전히 재사용될 수 있을지언정 재활용하는 것은 불가능하다. 예를 들면, 연속섬유강화 복합재료는 다시 섬유와 고분자 기지로 분리할 수 있는 경제적인 방법이 없기 때문에 재활용이 불가능하다. 하지만 그것들을 토막내어 충전재로 사용하는 것은 가능하다. 대부분의 다른 재료들은 재활용하는 경우 제어가 불가능한 불순물의 함량이 높아지는 것을 피하기 위해 순수한 재료를 보충해야 할 필요가 있다. 그러므로 그림 8.6의 수명주기에 최종적으로 재활용될 수 있는 비율은 재료 자체와 함께 그 재료가 적용될 제품에 따라 달라진다.

그림 8.7 재활용 표지
상용고분자의 재활용 표지(1~7). 혼합, 충전재, 강화재에 관한 상세정보를 포함한 보다 분명한 표지(아래). 첫 번째는 20 %의 탤크(talc) 충전재를 함유한 폴리프로필렌, 두 번째는 유리섬유로 강화된 폴리카보네이트-ABS 혼합 고분자.

금속의 재활용은 매우 잘 발달되어 있다. 금속들은 밀도, 자기적 특성, 전기적 특성, 색상이 서로 매우 달라서 비교적 쉽게 분리할 수 있다. 킬로그램 당 가격도 다른 재료들보다 높다. 이 모든 것들이 금속의 재활용을 매력적으로 만드는 데 도움이 된다. 재활용 금속을 사용하는 데에도 여러 가지 제한이 있지만, 오늘날 재활용 금속의 소비량이 큰 만큼 충분히 훌륭한 용도도 많다.

고분자에 대해서는 같은 방식으로 얘기할 수 없다. 상용고분자는 대량으로 사용되지만, 많은 것들이 수명이 짧은 제품에 사용되고 쓰레기 관리에 주요 문제점으로 나타난다. 그래서 어쩌면 그것의 효율적인 재활용에 더 노력해야 한다고 생각할 수도 있다. 그러나 고분자는 모두 거의 비슷한 밀도를 가졌으며, 자기적으로나 전기적으로 어떤 특징도 별로 없고, 색상은 생산자가 원하는 대로 얼마든지 착색할 수 있다. 엑스선형광법이나 적외선분광법으로 식별할 수 있지만, 그조차도 확실한 방법이 아닐뿐더러 비용이 많이 든다. 게다가 많은 고분자는 혼합되었거나 섬유나 충전재를 포함하고 있다.

추가적으로 언급할 것은 재활용 공정 자체가 여러 단계의 에너지소비 과정이라는 점이다. 또한 피할 수 없는 불순물의 혼입 때문에 재활용 고분자는 제한적으로만 사용된다. 이러한 이유로 재활용 고분자의 가격은 처음 사용하는 순수한 고분자의 약 60 % 수준이다.

그 결과로 여러 가지 상용고분자의 재활용은 저조하다. 재활용의 비율을 높이려면 얼마나 잘 식별할 수 있는지에 달렸고, 여기에 진전이 있다. 그림 8.7에서 위쪽 일곱 가지는 표준 재활용표지를 보여주는데, 그것들은 자초지종을 알려주지 못하기 때문에 비효율적이다. 아래쪽 두 가지는 새로이 발전된 식별체계를 보여준다. 여기서는 고분자, 충전재, 무게분율을 모두 식별할 수 있다. 이 책의 부록에 수록된 약칭 표기를 써서 만든 문구는 효율적인 재활용에 필요한 충분한 정보를 준다.

그림 8.8 재활용 재료와 함께하는 디자인
(a) 퀼트(spinsagoodya.rn.com)
(b) 수퍼마켓 의자(reestore.com)
(c) 컨테이너박스 조립식 주택 (weburbanist.com)
(d) 이동식 주택 (transitionbus.org와 www.miam.org)

(a)

(b)

(c)

(d)

재활용 재료를 사용한 디자인

우리들 대부분이 쓰레기라고 여기는 것이 혁신적인 디자이너에게는 하나의 발명을 이룰 재료가 될 수 있다. 여기 그림 8.8에 몇 가지 사례가 있다.

퀼팅은 사용하고 남은 자투리 재료로부터 채색 팔레트와 패턴을 창조하는 예술이고 심지어 스토리까지 만들어낸다. 이 의자는 친숙하지만 종종 폄하되는 물건을 마치 Marcel Breuer의 1920년대식 미니멀리스트 강철튜브 디자인을 연상시키는 것으로 바꾸어 놓았다. 모듈로 된 조립식 주택은 더 이상 필요하지 않은 화물용 컨테이너를 개조하여 현대적 스타일의 확장 가능한 주거공간을 만든 것이다. 이동식 주택은 스쿨버스를 개비한 것이다.

이것들은 하나뿐이며, 상상력이 충만하고, 정말 유쾌하며, 영감을 불러일으키기까지 한다. 그러나 그것들은 쓰레기 문제를 해결하는 데는 별로 기여하지 못한다. 문제해결에는 공업적인 규모로 재활용 재료를 사용할 수 있는 디자인이 필요하다. 이를 위해서는 일관된 품질의 재활용 재료가 안정적이고 대량으로 공급되는 것이 중요하다. 바꾸어 말하면 이것은 이윤을 남길 수 있는 재활용 사회기반구조, 또는 이윤을 내지 못하더라도 적절한 보조금을 받을 수 있는 사회구조에 달려 있다.

그 모든 것을 감안하더라도, 재활용의 유리한 점은 무엇인가? 재활용 지지자들은 그것이 순수한 원재료의 소비를 줄이고, 에너지를 절약하고, 배출가스를 감소시킨다는 점을 지적한다. 그것은 소각장 설비와 매립시설에 들어가는 투자를 줄여준다. 그리고 고용을 창출한다. 비판론자들은 이러한 주장을 반박하면서, 쓰레기를 수집하고 수송하고 재처리하는 데 사용되는 에너지가 재활용으로 얻어지는 이익을 초과하며, 재활용과 관련된 고용의 창출은 저품위이기 때문에 광업이나 임업에 필요한 더욱 숙련된 고용에 대한 저질의 보상일 뿐이라고 말한다. 그러나 한 가지 사실은 분명하다. 증가하는 세계인구와 함께 지속가능하고 더욱 공정한 미래를 위해서는 우리가 일인당 연간 재료소비를 지금보다 더 적도록 관리해야 한다. 재활용은 이러한 목표에 기여하는 유연하고 관리 가능한 방법이다.

'재활용을 위한 디자인'이 있는가 하면 '재활용과 함께하는 디자인'이 있다. '재활용을 위한 디자인'부터 시작해보자. 재활용에 가장 큰 장애물은 아마 대부분의 제품들이 수명이 다한 시점에 재활용이 쉽도록 디자인되지 않는다는 점이다. 그리 놀랄 것도 없는 것이 과거에 경쟁력 있는 제품의 창조자들에게는 더 우선적인 요구사항들이 많았다. 하지만 이제는 상황이 바뀌었다. 여러 나라가 재활용의 의무적인 목표를 법제화하고 있으며, 특히 자동차나 전자제품의 경우가 그러하다. 그리고 그들은 재활용 재료를 포함하는 제품을 위한 시장을 만들어내는데 그들이 가진 구매력을 사용할 수 있으며, 실제로 사용하고 있다. 이러한 모든 것들 때문에 재활용을 위한 디자인은 이제 디자인 과정의 중요한 부분이 되었다.

'재활용과 함께하는 디자인'은 재활용 재료의 약점을 인식하고 그것들 위주로 디자인하는 것을 의미한다. 재활용 재료는 처음 사용하는 순수재료에는 없는 불순물을 포함할 수 있으며, 불순물의 종류는 뱃치마다 다를 수 있다. 불순물은 의료용이나 식품가공과 같은 분야에서의 엄격한 재료스펙을 만족하는 데 잠재적인 문제점을 만들어내므로, REACH나 COSHH[5] 같은 법규를 준수하기 어려울 수 있다. 재활용 플라스틱을 사용한 디자인에는 다음과 같은 간단한 가이드라인들이 있다. 강성을 향상시키는 두꺼운 벽 또는 특징들을 지정하라. 증가된 두께가 감소된 재료강도를 보상해야 한다. 색상이 중요하지 않은 용도를 선택하라. 재료의 원래 색상을 감추기 위해서는 추가적인 염료가 더해질 수 있다. 재활용하기 쉬운 재료를 선택하라. 하나의 제품에 사용될 고분자의 종류를 최소화하라. 그렇지 않으면 수명이 다하였을 때 그것들을 분리하기 어렵다. 재료를 선택할 때 서로 호환성이 있는 그룹에서 선택하라. 예를 들면, 폴리올레핀(PE, PP), PET, PVC, HDPE, ABS가 다른 대부분의 고분자들보다 재활용하기 더 쉽다. 재활용을 도우려면 적층판, 난연재, 유리섬유 강화재와 같이 분리하기 어려운 재료들을 피하라. 재활용을 방해하는 스티커 또는 접착제와 같은 공해물질을 피하라. 재활용 고분자는 다른 고분자의 불량 성분을 포함하게 되므로 몰딩될 수 있는 능력이 변한다. 처음 사용하는 순수유리의 조성은 정확하게 제어할 수 있

5. REACH는 화학물질(CH)의 등록(R), 평가(E), 승인(A)과 제한에 관한 지침이고, COSHH는 건강(H)에 해로운(H) 물질(S)의 통제(CO) 지침이다. 모두 유럽연합(EU)의 규제지침이다.

어서 광학적 특성이나 공정특성이 제어될 수 있지만, 재활용 유리는 그것이 어렵다.

이는 약간 실망스럽게 들릴 수 있다. 그러나 다수의 용도에서 재활용 재료는 잘 쓰이고 있으며, 그렇게 함으로써 비용을 줄이고, 매립을 줄이며, 천연자원에 대한 요구를 감소시킨다. 그림 8.9에 두 가지 사례를 보여준다.

종이와 골판지가 가정에서 발생하는 쓰레기의 50 %를 차지한다. 운반용 종이 백은 대량으로 사용되며, 흔히 일회용이다. 그것들은 기능성의 희생 없이 재활용 종이로부터 만들어질 수 있는 종이제품의 예이다. 재활용 종이가 반드시 나무로부터 직접 만든 새 종이보다 저렴하다는 보장은 없지만, 그것을 더 많이 사용할수록 매립장으로 가는 재료의 양은 줄어든다.

미국 버지니아 주 알링턴의 환경보호국(EPA) 건물은 지을 때 재활용 재료를 광범위하게 사용하였다. 콘크리트는 재활용 콘크리트와 용광로 슬래그를 집합체로 하고 플라이애시 성분이 높은 시멘트로 결합하였다. 플라이애시는 표면의 석재를 붙이는 데에도 사용되었다. 천장 타일과 벽판은 발전소 연도가스로부터 얻어진 석고를 포함하였고, 나무 마루는 재생된 목재를 바탕으로 하였다. 카펫 타일은 폐타이어와 재활용 카펫으로 보강되었다. 타이어 자투리는 지하배수로에 활용되었다. 이러한 것들은 이제 어떠한 새 건물에도 적용가능한 잘 확립된 건축실무가 되었다.

(a)

(b)

그림 8.9 종이와 콘크리트

(a) 종이 백(mojopromotions.co.uk) (b) 미국 환경청 EPA 빌딩에 사용된 재활용 콘크리트 (epa.gov/industrialmaterials).
(사진 제공: cyviz.com)

포장의 문제점

재료를 포장에 사용하는 것만큼 많은 비난을 받는 경우도 드물다. 포장은 제품 꾸러미를 열자마자 그 기능적 수명이 끝난다. 그것은 덧없는 것이고, 진부하고, 산더미 같은 쓰레기를 만들어내며, 대부분의 경우 불필요한 것이다.

아니면 필요한 것인가? 포장이 역할을 담당하는 가장 고도로 발전된 형태에 대하여 잠시 생각해보자. 우리 자신을 포장하는 방법이다. 의복은 더위와 추위로부터, 그리고 햇볕과 비로부터 우리를 보호해준다. 의복은 성별, 인종, 종교적인 배경에 관한 정보를 전달한다. 제복은 멤버십이나 지위를 보여주는데, 군대나 교회에서 가장 뚜렷하지만 항공사, 호텔, 백화점, 심지어 공기업에서까지 그러하다. 그리고 개인적인 차원에서도 의복은 훨씬 더 큰 역할을 한다. 그것은 우리가 자신을 드러내는 방

표 8.10 생체고분자의 명명법

명명법: 생체고분자	
폴리락트산	PLA
폴리하이드록시알캐노에이트	PHA
셀룰로오스 고분자	CA, CAP, CAB
열가소성 녹말	TPS
폴리카프로락톤	PCL
명명법: 석유기반 고분자	
폴리프로필렌	PP
고밀도 폴리에텔렌	PE-HD
저밀도 폴리에텔렌	PE-LD
아크릴로나이트릴스타이렌	ABS
폴리스타이렌	PS
나일론66	PA
폴리에틸렌테레프탈레이트	PET

법 중 중요한 일부이다. 또한 많은 사람들이 여러 해 동안 같은 옷을 입는가 하면 어떤 사람들은 한두 번만 입고 말기 때문에 옷들은 '쓰레기'가 되고 구호단체 가게로 보내진다.

좋다. 우리는 그런 종류의 포장이 필요하다고 말할 수 있다. 그러나 제품은 무생물체이다. 상품의 포장에서 중요한 점은 무엇인가? 한마디로 대답하면, 우리가 의복을 필요로 하는 것과 정확히 같은 이유, 즉 보호, 정보, 소속, 지위, 과시를 위해 제품도 포장된다.

그러므로 몇 가지 사실관계로부터 시작해보자. 포장은 가정에서 발생하는 쓰레기의 18 %를 차지하지만 매립 쓰레기의 3 %에 불과하다. 그것의 탄소배출 이력은 전 세계 총량의 0.2 %이다. 유럽에서는 포장의 약 60 %가 회수되어 에너지회수나 재활용에 사용된다. 미국에서는 이보다 좀 저조하다. 포장은 지금 우리가 즐기는 생활양식을 가능하게 해준다. 포장 없이는 수퍼마켓이 존재하기 어려울 것이다. 포장은 안에 든 식품을 보호하고 그것을 둘러싼 공기를 제어하여 제품의 수명을 연장하고, 연중 내내 신선한 식품을 구할 수 있게 하며, 공급과정에서의 식품 쓰레기를 약 3 % 감소시킨다. 포장이 없다면 쓰레기의 비율은 훨씬 높을 것이다. 부정조작방지 포장은 소비자를 보호한다. 포장에 표시된 정보는 제품과 유통기한을 확인해주고, 사용 설명을 제공한다. 제품의 브랜드는 포장에 의해 정의된다. 코카콜라 병, 하인즈 수프 캔, 켈로그 제품 등은 제품의 표현과 인지에 중요하다.

포장산업은[6] 포장의 겉으로 드러나는 속성 때문에 그것이 주는 부정적인 인상을 잘 알고 있으며, 포장의 무게와 부피를 줄이려고 부단히 노력한다. 물론 예외는 항상 있게 마련이지만, 재료의 사용을 최소화하면서 모든 기능을 제공할 수 있도록 포장을 최적화하는 데 진전이 있었다. 가장 많이 사용되는 것들(종이, 골판지, 유리, 알루미늄, 강철)은 재활용 시장이 확립되었다. 많은 포장은 결국 분류하기에 가장 어려운 가정용 쓰레기로 버려진다. 해결책은 쓰레기흐름 관리를 개선하는 것인데, 포장재에 재활용표지를 도입하여 소비자로 하여금 분류하도록 유도하는 것이다. 많은 포장의 보호기능 때문에 재료는 다층상이어서 그대로 재활용될 수 없지만, 만일 분류된다면 여전히 하나의 에너지원이다.

따라서 이것이 핵심사항이다. 법제화에 의해 포장의 존재를 소멸시키는 것은 생활양식의 커다란 변화를 필요로 하고, 쓰레기흐름을 크게 증가시키고, 소비자의 편의와 제품보호와 위생적인 취급을 어렵게 할 수

6. 예를 들어 www.packagingfedn.co.uk (the Packaging Federation) 또는 www.flexpack.org (the Flexible Packaging Association) 같은 웹사이트를 참조하라.

있다. 진정한 도전은 가급적 많은 쓰레기를 재료경제 속으로 되돌려 보내는 일이다.

생체고분자

자연은 가장 단순하게는 전분으로부터 가장 복잡하게는 DNA에 이르기까지 굉장한 생체고분자들을 만들어낸다. 우리는 같은 것을 할 수 없는가? 어떤 면에서는 우리도 한다. 제품디자인에 나무, 코르크, 고무, 가죽, 털가죽, 면, 실크를 사용하는 것을 생각해보라. 하지만 이것은 자연이 다른 목적으로 합성해 놓은 재료를 대리하여 사용하는 것이다. 우리는 자체적으로 생체고분자를 합성할 수 없는가? 왜 여기에 관심이 있는가? 전통적으로 상용고분자(플라스틱)들은 석유로부터 만들어진다. 이것은 석유를 아주 잘 사용하는 방법이며, 그냥 태워 없애는 것보다 훨씬 낫다. 그러나 플라스틱의 우수한 내구성(분해에 대한 저항)은 쓰레기 문제를 유발하고, 석유로부터 그것을 합성하려면 커다란 이산화탄소 배출이 따르며, 석유의 심한 가격변동에도 취약하다. 합성 생체고분자는 이러한 문제점들을 회피할 수 있는 것으로 생각되어 석유기반 플라스틱보다 더 친환경적인 것으로 자격을 인정받았다.

이러한 인지의 결과로 생체고분자의 생산은 확대되었으며(2012년에 약 50만 톤) 그 대부분은 포장재로 사용되었다. 높은 가격과 비료화처리 기반시설의 부족에도 불구하고 생체고분자 시장의 규모는 연간 22 %의 비율로 향후 5년간 성장할 것으로 예측된다. 그러므로 이에 대하여 진지하게 고려해 볼 필요가 있다.

제조공정

대부분의 생체고분자는 사탕무, 감자, 밀과 같은 농작물로부터 합성된다. 각각의 농작물은 단량체를 추출하기 위하여 흔히 발효 처리된다. 그런 다음에 단량체를 고분자화하여 생체고분자를 만든다. 추출하는 공정은 대체로 느리며 열을 필요로 한다. 합성하는 공정(고분자화)은 석유기반 플라스틱의 제조공정과 유사하다.

생체고분자의 특성

생체고분자는 폴리에틸렌이나 폴리프로필렌 같은 석유기반 상용고분자

그림 8.11
석유기반 상용고분자(파랑)와 생체고분자(초록)의 킬로그램 당 가격과 세제곱미터 당 가격.

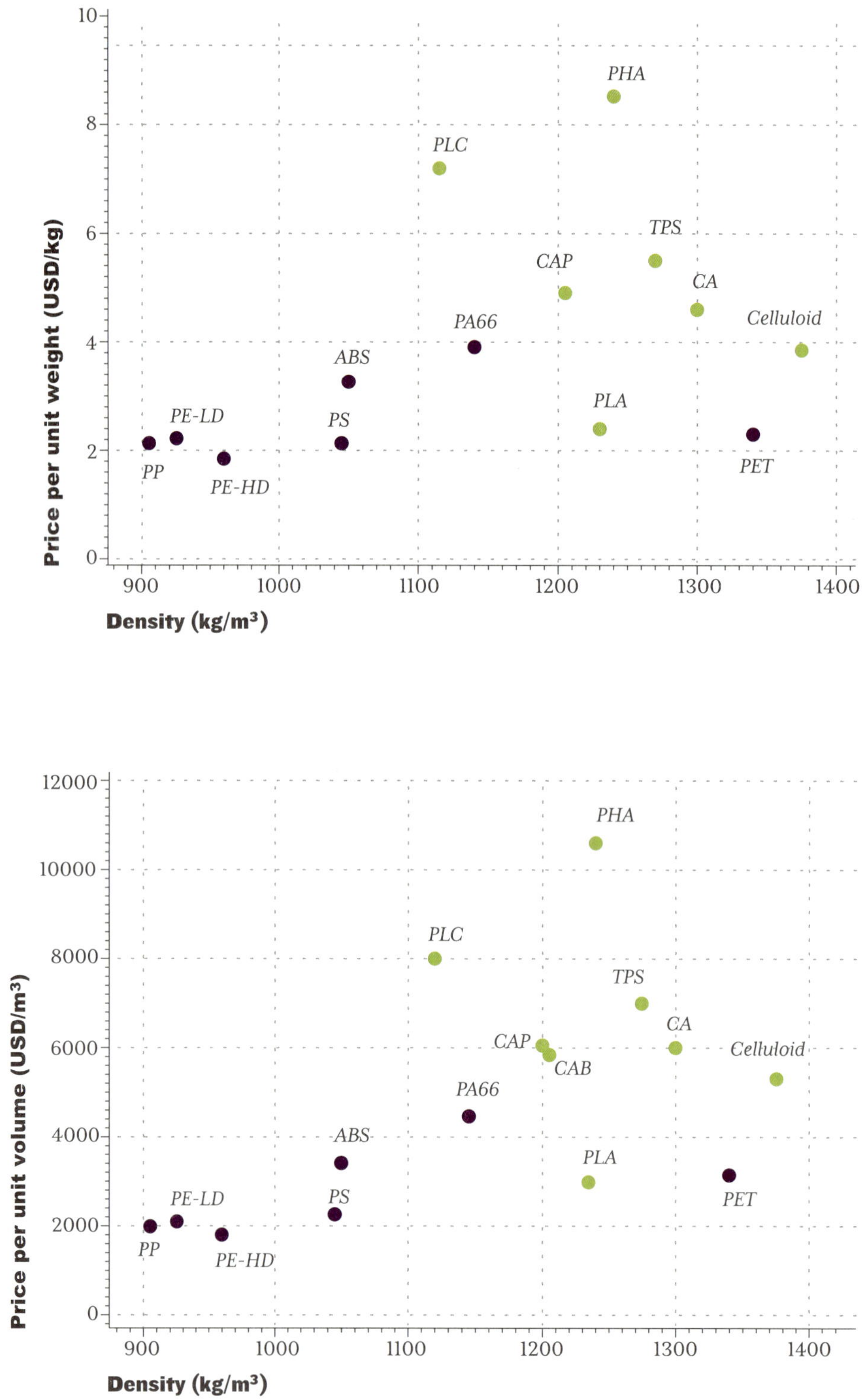

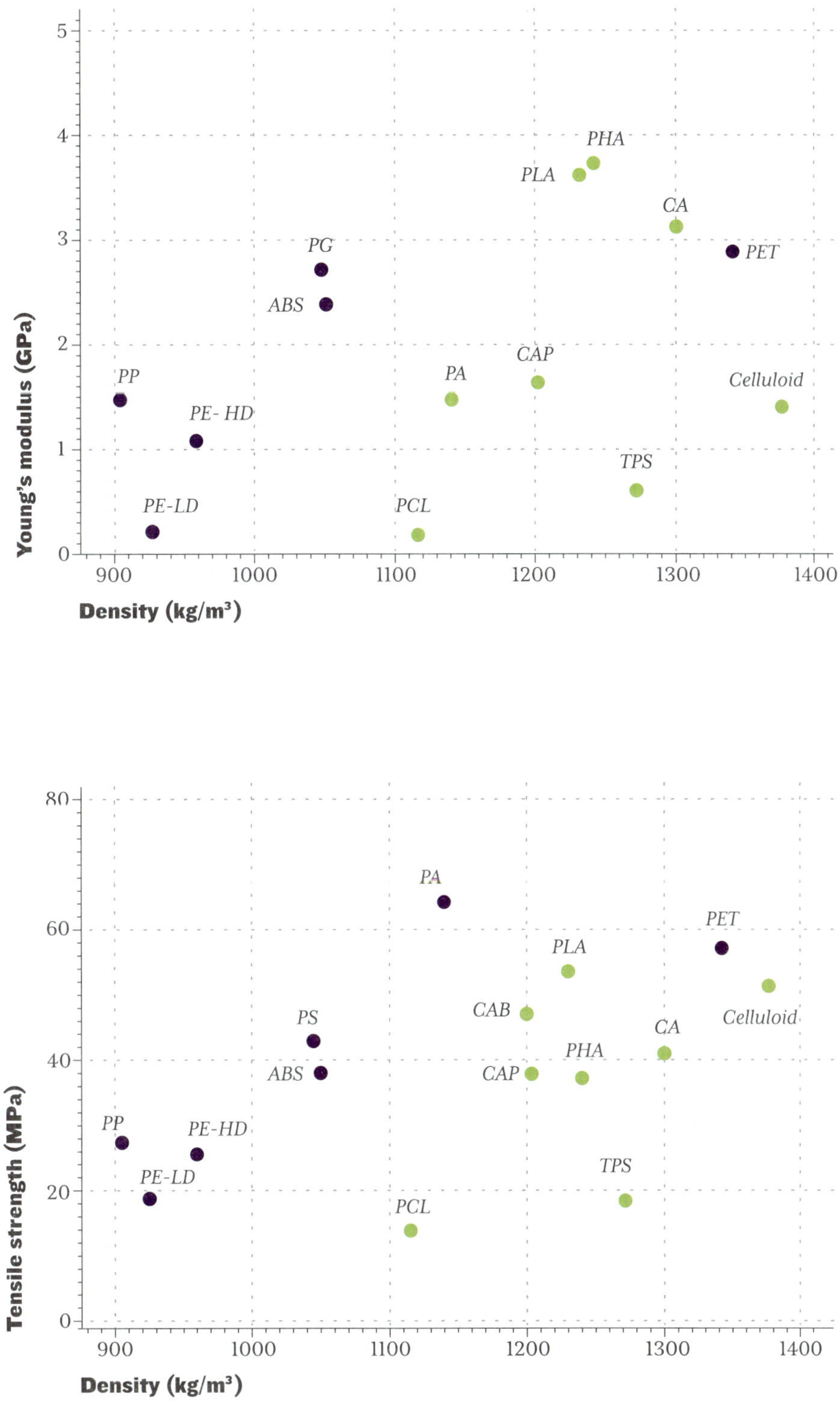

그림 8.12
석유기반 상용고분자(파랑)와 생체고분자(초록)의 탄성계수 – 밀도 관계와 인장강도 – 밀도 관계.

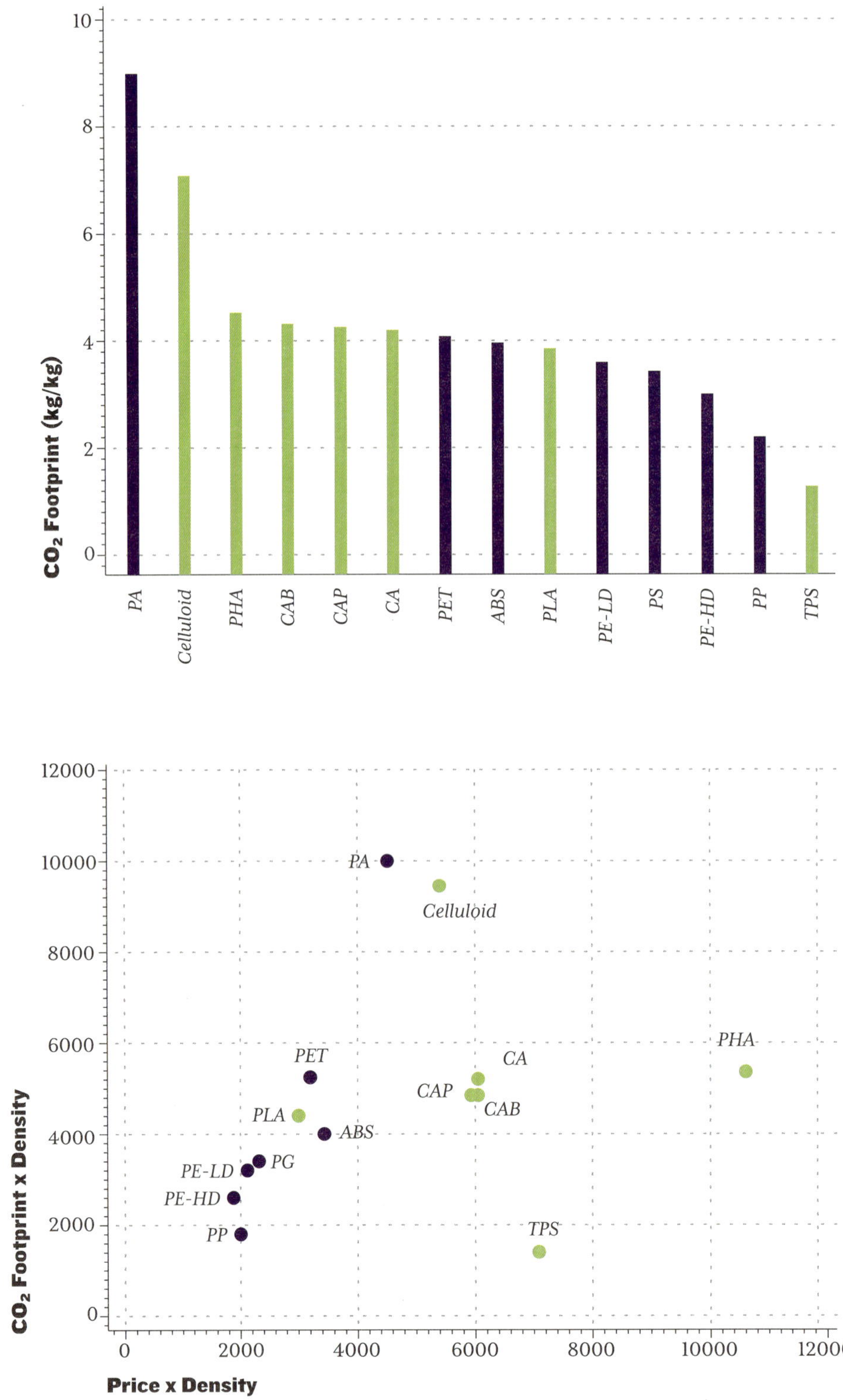

그림 8.13
석유기반 상용고분자(파랑)와 생체고분자(초록)의 탄소배출이력과 가격.

보다 밀도가 더 높으며 현재까지는 더 비싸다. 그림 8.11은 여러 가지 고분자에 대하여 킬로그램 당 가격과 밀도, 그리고 세제곱미터 당 가격과 밀도를 기준으로 비교한 것이다. 상용고분자를 생체고분자로 직접 대체한다면 중요한 기준은 단위부피 당 가격이다. PLA는 PP, PE, PS보다 단위부피 당 가격이 약 25 % 비싸다. 다른 모든 생체고분자는 이보다 훨씬 비싸다. 그림 8.12는 탄성계수(영의 계수)와 밀도, 그리고 인장강도와 밀도를 기준으로 여러 가지 고분자를 비교한 것이다. 생체고분자의 이 두 가지 기계적 특성은 대체로 상용고분자의 그것과 비슷하다. 그림 8.13은 생체고분자의 탄소배출이력을 상용고분자의 그것과 비교한 것이다. PLA만 예외로 하고, 상용고분자보다 생체고분자가 생산에너지와 탄소배출이력 측면에서 더 불리하다. 아래쪽 그림은 비관적인 양상을 보여준다. 이 그림에서 바람직한 구역은 단위부피 당 가격과 탄소배출이력이 낮은 좌측하단이다(그림 8.11과 8.13 참조).

생체고분자와 환경

생체고분자는 석유기반 상용고분자보다 친환경 측면에서 더 좋은 특성을 가진 것으로 널리 인식되었으나 검증에 의하면 모두 다 그런 것은 아니다. 비록 두 가지의 원자재가 다르고, 생체고분자를 만드는 데 필요한 발효공정에는 열이 필요하므로 생산에너지와 탄소배출이력 측면에서 부담스러운 것도 사실이지만, 후속의 고분자화 단계는 두 가지 고분자 모두 환경에 대한 기여도는 거의 동일한 수준이다. 물론 생체고분자의 생산은 아직 유아기라고 할 수 있다. 생산규모가 커지고 공정이 개선되면 생체고분자가 친환경 측면에서 이점이 많아질 것이다(그림 8.13 참조).

생산에너지와 탄소배출 외에도 문제는 더 있다. 상용고분자를 합성하는 데 필요한 대지는 거의 무시할 정도이지만, 생체고분자에 필요한 땅은 연간 5 m^2/kg에 이를 정도로 크다. 그 수준이라면 연간 백만 톤의 생체고분자를 생산하기 위하여 5,000 제곱킬로미터의 기름진 땅이 필요하다. 이것이 농업과 경쟁하게 되므로 많은 사람들에게 생체고분자의 커다란 약점으로 받아들여진다. 세계적으로 인구의 약 7분의 1이 영양부족인 상태에서 농업생산 대신 플라스틱을 생산한다는 것은 잘못된 것으로 보인다. 하지만 이 문제에는 가능성 있는 하나의 해결방안이 있다. 해조류를 원자재로 사용하는 것이다. 해조류는 번식시키는 데 오직 바닷물, 햇볕, 이산화탄소, 영양소만 있으면 되므로 민물과 땅은 농업생산으로 돌릴 수 있다. 해조류는 번식이 빨라서 땅에서 생산되는 바이오매스보다 단위면적 당 최대 15배까지 생산된다. 그것을 발효시켜 에탄올이나 다른 알코올을 만들면 그로부터 바이오PE, 바이오PVC, 바이오EVA의 합성이 가능해진다.

더구나 일부 생체고분자는 생분해성이라는 점이 매력적이다. 그것들은 미생물에 의해 분해되어 이산화탄소와 물로 바뀐다. 물론 생분해성과 비료화가능성은 구분된다. 순전히 실용적인 정의로서, 생분해성 포장재가 충분히 얇아서 표준화된 비료화처리 설비에서 6개월 이내에 90 %가 분해될 경우 우리는 '비료화가능(compostable)' 표지를 부여한다.

생체고분자의 용도

합성 생체고분자를 가장 크게 이용하는 산업은 포장산업인데, 그 이유는 재료가 생분해성이기 때문이다. 생체고분자를 약물전달, 수술용 봉합사, 인공 보철물과 같이 의료용에 사용하는 것도 비슷한 이유이다. 생분해성을 이용하여 그것들이 더 이상 필요하지 않을 시점에 사라지게 만드는 것이다. 자동차산업에서 생체고분자를 내장재나 외장마감재로 사용하는 것은 다른 이유로, 그것은 (비록 그것이 맞는 방향인지 확신할 수 없지만) 자동차를 더욱 친환경적으로 만들려는 노력의 일환이다. 현재로선 비싼 가격이 문제이다.

생체복합재료

자동차도 마차처럼 나무, 직물, 천연고무와 같은 천연재료로 만들고 오직 엔진과 구동계통에만 금속을 사용하던 때가 있었다. 1970년대까지 그것들은 모두 인공재료로 대체되었다. 그러나 오늘날 천연재료는 환경보전이라는 의제에 힘입어 다시 입지를 확보하고 있다. 아직까지는 그 용도가 외장마감재(예를 들어, 내부 도어패널에 사용된 아마섬유강화 에폭시 또는 푸란), 방음재(재활용 면섬유), 의자쿠션(고무에 코코넛섬유를 넣어 보강)에 국한되지만, 식물성 섬유를 강화재로 사용하는 것에 대한 관심이 높아지고 있다. 가장 관심을 끄는 섬유로는 아마(flax), 사이잘(sisal), 황마(jute), 대마(hemp), 양마(kenaf), 종려(coir)가 있고, 모두 빨리 자라므로 매년 수확한다. 섬유의 인장강도는 400~700 MPa 정도이다. 현재 사용되는 대부분의 복합재료(그림 8.14)는 이것들을 강화재로 하고 열경화성 페놀릭이나 에폭시 수지로 함침시키는데, 이러한 수지들이 섬유배열 사이로 잘 침투하기에 알맞은 유동도를 갖기 때문이다. 오늘날 거의 모든 생체복합재료는 기지재로 석유기반 고분자를 사용한다.

석유, 가스, 석탄을 기반으로 한 재료를 대신하여 비슷한 성능을 가졌으면서 자연으로부터 직접 또는 간접적으로 얻은 재료를 대량으로 사용하려는 아이디어는 매력적이다. 거기에는 이미 언급한 대로 당면한 문제점들이 있다. 경쟁력 있는 특성치 프로파일을 갖춘 생체고분자나 생체복합재료는 비싸고(가격), 생체재료의 특성이 지리적 여건이나 날씨의 변동에 따라 달라지며(가변성), 공급이 연간 기후패턴에 따라 오락가락한다(불확실성).

이러한 문제들을 아마 해결할 방법이 있을 테지만, 궁극적인 어려움은 그들이 아니다. 그것은 다른 차원에 있다. 지금 세상은 스스로를 먹어치우며 궁지로 몰고 있다. 우리가 필요로 하는 식료품을 키우면서 동시에 구조용 생체재료나 생물연료를 정말 대규모로 재배하기에는 비옥한 땅이 충분하지 않다. 여러 연구에 의하면 지구의 인구지탱 능력이 거의 포화상태에 다다랐다는 결론이다. 공간, 물, 기름진 땅은 인간의 거주와

그림 8.14
자연섬유강화 복합재료의 응력-변형도 곡선들을 유리섬유강화 폴리프로필렌(PP) 복합재료의 응력-변형도 곡선과 비교함.

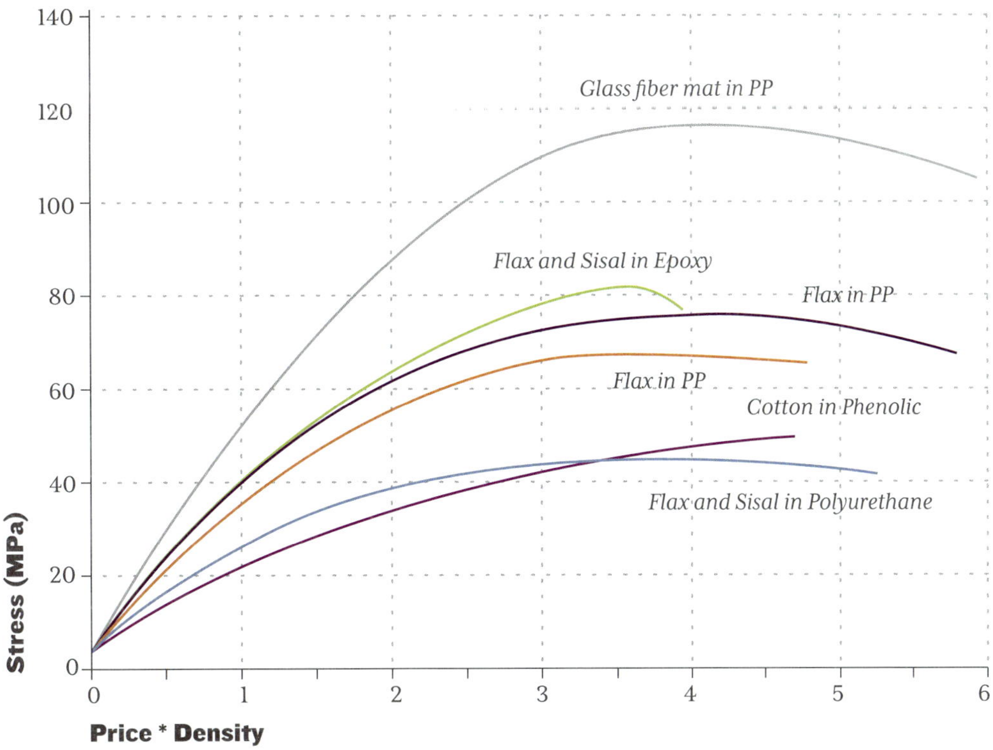

활동에 필수적이다. 대규모로 인공재료를 천연재료로 대체하는 것은 더 이상 가능할 것 같지 않다.

그림 8.14는 다섯 가지 자연섬유강화 고분자들을 유리섬유강화 PP와 비교해 보여준다(옮긴이 주: 그림의 수평축 이름이 잘못되어 있으며, Price×Density가 아니라 Strain(%)으로 표기해야 하나, 원서의 저작권을 존중하여 그대로 실었으므로 독자들은 이를 감안하여 읽기 바람). 생체복합재료는 강성(응력-변형도 곡선의 초기 기울기)이 더 낮고, 강도도 대략 절반 정도로 낮으며, 파괴 시까지의 연신율도 더 작다. 그럼에도 불구하고, 그 특성치들은 하중을 지탱하지 않는 자동차의 내장재나 외장마감재에 적합하다. 에폭시 또는 페놀릭 기지 복합재료는 기지가 열경화성이어서 재활용이 불가능하다. 그 때문에 식물성섬유강화 열가소성 플라스틱, 특히 폴리프로필렌이 관심을 끌게 되었다. 이것은 시트 형태로 생산되고 필요한 형상으로 압축성형될 수 있다. 다만, 가격, 섬유품질의 가변성, 섬유손상을 피하기 위한 공정온도의 한계(<220 ℃)는 장벽으로 남아 있다.

결론

비효율적으로 재료를 만들고 사용하는 것은 자원을 고갈시키고, 배출가스를 발생시키며, 꺼림칙하게도 수입에 의존하게 만든다. 재료사용량을 강제로 줄이는 것이 유일한 대책이 되기 전에 우리는 재료사용의 효율을 얼마나 높일 수 있을까? 그렇게 하기 위한 많은 방법들이 여기에 요약되었다. 어떤 것들은 재료과학자나 엔지니어의 소관사항이고, 다른 것들은 정부의 장려책이나 통제가 필요하기도 하며, 사회적인 인지나 행동에 변화가 필요하기도 하다.

우리들 중에 소비를 즐기는 사람이 많을수록, 그리고 우리들 각자가 소비하는 비율이 증가할수록, 산업계는 제품을 위해 더 많은 분량의 재료를 사용하게 되고 나중에는 쓰레기로 버려진다. 쓰레기는 정말 골칫거리이다. 대체가 불가능한 자원의 고갈일 뿐만 아니라 어딘가에 그것을 보관할 곳이 필요하니, 그것도 역시 자원의 감소에 해당한다.

그러나 쓰레기는 관점을 달리하면 하나의 자원으로 볼 수 있다. 그것은 에너지를 가졌으며, 재료를 가지고 있고, 대부분의 제품은 설계수명이 다한 시점에도 여전히 작동하고 있으므로, 그것은 여전히 쓸모 있는 부품이나 제품을 포함한다. 설계수명에 도달한 하나의 제품을 처리하는 데에는 여러 가지 옵션이 있다. 소각하여 에너지를 추출하는 것, 재료를 추출하여 재생하는 것, 약간의 마모된 부품들을 교체하여 다시 파는 것, 더욱 간단하게 이베이나 다른 중고거래 사이트에 올려 있는 그대로 파는 것 등이다.

모두 다 장점이 있지만, 오직 재활용만이 우리가 만들어내는 쓰레기를 감당할 수 있고 그것을 쓸모 있는 자원으로 바꾸어 줄 수 있다. 재활용을 위한, 그리고 재활용과 함께하는 디자인은 지속가능한 미래를 위해 핵심적인 역할을 할 것이다.

참고문헌

Chen, R.W., Navin-Chandra, D. and Prinz, F.B. (1993) "Product design for recyclability: a cost-benefit analysis," Proceedings of the IEEE International Symposium on Electronics and the Environment," Vol. 10-12, pp. 178-183, ISEE.1993.302813. (재활용은 그 자체가 수학적 모델링에 적합하다. 이 논문은 비용–편익 분석 접근법을 사용하였다.)

Dasgupta, P. (2010) "Natures role in sustaining economic development," Phil Trans Roy Soc B, Volume 365, pp. 5–11. (경제자본, 인간자본, 자연자본의 개념에 관한 간결한 논문)

Elkington, J. (1998) "Cannibals with forks: the triple bottom line of 21st century business," New Society Publishers, Stony Creek, CT, USA.

Endres, H-J. and Siebert-Raths, A. (2011) "Engineering Bio-polymers: Markets, Manufacturing, Properties and Application," Carl Hanser Publishers, Munich. ISBN: 978-3446-42403-6. (특성치 데이터를 포함하는 합성 생체고분자에 관한 포괄적인 지침서)

Fakirov, S. and Bhattacharyya, D. (Eds.) (2007) "Handbook of Engineering Biopolymers: Homopolymers, Blends, and Composites," Carl Hanser Publishers, Munich. ISBN: 13:978-1569904053. (천연 생체재료에 관한 방대한 정보의 모음집)

Guidice, F., La Rosa, G. and Risitano, A. (2006) "Product design for the environment," CRC/Taylor and Francis, London, UK. ISBN: 0-8493-2722-9. (친환경 디자인에 관한 최근의 생각을 다룬 균형이 잘 잡힌 해설)

http://blogs.worldbank.org/prospects/category/tags/historical-commodity-prices (장기간에 걸친 재료 및 상품 가격)

http://www.mckinsey.com/Insights/MGI/Research/Natural_Resources/Resource_revolution. (장기간에 걸친 재료 및 상품 가격)

https://www.cia.gov/library/publications/the-world-factbook/geos/xx.html. (장기간에 걸친 세계 각국의 1인당 GDP)

Mulder, K., Ferrer, D. and Van Lente, H. (2011) "What is sustainable technology," Greenleaf Publishing, Sheffield, UK. ISBN 978-1-906093-50-1. (지속가능성의 면면에 관한 초청 논설 모음집. 통찰력 있는 서론과 요약이 붙어 있다.)

Porritt, J. (2012) http://www.forumforthefuture.org/project/five-capitals/overview. (저자는 기업이익, 환경지속성, 사회적 책임의 3중핵심사항을 기준으로 실적을 측정하는 기업회계 원칙의 지지자이다.)

Robert Ayres (1998) "Viewpoint: weak versus strong sustainability," http://kisi.

deu.edu.tr/sedef.akgungor/ayres.pdf (이 논문은 포괄적 자본의 흑자 성장과 세 가지 모든 자본의 흑자 성장을 구분하였다.)

WCED (1987) "Report of the World Commission on the Environment and Development," Oxford University Press, Oxford, UK. (이 문서는 흔히 Bruntland Report로 알려져 있다.)

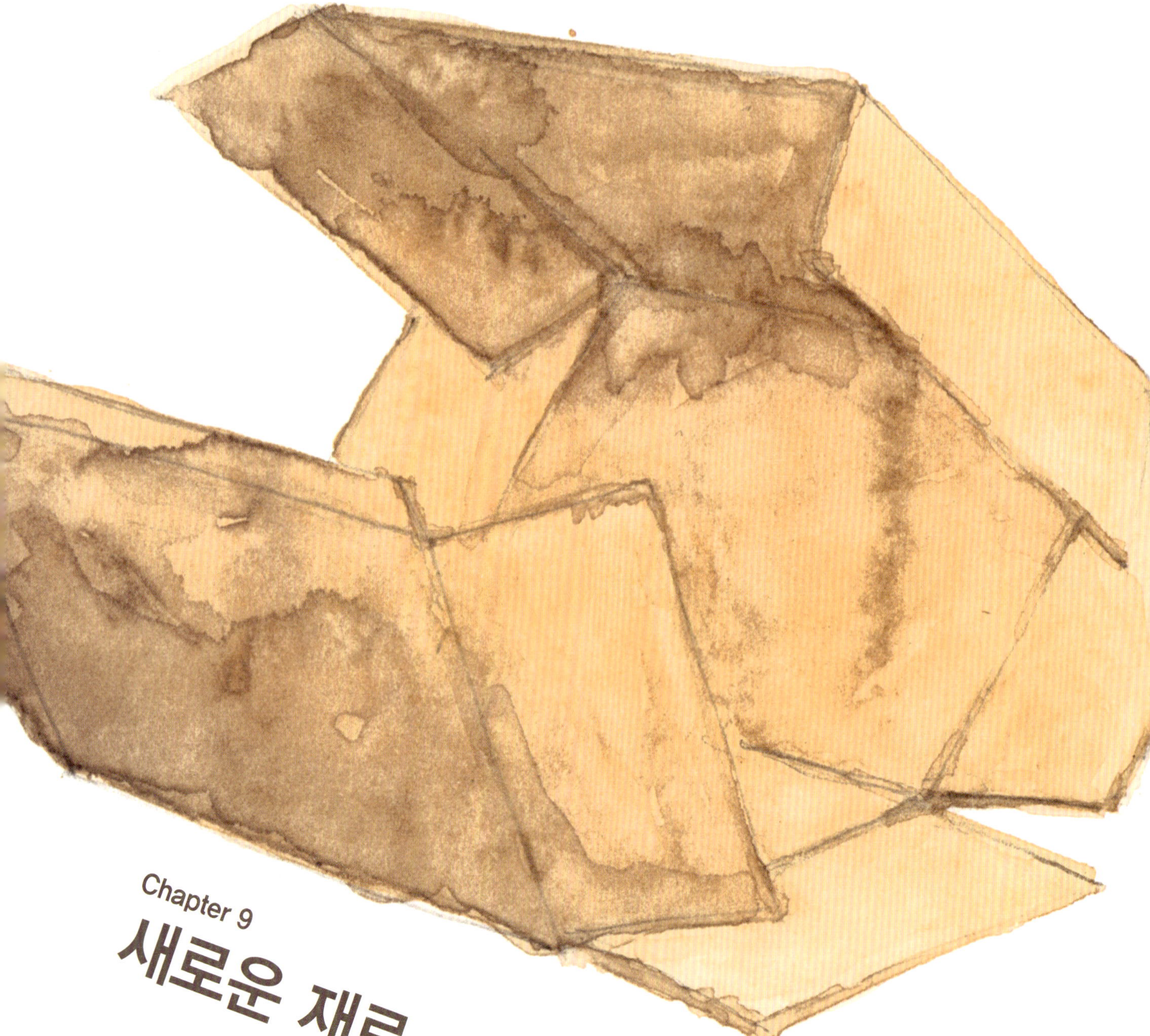

Chapter 9

새로운 재료

http://dx.doi.org/10.1016/B978-0-08-098205-2.00009-3

새로운 재료는 자주 디자이너에게 출발점이 된다. 그것들은 영감을 주며 또한 이전에는 결코 가능해 보이지 않던 제품으로 가공될 수도 있다. '하이텍 세라믹(high tech ceramic)' 또는 '우주시대 알루미늄(space-age aluminum)' 또는 '고성능 복합재료(advanced composites)'의 아이디어를 중심으로 스토리를 만들어 내는 것은 쉽다. 새로운 기술에 관련된 표현은 항상 보다 새롭고 보다 나은 무엇인가에 대한 인지를 만들어 내는 듯하다. 흔히 간과되는 것은 재료가 개인적인 면과 기술적인 면을 가졌다는 점이다. 그리고 종종 이 산업에서 흔히 부딪히게 되는 어려움은 기술적인 면에만 너무 치중하지 않고 인간적인 요소를 기억하는 것이다. 이 장에서는 새로운 재료와 디자인의 결합에 의해 얻어질 수 있는 디자인 기회에 대하여 살펴보고자 한다.

"세상은 새로운 재료가 끝없이 공급되기를 기대하는 듯하다." MaterialConnexion 사의 George Beylerian의 말이다[1]. 그의 회사는 새로운 재료에 대한 정보를 제공하는 대가로 돈을 버는데도 말이다. 정말 전 세계가 기대하고 있는가는 논쟁거리가 될 수 있겠지만, 디자이너들이 항상 새로운 재료를 찾기 위하여 혈안이 되어 있다는 것은 분명하다. 이는 몇 가지 다른 형태로 찾아볼 수 있다.

- **연구에서의 재료**: 전기감응 고분자 및 발광 고분자, 나노 복합재료, 자가치유 재료.
- **제품화 초기의 재료**: 비결정질금속, 발포금속, 형상기억합금.
- **결합된 재료**: 나무로 충전된 폴리프로필렌, PP섬유와 탄소섬유의 혼방, 강자성 탄성중합체.
- **예상 외로 사용된 재료**: 안경테에 사용된 티타늄, 구조재로 사용된 종이와 유리, 시멘트 가구, 전자장비의 구조재로 사용된 나무(그림 9.1).

1. George Baylerian, MaterialConnexion, New York, NY, www.materialconnexion.com.

그림 9.1 예상치 못한 용도에 사용된 재료
예상 밖으로 고성능 카메라의 손잡이에 너도밤나무를 사용함으로써 수공예 품질을 제시하고 미학적으로 특별하게 시선을 끌 수 있음을 암시한다. (사진 제공: ALPA of Switzerland)

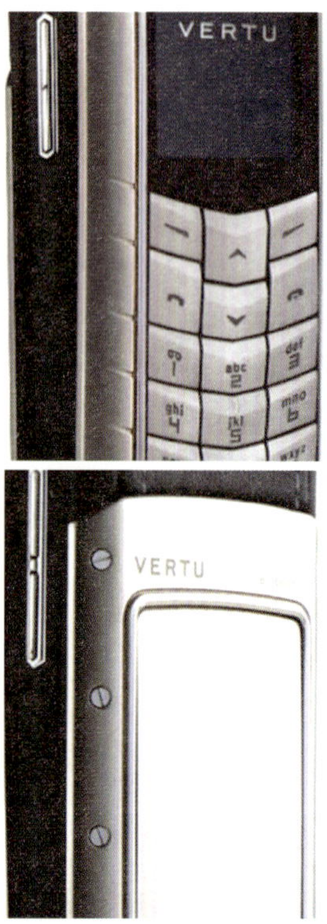

그림 9.2 Vertu 휴대전화의 새로운 금속재료
이들 휴대전화의 초강력 초박형 케이스는 비결정질금속을 몰딩하여 제작되었다. (사진 제공: Liquidmetal)

새로운 재료들은 대학교, 국공립연구소, 산업체의 연구실에서 그 기원을 찾아볼 수 있다. 그들이 개발한 기술들이 파생되고, 처음에는 '실증용' 제품으로 등장하여 나중에 더 넓은 시장으로 흡수된다. 생산량이 증가할수록 재료의 가격은 떨어지며, 디자이너와 소비자에게 친숙도가 증가함으로써 사용 범위가 넓어진다. 재료는 점진적으로 일종의 성숙단계에 도달하지만, 다른 재료와의 결합에 의해 또는 복합재료나 하이브리드 재료를 만들어내는 새로운 공정에 의해 '참신함'을 살려나갈 수 있다. 하이브리드의 예로는 샌드위치 구조, 클래딩(cladding), 경사구조(graded), 코팅처리된 구조 등이 있다. 오래된 재료를 새로운 용도에 사용함으로써 새것처럼 보이고, 그 재료의 잠재력을 발휘하도록 다시 촉진시킬 수도 있다.

디자이너에게 새로운 재료는 기회와 위험을 동시에 제공한다(그림 9.1). 기회는 재료가 주는 새롭거나 향상된 기술적 또는 미학적 요소로부터 온다. 위험부담은 때로는 엄청날 수도 있으며, 재료에 대한 불완전한 특성평가와 부족한 디자인 경험 또는 제작 경험의 부족으로 인해 올 수 있다. 그것은 통상 '난해한' 시간의존 특성이며, 이러한 특성은 장기간 온전함을 유지하는 데 관련된 것들(부식, 피로, 크리프, 마모에 대한 저항)이다. 이들은 가장 덜 문서화되었으며 가장 많은 문제를 일으킨다. 이에 대한 디자인 경험의 역사적 자료는 없으며, 그에 따라 새로운 재료에 대한 신뢰도가 낮고 거기에 투자하는 것이 모험으로 비춰질 수 있다. 의사소통의 채널은 불완전하며, 그 때문에 디자이너가 원하는 정보를 찾는 것은 어려워진다. 그리고 새로운 재료는 초기에는 매우 비싸다. 개발비용이 회수되어야 하기 때문이고, 획득가능성에도 제한이 있을 수 있다.

그럼에도 불구하고 성공하면 커다란 이윤을 남길 수 있기 때문에 새로운 재료 및 공정에 대한 관심은 여전히 높다. 스포츠용품은 탄소섬유강화 고분자복합재료, 새로운 탄성중합체, 참신한 샌드위치 구조, 그리고 가장 최근에는 티타늄과 비결정질합금을 채택함으로써 크게 개선되었다(그림 9.2). 디스플레이 기술은 액정고분자(LCD)의 개발로 한차례 탈바꿈했으며, 이제 LEP(light-emitting polymers) 필름에 의해 다시 탈바꿈의 기로에 놓였다. 의료용품의 진보는 새로운 생체적합성 세라믹과 고분자의 개발로 가능해져 왔으며, 이러한 것들은 성공적일 경우 이윤이 매우 높다. 금속의 수압성형(hydroforming)과 박판합체성형(tailor blanking), 또는 고분자기지 복합재료의 블래더(bladder) 몰딩과 브레이딩(braiding)에 의해 재료효율성과 미학적 즐거움을 함께 가져다주는 형상이 가능하다. 레이저를 이용한 절단 및 용접 공정은 신속하게 깨끗한 결합부를 제공한다. 급속조형 공정의 영역 확대는 디자이너로 하여금 쉽고 빠르게 개념을 구현할 수 있게 해준다. 그리고 새로운 재료 또는 공정이 디자이너와 소비자 모두의 마음에 흥분되고 신나는 느낌을 불러일으키는 것은 물론이다.

새로운 재료의 채택

새로운 재료의 성공은 일련의 얼리어답터들을 유인할 수 있는 능력에 달려 있다. 재료의 채택에 관한 그림은 단순하게 그림 9.3의 굵은 실선처럼 나타낼 수 있지만, 실제로는 여러 개의 s-곡선(s-curve)들이 중첩된 윤곽을 나타내는 테두리에 해당한다. 일련의 s-곡선들은 순차적으로 늘어나는 사용량을 보여준다. 초기 용도는 성능을 중요시하고 어느 정도 위험을 감수할 수 있는 시장에서 가능하다. 나중으로 갈수록 대량사용 용도들이 반대의 특성을 가지게 된다.

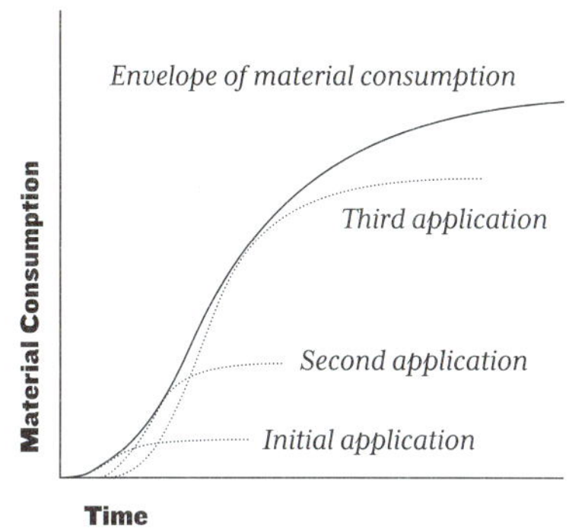

그림 9.3 오랜 시간에 걸친 재료 소비
새로운 재료가 시장에서 자리 잡으려면 적은 양으로, 위험을 감수하면서 성능을 중요시하는 용도에 쓰일 기회가 필요하다.

여기에 여러 가지 시장의 힘이 작용한다. 위험을 감수하는 것은 성능의 가치와 실패의 비용 사이의 균형에 따라 결정된다. 원자력산업은 성능에 더 가치를 두지만 실패하는 경우 감당해야 하는 비용이 워낙 크다는 점이 인지되므로 때때로 원자로 내에는 새로운 재료가 절대 사용되지 않을 것이라고들 한다. 새로운 재료가 단지 자격을 인정받는 데 드는 비용이 너무 큰 것이다. 다른 극단적인 케이스는 스포츠장비 산업으로, 성능을 너무나 중요시하기 때문에 조금이라도 더 얻을 게 있다면 새로운 재료를 사용하는 데 혈안이 되어 있다. 비록 새로운 재료의 특성이 완벽하게 평가되지 못하여 실제로는 아무 것도 얻을 게 없더라도 말이다. 그리고 어떤 산업분야에서도 다소간 위험에 민감한 용도가 존재한다. 그러므로 항공우주 용도에 성공적으로 도입된 고분자기지 복합재료도 처음에는 덜 중요한 부품들에만 제한적으로 사용되었다. 최근(2009년)에 이르러서야 대형 민간항공기의 주날개를 복합재료만으로 만들 수 있게 되었다. 토목공학에서는 과도한 비용과 장기간의 내구성에 대한 불확실성 때문에, PTFE로 코팅된 유리섬유복합재료 지붕막구조(roof membrane)와 같은 첨단재료의 사용은 드라마틱한 공간의 가능성이 파손가능성에 따른 위험부담을 훨씬 능가하는 특수한 건물에 국한된다[2].

2. 예를 들면, 런던의 Millenium 돔과 케임브리지의 Schlumberger 빌딩(그림 6.2(k)).

이 시점에서 재료-가격 민감도(material-cost sensitivity, 그림 9.4)의 개념

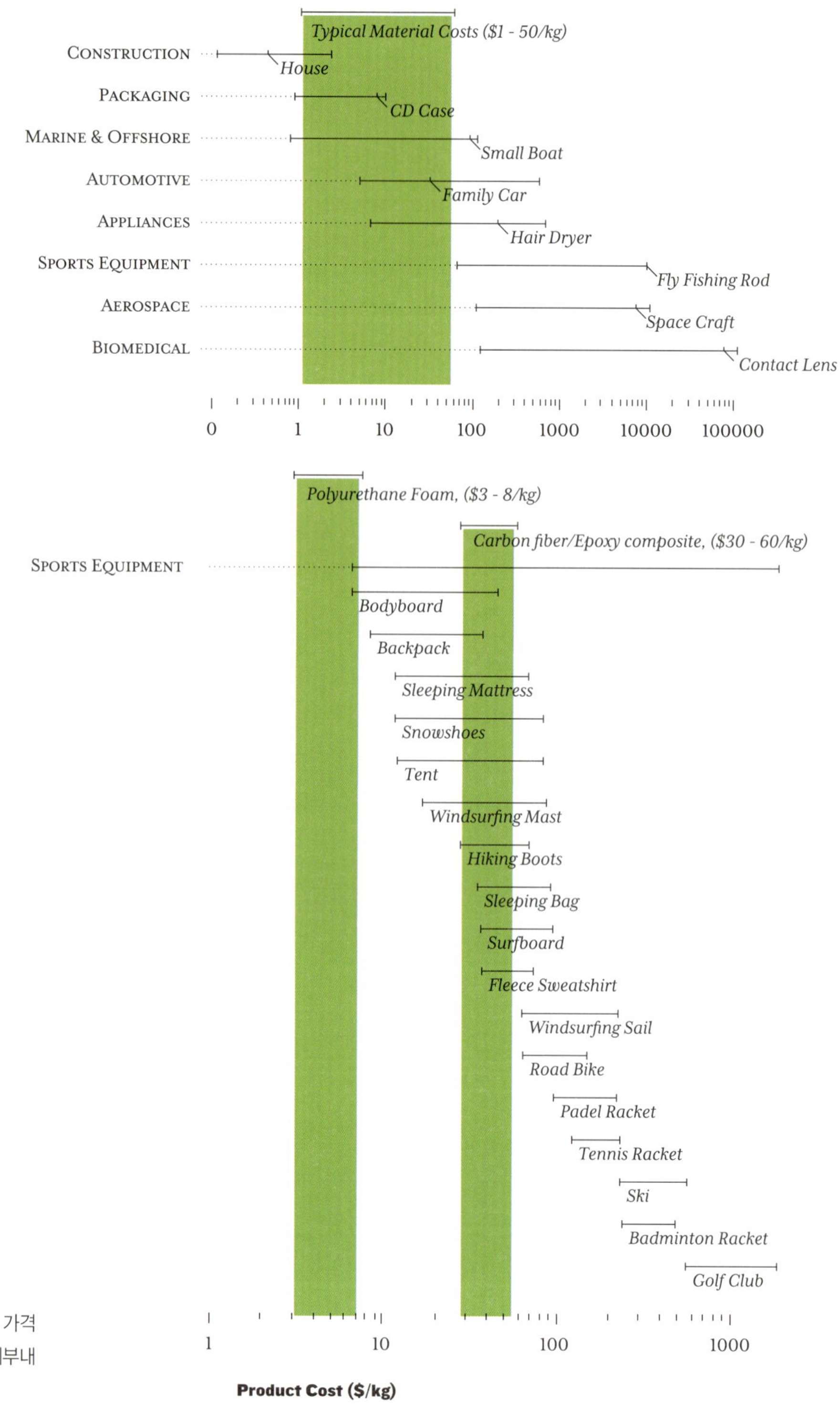

그림 9.4 재료-가격 민감도

여러 가지 산업에서 킬로그램 당 제품 가격의 비교(위), 스포츠장비 산업에 대한 세부내역(아래).

에 대하여 소개하는 것이 좋겠다.

골프티의 가격은 만드는 데 사용한 재료비의 2배보다 약간 더 비싸다. 즉 제조에 의한 부가가치는 상대적으로 낮다. 만일 재료비가 2배로 오르면 골프티의 가격은 크게 상승할 것이다. 이 제품은 재료비용에 민감하다. 다른 극단적인 예로, 골프클럽의 가격은 만드는 데 사용한 재료비의 20배까지 이를 수 있다. 이 경우에는 재료비가 2배로 오르더라도 제품가격은 약간만 상승할 것이다. 즉 제조에 의한 부가가치가 높고 제품은 재료비용에 둔감하다. 새로운 재료는 재료-가격 민감도가 낮은 산업에 가장 잘 채택된다. 고급 전자제품과 자동차, 스포츠 장비, 우주항공 및 생명의료 장비 등이다. 유명상표의 칫솔에 대해 비슷한 계산을 해보아라[3]!

이들 중에서 스포츠장비 산업은 가장 수용적이고 가장 가시적인 분야의 하나이다. 이 두 가지는 새로운 재료 및 공정에 알맞은 대표적인 제품을 물색하는 데 있어서 훌륭한 조건이다. 유리섬유가 처음 개발된 것은 제2차 세계대전 당시 항공기 레이더의 노즈콘을 위한 것이었으나, 빠른 속도로 보트의 선체와 서핑보드에서 나무를 대체하였으며, 나아가 Charles and Ray Eames(1950)의 의자와 같은 고급 디자인에도 적용되었다. 탄소섬유/에폭시(CFRP)와 금속기지 복합재료, 티타늄합금, 고강도 알루미늄합금은 모두 방위산업과 항공우주용으로 개발되었으나 일반인들에게는 골프클럽, 라켓, 자전거프레임에 사용되는 것으로 더 잘 알려졌다. 이러한 용도를 시발점으로 하여 시계, 경량 컴퓨터케이스, 가구, 주방 및 욕실 설비와 같은 다른 제품에도 적용범위를 넓혀가게 되었다. 재료 연구는 과거에 군용 및 항공우주용을 목적으로 발전되었으나, 지금은 초기에 비하여 소비자에 더 초점을 두게 되어 디자이너, 특히 산업디자이너에게 커다란 영향을 미치고 있다. iMac의 케이스에 사용된 반투명 폴리카보네이트와 iBook의 케이스에 사용된 티타늄은 한 회사가 오래된 재료를 새로운 방식으로 채택한 예로서, 재료 자체를 위한 새로운 시장을 형성하였으며, 동시에 다른 제품의 디자이너들로 하여금 주목하게 만들었다.

그러나 해결해야 할 과제는 여전히 남아 있다. 우리는 두 가지에 집중하자. 새로운 재료를 사용하고자 하는 제품디자이너들이 직면하게 되는 정보의 부재, 그리고 디자이너들이 원하는 속성을 가진 재료를 재료공급자들이 개발하도록 촉구하는 데 있어서의 어려움이다. 이것의 중심에 있는 것이 재료개발자로부터 디자이너에게로, 반대로 디자이너로부터 재

3. 칫솔은 무게가 약 10 g이고 가격은 $5까지이며, 보통 나일론 솔이 달린 폴리프로필렌 또는 PMMA로 만든다. 이 재료들의 가격은 킬로그램 당 $1~3 정도이다.

료개발자에게로, 양방향 의사소통의 역할이다.

새로운 재료에 대한 정보

디자인을 위한 대부분의 새로운 재료는 연구 결과의 상업화를 통해 나타난다. 즉 과학주도형 개발을 통한 것이다(그림 9.5). 재료개발자는 재료에 관한 정보를 광고, 보도자료, 프로파일, 데이터시트를 통해 전달한다. 만일 의사소통이 성공적이면 디자이너들이 재료를 창의적으로 사용하도록 촉진할 수 있다. 그러나 이를 위해서는 두 가지가 필수적이다. 첫째, 제품디자인에 필요한 정보를 포함하고 있어야 하지만, 알다시피 그것은 단순히 기술적 속성보다 훨씬 더 많은 것을 의미한다. 둘째, 그것을 표현하는 언어가 재료공급자와 디자이너 모두에게 의미 있는 것이어야 한다. 즉, 디자인 요구조건과 재료거동을 표현하는 어휘를 양쪽 모두가 이해할 수 있어야 한다. 만일 정보가 순방향으로 흐르면 그것은 역방향으로도 동일하게 전달될 수 있어야 한다. 그래야만 디자이너가 특정한 기술적, 공정적, 미학적 거동에 대하여 제안하거나 요구함으로써 재료의 개발에 영향을 줄 수 있다.

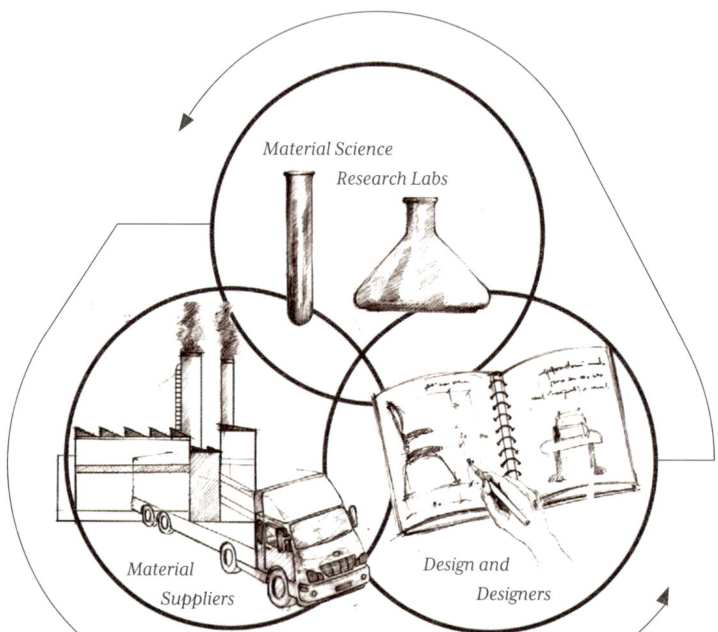

그림 9.5 긍정적인 피드백
재료 연구자와 공급자 그리고 디자이너 사이의 교류.

그러므로 수요는 의사소통의 하나이다. 새로운 재료에 대한 정보의 통상적인 출처(보도자료, 공급자 데이터시트, 생산자 카탈로그)는 대체로 그들의 장점에 대해서는 언급하지만 무엇이 나쁜지에 대해서는 거의 언급하지 않으며, 일반적으로 그것들은 기술적 속성에 치중한다. 기술적으로 친숙한 재료는 종종 산업디자이너에게는 잘 알려져 있지 않은 결과로 산업디자인과 관련 있는 속성은 좀처럼 찾아보기 힘들다. 여기서의 요구는 제품에 대한 연상과 인지를 만들어 내는 데 도움을 주는 시각적 및 촉각적 속성들에 대한 것이다. 이런 요구를 채우고자 하는 갈망에 의해 가끔은 전시회들, 책들, 서비스가 제공되기도 하지만[4], 이들 중의 일부는 쉽게 찾을 수 없으며, 그 어떤 것도 구조화된 선택방법을 제공하지는 못한다. 이러한 것들 중 하나가 제공하는 정보의 예는 그림 9.6에 나와 있다. 그것은 새로운 재료(발포금속)의 기술적 속성 또는 인지되는 속성을 보여주며, 에너지 흡수와 경량화 디자인의 가능성에 대한 힌트를 준다.

어떤 새로운 재료의 경이로움에 관하여 막연히 열광적으로 표현하는 것은 물론 흥미를 부추길 수는 있다. 그러나 만일 당신이 그 재료를 디자인에 사용하고자 한다면 좋은 점만이 아니라 나쁜 점까지 알고 있어야 한다. 발포금속이 하나의 사례연구를 제공한다. 발포금속의 비용은? (많이 든다.) 쉽게 부식되는가? (그렇다.) 쉽게 형상을 만들 수 있는가? (주조 또는 절삭가공이 가능하나 다른 방법은 거의 없다.) 상업적으로 성공적인 소비재 용도가 존재하는가? (아직 없다.) 그리고, 당신이 그것으로 뭔가를 만들고자 하는 것이므로, 그것의 강도는 어떠한가? 열전도도는 어떤가? 데이터시트는 이러한 것에 대하여 알려주지 않는다. 새로 개발되는 재료들은 그것들의 진정한 특질이 천천히 드러나는 동안 다루기 힘든 '정보의 청소년기'를 겪을 수 있다. 성숙한 재료들은 모든 면에서 친숙하다. Manzini는 나무를 예로 들어 설명한다[5]. 다수의 사람들이 그것을 만져보고, 냄새 맡고, 굽혀보고, 깨뜨려보고, 잘라보고, 당겨보고, 응력을 가하고, 건조하고, 젖게 하고, 불태우고, 심지어 맛보기도 했을 것이다. 우리는 나무가 무엇인지 무엇에 사용되는지 알고 있다. 새로운 재료는 같은 방식으로 디자이너의 경험에 녹아들어 있지 않다. 우리는 재료의 새로운 특성을 드러내는 전체적인 그림을 맞출 수 있는 정보를 모으고 소통하는 방식이 필요하다. 디자이너 Richard Seymour는 다음과 같이 말한다. "우리는 기술이 용도를 만날 수 있는 시스템이 필요하다. 재료의 특성을 활용하는 데 필요한 상상력을 발휘할 수 있는 바로 그 사람들에게 재

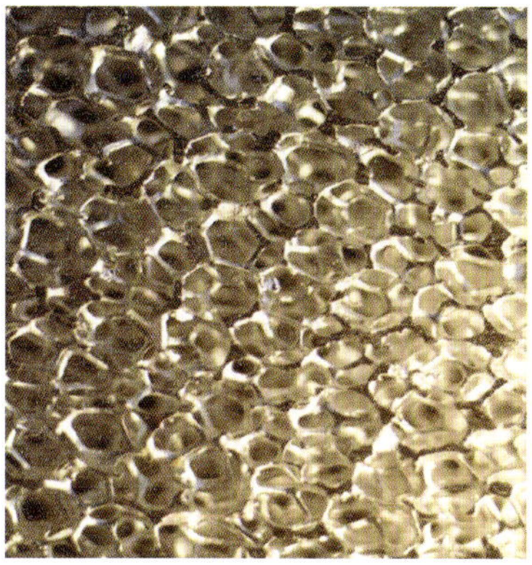

그림 9.6 새로운 재료의 도입
MaterialConnexion이 발행하는 《Materials and Ideas》에 실린 알루미늄 발포재의 모습이다. 알루미늄 발포 공정은 알루미늄 분말과 발포제를 결합하여, 복잡한 형상의 발포금속 부품, 발포금속 샌드위치, 발포재로 채워진 중공 프로파일을 만들어낸다. 부품은 폐쇄형 셀 미세조직과 높은 기공율(40~90 %)을 가지며, 비교적 균일하고 등방성인 다공성 구조가 된다. 발포재는 높은 비강성(강성-대-무게 비), 높은 충격 및 에너지 흡수, 우수한 단열 및 방음 특성을 보여준다. 자동차 산업에서는 엔진후방 벽이나 차체구조에 사용되어 무게절감뿐만 아니라 연료절감에도 기여한다. 그러므로 발포금속 공정은 발포재의 강도와 경량화 특성을 살린 구조용 집기 구축의 새로운 발전을 이끌어 낼 수 있다.

4. 예를 들면, Antonelli(1995)의 MOMA 전시회 카탈로그 《Mutant Materials》, Juracek(1996)의 이미지와 질감에 관한 책, Manzini(1989)의 책 《Material of Invention》이 있다. 뉴욕에 본부를 둔 컨설팅 회사 MaterialConnexion은 산업디자이너들에게 재료정보 서비스를 제공한다. 제3장에서 언급한 컨설팅 기관들은 산업디자이너들에게 재료컬렉션과 재료정보 서비스를 제공한다.

5. Manzini, E. (1989).

6. Richard Seymour (1998) 《Winning the Design of Sports》에 저술된 것.

료개발자들의 아이디어를 직접적으로 전파할 수 있는 시스템 말이다[6]."

무엇을 할 수 있는가? 여기서는 두 가지의 가능성을 모색해보자. 첫째는 기술적 및 미학적 속성을 모두 갖춘 보다 완벽한 형태의 새로운 재료 프로파일을 만드는 것이다. 둘째는 재료 워크샵의 아이디어이다. 재료를 만들고 특성을 평가하는 사람들과 그 재료로 디자인하는 사람들 사이에 워크샵을 통해 직접적인 상호작용이 가능할 것이다.

새로운 재료의 프로파일

이 책 후반부의 재료 프로파일은 표준 포맷에 따라 기술적, 인지적, 시각적 거동과 디자인 가이드라인, 그리고 대표적인 용도를 포함하고 있다. 새로운 재료에 대해서는 이 중의 일부 정보, 특히 디자인 가이드라인과 확립된 용도에 관한 정보가 빠져있다. 그렇더라도 여전히 나머지 정보의 대부분을 꿰맞출 수 있고 심지어 용도가 어떻게 될지에 대해서도 언급할 수 있다. 실용적인 참고자료인 재료 프로파일의 거의 끝부분에 세 가지 새로운 재료의 예를 포함하고 있다. 바로 발포금속, 비결정질 또는 '유리질' 금속, 형상기억합금이다.

이들의 프로파일에는 제4장에서 설명했던 재료특성 차트와 MDS 맵으로 나타낼 수 있는 충분한 정보가 들어 있다. 이를 통해 그것들을 재료들의 '세상'과 비교하는 것이 가능하다. 강성-대-밀도 맵(그림 4.4)에서 발포금속은 강직 고분자 발포재 위쪽에 위치하며(약간 더 무겁고 조금 더 강성이 높음), 물론 고분자 발포재보다 고온에서 사용할 수 있고 훨씬 더 내구성이 좋다[7]. 이를 그림 4.5의 MDS 맵에 나타내면 우리는 그것들이 고분자보다는 나무나 세라믹 발포재에 더 가깝다는 것을 알 수 있다. 이 재료가 연구자들에게 '금속성 나무'와 비슷하게 인지되는 연유이다. 그러한 비교에 의해 발포금속의 높은 강성과 가벼운 무게, 그리고 에너지를 흡수하는 능력을 활용할 수 있는 용도의 가능성을 깨우치게 된다. 이러한 재료 적용은 고분자 발포재나 나무의 적용사례를 훔쳐보면서 그 중에서 한결 높은 내구성이나 고온성능이 요구되는 다음과 같은 샌드위치패널의 코어, 경량 방화용 칸막이, 특정한 종류의 포장재들을 가려낸 것이다.

7. 이 책의 부록에 실린 일곱 개의 재료특성 차트를 사용하여 같은 작업을 할 수 있다.

재료 워크샵

의사소통의 어려움은 다른 방법으로도 대처할 수 있다. 재료를 개발하고 특성을 평가해온 전문가들과 이를 사용하고자 하는 디자이너들이 함께 모이는 워크숍을 개최하는 것이다. 이러한 워크숍은 이미 여러 차례 시도되었으며, 가장 최근에는 런던의 디자인 컨설팅 회사인 SeymourPowell에서 회의가 열려 세 명의 재료과학자와 네 명의 디자이너가 참석하였다. 재료개발자들은 재료(알루미늄 발포재)에 관한 상세자료를 준비하였으며, 발포금속의 샘플과 재료특성 차트에 관한 설명으로 다음과 같은 질문에 대답하였다.

- 그것은 무엇인가?
- 어떤 공정이 가능하고 존재하는 한계는 무엇인가?
- 그것의 특성은 무엇인가?
- 그것은 어떻게 거동하는가?
- 경쟁하는 재료에는 어떤 것들이 있는가?
- 그것은 어디에 사용되어 왔는가?
- 기술적 관점에서 보았을 때 어디에 적용될 수 있을까?

이러한 워크숍은 필요할 때 재료개발자로부터 기술정보를 구하면서 디자이너들이 주도하던 브레인스토밍 세션을 촉진하였다. 이전에 언급되었던 모든 기술적 용도들이 연구의 대상이 되었다. 특히 그 재료의 시각적 속성이 디자이너를 흥미롭게 했다. 예를 들어 개방쎌 발포재는 반사되는 빛에 대하여 불투명하고 고체처럼 보이지만, 역광을 사용할 경우 빛을 투과시키는 속성이 있다. 이것과 함께 흥미로운 외피부착 발포재(skinned foam)의 자연스런 질감은 조명기구, 가구, 스피커 케이스(재료의 감쇠특성 활용), 건축용 패널과 같은 용도를 떠오르게 한다.

이런 종류의 워크샵은 여러 가지 장애물들을 제거해주고, 최상의 프로파일로도 얻을 수 없는 새로운 종류의 의사소통의 통로를 열어준다.

재료 연구

디자이너의 역할이 새로운 재료에서 가능성을 인지하고, 사람들에게 관련된 의미를 알아내고, 새로운 경험의 창조를 가능하게 하는 것이라면, 재료는 종종 훌륭한 출발점이 된다. 새로운 재료와 '낡은' 재료는 그 재료의 독특한 속성을 잘 전달할 수 있는 디자인을 창조하기 위하여 조종되고 수정될 수 있다. 처음에는 재료가 제공하는 고유한 속성을 이해하는 것이 중요하다. 마지막에는 어떤 것이 가능한지에 대한 강한 시각적인 묘사를 만들어내는 것이 중요하다. 이러한 이미지들은 디자이너, 투자가, 고객들을 고취시키는 데 사용될 수 있다. 스스로 실험을 행하고 다른 사람들로 하여금 재료(새로운 것과 낡은 것)를 탐색하는 실험을 행하도록 고취하는 능력은 디자이너가 배워야 할 중요한 기술이다. 여기에 IDEO(www.ideo.com)가 제공하는 몇 가지 사례연구(Vision, Heat, Liquidmetal, Fabrications)를 포함하였는데, 이들은 일련의 재료탐색과 디자인 표현을 보여준다. 처음 두 가지 사례는 다른 종류의 플라스틱들의 속성에 대한 탐구이다. 이 재료들은 대부분의 디자이너들은 물론 심지어 노련한 디자이너들에게도 친숙하지 않은 이름일 것이다. 플라스틱은 쉽게 조종될 수 있고, 어떠한 기능이나 장식에도 사용될 수 있는 능력을 가진 것으로 정의되는 재료들 중 하나이다. 그러나 여기서 우리는 두 가지의 특정한 플라스틱을 가지고 어떤 디자인이 가능한지 세밀히 살펴보기로 한다.

나머지 두 가지 프로젝트는 각각 전혀 새로운 유형을 정의해주는 두 재료의 속성을 탐구한다. 이러한 재료들은 종종 즉각적인 혁신을 이끌어줄 것이라는 기대를 받지만, 새로운 재료가 성공적으로 사용되려면 기술적 속성, 미학적 가능성, 인간의 거동에 대한 섬세한 이해가 필요하다.

Eastman 플라스틱

이 프로젝트는 'Vision'이라 명명되었으며, 두 가지 서로 다른 플라스틱인 셀룰로오스(고분자화된 면과 목재펄프로 만든 플라스틱)와 공중합 폴리에스터(PETG: glycol-modified polyethylene terephthalate)의 고유한 속성에 대한 탐구이다. 디자인 팀은 이미 알려진 재료를 재해석하는 방법을 찾고 있었다. 미래에 디자인의 진보는 디자이너와 재료 공급자 사이의 긴밀한 협력에 크게 의존할 것이다.

이 연구에서 IDEO와 Eastman은 Eastman이 생산하는 재료 중 두 가지인 공중합 폴리에스터와 셀룰로오스로 새롭고 독창적인 디자인을 추구하였다. 이러한 재료들은 이미 알려져 있으나, 그것들의 재탄생 가능성까지 샅샅이 알려진 것은 아니었다. 이들 플라스틱의 고유한 성질과 거동은 IDEO의 디자이너들에게 신나는 기회와 도전을 제공하였다. 연구는 공생적이면서 만족스러웠고 그 결과는 공중합 폴리에스터와 셀룰로오스의 재발견을 축하하는 것이 되었다.

디자인 팀은 안경을 주제로 하여 여러 가지 현대적인 디자인을 만들었다. 각 디자인은 셀룰로오스(그림 9.7(a)) 또는 공중합 폴리에스터(그림

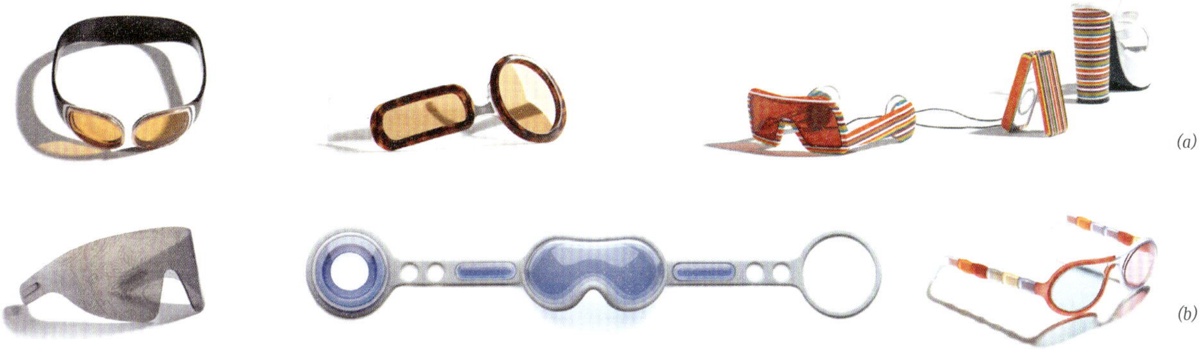

9.7(b))를 구현함으로써 개념을 고취시켰다. 재료와 디자인에 대한 연구에 쏟는 노력과 열정을 포착하고 그것을 더 많은 고객들에게 알리고자 하는 것이 디자인의 의도였다.

그림 9.7 셀룰로오스와 공중합고분자 플라스틱에 의해 독창성이 돋보이는 안경들. (사진 제공: IDEO)

BASF 고온플라스틱

이 프로젝트는 'Heat'이라 명명되었으며, 특별히 하나의 고온용 플라스틱(BASF 회사가 'Ultrason'이라는 상품명으로 판매한 폴리페닐술폰)의 독특한 속성에 대한 탐구이다. 디자인 팀은 그 재료의 독특한 속성에 고무되어 주전자, 토스터, 옷걸이, 램프, 헤어드라이어와 같은 가정용 제품군을 만들어내는 데 주력했다.

주전자(그림 9.8(a))는 물이 끓는 과정을 볼 수 있도록 투명하고, 차가운 촉감의 플라스틱 이중벽 용기로 만들어져 가열 후에 어떠한 표면에도 올려놓을 수 있다. 바닥의 금속판은 인덕션으로 물을 가열할 수 있게 해주며, 안전하고 청소하기 쉽다. 토스터(그림 9.8(b))는 부드러운 윤곽에 무게가 가벼운 형태이다. 그것의 개방적이고 투명한 구조는 시각적 및 후각적 감각에 의한 체험을 가능하게 하므로, 요리사가 내부의 상태를 보면서 직접 제어할 수 있어 타지 않게 한다. 옷걸이(그림 9.8(c))는 철사 옷걸이의 상징적인 형태와 티셔츠를 걸고, 건조하고, 덥힐 수 있는 기능을 하

그림 9.8 폴리페닐술폰 기술 발전에 의해 축복 받은 가정용품들. (사진 제공: IDEO)

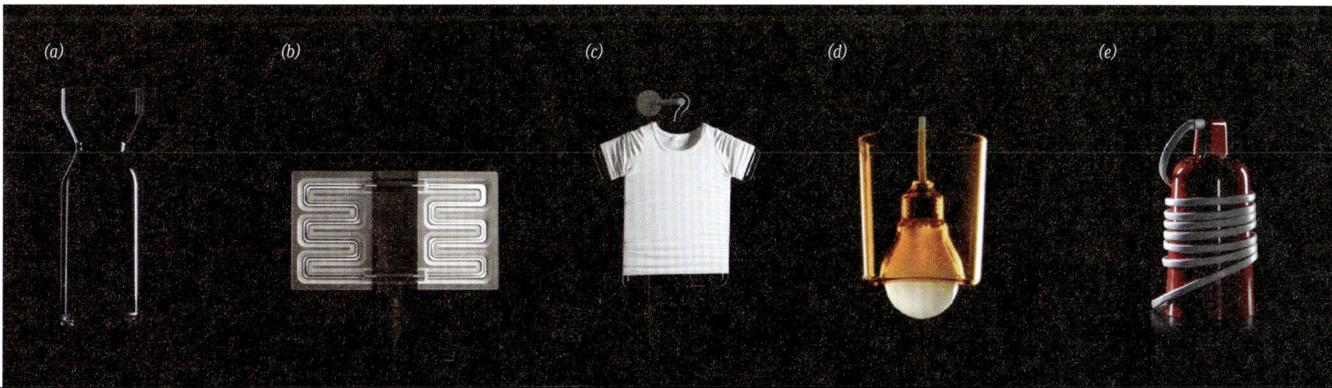

나로 묶는다. 주름이 펴지도록 열과 장력을 가함으로써 세탁의 지루한 두 단계를 효과적으로 제거하였다. 열은 외부 가장자리를 따라 배열된 얇은 필라멘트를 전자유도 막대로 가열하여 발생된다. 램프(그림 9.8(d))는 단 한 조각의 플라스틱으로 만들어진다. 디자인은 가장 최소화된 형태로 정제되어 전구는 플라스틱에 직접 돌려서 끼울 수 있다. 이 전등은 테이블에 스탠드로 세워서 또는 매달아서 사용할 수 있다. 헤어드라이어(그림 9.8(e))는 여행용을 목적으로 핸들을 포기함으로써 작고 가볍게 만들어진다. 휴대성의 강조는 깔끔하게 두르고 연결시킨 전선에도 반영되었다. 이 디자인은 한 번의 몰딩 공정을 통해, 붙박이 공기구멍을 가지고 분할선은 보이지 않게 제작될 수 있다.

Liquidmetal 비결정질합금

Liquidmetal®은 예전의 금속으로는 어려웠던 방식으로 플라스틱 및 세라믹과 경쟁하는 새로운 합금이다. 이 재료는 티타늄, 베릴륨, 구리, 니켈, 지르코늄의 합금이며, 사출성형 플라스틱과 동등하거나 더 나은 표면처리와 세밀한 무늬를 얻을 수 있는 공정에 의해 주조된다. 재료가 세라믹에 가까운 경도를 가지므로, 경면마감이 가능하고 유지도 가능하며, 마이크론 수준에서 세밀한 무늬까지 형성할 수 있다. 마지막으로, 얇은 벽 구조의 일부로서 그 기계적 특성은 탁월한 스프링 또는 붙박이 경첩(living hinge)의 역할을 하게 한다.

이러한 속성을 다루기 위하여 얇은 휴대전화(그림 9.9)의 표면과 구조에 그 재료를 도입하였다. 휴대전화는 별도의 경첩 없이 접히도록 디자인되었다. 다른 개념들로는 Ziploc 방식 금속제 백의 잠금장치와 유연한 금속제 향수 포장 등이 있다.

그림 9.9 Liquidmetal
새로운 금속구조에 의해 창조되는 가능성.
(사진 제공: IDEO)

Eleksen 전자직물

이 프로젝트는 3차원적으로 위치를 감지할 수 있는 스마트직물의 특별한 속성을 가진 재료에 대한 탐구에서 시작되었으며, 프로젝트의 이름은 'Fabrications'이라 명명되었다. 직물은 전통적인 직조기술로 전도성 섬유를 결합한 것이다. 최종 결과물은 PDA 보호용 케이스로 겸용이 가능한 직물 키보드이다(그림 9.10). Eleksen은 재료를 만들고, Logitech에서 키보드(일명 KeyCase)를 만들었다. 이러한 제품들은 PDA가 인기였던 시절 같이 유행했지만, 휴대전화 또는 스마트폰에서 QWERTY 또는 T9 방식 키보드처럼 입력하는 것이 쉽게 구현됨으로써 일시적으로 구식 취급을 받아왔다.

그림 9.10 **제작**
기능성을 가진 놀랍고도 편리한 직물.
(사진 제공: IDEO)

사용자는 시작하려면 단지 키보드를 펼치고, 장치에 연결하여 키보드의 상태를 활성화시키면 된다. 키보드는 어느 상황 또는 어떤 표면 위에서도 사용하기에 편하다. 사용자들은 그저 길게 누르고 있음으로써 스크롤 또는 반복 명령과 같은 작동을 제어할 수 있다. 이 키보드는 실리콘 고무와 직물로 만들어졌으며, 일상생활에 사용하기에 충분히 강인하며, 쉽게 청소할 수 있다. 키보드의 무게는 5온스 미만이며, 두께는 5 mm에 불과하다. 늦은 밤까지 컴퓨터를 사용한 후에는 아마 베개로도 사용할 수 있을 것이다.

결론

종종 새로운 재료에 관한 정보를 얻기는 어렵고, 어떤 산업들은 새로운 재료를 채택하는 데 다른 산업들보다 빠르지만, 사실 여기에 가장 영향력을 발휘하는 것은 디자이너이다. 공장 내부의 사정을 알고자 하고, 새로운 기술을 연구하고, 재료과학자들과 얘기하고 질문하기를 원하는 디자이너들이야 말로 가장 성공할 수 있다. 새로운 재료는 단지 하나의 출발점에 불과하며, 제품디자인에는 여러 가지 가능한 용도가 존재한다. 예상외의 표면, 독특한 경험, 간단한 기능, 의미 있는 거동을 놓치지 않아야 한다.

참고문헌

Antonelli, P. (1995) "Mutant Materials in Contemporary Design," Museum of Modern Art, New York, NY, USA. ISBN 0-87070-132-0 and 0-8109-6145-8. (뉴욕현대미술관 [MOMA]에서 출간하였으며, 제품에 사용된 재료에 대한 광범위한 1995년판 리뷰에 딸린 책)

Ashby, M.F., Evans, A.G., Fleck, N.A., Gibson, L.J., Hutchinson, J.W. and Wadley, H.N.G. (2000) "Material Foams: A Design Guide," Butterworth-Heinemann, Oxford, UK. ISBN 0-7506-7219-6. (상업화 초기 단계의 발포금속에 관한 정보의 모음에 관한 연구이며, 그 재료들의 도약과 사용의 촉진을 목표로 하였다.)

Juracek, J.A. (1996) "Surfaces, Visual Research for Artists, Architects and Designers," Thames and Hudson, London, UK. ISBN 0-500-01758-1. (수백 가지 재료에 대하여 질감, 자연건조되고 기형을 가진 표면의 이미지를 모아 놓은 흥미로운 모음집)

Lesko, J. (1999) "Materials and Manufacturing Guide: Industrial Design," John Wiley & Sons, New York, NY, USA. ISBN 0-471-29769-0. (산업디자인에 다년간의 경험을 가진 컨설턴트에 의해 저술된 책으로, 재료와 제조공정에 관한 간단한 설명과 그림, 그리고 사진을 포함하며, 쓸모 있는 특성 매트릭스도 덧붙였다.)

Manzini, E. (1989) "The Material of Invention," The Design Council, London, UK. ISBN 0-85072-247-0. (디자인과 발명에 있어서 재료의 역할에 관한 흥미로운 저술)

MaterialConnexion (2001) www.MaterialConnexion.com (미국 뉴욕에 본사를 둔 재료정보 서비스 회사)

Seymour, R. (1998) A Contribution to the exhibition "Winning the Design of Sports," Glasgow, UK, published by Laurence King, London, UK. ISBN 1-85669-1527. (디자이너들이 각자의 방법과 아이디어에 대하여 요약해놓은 논문의 모음집)

Chapter 10

맺는말

http://dx.doi.org/10.1016/B978-0-08-098205-2.00010-X

창의적 사고를 촉진시키는 능력인 영감은 다양한 출처를 가지고 있다. 그 중의 하나는 재료에 내재된 자극이다. 유사 이래로 인류는 재료를 가지고 무언가를 만들어내고, 재료들의 속성을 가장 잘 발휘할 수 있게끔 기능과 형태를 선택하는 데 그들의 창의성을 사용하도록 작용해왔다. 이러한 속성들 중 가장 명백한 것은 공학적 특성이며, 밀도, 강도, 탄력성, 열전도도 등이 있다. 이들 덕분에 제품의 안전하고 경제적인 디자인이 가능하다. 어떤 선진국 사회나 공학설계의 막대한 경제적 중요성 때문에 기술적 수요를 충족할 수 있는 재료 및 공정의 발전에 가장 역점을 두었다.

재료를 선택하는 데에는 확립된 방법들이 있으며, 널리 가르쳐지고, 문헌이나 소프트웨어로 잘 정리되어 있다. 그러나 하나의 재료는 다른 속성들 또한 갖는다. 색상, 질감, 느낌, 그 재료가 성형될 수 있는 형상으로부터 유래되는 특징, 다른 재료와 통합되는 능력, 시간에 따라 변해가는 방식, 사람들이 그 재료에 대하여 느끼는 방식을 포함한다. 이것들 역시 창의성을 촉진할 수 있다. 어떤 제품에 개성을 부여하고, 그것을 만족스럽게 느끼고, 심지어 즐거워하게 만드는 종류의 창의성이다.

이 책을 쓰면서 우리는 공학설계와 산업디자인 두 가지 모두에 이바지하는 방향으로 재료선택에 관한 생각을 모으고자 하였다. 공학설계를 위한 재료선택은 자매편(옮긴이 주: 《기계재료 – 설계를 위한 선택방법론》)에서 다루고 있으므로, 여기서는 후자인 산업디자인을 위한 재료선택에 중점을 두었다. 우리는 무엇을 배우는가? 우선, 재료가 여러 가지 차원들을 가지고 있다는 점이다. 그 차원들로는 엔지니어가 챙기는 기술적 차원, 제품에 부가가치를 부여하는 경제적 차원, 환경론자들이 챙기는 친환경

차원, 시각 · 촉각 · 청각에 의해 접하게 되는 미학적 차원, 재료가 인지되는 방식, 그것의 전통, 그것이 사용되는 문화, 그것에 대한 연상, 그것의 개성으로부터 그 재료의 특징을 유도하는 차원이 있다.

미학과 인지의 속성은 기술적 속성보다 분명하게 정의하기가 쉽지 않지만, 만일 그것의 역할에(이것은 분명 중요함) 대하여 소통되거나 논의될 것이라면 어떤 방식으로든지 그것들을 포착하는 것이 필수적이다. 시각적, 촉각적, 청각적 속성을 설명하는 단어는 많이 있다. 그것들은 심지어 어느 정도까지는 정량화도 가능하다. 인지와 감성은 더욱 어렵지만, 몇몇은 아마 식별될 수 있을 것이다. 예를 들어, 금은 거의 보편적으로 부를 연상시키고, 철은 단단함을, 화강암은 영구성을, 플라스틱은 현대성을 연상시킨다. 하지만, 이러한 것들도 사실 불확실하다. 우리가 재료 또는 재료성에 대하여 생각하는 방식은 상황, 문화, 인구분포, 스타일, 유행 등에 따라 달라진다. 소비자로 하여금 그들이 사는 물건을 만드는 데 사용된 재료에 대하여 직접적으로 얘기하도록 하는 것은 어려울 것이다. 각 물건의 재료성에 대하여 표현하는 일은 바로 디자이너의 역할이다. 이런 재료성은 제품을 나타내는 브랜드, 만들어지는 물건, 가능한 경험 사이의 실질적인 연관성을 어떻게 만들어낼 것인가에 달렸다. 그러므로 우리는 다음과 같은 결론에 도달한다. 재료는 타고난 개성을 가지고 있으나, 창작하고자 의도하는 스토리는 제품디자인에 의해 구체적으로 나타낼 때까지는 알아차리기 어렵다. 창작의 의도는 소비자들에게 적절하고 의미 있는 것이어야 하며, 우리를 고취시키고 나중에 구체화될 재료와 제조공정에 의해 현실화된다.

제품디자인의 첫째 단계는 개념과 새로운 아이디어, 그리고 제품의 바탕이 될 디자인 원리의 추출이다. 둘째 단계는 가시화이다. 원하는 특징을 발전시키고, 스케칭과 모델 만들기 그리고 컴퓨터 그래픽을 사용하여 제6장에서 설명한 바와 같이 배치구성, 크기, 기능성, 개성에 관한 제한조건을 구체화하는 것이다. 셋째 단계는 재료화로, 재료 및 공정의 선택이 이루어지고, 시제품이 제작되고 시험되며, 마침내 디자인 합의에 도달한다.

이 선택은 기술적 요구조건뿐만 아니라 미학, 인지, 감성, 개성과 같은 요구조건에 의해 이끌어진다. 이를 이루기 위해서는 융통성 있고, 여러 가지 다른 형식의 정보를 유창하게 다룰 수 있는 선택방법이 필요하다. 이러한 논리가 제7장에서 소개된 정보구조를 이끌어냈다. 하나의 재료는 그것의 명칭, 기술적 및 미학적 속성에 의해 특징지어질 수 있다. 재료는 그것을 형상화할 수 있는 공정과 그것이 사용된 제품에 의해 인덱싱될 수 있다. 제품은 어떤 폭넓은 의도를 마음에 품고 디자인된다. 이러한 의도는 재료선택을 포함한 모든 디자인 결정에 영향을 끼친다. 그러므로 재료는 제품을 통해 디자인 의도와 연결될 수 있다. 제품은 또한 디자인의 의도적인 부분인 미학적이고 인지되는 속성을 가지며, 재료 역시 이들에 연결될 수 있다. 그리고 제품에 대한 우리의 경험은 감성적 속성과 재료의 개성을 만들어낸다. 이는 제품디자이너가 필요로 하는 정보를 정리하는 유일한 방식은 아니지만, 재료에 대하여 효과가 있다. 그것은 실용적인 동시에 영감을 준다. 우리 주변에 존재하는 제품의 세계로부터 우리가 알고 이해하는 구조와 표면의 맥락에서 재료를 보는 것은 도움이 된다. 재료선택을 위한 하나의 구조로서 이것은 일련의 방법들을 허용한다.

제품디자인은 기술적 요소를 가지고 있으며 이것은 절대적으로 중요하다. 작동하지 않는 제품을 원하는 사람은 아무도 없기 때문이다. 확립된 해석에 의한 방법이 이를 감당한다. 해석은 디자인의 다른 측면을 만족하는 선택을 할 때에는 크게 도움이 되지 않는다(산업디자인 또는 제품디자인). 이는 우리가 감각(시각, 촉각, 청각)과 인지되는 속성(감성, 개성)에 대하여 어떻게 생각하는지에 너무 지나치게 의존하기 때문이다. 이 경우에는, 유사성이나 유추 또는 단순히 지향성 있는 호기심에 의한 방법(브라우징)을 사용하는 것이 보다 효과적이다.

디자인 요구조건으로부터 제품스펙까지의 경로는 대부분 선형적이지 않다. 거의 항상 우회적이고, 하나의 방법을 통해 약간의 정보를 모으고 다른 방법을 통해 또 다른 정보를 조금 모으며, 그것들을 조합하여 하나의 해결방안을 만들어낸다. 비록 이 해결방안이 기존의 정보를 바탕으로 할지라도 전혀 새로운 것일 수 있다. 그 안에는 구조가 있지만, 어느 정도 수준의 무질서 역시 존재한다(그림 10.1). 구조화된 방법 없이는 재료선택은 어떤 해답에도 다다를 수 없다. 그러나 약간의 열광이나 무질서가 없다면, 정말 참신한 해결책을 놓칠 수도 있다. 구조와 무질서의 균형은 혁신적인 재료선택의 요체이다.

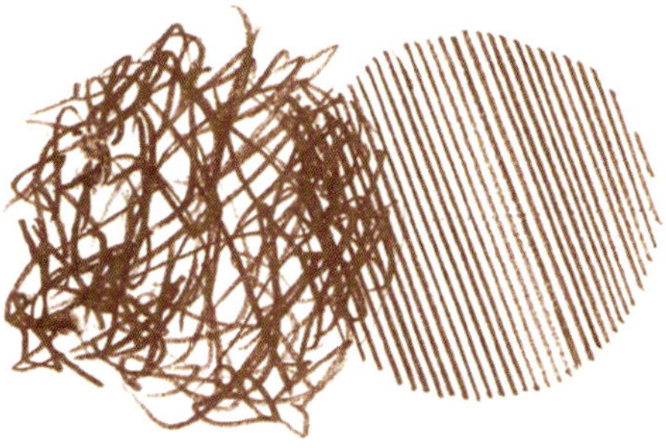

그림 10.1 구조와 무질서
구조와 무질서 사이의 균형을 잡는 것이 혁신적인 재료선택의 요소 중 하나이다.

부록 1. 대표적인 재료특성 차트

차트 1 – 탄성계수 대 밀도
차트 2 – 강도 대 밀도
차트 3 – 파괴인성 대 탄성계수
차트 4 – 탄성계수 대 강도
차트 5 – 손실계수 대 탄성계수
차트 6 – 열팽창계수 대 열전도도
차트 7 – (섬유) 강도 대 강성

여기 소개된 일곱 개의 차트는 기술적 속성에 대한 맵이다. 이들은 말하자면 재료가 차지하는 섬과 대륙을 보여주며 그들 사이의 바다는 비어 있는 것을 보여준다. 이러한 바다의 일부는 두 가지 이상의 재료가 가진 성질을 결합하여 만들어지는 복합재료, 샌드위치구조, 그리고 다른 구성된 재료들(예: 발포재)에 의해 채워질 수 있다. 즉 여기에는 아직 덜 채워진 바다가 존재한다. 다른 부분은 채워지는 것이 전혀 불가능할 수 있으며, 그 이유는 고체 내에서 원자가 결합하는 방식과 관련된 물리적 원리에 기인하는 근본적인 것이다.

이 차트들은 제7장의 참고문헌에 포함된 자매편(Ashby, 2011)에서 찾아볼 수 있는 더 큰 차트집단의 일부를 구성하며, 그것은 CES Edu(2009) 소프트웨어를 사용하여 만들어졌다. 일부 표기는 공간을 절약하기 위하여 줄여졌다. 이에 따라 tsPolyester는 열경화성(thermosetting) 폴리에스터이고, tpPolyester는 열가소성(thermoplastic) 폴리에스터이며, elPolyester는 고무질(elastomeric) 폴리에스터이다. fPU는 유연(flexible) 폴리우레탄 발포재이고, rPU는 강직(rigid) 폴리우레탄 발포재이며, sPU는 구조용 폴리우레탄 발포재이고, ocPU는 개방셀(open-cell) 폴리우레탄 발포재이며, ccPU는 밀폐셀(closed-cell) 폴리우레탄 발포재이다.

부록 2. 재료표기법

표 1 – 재활용 표지(기본 고분자)

표 2 – 재활용 표지(충전재)

부록 3. 미학적 속성의 모델링

부록 4. 해석에 의한 재료선택

부록 5. 연습문제

부록 1. 대표적인 재료특성 차트

차트 1 – 탄성계수(E) 대 밀도(ρ)

고체가 탄성변형 했다면, 그것은 하중을 제거하면 다시 원래의 형상으로 돌아온다. 고체 내의 원자들은 원자결합에 의해 서로 묶여 있다. 그것을 마치 원자를 연결하는 작은 스프링처럼 생각하자. 만일 스프링이 잘 늘어나지 않는다면 그 고체는 강성인 것이고, 쉽게 늘어난다면 그 고체는 유연한 것이다. 영의 계수(E)는 결합의 강성 또는 유연성의 척도이다. 금속과 세라믹은 강성이나, 고분자는 훨씬 유연하다. 발포재와 탄성중합체는 훨씬 더 유연하다. 새로운 이유(쎌 벽의 굽힘, 분자구조의 재배열)에 의해 그들의 구조는 추가적인 변형을 가능하게 한다. 물론 하중이 제거되면 원상태로 회복된다.

재료들 내에서 원자간 거리는 그리 차이가 많이 나지 않는다. 그것들은 모두 0.3 nm(3×10^{-10} m)의 3배 이내에 존재한다. 재료의 밀도(질량/부피)는 훨씬 다양하게 변하는데, 그 까닭은 어떤 원자(구리, 철 따라서 강철)는 더 무겁고 다른 것(수소, 탄소 따라서 폴리에틸렌[$(CH_2)_n$]과 같은 고분자)은 가볍기 때문이다.

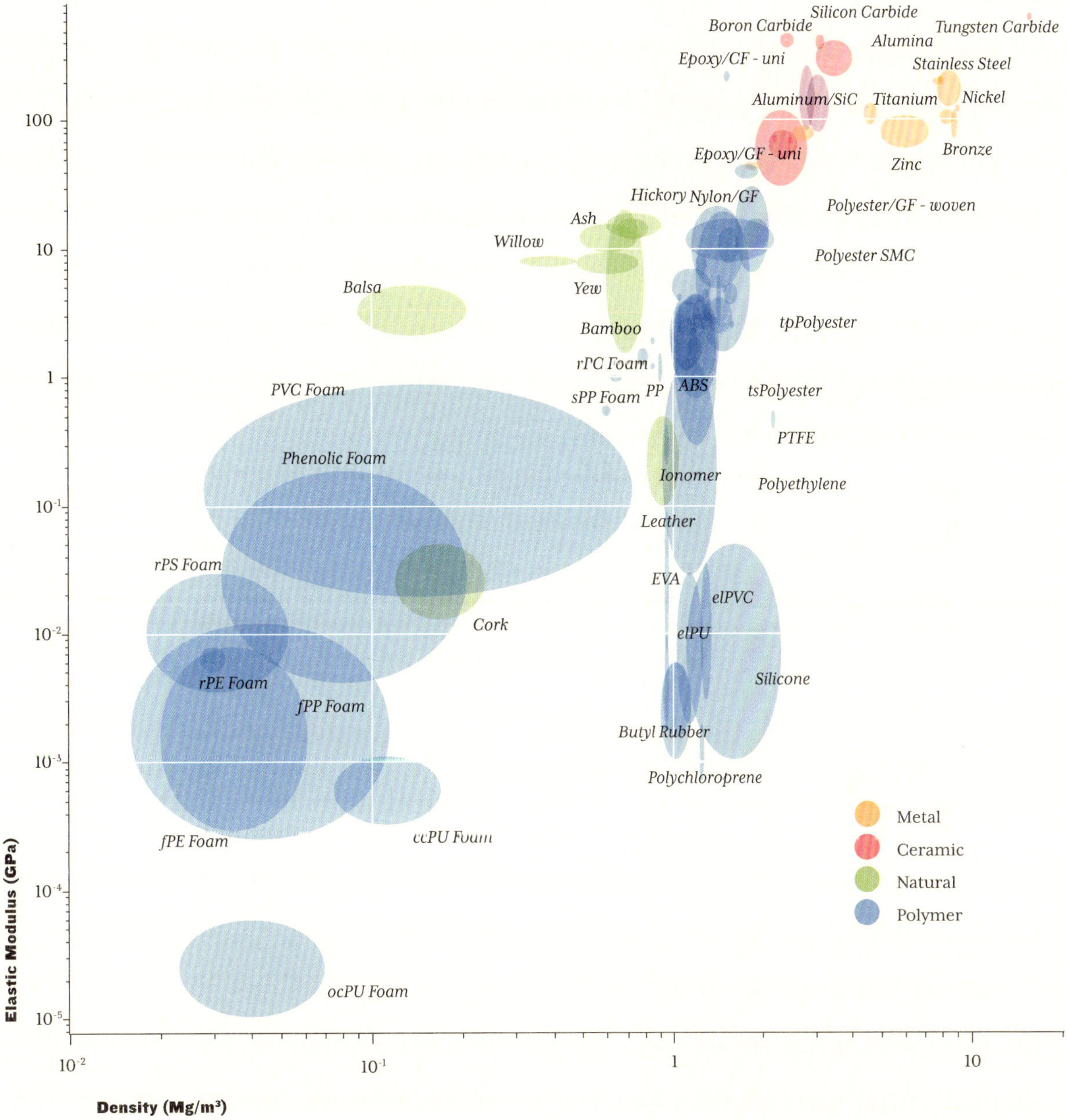
Silicon Carbide
Boron Carbide
Tungsten Carbide
Alumina
Epoxy/CF - uni
Stainless Steel
Aluminum/SiC
Titanium
Nickel
Bronze
Epoxy/GF - uni
Zinc
Hickory
Nylon/GF
Polyester/GF - woven
Ash
Willow
Polyester SMC
Balsa
Yew
Bamboo
tpPolyester
rPC Foam
PVC Foam
sPP Foam
PP
ABS
tsPolyester
PTFE
Phenolic Foam
Ionomer
Polyethylene
Leather
rPS Foam
EVA
elPVC
Cork
elPU
rPE Foam
Silicone
fPP Foam
Butyl Rubber
Polychloroprene
fPE Foam
ccPU Foam
ocPU Foam
Metal
Ceramic
Natural
Polymer
Elastic Modulus (GPa)
Density (Mg/m³)
100
10
1
10⁻¹
10⁻²
10⁻³
10⁻⁴
10⁻⁵
10⁻²
10⁻¹
1
10

차트 2 – 강도(σ_f) 대 밀도(ρ)

강도는 강성과 다르다. 강도는 원자간 결합을 깨는 데 필요한 힘의 척도라고 생각하면 된다. 잘 깨지는 재료(유리, 세라믹)에서는 고체의 파괴, 바로 그것이다. 그러나 연성인 재료(금속, 많은 고분자)에서는 결합이 끊어지고, 원자 또는 분자가 움직이면서 새로운 결합이 생기며, 재료 내부는 마치 그전과 같은 상태로 남지만, 새로운 형상으로 바뀐다. 이렇게 결합을 새롭게 하는 능력은 재료에 연성을 부여하고, 그에 따라 압연, 인발, 몰딩, 스트레칭을 통해 재료가 성형될 수 있게 해준다.

여기서 '강도'는 금속의 경우에 0.2 % 오프셋 항복강도를 말한다. 고분자의 경우에 그것은 응력–변형도(stress-strain) 곡선이 현저하게 비선형으로 변하기 시작하는 응력으로, 보통 1 %의 변형도에 해당한다. 세라믹과 유리의 경우, 그것은 압축 파쇄강도(crushing strength)를 나타낸다. 이는 인장 파괴강도보다 대략 15배 크다는 것을 기억하라. 복합재료의 경우에는 인장강도를 뜻하며, 탄성중합체의 경우 파단강도(tear strength)를 의미한다.

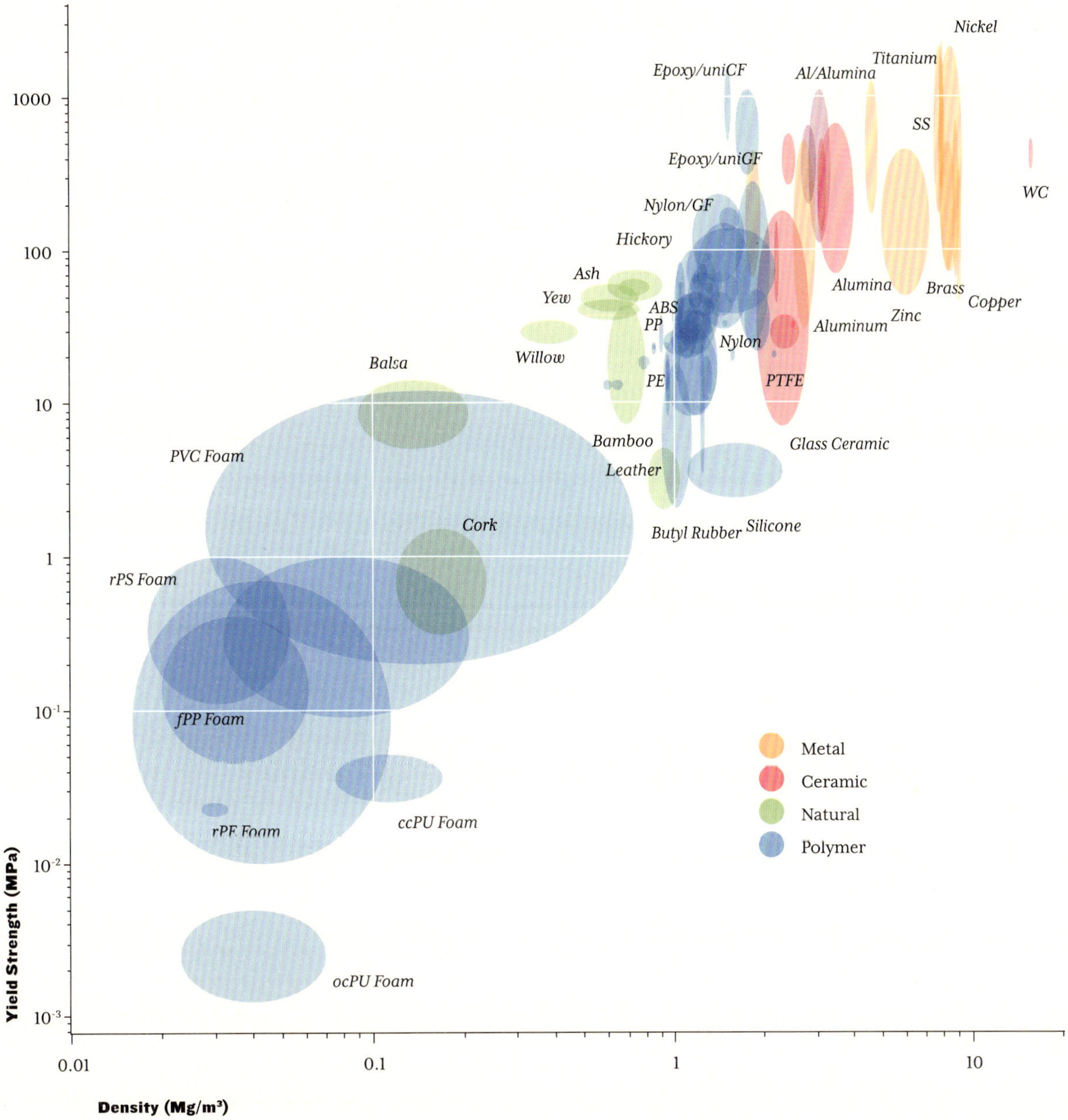
Nickel
Titanium
Epoxy/uniCF
Al/Alumina
SS
Epoxy/uniGF
WC
Nylon/GF
Hickory
Ash
Yew
ABS
PP
Alumina
Brass
Copper
Zinc
Aluminum
Nylon
Willow
Balsa
PE
PTFE
Bamboo
Glass Ceramic
Leather
PVC Foam
Cork
Butyl Rubber
Silicone
rPS Foam
fPP Foam
Metal
Ceramic
Natural
Polymer
ccPU Foam
rPE Foam
ocPU Foam
1000
100
10
1
10^{-1}
10^{-2}
10^{-3}
0.01
0.1
1
10
Yield Strength (MPa)
Density (Mg/m³)

차트 3 – 파괴인성(K_{1c}) 대 탄성계수(E)

만일 셀로판 포장의 모서리를 칼로 베거나 판유리의 표면을 긁는다면 그것은 벤 자리나 긁힌 곳에서 깨지거나 찢어질 것이다. 만일 구리 또는 강철에 동일한 짓을 한다면 그것은 깨지지도 찢어지지도 않을 것이다. 그 까닭은 처음 두 재료는 균열의 전파에 대한 저항을 측정하는 특성인 파괴인성(K_{1c})이 낮기 때문이다. 파괴인성이 낮은 재료는 이들이 완전할 때는 강하지만(새 CD나 비스킷 박스에서 셀로판 덮개를 벗겨내기 어려운 이유), 일단 표면이 손상되면 쉽게 깨지게 된다. 파괴인성이 높은 재료는 균열에 잘 저항하며, 설령 균열이 있더라도 여전히 안전하게 하중을 지탱한다. 차트는 탄성계수(E)에 대하여 파괴인성(K_{1c})을 나타내어 보여준다. 한편 '인성(G_C)'은 K_{1c}와 $G_C = K_{1c}^2/E$ 관계를 가지며, 대각선 방향 점선으로 표시된 일련의 등고선들로 나타나 있다.

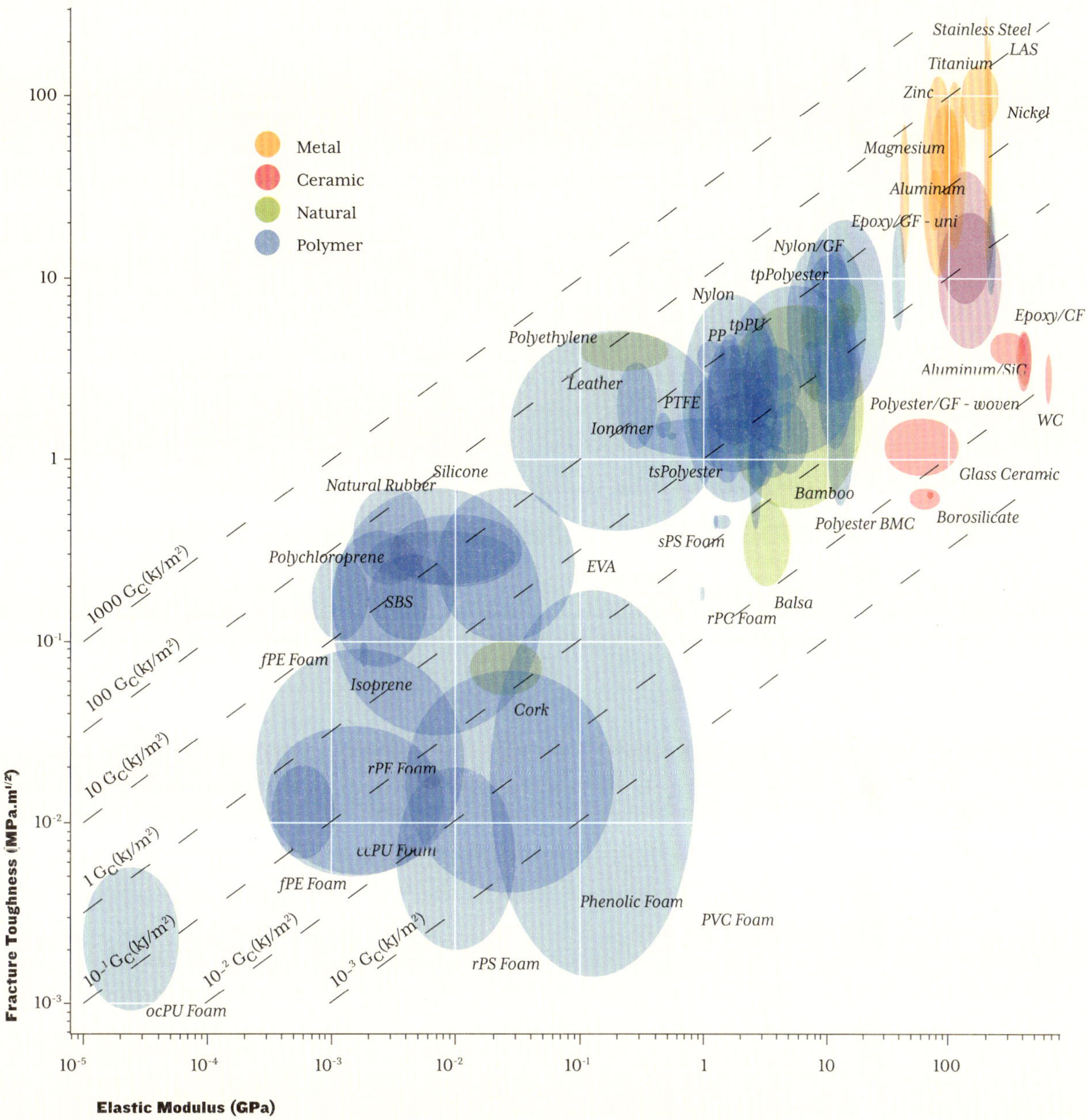
Metal
Ceramic
Natural
Polymer
Fracture Toughness (MPa.m^1/2)
Elastic Modulus (GPa)
100
10
1
10⁻¹
10⁻²
10⁻³
10⁻⁵
10⁻⁴
10⁻³
10⁻²
10⁻¹
1
10
100
1000 Gc(kJ/m²)
100 Gc(kJ/m²)
10 Gc(kJ/m²)
1 Gc(kJ/m²)
10⁻¹ Gc(kJ/m²)
10⁻² Gc(kJ/m²)
10⁻³ Gc(kJ/m²)
Stainless Steel
LAS
Titanium
Zinc
Nickel
Magnesium
Aluminum
Epoxy/GF - uni
Nylon/GF
tpPolyester
Nylon
Epoxy/CF
PP
tpPU
Polyethylene
Aluminum/SiC
Leather
PTFE
Polyester/GF - woven
WC
Ionomer
Silicone
Natural Rubber
tsPolyester
Glass Ceramic
Bamboo
Borosilicate
Polyester BMC
sPS Foam
Polychloroprene
EVA
SBS
Balsa
rPC Foam
fPE Foam
Isoprene
Cork
rPE Foam
ccPU Foam
fPE Foam
Phenolic Foam
PVC Foam
rPS Foam
ocPU Foam

차트 4 – 탄성계수(E) 대 강도(σ_f)

여기에는 새로운 특성은 없다. 이 차트의 가치는 많은 디자인들이 E와 σ_f의 조합에 의존한다는 점이다. 그러므로 탄력성, 즉 손상 없이 구부러질 수 있는(가죽처럼) 능력은 σ_f/E의 조합으로 측정할 수 있고, 차트에는 대각선 방향 점선으로 표시된 일련의 등고선들로 나타나 있다. 탄성 에너지를 축적하고 원래대로 돌아오는 능력은 σ_f^2/E에 의해 측정된다(차트에는 나오지 않음). 이러한 조합들의 값이 큰 재료가 이러한 기능을 잘 수행한다.

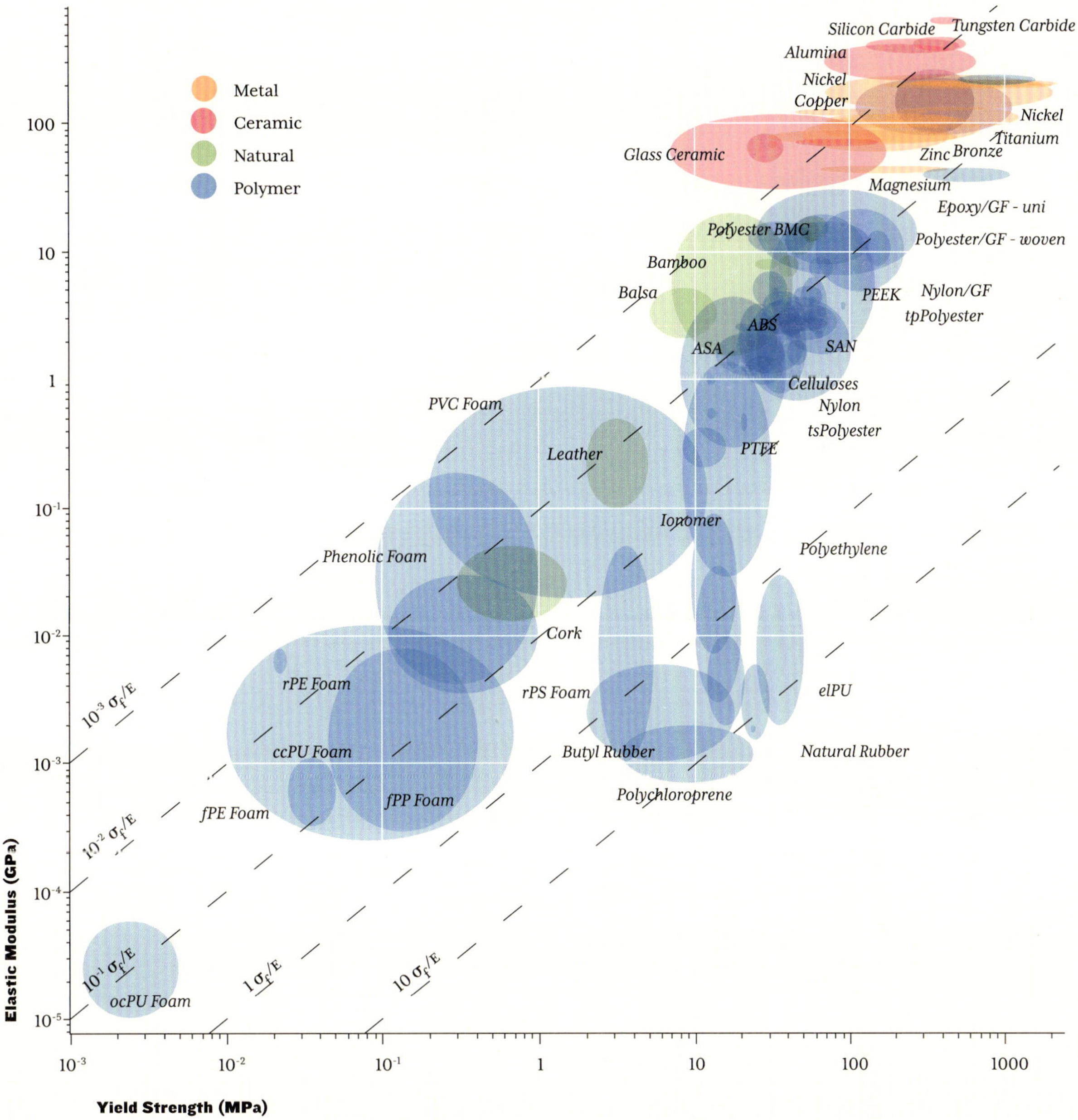

Metal
Ceramic
Natural
Polymer
Silicon Carbide
Tungsten Carbide
Alumina
Nickel
Copper
Nickel
Titanium
Glass Ceramic
Zinc
Bronze
Magnesium
Epoxy/GF - uni
Polyester BMC
Polyester/GF - woven
Bamboo
Balsa
PEEK
Nylon/GF
tpPolyester
ABS
ASA
SAN
Celluloses
Nylon
tsPolyester
PVC Foam
Leather
PTFE
Ionomer
Phenolic Foam
Polyethylene
Cork
rPE Foam
rPS Foam
elPU
ccPU Foam
Butyl Rubber
Natural Rubber
fPP Foam
Polychloroprene
fPE Foam
ocPU Foam
$10^{-3}\ \sigma_f/E$
$10^{-2}\ \sigma_f/E$
$10^{-1}\ \sigma_f/E$
$1\ \sigma_f/E$
$10\ \sigma_f/E$
Elastic Modulus (GPa)
100
10
1
10^{-1}
10^{-2}
10^{-3}
10^{-4}
10^{-5}
Yield Strength (MPa)
10^{-3}
10^{-2}
10^{-1}
1
10
100
1000

차트 5 – 손실계수(η) 대 탄성계수(E)

만일 단단한 강철 볼이 어떤 재료의 표면에 떨어진다면 볼은 튀어오를 것이다. 볼이 튀어 오른 높이는 재료에서 발생한 에너지 손실의 척도이다. 더 높이 튀어 오를수록, 손실은 더 적다. 손실계수가 낮은 재료에서는 볼이 가진 대부분의 에너지를 되돌리므로 정지할 때까지 여러 번(1,000번까지도) 튕기게 된다. 손실계수가 높은 재료에서는 거의 즉각적으로 정지하게 된다. 스프링, 진동하는 리드(reeds), 현악기의 줄, 정밀 서스펜션 시스템에 사용할 손실이 낮은 재료를 선택해보라. 또한 진동 감쇠를 위해 손실이 높은 재료를 선택해보라.

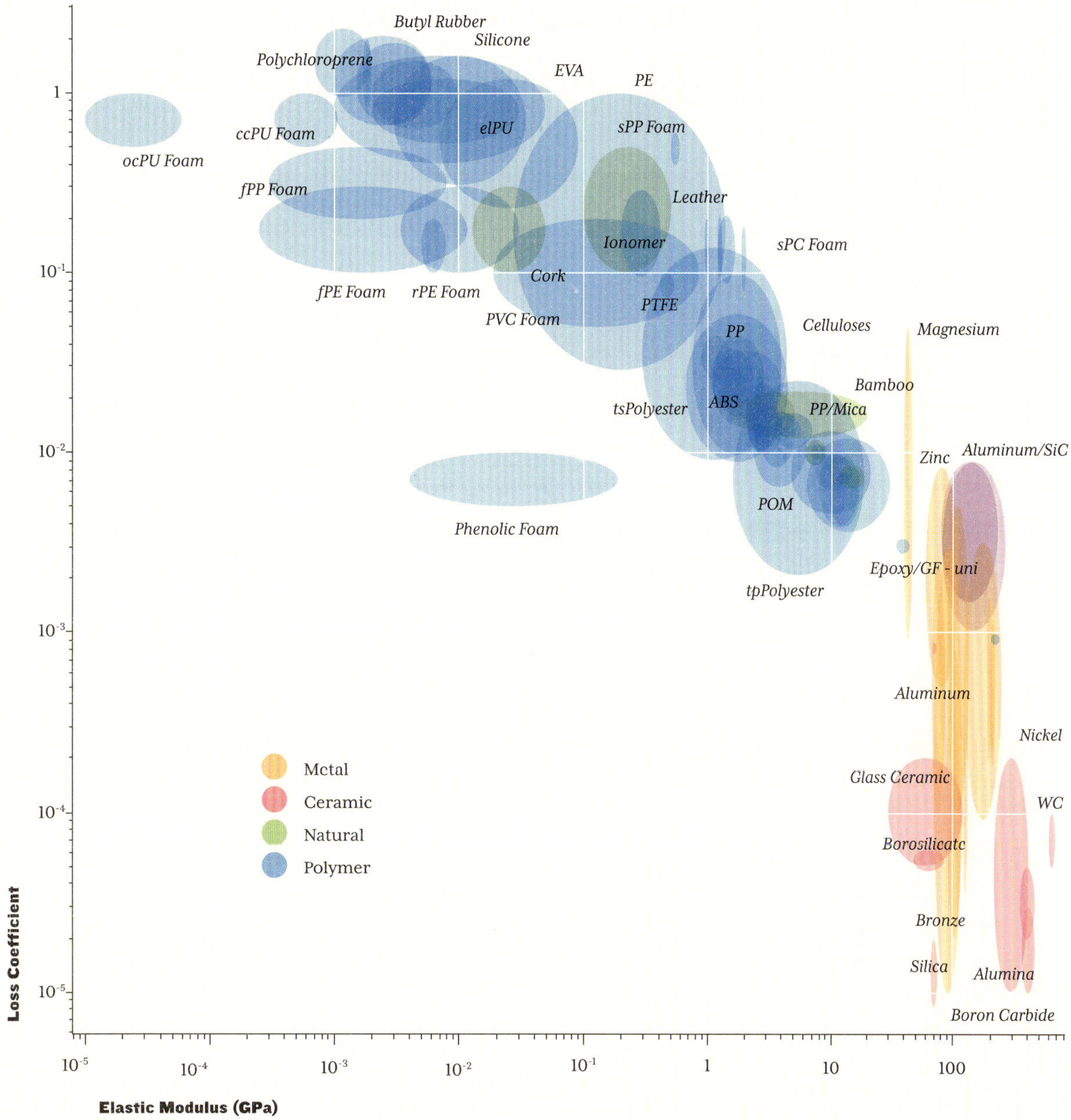
Butyl Rubber
Silicone
Polychloroprene
EVA
PE
ccPU Foam
elPU
sPP Foam
ocPU Foam
fPP Foam
Leather
Ionomer
sPC Foam
fPE Foam
rPE Foam
Cork
PTFE
PVC Foam
PP
Celluloses
Magnesium
Bamboo
tsPolyester
ABS
PP/Mica
Zinc
Aluminum/SiC
POM
Phenolic Foam
Epoxy/GF - uni
tpPolyester
Aluminum
Nickel
Glass Ceramic
WC
Borosilicate
Bronze
Silica
Alumina
Boron Carbide
Metal
Ceramic
Natural
Polymer
1
10^{-1}
10^{-2}
10^{-3}
10^{-4}
10^{-5}
Loss Coefficient
10^{-5}
10^{-4}
10^{-3}
10^{-2}
10^{-1}
1
10
100
Elastic Modulus (GPa)

차트 6 – 열팽창계수(α) 대 열전도도(λ)

열팽창과 열전도는 제품디자인을 위한 재료의 열적 특성 중 가장 중요한 두 가지이다. 그것들은 굉장히 폭넓게 변하는 값을 가진다. 차트를 보면 금속과 어떤 세라믹들은 높은 열전도도와 낮은 열팽창계수를 갖는다. 고분자와 탄성중합체는 1,000배나 낮은 열전도도를 가지며, 10배 이상 더 팽창한다. 고온에서 사용될 서로 다른 재료를 결합할 때에는 열팽창계수를 매치시키는 것이 중요하다. 높은 열전도도는 열교환기와 열방출체(heat sink)에서 중요하며, 균일한 온도가 요구될 경우(조리기구와 같은)에도 중요하다. 낮은 열전도도는 열을 차단하는 것을 목표로 할 때 중요하다.

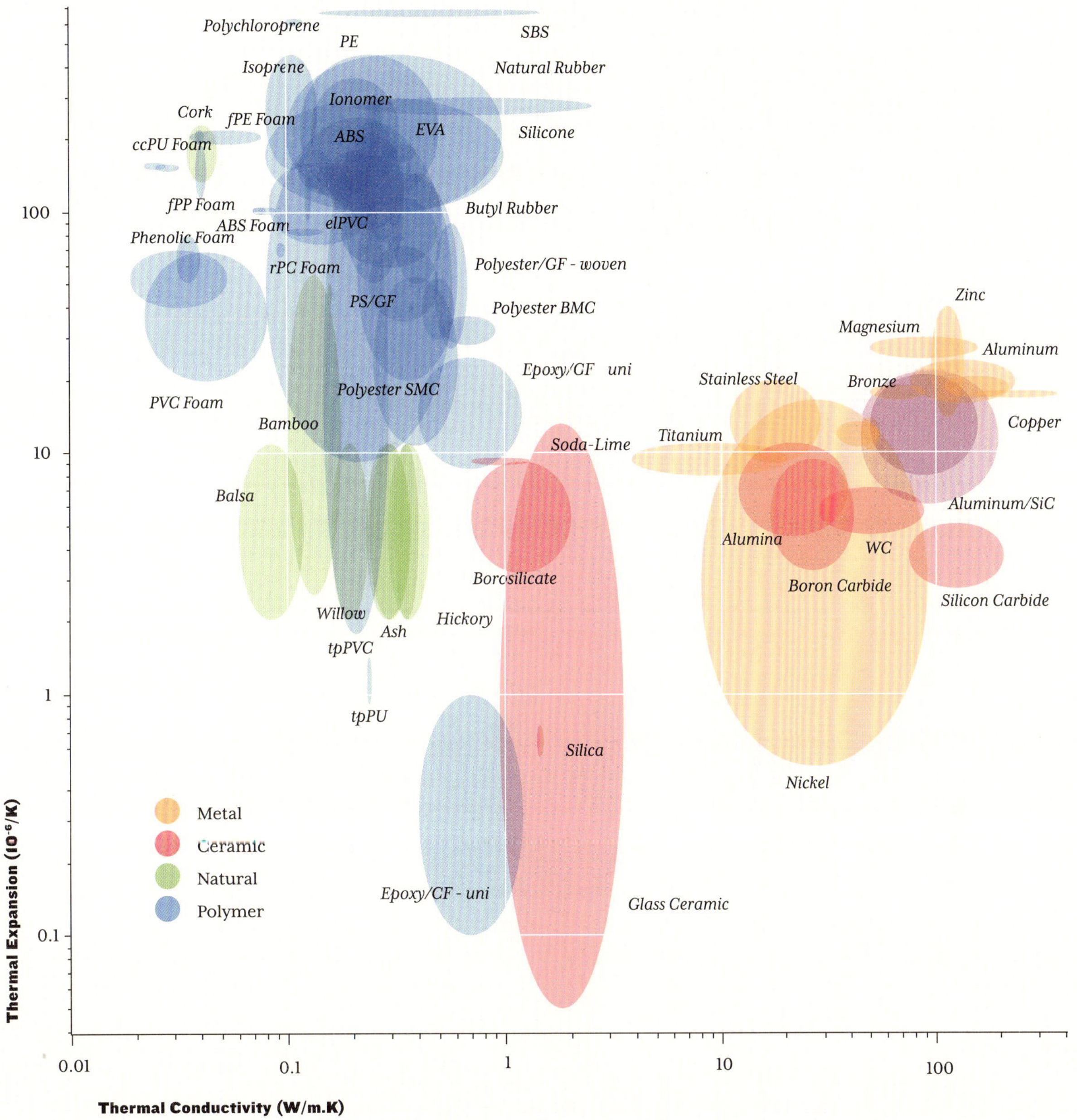
Polychloroprene
PE
SBS
Isoprene
Natural Rubber
Ionomer
Cork
fPE Foam
ccPU Foam
ABS
EVA
Silicone
fPP Foam
Butyl Rubber
ABS Foam
elPVC
Phenolic Foam
rPC Foam
Polyester/GF - woven
PS/GF
Polyester BMC
Zinc
Magnesium
Aluminum
Epoxy/GF uni
Stainless Steel
Bronze
Polyester SMC
PVC Foam
Bamboo
Copper
Titanium
Soda-Lime
Balsa
Aluminum/SiC
Alumina
WC
Borosilicate
Boron Carbide
Silicon Carbide
Willow
Hickory
Ash
tpPVC
tpPU
Silica
Nickel
Metal
Ceramic
Natural
Polymer
Epoxy/CF - uni
Glass Ceramic
100
10
1
0.1
0.01
0.1
1
10
100
Thermal Expansion (10⁻⁶/K)
Thermal Conductivity (W/m.K)

차트 7 – (섬유) 강도 대 강성

섬유는 디자인에서 중요한 역할을 한다. 섬유는 엉켜서 펠트나 종이가 되기도 하고, 방적되어 실이나 로프가 되기도 하고, 짜여서 옷감이 되기도 한다. 월등하게 높은 강도와 강성을 가진 것들도 많아서 섬유강화 복합재료에 활용된다. 인공섬유로는 유리섬유, 탄소섬유, 케블라(아라미드)섬유를 들 수 있다. 식물이나 동물로부터 유래한 자연섬유에는 코이어, 면, 아마, 대마, 황마, 양마, 모시, 사이잘삼, 양모가 있다. 인공섬유는 자연섬유보다 강성과 강도가 더 높은 반면에 무겁다. 단위무게 당 강도 및 강성이 중요할 경우, 자연섬유도 인공섬유 못지않은 경쟁력을 가진다.

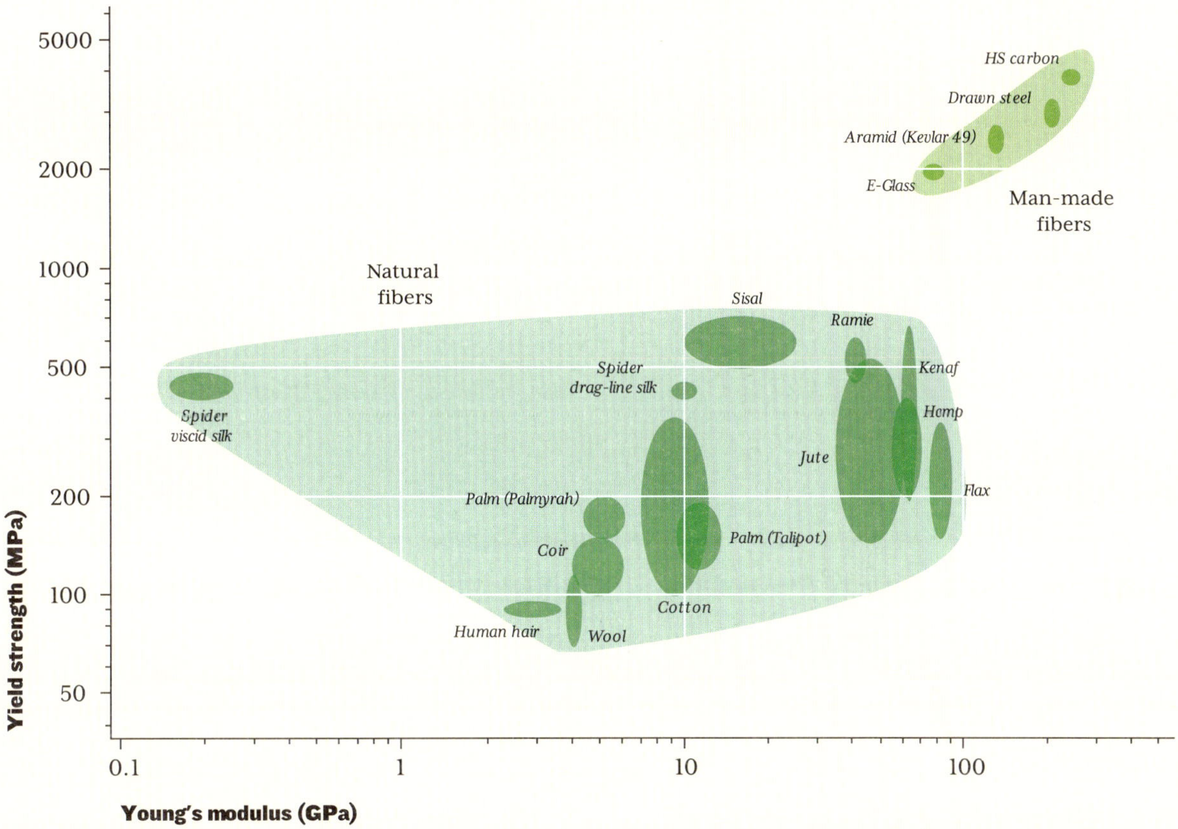

5000
2000
1000
500
200
100
50
Yield strength (MPa)
0.1
1
10
100
Young's modulus (GPa)
HS carbon
Drawn steel
Aramid (Kevlar 49)
E-Glass
Man-made fibers
Natural fibers
Sisal
Ramie
Kenaf
Spider drag-line silk
Spider viscid silk
Hemp
Jute
Flax
Palm (Palmyrah)
Palm (Talipot)
Coir
Cotton
Human hair
Wool

부록 2. 재료표기법

재활용 표지에 사용되는 재료표기법 (a) 기본 고분자

E/P	에틸렌-프로필렌 플라스틱
EVAC	에틸렌-비닐-아세테이트 플라스틱
MBS	메타크릴레이트-부타디엔-스타이렌 플라스틱
ABS	아크릴로나이트릴-부타디엔-스타이렌 플라스틱
ASA	아크릴로나이트릴-스타이렌-아크릴레이트 플라스틱
C	셀룰로오스 고분자
COC	싸이클로올레핀 혼성중합 고분자
EP	에폭사이드; 에폭시 수지 또는 플라스틱
I_{mod}	충격보강제
LCP	액정 고분자
MABS	메타크릴레이트-아크릴로나이트릴-부타디엔-스타이렌 플라스틱
MF	멜라민-포름알데히드 수지
MPF	멜라민-페놀 수지
PA11	11-아미노운데칸산을 기반으로 한 호모폴리아미드(나일론)
PA12	ω-아미노도데칸산을 기반으로 한 호모폴리아미드(나일론)
PA12/MACMI	PA12와 3,3-디메틸-4,4-디아미노디싸이클로헥실메탄과 이소프탈산을 기반으로 한 코폴리아미드
PA46	테트라메틸렌디아민과 아디프산을 기반으로 한 호모폴리아미드(나일론)
PA6	ϵ-카프롤락탐을 기반으로 한 호모폴리아미드(나일론)
PA610	헥사메틸렌디아민과 세바스산을 기반으로 한 호모폴리아미드(나일론)
PA612	헥사메틸렌디아민과 도데칸2가산(1,10-decandicarboxylic acid)을 기반으로 한 호모폴리아미드(나일론)
PA66	헥사메틸렌디아민과 아디프산을 기반으로 한 호모폴리아미드(나일론)
PA66/6T	헥사메틸렌디아민, 아디프산, 테레프탈산을 기반으로 한 코폴리아미드
PA666	헥사메틸렌디아민, 아디프산, ϵ-카프롤락탐을 기반으로 한 코폴리아미드
PA6I/6T	이소프탈산, 아디프산, 테레프탈산을 기반으로 한 코폴리아미드
PA6T/66	아디프산, 테레프탈산, 헥사메틸렌디아민을 기반으로 한 코폴리아미드

재활용 표지에 사용되는 재료표기법 (a) 기본 고분자

PA6T/6I	헥사메틸렌디아민, 테레프탈산, 아디프산, 이소프탈산을 기반으로 한 코폴리아미드
PA6T/XT	헥사메틸렌디아민, 2-메틸-펜타메틸렌디아민, 테레프탈산을 기반으로 한 코폴리아미드
PAEK	폴리아릴에테르케톤
PAIND/INDT	1,6-디아미노-2,2,4트리메틸헥산, 1,6-디아미노-2,4,4트리메틸헥산, 테레프탈산을 기반으로 한 코폴리아미드
PAMACM12	3,3-디메틸-4,4-디시클로헥실메탄과 x산을 기반으로 한 호모폴리아미드
PAMXD6	m-자일리렌디아민과 아디프산을 기반으로 한 호모폴리아미드
PBT	폴리(부타디엔 테레프탈레이트)
PC	폴리카보네이트
PCCE	폴리(시클로헥실렌 디메틸렌 테레프탈레이트)
PCTA	폴리(시클로헥실렌 디메틸렌 테레프탈레이트), 산
PCTG	폴리(시클로헥실렌 디메틸렌 테레프탈레이트), 글리콜
PE	폴리에틸렌
PEI	폴리에틸렌이미드
PEN	폴리(에틸렌 나프탈레이트)
PES	폴리에테르술폰
PET	폴리(에틸렌 테레프탈레이트)
PETG	폴리(에틸렌 테레프탈레이트), 글리콜
PF	페놀포름알데히드 수지
PI	폴리이미드
PK	폴리케톤
PMMA	폴리메타크릴레이트
PMMI	폴리메틸메틸아크릴이미드
POM	폴리옥시메틸렌, 폴리아세탈, 폴리포름알데히드
PP	폴리프로필렌
PPE	폴리(프로필렌 에테르)
PPS	폴리(프로필렌 설파이드)
PPSU	폴리(프로필렌 술폰)

재활용 표지에 사용되는 재료표기법 (a) 기본 고분자

PS	폴리스타이렌
PS-SY	폴리스타이렌, 규칙배열
PSU	폴리술폰
PTFE	폴리테트라플루오로에틸렌
PUR	폴리우레탄
PVC	폴리염화비닐
PVDF	폴리비닐리딘플루오라이드
SAN	스타이렌-아크릴로나이트릴 플라스틱
SB	스타이렌-부타디엔 플라스틱
SMAH	스타이렌-말레픽 무수 플라스틱
TEEE	열가소성 에스터 & 에테르 탄성중합체
TPA	폴리아미드 열가소성 탄성중합체
TPC	공중합폴리에스터 열가소성 탄성중합체
TPO	올레핀계 열가소성 탄성중합체
TPS	스타이렌계 열가소성 탄성중합체
TPU	우레탄계 열가소성 탄성중합체
TPV	열가소성 가황고무
TPZ	미분류 열가소성 탄성중합체
UP	불포화폴리에스터

재활용 표지에 사용되는 재료표기법 (b) 충전재

CF	탄소섬유
CD	탄소미분(분말)
GF	유리섬유
GD	유리미분(분말)
GX	유리
K	탄산칼슘
MeF	금속섬유
MeD	금속미분(분말)
MiF	광물섬유
MiD	광물미분(분말)
NF	천연 유기섬유
P	마이카(운모)
Q	실리카(규사)
RF	아라미드섬유
T	탤컴파우더(활석분말)
X	불특정
Z	기타 이 리스트에 포함되지 않은 것들

(옮긴이 주: 이 문서의 출처는 ISO 1043-1 Plastics – Symbols and abbreviated terms, Part 1: Basic polymers and their special characteristics)

부록 3. 미학적 속성의 모델링

(촉각에 의한) 부드러움

단단함은 압입과 긁힘에 대한 저항이다. 이는 경도(H)라는 재료특성과 직접적으로 연관된다. 부드러움은 강성(좀 더 정확하게는 강성의 결핍)에도 관련된다. 일정한 형상에서 재료의 강성은 다른 재료특성인 탄성계수(E)에 비례한다. 하나의 축을 기준으로 재료들의 순위를 매길 수 있는 통합된 척도가 있다는 것은 아주 편리하다. 여기서 사용되는 척도는 다음과 같다.

$$S = EH$$

만일 S 값이 작으면 재료는 부드럽게 느껴질 것이고, S 값이 증가하면 점점 단단하게 느껴질 것이다.

(촉각에 의한) 따뜻함

재료를 만졌을 때 만일 재빨리 손가락에서 열을 빼어간다면 그것은 차갑게 느껴질 것이고, 그렇지 않다면 따뜻하게 느껴진다. 손가락에서 재료 표면으로의 열흐름에 의해 시간이 t만큼 흘렀을 때 표면으로부터 깊이 x인 위치는 더 멀리 떨어진 부위보다 훨씬 따뜻해져 있다. 이러한 종류의 과도상태 열흐름 문제는 모두 다음과 같은 형태로 나타나는 해를 갖는다.

$$x = \sqrt{at}$$

여기서 a는 재료의 열확산계수이다.

$$a \approx \frac{\lambda}{\rho C_p}$$

여기서, λ는 열전도도, C_p는 정압비열, ρ는 밀도이다. 시간 t 동안에 손가락의 단위면적을 떠난 열량은

$$Q = x\rho C_p = \sqrt{\rho\lambda C_p} \cdot \sqrt{t}$$

만일 Q 값이 작으면 재료는 따뜻하게 느껴지고, Q 값이 크면 차갑게 느껴진다. 그러므로 $\sqrt{\rho\lambda C_p}$는 재료의 '차가움'의 척도이다. 부드러움과 따뜻함은 그림 4.22의 양 축으로 사용되었다.

(소리의) 피치(Pitch)

물체가 부딪혔을 때 나는 소리의 주파수(피치)는 그것을 만드는 데 사용된 재료의 탄성계수(E)와 밀도(ρ)에 관련된다. 우리는 고유진동수의 상대적인 척도로서 다음과 같은 식을 사용한다.

$$P = \sqrt{E/\rho}$$

만일 P 값이 작다면 재료의 피치는 낮은 것이고, P 값이 증가하면 재료의 피치는 점점 높아진다.

(소리의) 밝기(Brightness)

재료에서 소리의 감쇠(댐핑 또는 줄어듦)는 손실계수(η)에 의존한다. 소리의 밝기에 순위를 매기는 척도로서 다음과 같은 식을 사용한다.

$$L = \frac{1}{\eta}$$

만일 L 값이 작다면 재료의 소리는 금방 줄어들 것이고, L 값이 증가하면 재료는 더 오래 울릴 것이다. 소리의 피치와 밝기는 그림 4.24의 양 축으로 사용되었다.

마멸저항(Abrasion Resistance)

마멸에 대한 저항은 여러 가지 재료특성에 의해 결정되지만, 경도(H)가 그 중에서도 특별히 중요하다. 하나의 재료가 다른 재료에 의해 긁혔다면, 긁힌 재료보다 긁은 재료의 경도가 더 높다. 그러므로 우리는 경도(H)를 마멸저항의 상대적인 척도로 사용한다.

강성(Stiffness)

일정한 형상에서 재료의 강성은 재료의 탄성계수(E)에 직접적으로 관련된다.

탄력성(Resilience)

탄력성은 재료가 손상 없이 큰 처짐을 견디는 능력이다. 여기서 처짐은 항복(영구변형) 또는 파괴에 의해 제한되므로, 다음 두 개의 지수 중 더 먼저 제한하는 것에 의해 결정된다.

$$\frac{\sigma_y}{E} \quad \text{또는} \quad \frac{K_{1c}}{E}$$

여기서 σ_y는 항복강도, K_{1c}는 파괴인성이다. 우리는 다음과 같은 식을 탄력성의 척도로 사용한다.

$$R = \frac{\sqrt{\sigma_y K_{1c}}}{E}$$

탄력성과 강성은 그림 4.29의 양 축으로 사용되었다.

부록 4. 해석에 의한 재료선택

우리는 여기서 재료선택을 위한 해석적인 접근방법을 좀 더 쉬운 말로 설명해보기로 하자. 여기서는 단지 아주 간단한 개요만을 다루기로 한다[1].

1. 그 방법에 대해서는 제7장의 참고문헌 자매편(Ashby, 2011)에 많은 예제와 함께 충분히 전개되어 있다.

기능, 목표, 제한조건, 제어변수

공학적인 부품은 어느 것이나 한 가지 이상의 기능을 갖고 있다. 하중을 지탱함, 압력을 유지함, 열을 전달함 등의 기능이다. 부품을 디자인함에 있어서 디자이너는 목표를 가지고 있다. 아마도 가급적 저렴하게 만들 것인지, 아니면 가급적 가볍게, 가급적 안전하게, 또는 이러한 것들의 어떤 조합을 목표로 한다. 이러한 목표는 제한조건들을 만족하면서 달성되어야 한다. 제한조건의 예를 들면, 어떤 치수는 정해져 있으며, 부품은 파손 없이 주어진 하중이나 압력을 견딜 수 있어야 하고, 일정한 온도범위에서 그리고 주어진 환경에서 안전하게 작동해야 한다는 것 등이다. 기능, 목표, 제한조건은(표 7A.1) 재료선택에 대한 경계조건을 설정해주며, 하중을 지탱하는 부품의 경우에는 단면의 형상도 결정한다.

표 7A.1 해석의 상세내역

기능
무슨 일을 하는 부품인가?
목표
최대화 또는 최소화되어야 하는 것은 무엇인가?
제한조건
반드시 만족되어야 하는 조건은 무엇인가?
자유변수
우리가 마음대로 바꿀 수 있는 제어변수는 무엇인가?

부품의 성능은 성능지표(P)에 의해 측정된다. 제어변수는 부품의 치수, 부품이 지탱해야 할 기계적, 열적, 전기적 하중, 그리고 그 부품을 만드는 데 사용된 재료의 특성을 포함한다. 성능은 제어변수의 함수로 표현되며, 하나 이상의 목표함수에 의해 측정된다. 목표함수는 성능지표(P)를 수식으로 나타낸 것으로, 성능은 그 값에 반비례하는 관계로 표현되므로, 성능의 극대화를 위해서는 P의 최소값을 찾아야 한다. 이는 다음과 같은 수식으로 나타낼 수 있다.

$$P = f\,[(\text{하중}, F), (\text{형상}, G), (\text{재료}, M)]$$

또는

$$P = f\,[F, G, M]$$

으로 표현할 수도 있다. 여기서 f는 '…의 함수'를 뜻한다. 최적화된 디자인은 주어진 성능지표(P)를 최소화하는 재료 및 기하학적 형상의 선택이다. 다중목표 최적화는 여러 개의 상호의존적인 성능지표 P, Q, R을 동시에 최적화하는 절차이다.

이것은 관념적으로 굉장히 애매하다. 간단한 예제로써 이 방법을 명확하게 설명해보자. 책에 언급된 재료선택의 문제로, 경주용 자전거의 바퀴살에 사용되는 재료선택에 관한 문제를 고려해보자. 디자인 요구조건으로 길이(L)와 지탱해야 할 하중(F)이 지정된다. 기능은 연결봉(tie) 역할이다. 목표는 무게를 최소화하는 것이고, 제한조건은 지정된 하중(F), 길이(L), 그리고 파손 없이 주어진 하중을 버틸 수 있어야 한다는 점이다. 자유변수(아직까지는 명시되지 않았음)는 단면적(A)과 재료의 선택이다. 이 모델에 대한 인풋은 표 7A.2에 요약되어 있다.

성능이 척도는 질량(m)이며, 바로 우리가 최소화하고자 하는 것이다. 성능방정식은 다음과 같은 목표함수로 나타낼 수 있다.

$$m = AL\rho$$

여기서 ρ는 연결봉을 만드는 데 사용된 재료의 밀도이다. 길이(L)는 지정되었으나 단면적(A)은 자유롭다. A를 줄이면 질량이 작아진다. 그러나 너무 작아지면 하중(F)을 지탱하지 못하므로, 단면적에 대한 이러한 제한조건이 다음과 같은 관계를 필요로 한다.

$$\frac{F}{A} \geq \frac{\sigma_y}{S}$$

σ_y는 연결봉 재료의 항복강도를, S는 안전계수를 뜻한다. 이 관계를 목표함수에 대입하여 자유변수(A)를 소거하면 m은 다음과 같이 나타낼 수 있다.

$$m \geq SFL\left[\frac{\rho}{\sigma_y}\right]$$

여기에 포함된 변수는 괄호 안의 항 이외에는 모두 정해져 있으며, 괄호 안의 항은 재료선택에만 의존한다. 따라서 (ρ/σ_y)의 값을 최소화하는 재료를 선택함으로써 질량이 최소화(성능이 최대화)될 수 있으며, 이를 재료지수라 부른다.

표 7A.2 자전거 바퀴살 해석의 상세내역

기능
연결봉
목표
질량의 최소화
제한조건
길이(L) 지정
하중(F) 지정, 파손이 없어야 함
자유변수
단면적(A)
재료의 선택

재료지수

각각의 기능, 목표, 제한조건의 조합은 각각 재료특성의 집합 또는 재료지수를 포함하는 하나의 성능지표로 귀결된다. 재료지수는 그 조합의 특질을 나타낸다. 표 7A.3에 이러한 재료지수들의 일부를 보여준다. 지수를 유도하는 과정은 자매편(옮긴이 주: 제7장 참고문헌 Ashby, 2011)에 자세하게 나와 있다. 여기서 관심의 초점은 특정 재료지수의 극단적인 값을 갖는 재료들이 특정 디자인 요구조건의 집합을 충족시키는 데 아주 적합하다는 것이다. 다시 자전거 바퀴살이 하나의 예가 된다. 재료 중에서 (ρ/σ_y)의 값이 낮은 재료가 좋은 선택이며, 재료지수는 비교를 가능하게 해준다. 만일 기존의 바퀴살이 기준재료 M_0로 만들어졌고 m_0의 질량을 가졌으며, m_1의 질량을 가진 경쟁하는 재료 M_1은 M_0보다 가벼우면서도 M_0과 같은 하중지탱 능력을 갖는다고 할 때, 그 비율은 다음과 같다.

$$\frac{m_1}{m_0} = \frac{\rho_1/\sigma_{y_1}}{\rho_0/\sigma_{y_0}}$$

(여기서 첨자 0은 기준재료를, 1은 새로운 재료를 의미) 이는 M_0을 M_1로 바꿈으로써 얻게 될 성능 상의 이득에 대한 직접적인 지표이다.

표 7A.3 재료지수
순수 기술적 요구조건들을 만족하는 재료선택을 최적화하기를 원한다면 이 지수가 하나의 길잡이가 된다.

기능, 설계목표, 제한조건	지수를 최소화
연결봉, 최소무게, 강성 지정 (경량 인장구조의 케이블지지)	ρ/E
빔, 최소무게, 강성 지정 (항공기 날개보, 골프클럽 샤프트)	$\rho/E^{1/2}$
빔, 최소무게, 강도 지정 (자동차 서스펜션 팔)	$\rho/\sigma^{2/3}$
패널, 최소무게, 강성 지정 (자동차 도어 패널)	$\rho/E^{1/3}$
패널, 최소무게, 강도 지정 (테이블 상판)	$\rho/\sigma^{1/2}$
기둥, 최소무게, 좌굴하중 지정 (항공기 유압장치의 밸브 밀대)	$\rho/E^{1/2}$
스프링, 최소무게, 에너지저장 지정 (우주용 리턴스프링)	$E\rho/\sigma_y^2$
천연 힌지, 뒤틀림 최대화, 파손없이 굽힘 (저렴한 힌지)	E/σ_y

(ρ: 밀도, E: 영의 계수[탄성계수], σ_y: 탄성한계)

기술적 제한조건을 충족시키는 재료선택을 가능하게 하는 소프트웨어가 존재한다. 소프트웨어로부터 얻은 하나의 결과물이 그림 7A.4에 나와 있다. 이 도표의 양 축은 항복강도(σ_y)와 밀도(ρ)이다. 각각의 작은 버블은 하나의 재료를 나타낸다. 대각선은 (ρ/σ_y)값이 낮은 재료를 찾아내주며, 바퀴살을 위한 재료선택의 출발점이 된다. 여기에 부식저항, 충격저항, 강성 등을 더할 수 있으며, 그렇게 함으로써 선택의 범위를 좁힌다. 한 가지 단계가 더 필요하다. 그림 7A.4의 어떤 후보재료들은 다른 것들보다 비싸다. 어떻게 하면 무게와 가격 사이의 균형을 맞출 수 있을까?

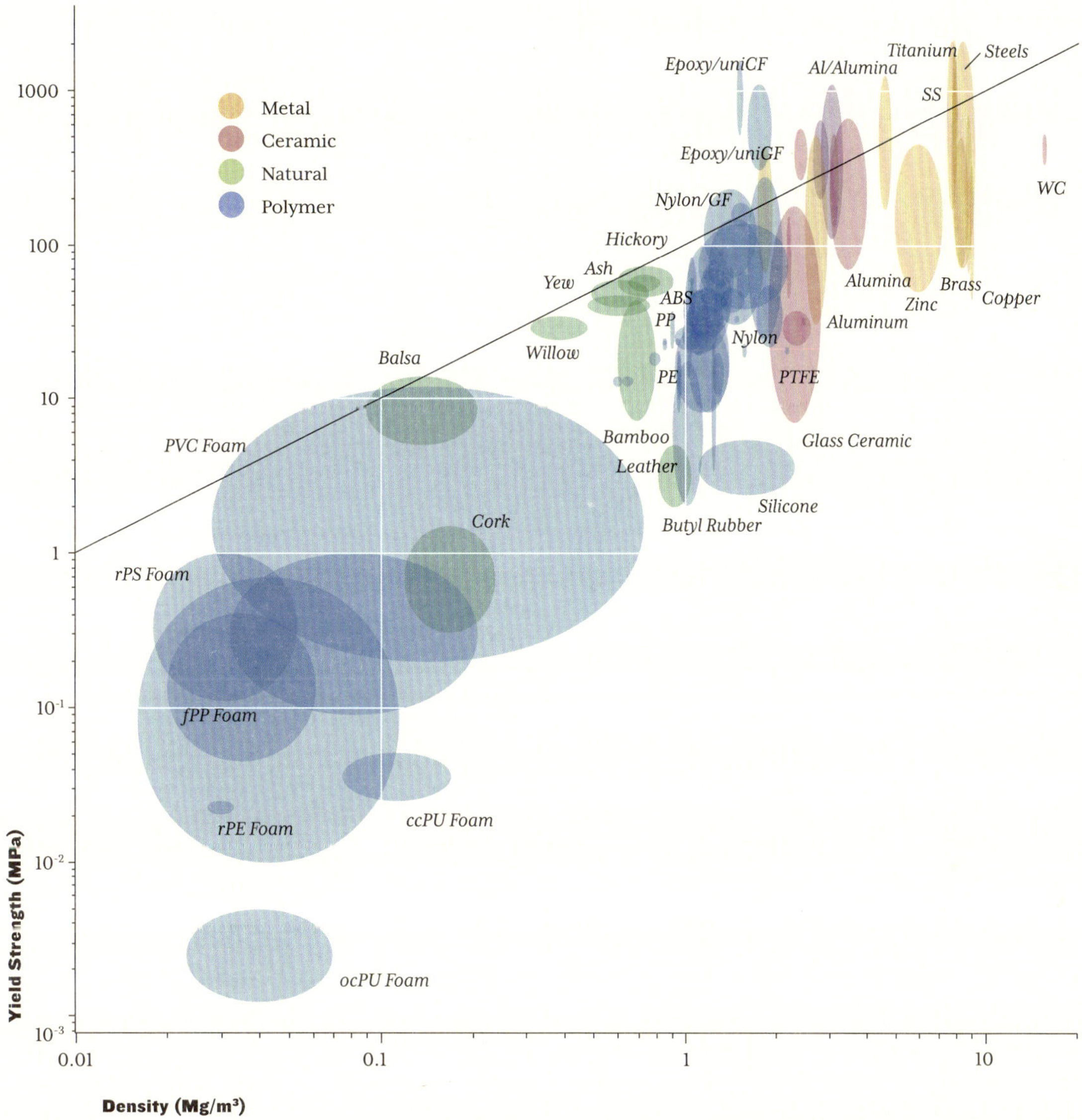

그림 7A.4 선택의 최적화

강도 – 밀도 차트. (ρ/σ_y)의 값이 낮은 재료들은 대각선 위쪽으로, 좌측상단에 놓여 있다(CES Edu, 2009).

다중목표 최적화

더욱 훌륭한 차별화는 예를 들어 그림 7A.5와 같은 절충 다이어그램을 그려봄으로써 가능하다. 여기서 세로축은 재료지수(ρ/σ_y), 가로축은 재료의 가격($/kg)으로 잡았다. 이러한 그림은 성능과 가격을 동시에 기준으로 하여 재료들을 비교할 수 있게 해준다. 가장 매력적인 후보재료는 절충표면(곡선) 상에 또는 가까이에 위치한 것이다. 이는 낮은 질량과 낮은 가격을 동시에 만족시킨다. 탄소강, 저합금강, 알루미늄합금, 스테인리스강이 모두 좋은 선택임을 보여준다. 탄소섬유강화 고분자(CFRP)는 이들보다 더 낮은 질량을 갖지만, 재료의 가격이 현저히 상승한다. 티타늄합금 역시 더 비싸면서 더 큰 질량을 갖기 때문에 좋은 선택이라고 볼 수 없다.

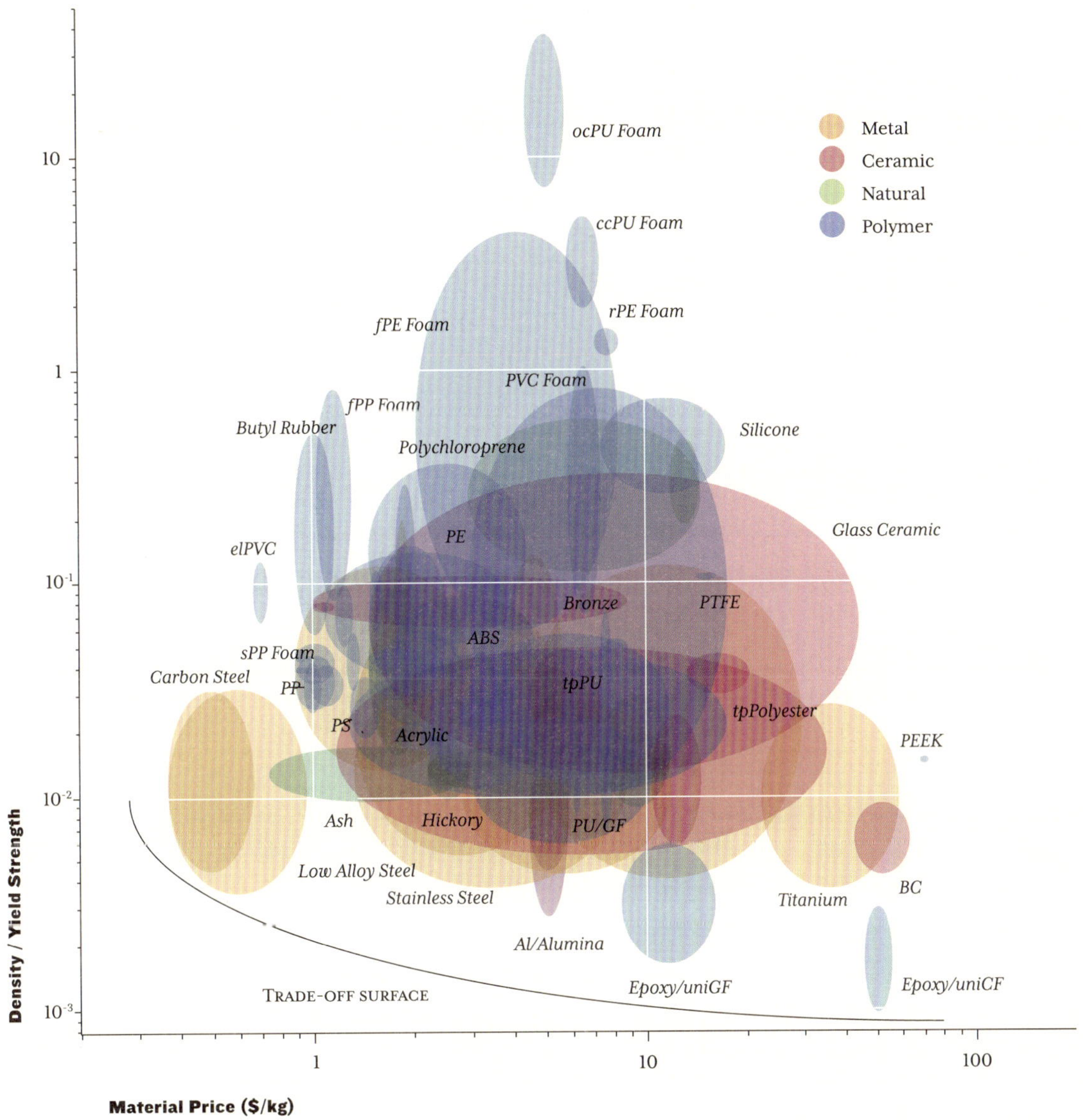

그림 7A.5 절충 해석

여기서는 최소무게와 최소비용의 타협점을 찾는다. 절충곡면 상에 또는 가까이에 놓인 재료들이 후보재료이다. 최종 선택은 각 속성이 얼마나 중요하게 취급되느냐에 달렸다(CES Edu, 2009).

부록 5. 연습문제

여기에 몇 가지 시도해볼 만한 것들이 있다. 대부분 혼자서도 할 수 있고, 일부는 그룹으로 수행할 필요가 있다. 일부는 재료의 조달이 필요하다. 리스트는 각 장의 내용과 부합되도록 정리하였다.

Chapter 1. 들어가며

실제 세상에서의 재료: 다음 리스트에서 하나의 재료클래스를 선택하여, 제품과 구조에서의 사용에 대하여 조사해보라.

나무	유리	금속
세라믹	고분자	직물

상점을 방문하여 사용 사례를 찾아보고, 길거리나 역, 그리고 박물관에서 제품들과 구조를 관찰해보라. 사진보다는 스케치를 곁들여 해설을 준비하고, 재료가 사용된 방법에 대하여, 그리고 그 재료가 만들어준 형상에 대하여, 또한 그 재료의 사용으로 생성된 연상과 인지에 대하여 표현해보라.

재료와 브랜드: 재료와 브랜드의 이름에 의해 즉각적으로 알아볼 수 있는 제품의 예를 세 가지 찾아보라.

Chapter 2. 무엇이 제품디자인에 영향을 미치는가?

제품에 대한 과학수사: 제품 하나를 선택하여 분해해보고, 어떻게 재료가 사용되었는지, 사용된 재료가 무엇인지와 그 재료가 어떤 공정으로 가공되었는지 최선을 다하여 식별해보라. 제품의 내부 디자인에 대한 선택이 어떻게 외부 형태에 영향을 미쳤는지에 대해서도 조사해보라. 제품의 외형이 제품의 기능을 얼마나 표현하고 있는가?

연상: 다음과 같은 세 가지 질문에 대한 대답을 분석해보라(10명의 참가자로부터 대답을 받았다고 가정하자). 이 제품은 당신으로 하여금 무엇을 떠올리게 하는가? 그것이 갖는 의미는 무엇인가? 당신은 그 제품으로 인하여 특별히 어떤 사람, 스토리, 경험을 연상하게 되는가?

1. 대답을 검토하고, 참가자가 연상에 동의하는 정도에 대하여 판단해보라.

2. 통계적인 방법(공통적인 의미의 중요한 정도에 따라 하는 선택)을 사용하여 연상을 규명해보라.
3. 군집분석을 사용하여 비슷한 연상을 갖는 재료를 그룹으로 나누라.

혁신의 유형: 제2장의 USB에 대한 예는 혁신을 위한 체계라는 특정한 맥락에서 USB Key의 디자인을 분석하였다. 같은 체계로 다른 제품들에 대해서도 재검토해보라.

제품 아이콘: 아주 단순한 여러 제품들이 매우 긴 수명을 가져왔고 앞으로도 그럴 것이다. 그것들은 일종의 고전적인 것, 아이콘이 된다. 이러한 제품들 중 하나의 역사를 찾아보고, 발명자가 의도했던 상황(누가, 무엇을, 언제, 어디서, 왜)과 그것들의 효용성, 미학, 연상에 대한 오늘날의 관점을 살펴보라. 당신은 그 제품이 그토록 내구성 있고, 지속가능하고, 오래가며, 고전적인 아이콘이 된 이유가 무엇인지 식별할 수 있는가?

제품 스토리: 제품 하나를 선택하고 찬찬히 살펴본 후에 물음에 답하라. 무엇을 하는 제품인가? 누가 그것을 사용할 것인가? 어디서? 언제? 왜? 그 제품의 미학에 대하여 설명해보라. 그 제품에 의한 연상은 무엇인가? 디자이너는 어떻게 그것을 만들어 냈는가? 왜? 그 제품에 대한 당신의 인지는 무엇인가? 무엇이 당신으로 하여금 그렇게 느끼게 하였는가? 의도적이든 아니든 간에 어떻게 디자이너는 그러한 인지를 만들어 냈을까? 끝으로 디자이너가 얘기하고자 했던 것은 무엇인가?

Argos Vc 403 Bagless Cleaner

가치와 가격: (A) 오늘 2012년 현재 필터백 없는 진공청소기의 가격은 거의 10배 차이가 난다. Argo VC403의 가격은 38파운드(또는 $53)이고 Dyson DC23의 가격은 333파운드(또는 $466)이다. 두 가지 모두 나름의 시장을 확보하고 있다. 그렇다면 더 비싼 청소기는 높은 가격을 감안하더라도 더 훌륭한 가치가 있다는 인지에 의해 형성된 시장이 존재해야 한다. 다이슨은 어떻게 이런 가치에 대한 인지를 만들어 냈을까? 인터넷에서 이들 제품(또는 맞먹는 두 개의 제품)을 검색하여 디자이너들이 어떻게 그렇게 만들었는지 분석해보라.

Dyson DC23 bagless cleaner

(B) 여행용 옷가방과 냉장고에 대하여 앞의 연습문제에서 다루었던 것처럼 비교하고 분석해보라. 지정된 용량의 옷가방 또는 냉장고에 대하여, 가격의 범위는 어느 정도인가? 제품특성의 어떤 측면이 가장 비싼 제품

Rolex Dayton Price $11,870

에 걸맞은 가치를 지니게 만들어 주는가? 가격, 크기, 등등의 당신이 필요한 정보는 'Which?'와 같은 소비자 정보지나 상품비교 웹사이트에서 쉽게 찾아볼 수 있다.

Casio watch, Price about $9

(C) 시계의 가격은 거의 10,000배 이상 차이가 난다. 나는 매우 싼 시계를 가지고 있는데, 스톱워치 기능을 가졌고, 방수여서 손목에 차고 수영할 수 있기 때문에 좋아한다. 그것은 극도로 정확하고, 만일 잃어버리더라도 아마존에서 5.8파운드(약 $9)면 새로 살 수 있다. 다른 시계는 시가 11,870달러의 롤렉스이지만, 1,500,000달러는 주어야 살 수 있는 Patek Philippe 사의 Sky Moon Tourbillon 5002 P에 비하면 아무것도 아니다. 그러한 최고가 시계 제조자들은 어떻게 그들 제품이 가진 것으로 (최소한 일부 사람들에게는) 보이는 가치를 만들어낼까? 광택이 나는 잡지에 실린 광고와 그들의 웹사이트는 정보를 엄청나게 쏟아낸다. 그것들을 탐색하여 재료, 연상, 브랜드이미지의 위상이 어떻게 가치를 만들어낼 수 있는지 알아보라.

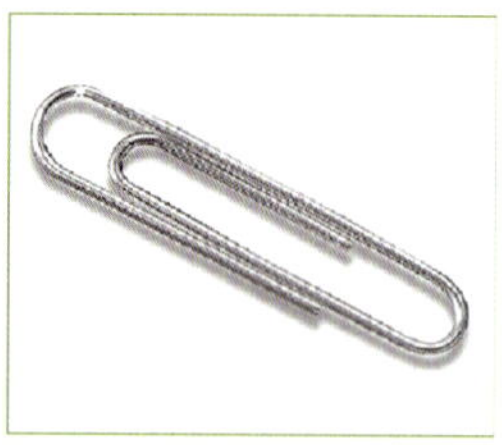

A paperclip

유머: (A) 1899년 발명된 페이퍼클립은 가장 단순한 제품이면서 가장 오랜 수명을 가진 것들 중 하나이다. 어느 사무실에나 있다. 보통은 아무런 관심을 끌지도 못하고 재미난 일과도 상관없다. 이러한 결핍된 요소를 제공해 줄 수 있도록 재디자인한 사례를 하나 소개한다. 매우 단순한 일상용품 하나를 찾아서 유머의 요소를 도입할 수 있도록 재디자인해보라.

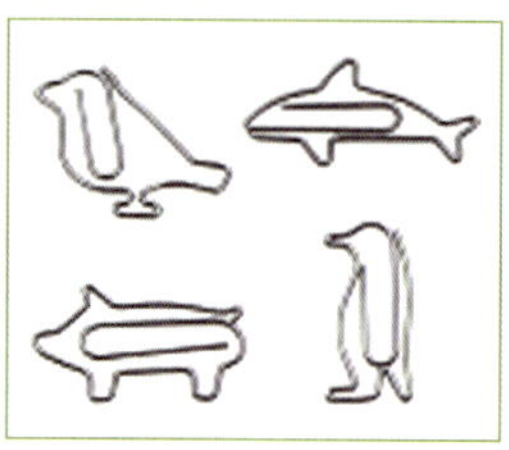

Variations on the theme of paperclips

(B) 바코드는 제품의 인식과 재고관리를 목적으로 지금은 거의 모든 상품에 부착된다. 그것들은 워낙 따분해서 거의 눈에 띄지도 않고, 제품 뒷면이나 바닥에 묻은 때나 흠집처럼 붙어 있다. 그러나 꼭 따분할 필요는 없다. 조금만 상상력을 발휘하면 그것들을 즐거운 것으로 만들 수 있다. 화학 교과서나 비료 포장의 바코드를 유머감각을 살릴 수 있도록 재디자인해보라.

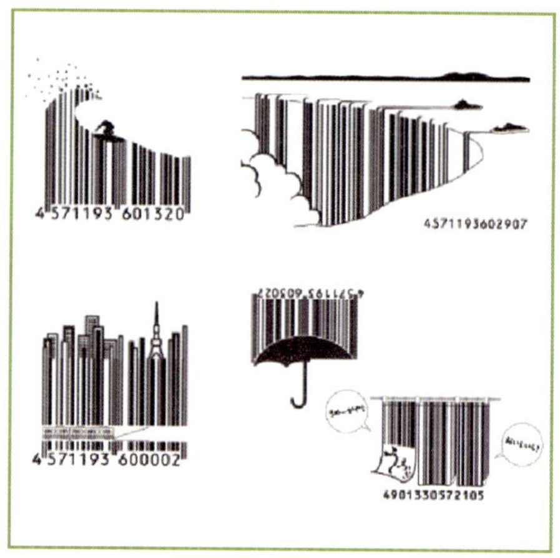

Various bar codes

연상: 아래에 소개된 각 자동차의 그림을 보고 당신의 마음에 처음 떠오른 연상은 무엇인지 적어보라. 디자이너는 어떻게 이런 연상을 갖도록 만들었는가?

인지: 위에 소개된 여섯 가지 자동차 그림을 다시 들여다보고 잠시 곰곰이 생각해보라. 당신은 각각의 자동차를 인지하는가? 그것들이 당신에게 어떤 느낌을 갖게 하는가? 그것들 중 하나를 선택할 기회가 주어진다면 어느 것을 선택하겠는가? 왜 그러한가?

제품의 진화: 하나의 제품에 대하여 디자인 히스토리를 작성함으로써(제3장에 예가 있음) 제품의 탄생과정을 탐색해보라. 기술적 및 미학적 요구조건을 만족시키고 연상과 인지를 창조하기 위해 재료선택, 가공공정, 표면처리가 사용된 방식들에 관한 보고서를 작성하라. 처음에는 당신 자신의 관찰로부터 시작하고, 이어서 디자인 히스토리 책자와 최신 디자인 잡지 및 카탈로그로부터 정보를 찾아보라. 이러한 방식으로 잘 정리된 제품들로는 다음과 같은 것들이 있다.

라디오	자전거	펜
진공청소기	휴대전화	자동차
스키	개인용 컴퓨터	무엇이 더 있을까?

Chapter 3. 재료성, 디자인, 그리고 창의성

시각적 스토리텔링: 하나의 제품과 그것이 사용될 환경을 식별해보자. 이

미지, 샘플, 스케치, 개념을 암시하는 다른 자료들까지 모으고 무드보드에 집결시켜라.

재료의 은유: '다리미(iron)'는 구겨진 옷을 매끈하게 하는 데 사용된다. 그 이름은 그것을 만든 재료로부터 유래되었다. '유리컵'도 제품의 이름이 재료의 이름을 공유하는 사례이다. 당신이 디자인할 수 있다면 다음의 재료로는 무엇을 만들 수 있을까?

알루미늄	폴리에틸렌	아연
폴리카보네이트	니켈	나일론
대나무	구리	

재료에 의한 연상: 금으로 만든 무언가를 보았을 때 무엇이 생각나는가? 그것의 가격 때문에 아마 당신은 부와 호화로움을 연상할 것이다. 또는 그것이 부를 나타내는 상징이기 때문에 아마 사치와 권력을 떠올릴 수도 있다. 또한 화학적 공격에 대한 그것의 완벽한 저항력 때문에 아마 안정성과 영구적인 것을 연상할 수도 있을 것이다. 아래의 재료들을 보고 당신의 마음에 떠오르는 연상은 무엇인가? "만일 그런 재료로 만든 물건을 본다면 당신은 무엇이 생각나는가?"

절삭가공한 강철	납	연마된 체리나무
스테인리스강	폴리에틸렌	나무표면을 가진 플라스틱
녹슨 철	나일론	대리석
닦은 알루미늄	다이아몬드	유리

9개창방법: 새로운 사고를 자극하는 TRIZ 9개창방법은 본문에 설명되어 있다. 재디자인의 대상이 되는 제품을 3×3 매트릭스 중앙의 칸에 위치시킨다. 다른 8개 칸을 채우는 것으로 시간적인 스케일과 특별한 스케일에 대한 생각을 확대해 나간다. 오늘날의 제품 하나를 선택한 후 그것이 어떻게 발전되어 나갈 수 있을지 9개창방법 해석을 구축해보라. 여기서 상위시스템은 전후맥락을 만들어 내는 데 사용할 수 있고, 필요한 기능성을 제공해 줄 수 있는 새로운 기술들을 조사하여 하위시스템을 탐색할 수 있을 것이다.

Chapter 4. 재료: 우리 주위의 물자

색채 시리즈: 바우하우스 수업에서 Itten이 자신의 학생들에게 했던 것처럼 재료들의 색채 시리즈를 만들어보라. 가장 눈에 잘 띄는 색채 시리즈는 빨강, 주황, 노랑, 초록, 파랑, 보라와 같은 색을 사용한 것이다. 이런 시리즈는 제한된 구조와 색상의 넓은 스펙트럼에 대한 시각적 표현을 제공한다. 디자이너로 하여금 이용가능한 재료의 넓은 범위에 걸쳐 탐구하도록 안내하기 위해서는 비슷한 것이 필요하다.

인터넷은 녹색: 선택된 재료 그리고/또는 제조공정 그리고/또는 제품 분야에 대하여, 지속가능성에 중점을 두면서, 아래의 어느 하나 또는 전부를 조사해보라.

1. 환경보호에 관한 법규가 재료선택에 미치는 영향
2. EUP 규제지침, REACH 규제지침, WEEE 규제지침을 준수하는 데 도움이 될 만한 소프트웨어
3. 탄소배출 거래제도와 그것의 성공 및 실패 사례

편의성: 당신의 경험에 비추어 사용하기 어려운 제품 하나를 찾아보라. 그 어려움이 물리적인 것(컨트롤러가 닿기 어렵거나 사용하기 어려움), 의사소통 실패(이해할 수 없는 컨트롤이나 반응), 환경을 훼손하는 것(너무 시끄럽거나 너무 뜨거운) 중에서 어느 것인가? 그 제품은 디자이너가 창조하고자 했던 특징을 잃지 않으면서 어떻게 개선될 수 있는가?

상황에 대한 연구: (A) 자전거는 여러 가지(경주용, 여행용, 산악용, 쇼핑용, 어린이용, 접이식) 형태로 출시되며, 각각 시장의 특정한 분야를 점유 목표로 한다. 그들 각각에 대하여 다음과 같은 질문에 대답함으로써 '상황' 서술문을 작성하기 위한 판단을 해보라. (누구를 위하여 이 제품이 디자인되었는가? 그것은 무슨 재료로 만들어졌으며 어떻게 제조되었는가? 그것은 어디서 디자인되었는가? 그것은 언제 그리고 왜 디자인되었는가?)

L'Express coffee maker

(B) 오른쪽 그림은 매우 대비되는 두 개의 커피머신을 보여준다. 다섯 가지 질문(누가? 무엇을? 어디서? 언제? 왜?)에 대답함으로써 그것들이 디자인되었던 상황을 분석해보라.

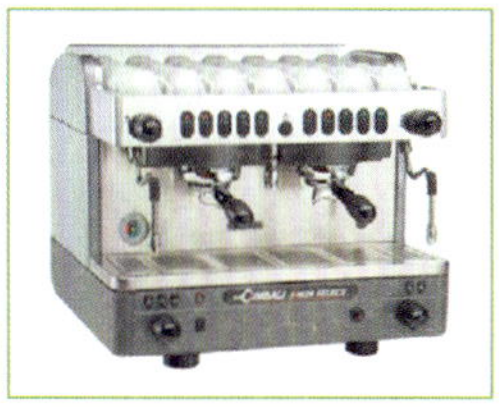

Lacimbala coffee machine

(C) 어떤 제품 하나를 골라서 그것이 사용될 환경에 대하여 누가, 무엇을, 왜, 어디서, 언제를 알려주는 포스터를 하나 만들어보라.

Chapter 5. 제조공정: 성형, 결합, 표면처리

재료와 제조공정: 재료, 성형, 결합, 표면처리, 그리고 일반적으로 제조공정을 통한 표현을 보여주는 다섯 가지의 제품 사례를 찾아보라.

Chapter 6. 형태는 재료를 따라감

재료로부터 오는 영감: 하나의 제품에 대하여 몇 가지 주어진 재료 중 각 재료로 만들었을 경우에 나타날 것으로 예상되는 디자인을 스케치해보라. 예를 들면, 금속으로, 고분자로, 유리로, 또는 나무로 만든 책상을 디자인해보라.

재료 연구: 흔히 보는 하나의 재료 또는 (가능하면) 새롭거나 이색적인 재료가 사용될 수 있는 용도에 대하여 브레인스토밍 해보자. 기능적 및 미학적 해결책이 모두 가능하다. 브레인스토밍을 통해 떠오른 아이디어 중 하나를 선택하여 더욱 발전시켜보고, 선택된 역할에 재료를 대입시켜보라. 아이디어의 특징에 대하여 묘사하고, 이러한 특징에 재료가 어떻게 공헌하는지 설명하라. (이 프로젝트는 재료 샘플이 필요하고, 몇 사람으로 이루어진 그룹이 같은 결과를 얻으려고 노력할 때 가장 효과적으로 수행될 수 있다.)

Chapter 7. 재료선택

제품의 재디자인: 제품을 분해하여 시스템의 기능과 포함된 개별 부품의 기능을 식별해보고 대안에 대하여 조사해보라. 어떻게 하나 이상의 기능이 다른 방식으로 얻어질 수 있을지 대안을 찾아보라. 다른 재료를 사용하여 부품들이 재디자인될 수 있을까? 이러한 변화가 제품의 부품 수와 제품의 외형 디자인에 어떤 변화를 줄 수 있는가?

연상의 구축: 작업실, 집, 공부방에 놓일 CD 보관용 선반의 디자인을 요청받았다고 하자. 재료의 선택에 의해 구매자 또는 사용자의 마음에 연상이 떠오르게 해야 한다. 다음과 같은 것들을 암시하는 선반이라면 어떤 재료를(또는 색상을, 마감을, 스타일을) 선택할 것인가?

최신의, 기술적으로 진보된	아이들에게 바람직한
친환경의	내구성 있고, 강건한
사용하기 쉽고, 위협적이지 않은	빠르고, 유선형, 공기역학적인

Chapter 8. 재료와 지속가능성

고분자 식별: 어떤 제품에 TPA와 PMMI-CF-30라는 재활용 표지가 붙은 부품이 포함되어 있다. 그것들은 무엇인가?

찢긴 조각들에 꼬리표 붙이기: 많은 제품들이 수명이 다하면 파쇄된다. 갈기갈기 찢긴 재료들이 재활용될 것이라면 찢긴 조각들은 반드시 분류되어야 한다. 밀도나 자기적 및 전기적 특성을 기반으로 한 기술을 사용하여 1차적으로 금속은 분류할 수 있으나, 고분자는 모두 비슷한 밀도에, 비자성이고, 거의 대부분 부도체이다. 따라서 제품수명까지 살아남고 마침내는 갈기갈기 찢어질 고분자는 나중에 찢긴 조각 하나하나를 식별할 수 있는 어떤 내부적인 식별표지가 필요하다. 어떻게 이것을 해결할 수 있는가?

생체고분자 – 우리의 미래?: 생체고분자는 현재 연간생산량이 약 50만 톤이다. 이것은 굉장히 많아 보이지만, 과연 그런가? 이 숫자를 폴리에틸렌의 연간 생산량(인터넷에서 금방 검색할 수 있음)과 비교해보라. 그 비율이 얼마인가? (폴리에틸렌은 상용고분자 가족의 단지 한 구성원에 불과하다)

생체고분자 – 제한조건: 오늘날의 폴리에틸렌 생산량의 절반을 같은 무게의 생체고분자로 대체한다고 가정해보자. 생체고분자의 원재료를 공급하는 데 필요한 대지는 얼마나 될까? (생체고분자 1 kg을 위하여 연간 5 m^2가 필요하다고 가정하자.) 이것을 네덜란드의 국토면적(41,256 km^2) 또는 미국 매사추세츠 주 면적(27,336 km^2)과 비교해보라.

생산량: 생체고분자는 현재 연간생산량이 약 50만 톤이고 연간 r = 22 %의 비율로 성장하고 있다. 성장률이 r %인 상품의 생산량은 (70/r)년에 두 배로 늘어난다. 생체고분자의 생산량이 두 배로 늘어나는 데는 얼마나 걸리겠는가?

녹색 재료: 당신에게 생체고분자는 어떤 연상을 일으키는가? (그것들이 당신에게 암시하는 것은 무엇인가?) 당신은 그것들을 어떻게 인지하는가? (바람직한 – 바람직하지 않은? 좋은 생각 – 나쁜 생각? 녹색[자연으로부터 유래된] – 녹색 아님[기름진 경작지, 물, 비료를 탕진하는]?) 왜 그것들이 그런 방식으로 인지되는가?

생체고분자 마케팅: 여기 하나의 작은 디자인 연습이 있다. 당신에게 새로

운 하나의 생체고분자를 시장에 내놓을 권리가 주어졌다고 하자. 그것은 빨리 자라고 번식력이 강한 작물로부터 만들어진다. 당신은 무엇이라 부를 것인가? 디자인 방법을 적용하라. 갭(Gap) 분석? 문제를 정의하라(무엇을?). 대안을 모색하라(어떻게?). 해답을 선택하라(어느 것?). 여기 하나의 과제가 있다. 새로운 생체고분자의 명칭을 만들어보라.

- 무엇? 상기시키는 이름.
- 왜? 그것이 생물자원이고, 녹색인 것을 나타내기 위하여.
- 왜? 점점 더 친환경을 고려하는 사람들에게 판매하기 위하여.
- 어떻게? 무언가 녹색인 단어나 개념의 합성: 녹색의, 재생가능한, 책임지는, 자선의, 미래를 안전하게, 신선한, 다음 세대. 좋다! 그러면 여기 몇 가지 후보가 있다: Respoxy, Biofutene, Gen4biocool, Benegen.
- 어느 것? Respoxy(결코 아님). Biofutene(역시 아니라고 생각함 – 이유는 분명함). Gen4biocool(괜찮기는 하지만 너무 많은 음절). Benegen(아마도 – 이것으로 불러야 할 듯).

현재 생체고분자 부류에 사용되고 있는 실제 명칭들은 다음과 같다. Bio-Flex, Biopearls, Bioplast, Ceramis, Earthfirst, Ecopond, Ecovio, Evlon, EnviRo, Fibrolon, Ingeo. 각각의 명칭에 의해 묘사되는 고분자를 식별하고, 그 이름이 주는 상상력과 명료성에 따라 순위를 매겨보라.

수명종료 시점의 옵션: 많은 제품들이 여전히 작동함에도 불구하고 버려지고 쓰레기 흐름에 들어간다. 제품이나 시스템에 대한 상상력이 풍부한 디자인이 이런 쓰레기를 감소시킬 수 있을까? 당신에게 매력적으로 보이는 사례를 인터넷에서 검색해보라. 현대 산업화사회에 의해 발생된 쓰레기 흐름을 감당할 수 있는 옵션으로는 무엇이 있을까?

재료의 재사용: 자동차 타이어는 가장 중대한 쓰레기 문제를 만들어내고 있다. 인터넷을 사용하여 자동차 타이어에 포함된 재료를 재사용(타이어의 형태로 또는 어떻게든 분해하여)할 수 있는 방법들을 조사해보라.

포장: 포장의 중요한 기능 세 가지를 들어보라. 그 다음에, 디자인 팀의 일원으로서 당신이 발포 폴리스타이렌 포장재를 재사용할 수 있는 방법을 고안하기를 요청받았다고 하자. 그 포장재는 TV 수상기나 컴퓨터를 비롯한 가전제품 등의 상품을 운송할 때 박스 속을 채우는 것이며, 현재 대부분은 매립장으로 보내진다. 자유롭게 생각하라. 어떤 제안도 결코

터무니없게 여겨지지는 않는다.

재활용 표지: 당신이 독일제 세탁기를 재활용하기 위하여 재활용이 가능한 재료들을 분리하는 일에 고용되었다고 하자. 다음과 같은 재활용 표지가 붙은 부품들과 마주치게 된다. '5', 'PA6-GF10', 'PP-T20', 'PS-GD15', … 어떻게 이해할 것인가?

Chapter 9. 새로운 재료

용도 찾기: 새로운 재료는 흔히 고무적인 특성을 가진 것으로 나타나지만(재료개발자들은 그 점을 집중조명하여 홍보하지만) 그것의 용도를 찾기는 매우 어려울 수 있다. 이것들 중 하나의 새로운 용도를 모색하기 위한 토론그룹을 구성하라.

- 우선 스스로 물어보라. 그 재료의 무엇이 시각적으로 그리고 기능적으로 흥미로운가?
- 현재 가격은 얼마인가? 만일 대량생산된다면 가격은 어느 정도일까? 어떤 산업분야(제품/자동차/건축 등)가 그것을 사용하는 데 가장 관심이 많을 것으로 예상되는가? 왜 그런가?
- 그 분야의 산업디자이너 그룹과 브레인스토밍 세션을 가져보라. 그들에게 이용 가능한 여러 가지 서로 다른 형태/색상/질감으로 그 재료를 다루어보도록 기회를 제공하라. 그 재료의 특성과 공정에 대해 간략한 설명회를 가져라. 그 다음 일은 디자이너의 상상력에 맡겨라.

Chapter 10. 맺는말

프로젝트 1. 제품의 분해

이 과제를 위해서는 우선 당신이 팀의 일원으로서 분해하고자 하는 대상 제품을 선택하라. 아마 같은 것 두 개가 필요할 것이다.

첫째, 분리하라! 선택한 대상을 분해함으로써 당신은 그것이 어떻게 만들어졌고, 무엇으로 만들어졌는지, 왜 그런지 알게 될 것이다. 천천히 그리고 조심스럽게 그 제품을 가능한 한 최대로 분리하되, 그것이 조립될 때의 역순으로 작업하라. 그리고 각 부품들을 원형 그대로 보관하라. 각 부품이 최종 제품에서 어느 정도의 중요성을 가진 요소로 인식되었는지 평가하라. 안팎을 뒤집어 스토리를 속속들이 얘기하라.

둘째, 썰어라! 동일한 대상을 극도로 청결하고 정밀하게 분해하는 것이다('이등분'). 물론 그것을 정확하게 반으로 나눌 수 없을지도 모르지만, 당신은 지금 그 제품의 아름다움과 그것의 스토리를 속속들이 보여주려 시도하고 있음을 기억하라. 어떤 경우에는 중간지점이 아닌 다른 위치에서 절단하는 것이 더 효율적일 수도 있으므로, 어떻게 하는 것이 가장 잘 보여줄지 그룹으로서 결정하되 최종 조각의 미학과 형태에 초점을 맞추라. 그것을 아름답게 만들어야 하므로.

5~10분 정도의 시간을 할애하여 당신의 분해 경험을 나누라. 사진을 잘 찍어서(가능하면 마크로 렌즈 사용) 발표자료의 일부로 공유하라. 실제 물건도 발표자료의 일부로 가져오라. 왜 당신이 그 물건을 분해의 대상으로 선택하였는지 우리에게 설명할 수 있도록 준비하라. 분해를 통해 무엇을 발견하였는지 보여라. 당신이 배운 것과 그 결과로 가지게 된 의문에 대해서도 얘기하라. 당신이 무엇을 잘랐는지, 그 안에서 무엇을 발견하였는지, 무엇을 배웠는지를 서술한 간단한(한 문단) 에세이를 쓰라. 스케치나 사진은 칭찬받을 만하다. 재료와 함께 그 제품이 어떻게 만들어졌는지(기능적 관점은 물론 미학적 관점에서도) 제조공정의 세부사항에 초점을 맞추라. 왜 디자이너와 회사가 재료선택, 제조공정 선택, 최종조립에서 그러한 결정을 했을지 곰곰이 생각해보라. 그럼, 즐거운 시간 보내길!

프로젝트 2. 재료의 표현

이 과제의 목적은 디자이너에게 제공되는 재료들과 제조공정들에서 영감과 해결책을 찾기 위함이다. 디자인에서 사용할 수 있는 재료들의 팔레트는 확장되고 있고, 재료는 보통 어떤 문제의 해답으로 여겨지고 있다. 왜냐하면 재료는 다른 것들이 할 수 없는 무언가를 할 수 있거나, 또는 같은 일을 적은 비용으로 해결할 수 있기 때문이다. 이 과제에서, 당신이 한 재료의 독특한 속성을 표현할 수 있는 대상체(제품이 아님)의 디자인을 요청받았다고 하자. 다음 리스트에서 하나의 재료를 선택하거나(알루미늄, 폴리카보네이트, 스테인리스강, 자작나무, 실리콘), 아니면 당신 자신만의 재료를 선택하라. 당신이 그것을 다르게 바라볼 수 있도록 단순하고 평범한 것에 치중하라.

당신이 선택한 재료의 세부사항을 고려하라. 그것이 잘 쓰이는 모든 것과 잘못 쓰이는 모든 것에 관하여 알아두라. 그것의 극단적인 특성과 그것의 거동에 대하여 고려하라. 당신이 선택한 재료의 속성을 이해하려고 할 때에는 여러 산업에 걸쳐 이미 존재하는 제품을 찾아보며, 재료

공급자나 생산자에게 직접 얘기하고, 더 많은 정보를 얻으려면 참고문헌이나 인터넷을 이용하라. 부디 당신의 연구와 창의적인 과정을 문서화해두라.

당신이 선택한 재료에 관한 이 새로운 이해와 그것의 독특한 속성을 어떤 물건을 디자인하고, 가시화하고, (가능하면) 만드는 데 사용하라. 그 물건은 그 재료가 갖는 하나 이상의(다수는 아님) 독특한 속성을 잘 표현하는 것이어야 한다. 다음과 같은 것들(텍스트, 사진, 스케치, 선 드로잉, 2-D 또는 3-D 렌더링, 재료 샘플, 고체 CAD 모델, 애니메이션 비디오, 물리적 시제품 등) 중에서 어느 것이라도 마음대로 포함해도 좋다. 당신 자신의 (이미 존재하거나 새로이 배운) 기술이라는 제한조건 내에서, 그리고 당신의 지역에서 시제품 또는 생산시설 또는 공급자의 제한조건 내에서, 최선의 과제가 실행될 것이다.

프로젝트 3. 공장 스토리텔링

당신이 이미 접촉하고 있거나, 또는 서로 존중하고 믿을 수 있는 관계를 맺을 수 있는 제조회사 하나를 찾아내는 것부터 시작하자. 제조회사에 개인적으로 아는 사람이 있다면, 그것은 아주 훌륭한 자원일 것이다. 당신에게 흥미로운 제조공정이 딱 정해져 있다면, 그것은 장소를 선택하는 데 또 다른 좋은 방법이 될 수 있다. 당신이 타 지역의 회사와 연결되어 있고, 출장비용을 감당할 수 있다면, 그것도 역시 적절할 것이다. 우리들의 공장견학 호스트는 어쩌면 기꺼이 당신의 연구 목표물이 되어줄 것이다.

당신의 연구 현장은 아마도 농업, 항공우주, 가전제품, 잡종 인쇄소, 섬유제품, 환경제품 또는 환경조업, 의료기기 등과 같은 것에 관련되어 있기 쉽다. 다시 말하자면, 우리는 광범위하고 다양한 종류의 제조공정에 관하여 배우는 기회가 될 것이다. 제조공정 작업의 스토리를 속속들이 말해보고, 이 제조공정이나 공장에서 무언가 새로운 것을 말해보라. 당신의 발표를 아주 재미난 것으로 만들어보라.

부디 당신이 보고하는 스토리의 중심인 기관에 대하여 다음의 세 가지 측면 (1) 제조공정의 기술적 측면(재료 탈바꿈) (2) 방문한 기관의 사업적 측면(제조시스템과 제작사업) (3) 기관의 인간중심 스토리의 어떤 조합에도 주의를 기울이라. 당신의 스토리에는 이 세 가지가 모두 포함될 필요가 있지만, 각각에 얼마나 치중할 것인가는 당신이 방문한 곳과 당신의 팀이 무엇에 주로 관심이 높은지에 따라 달라질 수 있다. 훌륭한 스토리를 보고하는 데 치중하라!

추가 연습문제 (CES EduPack과 재료선택 소프트웨어 사용)

미학적 속성(따뜻함, 부드러움 등)에 관한 CES 프로젝트 파일들은 Granta Design Teaching Resources 웹사이트로부터 구할 수 있다. 그것들은 이 책에서 소개된 CES 버전 재료특성 차트를 다시 만들어주며(최신 데이터 사용) 사용자가 차트를 조종할 수 있고, 새로운 재료를 추가할 수 있으며, 특정한 지수값을 갖는 재료를 선택하여 그에 대한 데이터시트를 프린트할 수 있다.

탐색과 브라우징: 위에 언급한 프로젝트 파일들의 각각을 열고 탐색해보라. 이름이 붙어 있지 않은 버블을 클릭하여 그 재료의 이름을 드러내보라. 두 번 클릭하여 그 재료에 대한 데이터시트를 불러내라.

재료 검색: (A) 가격 – 투명도 프로젝트를 열어보라. 차트에서 가장 투명한(광학적 투명) 고분자들을 찾고, 가격이 가장 저렴한 것의 기록을 프린트하라. (B) 벨, 공(gong), 알람에는 소리의 감쇠가 최소인(소리의 밝기가 최고인) 재료가 필요하다. 소리의 밝기 – 피치 프로젝트를 열어보라. 차트에서 소리의 밝기가 가장 높은 재료의 기록을 프린트하라. (C) 차가움 – 따뜻함 부드러움 – 단단함 프로젝트를 열어보라. Change 버튼을 사용하여 시스템 내에서 구할 수 있는 다른 데이터베이스를 불러내라. 하나의 예는 CES EduPack Level 3이다. 이것을 클릭하고, 현재의 프로젝트에 적용할지를 묻는 질문에 YES를 클릭하라. 차트의 양 축은 그대로지만, 원래의 차트에 있었던 약 100개의 재료가 대략 3,000개의 재료로 대체된다. 이제 어느 것이 만졌을 때 가장 차가운 재료인가?

재료 선택: 차가움 – 따뜻함 부드러움 – 단단함 프로젝트를 열어보라. BOX 선택도구를 사용하여 만졌을 때 가장 차가운 재료와 가장 따뜻한 재료를 찾아보라.

영감을 위한 실용적인 참고자료

제품은 재료를 가지고 제조공정을 통하여 만든다. 수많은 재료와 공정이 존재하지만, 제품디자인에 적용되는 대부분의 스펙은 아주 작은 일부분에 지나지 않는다. 이 참고자료는 재료와 제조공정의 프로파일을 정리한 것으로, 디자이너를 위한 서술의 결성판이라 부를 수 있다. 각 프로파일과 거기에 포함된 정보는 이 책의 맨 끝에 나오는 관례적인 찾아보기를 사용하여 검색하거나, 또는 각 프로파일의 도입부에 포함된 계통도에 의해서도 찾아볼 수 있다.

재료 프로파일은 288쪽부터 시작하고, 제조공정 프로파일은 364쪽부터 시작한다. 흔히 사용되는 재료와 제조공정에 대해서는 한 페이지 가득한 프로파일이 제공되지만, 상대적으로 덜 흔한 것들은 그룹으로 묶었고 보다 간단하게 작성되었다.

재료 프로파일

재료는 디자인의 물자이며, 오랜 역사 동안 디자인에 기회와 한계를 부여해왔다. 시대는 인류가 사용한 재료의 종류에 따라 이름이 붙여졌다. 석기, 청동기, 철기, 플라스틱, 그리고 오늘날의 실리콘까지. 그러나 오늘날은 단지 하나의 재료로 대표되는 시대가 아니다. 오늘날은 광범위한 재료들의 시대이고 재료들끼리의 조합도 가능하다. 그리고 사람들(당신의 고객)은 지속가능성의 아이디어가 나타남에 따라 재료선택과 관련된 문제에 대하여 더 잘 알게 되었다. 오늘날처럼 재료의 진화가 빠르고 특성이 바뀌고 변화되는 시대는 지금까지 존재하지 않았다. 재료의 메뉴가 워낙 빠르게 확장되어 디자이너들이 그것들의 절반도 모른다고 해서 탓할 수도 없을 지경이다. 그렇다 하더라도 모른다는 것은 디자이너에게는 실패할 위험을 뜻한다. 혁신적인 디자인은 새로운 또는 개선된 재료에 대하여 상상력을 가지고 탐구함으로써 가능하다. 재료의 발전 속도가 느려질 것으로 예상할 이유도 없으므로, 상황은 점점 어려워질(혹은 좋아질!) 것이다.

http://dx.doi.org/10.1016/B978-0-08-098205-2.00019-6

재료의 진화

이 페이지의 하단부에 보이는 그림은 재료 진화의 패턴과 증가하는 기조를 보여준다. 선사시대(>10,000 BC, 석기시대)의 재료로는 세라믹과 유리, 천연고분자, 복합재료가 있었다. 항상 기술의 절정을 달리는 무기는 당시에 나무와 부싯돌로 만들어졌고, 건물과 다리는 돌과 나무로 만들어졌으며, 옷은 털과 가죽으로 만들어졌다. 자연상태로 얻어지는 금과 은은 일정한 지역에서만 구할 수 있었으나 기술적으로는 단지 사소한 역할만을 담당했을 뿐이다. 구리와 청동 그리고 철의 발견은(청동기시대는 3000 BC~1000 BC, 철기시대는 1000 BC~1620 AD) 엄청난 발전을 촉진하였고, 구식의 나무와 돌로 만든 무기와 도구를 대체하였다. 주철기술(1620년대)은 공학에서 금속의 지배적인 사용을 확립하였고, 그 이후에 강철의 개발(1850년부터), 경합금(1940년대)과 특수합금 등이 공학에서 그들의 위치를 굳혔다. 1960년대까지는 '공업재료'는 '금속'을 의미하였다.

물론 다른 클래스의 재료에도 역시 발전이 이루어졌다. 세라믹 중에서는 포틀랜드시멘트, 내화물, 용융실리카 등이 있었고, 고분자 중에는 합성고무, 베이클라이트, 폴리에틸렌 등이 있었다. 하지만 그것들이 전체 재료시장에서 차지하는 점유율은 낮았다. 하지만 1960년대 이후로 그러한 모든 것이 바뀌었다. 새로운 금속 합금에 대한 개발속도는 이제 느려졌으며, 몇몇 나라에서는 강철과 주철에 대한 수요가 이미 감소하고 있다. 고분자는 대표적인 금속제작 산업인 자동차 분야

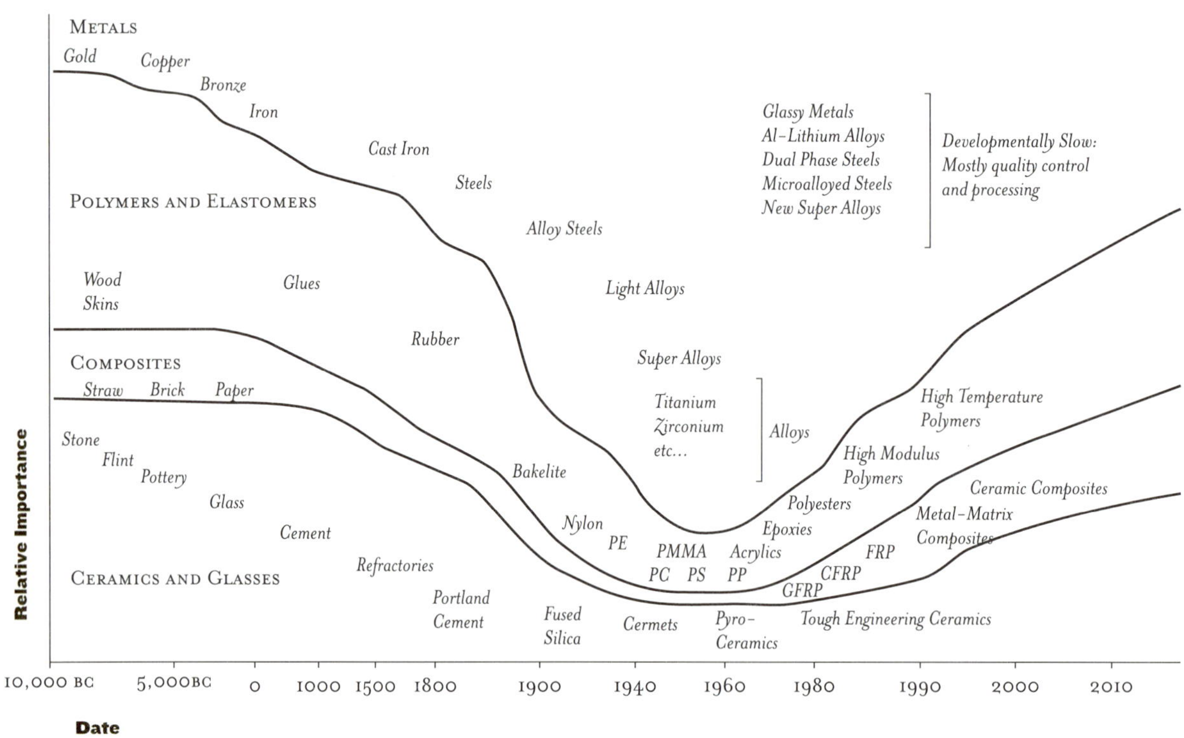

를 포함하여 수많은 시장에서 점점 더 금속을 대체해가고 있다. 복합재료 산업은 지속적으로 크게 성장할 것이며, 새로운 고성능 세라믹 생산의 증가 추이 역시 대단한 팽창을 시사한다.

빠른 변화속도는 디자이너들이 도저히 무시할 수 없는 기회들을 제공한다. 다음 쪽부터 일반 고분자, 금속, 세라믹, 복합재료, 천연재료의 특성에 대한 스케치를 디자인에서의 중요한 측면을 강조하면서 수록하였다. 그 다음에 특정 재료의 프로파일이 계속된다.

고분자

나무, 모직, 가죽과 같은 천연 고분자는 비록 세상의 재료 중에서 가장 오래된 것들이지만, 오늘날 상용 고분자들은 자연적인 것이 거의 없다. 그것들은 재료의 세상에 대한 화학자들의 기여이다. 거의 대부분이 석유에서 합성되며(물론 꼭 그래야 할 필요는 없지만) 가장 기본적인 원자들로부터 만들어진다. 탄소, 수소, 산소, 염소, 그리고 가끔은 질소와 불소도 살짝 포함된다.

열가소성

열가소성 고분자(thermoplastics)는 가열되면 부드러워지고 식으면 다시 원래의 상태로 돌아온다. 이러한 성질에 의해 복잡한 형상으로 몰딩이 가능하다. 대부분의 열가소성 고분자는 물감이나 충전재를 잘 받아들이며, 많은 경우에 혼성될 수 있어서 광범위한 물리적, 시각적, 촉각적 효과를 얻을 수 있다. 그들의 햇볕에 대한 민감성은 UV필터를 추가함으로써 감소시길 수 있으며, 그들의 가연성은 내연제를 추가함으로써 줄일 수 있다. 일반적인 열가소성 고분자들이 오른쪽의 표에 나와 있다. 그것들에는 폴리올레핀(PE, PP), PVC, 폴리스타이렌, 아크릴, 일부 폴리에스터(PET, PBT)가 포함된다. 어떤 것들은 결정질, 다른 것들은 비결정질이고, 또 어떤 것들은 두 가지의 혼합이다. 열가소성 고분자의 특성은 사슬의 길이(분자량으로 측정), 결정화도, 혼합(blending)과 가소화(plasticizing)에 의해 제어할 수 있다. 분자량이 늘어날수록 수지는 강성이 커지고, 인성이 증가하며, 화학물질에 대한 저항성도 커지지만, 얇은 두께 단면을 가진 형상으로 몰딩하기 어렵다. 얇은 벽에 대해서는 분자량이 낮은 고분자가 좋지만, 고성능을 원한다면 분자량이 높은 것을 선택해야 한다. 결정질 고분자가 비결정질보다 우수한 화학저항성, 고온에서의 안정성, 더 나은 크리프저항을 보이는 경향이 있다. 그러나 투명성을 위해서는 고분자는 반드시 비결정질이어야 하며, 부분적으로 결정질인 경우 반투명 상태가 된다. 가장 투명한 고분자로는 PMMA, PC, PS, PET가 있다.

일부 고분자는 다른 것들에 비하여 결정화가 빠르다. 폴리에틸렌은 쉽게 결정화 되지만, 폴리에스터의 경우 이보다 느리다. 이것은 보통의 냉각속도에서 비결정질로 만들어진다. 결정질 고분자는 다소 분명한 융점을 가지는데, 몰딩을 위해

Thermoplastic Polymers

- Acrylonitrile-butadiene-styrene (ABS)
- Cellulose
- Ionomers
- Polyamide (Nylon, PA)
- Polycarbonate (PC)
- Polyetheretherkeytone (PEEK)
- Polyethylene (PE)
- Polymethylmethacrylate (PMMA)
- Polyoxymethylene (POM)
- Polypropylene (PP)
- Polystyrene (PS)
- Polytetrafluoroethylene (PTFE)
- Polyvinylchloride (TPPVC)
- Polyurethanes (TPPU)
- Polyesters (PET, PETE, PBT)

서는 그 온도를 넘어서야 한다. 비결정질 고분자의 경우 그렇지 않고, 대신 유리천이온도 이상으로 가열되면 점진적으로 부드러워지고 더욱 더 액체처럼 변한다. 그것들을 사출성형 또는 압출하기 위해서는 반드시 유리천이온도 이상으로 가열해야 한다. 흐름을 만들어주는 데 요구되는 구동력은 온도가 유리천이온도를 넘어서면 서서히 줄어든다. 비결정질 고분자는 더 큰 충격강도를 가지며 몰딩 과정에서 비교적 수축이 적다. 반결정질 고분자는 결정화 과정에서의 부피 변화로 인하여 몰딩에서의 수축이 더 크다.

열가소성 부품에서 구멍이나 보강 늑재(rib)의 존재는 수축을 감소시키는 효과를 준다. 주입구 부위는 주입구에서 먼 곳보다 상대적으로 수축이 적어진다. 수축은 벽 두께가 커질수록 증가하며, 몰딩압력을 높게 가할수록 감소한다. 섬유로 충전된 고분자는 흐름의 방향으로 덜 수축하는데, 그것은 섬유가 이 방향으로 정렬되어 있기 때문이다. 흐름의 방향이 교차하는 부위에서는 흐름이 일정한 부위보다 2~3배 더 많이 수축한다. 어떤 반결정질 고분자들은 사용가능온도가 높아지면 수축이 증가할 수 있다. 충전재 또는 첨가제는 복합재료의 밀도, 색상, 화기/연기 지연성, 흡습저항, 치수안정성과 같은 특성들을 맞추는 데 사용된다. 대부분의 열가소성 고분자는 재활용이 가능하다.

열경화성

Thermosetting Polymers

Epoxy
Phenolic
Polyester
Polyurethane (tsPU)
Polyvinylchloride (tsPVC)

만일 스스로 만들기를 좋아하는 타입이라면, 당신의 공구상자 안에는 애럴다이트(Araldite) 접착제가 있을 것이다. 그것은 두 개의 튜브로 이루어지고, 하나는 끈끈한 수지로, 다른 하나는 보다 더 끈끈한 경화제로 채워져 있다. 그것들을 섞고 따뜻하게 하면 서로 반응하여 강성이고, 강하며, 내구성이 좋은 고분자로 바뀌어 어디에나 잘 들러붙는다. 애럴다이트는 열경화성 고분자의 전형을 보여주는데, 촉매가 들어오고 가열되었을 때 고분자화된다. 그들은 재가열하더라도 녹지 않고 열분해된다. 일반적인 열경화성 고분자들이 오른쪽의 표에 나와 있다. 처음으로 상용화된 열경화성 고분자는 베이클라이트로, 페놀릭 수지의 상표명이다. 폴리우레탄 열경화성 고분자가 가장 많이 생산된다. 그 뒤를 이어 폴리에스터가 두 번째이고, 페놀릭, 에폭시, 실리콘의 순서이다. 그리고 당연하게도 같은 순서로 가격이 상승한다. 에폭시는 두 부분으로 나뉜 시스템으로 혼합될 경우 교차결합을 만들면서 미약한 발열반응이 진행된다. 페놀릭은 가열 또는 열과 압력을 동시에 가하면 교차결합된다. 고무의 가황은 황을 첨가함으로써 일어나는 촉매작용으로, 교차결합의 정도에 따라 라텍스 장갑처럼 부드러운 고무를 에보나이트와 같은 단단한 고무로 바꿀 수 있다. 열경화성 고분자는 일단 형상이 만들어지면 형상을 바꿀 수 없다.

열경화성 고분자는 열가소성 고분자보다 더 우수한 치수안정성을 갖는다. 그들은 고온저항성을 가지고 크리프가 거의 또는 아예 일어나지 않을 것이 요구되는 곳에 사용된다. 대부분은 단단하고 강직하나, 어떤 것들은 부드럽고 유연할 수도 있다(마치 위에서 설명한 자연고무 및 합성고무와 같이). 페놀릭은 엄격한 공차가 요구되는 용도에 가장 많이 쓰이며, 폴리에스터는 (종종 유리섬유로 충전되어) 수축이 적고 높은 강도가 요구되는 곳에 쓰인다.

열경화성 고분자는 압축성형, 수지이송성형, 사출성형, 펄트루전, 고분자 주조에 의해 성형된다. 그들의 표면은 몰드 표면과 같은 마감이고, 비교적 흐름선 무늬와 싱크마크가 생기지 않는다. 또한 몰드 디자인에 따라 고광택, 새틴, 또는 샌드블라스트 마감이 가능하다. 몰딩은 저비용 방법에 의해 소량생산에 맞게 수정될 수 있다. 그러나 대량생산(백만 개 이상의 뱃치크기)은 빠른 가열, 냉각, 추출이 가능한 비싼 몰드를 사용하는 경우에만 경제적이다. 페놀릭은 검은색 또는 갈색으로만 몰딩이 가능하다. 요소수지, 멜라민수지, 알키드수지, 폴리에스터 화합물에는 넓은 범위의 색상을 사용할 수 있다. 몇몇 열경화성 수지는 몰딩 전 유동성이 높으므로 미세한 세부사항도 가능하고, 섬유들 사이로 침투하여 복합재료를 만들 수 있다. 대부분의 고성능 고분자복합재료는 열경화성 기지재를 가졌다. 도우(dough)몰딩 및 시트(sheet)몰딩 복합재료(DMC 및 SMC)는 폴리에스터를, 탄소섬유 또는 유리섬유 필라멘트와인딩 복합재료는 에폭시를 기지재로 사용하여 가장 높은 성능을 얻는다. 열경화성 고분자는 재활용될 수 없다.

탄성중합체

탄성중합체(elastomer)는 원래 연필 자국을 지워낼 수 있다는 점 때문에 '지우개(rubber)'라고 불렸다. 그러나 그것은 탄성중합체의 여러 가지 주목할 만하고 쓸모 있는 성질 중에서 가장 작은 특성에 지나지 않는다. 다른 어떤 클래스의 고체와도 다르게, 탄성중합체는 늘어났을 때에도 본래의 형상을 기억하며, 어떤 것은 경우에 따라 원래 길이의 5배 이상 늘어나기도 하지만, 힘을 제거하면 본래대로 돌아온다. 탄성중합체는 순응성(conformability)을 가졌기에 씰(seal)이나 개스킷에도 사용될 수 있다. 고감쇠 탄성중합체는 회복속도가 느리지만, 저감쇠 탄성중합체는 바로 회복되면서 늘어날 때 흡수한 에너지를 돌려준다. 이런 이유로 스프링, 투석기, 반동이 필요한 물건에 사용된다. 순응성은 탄성중합체로 하여금 거친 표면에서 높은 마찰력을 갖게 한다. 이러한 것이(편안하다는 점과 함께) 공압 타이어와 신발에 많이 사용되는 이유이다. 탄성중합체는 발포재로 만들기 쉬우므로 쿠션의 편안함을 주고, 어떤 형상의 물체로 누르더라도 순응할 수 있는 성질이 더욱 좋아진다.

거의 모든 공업용 고체들은 1~1,000 GPa 범위의 탄성계수(강성의 척도) 값을 가진다. 탄성중합체는 이보다 강성이 훨씬 낮으며, 0.0001~1 GPa 범위의 값을 갖는다. 이렇게 낮은 강성, 대폭 늘어날 수 있는 능력, 원래 형상을 기억하고 돌아오는 능력은 모두 그들의 구조에서부터 유래된다. 탄성중합체의 분자들은 한 줄로 연결된 탄소의 긴 체인 형태를 이루며(또는, 실리콘에서 규소-산소 체인), 수소, 질소, 염소, 불소가 측면으로 붙어 있는 형태를 이룬다. 연결되어 체인의 형

Elastomers

Acrylic elastomers
Butyl rubbers (NR)
Chlorinated elastomers (Neoprene)
Ethylene-propylene (EPDM)
Ethylene-vinyl-acetate (EVA)
Fluorocarbon elastomers (Viton)
Isoprene
Natural rubber
Nitrile (NBR, buna-N)
Polybutadiene elastomers
Polysulphide elastomers
Silicone
Styrene-butadiene (SBS)
Thermoplastic elastomers (TPE, TPO)

Polymers That Are Foamed

Phenolic
Polyethylene
Polypropylene
Polystyrene
Polyurethane

태를 이루는 탄소 원자는 서로 강하게 결합되어 있지만, 한 분자의 측면 가지는 다른 분자의 그것에 약하게 연결되어 있다. 실제로 상온의 탄성중합체에서 분자와 분자 사이의 이러한 결합은 녹는다. 이 상태에서 탄성중합체는 점성이 강한 액체이고, 그것의 분자들은 요리되어 접시에 놓인 스파게티처럼 엉켜 있으며, 몰딩될 수 있다. 그런 다음에 그것은 경화되는데, 경화반응은 더러 분자와 분자 사이에 강한 결합을 만들어 엉킨 탄성중합체를 몰딩된 형상으로 굳혀버린다. 어떤 한 분자사슬 길이의 대부분은 주위로부터 미끄러져 내릴 수 있어 늘어날 수 있으나, 힘을 빼게 되면 드문드문 위치한 부착점들이 엉킨 분자를 잡아당겨 원래의 형상으로 돌아간다. 천연고무의 경우, 경화는 황과 함께 가열함으로써 얻어진다(가황). 합성고무의 경우 경화공정이 보다 복잡하지만 효과는 같다. 이는 탄성중합체가 경화되면 열경화성 고분자와 같다는 의미이다. 일단 경화되면, 다시 몰딩할 수 없고, 재성형 또는 재활용도 불가하므로, 이런 것이 자동차 타이어가 만들어내는 커다란 문제점이다. 자동차 타이어는 가장 많이 사용되는 단일 용도 탄성중합체이다. 두 번째로 많이 사용되는 것은 신발이며, 그 다음으로는 산업용 롤러, 벨트, 쿠션, 옷, 스포츠용품 순서이다. 탄성중합체는 주조, 윤내는 압착롤러, 압출, 발포공정에 의해 제조된다.

아마 1,000가지 이상의 탄성중합체가 존재할 것이다. 단순한 것들은 탄소, 수소, 질소, 산소만을 포함하는 탄화수소 탄성중합체(hydrocarbon elastomer)이다. 그것들은 석유, 화학물질, 자외선에 취약한 편이다. 수소의 일부를 불소와 염소로 대체하면(chloro/fluoro-carbon elastomer) 보다 우수한 화학적 안정성을 얻을 수 있다. 탄소를 실리콘으로 대체함으로써 더욱 높은 안정성을 얻을 수 있지만(silicone elastomer), 가격이 비싸다. 탄성중합체는 이미 언급했듯이 열경화성이지만, 열가소성과 비슷한 거동을 보이도록 만들 수 있는 요령이 있다. 탄성중합체 분자를 폴리프로필렌(PP)과 같은 열가소성 고분자와 혼합(blending) 또는 혼성고분자화(co-polymerizing)함으로써, 적절히 처리할 경우 PP필름에 의해 분리된 탄성중합체 덩어리가 서로 달라붙게 된다(Santoprene). 이 재료는 탄성중합체와 같은 거동을 보이지만, 가열할 경우 PP가 녹으면서 재몰딩은 물론 재활용도 가능해진다.

디자인 노트

고분자, 즉 플라스틱을 향한 태도는 지난 70년 동안 바뀌어 왔다. 1930년대에 이미 베이클라이트(Bakelite)가 개발되었고, 셀로판, PVC, 폴리스타이렌, 플렉시글라스(Plexiglas), 나일론이 처음으로 소개되었을 때, 형태와 색상의 자유로움이 젊은 디자이너들을 고취시켰다. 1950년대에 이르기까지 그것들은 흔하고 값싸게 되었고, 재료와 공정이 모두 저렴함에 힘입어 값싸고 형편없이 디자인된 일회용 제품의 시대가 열렸으며, 플라스틱에는 오명이 씌워졌다. 그러나 1970년대부터 고급 품질의 옷, 신발, 가정용품, 교통기관에서의 고분자 사용이 혁신적인 디자이너들로 하여금 현대적인 고분자의 정말 광범위한 형태, 색상, 표면마감,

반투명, 투명, 인성, 유연함을 활용하는 새로운 시장을 형성하도록 했다. 고분자와 충전재 및 섬유(유리, 탄소, 케블라)의 결합에 의해 금속에 맞먹는 강성과 강도를 가진 일련의 가벼운 재료들이 등장하였고, 그것들이 자동차, 항공우주, 해양 부문에서 사용될 수 있게 되었다.

고분자는 섬유로(나일론과 폴리에스터 실, 폴리프로필렌 로프), 필름으로(부착필름, 폴리에틸렌 봉투), 벌크 몰딩으로(플라스틱 정원 장식물, 컴퓨터 하우징), 발포재로(폴리스타이렌 포장재, 자전거 헬멧) 친숙한 재료이다. 고분자 섬유는 동등한 벌크 형태에서보다 훨씬 더 강하고 강성이 높다. 그것은 드로잉 공정에 의해 분자 사슬이 섬유의 축방향으로 정렬되었기 때문이다. 그러므로 드로잉된 폴리프로필렌 및 폴리에틸렌, 그리고 무엇보다 특히 아라미드 섬유는 단위무게 당의 상대적인 기준으로는 강철을 넘어서는 강도를 지닌다. 고분자 섬유는 그 자체로 사용되는 일은 드물다. 그것들은 고분자 수지의 강화재로, 직조된 직물로, 묶음으로 된 밧줄로 사용된다.

몰딩이 용이하므로 다른 재료에서는 비싼 조립방법을 사용해야만 만들 수 있는 형상이 가능해진다. 고분자의 뛰어난 가공성에 의해 복잡한 형태의 몰딩이 가능하며, 이전에는 여러 개의 부품으로 만들어 조립해야 했던 것을 통합된 부품의 저렴한 제조공정으로 해결할 수 있게 되었다. 강성, 강도, 가공성에 관한 특정 디자인 요구조건을 맞출 수 있도록 혼합(blending)에 의해 특성의 미세조정이 가능하다. 소량의 첨가제에 의해 다른 특성의 조절도 가능하다. 가소화 첨가제는 가죽 같은 거동을 부여하고, 화염지연 첨가제는 가연성을 줄여준다. PPO와 같은 어떤 고분자들은 거의 혼합에만 쓰이고(PPO는 그것 자체로는 제조되기 어려움), 다른 것들은 순수한 형태로 사용된다.

많은 고분자들은 값싸고 성형하는 것도 저렴하다. 대부분은 물, 산, 염기에 잘 견디지만, 유기용매에 약한 것들도 있다. 모두 가볍고, 대부분 유연하다. 그들의 색상과 자유로운 성형 덕분에 혁신적인 디자인이 가능하다. 열가소성 고분자는 재활용이 가능하고, 그것들의 단량체는 독성일지라도 그들은 대부분 무독성이다. 고분자의 특성은 온도에 따라 급격하게 변화한다. 심지어 상온에서도 크리프하므로, 하중이 걸려 있으면 천천히 형상이 변형된다. 또한 냉각되었을 때 그것들은 쉽게 깨질 수 있다. 고분자들은 일반적으로 자외선과 강한 산화성 환경에 민감하므로 특별한 보호를 필요로 한다. 그것들은 특별히 우수한 전기저항과 절연강도를 갖는다. 고분자는 발포시키면 거의 공기만큼 열전도도가 낮은 단열재가 된다.

고분자의 기반은 석유(재생이 불가능한 자원)이며, 수명이 다하였을 때 그것들을 폐기하는 어려움(쉽게 분해되지 않음) 때문에 고분자는 친환경적이지 않다는 시각을 자리 잡게 했다. 이런 관점은 사실이기도 하지만, 현재의 문제는 해결이 가능하다. 석유를 사용하여 고분자를 만드는 것은 열을 얻으려고 그냥 태우는 것보다는 더 나은 1차적 사용방법이다. 열은 고분자를 수명의 끝까지 사용하고 나서도 회수할 수 있다. 그리고 석유에 대한 대안이 존재한다. 고분자의 원재료는 농산물

재활용하고 싶은가?
그렇다면 이것들이 중요하다. 고분자는 구별하기 어렵다. 이 표지들은 여섯 가지의 가장 흔한 고분자를 식별할 수 있게 해준다.

고분자의 클래스

고분자 총 소비량의 95 % 이상이 아래 다섯 가지로 이루어진다.

Recycled Polyethylene

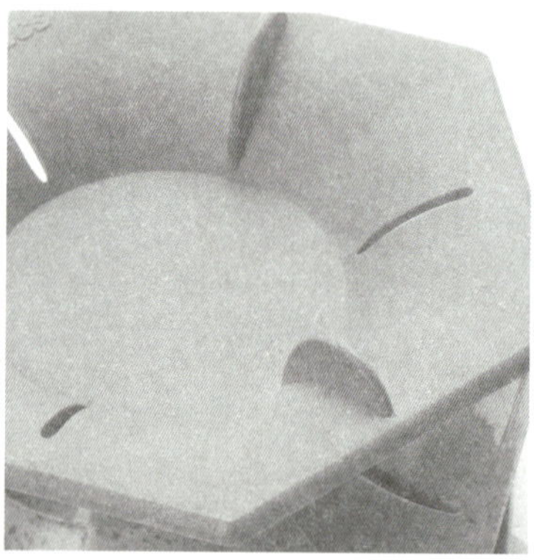

Molded and Bead-Blasted ABS

Ethylene

tpPE	elPE	PE Blends	PE Foam	PE Fiber	PE Film	Polypropylene
HDPE	TPO	PE/PP				PP Foam
LDPE	EPDM					PP Blends
LLDPE	CPE					PP Fiber
VLDPE	EVA					PP Film
Ionomers						

Styrene

tpPS	elPS	PS Foam	PS Blends	ABS
HIPS	SEBS			SAN
	SBR			ASA
				ABS Blends
				ABS Foam

Vinyl Chloride

elPVC	tpPVC	PVC Film

Urethane

PU Foam	tsPU	tpPU	elPU

Esters

tpPolyester	tsPolyester	elPolyester	Polyester Fiber	Polyester Film
PET	UP	TPES		
PBT				
PETE				

(특히 전분, 설탕, 그리고 메탄올 및 에탄올)로부터도 합성될 수 있다. 그리고 만일 오염되지 않았다면 열가소성 고분자는 재활용도 가능하다.

고분자와 고분자기지 복합재료는 구조용 및 장식용 재료 시장에서 가장 빠르게 성장하는 분야이다. 생분해성 고분자에 대한 연구, 그리고 리그닌과 같은 농업 부산물로부터 합성된 고분자들은 친환경 제품의 새로운 세대로 인도한다. 더 우수한 열적안정성, 더 높은 강성/강도/인성을 갖춘 고분자들이 다수 개발되는 중이다. 가장 흥미로운 것은 고분자에 기능성을 부여할 수 있는 능력의 발전이다. 전기활성 고분자는 전기쌍극자 모멘트를 지니며 그 때문에 전기장의 영향을 받는다. 그것들은 마이크와 스피커에 사용될 수 있다. 광활성 고분자는 전기적으로 여기되면 빛을 방출한다. 그것을 이용하면 대면적의 유연한 디스플레이를 만들 수 있다. 고온용 고분자는, 비싸긴 하지만 충분히 안정적이어서 내연기관 엔진의 흡기 매니폴드와 다른 부품에도 사용할 수 있다.

많은 형태의 고분자들이 존재하며 각각의 것들 사이의 관계는 복잡해 보일 수도 있다. 이러한 관계 중 일부는 위 그림에 나타나 있다. 폴리에틸렌은 폴리올레핀의 가장 단순한 형태이지만 그것조차도 여러 가지 방식으로 조종될 수 있다. 그것은 에틸렌(C_2H_4)으로 태어나고, 고분자화되면 $CH_2-CH_2-CH_2-$…와 같은 체인을 형성한다. 촉매에 따라 체인은 짧거나 또는 길어질 수 있으며, 직선 또는 분기된 가지를 가진다. 일단 고분자화되면 그것들은 혼합되고, 발포되고, 드로잉되어 섬유나 필름으로 만들어질 수 있다. 또한 에틸렌 대신에 프로필렌(C_3H_6)으로 시작하면 비슷한 정도로 다양한 폴리프로필렌이 합성될 수 있다.

폴리스타이렌도 비슷하게 복잡한 가능성을 가진다. 그것은 에틸렌의 수소 하나를 벤젠고리로 대체한 스타이렌-에틸렌에서 시작된다. 그것은 열가소성 고분자, 탄성중합체, 또는 발포되거나 혼합된 형태로 변형될 수 있고, 화학적인 변형에 의해 ABS와 그것의 파생재료가 된다.

폴리에스터, PVC, 폴리우레탄 역시 여러 가지 개성을 지닌다. 그것들은 다른 고분자들보다 더 많이 열가소성 고분자, 탄성중합체, 열경화성 고분자의 경계에 걸쳐 중복된다. PVC는 열가소성 고분자 또는 탄성중합체일 수 있고, 폴리우레탄과 폴리에스터는 세 가지 중 어느 하나가 될 수 있다. 더구나 폴리우레탄은 발포될 수 있고, 폴리에스터는 필름 또는 섬유로 만들어질 수 있다. 이러한 다양성은 헷갈릴 수도 있으나, 그것이 제공하는 광범위한 특성은 디자인의 폭넓은 자유로움의 원천이다.

Polymer Composites

CFRP
GFRP
KFRP

고분자 복합재료

복합재료는 20세기의 위대한 재료개발 중 하나이다. 가장 높은 강성과 강도를 지닌 것들은 연속섬유(유리, 탄소, 케블라)가 열경화성 수지(폴리에스터 또는 에폭시)에 매몰되어 만들어진다. 섬유가 기계적 하중을 지탱하는 반면에, 기지재는 섬유로 하중을 전달하고 취급 또는 환경에 의한 손상으로부터 섬유를 보호하는 것은 물론 연성과 인성을 제공한다. 기지재는 사용온도와 공정조건에 제한을 부여한다. 유리섬유/폴리에스터(GFRP) 복합재료는 가장 저렴하다. 탄소섬유/에폭시(CFRP)와 케블라섬유/에폭시(KFRP)는 가장 비싸다. 최근의 혁신은 기지재로서 열가소성 수지를 사용하는 것으로, 값싼 폴리프로필렌을 녹여 유리섬유와 함께 열성형한 동시직조 형태나 고온특성과 충격저항을 가진 복합재료를 만들 수 있는 PEEK와 같은 값비싼 고온용 열가소성 수지가 있다. 연속섬유 CFRP와 GFRP가 복합재료 세계의 왕과 왕비라고 한다면, 서민층은 토막낸(chopped) 유리섬유나 탄소섬유, 또는 실리카 모래, 운모, 목분 등의 입자(충전재)로 강화된 고분자라고 할 수 있다. 그것들은 훨씬 대량으로 사용되며, 종종 그 제품이 복합재료로 만들어졌다고 일반인들이 알아차릴 수 없을 만큼 평범하게 사용된다. 자동차 차체 또는 내장 패널, 가전제품, 가구, 연결부품 등에 사용된다. 오늘날 그것들 없이 사는 것은 어려울 것이다.

장섬유 복합재료의 특성은 섬유와 기지의 특성, 그리고 이들이 결합되는 방식에 따라 크게 영향을 받는다. 여기에는 섬유-수지 비율, 섬유길이, 섬유방향, 적층판 두께, 결합을 향상시키기 위한 섬유-수지 커플링제가 있다. 유리섬유는 낮

Tangled Cellulose Fibers

PTFE-coated Glass Fibers

은 가격에 고강도를 제공하고, 탄소섬유는 매우 높은 강도 및 강성, 낮은 밀도를 가진다. 케블라섬유는 고강도와 낮은 밀도를 가졌고, 난연성이며 전자파에 (탄소와 달리) 투명하다. 폴리에스터는 가장 널리 사용되는 기지재로 비교적 낮은 가격에 합리적인 특성을 제공한다. 에폭시의 뛰어난 특성과 폴리이미드의 고온성능은 특정 용도에 그들의 사용을 정당화할 수 있으나, 가격이 비싸다. 복합재료의 강도는 섬유의 분율을 높이거나 섬유를 하중방향에 평행하게 맞춤으로써 상승한다. 섬유가 길수록 적용된 하중을 지탱하는 데 더 효율적이지만, 섬유가 짧을수록 공정이 쉽고 따라서 저렴하다. 적층판 두께가 증가하면 포집된 기포가 증가할 확률이 높아짐에 따라 복합재료의 강도와 탄성계수가 감소하는 결과를 가져온다. 커플링제는 일반적으로 인장강도를 증가시킨다. 환경조건은 복합재료의 성능에 영향을 끼친다. 피로하중, 수분, 열 모두가 허용 가능한 강도를 감소시킨다.

디자인 노트

고분자기지 복합재료는 밀폐형 또는 개방형 몰딩방법으로 성형할 수 있다. 모든 밀폐형 몰딩방법은 몰드 표면에 평행한 섬유방향을 만들어낸다(압출의 경우, 오리피스 다이의 내부표면과 평행). 개방형 몰딩방법들은 모두 몰드나 맨드렐에 평행하게 여러 방향의 섬유방향을 만들어내지만, 펄트루젼(pultrusion)은 예외적으로 섬유가 시트 표면에 평행한 방향으로 배열된다. 적층법(lay-up method)에서는 섬유방향의 완벽한 제어가 가능하다. 그것들은 높은 섬유분율이 요구되지 않고 단 하나만 제작하는 대형제품에 사용된다. 적층법과 압착롤러(calendering) 방법은 시트를 성형하고, 펄트루젼은 일정한 단면의 연속적인 형상을 만드는 데 사용되며, 필라멘트와인딩(filament winding)은 튜브, 드럼, 용기와 같은 속이 빈 커다란 제품을 만드는 데 사용된다.

장섬유 복합재료의 연결부는 취약함의 근원이다. 왜냐하면 섬유는 연결부를 건너 연속되지 않기 때문이다. 두 개 또는 그 이상의 적층(lamina)들은 보통 접착제를 사용하여 결합되며, 적절한 접합을 확보하기 위해서는 단층겹치기(single-lap)와 복층겹치기(double-lap) 연결부의 경우 25 mm, 또는 스트랩, 계단식, 스카프 연결부의 경우 40~50 mm의 겹치기가 필요하다. 적층판에 구멍이 존재하면 파손강도를 현저히 감소시키므로 기계적 잠금장치(fastener)에 의한 결합이 어렵다. 복합재료 제조공정은 노동집약적이다. 결함은 쉽게 생성되고 발견 및 수리가 어렵기 때문에 최종 강도와 파손모드를 예측하는 것은 어렵다.

금속

주기율표에서 대부분의 원소는 금속이다. 금속은 자유전자(전기장 속을 떠도는 전자)를 가지고 있기 때문에 전기를 잘 통하고, 빛을 반사하며, 빛의 반대편에서 바라보면 완전히 불투명하다. 제품디자인에 사용된 금속은 거의 예외 없이 합금이다. 강철(철과 탄소의 합금이며, 더욱 단단하고 질기며 부식저항을 높이기 위해 다른 성분을 추가함)은 전 세계에서 사용되는 금속의 90 %를 차지한다. 알루미늄이 그 다음이며, 구리, 니켈, 아연, 티타늄, 마그네슘, 텅스텐 순서로 이어진다.

디자인 노트

다른 모든 클래스의 재료와 비교했을 때, 금속은 강성이 높고 강하며 튼튼하지만, 그들은 무겁다. 그것들은 높은 녹는점을 가지고 있으며, 어떤 합금들은 2,200 ℃의 고온에서도 사용할 수 있다. 금속 중에서는 오직 하나, 금만이 화학적으로 안정하고, 다른 모든 것들은 주어진 환경에 따라 산소나 황과 반응하여 금속 자체보다 더 안정적인 금속화합물을 만들게 되므로 부식에 취약하다. 이 부식을 방지하거나 또는 허용 가능한 수준으로 낮추는 데에는 수많은 방법이 있지만, 그러기 위해서는 유지보수가 필요하다. 금속은 연성이어서 압연, 단조, 인발, 압출에 의해 성형할 수 있다. 그것들은 정밀하게 절삭가공이 가능하며, 여러 가지 방식으로 결합될 수 있다. 이는 금속을 사용한 디자인에 융통성을 부여하며, 현재는 유일하게 고분자에 의해 도전을 받고 있다.

금속과 합금의 개발은 계속된다. 초소성합금은 시트의 형태로 열가소성 고분자처럼 진공성형 또는 열성형될 수 있는 독특한 특성을 가졌다. 형상기억합금은 심하게 변형되었더라도 원래의 형상을 기억하는 능력이 있기 때문에 마치 고무처럼 되돌아온다. 그것들은 온도조절 장치, 안경테, 브래지어, 소형 구동기(actuator) 등에 사용된다. 금속기지 복합재료(예: 실리콘카바이드/알루미늄)는 금속의 특성 범위를 확장한 것으로, 보통 강성이 더 높고, 가볍고, 보다 열에 강하지만, 높은 가격 때문에 용도가 제한된다. 금속의 발포기술은 새로운 시장을 형성할 가능성으로 떠오르고 있다. 그럼에도 불구하고, 금속의 위치는 지난 수십 년간 다른 재료들로 인하여 서서히 잠식되어 왔다. 가전제품과 같은 소형 구조에는 고분자, 차량과 항공기나 선박에는 고분자기지 복합재료, 특정 엔진부품과 절삭날에는 세라믹이 사용되는 것 등이다. 그러나 Arup 회사의 엔지니어 Guy Nordenson이 관측한 것처럼, "재료의 개발과 사용은 역사적으로 반복되는 것이다. 금속과 함께 일하는 것은 잠시 멀어졌을 뿐 뒤떨어진 것은 아니다."

금속의 주요 생산공정은 에너지 집약적이다. 알루미늄, 마그네슘, 티타늄을 비롯한 많은 것들이 상용 고분자보다 단위무게 당 두 배 이상의 에너지를 필요로 한다(단위부피 당으로는 다섯 배). 그러나 금속은 일반적으로 재활용이 가능하고, 최초 생산에 비해 재생하는 데 들어가는 에너지가 훨씬 적다. 일부 금속, 특히 아연, 카드뮴, 수은과 같은 중금속의 경우 해롭기도 하다. 반대로 어떤 금속들은 매우 비활성이어서 우리 몸에 임플란트도 가능하다. 예를 들면, 스테인리스강, 코발트 합금, 특정 티타늄합금이 있다.

Metals

Aluminum alloys
Copper alloys
Magnesium alloys
Nickel alloys
Steels – carbon
Steels – low alloy
Steels – stainless
Titanium alloys
Zinc alloys

Titanium Sheet

Woven Stainless Steel Wire

재료 프로파일

Ceramics and Glass

Alumina
Boron carbide
Silicon carbide
Tungsten carbide
Borosilicate glass
Silica glass
Soda lime glass
Glass ceramic

Alumina Foam

Terracotta

세라믹

세라믹(ceramics)은 과거의 재료이기도 하고 미래의 재료이기도 하다. 그것들은 모든 재료 중에서 내구성이 가장 좋다. 세라믹 냄비나 장식은 기원전 5000년부터 지금까지 살아남은 것도 있다. 그리고 그것들의 내구성, 특히나 고온에서의 내구성은 오늘날 그것들에 대한 관심을 자아낸다. 세라믹은 특별히 단단하고(다이아몬드는 그 중 가장 단단함) 어떤 금속보다도 높은 온도까지 견딜 수 있다. 세라믹은 결정질(또는 부분적으로 결정질)인 무기화합물이다. 그것들은 도기를 바탕으로 한 전통 세라믹과 고성능 세라믹을 모두 포함한다. 모두 단단하고 취성이며, 일반적으로 높은 녹는점과 낮은 열팽창계수를 가지며, 대부분이 좋은 전기절연재이다. 점토, 실리콘, 장석을 기반으로 하는 전통 세라믹은 부드럽고 굽기 전에는 쉽게 몰딩된다. 굽게 되면 유리질 상이 만들어지고 그것이 다른 구성요소들을 결합하여 벽돌, 법낭, 사기, 타일 등을 만든다. 고성능 세라믹은 화학반응에 의해 합성된 순수한 또는 거의 순수한 화합물로 구성된다. 가장 일반적인 것으로는 알루미나, 탄화규소, 질화규소, 탄화붕소, 질화붕소, 탄화텅스텐이 있다.

세라믹은 어떤 독특한 특성을 갖는다. 그것들의 낮은 원자충진율과 높은 녹는점은 낮은 열팽창계수를 갖게 한다. 순수하고 완전히 결정질인 것들은 높은 열전도도를 갖는다. 불순물과 유리질 상이 존재하면 열전도도는 크게 낮아진다. 완전 무결함이라면 그것들은 엄청나게 강하지만, 작은 결함들은 피하기 어렵고, 그것들은 재료가 인장 또는 굽힘 하중을 받으면 균열로 전파되므로 강도를 대폭 떨어뜨린다. 그러나 압축강도는 높게 유지된다(인장강도의 8~18배). 충격저항이 낮으며 열충격에 따른 응력을 소성변형에 의해 효과적으로 완화하지 못하므로, 큰 온도구배나 열충격은 파손을 유발할 수 있다.

디자인 노트

상용 세라믹 부품의 크기는 점화플러그 절연체와 같이 작은 부품에서부터 대기권 재진입 우주선의 대형 노즈콘까지 넓은 범위에 걸쳐 있다. 높은 소결온도 때문에 금속 인서트를 세라믹에 내장하여 몰딩하는 것은 허용되지 않는다. 형상은 관대한 공차와 함께 가급적 단순하게 만들어야 한다. 건조 및 소결 과정에서의 수축은 최대 25 %까지 발생할 수 있다. 모서리와 구석은 완만한 곡률을 가져야 하고, 대형의 지지되지 않은 구간과 언더컷(undercut)은 피해야 하며, 경사면 각도를 최소한 5도는 확보한 대칭적 형상과 균일한 벽 두께가 최선의 결과를 가져다준다.

대부분의 고성능 세라믹은 분말로 시작하며, 고분자 바인더를 사용하여 압축되거나, 압출되거나, 사출성형되거나, 주조된다. 이렇게 만들어진 '생짜(green)' 부품은 절삭가공이나 그라인딩으로 형상을 맞춘 다음 건조하고 소결한다. 금속은 접착접합, 납땜, 브레이징, 수축끼워맞춤(금속이 바깥쪽에 놓이고 인장을 받는 한)에 의해 세라믹과 결합될 수 있다. 브레이징은 접착접합이나 납땜보다 강하며, 더 큰 온도저항을 갖지만, 브레이징 합금을 적용하기 위한 기초가 되는 금속표면화

(metallized) 코팅이 필요하다. 유리접합이나 확산접합에 의해 세라믹과 세라믹 또는 금속과 세라믹의 접합이 가능하다. 유약(glaze)은 세라믹의 표면을 부드럽게 하기 위하여 적용할 수 있고, 녹청 표면도 역시 가능하다.

전통 세라믹은 벽돌, 타일, 백색도기(변기, 욕조, 싱크), 도자기 등에 사용된다. 고성능 세라믹은 베어링, 터빈블레이드, 캠, 절삭공구, 압출 다이, 노즐, 씰, 필터, 도가니와 트레이, 전기절연체, 기판, 전자회로의 열방출체(heat sink)로 사용된다.

유리

이집트인들에 의해 발견되고 로마인들에 의해 완성된 유리는 가장 오래된 인공재료 중 하나이다. 그것은 오랜 역사의 대부분 동안에 부유층의 소유물이었으며, 유리구슬, 장신구, 그릇, 그리고 물론 도기에 유약으로 칠해진 후 유리가 되어 사용되었다. 15세기에 창문유리로 사용되기 시작하였으나 17세기까지는 널리 보급되지 못했다. 현재는 물론 보편적이며 값싸고 유리병처럼 쉽게 버려진다. 유리는 주로 실리카(SiO_2)와 다른 산화물의 혼합이며, 녹은 후에 식히면 결정화되지 않는다. 순수한 것은 광학적 투명이지만 금속산화물을 첨가함으로써 쉽게 색상을 입힐 수 있다.

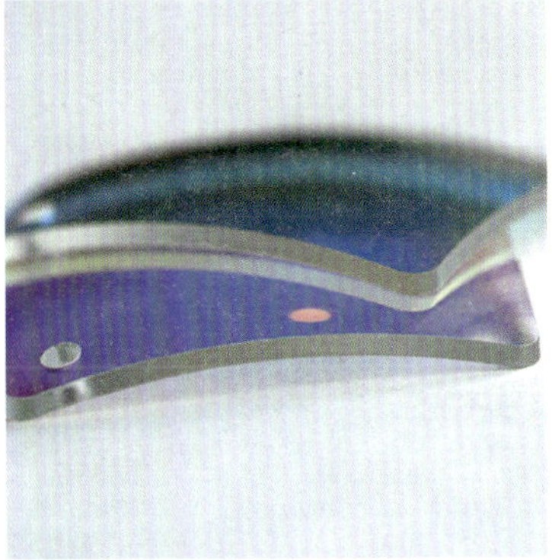

Dichroic-Coated Glass

디자인 노트

유리는 프레스성형, 블로몰딩, 원심주조, 드로잉, 압연 등에 의해 성형되며, 잔류응력을 피하기 위하여 잘 제어된 속도로 냉각해야 한다. 유리는 표면을 빠른 공냉에 의해 강화시킬 수 있다. 이는 '강화유리(tempered glass)'로 알려져 있으며, 유리 내부에 인장응력이 형성되고 표면에 압축응력을 만들어주기 때문에 충격강도를 4배나 향상시킨다. 전구는 빠르게 움직이는 유리 리본을 시간 당 10,000개까지 전구로 바꾸어주는 기계에서 몰딩된다. 유리는 유약접합, 클램핑, 접착접합에 의해 결합된다. 유리에 은을 코팅함으로써 가시광선을 거의 100 % 반사할 수 있게 해주며, 이는 대부분의 거울에 사용된다. 금 거울 코팅은 적외선의 90 %를 반사할 수 있게 해준다.

Textured Glass

금속산화물을 첨가하면 색유리를 만들 수 있다. 니켈은 보라색, 코발트는 파란색, 크롬은 녹색, 우라늄은 녹색-황색, 철은 녹색-파란색 색조를 부여한다. 철을 첨가하면 재료가 적외선 범위의 파장을 흡수할 수 있으며 그로 인하여 복사열이 흡수될 수 있다. 반투명 또는 거의 불투명한 백색 유백광의 유리나 유리코팅을 만들기 위해 무색의 비금속 입자(불화물 또는 인산염)를 5~15 % 첨가하기도 한다. 광변색성 유리는 자외선에 노출되면 색이 바뀐다(열을 받으면 사라지기도 함). 광감응성 유리는 가열되거나 자외선에 노출될 경우 투명에서 유백광으로 바뀐다. 필터유리는 강한 광선과 자외선을 막아주므로 용접헬멧의 바이저에 사용된다. 이색성 코팅과 얇은 적층은 색상의 변조를 만들어낼 수 있다.

섬유

섬유는 우리에게 옷과 카펫과 쿠션을 제공하며, 우리를 따뜻하게 하고 보호해주기도 한다. 그것들은 실, 로프, 직물, 그리고 섬유강화 복합재료의 원재료이다. 섬유는 강하면서도 유연하다는 독특한 장점을 가지고 있어서, 당기면 저항하지만 굽히면 순응한다. 꼬아서 로프를 만들거나 직조하여 옷감을 만들며, 이러한 것들은 같은 특성을 물려받게 된다.

고성능 섬유

금속섬유도 만들어질 수 있고, 자동차 타이어를 강화하는 데 사용되고 있지만, 금속은 무겁다. 더 매력적인 것은 가볍고, 강성이 높으며, 강도가 큰 것이다. 그들의 강도와 유연성을 통하여 새로운 고급재료의 창조를 가능하게 해주는 재료들이 있다. 20세기 중에 섬유강화 복합재료의 급속한 팽창에 따라 세 가지 인공섬유(아라미드, 탄소, 유리)가 중요한 공업용 재료가 되었다. 세 가지 모두 강성이 크고 강도가 높으며, 그 중 두 가지(아라미드, 탄소)는 극도로 가벼워서 항공우주 구조물, 스포츠 장비, 그리고 점점 더 육상 교통시스템에 이상적인 재료가 되었다. 유리섬유는 저렴하여 그것을 함유한 복합재료가 자동차나 가정용품에서 경쟁력을 가질 수 있게 해준다. 탄소섬유와 아라미드섬유는 더 비싸므로 고가의 용도에 제한적으로 사용하게 된다.

식물성 섬유

천연섬유는 수천 년 동안 로프, 직물, 주거지를 만드는 데 사용되어 왔으며, 아직도 계속되고 있다. 단백질 섬유(양모, 머리카락)는 동물로부터 유래된다. 식물성 섬유는 셀룰로오스를 바탕으로 하며 식물의 줄기(인피), 잎, 씨앗, 열매에서 찾을 수 있다. 많은 것들이 자라는 나무로부터 유래되므로 잠재적으로 재생가능한 자원이다. 그들의 특성치는 그림 8.14와 같은 데서 인공섬유의 특성치와 비교해볼 수 있다. 강도와 탄성계수의 절대값을 기준으로 비교하면, 탄소섬유나 케블라섬유 또는 인발된 강철에 필적할 만한 천연섬유는 없지만, 천연섬유는 밀도가 낮으므로 그것들의 단위무게 당 특성치는 훨씬 더 매력적이다. 이것이 승용차와 트럭의 차체 패널에 그것들을 강화재로 사용하려는 시도를 촉진하였다. 이 용도에 대해서는 나중에 다시 다루어볼 것이다. 먼저 천연섬유에 관하여 배경을 살펴보자. 그것들을 알파벳 순서로 아래에 소개한다.

코이어(coir)는 코코넛의 털이 많은 겉껍질로부터 추출되는 거친 섬유로(어원은 Malayalam어로 kayar, 의미는 cord), 두 종류가 있다. 백색 코이어는 덜 익은 코코넛으로부터 수확하고 방적하면 실이 되고, 그것을 매트나 로프를 만드는 데 사용한다. 완전히 익은 코코넛으로부터 얻어지는 갈색 코이어는 백색 코이어보다 더욱 두껍고 더욱 강하다. 그것은 매트, 브러시, 마대 천으로 사용된다. 라텍스를 뿌린 갈색 코이어 패드(고무화된 코이어)는 자동차 시트커버로 사용된다. 코이어 섬유는 비교적 방수가 잘되며, 염수에 의한 손상에 저항성이 큰 일부 천연섬유 중 하나이다.

면(cotton)은 목화(Gossypium)의 꽃으로부터 얻어지는 섬유이다. 여러 종이 있으며, 화학적으로는 모두 동일하지만(약간의 왁스와 함께 셀룰로오스 95 %) 길이나 날씬함에는 차이가 있다. 면섬유는 매우 넓은 범위의 각종 직물을 만드는 데 사용되며, 유명한 이름들은 많은 경우에 voile, calico, gingham, muslin, crepe, damask, cambric, organdie, crinoline, twill, sailcloth, canvas와 같이 그것이 만들어진 나라 또는 도시의 이름에서 유래되었다. 그것들은 섬유의 품질과 직조된 특성에 있어서 서로 다르다.

아마(flax)는 아마(학명: Linum usitatissimum L.)의 줄기로부터 얻는 섬유이다. 대마와 마찬가지로 줄기로부터 섬유를 벗기기 위해 침수처리를 거쳐야 하는데, 엄청나게 냄새나는 작업이다. 아마섬유는 강도와 내구성이 좋기 때문에 린넨이나 로프를 만드는 데 사용한다. 아마섬유는 고분자기지 복합재료의 강화재로 사용된 바 있다.

대마(hemp)는 삼(학명: Cannabis sativa L.)이라 불리는 식물로부터 얻는 섬유이다. 대마섬유는 아마섬유처럼 침수처리(retting이라 쓰고 rotting이라 읽음)를 거쳐 줄기로부터 분리된다. 대마섬유의 성질은 여러모로 면섬유를 닮았다. 그것은 로프나 거친 직물을 만드는 데 사용되고, 천연섬유강화 복합재료의 강화재로 가능성이 높다. 대마섬유는 특히 강도가 뛰어나서 널리 사용된다. 그것은 코드, 로프, 마대, 포장재, 그리고 점점 더 많이 고분자기지의 강화재로서도 사용된다. 마닐라삼(abaca)과 같은 다른 로프재료는 방수기능을 가지므로 해양용도에서 대마를 대체하고 있다. 대마섬유강화 복합재료는 현재 재활용이 불가하지만 대마섬유는 재생가능한 자원이며, 그것을 생산하는 데 소모되는 에너지 부담이 낮은 점에서 유리하다. 탄소섬유나 케블라섬유보다 훨씬 낮다.

황마(jute)는 Malvaceae과의 Corchorus속에 속하는 식물의 줄기로부터 얻는 섬유이다. 그것은 가장 저렴한 천연섬유 중의 하나이고, 생산량과 용도의 다양성에서 면섬유에 이어 두 번째이다. 그것은 거칠고 강한 실로 방적되고, 직조되어 마대 천이나 포대, 자루를 만드는 데 사용된다. 유리섬유를 대체하여 황마를 복합재료의 강화재로 사용하려는 데 관심이 있다.

양마(kenaf)는 속성으로 자라는 식물(학명: Hibiscus cannabinus L.) 줄기로부터 얻는 섬유로, 산업용 섬유, 로프, 노끈을 만드는 데 사용된다. 새롭게 나타난 양마섬유의 용도는 합성목재(예: MDF), 단열재, 옷감, 고분자기지 복합재료의 강화재 등이다.

팔미라야자(Palmyra Palm)는 일명 Borassus라고도 하며 부채 모양의 잎을 가진

열대식물로 아프리카, 아시아, 뉴기니에 자생한다. 야자섬유는 그 잎에서 추출하며, 때로는 식물성 말총으로 불리기도 한다. 그 섬유는 탄력성이고 강하여 가구나 매트리스에 충전재로 잘 사용된다.

모시(ramie)는 쐐기풀에 속하는 화초식물(학명: Boehmeria nivea L.)의 줄기로부터 얻는 섬유이다. 그것은 가장 강한 천연섬유 중의 하나이다. 그것은 밧줄과 실로 그리고 직물로 직조되어 가정용 가구 덮개와 옷감으로도 사용된다. 자주 다른 섬유들과 함께 혼용된다.

사이잘(sisal)은 용설란(학명: Agave sisalana L.)으로부터 얻는 섬유이다. 사이잘 섬유는 밧줄에 잘 쓰이는데, 그것은 강도, 내구성, 당김에 견디는 능력, 어떤 물감에 대한 친화력이 좋고, 코이어처럼 염수에 의한 퇴화에 대한 저항성이 크기 때문이다. 고급 섬유는 섬유다발로 전환되어 카펫산업에 쓰이기도 한다. 사이잘은 현재 고분자기지 복합재료의 강화재로 사용된다.

동물성 섬유

에너지 관점에서 보면, 동물의 일생은 유지비가 높다. 다시 말하면, 동물성 섬유는 식물성 섬유보다 생산에너지가 크다는 사실이다.

양모는 케라틴이고, 양, 알파카, 토끼(angora), 낙타, 산양(모헤어, 캐시미어), 라마(vicuna)의 모발이나 털로부터 얻어진다. 그것은 카펫처럼 닳지 않고 오래가고 스웨터나 담요처럼 훌륭한 단열재이다. 양모는 여러 가지로 다르게 직조되어 모직, 트위드, 격자무늬 천, 플란넬, 소모사(worsted)가 된다. 모직은 먼지에 대한 저항, 화염에 대한 저항, 마모나 찢김에 대한 저항이 좋다. 그러나 케라틴은 단백질의 일종이어서 미리 예방조치를 취하지 않으면 좀벌레 유충이 쉽게 갉아먹는다.

실크도 역시 단백질이고, 실크섬유는 누에가 애벌레를 감싸서 보호하기 위하여 방적하는 것이며 거미가 먹이를 잡기 위해 쳐놓는 거미줄도 이에 속한다. 실크의 강도와 확장성(extendability)은 놀라운 수준이다. 이 두 가지의 조합은 에너지흡수 특성을 부여하며 거미줄이 먹이 잡는 데 그렇게 효과적인 이유이다. 실크는 고고도 풍선, 낙하산의 재료이자 영화배우와 여왕 폐하의 옷에 사용하는 재료이다.

참고문헌

Amato, I. (1997) "Stuff, the Materials the World Is Made Of," Harper Collins, New York, NY, USA. ISBN 0-465-08328-5. (Amato는 언론매체를 위한 과학 저술가이며 실제로 아주 뛰어나다. 이 책은 뉴스미디어 스타일이어서, 읽기 쉽고, 아직 실현되지 않은 가능성에 대하여 강조하며, 미리 동의한 사람들과의 인터뷰 내용에 대단히 의존하고 있다.)

Braddock, S.E. and O'Mahony, M. (1998) "Techno Textiles: Revolutionary Fabrics for Fashion and Design," Thames and Hudson. ISBN 0-500-28096-7. (패션산업부터 디자인의 광범위한 고객까지를 대상으로 고분자 섬유와 직물의 정보를 다루고 있다.)

Cardarelli, F. (1987) "Materials Handbook," Springer, London. ISBN 1-85233-168-2. (재료 기술정보의 핸드북으로 금속, 반도체, 초전도체, 세라믹, 유리, 고분자, 탄성중합체, 미네랄, 돌, 나무에 관한 정보를 제공한다.)

Colling, D.A. and Vasilos, T. (1995) "Industrial Materials," Volume I and II, Prentice-Hall, Englewood Cliffs, NJ, USA. ISBN 0-02-323560-8 and 0-02-323553-5. (금속, 고분자, 세라믹, 복합재료에 대하여 간략하게 소개하는 2권 한 세트의 책)

Dieter, G. (1997), editor "ASM Handbook – Volume 20 Materials Selection and Design," ASM International, Materials Park, OH, USA. ISBN 0-87170-386-6. (핸드북 시리즈의 가장 최근에 발간된 책으로, 광범위한 재료의 기술적 데이터를 다루며, 지금은 브라우징과 검색의 편의를 위해 CD로도 발행되었다.)

Emsley, J. (1998) "Molecules at an Exhibition," Oxford University Press, Oxford, UK. ISBN 0-19-286206-5. (인기 있는 과학저술로 이해하기 쉽고, 정확하고, 단순하고 명료하다. 이 책은 다루는 범위가 예외적이다. 분자[때로는 재료를 의미]는 우리의 건강, 삶, 우리가 만드는 것과 사용하는 것에 영향을 끼친다는 메시지를 담고 있다.)

Fiell, C. and Fiell, P. (2000) "Industrial Design A-Z," Taschen GmbH, Cologne, Germany. ISBN 3-8228-6310-5. (특정 디자인 스타일과 중대한 영향을 끼치는 재료들[알루미늄, 베이크라이트, 탄소섬유, 세라믹, 크롬, 플라스틱, 합판, 파이렉스, 고무, 금속 튜브]의 프로파일을 포함하는 핵심 디자이너들 그리고 디자인 회사들에 대한 요약)

Harper, C.A. (1999) "Handbook of Materials for Product Design," McGraw-Hill, New York, NY, USA. ISBN 0-07-135406-9. (이 핸드북은 강철, 알루미늄, 티타늄, 고분자, 복합재료, 천연고무와 합성고무, 탄성중합체, 세라믹, 유리에 대한 다양한 기술적 세부사항을 포함하고 있다. 또한 표면처리[특히 금속코팅], 고분자와 탄성중합체의 결합, 재료의 재활용에 관한 정보도 담고 있다.)

Lesko, J. (1999) "Materials and Manufacturing Guide: Industrial Design," John Wiley & Sons, New York, NY, USA. ISBN 0-471-29769-0. (산업디자이너에게 흥미로운 재료 및 공정에 관한 요약으로, 각각에 관련된 기술정보를 집중적으로 다루고 있다.)

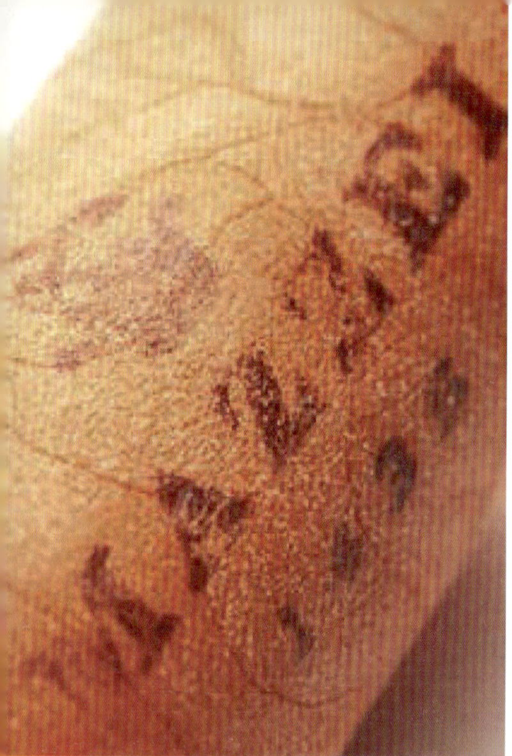

PE의 속성	
가격, \$/kg	1.10~1.40
밀도, Mg/m^3	0.92~1.4
기술적 속성	
탄성계수, GPa	0.03~1.4
연신율, %	10~1,400
파괴인성, $MPa \cdot m^{1/2}$	0.40~5.16
비커스 경도, H_V	5~8
항복강도, MPa	8~31
사용온도, ℃	−40~100
비열, J/kg·K	1,559~1,916
열전도도, W/m·K	0.12~0.50
열팽창계수, 10^{-6}/K	106~450
친환경 속성	
에너지함량, MJ/kg	104~114
탄소배출, CO_2(kg/kg)	2.8
재활용 가능성	높음
미학적 속성	
낮은 피치(0), 높은 피치(10)	3~7
죽임(0), 울림(10)	1~3
부드러움(0), 단단함(10)	5~7
따뜻함(0), 차가움(10)	4~5
광택, %	5~136

특징(다른 고분자들에 대한 상대적 서술)

몰딩이 쉽다.
내구성이 좋다.
저렴하다.

폴리에틸렌(Polyethylene: PE)

무엇인가? 폴리에틸렌$(CH_2)_n$은 1933년에 처음 합성되었고, 가장 간단한 분자구조를 가진 것처럼 보이지만 CH_2 단위체가 연결될 수 있는 방법의 수는 매우 많다. 그것은 폴리올레핀의 시초이고, 폴리올레핀은 전체 고분자 소비의 대부분을 차지하는 벌크 열가소성 고분자들이다. 폴리에틸렌은 불활성이며, 담수나 염수, 음식물, 대부분의 수용액에 대한 저항성이 극히 좋다. 이런 이유로 인하여 가정용품과 식료품 용기에 널리 사용된다.

디자인 노트 PE는 상업적으로 필름, 시트, 막대, 발포재, 섬유로 생산된다. 드로잉한 PE 섬유는 지극히 높은 기계적 강성과 강도를 가졌기에 토목섬유와 구조용으로 활용된다. 폴리에틸렌은 저렴하고 특히 몰딩하여 제조하기 쉽다. 그것은 넓은 범위로 색상을 입힐 수 있으며, 투명하거나 반투명 또는 불투명 상태로 될 수 있고, 상쾌함과 약간은 밀랍 같은 느낌을 주고, 질감을 가지거나 금속표면화 코팅도 가능하나, 그 위에 프린트하는 것은 어렵다. PE는 낮은 유전손실을 가진 우수한 전기절연체여서 마이크로웨이브 오븐용 용기로 사용하기에 적합하다.

대표적 용도 석유통, 차량 차단용 말뚝, 우유병, 장난감, 맥주 궤짝, 식품포장, 수축포장필름, 짜는 튜브, 일회용 옷, 플라스틱 봉투, 타파웨어, 도마, 종이 코팅, 케이블 절연재, 인공관절, (섬유로서) 저렴한 로프나 포장용 테이프의 강화재.

경쟁 재료 폴리프로필렌, 폴리스타이렌, ABS, SAN, EVA, elPVC, 알루미늄 포일 및 포장재, 음료수 캔용 강철판.

환경 영향 PE는 FDA 승인을 받았다. 실제로, 그것은 인체에 전혀 유해하지 않으므로 사람의 몸에 내장될 수 있다(인공심장 밸브, 인공고관절 컵, 인공동맥). PE, PP, PVC는 비교적 에너지 효율이 높은 공정에 의해 만들어지며, 상용 고분자 중 가장 덜 에너지집약적이다. PE는 재생가능한 자원으로부터 만들어질 수 있다. 예를 들면, 설탕이나 전분을 발효시켜 만든 알코올로부터 합성할 수 있다. 킬로그램당으로 따지면 그것의 효용성은 가솔린이나 연료유보다 훨씬 높아서 가까운 장래에 석유로부터 생산되는 것보다 불리해질 이유가 없을 것이다. PE는 다른 재료로 코팅되지 않았다면 쉽게 재활용될 수 있다. 만약 오염되었다면 소각하여 그것이 가진 에너지를 회수할 수 있다.

기술 노트 저밀도 폴리에틸렌(LDPE)은 포장재나 필름으로 사용되며 잘 채워지지 않는 곁가지 사슬을 가지고 있어 물보다 밀도가 낮다. 중간밀도(MDPE) 및 고밀도(HDPE) 폴리에틸렌의 분자사슬은 보다 길고 곁가지가 적으며, 강성과 강도가 높다. 그것들은 용기와 파이프에 사용된다. 선형 저밀도 폴리에틸렌(LLPDE)은 유기용매에 대한 저항성이 떨어지지만, 이조차도 표면을 불소가스에 노출시켜서 불화고분자로 변환함으로써 극복할 수 있다. 이런 방식으로 처리되면('Super PE'로 알려짐) 그것은 자동차의 연료탱크에 사용할 수 있으며, 석유, 액체세제, 화장품, 그리고 가장 강력한 부식성 물질인 콜라원액을 담는 데도 사용가능하다. 초저밀도 폴리에틸렌(VLDPE)은 EVA나 가소화된 PVC와 비슷하다.

폴리프로필렌(Polypropylene: PP)

무엇인가? 폴리프로필렌(PP)은 1958년에 최초로 상업적으로 생산되었으며 폴리에틸렌의 동생이라고 할 수 있다. 폴리에틸렌과 아주 유사한 분자구조에, 비슷한 가격대와 가공방법과 용도를 갖는다. PE와 마찬가지로 대량생산되며(2000년에 연간 생산량 3,000만 톤 이상이었음), 거의 10 %의 연간 성장률을 보이며, PE와 마찬가지로 그것의 분자길이나 곁가지는 영리한 촉매에 의해 재단될 수 있어서, 충격강도나 몰딩과 드로잉에 영향을 끼치는 특성을 정밀하게 제어할 수 있다. 순수한 형태에서 폴리프로필렌은 가연성이며 햇볕에 의해 퇴화된다. 내연제는 그것의 타는 속도를 느리게 하고, 안정제는 자외선, 담수와 염수, 대부분의 수용액에 대하여 높은 안정성을 부여해준다.

디자인 노트 표준 등급 PP는 저렴하고, 가볍고, 연성이지만 강도가 낮다. 그것은 PE보다 강직하며 더 높은 온도까지 사용될 수 있다. PP는 HDPE와 특성이 비슷하지만 보다 강성이 높고 고온(165~170 ℃)에서 녹는다. 강성과 강도는 유리, 백악, 탤크의 첨가로 보강될 수 있다. PP는 섬유로 뽑아내면 매우 높은 강도와 탄력성을 갖게 된다. 이는, 물에 대한 저항성과 함께, PP를 밧줄과 직물의 재료로 매력적이게 한다. 그것은 PE보다 쉽게 몰딩되며, 좋은 투명도를 가지고, 보다 넓은 범위의 생생한 색상을 가질 수 있다. 촉매의 진보에 따라 더욱 매력적인 인성과 안정성과 쉬운 공정의 장점을 갖춘 새로운 PP의 혼성중합체가 가능해졌다. 단일 필라멘트 섬유와 다중 필라멘트 섬유다발 또는 밧줄은 높은 마멸저항을 가지며 PE 섬유보다 거의 두 배 정도 강하다.

대표적 용도 로프, 일반 고분자 공업용품, 자동차 통풍관, 뒷좌석 선반, 공기청정기, 정원 장식물, 세탁기 탱크, 습식배터리 케이스, 배관 및 배관연결부, 맥주병 궤짝, 의자, 축전지 절연체, 케이블 절연체, 주방용 주전자, 자동차 범퍼, 비산방지유리, 궤짝, 여행가방, 인조잔디, 보온성 속옷.

경쟁 재료 폴리에틸렌, 폴리스타이렌, ABS, SAN; 알루미늄 포일 및 포장재; 음료수 캔용 강철판.

환경 영향 PP는 특별히 비활성이고 재활용이 쉬우며, 소각하여 그것이 가진 에너지를 회수할 수 있다. PP는 PE나 PVC처럼 비교적 에너지효율적인 공정에 의해 만들어지므로 상용 고분자들 중 가장 덜 에너지집약적이다. 그것의 킬로그램 당 효용성은 가솔린이나 연료유보다 훨씬 높아서 가까운 장래에 석유로부터 생산되는 것보다 불리해질 이유가 없을 것이다.

기술 노트 여러 가지 폴리프로필렌의 등급은 세 가지 기본 그룹으로 나누어진다. 단일중합체(다양한 분자량과 이에 따른 특성의 범위를 갖는 폴리프로필렌), 혼성중합체(에틸렌, 부틸렌, 스타이렌 같은 다른 올레핀과 프로필렌의 혼성중합으로 만들어짐), 그리고 기본 폴리프로필렌보다 강성이 높고 열에 대한 저항성이 강한 복합재료(운모, 활석, 유리분말, 섬유 등으로 강화된 폴리프로필렌).

재료 프로파일

PP의 속성	
가격, $/kg	0.90~1.00
밀도, Mg/m^3	0.89~0.92
기술적 속성	
탄성계수, GPa	0.90~1.55
연신율, %	100~600
파괴인성, $MPa \cdot m^{1/2}$	3~4.5
비커스 경도, H_V	6~11
항복강도, MPa	20.7~37.2
사용온도, ℃	−40~120
비열, J/kg·K	1,870~1,956
열전도도, W/m·K	0.11~0.17
열팽창계수, 10^{-6}/K	122~180
친환경 속성	
에너지함량, MJ/kg	76~84
탄소배출, CO_2(kg/kg)	3.1
재활용 가능성	중간
미학적 속성	
낮은 피치(0), 높은 피치(10)	6~7
죽임(0), 울림(10)	3~4
부드러움(0), 단단함(10)	6~7
따뜻함(0), 차가움(10)	4
광택, %	20~94

특징(다른 고분자들에 대한 상대적 서술)

몰딩이 쉽다.
내구성이 좋고 질기다.
저렴하다.

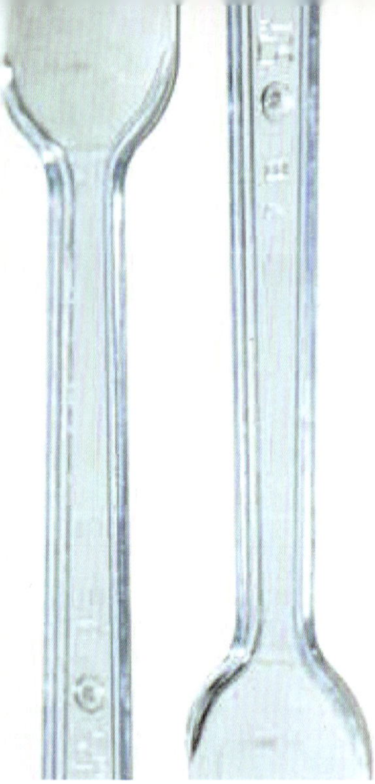

폴리스타이렌(Polystyrene: PS)

무엇인가? 가장 기본적인 형태에서 PS는 취성이다. 그 기계적 특성은 폴리부타디엔과 혼합함으로써 대폭적으로 개선될 수 있다. 충격저항이 높은 PS(10% 폴리부타디엔)는 저온에서 조차도 훨씬 강하다(−12℃까지 강도가 유지됨).

디자인 노트 PS는 세 가지 겉모습을 지닌다. 기본형(일반용 PS), 폴리부타디엔을 첨가한 고충격저항 변종, 고분자 발포재 중 가장 낯익고 저렴한 폴리스타이렌 발포재가 있다. 모두가 식품용기와 포장재로 사용함에 FDA의 승인을 받았다. 일반용 PS는 몰딩하기 쉽다. 그것의 극단적인 투명성, 색상을 입힐 수 있는 능력, 높은 굴절률은 유리와 같은 광채를 갖게 하지만, 그것은 취성이고 쉽게 금이 간다(CD 케이스를 생각해보라). 그것은 광학적 매력과 낮은 가격을 찾을 때, 기계적 하중이 가벼울 때 사용된다. 화장품 콤팩트, 투명하지만 일회용인 안경, 모든 종류의 카세트 등에 사용된다. 중간 및 높은 충격저항 폴리스타이렌은 그것들의 광학적 특성을 기계적 특성과 바꾸었다. 중간 충격저항 PS의 경우 반투명하고, 전기 스위치기어, 회로차단기, 옷걸이, 빗 등에 사용된다. 고충격저항 PS는 PPO와 PS의 혼합으로 불투명하지만, 인성이 높고 대부분의 플라스틱보다 낮은 온도에 잘 견딜 수 있다. 그것은 냉장고와 냉동고의 내장재에서, 또는 마가린이나 요구르트를 담는 것과 같은 식품용기에서 찾아볼 수 있다. PS는 매우 낮은 밀도로 만들어질 수 있다(발포재로 사용되는 폴리스타이렌 총량의 약 1/3). 이러한 발포재는 낮은 열전도도를 가지며 가격이 저렴하여 주택단열재, 보일러의 피복, 일회용 컵의 단열재 등으로 사용된다. 그것들은 또한 섬세한 물건(TV세트나 인체 등)에 부상을 입히지 않을 정도의 하중에서 쭈그러지므로 훌륭한 포장재로 사용될 수 있다.

대표적 용도 일회용 컵, 채광설비, 장난감, 펜, 모델, 발포시킨 형태(포장재, 단열재, 천장타일), TV 캐비닛, 벽타일, 일회용 접시, 가구, 몰딩 부품 및 용기, CD 케이스, 일회용 컵, 면도기, 뜨거운 음료수 컵.

경쟁 재료 고밀도 폴리에틸렌, 폴리프로필렌, 고분자로 코팅된 종이.

환경 영향 PS발포재의 가연성과 발포공정에서 발포제로 CFC를 사용함은 한때 걱정거리였다. 새로운 내연제는 PS발포재가 현재의 화재 안전기준을 맞출 수 있게 해주었고, CFC 발포제는 오존층에 손상을 끼치지 않는 펜탄(pentane), CO_2, HFC로 대체되었다. PS는 재활용이 가능하다. 단량체인 스타이렌은 눈과 목에 자극적이지만, 고분자 안에는 단량체가 존재하지 않는다.

기술 노트 PS는 PE나 PP와 마찬가지로 몰딩이 가능한 열가소성 폴리올레핀 가족의 구성원이다. 폴리에틸렌의 수소원자 하나를 벤젠고리($-C_6H_5$)로 대체한 구조를 갖는다. 그것은 결정화하지 않는 덩어리 분자를 만들며, 얻어지는 재료는 높은 굴절률을 가지고 투명하다. 벤젠고리는 자외선을 흡수하므로 형광을 사용하여 PS를 가려내는 데 활용된다. 그러나 이는 PS가 태양광선에 의해 변색되는 원인이기도 하다.

PS의 속성	
가격, $/kg	2.20~3.80
밀도, Mg/m^3	1.04~1.05
기술적 속성	
탄성계수, GPa	2.28~3.34
연신율, %	1.2~3.6
파괴인성, MPa·m$^{1/2}$	0.7~1.1
비커스 경도, H_V	9~16
항복강도, MPa	28.72~56.2
사용온도, ℃	−18~100
비열, J/kg·K	1,691~1,758
열전도도, W/m·K	0.12~0.13
열팽창계수, 10^{-6}/K	90~153
친환경 속성	
에너지함량, MJ/kg	101~110
탄소배출, CO_2(kg/kg)	3.8
재활용 가능성	낮음
미학적 속성	
낮은 피치(0), 높은 피치(10)	7
죽임(0), 울림(10)	4
부드러움(0), 단단함(10)	7
따뜻함(0), 차가움(10)	4
광택, %	9~96

특징(다른 고분자들에 대한 상대적 서술)

광학적 투명
몰딩이 쉽다.
저렴하다.

ABS(Acrylonitrile-Butadiene-Styrene)

무엇인가? ABS는 질기고, 탄력성이 있으며, 몰딩하기 쉽다. 그것은 보통 불투명하지만 지금은 어떤 것들은 투명하게 할 수도 있고, 생동감 넘치는 색상을 입힐 수도 있다. ABS-PVC 혼성체는 표준 ABS보다 질기며, 자체소화성의 장점을 살려 전동공구의 커버로 사용된다.

디자인 노트 ABS는 모든 고분자들 중에 가장 높은 충격저항을 가진다. 그것은 색상을 잘 받아들인다. 일체화된 금속표면화도 가능하다(GE Plastics 제품 Magix). ABS는 안정제가 첨가되면 실외 용도로서 UV저항성도 가진다. 그것은 흡습성을 가지며(열성형 전에 오븐건조가 필요할 수도 있음), 석유기반 절삭유에 의해 손상될 수 있다. ASA(acrylic-styrene-acrylonitrile)는 매우 높은 광택을 가지며, 자연스런 색상은 미색이지만 다른 색도 가능하다. ABS는 화학저항성 및 온도저항성이 좋고, 저온에서 높은 충격저항을 보여준다. UL 인증을 받은 부류도 있다. SAN(styrene-acrylonitrile)은 폴리스타이렌의 좋은 공정속성을 가지면서도 더 높은 강도와 강성, 그리고 화학 및 열적 저항성을 갖는다. 유리섬유를 첨가함으로써 강직성은 대폭 향상될 수 있다. 그것은 투명하며(가시광선 영역에서는 90 % 이상, 자외선에 대해서는 더 낮음) 좋은 색상을 가지고 있다. 첨가된 아크릴로나이트릴의 양에 따라 물처럼 흰색에서 담황색까지 다양하지만, 보호 코팅 없이는 햇볕에 의해 노랗게 변하고 강도를 잃으며, 이는 UV안정제에 의해 지연될 수 있다. 세 가지 모두 압출이나 압축몰딩이 가능하며, 시트로 성형된 후에 진공 열성형으로 형상화되기도 한다. 그것들은 초음파 또는 열판용접에 의해, 또는 접착제(폴리에스터, 에폭시, 이소시아네이트, 나이트릴-페놀릭)에 의해 결합될 수 있다.

대표적 용도 ABS(컴퓨터와 TV 케이스, 전화기, 음식물 믹서, 진공청소기, 욕조, 샤워기, 파이프, 여행가방, RV 부품, 샤워칸막이, 카세트 홀더, 자동차 부품, 안전모, 레고, 컴퓨터 마우스, 면도날, 핸들, 면도기, 의자), SAN(전화기 케이스, 음식용 그릇, 의료용 주사기, 비커, 커피필터, 카세트, 산업용 배터리 케이스, 칫솔, 화장품 팩, 식기류, 식료품 용기), ASA(가전제품 패널과 손잡이, 장난감, 의료기구, 백미러, 정원 테이블과 의자, 호스 설비, 편지함, 보트, 윈드서핑 보드).

경쟁 재료 고밀도 폴리에틸렌, 폴리프로필렌, 부틸고무, 나일론.

환경 영향 아크릴로나이트릴 단량체는 유독한 물질로, 거의 청산가리만큼 독성이 강하지만, 일단 스타이렌과 함께 고분자화되면 무해하다. 몇몇 부류의 ABS는 FDA 승인을 받았으며 재활용이 가능하다.

기술 노트 ABS는 3량체, 즉 세 가지 단량체(아크릴로나이트릴, 부타디엔, 스타이렌)를 혼성중합하여 만들어진다. 아크릴로나이트릴은 열적 및 화학 저항성을 부여하고, 고무질의 부타디엔은 연성과 강도를 부여하고, 스타이렌은 광택 표면과 쉬운 절삭공정과 낮은 가격을 부여한다. ASA에서 부타디엔 성분은(UV 저항성을 나쁘게 함) 아크릴 에스터로 대체되었다. 부틸을 첨가하지 않으면 ABS는 비슷하지만 충격강도와 인성이 더 낮은 재료인 SAN이 된다.

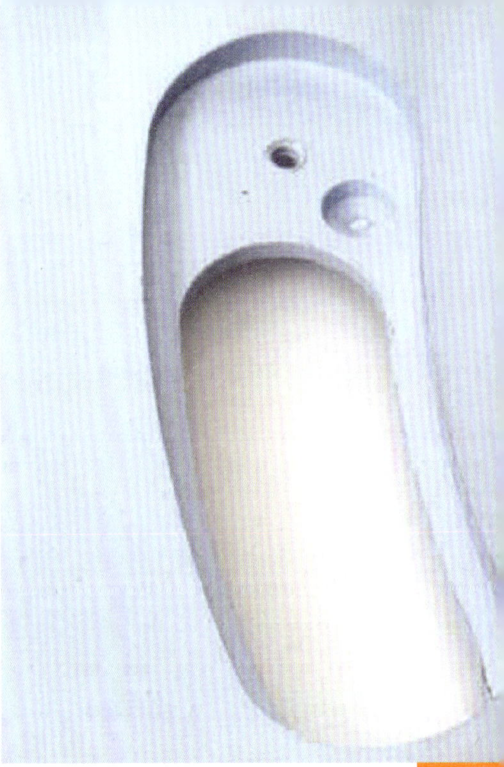

ABS의 속성	
가격, \$/kg	1.50~2.80
밀도, Mg/m^3	1.01~1.21

기술적 속성	
탄성계수, GPa	1.1~2.9
연신율, %	1.5~100
파괴인성, $MPa \cdot m^{1/2}$	1.2~4.2
비커스 경도, H_V	6~15
항복강도, MPa	18.5~51
사용온도, ℃	−18~90
비열, J/kg·K	1,386~1,919
열전도도, W/m·K	0.18~0.33
열팽창계수, 10^{-6}/K	84.6~234

친환경 속성	
에너지함량, MJ/kg	95~104
탄소배출, CO_2(kg/kg)	3.8
재활용 가능성	중간

미학적 속성	
낮은 피치(0), 높은 피치(10)	6~7
죽임(0), 울림(10)	3~4
부드러움(0), 단단함(10)	6~7
따뜻함(0), 차가움(10)	4~5
광택, %	10~96

특징(다른 고분자들에 대한 상대적 서술)

내구성이 좋고 질기다.
채색이 쉽다.
몰딩이 쉽다.

폴리아미드(Polyamide: PA), 나일론

무엇인가? 유럽에서 제2차 세계대전이 끝난 직후인 1945년, 가장 호화로운 사치품 두 가지는 담배와 나일론이었다. 나일론(PA)은 실크처럼 섬유로 뽑아낼 수 있으며, 실크를 대신하여 널리 사용되고 있었다. 오늘날 새로운 섬유들이 등장하여 의류 디자인에서 나일론의 독점적 지위를 잠식하고 있지만, 나일론섬유 로프, 고무(자동차 타이어)나 다른 고분자(PTFE, 지붕에 사용)의 강화재로서 나일론의 역할은 여전히 중요하다. 그것은 제품디자인에서 질긴 케이스, 프레임, 핸들에 사용되고, 유리섬유로 강화된 것은 베어링, 기어, 그리고 다른 하중지탱 부품에 사용된다. 여러 가지 부류가 존재하며(나일론6, 나일론66, 나일론11, …) 각 부류별로 조금씩 다른 특성을 나타낸다.

디자인 노트 나일론은 질기고, 강하며 마찰계수가 낮다. 그것들은 넓은 온도 범위에 걸쳐(−80~120℃) 쓸모 있는 특성을 가졌다. 사출성형, 절삭가공, 표면처리하기 쉬우며, 열 또는 초음파로 접합되거나, 접착제(에폭시, 페놀폼알데하이드, 폴리에스터)로 결합될 수 있다. 어떤 부류는 전기도금이 가능하므로 금속표면화될 수 있고, 대부분 프린트도 잘 되는 편이다. PPO/나일론 혼합재료는 외장재인 펜더(자동차 바퀴덮개)에 사용된다. 나일론 섬유는 강하고, 질기며, 탄성이고 광택이 있으며, 쉽게 섬유다발로 방적하거나 또는 다른 재료와 혼합될 수 있다. 나일론은 4 %까지 물을 흡수하므로, 외형의 변형을 막으려면 몰딩 전에 컨디셔닝을 거침으로써 정상적인 공기 중 습도에서 평형상태를 유지할 수 있다. 나일론은 강산, 산화제나 산화성 용매에 취약하며, 특히 투명한 부류의 나일론이 더욱 약하다.

대표적 용도 낮은 성능의 기어, 부싱, 체인 기어, 베어링; 전동공구 하우징, 렌즈, 용기, 탱크, 튜브, 가구 바퀴, 배관 연결부, 자전거 바퀴 덮개, 케첩 병, 의자, 칫솔의 솔, 손잡이, 베어링, 음식물 포장. 나일론은 책 제본용 속건성 접착제에 사용된다. (섬유로서) 밧줄, 낚시줄, 카펫, 자동차 시트커버에 사용되며, (아라미드 섬유로서) 케이블, 로프, 방호복, 에어필터 백, 전기절연체에 사용된다.

경쟁 재료 폴리프로필렌, 폴리에스터, ABS.

환경 영향 나일론이 생물학적으로 완전히 불활성인 것은 아니지만 알려진 유독작용은 없다. 나일론은 석유정제의 부산물로서 생성되지만, 이것이 가까운 장래에 이 재료를 경제적으로 불리하게 만들지는 않을 것이다. 폴리올레핀 촉매의 개량에 따라 나일론은 상대적으로 저렴한 고분자들과의 가파른 경쟁에 직면하게 되었다.

기술 노트 나일론의 밀도, 강성, 강도, 연성, 인성은 모두 강화되지 않은 고분자의 평균치 범위에 속한다. 열전도도와 열팽창은 평균보다 약간 낮다. 미네랄, 유리분말, 유리섬유로 강화하면 탄성계수, 강도, 밀도를 상승시킨다. 반결정질 나일론은 분자사슬의 두 질소 사이에 놓인 탄소원자의 숫자를 나타내는 재료클래스의 숫자코드에 의해 구별된다. 비결정질 재료는 투명하고, 반결정질 재료는 유백색이다.

PA의 속성	
가격, $/kg	2.90~11.50
밀도, Mg/m^3	1~1.42
기술적 속성	
탄성계수, GPa	0.67~4.51
연신율, %	4~1,210
파괴인성, $MPa \cdot m^{1/2}$	0.58~8.03
비커스 경도, H_V	6~28
항복강도, MPa	20.7~101.6
사용온도, ℃	−80~120
비열, J/kg·K	1,421~2,323
열전도도, W/m·K	0.18~0.35
열팽창계수, 10^{-6}/K	50.4~216
친환경 속성	
에너지함량, MJ/kg	110~120
탄소배출, CO_2(kg/kg)	8.0
재활용 가능성	중간
미학적 속성	
낮은 피치(0), 높은 피치(10)	6~7
죽임(0), 울림(10)	3~4
부드러움(0), 단단함(10)	6~7
따뜻함(0), 차가움(10)	4~5
광택, %	65~150

특징(다른 고분자들에 대한 상대적 서술)

강하다.
질기다.
내구성이 좋다.

PMMA(Polymethylmethacrylate), 아크릴

무엇인가? PMMA에 대하여 생각하면 우리는 우선 투명성이 떠오를 것이다. 아크릴, 또는 PMMA는 투명성에 있어서 유리를 가장 가깝게 닮았고 풍화에 대한 저항이 강한 열가소성 고분자이다. 이 재료는 오랜 역사를 가진다. 1872년에 발견되었고, 1933년에 상용화되었으며, 첫 번째 주요한 용도는 제2차 세계대전 당시 전투기 조종석의 덮개유리였다.

디자인 노트 아크릴 또는 PMMA는 고분자화될수록 단단하고 강성이 높으며, 쉽게 연마될 수 있으나 응력집중에 민감하다. 그것은 유리와 마찬가지로 어느 정도 깨지기 쉬우나, 아크릴고무와 혼합하면 이를 극복할 수 있는 고충격저항 합금(HIPMMA)을 얻는나. PVC를 PMMA에 혼합함으로써 질기고 내구성이 큰 시트를 얻을 수 있다. 아크릴은 시트, 막대, 튜브 등의 형태로 구할 수 있으며, 주조 또는 압출에 의해 형상화될 수 있다. 셀주조는 판유리와 개스킷을 몰드로 사용한다. 그것으로 투명하고 색상을 입힌 패널을 4인치 두께까지 주조할 수 있다. 압출은 녹은 고분자 알갱이를 다이를 통하여 밀어 넣음으로써 다양한 형상을 얻게 해주고, 0.25인치 두께의 시트까지 성형할 수 있다. 투명하고 색상을 입힌 PMMA 시트는 그대로 열성형이 가능하므로 저렴한 공정을 제공한다. 일종의 연속주조인 하이브리드 시트 제조공정은 셀주조의 물리적 이점과 압출의 비용효율을 조합한 것이다. 압출 및 연속주조 시트는 셀주조 시트보다 더 우수한 두께 공차를 가진다. PMMA는 접착제(에폭시, 알파-시아노아크릴레이트, 폴리에스터, 나이트릴-페놀릭)로 결합될 수 있다. 그것은 스크래치가 나기 쉽게 약하지만, 코팅에 의해 부분적으로 극복할 수 있다.

대표적 용도 모든 종류의 렌즈, 조종석 덮개유리와 비행기 창문, 네온사인, 욕조, 포장, 용기, 전기부품, 제도기, 공구 손잡이, 보호안경, 조명, 자동차 후미등, 의자, 콘택트렌즈, 창문, 광고판; 정전기방지 제품; 컴팩디스크.

경쟁 재료 폴리카보네이트, 폴리스타이렌, PVC, PET.

환경 영향 아크릴은 무독성이며 재활용이 가능하다.

기술 노트 고분자는 완전한 비결정질일 때만 완전히 투명하다. PMMA 분자의 덩어리 형상은 비결정질 구조를 보장하며, 그것의 안정성은 풍파에 대한 우수한 저항성을 부여한다. PMMA는 에스터, 케톤, 산, 탄화수소에 의해 공격받으며, 강산이나 강염기, 용매, 아세톤에 대해 취약하다.

PMMA의 속성	
가격, \$/kg	1.70~2.40
밀도, Mg/m^3	1.16~1.22
기술적 속성	
탄성계수, GPa	2.24~3.8
연신율, %	2~10
파괴인성, $MPa \cdot m^{1/2}$	0.7~1.6
비커스 경도, H_V	16~21
항복강도, MPa	53.8~72.4
사용온도, ℃	−50~100
비열, J/kg·K	1,485~1,606
열전도도, W/m·K	0.08~0.25
열팽창계수, 10^{-6}/K	72~162
친환경 속성	
에너지함량, MJ/kg	97~105
탄소배출, CO_2(kg/kg)	6.8
재활용 가능성	낮음
미학적 속성	
낮은 피치(0), 높은 피치(10)	7
죽임(0), 울림(10)	4
부드러움(0), 단단함(10)	7
따뜻함(0), 차가움(10)	4~5

특징(다른 고분자들에 대한 상대적 서술)

광학적 투명

채색이 쉽다.

자외선에 대한 저항성이 좋다.

폴리카보네이트(Polycarbonate: PC)

무엇인가? PC는 '엔지니어링' 열가소성 고분자 중 하나이며, 이는 저렴한 '상용' 고분자보다 우수한 기계적 특성을 가졌음을 의미한다. 이 클래스는 플라스틱 폴리아미드(PA), 폴리옥시메틸렌(POM), PTFE를 포함한다. 순수한 PC에서 벤젠고리와 −OCOO− 탄산염 그룹의 조합은 비교적 높은 온도에서도 광학적 투명성과 우수한 인성뿐만 아니라 강직함과 같은 독특한 특성을 부여한다. 이러한 특성에 따라 PC는 컴팩디스크, 안전모, 전동공구의 하우징 용도에 좋은 선택이 된다. PC의 특성을 더욱 개선하기 위해서는(난연성, 굴절률, 연화저항의 향상) 분자를 다른 종류의 단량체와 혼성중합시키는 것도 가능하며, PC를 유리섬유로 강화하는 것도 가능하다(고온에서 더욱 우수한 기계적 특성을 부여).

디자인 노트 PC의 광학적 투명성과 높은 충격저항은 그것을 방탄유리 또는 안전유리 용도에 적합하게 한다. PC는 손쉽게 색상을 입힐 수 있다. PC는 사출성형이 가능하기는 하지만 보통은 압출 또는 열성형에 의해 가공된다(디자인에 제한조건을 부여하는 기법). PC를 가지고 압출성형을 위한 디자인을 할 때에는 벽두께는 휘는 것을 방지하기 위하여 최대한 일정해야 하고, 투영이나 날카로운 모서리는 피해야 한다. 속이 빈 형상과 지지되지 않고 단독으로 떨어진 다이 단면과 같은 특징적인 형상은 몰드 가격을 큰 폭으로 상승시킨다. 최종 부품의 강성은 주름지거나 볼록한 덧살 보강재에 의해 향상될 수 있다. PC는 냉각 시에 수축하는 문제를 줄이고, 고온에서 기계적 성능을 향상하기 위하여 유리섬유로 강화시킬 수 있다. PC는 접착제, 기계적 잠금장치, 용접으로 결합될 수 있다.

대표적 용도 컴팩디스크, 헤어드라이어 하우징, 토스터, 프린터와 전동공구의 하우징, 냉장고 내부표면, 기계 기어류, 계기판, 모터사이클 헬멧, 자동차 범퍼와 차체 부품, 폭동진압 경찰용 방패.

경쟁 재료 아세탈, 아크릴, 폴리에스터.

환경 영향 공업용 열가소성 고분자의 공정은 상용 플라스틱보다 높은 에너지 인풋을 필요로 하지만, 그밖에 다른 특별한 환경부담이 있는 것은 아니다. PC는 강화되지 않았다면 재활용이 가능하다.

기술 노트 PC 분자구조에서 벤젠고리와 탄산염 그룹의 조합은 이 재료에 고강도와 함께 뛰어난 인성을 제공한다. PC는 ABS나 폴리우레탄과 혼합할 수 있다. ABS/PC는 그것의 난연성과 자외선에 대한 저항성을 ABS보다 낮은 가격의 폴리카보네이트로부터 얻는다. PU/PC는 폴리카보네이트로부터 강직성을 얻으며 폴리우레탄으로부터 유연성과 코팅의 용이함을 얻는다.

PC의 속성	
가격, \$/kg	3.80~4.30
밀도, Mg/m^3	1.14~1.21

기술적 속성	
탄성계수, GPa	2.21~2.44
연신율, %	70~150
파괴인성, $MPa \cdot m^{1/2}$	2.1~4.602
비커스 경도, H_V	17~22
항복강도, MPa	50.1~69
사용온도, ℃	−40~120
비열, $J/kg \cdot K$	1,535~1,634
열전도도, $W/m \cdot K$	0.19~0.22
열팽창계수, $10^{-6}/K$	120.1~136.8

친환경 속성	
에너지함량, MJ/kg	120~130
탄소배출, CO_2(kg/kg)	6.0
재활용 가능성	높음

미학적 속성	
낮은 피치(0), 높은 피치(10)	7
죽임(0), 울림(10)	4
부드러움(0), 단단함(10)	7
따뜻함(0), 차가움(10)	4~5

특징(다른 고분자들에 대한 상대적 서술)

광학적 투명
강하다.
질기다.

POM(Polyoxymethylene), 아세탈

무엇인가? POM은 1959년에 Derlin이라는 상표명으로 듀퐁에 의해 처음 상업화되었다. 이는 나일론과 비슷하지만 강성이 더 높고, 더 우수한 피로저항과 물저항성을 가졌다. 그러나 나일론이 충격저항과 마멸저항 면에서는 더 나았다. POM은 수정하지 않고 사용되는 일은 드물다. 가장 자주 유리섬유를 충전하거나, 내연제 첨가 또는 PTFE나 PU와 혼합되어 사용된다. 마지막 POM/PU 혼합물은 인성이 우수하다. POM은 우수한 몰딩가능성과 피로저항 그리고 강성에 대한 필요성이 폴리에틸렌과 같은 대량생산 고분자에 비하여 높은 가격을 정당화할 수 있는 용도에 사용된다. 대량생산 고분자는 저렴한 원자재를 가지고 낮은 에너지 인풋을 사용하여 고분자화된다.

디자인 노트 POM은 블로몰딩, 사출성형, 시트몰딩에 의해 몰딩하기 쉽지만, 냉각과정에서의 수축 때문에 권장되는 사출성형의 최소 벽두께는 0.1 mm로 제한된다. 제조된 상태에서 POM은 회색이지만 거기에 색상을 입힐 수 있다. 그것은 압출되어 일정한 단면적 형상인 섬유나 파이프를 만드는 데 사용될 수 있다. 높은 결정화도는 냉각 시의 수축현상을 증가시킨다. 제조공정은 190~230 ℃ 온도 범위에서 이루어져야 하며, POM은 흡습상태이기 때문에 성형 전에 건조할 필요가 있다. 초음파용접으로 결합이 가능하지만, POM의 낮은 마찰계수 때문에 높은 에너지와 긴 초음파 노출을 사용하는 용접 방법이 필요하다. 접착접합이 하나의 대안이다. POM 역시 전기절연체이다. 또한 혼성중합이나 차단그룹(blocking group)의 추가 없이는 POM은 쉽게 퇴화된다.

대표적 용도 자동차 기화기와 문의 손잡이, 비디오카세트 부품, 기어와 베어링, 공구 손잡이, 배관부품, 옷의 지퍼.

경쟁 재료 나일론, 폴리에스터, PTFE.

환경 영향 대부분의 열가소성 고분자와 마찬가지로 아세탈은 석유로부터 유래된 것이지만, 이것이 POM의 사용에 즉각적인 위협이 되지는 않는다.

기술 노트 POM의 반복단위는 $(-CH_2O)_n$이며 결과적인 분자는 선형이고 높은 결정화도를 보인다. 따라서 POM은 쉽게 몰딩될 수 있고, 우수한 피로저항과 강성과 물저항성을 갖는다. 순수한 형태에서 POM은 'unzipping'이라 부르는 과정에 의해 고분자사슬의 끝에서부터 해중합되어 쉽게 퇴화된다. 고분자사슬의 끝에 '차단그룹'을 추가하거나 또는 산화에틸렌과 같은 고리모양 에테르와의 혼성중합에 의해 unzipping을 방지하여 퇴화를 막을 수 있다.

POM의 속성	
가격, \$/kg	2.70~4.00
밀도, Mg/m^3	1.39~1.43
기술적 속성	
탄성계수, GPa	2.35~6.27
연신율, %	10~75
파괴인성, MPa·m$^{1/2}$	1.71~4.2
비커스 경도, H_V	14~24
항복강도, MPa	48.6~72.4
사용온도, ℃	−30~110
비열, J/kg·K	1,364~1,433
열전도도, W/m·K	0.22~0.35
열팽창계수, 10^{-6}/K	75~200
친환경 속성	
에너지함량, MJ/kg	115~121
탄소배출, CO_2(kg/kg)	4.0
재활용 가능성	높음
미학적 속성	
낮은 피치(0), 높은 피치(10)	7
죽임(0), 울림(10)	4~5
부드러움(0), 단단함(10)	7
따뜻함(0), 차가움(10)	4~5

특징(다른 고분자들에 대한 상대적 서술)

낮은 마찰계수
마모저항이 좋다.
물에 대한 저항이 좋다.

PTFE의 속성	
가격, $/kg	13.90～15.90
밀도, Mg/m^3	2.14～2.2
기술적 속성	
탄성계수, GPa	0.4～0.55
연신율, %	200～400
파괴인성, $MPa \cdot m^{1/2}$	5～7
비커스 경도, H_V	59～65
항복강도, MPa	19.7～21.7
사용온도, ℃	−270～250
비열, J/kg·K	1,014～1,054
열전도도, W/m·K	0.24～0.26
열팽창계수, 10^{-6}/K	126～216
친환경 속성	
에너지함량, MJ/kg	180～195
탄소배출, CO_2(kg/kg)	6.0
재활용 가능성	높음
미학적 속성	
낮은 피치(0), 높은 피치(10)	5
죽임(0), 울림(10)	2～3
부드러움(0), 단단함(10)	6
따뜻함(0), 차가움(10)	5
광택, %	85～95

특징(다른 고분자들에 대한 상대적 서술)

극도로 우수한 내구성
사용온도가 높다.
낮은 마찰계수

PTFE(Poytetrafluoroethylene), 테플론

무엇인가? PTFE(Teflon)는 CTFE(또는 CFE), PVF, PVF2를 포함하는 불소수지 클래스의 구성원이다. PTFE는 특별히 낮은 마찰계수와 방수성을 가지며, 지극히 안정적이다. PTFE는 1940년대 말에 Teflon으로 처음으로 상업화되었다. 들러붙지 않는 요리기구(Tefal: Teflon-coated aluminium)는 PTFE의 화학적 비활성을 활용하는 것이며, 그것의 열적 안정성과 젖지 않는 능력 때문에 아무것도 그것에 들러붙지 않는다. 그것은 고분자치고는 비싸지만, 비싼 용도에는 사용된다(들러붙지 않는 프라이팬, 고어텍스 방수제품, 인공동맥).

디자인 노트 PTFE는 폴리에틸렌보다 밀도가 2.7배 높으며 12배 더 비싸다. 그러나 그것은 화학물질의 공격에 대한 저항성이 훨씬 더 강하며, −270℃에서 +250℃까지 안전하게 사용할 수 있다. 이것의 마찰계수는 놀라울 정도로 낮으며, 젖음에 저항하는 능력이 뛰어나다. 모든 불소수지는 하얀색이며, 어느 정도 반투명하다. 그것들은 자외선을 포함한 모든 종류의 공격에 대하여 장기적인 저항능력을 가진다. PTFE는 특징적으로 부드럽고 왁스 같은 느낌을 주는데, 이는 부분적으로는 낮은 마찰계수 때문이다. 그것은 낮은 유전손실을 가진 뛰어난 전기절연체이다. 그것은 발포될 수 있고, 미세한 다공성의 가벼운 필름을 만들어 액체는 차단하지만 수증기는 통과할 수 있게 한다(Gore-Tex의 원리). PTFE의 기계적 특성은 뛰어나지는 않지만, 불활성 세라믹을 충전함으로써 보다 높은 마멸저항을 갖게 할 수 있고, 유리섬유나 나일론 또는 케블라섬유로 강화하여 가죽 같이 튼튼한 인성과 강도와 풍파저항성을 가지게 할 수 있다(인장형 지붕에 활용). PTFE를 접합하는 것은 어렵다. 열 또는 초음파 방법이 좋다. 접착접합(에폭시, 니트릴-페놀릭, 실리콘 접착제)도 사용될 수 있다.

직물에 고어텍스 유도체의 사용은 늘어나고 있다. 이러한 직물의 기공 크기는 물뿐만 아니라 박테리아도 통과할 수 없도록 조정할 수 있기 때문에 의사들을 위해서나 특정한 종류의 생물학 무기에 대한 보호의복으로도 사용할 수 있다.

대표적 용도 전선 및 케이블 피복, 고품질 절연테이프, 파이프와 밸브의 부식저항 라이닝, 보호코팅, 씰과 개스킷, 저마찰 베어링과 스키, 반투명 지붕과 다른 고분자(예: ABS)의 내후성 향상, 들러붙지 않는 요리기구, 방수천.

경쟁 재료 낮은 마찰을 위한 폴리에틸렌, 지붕이나 외피에 쓰이는 PVC.

환경 영향 PTFE는 불연성이며 FDA의 승인을 받았다. 다른 모든 열가소성 고분자와 마찬가지로, 단순 PTFE는 재활용이 가능하다. 그러나 들러붙지 않는 표면으로 만들기 위하여 또는 고어텍스로 변화하는 과정에서 더해지는 첨가제로 인하여 더 이상 재활용이 가능하지 않다.

기술 노트 불소는 가장 반응성이 높은 가스이지만, 탄소와 결합하여 PTFE를 형성하면 가장 안정적인 분자가 되며, 과도한 열을 제외하고는 사실상 모든 것에 저항성을 갖는다. PTFE는 강철에 대한 마찰계수가 특별히 낮기 때문에 분산된 형태로 사용하면 베어링의 윤활제로서 매력적이다.

이오노머(Ionomers)

무엇인가? 이오노머는 1964년 듀퐁(Dupont)에 의해 처음 등장하였으며, 유연한 열가소성 고분자이지만 이온성 교차결합(ionic cross-link)을 가졌다. 이로부터 이름이 유래되었다. 그들의 열가소성 특성에 따라 블로몰딩, 사출성형, 열성형으로 공정이 가능하고, 코팅으로도 적용될 수 있다. 그러나 40 ℃ 아래로 냉각되면 그것은 높은 강도, 좋은 접착력, 화학적 안정성과 같은 열경화성 고분자의 특성을 갖게 된다.

디자인 노트 이오노머는 매우 질기며, 높은 인장강도와 뛰어난 충격저항, 찢김저항, 기름때저항, 마멸저항을 갖는다. 광학적 투명성 역시 상당히 높다. 그것들은 대부분 필름으로 생산된다. 이오노머는 뛰어난 hot tack을 갖는다(LDPE의 10배). 풍파에 대한 저항은 PE와 비슷하며, PE와 마찬가지로 그것들은 카본블랙을 첨가함으로써 안정화될 수 있다. 통기성 역시 PE와 비슷하며, 단지 이산화탄소에 대해서만 예외적으로 투과성이 낮다. 낮은 온도에서 유연성은 뛰어나지만 70 ℃ 이상의 온도에서는 사용하면 안 된다. 분자의 이온결합성 본질 때문에 이오노머는 금속 포일, 나일론, 그리고 다른 포장재 필름에 좋은 접착력을 갖는다. 포일과 압출 코팅이 흔하다. 이오노머는 수증기에 대한 통기성이 폴리에틸렌보다 높지만(낮은 결정화도에 기인함) 열에 의해 쉽게 봉해지며, 넓은 온도범위에 걸쳐 탄력성을 유지한다.

대표적 용도 식품 포장, 스키부츠, 스케이트 셸, 레슬링 매트, 고온배관 단열재, 자동차번호판 홀더, 골프공 외피, 지동차 범퍼, 괴자봉지, 블리스디 팩, 병.

경쟁 재료 LDPE, 폴리이소프렌(polyisoprene).

환경 영향 이오노머는 열경화성 고분자를 닮은 특성을 가지고 있으면서도 재활용이 가능하다. 매력적인 조합이라 할 수 있다.

기술 노트 이오노머는 에틸렌과 메타크릴산의 혼성중합체이다. 어떤 부류는 나트륨을 함유하면서 뛰어난 광학적 특성과 함께 기름때에 대한 저항성이 높으며, 다른 부류는 아연을 함유하면서 보다 나은 접착력을 보이기도 한다. 이온성 교차결합은 상온에서는 안정적이지만 40 ℃ 이상으로 가열하면 끊어진다. 교차결합의 장점은 상온의 인성과 강성에서 찾을 수 있다. 높은 온도에서는 선형 열가소성 고분자의 장점이 나타나서, 공정이 용이하고 재활용이 가능하다.

이오노머의 속성	
가격, \$/kg	1.40~1.60
밀도, Mg/m^3	0.93~0.96
기술적 속성	
탄성계수, GPa	0.2~0.42
연신율, %	300~700
파괴인성, $MPa \cdot m^{1/2}$	1.14~3.43
비커스 경도, H_V	2~5
항복강도, MPa	8.27~15.9
사용온도, ℃	−30~70
비열, J/kg·K	1,814~1,887
열전도도, W/m·K	0.24~0.28
열팽창계수, 10^{-6}/K	180~306
친환경 속성	
에너지함량, MJ/kg	115~120
탄소배출, CO_2(kg/kg)	4.2
재활용 가능성	높음
미학적 속성	
낮은 피치(0), 높은 피치(10)	5~6
죽임(0), 울림(10)	2~3
부드러움(0), 단단함(10)	6
따뜻함(0), 차가움(10)	4~5
광택, %	20~143

특징(다른 고분자들에 대한 상대적 서술)

강하다.
질기다.
낮은 투과성

PU의 속성	
가격, $/kg	5.44~6.01
밀도, Mg/m^3	1.12~1.24
기술적 속성	
탄성계수, GPa	1.31~2.07
연신율, %	60~550
파괴인성, $MPa \cdot m^{1/2}$	1.84~4.97
비커스 경도, H_V	16~22
항복강도, MPa	40~53.8
사용온도, ℃	−30~80
비열, J/kg·K	1,554~1,616
열전도도, W/m·K	0.24~0.24
열팽창계수, 10^{-6}/K	90~144
친환경 속성	
에너지함량, MJ/kg	110~118
탄소배출, CO_2(kg/kg)	3.7
재활용 가능성	높음
미학적 속성	
낮은 피치(0), 높은 피치(10)	6~7
죽임(0), 울림(10)	3~4
부드러움(0), 단단함(10)	7
따뜻함(0), 차가움(10)	4~5
광택, %	100

특징(다른 고분자들에 대한 상대적 서술)

유연하다.
질기다.
내구성이 좋다.

폴리우레탄(Polyurethane: PU)

무엇인가? 폴리우레탄에 대하여 생각하면 우리는 부드럽고 늘어나는 재료 또는 직물(Lycra, Spandex)을 떠올리겠지만, 그것들은 가죽 같거나 또는 강직할 수도 있다. PVC와 마찬가지로, 폴리우레탄에는 열가소성 고분자, 탄성중합체, 열경화성 고분자의 세 부류가 있다. 그것들은 쉽게 발포되며, 사용되는 PU의 약 40% 정도는 발포제를 첨가하여 발포재로 만들어진다. 발포재는 개방쎌 발포재, 밀폐쎌 발포재, 미세쎌 발포재, 필터급 발포재로 나눌 수 있다. PU는 다양한 용도를 가진 재료이다.

디자인 노트 PU 발포재는 저렴하고 형상화가 쉬우며, 우수한 구조적 성능과 탄화수소에 대한 저항성을 가지고 있다. 대부분의 발포가능 PU는 열경화성 고분자이며, 따라서 가열몰딩보다는 주조에 의해 성형되며, 우수한 표면상태와 함께 복잡한 형상도 가능하다. 고체 형태에서 PU는 판재 또는 벌크 형태로 생산될 수 있다. 동력전달 벨트나 컨베이어 벨트와 같은 하중지탱용의 경우 tpPU는 나일론이나 아라미드 섬유로 강화되어 고강도이면서 유연성을 갖는다. tpPU는 넓은 범위의 경도, 연화점, 수분 흡수력을 갖는다. 그것들은 나일론과 같은 방식으로 만들어지지만, 훨씬 비싸다. tpPU 섬유는 단단하고, 뻣뻣하며, 나일론에 비하여 낮은 연화점을 가진다. elPU 섬유가 훨씬 더 흔하다. 그것들은 스판덱스(Spandex)나 라이크라(Lycra)와 같은 상표명으로 옷이나 유연한 제품에 사용된다. elPU 발포재는 매트리스, 가구의 앉을자리, 포장에 사용된다. 보다 강직한 발포재는 자동차의 범퍼(충돌예방)와 냉장고와 냉동고의 저밀도(공기 95%) 단열재로 쓰인다. 이들 유연한 수지는 댐핑을 필요로 하는 적층판 시스템에 적합하다. elPU는 비결정질이며 tpPU는 결정질이다. elPU는 보통 주조되거나 드로잉되며, tpPU는 보통 사출성형 또는 압출된다. 폴리우레탄 탄성중합체는 뛰어난 강도(최고 48MPa), 마멸저항, 압축에 의한 셋팅이 낮음, 그리고 우수한 연료저항을 갖는다. 그것들은 −55~90℃ 범위에서 쓸모 있는 특성을 갖는다. PU 발포재는 통상 사출성형에 의해 만들어지는데, 수지와 경화제가 혼합되고 몰드로 주입되어 거기서 반응하여 경화된다. PU는 접착제(폴리우레탄, 니트릴, 네오프렌, 에폭시, 시안아크릴레이트)에 의해 결합될 수 있다. 그것은 탄화수소에 대한 저항성이 우수하지만, 여러 가지 용매에 의해 퇴화되며, 불에서 천천히 탄다.

대표적 용도 쿠션이나 앉을자리, 포장재, 운동화 바닥, 타이어, 휠, 연료 호스, 기어, 베어링, 자동차 범퍼, 접착제, 고무보트용 섬유 코팅, 동력 벨트, 격막(diaphragm), 드라이클리닝에 견디는 코팅, 가구, 냉장고와 냉동고의 단열재, (탄성중합체로서) 트럭 휠, 신발 뒷축, 범퍼, 컨베이어 벨트, 그리고 금속성형 다이.

경쟁 재료 나일론, 아세탈, 천연고무, 폴리스타이렌 발포재.

환경 영향 PU는 디이소시아네이트(diisocyanate)로부터 합성되며 폴리에스터 또는 폴리에테르이다. 디이소시아네이트는 유독성이어서 생산공정 중에는 주의할 필요가 있지만, PU 자체는 비활성이고 무독성이다. PU 발포재의 가연성과 함께 발포공정에서 CFC를 발포제로 사용하였던 것은 한때 걱정거리의 원인이었다. 새로운 내연제를 사용함으로써 PU 발포재는 현재의 화재안전표준을 준수할 수 있게 되었고, CFC는 오존층을 손상시키지 않는 CO_2와 HFC로 대체되었다.

열가소성 PU는 재활용이 가능하고(열경화성 PU는 불가능), 가용 수명이 모두 끝났을 때 소각되어 열을 회수할 수 있다. 포장재의 회수와 폐기 문제에 대한 법규가 PU에는 불리하게 작용할 수도 있다.

기술 노트 거의 모든 폴리우레탄은 폴리에스터, 알코올, 이소시아네이트로 연결된 혼성중합체이다. 혼합비율에 따라 폴리우레탄은 연하고 탄성이거나(Lycra, Spandex) 또는 거의 완전히 강직할 수 있어서(운동화 바닥, 건물바닥 타일), PU는 가장 다양한 용도의 고분자 중 하나이다.

재료 프로파일

폴리염화비닐(Polyvinylchloride: PVC)

무엇인가? PVC는 비닐의 일종이며 가장 저렴하고 가장 다용도로, 폴리에틸렌과 함께 가장 널리 사용되는 고분자이며, 그것들의 다방면적인 특성을 잘 보여준다. 가장 순수한 상태인 열가소성(tpPVC)으로서 PVC는 강직하고 그다지 질기지 않다. 낮은 가격에 힘입어 극단적인 용도를 제외한 경우 그것은 가장 가격효율적인 엔지니어링 플라스틱이 되었다. 가소제를 첨가하여 가죽 같거나 또는 고무 같은 특성을 가진 재료인 유연성 elPVC를 만들며, 가죽이나 고무의 대체재료로 사용된다. 이와는 대조적으로 유리섬유로 강화하면 지붕, 마루, 건물 패널에 사용될 만큼 충분한 강성, 강도, 인성을 갖춘 재료가 된다. 강직성 및 유연성 PVC 모두 발포될 수 있으며, 경량구조 패널, 자동차의 시트커버, 가정용품으로 사용된다. 다른 고분자와 혼합하면 재료특성의 범위는 더욱 늘어난다. 비닐 축음기 레코드판은 염화비닐/아세테이트 혼성중합체로 만들어진다. 블로몰딩 병과 필름은 염화비닐/아크릴 혼성중합체로 만들어진다.

디자인 노트 순수한 형태에서 PVC는 무겁고, 강성이 높으며, 취성이다. 가소제에 의해 그것은 강직한 재료로부터 거의 고무처럼 탄력적이고 유연한 재료로 변화될 수 있다. 가소화된 PVC는 가죽의 값싼 대체재료로 사용되는데, 색상과 질감에서 유사하게 만들 수 있기 때문이다. 그것은 PMMA 또는 PC보다는 덜 투명하지만, 가격이 훨씬 낮으므로 투명한 일회용 용기에 널리 쓰인다. PVC는 필름, 시트, 튜브의 형태로 이용할 수 있다. 그것은 접착제(폴리에스터, 에폭시, 폴리우레탄)로 결합할 수 있다. 그것은 산과 염기에 저항성이 뛰어나고, 대기 기체에 대해서도 훌륭한 차단 특성을 갖지만, 일부 용매에 대해서는 저항성이 낮다.

대표적 용도 (tpPVC로서) 파이프, 연결부품, 프로파일, 도로 간판, 화장품 포장, 카누, 정원용 호스, 비닐장판, 창문과 외장재, 비닐레코드, 인형, 의료용 튜브, (elPVC로서) 인조가죽, 전선절연재, 필름, 시트, 직물, 자동차 시트커버.

경쟁 재료 폴리에틸렌, 폴리프로필렌, 고성능 지붕용 PTFE.

환경 영향 염화비닐 모노머는 전적으로 고약한 물질로, 생산중단의 압박을 받고 있다. 그러나 적절히 제어되면, 공정은 안전하고 고분자 PVC 자체는 알려진 유해효과가 없다. 다만, 폐기는 문제가 될 수 있다. 열분해과정에서 염소, 염산, 그리고 다른 유해성분들을 배출하므로, 안전을 위해서는 특수 고온소각이 필요하다.

기술 노트 PVC는 열가소성이 될 수도 있고 열경화성이 될 수도 있다. 수많은 종류의 PVC가 있다. 확장 강직 PVC, type I, type II, 염소화된 PVC, 아크릴/PVC 혼합, 투명 PVC

PVC의 속성	
가격, \$/kg	1.00~1.20
밀도, Mg/m^3	1.3~1.58
기술적 속성	
탄성계수, GPa	2.14~4.14
연신율, %	11.93~80
파괴인성, $MPa \cdot m^{1/2}$	1.46~5.12
비커스 경도, H_V	10~15
항복강도, MPa	35.4~52.1
사용온도, ℃	−20~70
비열, $J/kg \cdot K$	1,355~1,445
열전도도, $W/m \cdot K$	0.15~0.29
열팽창계수, $10^{-6}/K$	1.8~188
친환경 속성	
에너지함량, MJ/kg	77~83
탄소배출, CO_2(kg/kg)	2.5
재활용 가능성	높음
미학적 속성	
낮은 피치(0), 높은 피치(10)	6~7
죽임(0), 울림(10)	4
부드러움(0), 단단함(10)	7
따뜻함(0), 차가움(10)	4~5

특징(다른 고분자들에 대한 상대적 서술)

부식저항이 좋다.
저렴하다.
탄력성이 높다.

폴리에스터(Polyesters: PET, PBT, PETg)

무엇인가? 폴리에스터라는 이름은 고분자화(polymerization)와 에스터화(esterification)의 조합에서 유래했다. 포화 폴리에스터는 열가소성으로 PET, PBT, PETg 등이 있다. 그것들은 높게는 160 ℃까지도 좋은 기계적 특성을 가진다. PET는 무색투명하며 물과 CO_2에 불투수성이지만, 약간의 산소는 통과할 수 있다. 그것은 질기고, 강하며, 쉽게 성형하거나 결합하기 쉽고, 살균이 가능하여 재사용할 수 있다. 디자인수명이 다하면 그것은 옷이나 카펫에 사용되는 섬유와 솜털로 재생될 수 있다. 불포화 폴리에스터는 열경화성 고분자이다. 그것들은 유리섬유/폴리에스터 복합재료의 기지재로 사용된다. 폴리에스터 탄성중합체는 탄력성을 가지며 45 %까지 길이가 늘어날 수 있다. 그것들은 우수한 피로저항과 낮은 온도에서 유연성을 갖는다.

디자인 노트 열가소성 폴리에스터에는 네 가지 부류가 있다. 변성되지 않은 부류, 내연재 부류, 유리섬유강화 부류, 미네랄충전 부류가 있다. 변성되지 않은 부류는 높은 연신율을 갖는다. 내연재 부류는 자기소화성을 갖는다. Rynite와 같은 유리섬유강화 부류는 가장 인성이 높은 고분자이지만 치수안정성에 문제가 있다. 그리고 미네랄충전 부류는 비록 강도에서 조금 손해를 보더라도 휘거나 줄어드는 문제에 대응하는 데 사용된다. 탄산음료 병에 사용된 PET는 내부압력을 지탱할 수 있으며, 재활용이 가능하고 유리보다 가볍다. 산소의 투과성은 폴리에틸비닐리딘 알코올 한 층을 PET의 두 층 사이에 끼워 넣음으로써 극복할 수 있고, 이는 여전히 블로몰딩이 가능한 다층재료이다. 폴리에스터는 광학적 투명, 반투명, 흰색 또는 불투명할 수 있으며, 쉽게 색상을 부여할 수 있다.

열경화성 폴리에스터는 유리섬유 또는 탄소섬유 복합재료를 만드는 데 가장 저렴한 수지이지만, 에폭시보다 낮은 강도를 가진다. 그것들은 상온 이상에서 경화되도록 조성을 맞출 수 있다. 변성(modification)에 의해 공정의 용이함에 그다지 큰 손해 없이도 화학저항성, UV저항성, 열저항성이 개선될 수 있다. 폴리에스터 탄성중합체는 비교적 높은 탄성계수를 가지며 폴리우레탄보다 강하다. 그것은 우수한 액체 유동성, 낮은 수축율, 석유와 연료에 대한 좋은 저항성을 가진다. 폴리에스터는 30 %의 탄소섬유를 첨가함으로써 전도성으로 만들어질 수 있다. 자기테이프로서 마일라(Mylar)는 소리의 녹음에 사용된다. 충전하지 않은 폴리에스터 열경화성 수지는 표면코팅에 사용되지만, 취성으로 되는 경향이 있다. 주의: 열경화성 폴리에스터는 구리를 부식시킨다.

대표적 용도 장식용 필름, 금속표면화된 풍선, 사진(필름) 테이프, 비디오테이프, 탄산음료 병, 오븐사용이 가능한 조리용품, 윈드서핑 돛, 신용카드, 카펫, 의류, 브러시, 보트, 낚싯대, 자동차 차체 패널.

경쟁 재료 유리, 아크릴, 폴리스타이렌, 폴리카보네이트.

환경 영향 PET병은 같은 용적의 유리병보다 만드는 데 훨씬 적은 에너지를 소모하며, 훨씬 가벼우므로 운송과정에서도 연료를 절약할 수 있다. 두꺼운 벽을 가

폴리에스터의 속성	
가격, \$/kg	1.25~2.5
밀도, Mg/m^3	1.19~1.81
기술적 속성	
탄성계수, GPa	1.6~4.4
연신율, %	1.3~5
파괴인성, $MPa \cdot m^{1/2}$	1.05~9.16
비커스 경도, H_V	11~40
항복강도, MPa	30~40
사용온도, ℃	−20~160
비열, J/kg·K	1,160~1,587
열전도도, W/m·K	0.28~0.58
열팽창계수, 10^{-6}/K	115~170
친환경 속성	
에너지함량, MJ/kg	89~95
탄소배출, CO_2(kg/kg)	3.0
재활용 가능성	높음
미학적 속성	
낮은 피치(0), 높은 피치(10)	6~8
죽임(0), 울림(10)	4~6
부드러움(0), 단단함(10)	7~8
따뜻함(0), 차가움(10)	4~5

특징(다른 고분자들에 대한 상대적 서술)

다양한 용도
저렴하다.
강하고 질기다.

진 병은 재사용할 수 있고, 얇은 두께의 병은 재활용될 수 있으며, 특히 미국에서 재활용이 활발하다.

기술 노트 폴리에스터는 에틸알코올(맥주의 성분)과 같은 알코올과 아세트산(식초의 성분)과 같은 유기산의 축합반응(condensation)에 의해 만들어진다. 두 가지는 반응하여 물을 방출하면서 에스터를 형성한다. PET, PBT, PCT는 교차결합되지 않았으며 열가소성이다. 벌크몰딩(BMC) 및 시트몰딩(SMC) 복합재료에 고분자 기지로 사용되는 폴리에스터는 열경화성이다.

실리콘(Silicones)

무엇인가? 실리콘은 성능도 높고 가격도 높은 재료이다. 강도는 약하지만 매우 넓은(−100~300 ℃) 온도범위에서 사용할 수 있으며, 높은 화학적 안정성과 비범한 특성의 조합을 가진다(Silly Putty는 실리콘 탄성중합체인데, 떨어뜨리면 튕겨 오르지만 그냥 책상 위에 놓아두면 흐른다).

디자인 노트 실리콘은 모든 탄성중합체 중에서 화학적으로 가장 안정적이며, 좋은 전기적 특성을 가졌지만 비교적 낮은 강도(5 MPa 이하)를 보인다. 실리콘 수지는 비싸고 공정도 어렵다. 그것들은 자연고무와 같은 특성을 가졌지만, 전혀 다른 화학구조를 가졌다. 유리섬유와 다른 충전재들이 흔히 강화재로 사용된다. 그 결과로 부품은 강도는 비교적 낮지만 높은 열저항성을 갖는다. 유리섬유강화 복합재료의 경우, 기계적 특성은 페놀릭 또는 멜라민 수지를 기지재로 사용할 때 더 낫지만, 전기적 특성은 실리콘을 사용하는 경우에 더 낫다. 전기용품과 고온 용도가 실리콘 사용의 대부분을 점한다. 그것들은 화학적으로 비활성이고 물을 흡수하지 않으므로, 수술용 또는 식품가공 장비나 씰 등으로 사용할 수 있다. 실리콘은 유체, 접착제, 코팅, 탄성중합체, 몰딩용 수지, 이형제(release agent)로 생산될 수 있다. 그러나 각각은 짧은 유통기한(3~6개월) 때문에 문제가 된다. 실리콘 유체는 가장 초기의 상업화된 실리콘이었으며, 넓은 온도범위에서 윤활제로 사용되었다(−75~450 ℃). 실리콘 접착제는 유체 또는 반죽으로 만들 수 있다.

RTV 실리콘은 고온에서 몇 초 만에 이루어지는 빠른 몰드충전 특성을 살려 초기부터 개발되었다. 실리콘 탄성중합체는 대기 중 경화, 저온경화(촉매이 첨가에 의한), 가열경화될 수 있으며, 그것들은 순수하거나 또는 전도도를 갖게 하기 위하여 카본블랙을 충전하기도 한다. 실리콘 몰딩용 수지는 비활성 충전제와 혼합됨으로써 높은 열저항성을 가진 유연한 부품의 생산이 가능하다.

대표적 용도 전선과 케이블의 절연체, 이형제, 렌즈클리닝티슈 코팅, 씰, 개스킷, 접착제, 오링(O-rings), 절연체, 피막형성, 전자회로의 밀봉, 수술용 및 식품가공 장비, 아기 젖병꼭지, 가슴성형 삽입물, 수영모자, 수경의 씰.

경쟁 재료 폴리우레탄, EVA.

환경 영향 실리콘은 비록 석유로부터 유래된 것이 아니지만 에너지집약적이다. 재활용은 불가능하다.

기술 노트 실리콘 및 불화실리콘 탄성중합체는 메틸(CH_3) 또는 불소(F) 곁가지 사슬과 함께 −O−Si−O−Si− 그룹의 긴 사슬로 연결되어 있다(탄소를 기반으로 한 탄성중합체의 −C−C−C−C− 사슬을 대체). 어떤 것들은 비교적 강성인 고체이기도 하고 다른 것들은 고무질이다.

실리콘의 속성	
가격, $/kg	7.20~17.20
밀도, Mg/m³	1.1~2.3
기술적 속성	
탄성계수, GPa	0.001~0.05
연신율, %	0.8~5.3
파괴인성, MPa·m$^{1/2}$	0.03~0.7
항복강도, MPa	2.4~5.5
사용온도, ℃	−100~300
비열, J/kg·K	1,050~1,300
열전도도, W/m·K	0.2~2.55
열팽창계수, 10^{-6}/K	250~300
친환경 속성	
에너지함량, MJ/kg	175~190
탄소배출, CO_2(kg/kg)	7.9
재활용 가능성	낮음
미학적 속성	
낮은 피치(0), 높은 피치(10)	1~4
죽임(0), 울림(10)	0~1
부드러움(0), 단단함(10)	3~4
따뜻함(0), 차가움(10)	4~6

특징(다른 고분자들에 대한 상대적 서술)

사용온도가 매우 높다.
내구성이 좋다.
낮은 마찰계수

페놀릭(Phenolics)

무엇인가? 베이클라이트는 1909년에 상용화되었으며 제품디자인에 하나의 혁명을 촉발하였다. 그것은 강성이고, 상당히 강도가 높았으며, 어느 정도는 색상을 입힐 수도 있고, 무엇보다 몰딩이 쉬웠다. 전에는 나무, 금속, 상아처럼 이국적인 재료를 사용하여 수제작된 제품들이 이제는 신속하고 값싸게 몰딩될 수 있었다. 언젠가는 페놀릭 제품이 PE, PS, PVC를 합한 것보다 많았던 때가 있었다. 현재는 비록 그 비율은 바뀌었지만 페놀릭은 여전히 독특한 역할을 가지고 있다. 그것들은 강성이 높고, 화학적으로 안정되어 있으며, 우수한 전기적 특성을 가지고, 내연성이며, 몰딩이 쉽고, 가격이 저렴하다.

디자인 노트 페놀릭 수지는 단단하고, 열에 잘 견디며, 강알칼리를 제외한 대부분의 화학물질에 저항성이 크다. 종이와 함께 적층한 페놀릭은 탁월한 전기적 및 기계적 특성을 가졌음에도 가격이 저렴하다. 면섬유로 충전하면 기계적 강도가 증가하고 절삭가공 표면도 더 매끈하다. 유리로 충전된 것 역시 기계적 강도가 상승하며 화학저항성도 개선된다. 충전재는 세 가지 역할을 한다. 증량제(목분이나 운모 같은)는 비싸지 않아서 비용을 감소시킨다. 기능성 충전재는 강성과 충격저항을 높여주고, 수축을 줄여준다. 강화재(유리섬유, 탄소섬유, 고분자섬유와 같은)는 강도를 높여주지만, 가격도 역시 상승한다. 충전되지 않은 페놀릭은 열에 오랫동안 노출될 경우 수축에 취약하지만, 유리로 충전된 수지는 덜 취약하다. 그것들은 좋은 크리프 저항을 가지며, 불속에서 자기소화된다.

페놀릭은 주조될 수 있으며(가정용 전등과 스위치 부품) 막대와 시트의 형태로 구할 수 있다. 종이(Nomex)나 직물(Tufnol)에 함침시키면, 그것들은 탁월한 내구성, 화학저항성, 베어링 특성을 갖게 된다. 페놀릭에는 페인트, 전기도금, 멜라민 오버레이를 적용할 수 있다.

대표적 용도 스위치보드, 절연 와셔, 복잡하게 펀칭된 부품(페놀릭과 종이의 적층), 기어, 피니언, 베어링, 부싱(페놀릭과 면직물의 적층), 개스킷과 씰(페놀릭과 유리), 자동차 브레이크라이닝에 마찰재로 접합하여 사용, 구슬, 칼 손잡이, 문진, 당구공, 가정용 플러그와 스위치, 전화기, 퓨즈박스 커버, 분배기 헤드, 소스팬 손잡이와 고리, 볼타자기의 골프공 모양 헤드, 변기 시트, 발포재(페놀릭 수지는 건물의 패널로 사용되는데, 좋은 저항성이 매력적인 요인임).

경쟁 재료 에폭시, 폴리에스터, 실리콘.

환경 영향 모든 열경화성 고분자와 마찬가지로 페놀릭은 재활용이 불가능하다.

기술 노트 페놀릭 수지는 축합에 의해 형성되며, 공정 중에 물을 생성하고, A-stage 수지를 형성하기 위한 페놀과 포름알데히드 사이의 반응에 관련된다. 충전제, 착색제, 윤활제와 교차결합을 유발하는 화학물질이 B-stage 수지를 형성하기 위해 더해진다. 이 수지는 열과 압력 하에서 용융되어 최종 제품(C-stage 수지 또는 완전히 교차결합된 고분자)으로 변환된다.

페놀릭의 속성	
가격, \$/kg	0.90~1.20
밀도, Mg/m^3	1.24~1.32
기술적 속성	
탄성계수, GPa	2.76~4.83
연신율, %	1.5~2
파괴인성, $MPa \cdot m^{1/2}$	0.79~1.21
비커스 경도, H_V	8~15
항복강도, MPa	27.6~49.68
사용온도, ℃	−20~160
비열, J/kg·K	1,467~1,526
열전도도, W/m·K	0.141~0.152
열팽창계수, 10^{-6}/K	120.1~124.9
친환경 속성	
에너지함량, MJ/kg	94~100
탄소배출, CO_2(kg/kg)	3.6
재활용 가능성	낮음
미학적 속성	
낮은 피치(0), 높은 피치(10)	7
죽임(0), 울림(10)	4
부드러움(0), 단단함(10)	7
따뜻함(0), 차가움(10)	4

특징(다른 고분자들에 대한 상대적 서술)

내연성이 좋다.
내구성이 좋다.
강하고 질기다.

셀룰로오스 아세테이트(Cellulose Acetate: CA)

무엇인가? 셀룰로오스는 녹말전분이다. 그것은 식물(특히 나무나 목화)을 구성하는 주요 구조용 고분자 중 하나이다. 이러한 자연섬유는 산으로 처리되어 수지를 생산하게 되는데, 그 과정이 '에스터화' 반응이다. 셀룰로오스 아세테이트(CA), 셀룰로오스 아세테이트 부티레이트(CAB), 셀룰로오스 아세테이트 프로피오네이트(CAP)는 세 가지 흔한 셀룰로오스 재료이다. CA는 인성, 투명함, 자연스런 표면질감을 다 갖추었다. 일부 셀룰로오스 수지들은 생분해성이어서 우편봉투의 투명한 창으로 사용하고, 폐기할 때에는 마치 종이만으로 만들어진 것처럼 버려도 된다.

디자인 노트 셀룰로오스 재료는 우수한 광학적 투명성(최대 90 %)과 기계적 특성을 갖는다. 그것들은 표면마감이 중요한 제품에 자주 사용된다. 반투명, 투명, 또는 불투명할 수 있으며, 색상 또한 진주광택, 불투명, 금속광택을 포함한 일련의 범위에 걸쳐 나타낼 수 있다. 셀룰로오스 재료는 정전기 방지 효과를 가지고 있어서 먼지가 표면에 달라붙지 않는다. 그것들은 광택표면을 가지며 자기연마 효과를 가지고 있어서 사용하는 중에 표면의 스크래치가 사라지기도 한다. 또한 옥외 사용에 적합하도록 조성을 맞출 수도 있다. 셀룰로오스 아세테이트는 증기 투과성이 높고 제한적인 열저항성을 가진다. 그것들의 전기절연성과 치수안정성은 나쁜 편이다. PVC와 비교했을 때 수분흡수도 높다. CA와 비교했을 때, CAB와 CAP는 약간 더 연하고, 저밀도이며, 열변형온도가 낮고, 더 쉽게 흐른다. CAB와 CAP는 사용온도범위가 넓다(0~60 ℃). 벌크상태에서 셀룰로오스 아세테이트는 종종 옅은 노랑-갈색을 띄기도 하지만 그것은 (얇게 가공되면) 역시 물처럼 투명한 속성을 유지할 수 있다. 셀룰로오스는 쉽게 섬유, 직물, 필름으로 만들어지며, Rayon이라는 상표명으로 잘 알려져 있다. 셀룰로오스는 뛰어난 유동성을 가져서 사출성형에 아주 적합하지만, 수지는 건조상태로 유지되어야 한다. 필름과 시트를 만들기 위한 압출용으로 더 강성의 유동성을 가진 종류도 가능하다. 이러한 고분자들은 또한 절단, 선반가공, 밀링가공에 적합한 것들이다. CAB는 열성형에 매우 적합하다.

대표적 용도 필름 포장재, 선글라스, 보호안경, 안경테, 적층 브로서, 공구 손잡이, 망치 머리, 전동 드라이버, 사진 필름, 타자기 키, 발포 포장재, 빗, 머리 장식.

경쟁 재료 아크릴, 폴리에틸렌, 폴리카보네이트.

환경 영향 재생가능한 천연재료인 셀룰로오스는 셀룰로오스 기반 고분자의 중요한 구성성분 중 하나이다. 그러나 제조공정에는 화학물질이 관여되므로 폐기물이 문제를 일으킨다. 대부분의 셀룰로오스를 기반으로 한 고분자는 쉽게 타므로 노출된 불길로부터 보호되어야 한다. 일부는 생분해성이다.

기술 노트 셀룰로오스의 종류는 산처리 수준의 상승 또는 가소제 첨가에 의해 달라진다. 가소제의 첨가량을 높이면 유동성과 인성은 상승하지만 크리프저항은 저하한다. 이러한 크리프저항의 감소가 오히려 몰딩에서는 유리하게 작용할 수 있다. 응력이 매우 빨리 이완되므로 부품들이 빨리 냉각될 수 있기 때문이다.

CA의 속성	
가격, \$/kg	3.40~3.90
밀도, Mg/m^3	0.98~1.4
기술적 속성	
탄성계수, GPa	0.75~4.1
연신율, %	5~100
파괴인성, $MPa \cdot m^{1/2}$	0.85~3.20
비커스 경도, H_V	18~15
항복강도, MPa	24.6~52.4
사용온도, ℃	−10~60
비열, J/kg·K	1,386~1,665
열전도도, W/m·K	0.13~0.34
열팽창계수, 10^{-6}/K	118.8~360
친환경 속성	
에너지함량, MJ/kg	120~126
탄소배출, CO_2(kg/kg)	3.8
재활용 가능성	높음
미학적 속성	
낮은 피치(0), 높은 피치(10)	6~7
죽임(0), 울림(10)	3~4
부드러움(0), 단단함(10)	6~7
따뜻함(0), 차가움(10)	4~5

특징(다른 고분자들에 대한 상대적 서술)

생체고분자이다.
투명
질기다.

셀룰로오스 니트레이트(Cellulose Nitrate), 셀룰로이드

무엇인가? 셀룰로이드는 일반적으로 최초의 열가소성 고분자로 간주된다(Parkesine, 1856). 오늘날 그것의 상업적 중요성은 낮으며, 이제는 생산자도 별로 남아 있지 않지만, 그것은 1940년대까지 35 mm 영화필름의 재료였다. 그것의 강점은 적절한 강성과 인성을 유지하면서 투명한 것이었지만, 단점은 극히 높은 가연성과 열분해성 경향이다.

디자인 노트 셀룰로이드는 20세기 초반에 매우 인기가 높았으나 지금은 극도의 가연성 때문에 디자인에 제한적으로 사용된다(상표명: Parkesine, Xylonite, Celluloid).

대표적 용도 필름 포장재, 선글라스, 안전유리, 안경테, 적층 브로셔, 공구 손잡이, 망치 머리, 전기 드라이버, 사진, 자판기 키, 기포 포장재, 빗, 머리 장식.

경쟁 재료 아크릴, 폴리스타이렌(PS), 셀룰로오스 아세테이트(CA).

환경 영향 셀룰로오스 니트레이트는 모든 천연재료 중 가장 풍부한 셀룰로오스로부터 유도된 것이다.

기술 노트 니트로셀룰로오스는 면이나 종이를 강한 질산과 황산으로 처리하여 만든다. 셀룰로이드의 전형적인 조성은 니트로셀룰로오스 60~80 %, 장뇌 30 %, 염료 0~14 %, 에틸알코올 1~5 %와 함께 안정성을 향상하고 가연성을 감소시키기 위한 약간의 안정제나 기타 첨가제이다.

재료 프로파일

셀룰로이드의 속성	
가격, $/kg	3.60~4.20
밀도, Mg/m^3	1.35~1.4
기술적 속성	
탄성계수, GPa	1.3~1.5
연신율, %	40~45
파괴인성, $MPa \cdot m^{1/2}$	1.4~3.2
비커스 경도, H_V	11~13
항복강도, MPa	38~44
사용온도, ℃	58~71
비열, J/kg·K	1,390~1,410
열전도도, W/m·K	0.22~0.24
열팽창계수, 10^{-6}/K	144~216
친환경 속성	
에너지함량, MJ/kg	117~130
탄소배출, CO_2(kg/kg)	N/A
재활용 가능성	높음

특징(다른 고분자들에 대한 상대적 서술)

생체고분자이다.
투명 또는 채색
강성이 크지만, 인화성도 높다.

폴리하이드록시알캐노에이트(Polyhydroxyalkanoates: PHA, PHB)

무엇인가? PHA(polyhydroxyalkanoates)는 콩기름, 옥수수기름, 야자유로부터 유래되는 설탕 또는 지방질의 박테리아 발효에 의해 자연적으로 생산되는 선형 폴리에스터의 총칭이다. 그것들은 완전한 생분해성이다. 이 그룹의 재료 내에서 100개 이상의 다른 단량체들이 서로 결합하여 강성과 취성을 띠는 열가소성 고분자로부터 유연한 탄성중합체까지 다양한 범위의 재료를 만들어낼 수 있다. PHA의 가장 흔한 형태는 PHB(poly-3-hydroxybutyrate)인데, PP와 특성이 비슷하면서도 강성이 더 높고 취성도 더 크다. PHB의 혼성중합체인 PBV(polyhydroxybutyrate-valerate)는 강성이 덜하며 질기다. 그것은 흔히 포장재로 사용된다.

디자인 노트 PHA 생체고분자의 물리적 특성은 합성 플라스틱의 특성과 비슷하다. 그것들의 생분해성은 플라스틱 쓰레기에 의한 공해문제를 해결해 줄 수 있는 매력적인 대안으로 떠오르게 한다. PHB는 물에 잘 녹지 않으며, 산소 투과성이 좋고 UV저항성도 좋다. 그것은 클로로폼(chloroform)이나 다른 염소처리된 탄화수소에 용해되며, 이 성질은 그것을 접합하는 데 이용된다. 그것은 무독성이며 생체적합성을 가진다. 그것은 블로몰딩, 사출성형, 열성형, 압출이 가능하다. 그것은 또한 시트나 필름 형태로도 구할 수 있다. PHA의 약점은 비교적 높은 가격인데, 합성플라스틱보다 현저히 비싸다. 상표명: Mirel

대표적 용도 포장재, 용기, 병, 농업용 멀칭필름, 퇴비 백, 소비자 일회용품, 수처리

경쟁 재료 폴리락타이드(PLA), 셀룰로오스기반 고분자.

환경 영향 PHA와 PHB는 재생가능한 자원으로부터 유래되며, 사용수명이 다하면 가정용 퇴비화장치나 산업용 퇴비화시설에서 생분해될 것이다.

기술 노트 PHA는 폴리에스터 그룹에 속하며 박테리아에 의해 탄소와 에너지 저장고로서 생산된다. 박테리아 PHA는 단량체(monomer)에 포함된 탄소원자의 숫자에 따라 두 가지 부류로 나누어진다. SCL(short-chain-length) PHA는 3~5개의 탄소사슬로 구성되고, MCL(medium-chain-length) PHA는 6~14개의 탄소사슬로 구성된다. PHA의 물리적 특성은 그 단량체에 따라 결정된다. 가장 흔히 사용되는 PHA는 PHB이다.

PHA의 속성	
가격, $/kg	5~6
밀도, Mg/m^3	1.23~1.25
기술적 속성	
탄성계수, GPa	0.8~4
연신율, %	6~25
파괴인성, $MPa \cdot m^{1/2}$	0.7~1.2
비커스 경도, H_V	11~13
항복강도, MPa	35~40
사용온도, ℃	~120
비열, J/kg·K	1,400~1,600
열전도도, W/m·K	0.13~0.23
열팽창계수, 10^{-6}/K	180~240
친환경 속성	
에너지함량, MJ/kg	50~59
탄소배출, CO_2(kg/kg)	4.4
재활용 가능성	높음

특징(다른 고분자들에 대한 상대적 서술)

생분해성이다.
사용온도가 높다.
유연하다.

가격, $/kg	3.0~3.6
밀도, Mg/m^3	1.21~1.24
기술적 속성	
탄성계수, GPa	3.45~3.8
연신율, %	5~7
파괴인성, $MPa \cdot m^{1/2}$	0.7~1.1
비커스 경도, H_V	14~18
항복강도, MPa	48~69
사용온도, ℃	70~80
비열, J/kg·K	1,180~1,210
열전도도, W/m·K	0.12~0.15
열팽창계수, 10^{-6}/K	126~145
친환경 속성	
에너지함량, MJ/kg	52~54
탄소배출, CO_2(kg/kg)	3.6
재활용 가능성	높음

PLA의 속성

특징(다른 고분자들에 대한 상대적 서술)

생분해성이다.
투명
강성이 높다.

폴리락타이드(Polylactide: PLA)

무엇인가? PLA는 옥수수나 우유에서 유래된 천연 젖산으로부터 얻어지는 생분해성 열가소성 고분자이다. 그것은 투명한 폴리스타이렌을 닮았으며, 우수한 미학적 속성(광택, 투명함)을 제공하지만, 강성이 크고 취성이다. 그 고분자는 광범위한 재료특성을 제공하는 화합물로 합성될 수 있다. 그것은 다른 열가소성 고분자와 마찬가지로 섬유나 필름으로 만들어질 수 있고, 열성형 또는 사출성형될 수 있다.

디자인 노트 PLA는 다른 열가소성 고분자와 마찬가지로 몰딩, 열성형, 압출이 가능한 생체고분자이다. 그것은 투명하며, 식품 포장재로서 FDA 승인을 받았다. PLA 필름과 시트는 프린트되거나 적층될 수 있다. 그러나 생체고분자는 비싸서 가격이 폴리프로필렌과 같은 상용 플라스틱의 2배에 달한다. 상표명: Natureworks Ingeo

대표적 용도 식품포장, 플라스틱 백, 화분, 기저귀, 병, 차가운 음료수 컵, 시트, 필름.

경쟁 재료 PHA, PHB, 셀룰로오스기반 고분자.

환경 영향 PLA는 재생가능한 자원으로부터 만들어지며, 수명이 다하였을 때 재활용이 가능하지만, 흔히 산업용 퇴비화 처리시설로 가는 것이 가장 성공적인 상황이다.

기술 노트 PLA는 매년 재생산이 가능한 자원(우유, 옥수수)으로부터 얻어지는 열가소성 고분자이다. 이러한 전분으로부터 젖산을 얻기 위하여 박테리아가 사용되며, 그 다음에 재료는 PLA를 만들기 위하여 중합된다. 그것은 여러 부류로 만들어질 수 있으며, 공정의 용이성을 위주로 디자인한다. 압출과 몰딩을 위해서는 수분을 줄여야 하므로 공정 중 건조가 필요할 수도 있다. 권장되는 몰딩 온도범위는 165~170 ℃이다.

열가소성 전분(Thermoplastic Starch: TPS)

무엇인가? 전분은 글루코오스 분자들로 만들어진 천연산 다당류이다. 그것의 분자사슬은 셀룰로오스 사슬보다 짧고 설탕분자의 구성요소들 사이의 결합이 다르다. 그러므로 전분도 고분자이나, 그것을 구조용 제품으로 만드는 데 있어서의 문제는 물에 의해 연화되고 녹는다는 점이다. Mater-Bi는 옥수수 전분으로부터 만들어진 생분해서 열가소성 재료군의 하나이다. 그것들은 물저항성이 있으며, 석유로부터 유래된 고분자를 닮았다. 그것들은 사용되는 동안 그 특성을 유지하지만, 박테리아가 포함된 환경에서 비료화 처리되면 이산화탄소, 물, 섬유상 잔유물로 생분해된다.

디자인 노트 Mater-Bi는 필름 및 발포재 제조, 사출성형, 열성형과 같은 대부분의 확립된 플라스틱 공정에 사용될 수 있다. Mater-Bi로 만든 병과 용기는 기름과 기름진 음식을 포함한 여러 가지 식품보관 용도에 안전하게 사용되나, 장기간 수분에 노출될 경우 물을 약간 투과시킨다. 그것은 폴리스타이렌, 폴리에틸렌, 폴리우레탄과 같은 플라스틱과 대등한 특성을 갖도록 개발되었다. Mater-Bi 계열 다당류는 압출, 사출성형, 열성형, 발포성형이 가능하다.

대표적 용도 열성형: 신선식품(특히 과일, 채소) 포장용 트레이. 필름 압출: 쇼핑백, 포장용 뽁뽁이, 종이컵과 종이접시의 코팅, 쓰레기봉투, 기저귀 라이닝, 원예용 멀칭필름, 과일, 채소, 위생용품의 포장용 필름.

경쟁 재료 PLA, 폴리에틸렌.

환경 영향 TPS는 정상적인 유산소 비료화 조건하에서 50~120일 이내에 90% 이상 분해되어 농업과 경작에 필요한 토양을 개선하는 비료가 된다. 그 재료는 유럽표준 EN13432를 만족하는 생분해성 비료로 인증을 받았다.

기술 노트 Mater-Bi는 옥수수 전분에 첨가제를 넣어 거대분자로 만들어진 생체고분자이다. 공정에서는 전분의 아밀로오스 성분을 이용하며, 그것은 화학적으로 덜 입상이고 결정질인 형태로 변환된다. 이것은 다시 '착화작용(complexing)'이라 불리는 공정에서 화학적으로 반응한다. 천연 또는 합성 착화제는 전분 분자사슬 사이의 결합을 촉진한다.

TPS의 속성

가격, \$/kg	5.10~6.00
밀도, Mg/m^3	1.26~1.28

기술적 속성

탄성계수, GPa	0.24~1.50
연신율, %	10~80
파괴인성, MPa·m$^{1/2}$	0.8~1.3
비커스 경도, H_V	4.8~6.6
항복강도, MPa	16~22
사용온도, ℃	60~80
비열, J/kg·K	1,500~1,700
열전도도, W/m·K	0.13~0.23
열팽창계수, 10^{-6}/K	180~240

친환경 속성

에너지함량, MJ/kg	24~26
탄소배출, CO_2(kg/kg)	N/A
재활용 가능성	높음

특징(다른 고분자들에 대한 상대적 서술)

생분해성이다.
투명
강성이 높다.

탄성중합체(Elastomers)

천연고무(Natural Rubber)

천연고무는 페루의 원주민들에게는 여러 세기 전부터 알려졌으며, 현재는 말레이시아의 주요 수출품 중 하나이다. 1825년에 고무로 코팅된 방수코트를 고안했던 Giles Macintosh에게 커다란 부를 안겨 주었으며, 여전히 그의 이름이 코트에 사용된다. 고무나무의 수액인 라텍스는 황과 함께 가열함으로써(가황처리) 교차결합되고, 교차결합의 정도가 특성을 결정한다. 그것은 모든 탄성중합체 중 가장 널리 사용되는 것이다(생산량의 50 % 이상).

디자인 노트 천연고무는 저렴하지만 뛰어난 범용 탄성중합체로서, 높은 신축성과 −50~115 °C 범위에서 쓸모 있는 특성을 가지지만, 석유, 산화, 오존, 자외선에 대한 저항성이 낮다. 그것은 이력현상(hysteresis)이 낮으며, 그 때문에 매우 탄력적이다.

대표적 용도 타이어, 스프링, 씰, 완충 마운트, 장난감.

스타이렌-부타디엔(Styrene-Butadiene) 탄성중합체(SBS, SEBS, SBR, BUNA-S)

스타이렌-부타디엔 탄성중합체는 부타디엔과 스타이렌의 혼성중합체이다. 그것들은 사용량이 다른 모든 합성고무들보다 많다.

디자인 노트 스타이렌-부타디엔 탄성중합체는 낮은 가격에 자연고무와 비슷한 특성을 갖지만, 강도가 낮아서 흔히 강화를 필요로 한다.

대표적 용도 주로 타이어, 호스, 씰.

부틸고무(Butyl Rubbers: NR)

부틸고무는 자연고무의 특성을 닮은 합성고무이다.

디자인 노트 부틸고무는 마멸, 찢김, 구부림에 대한 저항성이 우수하며, 특별히 기체 투과성이 낮고 최고 150 °C까지 쓸모 있는 특성이 유지된다. 부틸고무는 낮은 유전상수와 유전손실을 가지므로 전기적인 용도에 매력적이다.

대표적 용도 타이어 튜브, 벨트, 호스, 전선절연체, 캡슐화.

이소프렌(Isoprene)

이소프렌은 합성 천연고무로, 부틸고무와 같은 공정을 거친다.

디자인 노트 이소프렌은 이력현상이 낮고 찢김저항이 높아서, 탄력적이며 질기다.

대표적 용도 부틸고무와 같다.

아크릴 탄성중합체(Acrylate Elastomers)

아크릴 탄성중합체는 부틸 아세테이트 또는 에틸 아세테이트로부터 만들어진다.

디자인 노트 아크릴 탄성중합체는 좋은 내유성을 보이지만, 강도와 찢김저항이 낮다. 그것들은 최고 200 ℃까지 쓸모 있는 특성이 유지된다.

대표적 용도 자동차 트랜스미션 씰, 개스킷, 오링(O-rings).

니트릴 탄성중합체(Nitrile Elastomers: NBR, BUNA-N)

니트릴 탄성중합체는 아크릴로니트릴(acrylonitrile)과 부타디엔(butadiene)의 혼성중합체이다.

디자인 노트 니트릴 탄성중합체는 석유와 연료에 뛰어난 저항성을 가지며, 저온(−30 ℃)과 고온에서 모두 우수한 유연성을 유지한다.

대표적 용도 유징부품, 자동차와 비행기의 연료호스, 유연한 커플링, 인쇄담요(printing blanket), 롤러, 펌프 격막.

폴리부타디엔 탄성중합체(Polybutadiene Elastomers)

폴리부타디엔 탄성중합체는 특출한 저온성능을 보여준다.

디자인 노트 폴리부타디엔은 주목할 만한 탄력성과 마멸저항을 가지며, 최저 −70 ℃까지 특성이 유지되나, 화학물질에는 저항성이 부족하다.

대표적 용도 일반적으로 다른 고분자와 혼합되어 저온성능을 개선; 골프공 코어.

폴리설파이드 탄성중합체(Polysulphide Elastomers)

폴리설파이드 탄성중합체는 석유와 가솔린에 대한 저항성이 가장 우수하나.

디자인 노트 폴리설파이드는 매우 우수한 화학물질 저항성과 시효저항을 가졌으며 가스투과율도 낮지만 강도가 부족하다.

대표적 용도 석유호스, 연료호스, 개스킷, 와셔, 격막, 씰과 코킹, 접착제.

에틸렌-프로필렌(Ethylene-Propylene) 탄성중합체(EP, EPM, EPDM)

에틸렌-프로필렌 탄성중합체는 그 이름에 나타나듯이 두 가지 단량체의 혼성중합체이다.

디자인 노트 에틸렌-프로필렌 탄성중합체는 우수한 탄력성, 압축에 의한 셋팅의 최소화, 그리고 화학물질, 풍파, 자외선에 대한 우수한 저항성을 가진다. 최고 177 ℃까지 쓸모 있는 특성이 유지된다.

대표적 용도 전기절연체, 신발, 벨트, 호스.

에틸렌-비닐-아세테이트(Ethylene-Vinyl-Acetate) 탄성중합체(EVA)

EVA는 폴리에틸렌을 중심으로 만들어졌다. 그것들은 부드럽고, 유연하고, 질기며, 최저 −60 ℃까지 이러한 특성이 유지된다. 충전재는 경도와 강성을 모두 개선시키지만, 다른 특성들에서 약간의 손해를 가져온다. EVA는 그들의 화학적 유

사성 때문에 PE와 잘 혼합된다.

디자인 노트 EVA는 파스텔 톤이나 깊은 색조로 이용할 수 있으며, 투명성이 좋고 광택을 가졌다. 그것은 차단특성이 좋고, 냄새가 거의 없으며, 자외선저항성을 가졌고, 음식물과의 직접접촉에 대하여 FDA 승인을 받았다. 저온에서도 인성과 유연성이 유지되며, 응력균열 저항성과 화학저항성이 우수하다. EVA는 대부분의 통상적인 열가소성 공정에 의해 제조할 수 있다. 필름제조를 위한 공유압출, 블로몰딩, 회전성형, 사출성형, 이송성형이 이에 해당한다.

대표적 용도 의료용 튜브, 우유 포장용기, 생맥주 공급장치, 가방, 수축필름, 심냉 용 백, 공유압출 후 적층된 필름, 마개, 얼음 트레이, 개스킷, 장갑, 전선절연체, 고무보트, 운동화.

염소처리 탄성중합체(Chlorinated Elastomers: Hypalon, Neoprene)

염소처리된 탄화수소와 염소처리된 폴리에틸렌은 타이어용 외의 탄성중합체를 이끌고 있다.

디자인 노트 염소처리된 탄화수소는 뛰어난 화학저항성과 색상을 입힐 수 있는 능력이 특징이며, 최고 175℃까지 쓸모 있는 특성이 유지된다. 그 중 일부는 기체 투과성이 낮으며 이력현상도 낮아서, 주기적으로 하중을 받을 경우의 발열을 최소화할 수 있으며, 연소에 대한 저항성도 있다.

대표적 용도 저장고 라이닝, 컨베이어 및 타이밍 벨트, 신발창, 오링(O-rings), 씰과 개스킷, 케이블 재킷, 진동제어 마운트, 격막, 궤도차량 패드, 엔진룸 호스와 튜브, 신발, 잠수복.

불화탄소 탄성중합체(Fluoro-Carbon Elastomers: Viton, Fluorel, Kalres, Perfluoro)

불화탄소 탄성중합체는 폴리올레핀을 바탕으로 하며, 수소원자 몇 개가 불소로 대체된 것이다. 그것들은 단순 탄화수소보다 무겁지만, 열과 화학물질에 대한 저항성이 훨씬 더 우수하다.

디자인 노트 불화탄소 탄성중합체는 화학물질, 산화, 용매, 열에 대한 저항성이 뛰어나지만, 가격이 비싸다. 최고 250℃까지 그러한 특성이 유지되지만, −20℃ 이하에서는 취성이 되고 보통 수준의 강도만을 가진다.

대표적 용도 브레이크 씰, 격막, 호스와 오링(O-rings).

열가소성 탄성중합체(Thermoplastic Elastomers: TPE)

열가소성 탄성중합체는 표준 고분자공정 장비에서 몰딩되고 압출될 수 있다는 점에서, 그들의 스크랩은 재용해가 가능하고, 만들어진 제품들은 재활용이 가능하다는 점에서 뛰어난 재료이다. 열가소성 탄성중합체에는 스타이렌 혼성중합체(Kraton), 폴리우레탄(Hytrol, Ritefeox, Ecdel), 탄성중합체와 혼합된 폴리프로필렌(Santoprene, Geolast)이 포함된다.

디자인 노트 TPE는 표준 열가소성 공정에 의해 신속한 제조가 가능하며, 재활용될 수 있다.

대표적 용도 범퍼, 스포츠 신발, 호스, 격막, 롤러, 자동차용 씰, 건축용.

선별된 탄성중합체의 속성			
	EVA	폴리클로로프렌	SBS
가격, \$/kg	1.15~1.29	1.4~4.29	2.50~2.70
밀도, Mg/m^3	0.93~0.96	1.23~1.25	0.94~0.95
기술적 속성			
탄성계수, GPa	0.007~0.09	0.001~0.02	0.002~0.01
연신율, %	730~900	100~800	450~500
파괴인성, $MPa \cdot m^{1/2}$	0.1~0.7	0.1~0.3	0.1~0.3
항복강도, MPa	9.5~19	3.4~24	12~21
사용온도, ℃	−20~60	−50~110	−50~120
비열, $J/kg \cdot K$	1,900~2,200	2,000~2,200	2,000~2,200
열전도도, $W/m \cdot K$	0.3~0.4	0.1~0.12	0.14~1.49
열팽창계수, $10^{-6}/K$	160~190	605~625	660~675
친환경 속성			
에너지함량, MJ/kg	95~101	115~124	105~111
탄소배출, CO_2(kg/kg)	2.1	1.7	4.0
재활용 가능성	낮음	낮음	낮음
미학적 속성			
낮은 피치(0), 높은 피치(10)	3~5	1~2	2~3
죽임(0), 울림(10)	1~2	0~1	0~1
부드러움(0), 단단함(10)	4	3	3~4
따뜻함(0), 차가움(10)	5	4	4~6
광택, %	17~123		
투명한가?	아니오	아니오	예
반투명한가?	아니오	아니오	예
불투명한가?	예	예	예
특징(다른 고분자들에 대한 상대적 서술)			
	유연성	탄력성	투명
	차단특성 우수	찢김저항	채색이 쉽다.
	재활용 가능	화학저항성	저렴하다.

고분자 발포재(Polymer Foams)

무엇인가? 고체재료는 편안함과 안전을 위해서는 너무 지나치게 고체적이다. 만일 당신이 쿠션 있는 호화로운 가구에서 편히 쉬고 싶고, 거기에 부딪혀서 부상을 자초하는 일을 피하고 싶다면, 주변을 발포재로 둘러싸는 것이 좋다. 발포재는 발포제를 사용하고 액체나 액상에 대한 제어된 팽창과 응고에 의해 만들어진다. 물리적, 화학적, 기계적 발포제가 모두 가능하다. 얻어지는 셀재료는 상대적인 밀도에 따라, 즉 발포재에 포함된 고체의 부피분율에 비례하여, 모재료보다 낮은 밀도, 강성, 강도를 가진다. 발포재는 연하거나 유연할 수도 있지만, 단단하고 강직할 수도 있다. 개방셀 발포재는 액체를 빨아들이며, 따라서 필터로 사용될 수 있다. 밀폐셀 발포재는 부력을 준다. 자가표피(self-skinning) 발포재는 '구조적(structural)' 또는 '구성적(syntactic)'이라 불리며, 차가운 몰드에서 발포되어 치밀한 표피를 가졌다.

디자인 노트 고분자 발포재는 쿠션작용, 에너지관리, 음향제어, 단열에 적합한 특성을 가졌다. 쿠션작용에 있어서의 요구조건은 안락함과 긴 수명이다. 폴리우레탄 발포재가 흔히 사용되어 왔지만, 가연성과 내구성에 대한 우려 때문에 그들을 가구에 사용하는 것이 제한된다. 에너지관리와 포장재에는 지속적이고 제어된 파쇄응력 하에서 에너지를 흡수하는 능력이 요구된다. 여기에는 폴리우레탄, 폴리프로필렌, 폴리스타이렌 발포재가 사용된다. 음향제어는 흡음과 진동감쇠 능력을 요구한다. 폴리우레탄, 폴리스타이렌, 폴리에틸렌 발포재가 모두 사용된다. 단열재에는 긴 수명이 요구된다. 폴리우레탄 발포재가 일반적이었지만, 지금은 페놀릭과 폴리스타이렌 발포재로 대체되었다. 화재방지가 필요할 경우 페놀릭 발포재가 사용된다.

작은 셀 크기와 붙박이 표피를 갖춘 미세셀 탄성중합체 발포재는 충격과 진동의 제어에 사용된다. 예로서 발포 EVA와 발포 PVC가 있으며, 신발에 널리 사용된다. 발포된 압출재는 무시할 정도로 수축이 작으므로 고체 프로파일보다 디자인에서의 제약이 적다. 자가표피 발포재 부품의 표면에 발포작용에 의해 생겨난 소용돌이 패턴은 높은 압력을 사용하거나 또는 페인팅으로 해소될 수 있다.

구조용 발포재 부품은 높은 강성-대-무게 비율(비강성), 우수한 흡음특성, 높은 충격강도를 가지지만, 인장강도가 부족하다. 보강 늑재(rib), 돌기나 핸들은 몰딩에 큰 문제없이 부품에 포함될 수 있다. 유리섬유로 강화시키는 것이 가능하며 구조적인 성능을 향상시키지만 몰딩의 용이함은 사라진다.

고분자는 제자리에서 발포될 수 있으며, 사출성형, 압출, 열성형, 적층, 주조 모두 가능하다. 저압 및 고압 사출성형에는 발포제가 첨가된 열가소성 고분자의 펠릿을 사용한다. 반응사출성형은 열경화성 고분자(보통 폴리우레탄)에 사용된다. 발포재(특히 우레탄)의 주조에는 저렴한 실리콘고무 또는 에폭시 몰드를 사용하므로 소량생산이 가능하다. 폴리우레탄, 에폭시, 페놀릭, 폴리에스터는 모두 주조와 반응사출성형이 가능하다. 발포는 재료 사용을 감소시키고, 무게의 증가 없이 굽힘강성을 증가시킨다.

폴리에틸렌 발포재는 가볍고, 무시할 정도로 작은 흡습성을 가지며, 시트나 필름으로 사용될 수 있다. 그것은 단열재와 전선절연재로, 그리고 고품위 포장재로 사용된다. 폴리스타이렌 발포재는 포장용으로 널리 사용되며, 확장발포몰딩, 압출, 사출성형, 압축성형, 블로몰딩, 열성형 등의 공정으로 제조된다. 폴리우레탄은 가장 널리 사용되는 탄성중합체 발포재로 자가표피 발포재이다. 그러나 그것은 시간이 지나도 잘 퇴화되지 않으며, 재활용될 수 없고 친환경적이지도 않다. ICI Waterlily와 같은 폴리우레탄 발포기술의 발전으로 이러한 약점을 극복할 수 있었다. 가장 흔한 구조용 발포재들은 ABS, 폴리스타이렌, PVC, 폴리우레탄, 폴리에틸렌, 페놀릭을 바탕으로 하는 것들이다.

대표적 용도 강직 발포재: 컴퓨터 하우징, 팔레트, 배터리 케이스, 의자 프레임, TV 캐비닛, 노, 식기세척기 통, 자동차 바퀴덮개(fender), 여행용 옷가방, 저렴한 보트와 레저차량의 본체, 부유선광, 필터, 단열재. 유연 발포재: 쿠션, 포장재, 패딩, 앉을자리.

고분자 발포재의 속성		
	유연 발포재	**강직 발포재**
가격, \$/kg	1~9	2~50
밀도, Mg/m^3	0.03~0.1	0.07~0.5
기술적 속성		
탄성계수, GPa	0.001~0.01	0.05~0.5
연신율, %	10~100	2~10
파괴인성, $MPa \cdot m^{1/2}$	0.002~0.1	0.01~0.1
비커스 경도, H_V	–	0.1~1.2
항복강도, MPa	0.02~0.07	0.4~12
사용온도, ℃	70~110	80~150
비열, J/kg·K	1,750~2,260	1,120~1,910
열전도도, W/m·K	0.04~0.08	0.03~0.6
열팽창계수, 10^{-6}/K	115~220	20~70
친환경 속성		
에너지함량, MJ/kg	150~190	150~180
탄소배출, CO_2(kg/kg)	N/A	N/A
재활용 가능성	낮음	낮음
미학적 속성		
낮은 피치(0), 높은 피치(10)	1~2	3~4
죽임(0), 울림(10)	1~2	3~4
부드러움(0), 단단함(10)	1~2	3~4
따뜻함(0), 차가움(10)	8~9	8~9
특징(다른 고분자들에 대한 상대적 서술)		
	연하다. 탄력성 에너지 흡수	가볍고 강성 부력 에너지 흡수

고분자 복합재료(Polymer Composites)

고분자/유리섬유 복합재료(Polymers/Glass Fiber: GFRP)

최초의 현대적인 섬유강화 복합재료인 GFRP는 제2차 세계대전 이후 높은 강도와 강성을 가진 경량재료로 개발되었다. 그것은 고분자기지(보통 폴리에스터 또는 에폭시)에 연속된 또는 토막낸 유리섬유를 넣어 만들어진다. 에폭시는 폴리에스터보다 비싸지만, 더 좋은 특성을 가져다준다. 유리섬유는 탄소섬유 또는 케블라보다 훨씬 저렴하여, 탄소섬유보다 강성이 낮고 케블라보다 강도가 낮음에도 불구하고 널리 쓰인다(유리섬유는 고성능섬유 시장의 98 %를 차지함).

디자인 노트 GFRP의 강성은 유리섬유의 상대적으로 낮은 탄성계수 때문에 제한적이다. 기지재료의 특성상 사용환경은 120 ℃ 이하의 온도로 제한된다. 습기는 특성을 저하시킬 수 있다. 짧은 불연속섬유는 현저히 낮춘 공정비용으로 연속섬유 복합재료의 거의 50 %에 달하는 인장강도를 가져다줄 수 있다. GFRP는 충전될 수 있고 원하는 대로 색상을 입힐 수 있다. 층간분리(delamination)의 가능성을 줄이기 위해서는 균열과 갈라짐, 구멍, 급격한 단면의 변화, 날카로운 구석은 모두 피해야 한다. 여러 종류의 유리섬유가 존재하며, 각 종류별로 다른 조성과 특성을 갖는다. E-glass는 표준 강화재이고, C-glass는 E-glass보다 나은 부식저항을 가졌다. R-glass와 S-glass는 E-glass보다 우수한 기계적 특성을 갖지만 더 비싸다. AR-glass는 알칼리 저항성을 가지므로 시멘트를 강화하는 데 사용할 수 있다. 폴리에스터나 에폭시와 같은 열경화성 수지는 보통 점성시럽으로 사용되어 섬유를 적시면서 침투하는데, 촉매(경화제)와 혼합되면 굳어진다. 폴리프로필렌이나 폴리아미드와 같은 열가소성 수지는 가열하면 연화되는 고체이지만, 유리섬유와 잘 섞이는 데 어려움이 있다.

대표적 용도 보트 선체, 열차 좌석, 압력용기, 자동차 부품, 스포츠 장비, 화장실 및 주방 설비.

고분자/탄소섬유 복합재료(Polymers/Carbon Fiber: CFRP)

CFRP는 스포츠 및 항공우주 재료이다. 그것들은 탄소섬유를 고분자기지(보통 에폭시나 폴리에스터)에 함침시켜 만들어진다. 탄소섬유는 매우 높은 강도와 강성을 가지며, 유리섬유보다 훨씬 가볍다. 이것이 CFRP를 항공용, 구조용, 그밖에 다른 고성능을 요구하는 용도에 알맞은 복합재료로 만든다. 에폭시는 경쟁하는 폴리에스터보다 더 비싸지만, 보다 나은 특성과 섬유에 대한 우수한 접착성을 가졌으며, 따라서 복합재료에 뛰어난 피로저항을 가져다준다. CFRP는 항공기 구조에서 무게를 줄이기 위해 점진적으로 알루미늄을 대체하고 있다 – 미국 공군은 1972년 이후 CFRP 구조용 부품으로 만들어진 항공기를 운용하고 있다.

디자인 노트 탄소섬유는 유리섬유보다 높은 탄성계수를 가지지만 비싼 가격 때문에 CFRP는 높은 강성이 중요시되는 용도에 한하여 사용된다. 그것은 섬유의 색상에 의해 보통 검은색을 띄지만, 기지에 색을 입힐 수도 있다. 층간분리의 가능성을 줄이기 위해서는 균열과 갈라짐, 구멍, 단면의 급격한 변화, 예리한 모서리는 모두 피해야 한다. CFRP는 우수한 크리프 및 피로 저항을 가지며, 낮은 열팽창, 낮은 마찰과 마모, 우수한 진동감쇠 특성, 환경 안정성을 갖는다. 그것들은 전도성을 가질 수 있으며, 그로 인하여 전자파에 불투명해진다. 탄소섬유는 주로 에폭시 수지에 대한 연속섬유 강화재로, 그리고 최근에 들어 PP나 PEEK 같은 열가소성 수지에 대한 강화재로 쓰인다. 섬유에는 네 가지 종류가 있다. 고탄성계수(HM), 고강도(HS), 초고탄성계수(UHM), 초고강도(UHS)이며 가격은 이 순서대로 상승한다. 폴리에스터나 에폭시와 같은 열경화성 수지는 보통 점성시럽으로 사용되어 섬유를 적시면서 침투하는데, 촉매(경화제)와 혼합되면 굳어진다. GFRP의 경우와 마찬가지로, 기지가 복합재료의 최고 사용온도를 120 ℃로 제한하며, 복합재료는 물을 흡수할 수 있으므로 뜨겁고 습한 환경에서는 좋지 못하다.

대표적 용도 항공기 구조, 모터보트, 경주용 자동차, 테니스 라켓, 낚싯대, 골프채, 고성능 자전거.

고분자 복합재료의 속성			
	GFRP	CFRP	KFRP
가격, $/kg	9~20	50~61	120~140
밀도, Mg/m^3	1.75~1.95	1.55~1.6	1.37~1.40
기술적 속성			
탄성계수, GPa	21~35	50~60	23~30
연신율, %	0.8~1	0.3~0.35	0.3~0.4
파괴인성, MPa $m^{1/2}$	6~25	6~15	6~40
비커스 경도, H_V	12~22	12~23	10~21
항복강도, MPa	200~500	500~1,050	130~150
사용온도, ℃	140~220	140~220	120~200
비열, J/kg·K	1,000~1,200	900~1,000	510~680
열전도도, W/m·K	0.4~0.5	1.3~2.6	0.20~0.26
열팽창계수, 10^{-6}/K	8.6~11	2~4	9.4~15
친환경 속성			
에너지함량, MJ/kg	250~300	600~800	400~500
탄소배출, CO_2(kg/kg)	10	35	11
재활용 가능성	낮음	낮음	낮음
미학적 속성			
낮은 피치(0), 높은 피치(10)	5~6	7~8	5~6
죽임(0), 울림(10)	4~5	5~6	4~5
부드러움(0), 단단함(10)	6~7	7~8	6~7
따뜻함(0), 차가움(10)	5~6	5~6	5~6
특징(다른 고분자들에 대한 상대적 서술)			
	저렴하다. 부식저항 충격저항	가볍고 강성 가볍고 강함 내구성 우수	극히 가벼움 강하고 강성 질기다.

탄소강(Carbon Steels)

무엇인가? 강철에 대하여 생각하면 철도레일, 석유채굴시설, 유조선, 고층건물 등을 떠올릴 것이다. 그리고 당신이 생각하는 것은 그냥 강철이 아니라 탄소강이다. 그것은 위의 것들을 가능하게 해주는 금속이며, 다른 어떤 재료도 탄소강처럼 강도가 높고, 질기며, 쉽게 성형될 수 있고, 저렴한 속성을 동시에 가지지는 못한다.

디자인 노트 탄소강은 철과 탄소의 합금이다. 저탄소강 또는 연강은 가장 낮은 탄소함량을 가진다(0.25 % 미만). 그것들은 상대적으로 연하고, 쉽게 판재, I-빔, 철근(콘크리트 강화용)으로 압연되고, 모든 구조용 금속들 중에서 가장 저렴하다. 이러한 까닭에 대량으로 강화재, 철골 빌딩, 선박용 후판 등에 사용된다. 중탄소강은(0.25~0.5 %C) 담금질하면 경화되는데, 강철의 특성을 폭넓게 제어할 수 있는 성질이다. '경화능(hardenability)'은 강철이 두꺼운 단면에서 경화될 수 있는 깊이를 측정한다. 보통탄소강은 경화능이 낮으며, 경화능을 높이기 위하여 추가적인 합금원소를 사용한다(저합금강 참고). 중탄소강은 철도레일을 만드는 데 대량으로 사용되지만, 그 밖에도 여러 가지 소량으로 쓰이는 용도가 있다. 고탄소강(0.5~1.6 %C)은 더 높은 경도를 가질 수 있으며, 그것이 절삭공구, 끌, 케이블, 피아노선(피아노와 바이올린에 사용되는 금속선)에 사용되기에 충분한 수준이다. 그보다 많은 탄소를 포함할 경우 주철(1.6~4 %C)이 되며, 이는 쉽게 주조할 수 있지만 강철보다 특성이 떨어진다.

대표적 용도 저탄소강은 워낙 광범위하게 사용되기 때문에 모든 용도를 나열하기는 어렵다. 철근콘크리트 강화재, 건설구조물의 강철 단면, 양철 지붕, 자동차 차체 패널, 음료수 캔, 프레스된 강철판 제품 등이 그것의 용도에 대한 아이디어를 제공한다. 중탄소강은 일반 건설 및 공학, 차축과 기어, 베어링, 축, 스프링, 칼, 얼음도끼, 아이스스케이트 등에 사용된다.

경쟁 재료 수많은 용도에서 탄소강에 견줄 만한 경쟁 재료는 없다. 더 높은 경화능과 성능이 요구되는 경우, 저합금강이 탄소강을 대신한다. 극도로 높은 부식 저항이 필요한 경우, 스테인리스강이 이를 대신한다. 그러나 그것들은 비싸다.

환경 영향 강철의 생산에너지는 상대적으로 낮으며, 단위무게 당으로 비교했을 때 고분자의 대략 절반 정도이지만 단위부피 당으로 비교하면 두 배나 높다. 탄소강은 재활용하기 쉬우며, 재활용에 필요한 에너지의 양도 적다.

기술 노트 강철에 대한 두 가지 표준화된 분류는 AISI와 SAE의 표준에 의한 것으로, 현재는 합병되었다. SAE-AISI 시스템에서 각 강철은 4자리의 코드를 갖는다. 처음 두 자릿수는 주요 합금원소를 나타낸다. 뒤의 두 자릿수는 탄소의 양을 백분율로 나타낸다. 이리하여 10XX, 11XX, 12XX, 14XX의 등의 코드를 갖는 보통탄소강은, 얼마만큼의 망간, 황, 인을 함유하느냐에 따라 결정된다. 저탄소강은 1015, 1020, 1022, 1117, 1118; 중탄소강은 1030, 1040, 1050, 1060, 1137, 1144, 1340; 고탄소강은 1080, 1095이라는 표기를 갖는다.

탄소강의 속성	
가격, \$/kg	0.40~0.60
밀도, Mg/m^3	7.8~7.9
기술적 속성	
탄성계수, GPa	200~216
연신율, %	4~47
파괴인성, $MPa \cdot m^{1/2}$	12~92
비커스 경도, H_V	120~650
항복강도, MPa	250~1,755
사용온도, ℃	−70~360
비열, J/kg·K	440~520
열전도도, W/m·K	45~55
열팽창계수, 10^{-6}/K	10~14
친환경 속성	
에너지함량, MJ/kg	57~72
탄소배출, CO_2(kg/kg)	1.8
재활용 가능성	높음
미학적 속성	
낮은 피치(0), 높은 피치(10)	9
죽임(0), 울림(10)	6~7
부드러움(0), 단단함(10)	9
따뜻함(0), 차가움(10)	9
반사도, %	59

특징(다른 금속들에 대한 상대적 서술)

강성이며 강하다.
인성이 높다.
저렴하다.

스테인리스강(Stainless Steels)

무엇인가? 스테인리스강은 철과 크롬, 니켈, 그리고 종종 그 밖의 4~5개 원소로 이루어진 합금이다. 합금은 녹슬기 쉽고 상온 이하에서 취성인 보통탄소강을 두 가지 결점을 보완하는 강철로 변화시킨다. 실제로, 대부분의 스테인리스강은 대부분의 정상적인 환경에서 부식에 대한 저항성이 높으며, 아주 저온에서도 여전히 연성을 유지한다.

디자인 노트 스테인리스강은 그것의 높은 가격을 정당화할 수 있을 정도로 효율적으로 사용되어야 하며, 그것은 고강도와 부식저항을 모두 활용할 수 있는 용도라야 한다. 경제적인 디자인에는 얇고, 압연된 두께로, 단순한 섹션으로, 다시 표면처리가 필요 없도록 가려지는 용접부로, 제조공정에 적합한 부류를 사용한다(절삭가공이 필요할 경우 쾌삭강 등급). 표면처리는 압연, 연마, 블라스팅에 의해 제어될 수 있다. 스테인리스강은 우선 그것의 부식저항을 기준으로, 둘째로 그것의 강도를 기준으로, 셋째로 그것의 제작 용이성을 기준으로 선택된다. 대부분의 스테인리스강은 굽히거나, 인발, 절단이 어려우며, 느린 절삭속도와 특별한 공구형상을 필요로 한다. 스테인리스강의 용접은 가능하지만 용접봉 금속은 반드시 동등한 조성으로 선택되어 부식저항을 유지할 수 있어야 한다. 300 계열이 가장 용접하기 쉽고, 400 계열은 다소 용접하기 어렵다.

대표적 용도 철도차량, 트럭, 트레일러, 식품조리기구, 싱크대, 스토브, 요리기구, 날붙이류, 납작한 식기류, 건축용 금속구조물, 세탁기, 화학공정 설비, 제트엔진 부품, 의료기구, 용광로와 보일러 부품, 오일버너 부품, 석유공정 설비, 유제품 생산설비, 열처리 장비, 자동차 장식마감.

경쟁 재료 도금되고 도장된 탄소강, 니켈기반 합금, 티타늄과 그 합금.

환경 영향 스테인리스강은 FDA 승인을 받은 것들이며, 실제로 워낙 비활성이기 때문에 신체에 임플란트가 가능하다. 모두 재활용이 가능하다.

기술 노트 스테인리스강은 네 종류로 나뉜다. 200 및 300 계열 오스테나이트 합금(Fe-Cr-Ni-Mn), 400 계열의 페라이트 합금(Fe-Cr)과 마르텐사이트 합금(Fe-Cr-C), S로 시작하는 명칭을 가진 석출경화형(PH) 합금(Fe-Cr-Ni-Cu-Nb)이 있다. 오스테나이트 스테인리스강은 공식(pitting)과 부식에 대한 높은 저항성을 가지며, 비자성이다(그들을 식별하는 방법). 일반적인 것은 304 등급의 스테인리스강으로, 조성은 철 74 %, 크롬 18 %, 니켈 8 %이다. 여기서 크롬은 노출된 모든 표면에 산화크롬(Cr_2O_3) 보호피막을 생성하여 보호한다. 니켈은 FCC 결정구조인 오스테나이트를 안정화하며, 고온 및 저온에서 모두 연성과 강도를 가져다준다.

스테인리스강의 속성	
가격, \$/kg	1.20~8.50
밀도, Mg/m^3	7.4~8.1
기술적 속성	
탄성계수, GPa	189~210
연신율, %	0.5~70
파괴인성, $MPa \cdot m^{1/2}$	12~280
비커스 경도, H_V	130~600
항복강도, MPa	170~2,090
사용온도, ℃	−270~850
비열, $J/kg \cdot K$	400~530
열전도도, $W/m \cdot K$	11~29
열팽창계수, $10^{-6}/K$	9~20
친환경 속성	
에너지함량, MJ/kg	83~115
탄소배출, CO_2(kg/kg)	5.0
재활용 가능성	높음
미학적 속성	
낮은 피치(0), 높은 피치(10)	8~9
죽임(0), 울림(10)	6~7
부드러움(0), 단단함(10)	9
따뜻함(0), 차가움(10)	7~8
반사도, %	60~80

특징(다른 금속들에 대한 상대적 서술)

내구성
사용온도가 매우 높다.
강성이며 강하다.

저합금강(Low-Alloy Steels)

저합금강의 속성

가격, \$/kg	0.40~0.90
밀도, Mg/m^3	7.8~7.9

기술적 속성

탄성계수, GPa	201~217
연신율, %	3~38
파괴인성, $MPa \cdot m^{1/2}$	14~210
비커스 경도, H_V	140~700
항복강도, MPa	245~2,255
사용온도, ℃	−70~660
비열, J/kg·K	410~530
열전도도, W/m·K	34~55
열팽창계수, 10^{-6}/K	10.5~13.5

친환경 속성

에너지함량, MJ/kg	60~83
탄소배출, CO_2(kg/kg)	2.0
재활용 가능성	높음

미학적 속성

낮은 피치(0), 높은 피치(10)	9~9
죽임(0), 울림(10)	6~8
부드러움(0), 단단함(10)	9
따뜻함(0), 차가움(10)	8~9
반사도, %	40~60

특징(다른 금속들에 대한 상대적 서술)

극히 강하다.
강성이며 강하다.
비교적 저렴하다.

무엇인가? 순수한 철은 연한 재료이다. 탄소를 첨가하고 제대로 열처리할 경우, 유리만큼이나 단단하고 취성인 재료 또는 보일러 판처럼 연성이고 인성이 큰 재료가 될 수 있다. '열처리'는 탄소를 고용하기 위하여 강철을 약 800 ℃ 부근으로 가열하고, 그 다음에 담금질(quenching, 급냉, 흔히 냉수에 담금)과 뜨임(tempering, 비교적 낮은 온도로 재가열하여 일정시간 유지)의 순서로 처리하는 것을 의미한다. 담금질은 강철을 단단하고 취성인 마르텐사이트로 바꾼다. 뜨임은 천천히 인성을 회복시키고 경도를 떨어뜨린다. 뜨임 온도와 시간을 조정하면 특성의 제어가 가능하다. 여기서 1 %의 탄소가 할 수 있는 일은 참으로 놀랍다. 그러나 담금질 속도(특히 초기 냉각속도)는 절대적으로 빨라야 한다. 보통탄소강의 경우 200 ℃/s 이상이 요구된다. 표면을 마르텐사이트로 변환하는 것은 어렵지 않으나, 내부의 열이 전도에 의해 빠져 나와야 하므로 내부는 더 천천히 식는다. 만일 부품이 몇 밀리미터 이상 두꺼워지면 문제가 생길 수 있다. 내부가 충분히 빨리 식지 않는 것이다. 이 문제는 합금에 의해 극복될 수 있다. 약간의 망간(Mn), 니켈(Ni), 몰리브덴(Mo), 크롬(Cr)을 첨가하면 임계냉각속도가 감소하게 되고, 두꺼운 단면도 경화시킬 수 있고(hardened) 뜨임하여(tempered) 사용한다. 이런 목적으로 개발된 합금강을 '저합금강'이라 부르며, 그들이 가진 특성을 '경화능'이라 부른다.

디자인 노트 저합금강은 다른 대부분의 탄소강과는 달리 열처리가 가능하며 경도 또는 강도가 중요 특성으로 여겨지는 용도에 사용되며, 특히 두께가 두꺼운 단면에 쓰인다. 그것들은 보통탄소강보다 우수한 마멸저항을 가지며, 인성이 높고, 고온에서 강도가 높다. 탄소함량 0.30~0.37 %의 합금강은 적정 수준의 강도와 매우 높은 인성이 요구되는 곳에 사용된다. 탄소함량 0.40~0.42 %의 것은 보다 높은 강도와 우수한 인성이 필요한 곳에; 탄소함량 0.45~0.50 %의 것은 적정 수준의 인성과 함께 높은 경도와 강도가 필요한 곳에; 탄소함량 0.50~0.62 %의 것은 경도가 필요한 곳에(스프링, 공구); 탄소함량 1 %의 것은 높은 경도와 마멸저항이 필요한 곳에(볼 또는 롤러 베어링) 사용된다.

대표적 용도 스프링, 공구, 볼베어링, 롤러베어링, 크랭크축, 기어, 커넥팅롯드.

경쟁 재료 탄소강, 스테인리스강.

환경 영향 강철은 생산하는 데 특별히 에너지 집약적이지 않으며, 재활용이 쉽고 널리 이루어지고 있다.

기술 노트 저합금강을 위한 SAE-AISI 시스템은 보통탄소강과 같은 방법으로 사용된다. 각 강철은 네 자리숫자의 코드로 나타낸다. 처음 두 자리는 주요 합금원소를 표시하며, 뒤의 두 자리는 탄소의 양을 백분율로 표시한다. 전형적인 것은 43xx로 표시되는 니켈-크롬-몰리브덴 강철이지만, 합금원소는 그 외에 다음과 같은 것들을 포함할 수 있다. 실리콘 2 % 이상, 구리 0.4 % 이상, 몰리브덴 0.1 % 이상, 니켈 0.5 % 이상, 크롬 0.5 % 이상.

알루미늄합금(Aluminum Alloys)

무엇인가? 알루미늄은 한 때 워낙 희귀하고 값비싼 금속이어서 프랑스의 나폴레옹 3세가 그것으로 식탁용 날붙이류를 만들었던 시절에는 은보다 더 비쌌던 재료였다. 그러나 그것은 1860년대의 일이고, 150여 년이 지난 오늘날 기술적인 창의성과 낭비의 증거로서 알루미늄 수저는 아무도 거들떠보지 않는다. 알루미늄은 마그네슘 및 티타늄과 함께 '경합금'을 구성하며 그 첫 번째이고, 지각에서 세 번째로(철과 실리콘 다음) 풍부하게 채취할 수 있는 금속이지만, 추출하는 데 많은 에너지가 필요하다. 그것은 산업경제에서 두 번째로 중요한 금속으로 발전하였으며(첫 번째는 강철), 항공우주산업에 중추적인 재료로 사용된다.

디자인 노트 알루미늄합금은 가볍고, 강도를 높일 수 있으며, 성형하기 쉽다. 순알루미늄은 전기전도도 및 열전도도가 높으며(구리만이 거의 유일한 경쟁상대임) 강철보다 두 배 이상 비싸긴 하지만 상대적으로 저렴하다. 그것은 반응성 금속이고, 분말형태에서는 폭발성도 가지지만, 벌크형태에서는 산화막(Al_2O_3)이 표면에 형성되어 물과 산에 대한 부식으로부터 보호받을 수 있다(강염기에는 보호되지 못함). 알루미늄합금은 긁히기 때문에 슬라이딩 표면에는 좋지 않으며, 고강도 합금의 경우 피로강도가 낮다. 거의 순수한 알루미늄(1000 계열)은 작은 생활용품이나 건물 외장패널에 사용된다. 고강도 합금은 항공우주산업에 사용되며(2000 및 7000 계열), 압출이 가능한 중간 강도의 합금은 자동차산업과 일반 공업제품에 사용된다(6000 계열).

대표적 용도 항공우주산업, 자동차산업, 가정용품 및 선사세품의 나이캐스팅 새시, 건물의 외장패널, 용기와 포장재의 포일, 음료수 캔, 전기전도체 및 열전도체.

경쟁 재료 가벼운 구조에 사용되는 마그네슘, 티타늄, CFRP, 캔에 사용되는 강철, 전도체에 사용되는 구리.

환경 영향 알루미늄 광석은 풍부하다. 알루미늄을 추출하는 데 많은 에너지가 소모되지만, 낮은 에너지비용으로 쉽게 재활용된다.

기술 노트 1970년대까지, 단련 알루미늄합금의 명칭은 '중구난방'이었다. 많은 나라에서 단순히 개발된 순서에 따라 번호를 붙였다. 국제합금명명시스템(International Alloy Designation System, IADS)은 현재 널리 받아들여지고 있으며, 각 단련합금에 네 자리수의 번호를 부여한다. 첫 번째 자릿수는 주요 합금원소가 무엇인지를 나타낸다. 따라서 1XXX 계열은 합금되지 않은 알루미늄을, 2XXX 계열은 구리를 주요 합금원소로 가진 것을 나타내는 등의 체계이다. 이러한 일련번호에 접미사 F, O, H, T를 추가하여 경화 또는 열처리 상태를 나타낸다. 주조합금을 위한 AAUS 명명법에서 첫 번째 자릿수는 합금 그룹을 나타낸다. 1XX.X 그룹에서 뒤의 두 자릿수는 순도를 나타낸다. 다른 그룹들에서 그것은 합금원소를 나타낸다. 2XX.X~9XX.X 그룹에서 뒤의 두 자릿수는 단순한 일련번호를 나타낸다. 소수점 오른쪽의 숫자는 제품의 형태를 가리키는 데, 0은 '주물(castings)'을 의미하고 1은 '주괴(ingot)'를 의미한다.

알루미늄합금의 속성	
가격, $/kg	1.30~5.70
밀도, Mg/m^3	2.50~2.95
기술적 속성	
탄성계수, GPa	68~88.5
연신율, %	1~44
파괴인성, $MPa \cdot m^{1/2}$	18~40
비커스 경도, H_V	20~150
항복강도, MPa	30~510
사용온도, ℃	−270~180
비열, J/kg·K	857~990
열전도도, W/m·K	76~235
열팽창계수, 10^{-6}/K	16~24
친환경 속성	
에너지함량, MJ/kg	235~335
탄소배출, CO_2(kg/kg)	13
재활용 가능성	높음
미학적 속성	
낮은 피치(0), 높은 피치(10)	8~9
죽임(0), 울림(10)	5~8
부드러움(0), 단단함(10)	8~9
따뜻함(0), 차가움(10)	9~10
반사도, %	80~92

특징(다른 금속들에 대한 상대적 서술)

가볍다.
부식저항
재활용이 쉽다.

마그네슘합금(Magnesium Alloys)

무엇인가? 마그네슘은 경금속 삼형제(알루미늄, 티타늄과 함께)의 두 번째이며, 이들 중 가장 가볍다. 마그네슘으로 만든 컴퓨터케이스는 무게가 알루미늄으로 만든 것의 2/3에 불과하다. 마그네슘과 그 합금들은 항공우주공학의 주요 재료이다.

디자인 노트 작고 가벼운 전자제품(노트북컴퓨터, 휴대전화)과 경량화된 자동차(알루미늄휠, 실내장식 금속부품)에 대한 수요는 디자이너들로 하여금 마그네슘합금에 대하여 이전보다 심각하게 고려하도록 하였으며, 생산을 촉진하고 가격을 낮추는 추진력이 되었다. 그것이 제공하는 것은 무엇인가? 마그네슘은 밀도가 낮고, 우수한 기계적 감쇠특성에, 강철보다 훨씬 더 좋은 열전도도를 가지며, 구리나 알루미늄보다는 못하지만 여전히 우수한 전기전도도를 가진다. 그것은 집안이나 사무실처럼 보호된 환경에서는 잘 유지되지만, 염수나 산에서는 심하게 부식된다. 땀조차도 그것을 쉽게 변색시킨다. 마그네슘은 가연성이지만, 이는 분말이나 아주 얇은 시트 형태인 경우에만 문제가 된다. 그것은 알루미늄보다 가격이 비싸지만 티타늄만큼 비싼 정도는 아니다. 그것의 절삭가공은 쉽지만, 낮은 강성 때문에 가공 중에는 확실하게 고정되어 있어야 한다. 마그네슘합금은 특정한 성형 용도에 따라 디자인되었다. 일부는(AZ31B와 같은) 압출성형에 적합하다. 다른 것들(AZ63, AZ92, AM100)은 매몰주조에 적합하게 조성이 준비되었으며, AZ91의 경우 다이캐스팅에 사용된다. 대부분의 마그네슘합금은 TIG 또는 MIG 방법을 사용하여 용접이 가능하고, 납땜과 접착도 모두 적합하다. 점용접과 시임(seam) 용접은 가능하기는 하지만, 낮은 응력 용도에만 제한된다. 리벳팅이 더 나으며, 갈바닉 부식을 막기 위하여 알루미늄 리벳을 사용해야 한다.

대표적 용도 항공우주산업, 자동차산업, 운동기구, 핵연료 캔, 기계공구의 진동 감쇠와 차폐, 엔진케이스 주물, 자동차 휠, 사다리, 전자장비 하우징, 사무용품, 잔디 깎는 기계.

경쟁 재료 티타늄, 알루미늄, CFRP.

환경 영향 마그네슘은 지각에서 다섯 번째로 풍부한 금속이며, 해양에서는 세 번째이다. 그것은 또한 지상과 해양 모두에서 경제적으로 추출해낼 수 있다(그 중에서 사해의 농축된 염이 가장 좋은 자원). 그러나 추출공정은 매우 에너지 집약적이어서, 상용 고분자에 비하면 단위무게 당 3배나 많은 에너지를 소모하며, 알루미늄에 비해서도 거의 2배나 더 에너지를 소모한다. 재활용이 가능하며, 재활용에는 생산에너지의 1/5만 소요된다.

기술 노트 미국재료시험협회(ASTM)의 분류시스템이 가장 널리 사용된다. 이 시스템에서, 첫 번째 두 자리는 가장 많이 사용된 주요 합금원소에 해당하는 글자를 순서대로 적되, 그것들이 같을 경우 알파벳 순서로 적는다. 두 글자 뒤에 오는 숫자는 주 합금원소의 중량백분율을 나타내는 데, 가장 가까운 정수로 반올림하여 적는다. 따라서, AZ91은 Al 9 %, Zn 1 %, Mg 90 %를 의미한다.

마그네슘합금의 속성	
가격, $/kg	2.60~11.40
밀도, Mg/m^3	1.73~1.95

기술적 속성	
탄성계수, GPa	40~47
연신율, %	1.5~20
파괴인성, $MPa \cdot m^{1/2}$	12~70
비커스 경도, H_V	35~135
항복강도, MPa	65~435
사용온도, ℃	−40~300
비열, J/kg·K	950~1,060
열전도도, W/m·K	50~156
열팽창계수, 10^{-6}/K	24.6~30

친환경 속성	
에너지함량, MJ/kg	300~500
탄소배출, CO_2(kg/kg)	35
재활용 가능성	높음

미학적 속성	
낮은 피치(0), 높은 피치(10)	8~9
죽임(0), 울림(10)	3~6
부드러움(0), 단단함(10)	8
따뜻함(0), 차가움(10)	8~9
반사도, %	68

특징(다른 금속들에 대한 상대적 서술)

극히 가볍다.
다이캐스팅이 쉽다.
적절한 강도

티타늄합금(Titanium Alloys)

무엇인가? 티타늄은 지각에서 일곱 번째로 풍부한 금속이지만, 자연적인 산화물 상태로부터 금속을 추출해내기가 매우 어렵다. 이 때문에 티타늄은 경합금 삼형제 중 세 번째가 되었지만, 그들 중 단연코 가장 비싸다(알루미늄의 10배 이상). 그럼에도 불구하고, 그것의 놀랄 만한 특성에 힘입어 티타늄의 사용은 계속 늘어나고 있다. 그것은 높은 용융점(1660 ℃)을 가지며, 가볍고, 반응성이 강하지만 표면의 얇은 산화막에 의해 대부분의 화학물질에 대한 부식저항을 갖는다. 티타늄합금은 그것의 무게에 비해 뛰어난 강도를 가지며, 500 ℃까지도 사용할 수 있어 비행기 엔진 터빈압축기의 바람날개 재료로 사용된다. 그것들은 특이하게 낮은 열선도도와 선기선도도를 가지며, 열팽창계수 역시 낮다.

디자인 노트 티타늄합금은 비싸고, 산소를 흡수하면 취성으로 변하므로 산화되는 것을 막기 위하여 진공 처리공정이 필요하다. 그러나 그것들은 강도가 뛰어나고, 가벼우며, 부식저항이 너무나 좋으므로, 순수 티타늄은 부러진 뼈를 고치기 위해 신체에 이식될 수 있다. 보다 일반적으로는 단조나 다른 소성가공이 가능하면서도 우수한 크리프저항을 가진 재료를 얻기 위해 알루미늄과 바나듐으로 합금된다(Ti에 Al 6 %와 V 4 %, 또는 간단히 Ti-6-4). 티타늄합금은 연성이 부족하여 판재는 두께의 1.5배 이하의 곡률로 쉽게 굽혀질 수 없다. 그것들은 용접이 가능하지만 어렵고, 확산접합이 더 쉽다. 가전제품의 소형화에 대한 수요가 제품디자인에 있어 티타늄의 중요성을 점점 부각시킨다. 휴대전화나 노트북컴퓨터의 케이스는 이제 위나 얇아서 고분자로는 강성과 강도 면에서 충분하지 못하여 변형을 견뎌낼 수 없다. 티타늄의 높은 강도와 낮은 밀도는 높은 가격에도 불구하고 그것을 매력적인 대체재료로 만들었다.

대표적 용도 항공기 터빈블레이드, 일반적인 항공우주 용도, 화학공업, 열교환기, 생체공학, 의료산업, 미사일 연료탱크, 컴프레서, 밸브, 임플란트 시술, 해양시설, 종이펄프 장비, 휴대전화 및 노트북컴퓨터 케이스.

경쟁 재료 마그네슘, 알루미늄, CFRP.

환경 영향 광석으로부터 티타늄을 추출하는 것은 매우 에너지 집약적이다. 티타늄은 산화되지 않은 경우 재활용이 가능하다.

기술 노트 티타늄합금에는 네 가지 그룹이 있다. α합금, α에 가까운 합금, α-β 합금, β합금이다. α합금은 HCP 구조이며, β합금은 BCC 구조이다. α합금은 그들의 크리프저항 때문에 고온용으로 선호되고, 저온에서의 우수한 인성 때문에 초저온(cryogenic) 용도에 선호된다. 약간의 논리를 갖춘 명명시스템은 주요 합금원소의 첨가된 양을 나열한 것이다. 따라서 'Ti-8-1-1'은 알루미늄 8 %, 몰리브덴 1 %, 바나듐 1 %를 의미하고, 'Ti-6-4'는 알루미늄 6 %, 바나듐 4 %를 의미한다.

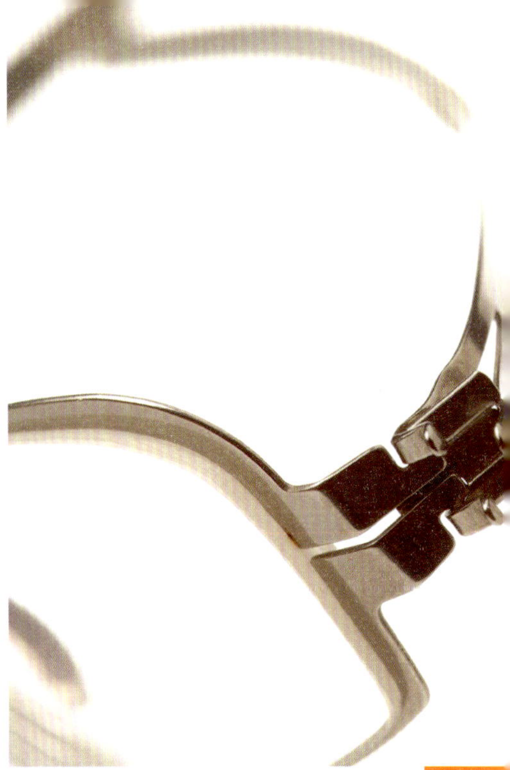

재료 프로파일

티타늄합금의 속성	
가격, $/kg	21.00~28.00
밀도, Mg/m^3	4.36~4.84
기술적 속성	
탄성계수, GPa	90~137
연신율, %	1~40
파괴인성, MPa·m$^{1/2}$	14~120
비커스 경도, H_V	60~380
항복강도, MPa	172~1,245
사용온도, ℃	−40~500
비열, J/kg·K	510~650
열전도도, W/m·K	3.8~20.7
열팽창계수, 10^{-6}/K	7.9~11
친환경 속성	
에너지함량, MJ/kg	750~1,250
탄소배출, CO_2(kg/kg)	46
재활용 가능성	높음
미학적 속성	
낮은 피치(0), 높은 피치(10)	8~9
죽임(0), 울림(10)	5~8
부드러움(0), 단단함(10)	8~9
따뜻함(0), 차가움(10)	7~8
반사도, %	44~53

특징(다른 금속들에 대한 상대적 서술)

극히 강하다.
매우 우수한 부식저항
인성이 높다.

니켈합금의 속성

니켈합금의 속성	
가격, \$/kg	4.30~28.60
밀도, Mg/m^3	7.65~9.3
기술적 속성	
탄성계수, GPa	125~245
연신율, %	0.3~70
파괴인성, $MPa \cdot m^{1/2}$	65~150
비커스 경도, H_V	75~600
항복강도, MPa	70~2,100
사용온도, ℃	−200~1,200
비열, J/kg·K	365~565
열전도도, W/m·K	8~91
열팽창계수, 10^{-6}/K	0.5~16.5
친환경 속성	
에너지함량, MJ/kg	40~690
탄소배출, CO_2(kg/kg)	12
재활용 가능성	높음
미학적 속성	
낮은 피치(0), 높은 피치(10)	8~9
죽임(0), 울림(10)	3~6
부드러움(0), 단단함(10)	8
따뜻함(0), 차가움(10)	8~9
반사도, %	50~65

특징(다른 금속들에 대한 상대적 서술)

매우 우수한 부식저항
사용온도가 높다.
강성, 강도, 인성이 높다.

니켈합금(Nickel Alloys)

무엇인가? 그 이름이 암시하듯이, 미국 동전 5센트짜리는 순수 니켈로 만들어졌다. 동전 하나를 살펴보면, 거기서 많은 것들을 알 수 있다. 니켈은 연하고, 은과 같은 금속이며, 스탬핑(또는 압연이나 단조)에 의해 쉽게 성형될 수 있으며, 소성가공에 의해 단단해지고, 부식에 대한 저항이 우수하다. 5센트짜리 치고는 나쁘지 않은 셈이다. 동전이 보여주지 못하는 니켈의 두 가지 뛰어난 특성이 더 있다. 하나는 강철과 합금될 경우, FCC 구조를 안정시키고 스테인리스강에 연성과 부식저항을 더해주는 것이다(니켈의 가장 큰 용도). 다른 하나는 고온에서의 강도이며, 합금으로 만들어지면서 고온강도는 더욱 향상되어 모든 항공기 제트엔진이 이를 사용하여 만들어진다. 이들 합금은 너무나 극단적인 특성을 가지기 때문에 '초합금(superalloy)'으로 불린다.

디자인 노트 순수 니켈은 우수한 전기전도도, 열전도도, 강도, 부식저항을 갖는다. 니켈과 그 합금은 해양용도나 다른 용도에서 열교환기로 사용된다. 니켈-철 합금은 높은 투자율(magnetic permeability, 전자파차폐와 자성 코일에 좋음)과 낮은 열팽창계수(유리-금속 결합에 좋음)를 가진다. 인바(Invar)는 니켈을 기반으로 하는 합금으로 상온 부근에서 열팽창계수가 사실상 0에 가까운 재료이다. 자성 수축이 온도에 의한 일반 열팽창에 반대로 작용하여 팽창을 상쇄시킨다. 니켈-크롬-철 합금은 전기저항이 높으며, 가정용 토스터 또는 산업용 가열로에 발열체로 사용된다. 구리와 니켈이 접합된 바이메탈 시트는 온도조절장치와 안전장치의 구동기로 사용된다. 니켈-티타늄-알루미늄의 조합을 기반으로 하는 니켈합금은 탁월한 고온강도, 인성, 그리고 가스에 의한 공격에 저항성을 가진다. 이러한 내열초합금은 Nimionic, Inconel, Hastelloy와 같은 등록상표를 가지고 있으며, 터빈엔진의 블레이드, 디스크, 연소실에, 화학공업 설비와 고온 디자인에 사용된다.

대표적 용도 니켈의 주 용도는 스테인리스강과 내열초합금의 합금원소로서 사용되는 것이다. 터빈과 제트엔진의 블레이드, 디스크, 연소실, 로켓엔진, 누전차단용 바이메탈 스트립, 열전대, 스프링, 식품조리기구, 발열체, 부식보호 도금, 주화, 니켈-카드뮴 배터리에 쓰인다.

경쟁 재료 철기반 내열초합금(저성능이지만), 코발트기반 내열초합금(고가이지만), 스테인리스강.

환경 영향 약 10%의 인구가 니켈에 예민하며, 스테인리스강 시계줄에 포함된 니켈에만 닿아도 거부반응이 올 수 있다. 니켈의 화합물은 더욱 독성일 수 있다. 니켈의 추출에 사용되는 니켈카르보닐(Ni-carbonyl)은 치명적이다.

기술 노트 니켈 8%가 강철에 첨가되면 오스테나이트를 안정화하여, 극저온에서도 강철의 연성을 유지해준다. 니켈은 다른 합금원소들과(특히 티타늄과 알루미늄) 함께 내열초합금을 만들며, Ni_3Al와 Ni_3Ti 같은 금속간화합물의 석출물을 형성한다.

아연합금(Zinc Alloys)

무엇인가? 프랑스 은어로 술집(바 또는 펍)을 'le zinc'라고 하는데, 그 까닭은 프랑스 바의 카운터가 와인과 맥주로부터 훼손되는 것을 막기 위하여 아연으로 덮여 있었기 때문이며, 여전히 많이 쓰이고 있다. 바의 표면은 복잡한 형상을 가진다. 상부는 평평하지만, 곡선윤곽에 둥글거나 윤곽을 가진 모서리를 하고 있다. 이 두 문장은 아연에 대하여 많은 것을 설명해준다. 그것은 위생적이며, 산(와인), 염기(세척액), 잘못된 사용(술 취한 사람)에 노출되더라도 살아남을 수 있으며, 형상을 만들어내기 쉽다. 아연이 여전히 사용되고 있는 것도 이러한 이유가 한몫을 한다. 다른 하나는 아연합금의 주조성이다. 그것의 낮은 용융점과 유동성은 다이캐스팅에서 선두주자가 될 충분한 이유를 제공한다. 주형은 상대적으로 저렴하고, 세부사항들이 정확하게 재현된다.

디자인 노트 대부분의 아연은 강철의 부식저항을 향상시키기 위하여 도금하는 데 사용된다. 아연 다이캐스팅 합금은 대부분의 소비자용 제품에 충분할 정도로 강하며, 금속 자체도 저렴하다. 그것들은 사출성형 고분자의 대안 금속재료이다. 아연합금은 구리합금을 제외한 다른 다이캐스팅 합금보다 높은 강도를 제공한다. 다이캐스팅 부품은 얇은 단면에서 치수정밀도를 보장하며 기계가공이 쉽다. 단련 아연은 스트립, 시트, 포일, 평면, 막대, 와이어, 그리고 단조 또는 압출을 위한 블랭크의 형태로 구할 수 있다. 압연된 아연 박판의 굽힘은 결정립 또는 압연방향에 대하여 직각이어야 하고, 최소한 판의 두께만큼의 곡률반경을 가져야 한다.

대표적 용도 지붕, 홈통, 손전등 반사경, 과일통의 뚜껑, 진자파 차폐, 개스킷, 사진건판, 핸들, 기어, 자동차 부품, 주방 조리대, 보호 플레이트.

경쟁 재료 제품디자인: 다이캐스팅 알루미늄합금, 사출성형 가능한 열가소성 고분자. 부식저항: 니켈 및 크롬 도금, 고분자 파우더코팅, 스테인리스강.

환경 영향 아연의 기체는 유독성이다. 이 기체를 흡입하면 아연성 경련(spelter shake)을 일으킨다. 그러나 현재는 적절한 보호대책이 보편적으로 확산되어 있다. 다른 모든 측면에서 아연은 빛나는 재료이다. 무독성이고, 낮은 에너지 함량을 가지며, 벌크 형태에서 재활용도 가능하다(도금은 물론 아님).

기술 노트 대부분의 아연합금은 다이캐스팅되지만, 이를 위한 주요 합금은 AG40A와 AC41A이다. 단련 아연합금은 열간압연 캐스트 시트, 압출, 인발에 의해 만들어진다. 아연 포일은 알루미늄 드럼에 아연을 전기도금한 다음 벗겨내어 만들어진다. 초소성 아연합금은 전통적인 금속공정인 딥드로잉이나 충격압출은 물론 고분자에 정상적으로 사용되는 진공성형이나 압축성형에 의해 성형될 수 있다. 압출과 단조는 아연-망간 합금을 사용하여 이루어질 수 있다. 단련 아연합금은 쉽게 납땜되거나 점용접될 수 있다. 아연은 흔히 코팅하지 않은 상태로 두기도 한다. 그것은 연마되고, 질감을 갖도록 처리되고, 도금되고, 페인트될 수 있다.

아연합금의 속성	
가격, \$/kg	0.90~2.90
밀도, Mg/m^3	5.5~7.2
기술적 속성	
탄성계수, GPa	60~110
연신율, %	1~90
파괴인성, $MPa \cdot m^{1/2}$	10~130
비커스 경도, H_V	30~160
항복강도, MPa	50~450
사용온도, ℃	−45~120
비열, J/kg·K	380~535
열전도도, W/m·K	95~135
열팽창계수, 10^{-6}/K	14~40
친환경 속성	
에너지함량, MJ/kg	50~145
탄소배출, CO_2(kg/kg)	4.1
재활용 가능성	높음
미학적 속성	
낮은 피치(0), 높은 피치(10)	8
죽임(0), 울림(10)	4~7
부드러움(0), 단단함(10)	8~9
따뜻함(0), 차가움(10)	9
반사도, %	74~85

특징(다른 금속들에 대한 상대적 서술)

다이캐스팅이 쉽다.
우수한 부식저항
절삭가공이 쉽다.

구리, 황동, 청동(Copper, Brass, Bronze)

무엇인가? 빅토리아 시대에는 옷을 '구리'에서 세탁했다. 두드려 얇아진 구리 시트로 만든 통 또는 탱크를 불로 가열하였던 것이다. 장치는 사용된 재료의 높은 연성과 열전도도를 활용한 것이다. 구리는 문명의 역사에 있어 확고한 자리를 잡고 있다. 그것은 청동기시대(3000 BC~1000 BC)의 기술을 가능하게 했다. 그것은 여러 가지 형태로 사용된다. 순 구리, 구리-아연 합금(황동), 구리-주석 합금(청동), 구리-니켈 합금, 구리-베릴륨 합금 등으로 사용된다. 구리라는 명칭은 구리의 함량이 99.3 % 이상일 때 사용한다.

디자인 노트 구리와 그 합금은 쉽게 다른 형상으로 주조, 압연, 시트, 드로잉, 인발, 또는 다른 방법으로 성형된다. 그것들은 대기 중에서 부식저항이 좋으며, 깨끗한 공기에서 매력적인 녹청(patina, 구리탄산염)을, 그렇지 못하면 검은 것(황화구리)을 얻게 되는데, 도시에서 구리지붕은 보통 검은색을 띈다. 청동의 녹청은 고급스럽고 따뜻한 느낌의 갈색이며, 조각가들이 좋아한다. 순 구리는 뛰어난 전기전도도와 열전도도를 가지며, 쉽게 제작 및 결합할 수 있고 우수한 부식저항과 적정수준의 강도를 가진다. 높은 전도도가 필요한 경우, 무산소-고전도도 구리(OFHC)가 사용된다. 풀림처리된 상태에서는 부드럽고 연하지만, 가공경화되면 재료는 강해지는데 연성이 떨어지게 된다. 가장 일반적인 종류로 '카트리지황동(cartridge brass)'(악기, 하드웨어, 그리고 물론 탄약에 사용), '황색황동(yellow brass)'(스프링, 나사에 사용), '문츠메탈(Muntz metal)'(건축용 및 복수기 튜브에 사용)이 있다. 30 %의 아연을 포함하는 카트리지 황동은 연성이 가장 높으며, 황동 와이어를 인발하는 데 사용된다. 청동은 녹았을 때 특별한 유동성을 지니며, 따라서 복잡한 형상으로 주조될 수 있다.

대표적 용도 전기전도체, 열교환기, 주화, 팬, 주전자, 보일러, 에칭과 판화를 위한 금속판, 건축물과 지붕, 주조 동상, 프린팅 와이어, 히트파이프, 필라멘트, 악기.

경쟁 재료 전기전도체와 열전도체를 위한 알루미늄, 요리기구와 부식방지를 위한 스테인리스강.

환경 영향 구리와 그 합금은 특히 재활용하기 쉽다. 많은 나라에서 재활용 비율이 90 %에 달한다.

기술 노트 구리와 그 합금에 대한 UNS 명명시스템이 있다. C(copper) 다음에 다섯 자리 숫자로 이루어진다. 첫 번째 숫자만이 의미를 가진다. C1****은 거의 순 구리를 의미하며, C2, C3, C4 계열은 순서대로 아연함량이 늘어나는 황동을 나타내고, C5 계열은 구리와 주석을 기반으로 한 청동이고, C6 계열은 주석 대신 알루미늄을 포함하는 다른 청동을 의미하며, C7 계열은 구리-니켈 합금이다.

구리, 황동, 청동의 속성	구리	황동	청동
가격, $/kg	1.72~1.93	1.43~2.00	3.72~5.44
밀도, Mg/m^3	8.93~8.94	7.8~8.8	8.5~9
기술적 속성			
탄성계수, GPa	121~133	90~120	70~120
연신율, %	4~50	5~55	2~60
파괴인성, $MPa \cdot m^{1/2}$	40~100	30~86	24~90
비커스 경도, H_V	44~180	50~300	60~240
항복강도, MPa	45~330	70~500	65~700
사용온도, ℃	−270~180	−270~220	−270~200
비열, J/kg·K	372~388	372~383	382~385
열전도도, W/m·K	147~370	110~220	50~90
열팽창계수, 10^{-6}/K	16.8~17.9	16.5~20.7	16.5~19
친환경 속성			
에너지함량, MJ/kg	100~130	100~120	110~120
탄소배출, CO_2(kg/kg)	3.7	3.6	4.2
재활용 가능성	높음	높음	높음
미학적 속성			
낮은 피치(0), 높은 피치(10)	8~8	8~8	8~8
죽임(0), 울림(10)	6~9	6~9	5~10
부드러움(0), 단단함(10)	8~9	8~9	8~9
따뜻함(0), 차가움(10)	9~10	9~10	9~9
반사도, %	51~91	50~90	50~80
특징(다른 금속들에 대한 상대적 서술)			
	연성 및 인성 성형, 결합 쉬움 우수한 열전도도	주조, 절삭가공 쉬움 우수한 마모저항 비교적 저렴하다.	부식저항, 내구성 공명(범종) 주조가 쉽다.

알루미나(97.5 %)의 속성	
가격, \$/kg	4~12
밀도, Mg/m^3	3.7~3.8
기술적 속성	
탄성계수, GPa	333~350
연신율, %	0
파괴인성, $MPa \cdot m^{1/2}$	3.6~3.8
비커스 경도, H_V	1,400~1,600
인장강도,	175~200
사용온도, ℃	−270~1,700
비열, J/kg·K	635~700
열전도도, W/m·K	25~30
열팽창계수, 10^{-6}/K	6.7~7
친환경 속성	
에너지함량, MJ/kg	150~200
탄소배출, CO_2(kg/kg)	2.8
재활용 가능성	낮음
미학적 속성	
낮은 피치(0), 높은 피치(10)	8~9
죽임(0), 울림(10)	8~9
부드러움(0), 단단함(10)	8~9
따뜻함(0), 차가움(10)	7~8

특징(다른 금속들에 대한 상대적 서술)

사용온도가 매우 높다.
매우 우수한 부식저항
우수한 전기절연체

고성능 세라믹(Technical Ceramics)

알루미나(Alumina)

알루미나(Al_2O_3)가 고성능 세라믹에서 차지하는 위치는 보통탄소강이 금속에서 차지하는 위상과 같다. 그것은 저렴하고, 처리공정이 쉽고, 산업의 일꾼이다. 그것은 점화플러그와 전기절연체의 재료이다. 단결정 형태로는 사파이어가 되며, 시계의 면판과 고속 항공기의 조종석 창문에 사용된다. 좀 더 보편적으로 그것은 파우더를 압축하고 소결하여 만들어지며, Al_2O_3 함량 80~99.9 %에 걸쳐 등급이 존재한다. 나머지 분율은 기공, 유리질 불순물, 또는 의도적으로 첨가한 다른 성분이다. 순수한 알루미나는 흰색이다. 불순물이 그것을 분홍 또는 녹색으로 만든다. 최고사용온도는 알루미나 함량이 상승함에 따라 같이 상승한다. 알루미나는 가격이 낮으면서 다양한 특성의 범위에 걸쳐 쓸모가 있다. 전기절연성, 고강도, 우수한 내마멸성, 1650 ℃까지 달하는 고온저항성을 가지고, 뛰어난 화학안정성과 적정수준으로 높은 열전도도를 가지지만, 열충격저항과 충격저항은 제한적이다. 내마멸성을 향상시키기 위하여 산화크롬을 첨가한다. 규산나트륨의 첨가는 가공성을 향상시키지만 전기저항을 다소 잃게 된다. 경쟁 재료로는 마그네시아, 실리카, 붕규산염유리가 있다.

대표적 용도 절연체, 발열체, 미세전자회로 기판, 레이돔, 뼈 대체재료, 치아 대체재료, 탱크 장갑판, 점화플러그 절연체, 선재인발용 다이, 용접 및 샌드블라스트 노즐.

탄화붕소(Boron Carbide)

보론카바이드(B_4C)는 거의 다이아몬드만큼 단단하면서도 그다지 비싸지 않다(물론 아주 저렴한 것은 아님). 그것은 매우 낮은 밀도와 높은 경도를 가지기 때문에 방탄장갑판의 바깥층과 연마제로 사용하기에 매력적이다.

대표적 용도 경량 장갑판, 방탄표면, 연마제, 샌드블라스트 노즐, 고온 열전대.

탄화텅스텐(Tungsten Carbide)

텅스텐카바이드(WC)는 흔히 '써멧(cermet)'으로 알려진 초경합금 형태로 가장 흔하게 사용된다. 금속탄화물 분말은 소량(5~20 %)의 금속바인더(보통 코발트)에 의해 일체화된다. 그것의 뛰어난 경도와 안정성은 내마모성이 가장 기본적으로 요구되는 경우 그것을 매력적인 재료로 만든다. 그것의 특성은 탄화물의 종류, 결정립의 크기와 형상, 금속에 대한 탄화물의 비율에 의해 제어된다. 초경합금은 비싸지만 절삭공구로서 가장 좋은 공구강의 10배의 절삭속도에도 견딜 수 있다. 성형은 보통 압축, 소결, 연마에 의해 이루어진다. 절삭공구 팁은 더 저렴한 강철로 된 생크나 날에 브레이징되어 사용된다. WC는 내마모성을 더욱 향상시키기 위하여 질화티타늄(TiN)으로 증착 코팅될 수 있다.

대표적 용도 절삭공구, 톱날, 치과용 드릴, 석유시추용 드릴 비트, 선재인발용 다이, 칼날.

탄화규소(Silicon Carbide)

실리콘카바이드(SiC, Carborundum)는 모래와 코크스를 섞어 2200 ℃에서 녹여서 만들어지며, 고급 샌드페이퍼의 연마재 입자이다. 그것은 매우 단단하며 고온에서도 강도를 유지하고, 열충격에도 강하고, 뛰어난 마멸저항과 화학안정성을 가지지만, 다른 모든 세라믹과 마찬가지로 취성이다. 실리콘카바이드는 검푸른색 재료이다. CVD 공정에 의해 만들어진 고강도 SiC섬유(예: Nicalon)는 세라믹기지 또는 금속기지 복합재료의 강화재로 쓰인다.

대표적 용도 절삭공구, 다이 및 몰드 재료, 촉매변환장치, 엔진부품, 기계적 씰, 슬라이딩 베어링, 내마모 보호대, 열교환기 튜브, 가열로 설비, 발열체.

재료 프로파일

소다석회유리의 속성	
가격, \$/kg	0.68~1
밀도, Mg/m^3	2.44~2.5
기술적 속성	
탄성계수, GPa	68~72
연신율, %	0
파괴인성, $MPa \cdot m^{1/2}$	0.55~0.7
비커스 경도, H_V	440~480
인장강도,	31~35
사용온도, ℃	−270~250
비열, J/kg·K	850~950
열전도도, W/m·K	0.7~1.3
열팽창계수, 10^{-6}/K	9~9.5
친환경 속성	
에너지함량, MJ/kg	20~25
탄소배출, CO_2(kg/kg)	0.8
재활용 가능성	높음
미학적 속성	
낮은 피치(0), 높은 피치(10)	7~8
죽임(0), 울림(10)	8~9
부드러움(0), 단단함(10)	7~8
따뜻함(0), 차가움(10)	5~6

특징(다른 금속들에 대한 상대적 서술)

광학적 투명
몰딩하기 쉽다.
저렴하다.

유리(Glass)

소다석회유리(Soda-Lime Glass)

소다석회유리는 창문, 병, 전구에 가장 일반적으로 쓰이는 유리이며 대량으로 사용된다. 이름이 그것의 조성을 나타낸다. Na_2O(소다) 13~17 %, CaO(석회) 5~10 %, SiO_2(유리) 70~75 %이다. 그것은 낮은 용융점을 가져서, 블로몰딩이 쉽고 가격이 저렴하다. 불순물(흔히 녹색 또는 갈색을 띰)이 없으면 광학적 투명성을 보인다. 창문은 오늘날 평면이어야 하지만, 1950년대까지는 평면으로 만들기가 쉽지 않았다. 오늘날은 플로트유리 공정(유리를 액체 주석 베드 위에 띄워서 응고시킴)에 의해 평판유리를 값싸고 빠르게 생산한다.

대표적 용도 창문, 병, 용기, 시험관.

붕규산염유리(Borosilicate Glass)

소다석회유리에서 대부분의 석회를 보락스(B_2O_3)로 대체하면 붕규산염유리(Pyrex)가 된다. 그것은 소다석회유리보다 높은 용융점을 가지며, 공정이 더 어렵다. 그러나 낮은 열팽창계수를 가지고, 열충격에 대한 높은 저항을 가지므로, 가정용 유리제품과 실험실용 장비에 사용된다.

대표적 용도 실험실 유리제품, 오븐용 그릇, 헤드라이트, 전기절연체, 금속/유리 씰, 망원경 거울, 가늠자 창, 게이지, 시험관.

실리카유리(Silica Glass)

실리카는 뛰어난 투명성을 가진 유리이다. 그것은 거의 순수한 SiO_2에 가까우며, 극도로 높은 녹는점을 가져서 공정이 어렵지만, 다른 어떤 유리보다도 온도와 열충격에 잘 견딘다.

대표적 용도 고온램프의 덮개.

유리세라믹(Glass Ceramic)

유리세라믹은 다소간 정도의 차이가 있는 범위에서 결정화된 유리를 의미한다. 그것들은 유리질 상태에서 성형되며, 통상적인 몰딩방법을 사용하고 냉각되면서 첨가된 성분이 작은 결정의 핵을 형성하여 만들어진다. Pyroceram과 같은 상표의 주방기구로 팔리며, 고성능 내열용도에 사용된다.

대표적 용도 주방용품, 스토브 표면, 고성능 내열용도.

천연재료

대나무(Bamboo)

대나무는 건설산업에서 자연의 선물이라고 할 수 있다. 그것에 대해 생각해보면, 속이 빈 튜브에, 뛰어난 강도와 가벼움, 워낙 빨리 자라나기 때문에 1년이면 수확이 가능하다는 장점, 그리고 좀 오래 두면 지름이 0.3미터에 높이가 15미터까지 자란다는 사실 등이다. 이러한 장점과 그것의 단단한 표면 그리고 공정의 용이함은 대나무를 가장 다목적인 재료로 만들었다. 대나무는 빌딩과 비계, 지붕과 바닥재, 파이프, 통, 바구니, 지팡이, 낚싯대, 블라인드, 매트, 화살, 가구 등에 쓰인다. 통킹(Tonkin) 대나무는 강하고 유연하다(낚싯대). 탈리(Tali) 대나무는 구조용으로 사용된다(주택 또는 가구). 이타(Eeta) 대나무는 가장 빨리 자라며 셀룰로오스나 레이온 생산에 셀룰로오스 자원으로 사용된다.

발사(Balsa)

발사나무는 또 다른 자연의 기적이다. 극도로 가볍고, 물에 뜨며, 절연체이면서도, 결 방향으로 강도와 강성을 가진다. 발사는 구명용구, 부표, 뗏목, 패널, 진동 차단, 단열 칸막이, 항공기 내장마감, 모형 항공기에 사용된다. 오늘날 그것의 주 용도는 요트나 모터보트의 샌드위치 선체에 코어로 사용된다. 여기에는 '나뭇결(end-grain)' 발사가 사용되며, 결이 선체 또는 패널의 면에 수직으로 놓이는 것을 의미한다.

코르크(Cork)

코르크는 코르크 오크나무(Quercus Suber)의 피하 나무껍질이다. 그것의 세포조직은 부피기준으로 80 %를 차지하는 공기로 채워져 있다. 건조시키면, 코르크는 가볍고, 침투성이 높고, 쉽게 압착되며, 탄성을 가진다. 그것은 낮은 열전도도를 갖고, 120 ℃에서 검게 타며, 불꽃과 접촉하더라도 불이 잘 붙지 않는다. 코르크는 천연 밀폐셀 발포재로서, 방수이고 놀라울 정도로 안정적이어서 와인의 병마개로 30년까지 노후화되거나 와인을 오염시키지 않고 유지할 수 있다. 코르크 보드는 까칠한 표면의 코르크를 가열하면서 압착하여 만들고, 열과 소리를 차단하는 절연재로 벽과 천장에 사용된다. 코르크는 병마개, 절연재, 진동제어, 부표, 과일 수송용 포장재 등으로 사용된다. 압착된 형태로는 개스킷, 축받이 기름통(oil retainer)과 연마용 휠, 리놀륨(linoleum) 바닥재의 구성요소로도 사용된다.

가죽(Leather)

가죽은 자연직물이다. 그것은 높은 인장강도를 가지고, 굉장히 질기며 탄력성이 있으면서도 유연하고, 스웨이드(suede)처럼 촉감이 부드럽다. 동물의 가죽을 말려서 얻을 수 있으나, 유연하게 만들고 썩는 것을 방지하기 위해 타닌산 용액에 몇

주에서 몇 달간 흠뻑 적셔서 냄새가 심한 공정(무두질) 작업을 거친다. 가죽은 벨트, 개스킷, 신발, 재킷, 핸드백, 안감, 덮개 등에 사용된다.

나무(Wood)

나무는 역사가 기록되기 시작한 이래로 제품을 만드는 데 사용되어 왔다. 고대 이집트인들은 기원전 2500년 이전에 가구, 조각상, 관을 만드는 데 나무를 사용했다. 그리스인들은 그들의 전성시대이던 기원전 700년 무렵 그리고 로마인들은 그들의 전성기이던 기원 원년(0 AD) 무렵에 정교한 보트, 마차, 무기에 사용하였으며, 오늘날까지 여전히 남아 있는 가구제작의 공예기술을 확립하였다. 좀 더 다양한 용도는 중세시대에 이르러 나타났다. 그것은 나무를 더 큰 규모의 건물에 사용하는 것으로 시작하여, 펌프, 물레방아, 시계 등과 같은 장치에 나무를 사용함으로써 17세기 말에는 나무는 공학의 주요 재료가 되었다. 그 이후에 주철, 강철, 콘크리트가 이런 용도에 대신 사용되었으나, 목재는 여전히 방대한 양이 사용되고 있다.

나무는 뛰어난 특성의 조합을 제공한다. 그것은 가볍고, 결이 나란하며, 강성과 강도가 높고 질기며, 단위무게 당으로 비교하면 인공재료에 비해서도 뒤떨어지지 않는다. 그것은 저렴하고, 재생가능하고, 그것이 자라는 동안 태양으로부터 얻는 에너지가 그것을 재배하고 수확하는 데 필요한 화석연료 에너지를 훨씬 능가한다. 그것은 쉽게 절삭가공될 수 있으며, 조각하거나 결합하기 쉽고, 합판으로 만들면 복잡한 형태로 몰딩도 가능하다. 그리고 나무는 색상과 촉감에서 미학적인 즐거움과 따뜻함을 전달하며, 장인정신과 품질을 연상시킨다.

발포금속(Metal Foams)

무엇인가? 물에 뜨는 금속? 이치에 맞게 들리지 않지만 발포금속은 그렇다. 어떤 것들은 물보다 1/10 이하의 밀도를 갖기도 한다. 그것들은 새로운 클래스의 재료이지만, 아직은 불완전하게 평가되었으면서도 매혹적인 특성을 갖는다. 그것들은 가볍고 강성이 높으며, 에너지를 흡수하는 특성이 우수하고(충돌보호 및 포장재로 적합하게 함), 매력적인 열전달 특성을 갖는다(전자장비를 냉각하는 데 그리고 엔진의 열교환기로 사용). 어떤 것들은 고분자 발포재와 매우 비슷하게 개방셀을 가졌지만 금속의 특성을 가진다(연성, 전기전도도, 용접성 등). 다른 것들은 밀폐셀을 가졌으며, 마치 '금속 코르크' 같다. 그리고 그것들은 시각적으로 매력적이어서 산업디자인에 적절한 재료이다. 발포금속은 가스를 반액체금속 안에 가두는 주조방법이나 고분자 발포재를 전구체로 사용하는 복제기술로 만들어진다. 일단 주조되면 원료금속과 같이 화학적으로 안정하고, 원료금속과 같은 녹는점과 비열을 가지나, 밀도와 강성과 강도는 크게 감소한다. 그러나 강성-대-밀도 및 강도-대-밀도 비율은 여전히 매력적이다.

현재 12개 정도의 공급회사가 일련의 발포금속을 시장에 내놓고 있으며, 대부분은 알루미늄을 기반으로 하나, 다른 금속들(구리, 니켈, 스테인리스강, 티타늄)도 발포될 수 있다.

디자인 노트 발포금속은 절삭가공이 가능하며, 일부는 주조되어 형상을 만들 수 있으나, 이는 현재로서는 특수한 공정이다. 그것들은 접착제에 의해 가장 잘 결합되며, 강한 접합을 준다. 일부는 매력적인 질감을 가진 자연적인 표피를 가지나, 발포재가 잘릴 경우 이런 속성을 잃어버린다. 발포금속의 가장 매력적인 특징은 가벼운 무게, 높은 강성, 으깨졌을 때 에너지를 흡수하는 능력이다.

잠재적 용도 발포금속은 가볍고 강성이 높은 샌드위치패널의 코어로서 유망하다. 가벼운 셀 구조에서의 좌굴(buckling)을 방지하는 보강재(stiffener)로 사용할 수 있으며, 자동차와 기차의 내부 및 외부에서 에너지흡수 장치로 사용가능하고, (열원에 부착한 발포 알루미늄의 개방셀을 통해 공기를 불어 넣음으로써) 고출력 전자장비를 냉각시키는 효율적인 열교환기로도 사용 가능하다. 산업디자이너들은 개방셀 발포재의 반사도와 광 필터링 속성을 활용할 가능성을 인지하고 있으며, 밀폐셀 발포재의 흥미로운 질감에 대해서도 인지하고 있다.

경쟁 재료 강직 고분자 발포재, 알루미늄 허니콤, 나무.

환경 영향 발포금속은 가연성이 아니며(대부분의 다른 발포재와는 다름) 재활용이 가능하다.

공급자 Shinko Wire Company Ltd., 10-1 Nakahama-machi, Amagasaki-shi 660, Japan (Phone 81-6-411-1081) ERG Materials and Aerospace Corp., 900 Stanford Ave., Oakland, CA 94608, USA (Phone 1-510-658-9785) Fraunhofer Institute for Manufacturing and Advanced Materials(IFAM), Wiener Strasse 12, D-29359, Bremen, Germany (Phone 49-421-2246-211)

밀폐셀 발포알루미늄의 속성	
가격, \$/kg	12.00~20.00
밀도, Mg/m³	0.07~0.5
기술적 속성	
탄성계수, GPa	0.02~2
파괴인성, MPa·$m^{1/2}$	0.03~0.5
비커스 경도, H_V	0.08~1
항복강도, MPa	0.025~30
사용온도, ℃	−100~200
열전도도, W/m·K	0.3~10
열팽창계수, 10^{-6}/K	19~21
친환경 속성	
에너지함량, MJ/kg	250~290
탄소배출, CO_2(kg/kg)	22
재활용 가능성	높음
미학적 속성	
반사도, %	5~10

특징(다른 금속들에 대한 상대적 서술)

가볍다.
강성이 높다.
사용온도가 높다.

비결정질금속(Amorphous Metals)

무엇인가? 유리인 금속? 비결정질 또는 유리질(glassy) 금속은 물론 투명하지 않다. 그렇다면 이건 무슨 뜻인가? 여기서 '유리'는 기술적인 의미로 사용되었으며, '인식가능한 구조를 갖지 않은 재료'를 뜻하고, 라틴어로 표현하여 '무정형(amorphous)'이 되었다. 그것이 그리 놀라운 일은 아닐 수도 있지만, 사실 그러한 재료는 1960년 이전에는 존재하지도 않았다. 그 당시에 금의 복잡한 합금을 1,000,000 ℃/s의 믿기 어려운 속도로 급냉(담금질)하여 조그만 은색 조각을 만들어낸 것이 최초였다. 그것이 벌크 재료의 대량생산을 의미하는 것은 아니었으나, 그러한 합금개발의 속도에 힘입어 현재 우리는 비결정질금속 헤드를 가진 골프채를 살 수 있다.

금속이 주조될 때 결정은 주형의 가장 차가운 부분에서 생성되고, 다른 것과 부딪힐 때까지 내부로 성장해 들어가서, 고체 주물은 많은 숫자의 서로 연결된 결정 또는 결정립으로 구성된다. 대부분의 금속은 액체처럼 매우 유동성이 높으며(거의 물처럼 흐름) 그것은 원자가 쉽고 빠르게 재배열될 수 있음을 의미한다. 결정이 액체 속으로 성장해 들어가면, 거기에 합류하는 원자는 충분한 이동성을 가지고 각기 가장 알맞은 위치를 찾아 자리잡음으로써, 자동적으로 규칙적인 배열의 결정이 확장된다. 그러나 만일 크기와 친화력(affinity)이 다른 여러 성분으로 합금이 구성되었다면, 그것은 액체 상태에서 훨씬 높은 점성을 가지며(물보다는 꿀에 가까운 상태), 그 안의 원자는 이동성이 낮다. 더구나, 합금의 다른 성분들 간의 이 친화력은 액체 내에 군집이 생기게 하며, 이것들은 성장하는 결정에 합류할 수 있도록 쉽게 재배열되지 않는다. 이 모든 것의 의미는, 만일 합금이 급히 냉각되면 가능한 재배열에 필요한 시간을 제한하게 되고, 액체는 결정화되지 않고 그냥 고체가 된다는 것이다.

디자인 노트 지르코늄, 티타늄, 철, 마그네슘을 바탕으로 하는 새로운 합금들이 다른 많은 성분들과 합금되면서, 우리가 쉽게 얻을 수 있는 냉각속도에서 금속유리를 만들며, 비결정질금속의 상업적 활용이 가능해졌다. 그것들은 지금은 비싸지만(약 $18/lb 이상) 그들의 특성은 이 가격에서조차 매력적이다. 그것들은 매우 단단하고 높은 강도를 가지며, 같은 무게에서 티타늄합금보다 강하다. 그것들은 몰딩기법들에 의해 몰딩될 수 있으며, 기존 금속에 대해서는 불가능했던 공정 루트를 가능하게 한다. 그것들은 뛰어난 부식저항을 가진다. 그리고 스프레이 작업으로 같은 특성을 가지는 코팅을 입히는 것이 가능하다.

대표적 용도 금속유리는 유달리 단단하며, 부식저항이 극히 우수하고, 스프링, 똑딱단추 일체화(snap together) 부품, 칼날, 강하고 가벼운 케이스, 얇은 두께에 고강도를 필수로 하는 기타 용도에 다른 어떤 금속보다도 우수한 특성들의 조합을 가질 수 있다. 그것들은 공정 가능성도 역시 뛰어나서 복잡한 형상으로 몰딩이 가능하다.

경쟁 재료 티타늄합금, 고강도 강철.

Ti기반 비결정질금속의 속성	
가격, $/kg	32.00~40.00
밀도, Mg/m^3	6.2~6.4
기술적 속성	
탄성계수, GPa	91~100
연신율, %	1.9~2.1
파괴인성, $MPa \cdot m^{1/2}$	52~57
비커스 경도, H_V	555~664
항복강도, MPa	1,800~2,000
친환경 속성	
에너지함량, MJ/kg	350~400
탄소배출, CO_2(kg/kg)	7.5
재활용 가능성	높음
미학적 속성	
반사도, %	95~99

특징(다른 금속들에 대한 상대적 서술)

탄력성이 매우 우수하다.
극히 우수한 마모저항
우수한 부식저항

환경 영향 일부 금속유리는 베릴륨을 포함하므로 폐기할 때 문제가 생긴다. 하지만 유독성분을 가지지 않은 재료를 공급할 수 있도록 빠른 합금개발의 진도를 기대할 수 있다.

공급자 Howmet Research Corporation Inc.: www.howmet.com, Liquidmetal Technologies: www.liquidmetal.com

Nitinol(NiTi 합금)의 속성	
밀도, Mg/m^3	6.42~6.47
기술적 속성	
탄성계수, GPa	8~83
연신율, %	5~25
항복강도, MPa	195~690
열전도도, W/m·K	17~18
열팽창계수, 10^{-6}/K	10.5~11.5
친환경 속성	
에너지함량, MJ/kg	320~380
탄소배출, CO_2(kg/kg)	23
재활용 가능성	높음
미학적 속성	
반사도, %	80~90
특징(다른 금속들에 대한 상대적 서술)	
구동능력을 가진다. 우수한 부식저항 전기 전도성	

형상기억합금(Shape-memory Alloys)

무엇인가? 형상기억합금(SMA)은 가열될 경우 기존에 정의된 어떤 형상으로 돌아가는 놀라운 능력을 가진 금속 그룹이다. 일부는 가열될 경우에만 형상기억을 드러내고(일방향 형상기억), 다른 것들은 다시 냉각될 경우에도 형상이 바뀐다(양방향 형상기억). 그것들은 열탄성 마르텐사이트(thermo-elastic martensite)라 불리는 결정구조를 가짐으로써 작동한다. 이것은 변태온도 이하에서 합금이 쌍정(twinning) 기구에 의해 변형될 수 있게 한다. 이 변형은 가열에 의해 구조가 원래의 상으로 되돌아갈 때 역전된다.

주요 상업화된 부류는 NiTi 합금들과 구리기반의 CuZnAl 및 CuAlNi 합금이다. NiTi 합금들은 더 큰 형상기억변형도를 가졌으며(구리기반 합금이 4~5 %인데 비하여 8 %까지 가능), 700MPa까지도 응력을 만들어낼 수 있고, 뛰어난 부식저항을 가지고 있어서 생체의학 용도에 중요하다. 구리기반 합금은 부식저항이 더 낮고 응력부식균열(SCC)에 취약하지만, 그러나 가격이 훨씬 싸다. 변태온도는 합금 조성을 미세조정함으로써 −200~110℃ 사이에서 조정될 수 있다. 최대 변태변형도는 처음 사용되었을 때에는 8 %, 100회 반복에는 6 %, 100,000회 반복 시에는 4 %로 떨어진다.

디자인 노트 자유회복장치에서 SMA 부품은 마르텐사이트 상태에서 변형되며, 형상기억의 유일한 필요 기능은 가열에 의해 원래의 형상으로 돌아오는 것이다. 이것의 용도는 NiTi 혈전제거 필터이다. 혈관 안에 닻을 내린 형상의 와이어로 지나가는 혈전을 잡아낸다. 부품을 냉각함으로써 그것이 접혀져서 혈관 안으로 삽입되고, 몸속에 들어가서는 체온이 부품을 기능적인 형상으로 되돌릴 만큼 충분하다.

구속회복장치에서 SMA 부품은 힘을 받아야만 한다. 예로서 그것에 결합되는 금속 배관보다 약간 작은 원통형 슬리브로 제조되는 유압커플링이 있다. 마르텐사이트 상태에서 슬리브 지름이 늘어나며, 가열되어 오스테나이트로 바뀌면서 그 지름이 줄어들고 튜브 끝을 꽉 물어 고정시킨다.

힘 구동기 용도에서, 형상기억 부품은 상당히 넓은 범위의 움직임에 힘을 가하기 위하여 디자인된다(종종 많은 횟수에 걸침). 예로서 화재 발생 시 유독 또는 가연성 가스가 들어오는 것을 막기 위하여 디자인된 CuZnAl 구동기를 포함하는 화재안전밸브가 있다.

비례제어 용도에서는 메커니즘을 정확하게 나타내기 위하여 단지 형상회복의 일부만이 사용되며, 변태가 일정한 온도범위에 걸쳐 발생한다는 점을 활용한다.

초고탄성 용도에서, SMA 합금은 상온에서 그것의 변태온도 이상에 존재하도록 디자인된다. 이는 합금이 크게 변형되지만, 하중이 제거되면 즉시 원래의 형상으로 돌아올 수 있게 하므로, 초고탄성 NiTi 안경테에서처럼 탄성을 갖는 것으로 보인다.

대표적 용도 NiTi 합금들의 특성은 특히 생체의학 분야에서 사용이 늘어날 것을 암시한다. 그것들은 부식저항이 극도로 높고 생체에 적합하며, 아주 작은 크기로 제작이 가능하고, 탄성과 힘을 전달하는 특성을 가져서 다른 어떠한 방법으로도 불가능한 응용을 가능하게 한다.

공급자 Shape-Memory Applications, Inc.: www.sma-inc.com

Aramid Fibers

Carbon Fibers

Glass Fibers

고성능 섬유(Technical Fibers)

아라미드섬유(Aramid Fibers)

무엇인가? 케블라라는 상표로 듀퐁에 의해 처음 생산된 아라미드섬유는 고분자 사슬이 섬유의 축에 평행하게 정렬되는 방식으로 제조된다. 화학적 단위체는 높은 강성을 부여하는 고리구조를 가진 방향족(aromatic) 폴리아미드이다. 사슬의 강한 공유결합이 높은 강도를 가져다준다. 그것들은 저밀도/고강도 섬유(Kevlar 29), 고탄성계수 섬유(Kevlar 49), 초고탄성계수 섬유(Kevlar 149)의 세 가지로 이용할 수 있다. 최초로 사용된 곳은 로프, 케이블, 방탄용이었고, 두 번째로 항공우주, 해양, 자동차부품용 고분자의 강화재로서 사용되었다. 노멕스(Nomex) 섬유는 뛰어난 난연성과 마멸저항을 가졌으며, 종이 형태로 만들어져 벌집구조(honeycomb)를 만드는 데 사용된다. 이러한 재료들은 뛰어난 안정성을 보이며, 우수한 강도, 인성, 강성을 최고 170℃까지 유지한다. 여기에 제공되는 데이터는 Kevlar 49 아라미드섬유 한 가닥의 특성을 나타낸다.

대표적 용도 직물(개인방탄용 의복, 보론카바이드와 함께 사용하여 포탄과 탄환에 대한 방탄, 방탄조끼), 종이(샌드위치패널을 만드는 허니콤 코어), 섬유와 직조(고분자기지 복합재료의 강화재).

탄소섬유(Carbon Fibers)

무엇인가? 탄소섬유는 비스코스, 레이온, 폴리아크릴로니트릴(PAN)과 같은 유기섬유를 열분해시켜 만들거나, 석유 핏치(pitch)로부터 만들어진다. PAN계 탄소섬유가 더 나은 기계적 특성을 보이지만, 핏치계 섬유가 훨씬 저렴하다. PAN 섬유는 정렬을 위해 처음에 잡아당겨지고, 그 후에 약간 고온의 공기 중에서 산화된 다음, 매우 고온의 비활성 환경에서 탄화되고, 마지막으로 인장응력 하에서 가열되어 흑연의 결정구조로 변환된다. 탄소섬유는 낮은 밀도에 높은 강도와 강성을 가졌지만, 대기가 환원성이 아닌 한 고온에서 산화된다. 그것들은 네 가지 종류로 나누어진다. 고탄성계수, 고강도, 초고탄성계수, 초고강도로 나뉘며, 가격은 이 순서대로 증가한다. 한 가닥의 섬유는 매우 가늘다(지름 10 μm 미만). 탄소섬유는 일반적으로 토(tow)로 방적되거나 직물로 직조된다. 그것들은 주로 고분자기지, 금속기지, 탄소기지 복합재료의 강화재로 사용된다. 여기에 제공되는 데이터는 고강도(HS) 탄소섬유 한 가닥의 특성을 나타낸다.

대표적 용도 CFRP, 금속기지 및 세라믹기지 복합재료, 경주용 자동차와 항공기의 브레이크 패드로 사용되는 탄소섬유강화탄소(C/C) 복합재료.

유리섬유(Glass Fibers)

무엇인가? 유리섬유는 녹은 유리를 스피너(spinner)를 통해 드로잉하여 만들어지며, 지름이 10~100 μm인 연속섬유가 얻어진다. 그것들은 유연함에도 불구하고 완전무결함에 의해 뛰어난 인장강도를 가졌다. 그것들은 엉성한 펠트 형태로 뭉쳐질 수 있고, 매우 낮은 열전도성을 가진다. 따라서 그것은 건물의 단열재로 사용될 수 있는데, 가장 흔하게는 엉성한 매트 형태로 이용된다. 그것들은 직물로 직조될 수 있고, 프린트되거나 색상을 입혀 커튼이나 덮개에 난연성을 가진 대안재료로 사용될 수 있다(직조된 직물을 실리콘으로 처리하면 250 ℃까지 사용가능). 토막 낸 섬유가닥(chopped strand) 또는 연속섬유 또는 섬유다발(yarn)로서 그것들은 유리섬유강화 고분자(GFRP)의 강화재가 된다. 유리섬유에는 여러 종류가 있으며, 각기 다른 조성과 강도를 가진다. E-glass는 표준 강화재이고, C-glass는 E-glass보다 나은 부식저항을 가졌다. R-glass와 S-glass는 E-glass보다 우수한 기계적 특성을 갖지만 더 비싸다. AR-glass는 알칼리 저항성을 가지므로 시멘트를 강화하는 데 사용할 수 있다.

대표적 용도 유리섬유는 단열재, 난연성 직물, GFRP를 만드는 강화재로 사용된다. E-glass는 특히 고분자기지를 강화하기 위한 조성으로 맞추어졌다.

아라미드섬유, 탄소섬유, 유리섬유의 속성			
	아라미드섬유	탄소섬유	유리섬유(E-glass)
가격, $/kg	70.30~198.00	40~50	1.63~3.226
밀도, Mg/m^3	1.44~1.45	1.80~1.84	2.5~2.6
기술적 속성			
탄성계수, GPa	125~135	225~260	72~85
연신율, %	2.7~2.9	0	0
항복강도, MPa	2,250~2,750	3,750~4,000	1,900~2,050
최고사용온도, ℃	200~300	530~580	347~377
비열, J/kg·K	1,350~1,450	705~715	800~805
열전도도, W/m·K	0.2~0.3	80~200	1.20~1.35
열팽창계수, 10^{-6}/K	(−4)~(−2)	0.2~0.4	4.9~5.1
친환경 속성			
에너지함량, MJ/kg	1,110~1,230	380~420	62.2~68.8
탄소배출, CO_2(kg/kg)	17	25	3.5
재활용 가능성	낮음	낮음	낮음

Coir Fibers

Cotton Fibers

Flax Fibers

천연섬유(Natural Fibers)

코이어섬유(Coir Fibers)

무엇인가? 코이어(coir)는 코코넛의 털이 많은 겉껍질로부터 추출되는 거친 섬유이다(어원은 Malayalam어 kayar이며 의미는 cord). 개개의 섬유 셀은 좁고 속이 빈 형태로, 셀룰로오스로 된 두꺼운 셀 벽을 가졌다. 덜 익은 상태에서는 백색이지만 점차로 리그닌 층이 셀 벽에 침착되면서 단단해지고 황색으로 변한다. 두 종류가 있다. 백색 코이어는 코코넛이 익기 전에 수확하는데, 섬유는 백색 또는 연한 갈색이고 매끈하며 가늘다. 그것들은 일반적으로 방적하여 실이 되고, 그것을 매트나 로프를 만드는 데 사용한다. 갈색 코이어는 완전히 익은 코코넛으로부터 수확한다. 그것은 백색 코이어보다 더 두껍고, 더 강하고, 마멸저항도 더 우수하다. 그것은 전형적으로 매트, 브러시, 마대 천으로 사용된다. 코이어섬유는 비교적 방수가 잘되며, 염수에 의한 손상에 저항성이 큰 몇몇 천연섬유 중 하나이다. 탄성계수와 강도는 모두 섬유의 형태(다발 또는 한 가닥)와 수분함량에 따라 크게 달라진다.

대표적 용도 백색 코이어는 로프를 만드는 데 사용되고, 직조되면 매트를 만드는 데 사용된다. 백색 코이어는 염수에 대한 뛰어난 저항 때문에 어업용 그물을 만드는 데도 사용된다. 갈색 코이어는 마루 매트, 현관용 매트, 브러시, 매트리스, 바닥 타일, 마대, 노끈에 사용된다. 라텍스를 뿌린 갈색 코이어 패드(고무화된 코이어)는 자동차 시트커버로 사용된다.

면섬유(Cotton Fibers)

무엇인가? 면섬유는 더운 지방에서 재배되는 목화(Gossypium)의 꽃으로부터 얻어진다. 여러 종이 있지만, 모두 셀룰로오스 95 %에 약간의 왁스가 포함된다. 섬유 길이와 날씬함이 품질을 결정한다. 면섬유는 sailcloth, canvas, voile, calico, gingham, muslin, crepe, cambric, organdie, crinoline, twill, damask과 같은 매우 넓은 범위의 각종 직물을 만드는 데 사용된다. 그것들은 섬유의 품질과 직조된 특성에 있어서 서로 다르다. 여기에 주어진 데이터는 한 가닥의 면섬유에 대한 것이다. 그것으로 만든 직물의 특성은 직조에 따라 크게 달라진다.

대표적 용도 직물과 로프, 밴디지, 섬유, 망사 강화재.

아마섬유(Flax Fibers)

무엇인가? 아마는 아마식물(학명: Linum usitatissimum L.)의 줄기로부터 얻는 인피(bast-derived) 섬유이다. 대마와 마찬가지로 줄기로부터 섬유를 벗기기 위해 야외에서 침수처리를 거쳐야 하는데, 엄청나게 냄새나는 작업이다(주요 생산국인 벨기에와 아일랜드의 많은 사람들은 그것을 참고 견뎌야 함). 아마섬유는 강도와 내구성이 좋기 때문에 린넨이나 로프를 만드는 데 사용된다. 아마는 대마나 양마, 모시,

황마처럼 인피식물에 속하는데, 그들은 길고 질긴 섬유로 잘 알려져 있다. 인피식물은 줄기의 내부에 덜 강한 섬유질이 있고 그것을 둘러싸는 바깥층에 10~40 %의 더욱 강한 섬유질이 분포한다.

대표적 용도 직물과 로프, 바닥 커버, 실내장식 섬유, 가구 덮개천. 아마섬유는 고분자기지 복합재료의 강화재로 사용되었고, 콘크리트 강화용 천연섬유로도 사용된다. 우수한 안정성과 함께 복합재료로서 강도를 발휘하지만, 철근 강화재가 여전히 필요하다.

코이어섬유, 면섬유, 아마섬유의 속성

	코이어섬유	면섬유	아마섬유
가격, $/kg	0.25~0.50	2.10~4.20	2.10~4.20
밀도, Mg/m^3	1.15~1.22	1.52~1.56	1.42~1.52
기술적 속성			
탄성계수, GPa	4~6	7~12	75~90
연신율, %	15~35	5~12	1.2~1.8
항복강도, MPa	100~150	100~350	150~338
비열, J/kg·K		1,200~1,230	1,220~1,420
열전도도, W/m·K		0.57~0.61	0.25~0.30
열팽창계수, 10^{-6}/K	37.4~49.3	15~30	15~30
친환경 속성			
에너지함량, MJ/kg	7.20~7.96	44~48	10~12
탄소배출, CO_2(kg/kg)	0.5	2.6	0.4
재활용 가능성	낮음	낮음	낮음

Hemp Fibers

대마섬유(Hemp Fibers)

무엇인가? 대마는 삼(학명: Cannabis Sativa)의 줄기로부터 얻는 섬유이다. 대마의 화학적 조성은 면과 거의 같지만, 그 섬유는 더 굵고 강하다. 섬유는 침수처리에 의해 줄기로부터 분리되는데, 불쾌한 냄새를 유발하는 것으로 잘 알려진 공정이다. 여기에 주어진 데이터는 한 가닥의 대마섬유에 대한 것이다. 그것으로 만든 직물의 특성은 직조에 따라 크게 달라진다.

대표적 용도 로프, 거친 직물(삼베).

황마섬유(Jute Fibers)

무엇인가? 황마는 Malvaceae 과의 Corchorus 속에 속하는 식물로부터 얻는 길고, 연하고, 반짝이는 식물성 섬유이다. 양마, 산업용 대마, 아마(린넨), 모시처럼 황마는 인피섬유 식물이며, 그 줄기나 인피로부터 섬유가 추출된다. 황마는 가장 저렴한 천연섬유 중의 하나이고, 생산량과 용도의 다양성에서 면섬유에 이어 두 번째이다. 그것은 거칠고 강한 실로 방적된다. 직조되면 그것은 헤센(hessian) 또는 포(burlap)라고 불린다. 황마섬유로 유리섬유를 대체하여 복합재료의 강화재로 사용하려는 데 관심이 높아지고 있다.

대표적 용도 황마는 주로 목화솜을 감싸는 곤포 직물을 만드는 데, 자루를 만드는 데, 거친 직물을 만드는 데 사용된다. 커튼이나 의자 커버, 카펫, 일부에 까는 양탄자, 헤센직물, 리놀륨 장판의 배접에 쓰인다.

양마섬유(Kenaf Fibers)

무엇인가? 양마는 속성으로 자라는 섬유식물(학명: Hibiscus cannabinus)로부터 얻는 섬유인데, 이 식물은 목화, 오크라, 히비스커스와 연관이 있다. 약 8~20피트까지도 자라며, 그 줄기를 수확하여 섬유를 추출해낸다. 섬유는 산업용 섬유 직물, 로프, 노끈의 제조에 사용된다. 양마는 가장 널리 활용되는 인피(줄기)섬유 중 하나이다.

대표적 용도 양마섬유의 주 용도는 지금까지 로프, 노끈, (황마로 만든 것과 비슷하게) 거친 직물, 종이였다. 새롭게 나타난 양마섬유의 용도는 합성목재(예: MDF), 단열재, 옷감, 고분자기지 복합재료의 강화재이다.

대마섬유, 황마섬유, 양마섬유의 속성			
	대마섬유	**황마섬유**	**양마섬유**
가격, $/kg	1.00~2.10	0.35~1.50	0.26~0.52
밀도, Mg/m^3	1.47~1.52	1.44~1.52	1.44~1.50
기술적 속성			
탄성계수, GPa	55~70	35~60	60~66
연신율, %	1.4~1.7	1.7~2.0	1.3~5.5
항복강도, MPa	200~400	145~530	195~666
비열, J/kg·K	1,200~1,220	1,200~1,220	1,200~1,220
열전도도, W/m·K	0.25~0.30	0.25~0.35	0.25~0.35
열팽창계수, 10^{-6}/K	15~30	15~30	15~30
친환경 속성			
에너지함량, MJ/kg	9.5~10.5	30~33	31~34
탄소배출, CO_2(kg/kg)	1.2	1.3	1.3
재활용 가능성	낮음	낮음	낮음

Wool Fibers

모시섬유(Ramie Fibers)

무엇인가? 모시는 쐐기풀에 속하는 화초식물(학명: Boehmeria nivea)이고 그 줄기로부터 얻는 모시섬유는 최소한 6,000년 동안 밧줄과 직물 생산에 사용된 가장 오래된 섬유 중 하나이다. 황마, 대마, 아마(린넨)와 같이 모시는 인피섬유식물이고 그 줄기나 인피로부터 섬유가 추출된다. 그것은 가장 강한 천연섬유 중 하나이다.

대표적 용도 모시는 산업용 재봉실, 포장재, 어업용 그물, 필터용 천을 만드는 데 사용된다. 그것은 또한 가구용 덮개 천이나 옷감으로도 자주 다른 섬유들과 혼합되어 사용된다. 짧은 섬유나 쓰레기는 종이 제조에 사용된다.

사이잘섬유(Sisal Fibers)

무엇인가? 사이잘섬유는 용설란(학명: Agave sisalana)으로부터 얻는 섬유이다. 사이잘은 강도, 내구성, 당김에 견디는 능력, 어떤 물감에 대한 친화력 등이 우수하고, 염수에 의한 퇴화에 대한 저항성이 크기 때문에 밧줄에 쓰인다.

대표적 용도 사이잘은 www.sisal.ws에 따르면 세 등급으로 구분되어 산업에 이용된다. 저급 섬유는 높은 셀룰로오스 및 헤미셀룰로오스 함량 때문에 제지산업에서 처리된다. 중급 섬유는 로프, 농작물 묶음용이나 인쇄제본용 노끈을 만드는 밧줄산업에서 사용된다. 고급 섬유는 전처리 후 섬유다발로 전환되어 카펫산업에 쓰인다. 사이잘은 현재 고분자기지 복합재료의 강화재로 사용된다.

양모섬유(Wool Fibers)

무엇인가? 양모는 양, 알파카, 토끼(angora), 낙타, 산양(모헤어, 캐시미어), 라마(vicuna)의 모발이나 털로부터 얻어진다. 그것은 카펫처럼 닳지 않고 오래 가고, 스웨터나 담요처럼 훌륭한 단열재인 때문에 오늘날에도 여전히 중요한 상업적인 섬유로 남아 있다. 그 중에서 가장 우수한 품질의 섬유는 어린 양의 양모, 모헤어, 라마 등이다. 양모는 카펫, 좌석커버, 의복, 담요 등에 널리 사용된다. 양모는 케라틴이다. 그 섬유는 구불구불하고 곱슬곱슬해서 단열효과를 주는 공기 포켓을 만들어내며 스펀지 같은 느낌을 가진다. 섬유의 외부 표면은 마치 물고기의 바늘처럼 중첩된 일련의 들쭉날쭉한 비늘로 구성되어 있어서 서로 잘 달라붙고 펠트를 만들기 쉽다(양모섬유는 잘못 세탁하여 수축되면 그런 들쭉날쭉한 비늘들이 달라붙게 되고, 잡아당겨야만 원래의 위치로 돌아감). 양모의 이런 독특한 성질 때문에 형상화와 재단이 가능하고, 모직이 고급의류를 만드는 데 가장 인기 있는 소재가 되었다. 그것은 여러 가지로 다르게 직조되어 모직, 트위드, 격자무늬 옷감(plaid), 플란넬, 소모사(worsted)가 된다. 모직은 먼지에 대한 저항, 화염에 대한 저항, 마모나 찢김에 대한 저항이 좋다.

대표적 용도 옷감, 카펫, 가구용 덮개천, 커튼, 담요, 단열용 양모.

모시섬유, 사이잘섬유, 양모섬유의 속성			
	모시섬유	**사이잘섬유**	**양모섬유**
가격, $/kg	1.50~2.50	0.60~0.70	2.10~4.20
밀도, Mg/m^3	1.45~1.55	1.40~1.45	1.25~1.34
기술적 속성			
탄성계수, GPa	38~44	10~25	3.8~4.2
연신율, %	2.0~2.2	4~6	35~55
항복강도, MPa	100~150	495~711	70~115
사용온도, ℃	127~147	127~147	
비열, J/kg·K	1,200~1,220	1,200~1,220	1,320~1,380
열전도도, W/m·K	0.25~0.35	0.25~0.35	0.19~0.22
열팽창계수, 10^{-6}/K	15~30	15~30	15~30
친환경 속성			
에너지함량, MJ/kg	7.2~8.0	7.2~8.0	51~56
탄소배출, CO_2(kg/kg)	3.6	0.5	0.5~3.4
재활용 가능성	낮음	낮음	낮음

성형 프로파일

성형공정은 재료에 형태를 부여한다. 공정의 선택은 재료, 형상, 요구되는 크기, 정밀도, 표면마감에 따라 달라지고, 수반되는 비용은 한 번에 만들어 낼 부품의 숫자, 즉 뱃치크기(batch size)에 결정적이다.

다음 페이지의 목차에서 볼 수 있는 것처럼, 여러 가지 광범위한 성형공정 가족이 존재한다. 어떤 것들은 뱃치크기가 작더라도 경제적이다. 고분자의 진공성형과 금속의 사형주조가 그러한 예이다. 다른 것들은 대량생산할 경우에만 경제적이다. 고분자의 사출성형과 금속의 다이캐스팅이 그러한 예이다. 각 공정은 주어진 뱃치크기에 맞추어 경제성을 갖도록 변형된다. 그리고 급속조형(뱃치크기는 하나)을 가능하게 하는 특별한 공정도 개발되었다. 이것과 공정의 다른 어떤 속성들은 쉽게 정량화될 수 있다. 공정이 만들 수 있는 부품의 크기, 공정이 가능한 단면의 최소두께, 치수의 정밀도(허용 공차), 표면 거칠기(또는 매끈함)가 있다. 그러나 정량화하기 어려운 하나는 바로 형상의 속성이다. 선재 인발(wire drawing)은 원통형 형상 하나만을 만든다. 매몰주조는 무제한으로 복잡한 형상을 만들어낸다. 속이 빈 것, 안쪽으로 오목한 것, 다기연결 등이 가능하다. 형상을 분류하기 위한 여러 가지 시도가 있었으나 완전히 성공적인 것은 없다. 이 프로파일에서 우리는 기본적인 형상의 집합을 기준으로 삼을 것이다. 그 각각을 목차 다음 쪽에 그림으로 나타내었다.

더 자세한 정보는 '참고문헌'에 열거된 출처들로부터 찾아볼 수 있다.

http://dx.doi.org/10.1016/B978-0-08-098205-2.00020-2

일반적인 형상

제품디자인에 흔히 등장할 수 있는 형상들의 집합

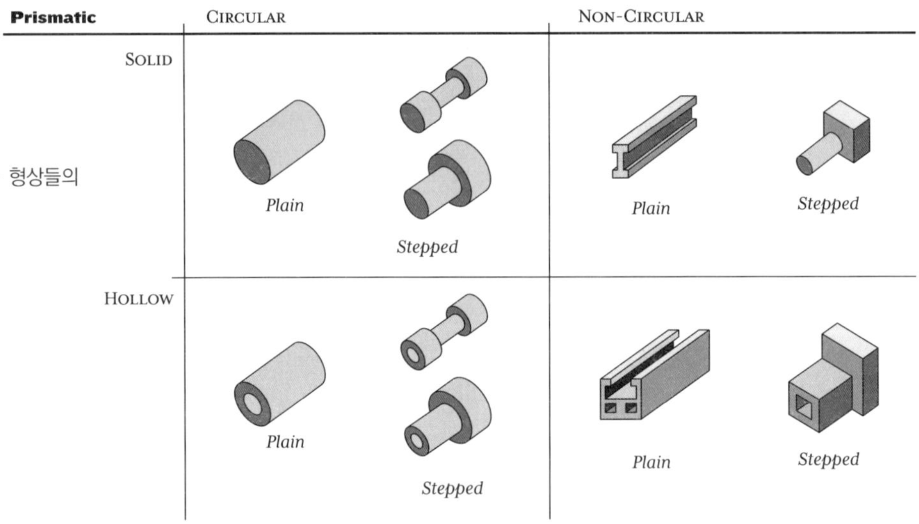

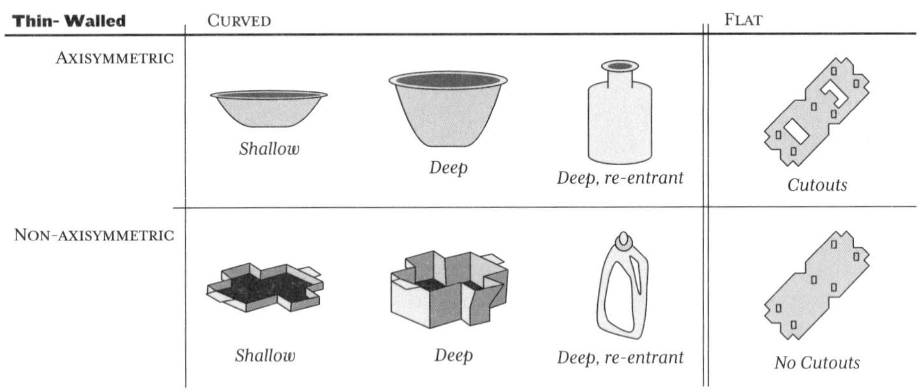

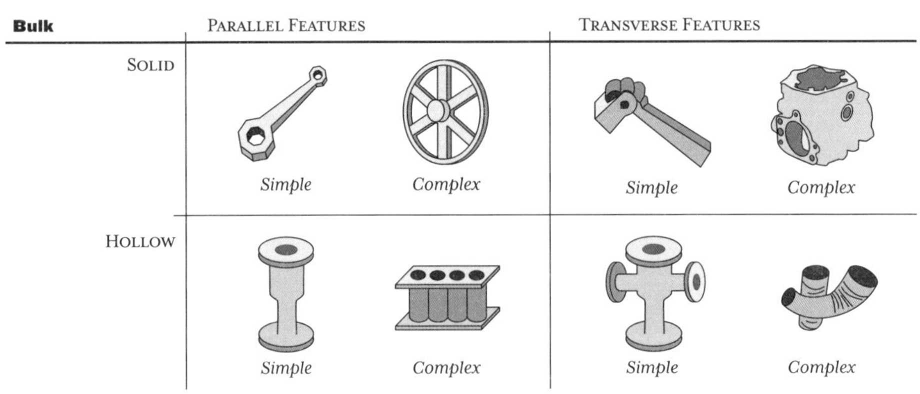

참고문헌

ASM (1962) "Casting Design Handbook," ASM International, Materials Park, OH, USA. (오래되었으나 여전히 쓸모 있는 정보의 출처)

Bralla, J.G. (1998) "Handbook of Product Design for Manufacture," 2nd edition, McGraw-Hill, New York, NY, USA. ISBN 0-07-007139-X. (제조공정에 관한 방대한 양의 정보를 집대성한 경전과 같은 책으로, 다양한 분야의 전문가들이 저술하였고 Bralla에 의해 편집되었다. 교재보다는 핸드북이므로 읽기 쉬운 편은 아니다.)

Clegg, A.J. (1991) "Precision Casting Processes," Pergamon Press, Oxford, UK. ISBN 0-08-037879-X. (주요 주조공정에 대한 설명)

DeGarmo, E.P., Black, J.T. and Kohser, R.A. (1984) "Materials and Processes in Manufacturing," Macmillan Publishing Company, New York, NY, USA. ISBN 0-471-29769-0. (재료에 대한 간략한 소개와 함께 주로 제조공정에 초점을 둔 포괄적인 단행본. 금속 제조공정의 관점에서 다루었기 때문에, 고분자, 세라믹, 유리의 공정에 대해서는 훨씬 더 간략하게 처리하고 있다.)

Edwards, L. and Endean, M., editors (1990) "Manufacturing with Materials," Materials in Action Series, The Open University, Butterworths, London, UK. ISBN 0-408-02770-3. (재료의 성형과 결합에 대한 교과서이며, 사례연구를 가지고 잘 설명하고 있다.)

Kalpakjian, S. (1984) "Manufacturing Processes for Engineering Materials," Addison-Wesley, Reading, MA, USA. ISBN 0-201-11690-1. (모든 클래스의 재료에 대한 제조공정을 포괄적으로 다룬 책으로 교재로 널리 사용된다.)

Lesko, J. (1999) "Materials and Manufacturing Guide: Industrial Design," John Wiley & Sons, New York, NY, USA. ISBN 0-471-29769-0. (산업디자인에 다년간의 경험을 가진 컨설턴트에 의해 저술된 책으로, 재료와 제조공정에 대한 간단한 설명, 그림, 사진으로 구성되어 있다.)

Mayer, R.M. (1993) "Design with Reinforced Plastics," The Design Council and Bourne Press Ltd., London, UK. ISBN 0-85072-294-2. (섬유강화플라스틱을 사용하여 디자인하려는 엔지니어들을 위한 책. 고분자기지 복합재료의 성형공정에 대한 유용한 정보의 출처이다.)

Swift, K. and Booker, J.D. (1998) "Process Selection: From Design to Manufacture," John Wiley & Sons, UK. ISBN 0-340-69249-9. (48개 공정에 대한 표준포맷 데이터 시트로 구성되어 있으며, 그 중 일부는 성형에 관한 것이다.)

사출성형(Injection Molding)

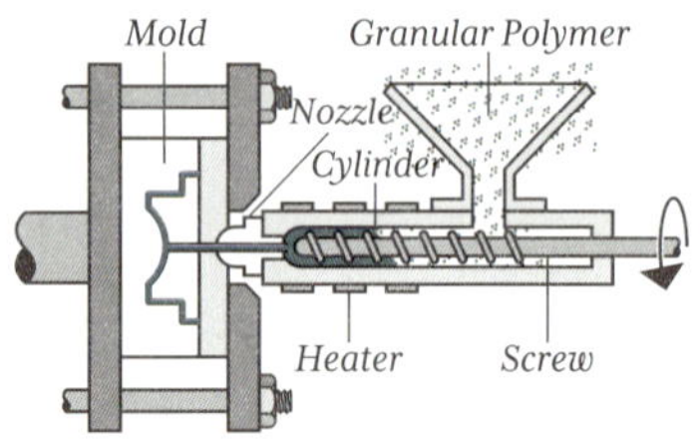

사출성형의 속성

무게 범위, kg	0.01~25
최소 두께, mm	0.3~10
형상의 복잡성	높음
허용공차, mm	0.05~1
표면거칠기, μm	0.2~1.6
경제적인 뱃치크기	10,000~1,000,000

무엇인가? 어떤 공정도 사출성형만큼 제품디자인을 변화시킨 공정은 없다. 사출성형 제품은 제품디자인의 분야마다 찾아볼 수 있다. 소비용품, 사무용품, 산업용품, 컴퓨터, 통신용, 의료용 및 연구용 제품, 장난감, 화장품 포장재, 스포츠용품에 이르기까지 모든 분야에 등장한다. 열가소성 고분자를 성형하는 데 가장 흔히 쓰이는 장비는 왕복스크루사출기로, 옆의 그림에 개략도를 보여준다. 고분자의 알갱이들은 나선형 프레스 속으로 공급되어 혼합되고 반죽(dough)과 같은 밀도로 연화되어서 하나 이상의 탕구(sprue)를 통해 다이 속으로 주입된다. 고분자는 가압된 상태로 응고되며 마침내 부품으로 적출된다. 열가소성 고분자, 열경화성 고분자, 탄성중합체 모두 사출성형이 가능하다. 동시사출(co-injection)에 의해 다른 재료, 색상, 특징을 가진 부품의 몰딩이 가능하다. 발포 사출성형은 불활성가스 또는 화학발포제를 사용하여 고체 표면과 발포재 내부를 가진 구조의 부품을 만들기 때문에 대형 몰딩부품의 경제적인 생산을 가능하게 한다.

형상 단순하거나 복잡한 고체 벌크 형상.

디자인 노트 사출성형은 작고, 정밀하고, 복잡한 형상을 가진 고분자 부품을 대량생산하는 데 최선의 방법이다. 표면마감이 우수하며, 질감과 무늬는 금형을 변형시킴으로써 쉽게 변경할 수 있고, 세밀한 세부사항 역시 잘 재현될 수 있다. 장식용 레이블은 부품의 표면에 몰딩될 수 있다(IMD 참조). 유일한 표면마감 작업은 탕구의 제거뿐이다.

기술 노트 비록 높은 용융점을 가진 재료(예: PTFE)는 다소 어려움이 따르긴 하지만, 대부분의 열가소성 고분자는 사출성형될 수 있다. 단섬유와 입자로 충전된 열가소성 고분자기지 복합재료는 충전율이 너무 크지만 않다면 공정이 가능하다. 단면적의 큰 변화는 권장할만한 것이 아니다. 작은 재진입 각도와 복잡한 형상은 가능하지만, 어떤 특징들(예: 언더컷, 나사산, 인서트)은 공구비용의 증가를 초래할 수 있다. 공정은 열경화성 고분자와 탄성중합체에도 사용될 수 있다.

경제성 자본비용은 중간 수준에서 높음까지이고, 공구비용은 보통 높은 수준이며, 그런 까닭으로 사출성형은 큰 뱃치크기에 대해서만 경제적이다. 생산속도는 특히 부품이 작을 때 높아질 수 있으며, 다수캐비티 금형이 자주 사용된다. 시제품(prototype)에는 값싼 재료로 만든 단수캐비티 금형을 사용하면 된다.

주요 제품 하우징, 용기, 커버, 고리, 공구 손잡이, 배관 연결부, 렌즈, 장난감, 모형

환경 영향 열가소성 탕구는 재활용이 가능하다. 휘발성 연기에 대해서는 배기가 필요할 수도 있다. 수지의 혼합과정에서 심각한 수준의 먼지에 노출될 수도 있다. 온도조절 제어기의 오작동은 위험할 수 있다.

경쟁 공정 고분자주조, 금속 다이캐스팅.

Image courtesy of IDTC-International Design Trend Center

회전성형(Rotational Molding)

무엇인가? 두툼하고 밝은 색상의 어린이용 의자는 회전성형으로 만들어질 수 있는 것의 예를 보여준다. 미리 측량된 고분자 분말이 차가운 금형 속으로 공급되면, 그것이 통째로 커다란 오븐 속에서 동시에 2축으로 회전하면서 가열된다. 이리하여 분말이 굴러 떨어지고 녹으면서 몰드 내벽에 초기에 주입한 파우더의 양에 비례하여 일정한 두께로 코팅층을 형성하게 된다. 그 다음에 부품은 몰드 내에 머무르는 주기에 따라 몰드에 공기나 물을 분사함으로써 냉각된다. 회전성형 공정은, 비록 작고 얇은 부품도 만들 수 있고, 개방된 형상도 추가 절삭공정으로 만들 수는 있지만, 부품이 대형이고, 속이 비고, 폐쇄된 형상에 적합하다.

형상 단순하고, 폐쇄되고, 속이 빈 얇은 벽 형상.

디자인 노트 회전성형은 다용도이고, 속이 빈(재료의 효율성이 높은) 형상을 만들 수 있는 몇몇 공정 중 하나이다. 압력이 낮으므로 가능한 세부사항의 세밀함을 나타내기에는 제한이 있고, 세밀한 세부사항을 가진 몰딩보다는 둥글둥글한 형태에 더 알맞다. 인서트와 다른 색상으로 미리 형태를 갖춘 섹션을 함께 몰딩하는 것이 가능하므로 창의력을 발휘할 여지를 허용한다. 큰 개구부를 가진 부품(예: 쓰레기통이나 원추형 교통표지)은 한 쌍으로 몰딩되고 나중에 절단하여 분리된다.

기술 노트 비록 실제 공정에서는 범위가 더 제한되지만, 원리상으로는 대부분의 열가소성 고분자는 회전성형될 수 있으며, 가장 흔한 것이 폴리에틸렌이다. 이 공정은 대형부품을 만들지만, 두께는 고분자의 열전도도에 의해 제한을 받는데, 그 까닭은 이 두께를 통하여 분말이 녹아야 하기 때문이다. 한 가지 장점은, 그것이 실질적으로 응력이 전혀 걸리지 않은 부품을 생산한다는 사실이다. 벽 두께를 변화시키는 것은 어렵기는 하지만 가능하다. 섹션의 갑작스런 변화는 불가능하다. 공정 중에는 2축으로 회전하기 때문에, 부품의 길이는 지름의 4배보다 작아야 한다. 열경화성 고분자도 이제는 회전성형이 가능하며, 폴리우레탄이 가장 보편적이다.

경제성 장비비용과 공구비용은 낮으며, 사출성형과 비교하면 훨씬 낮다. 그러나 머무르는 주기는 다른 어떤 몰딩공정보다도 길며, 노동집약적이다.

주요 제품 탱크, 식품용기, 운송용 용기, 하우징, 이동식 화장실, 원추형 교통표지, 큰 장난감, 쓰레기통, 버킷, 보트 선체, 화물운반대.

환경 영향 문제 없다.

경쟁 공정 열성형, 블로몰딩, 적층법.

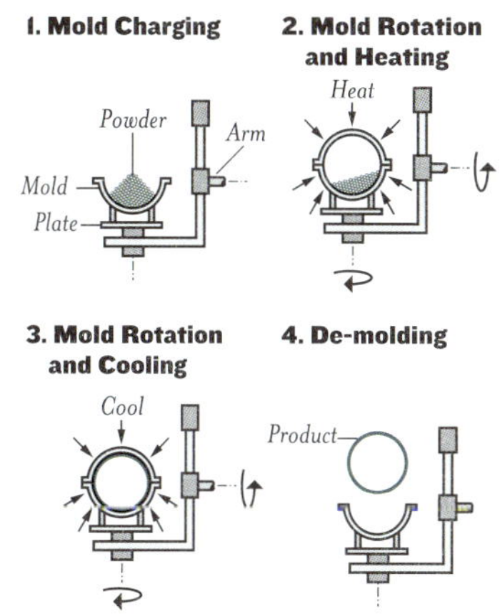

회전성형의 속성

무게 범위, kg	0.1~50
최소 두께, mm	2.5~6
형상의 복잡성	낮음
허용공차, mm	0.4~1
표면거칠기, μm	0.5~2
경제적인 뱃치크기	100~10,000

블로몰딩(Blow Molding)

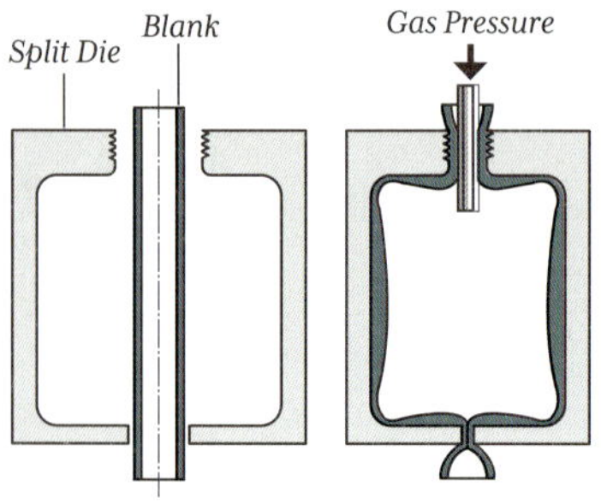

블로몰딩의 속성

무게 범위, kg	0.001~0.3
최소 두께, mm	0.4~3
형상의 복잡성	낮음
허용공차, mm	0.25~1
표면거칠기, μm	0.2~1.6
경제적인 뱃치크기	1,000~10,000,000

무엇인가? 블로몰딩은 유리 블로잉 기술을 고분자에 알맞게 개조한 것이다. 압출 블로몰딩에서, 튜브 또는 녹은 덩어리는 압출되고 분할몰드에 고정되며, 한 쪽 끝에는 속이 빈 맨드렐이 위치한다. 뜨거운 공기는 일정한 압력 하에서 맨드렐을 통해 흘러 고분자를 몰드 벽으로 밀어붙여 거기서 냉각되고 굳어지게 한다. 사출 블로몰딩에서, 예비체는 맨드렐을 위로 사출성형된 다음 블로잉 다이로 이동된다. 공기는 맨드렐을 통해 주입되며 앞에서처럼 고분자를 몰드 벽으로 밀어붙여 거기서 냉각되고 굳어지게 한다. 이 공정으로는 압출 블로몰딩보다 완성된 부품의 무게와 벽 두께를 더 잘 제어할 수 있다. 또한 블로되지 않고 사출성형된 목 부분이 되어 나사를 가진 마개가 되는 곳에 더 나은 정밀도를 제공한다. 고체 손잡이는 함께 성형될 수 있다. 중요한 변종 공정인 스트레치 블로몰딩에서, 온도는 고분자가 팽창함에 따라 드로잉되게 하는 온도로 선택되었으며 표면에 평행하게 분자를 배열시킨다. 이 공정은 PET 음료수병의 생산에 사용된다.

형상 크고, 속이 빈 얇은 벽 형상.

디자인 노트 압출 블로몰딩은 다양한 속이 빈 형상을 만들 수 있고, 공기 또는 액체를 위한 채널의 역할을 제공한다. 다층 사출 블로몰딩은 기밀이나 강도가 필요한 부품에 가장 흔하게 사용된다. 여기에 기체의 확산을 막기 위한 층을 더할 수 있고, 강도, 충격저항, 그리고 프린팅과 장식에 대한 우수한 수용을 위해 바깥층을 추가한다. 인서트몰딩이 가능하다.

기술 노트 블로몰딩은 열가소성 고분자에 국한되며, 흔히 PET, PC, HDPE, LDPE, PP, ABS와 일부 PVC에 쓰인다. 복합재료를 위한 제한된 수준의 강화재 사용은 가능하다. 벽두께는 뒤틀림을 피하기 위하여 가급적 일정하게 유지되어야 한다.

경제성 압출 블로몰딩은 공구비용이 적기 때문에 두 공정 중에서 더 저렴하다. 그것은 대형 용기(0.5리터 이상)와 높은 뱃치크기에 대하여 경쟁력이 있다. 사출 블로몰딩에 필요한 공구비용은 훨씬 높으며 이 공정을 대량생산 제품에 국한시킨다.

주요 제품 사출 블로몰딩: 병과 용기, 특히 나사 있는 마개를 가진 것들. 압출 블로몰딩: 용기, 공구와 휴대용 기계의 케이스, 자동차 범퍼같이 크고 속이 빈 구조.

환경 영향 폐기 재료는 재활용될 수 있다. 수지는 먼지와 증기를 만들어낼 수 있으므로 원활한 환기가 필요하다.

경쟁 공정 회전성형.

확장발포성형(Expanded Foam Molding)

무엇인가? 눈처럼 희고, 바삭바삭하며, 가벼운 보호포장에 쌓여 컴퓨터가 도착하면, 당신은 포장을 풀고, 그 자체의 시각적 미학 따위는 염두에 두지 않게 되는 그것이 바로 폴리스타이렌의 확장발포성형에 의해 만들어진 포장재이다. 그것은 저렴한 몰드 재료를 사용하고, 낮은 온도와 낮은 압력의 공정이며, 일회용 포장재에 쓰이는 것 이상으로 훨씬 많은 용도를 가졌다. 그 공정에는 두 가지의 단계가 있다. 발포제를 함유한 고체 고분자 알갱이들은(필요한 경우 색상을 가짐) 가열에 의해 CO_2를 방출하고(광범위하게 사용가능한 상용고분자) 먼저 연화된 다음 약간의 압력 하에서 스팀가열에 의해 확장된다. 연화된 입자들은 알루미늄 몰드로 이송되고(우수한 열전달을 활용), 3기압 하에서 증기로 가열되면 원래 부피보다 20배 이상 늘어나며, 서로 녹아 붙으면서 몰드를 채워서 그 몰드의 형상을 따르게 된다.

형상 3차원 고체 형상.

디자인 노트 확장발포성형 제품은 몰드 표면과 닿은 부위에서 매끈한 껍질을 가지며, 반지름이 2 mm보다 큰 경우 표면의 세부사항을 가질 수 있다. 제품은 매우 저렴하고, 우수한 충격저항을 가지며, 재활용될 수 있다. 따라서 그것은 포장재로서 충분히 매력적이다. 그것은 또한 단열재로서 극히 우수하므로, 일회용 컵, 부엌 냉장고의 쿨러백과 벽, 냉장트럭, 저장창고 등에 쓰인다. 디자이너들은 점점 더 많이 다른 가능성을 보고 있다. 확장비드성형(expanded bead molding) 제품은 흥미로운 음향 특성을 가지며, 복잡한 프로파일도 몰딩할 수 있고, 재료는 매우 가벼우면서 시각적 및 촉각적으로 흥미로운 특성을 가진다. 그러나 제품은 매우 쉽게 손상될 수 있다.

기술 노트 열가소성 고분자는 성형하기 쉬우며, 특히 폴리스타이렌이 그러하다. 확장발포성형은 기공율 80~95 %의 밀폐셀 발포재를 만든다. 높은 기공율과 밀폐셀은 이 재료를 우수한 단열재로 만들어 준다. 낮은 밀도(물의 밀도의 약 10 %)에 의해 뛰어난 부력도 가진다.

경제성 낮은 몰딩 압력 및 온도는 이 공정을 특히 저렴하게 해준다. 그런 까닭에 일회용품, 외형적으로 가치가 없는 제품에 널리 사용된다.

주요 제품 음료수와 음식을 담기위한 일회용품(McDonald가 이것 때문에 볼모로 잡혀 있음), 구명장비, 서핑보드와 같은 수상 스포츠 제품과 구명조끼, 아이스박스, 용기, 캐리어의 단열재, 샌드위치구조의 코어재료(창문틀, 문틀, 마루바닥), 전자제품, 컴퓨터, 오디오시스템과 같은 고가 제품의 보호 포장재.

환경 영향 한 때는 CFC 발포제가 폴리스타이렌 확장에 사용되었다. 그것들은 현재 환경에 손상을 끼치지 않는 기체로 대체되었다.

경쟁 공정 다른 어떤 공정도 이만큼 저렴하지 않다.

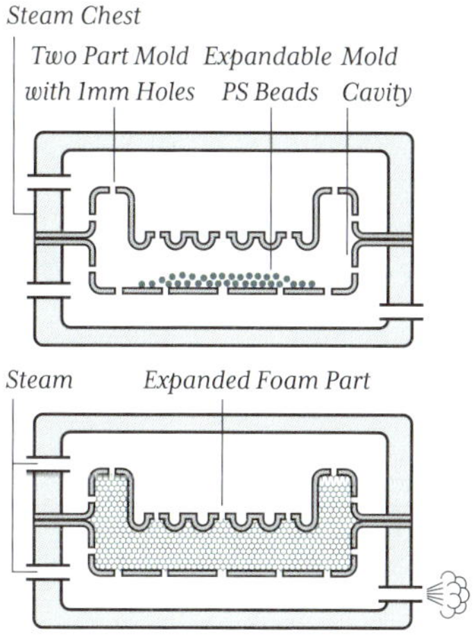

확장발포성형의 속성

무게 범위, kg	0.01~10
최소 두께, mm	5~100
형상의 복잡성	낮음/중간
허용공차, mm	0.5~2
표면거칠기, μm	50~500
경제적인 뱃치크기	2,000~1,000,000

성형 프로파일

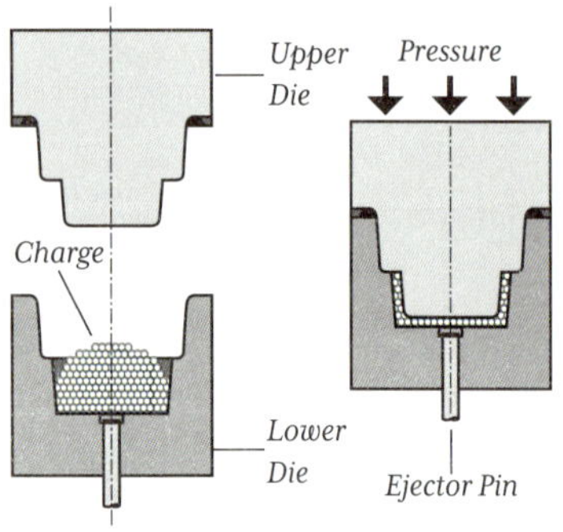

고분자 압축성형의 속성

무게 범위, kg	0.2~20
최소 두께, mm	1.5~25
형상의 복잡성	낮음/중간
허용공차, mm	0.1~1
표면거칠기, μm	0.2~2
경제적인 뱃치크기	2,000~200,000

BMC 및 SMC 압축성형의 속성

무게 범위, kg	0.3~60
최소 두께, mm	1.5~25
형상의 복잡성	낮음/중간
허용공차, mm	0.1~1
표면거칠기, μm	0.1~1.6
경제적인 뱃치크기	5,000~1,000,000

압축성형(Compression Molding)

무엇인가? 압축성형에서는 미리 측정된 양의 고분자(보통 열경화성)가 보통은 알갱이로 또는 수지와 경화제를 포함하는 예비성형체 태블릿으로 가열된 몰드에 놓인다. 몰드가 닫히면서 고분자를 몰드 공간으로 밀어 넣기에 충분한 압력을 만들어낸다. 고분자는 경화되고, 몰드가 열리면서 부품이 제거된다. 하나의 변종 공정인 고분자단조는 초고분자량 폴리에틸렌 같은 몰딩하기 어려운 열가소성 고분자를 성형하는 데 사용된다. 압축성형은 BMC 및 SMC 복합재료를 성형하는 데 널리 사용된다.

형상 단순 벌크 형상(BMC), 평평한 접시 모양의 얇은벽 형상(SMC).

디자인 노트 압축성형은 언더컷이 없는 단순한 형상으로 제한된다. 부품은 일반적으로 플래시를 제거하기 위한 약간의 마감 작업을 필요로 한다. BMC 및 SMC 몰딩품은 우수한 표면마감과 정확한 치수를 가지며, 자동차 제조업자들이 차체 외장부품으로 사용하기에 적합하다. SMC 몰딩으로는 고품질의 패널과 케이싱이 생산된다. 두께가 어느 정도 균일한 형상이라 할 수 있다. BMC 몰딩으로는 단면의 변화가 있는 간단한 3차원 형상이 가능하다.

기술 노트 BMC(bulk-molding compound)와 SMC(sheet-molding compound)는 형상과 강화재와 충전재의 함량에서 차이가 있다. BMC가 더 적으며(유리섬유 15~25 %), 따라서 3차원 형상으로 몰딩하기 가장 쉽다. SMC는 더 많은 유리섬유를 함유하며(~35 %), 시트 형상으로 제한된다. DMC(dough-molding compound)는 특별하다. 경화제를 포함한 열경화성 폴리에스터, 폴리우레탄, 또는 에폭시와 토막 낸 유리섬유, 충전제, 그리고 색소의 반죽 같은 혼합물이다. 두 가지가 더 있다. GMT(glass-mat thermoplastics)와 TSC(thermoplastic-sheet compound)는 위의 것들과 동등한 열가소성 고분자이며, 나일론 6 또는 폴리프로필렌을 기반으로 한다. '반죽(dough)'이라는 단어는 그것들이 성형되는 방식을 잘 나타낸다. 한 쌍의 다이 사이에 눌려서 마치 파이의 껍질처럼 만들어지는 것을 연상시킨다.

경제성 공구비용은 고분자성형의 경우 중간이지만, BMC 및 SMC 성형의 경우 높아서 이 두 가지는 뱃치크기가 커야만 경제성이 있다.

주요 제품 전기 및 전자 부품, 식탁용품, 세탁기의 교반기, 주방기구 손잡이, 용기 뚜껑, 가전제품 하우징. SMC(승용차와 트럭의 차체 패널과 범퍼, 가스 및 전기 미터기의 박스, 전기설비 하우징), BMC(보다 복잡한 형상).

환경 영향 공정 자체는 환경을 손상하지 않으나, 플래시와 스크랩은 열경화성이어서 재활용될 수 없다.

경쟁 공정 사출성형, 수지이송성형, 적층법.

수지이송성형(Resin Transfer Molding: RTM)

무엇인가? 수지이송성형은 높은 공구비용을 들이지 않고 복잡한 형상의 섬유강화 복합재료 부품을 쉽게 제조하는 방법이다. 그것은 두 개 이상으로 구성된 밀폐형 몰드를 사용하며, 보통 유리섬유강화 고분자나 경금속 합금으로 만들어지고, 주입구와 공기가 빠져나가게 하는 배기구멍을 가지고 있다. 강화재는 형상에 맞게 잘려서 몰드에 놓이고, 인서트나 피팅도 함께 놓인다. 몰드를 닫고 나서 낮은 점도의 열경화성 수지(보통 폴리에스터)를 경화제와 섞이는 믹싱헤드를 통해 낮은 압력으로 주입한다. 몰드에 위치한 채로 상온에서 경화될 수 있다. 수지의 유동성과 낮은 몰딩 압력은 공구수명을 길게 하여 비용을 낮추어 준다.

형상 단순한 벌크 형상, 형상을 가진 패널.

디자인 노트 수지이송성형은 대형 섬유강화 고분자 부품에 점점 더 많이 사용된다. 복잡한 형상도 가능하다. 보강 늑재(rib), 돌출부, 인서트도 가능하다. 부품의 무게를 줄이기 위하여 발포재 패널을 인서트 몰딩할 수 있다.

기술 노트 다양한 범위의 수지 시스템이 RTM에 사용될 수 있다. 낮은 점도를 가진 거의 대부분의 열경화성 수지가 가능하며, 예를 들면, 폴리에스터, 에폭시, 비닐에스터, 페놀릭이다. 강화재는 흔히 부피분율 25~30 %의 연속형 유리섬유 또는 탄소섬유의 매트이다.

경제성 공구비용은 낮으며, 공정은 특별히 노동집약적이지 않으므로 경제적으로 매력적이다.

주요 제품 맨홀 뚜껑, 공기압축기 케이스, 자동차 문과 사이드 패널, 프로펠러 블레이드, 보트, 카누의 노, 물탱크, 욕조, 지붕의 섹션, 비행기 비상구 문.

환경 영향 적절하게 배기가 되는 밀폐형 몰드를 사용하므로, 다른 복합재료 공정에 비하여 작업자들이 불쾌한 화학물질에 노출되는 것을 크게 줄일 수 있다.

경쟁 공정 적층법, 압축성형, BMC 및 SMC 성형.

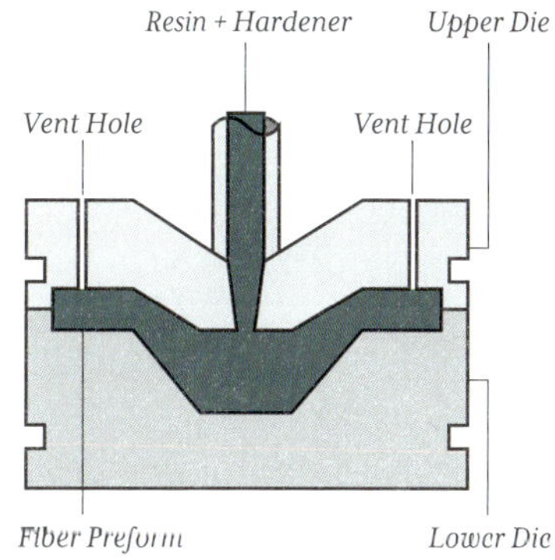

수지이송성형의 속성

무게 범위, kg	0.2~20
최소 두께, mm	1.5~13
형상의 복잡성	중간/높음
허용공차, mm	0.25~1
표면거칠기, μm	0.2~1.6
경제적인 뱃치크기	10,000~100,000

다이캐스팅(Die-Casting)

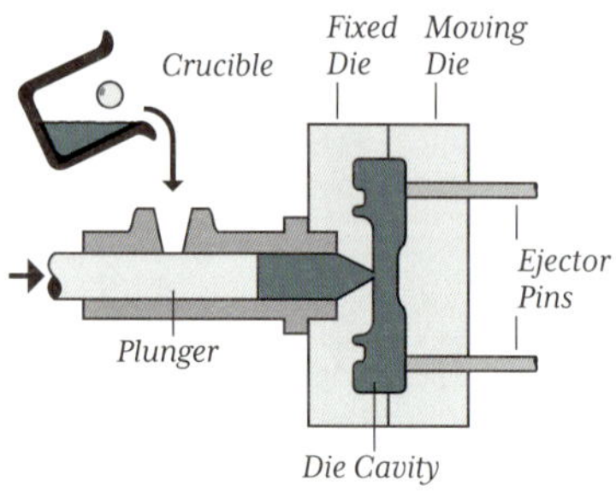

다이캐스팅의 속성

무게 범위, kg	0.05~20
최소 두께, mm	1~8
형상의 복잡성	중간/높음
허용공차, mm	0.15~0.5
표면거칠기, μm	0.5~1.6
경제적인 뱃치크기	5,000~1,000,000

무엇인가? 복잡한 형상을 가진 대부분의 소형 알루미늄, 아연, 마그네슘 부품들(카메라 몸체, 하우징, 비디오리코더의 새시)은 다이캐스팅으로 만들어진다. 그것은 금속의 공정에서 고분자의 사출성형에 해당하는 것으로, 두 가지는 직접적으로 경쟁한다. 공정에서는 녹은 금속이 높은 압력 하에서 급탕(sprue) 및 탕도(runner) 시스템을 통해 금속 다이로 주입된다. 압력은 부품이 고체가 되기까지, 다이가 개방되어 부품이 적출될 때까지 유지된다. 큰 뱃치크기에는, 다이는 내열강을 정밀 가공하여 만들고 수명을 늘리기 위하여 수냉 열처리한다. 작은 뱃치크기에는 저렴한 몰드재료도 가능하다.

형상 복잡한 벌크 형상으로 속이 빈 형상은 나누어 주조된 후 결합된다.

디자인 노트 압력 다이캐스팅으로는 얇은 벽 형상과 뛰어난 표면 세부사항이 가능하다. 재료 특성의 건전성은 덜 우수한 편이다. 소용돌이 식으로 금형을 충전하는 것과 빠른 공정주기 때문에 수축공과 기공이 발생할 수 있다. 이 공정은 복잡한 형상을 만들 수 있으나, 정교하고 이동가능한 코어는 공구비용을 상승시킨다.

기술 노트 다이캐스팅은 알루미늄, 마그네슘, 아연의 합금을 성형하는 데 널리 사용된다. 냉간 및 열간 두 가지의 다이캐스팅 장비가 널리 쓰인다. 냉간공정에서는, 녹은 금속은 별도의 저장실에 보관하고 주조할 때에만 압력실로 전달된다. 열간공정에서는, 뜨거운 녹은 금속이 압력실에 보관된다. 이 공정은 오랜 접촉시간 때문에 아연합금에만 제한적으로 사용된다.

경제성 높은 공구비용은 압력 다이캐스팅이 큰 뱃치크기에 대해서만 경제적임을 의미하지만, 그것은 얇은벽 주조가 가능한 몇 안 되는 공정이다. 알루미늄은 철에 약간의 고용도를 가지므로, 다이의 수명을 약 100,000개로 제한한다. 마그네슘은 고용도를 가지지 않으며, 거의 무제한의 다이 수명을 갖는다. 중력 금형주조는 낮은 공구비용을 갖지만, 몰드를 잘 채우기 위해서는 녹은 금속이 더 유동성이어야 하기 때문에(더 고온을 의미) 이는 생산속도를 떨어뜨리므로 보통은 덜 경제적이다.

주요 제품 레코드플레이어와 비디오플레이어의 새시, 도르래와 드라이브, 모터 프레임과 케이스, 스위치-기어 하우징, 소형 가전자품과 동력공구의 하우징, 엔진 기화기 및 배전기 하우징, 기어박스와 클러치 하우징.

환경 영향 알루미늄, 아연, 마그네슘 자투리는 모두 재활용이 가능하다. 공정은 다른 특별한 환경문제를 유발하지 않는다.

경쟁 공정 매몰주조, 사형주조, 고분자의 사출성형.

Image courtesy of IDTC-International Design Trend Center

사형주조(Sand Casting)

무엇인가? 사형주조는 해변에서 아마 처음 시작되었을 것이다(어린이들은 누구나 모래성을 쌓는 것이 얼마나 쉬운지 앎). 바인더를 더하면 훨씬 더 복잡한 형상도 가능하다. 그리고 모래는 내화재료이므로, 주철도 그 안에서 주조될 수 있다. 젖은 사형주조에서, 모래와 진흙의 조합물은 만들고자 하는 제품의 형상을 한 목형의 주위를 감싸는 방식으로 상하로 분할되는 형틀에 채워진다. 목형은 제거되고 금속이 주입될 공간을 남기게 된다. 탕구(gate)와 압탕(riser)이 부착된 저렴한 목형은 뱃치크기가 작고 공정이 수작업일 때 사용되지만, 그것은 느리고 노동집약적이다. 자동시스템에서는 알루미늄 패턴이 사용되고 자동압분 장비로 처리된다. CO_2/규산염 사형주조에서는, 모래와 규산나트륨 바인더의 혼합물은 앞에서처럼 목형 주위를 채우고 규산나트륨 젤을 봉하기 위해 CO_2로 채워진다. 증발 사형주조에서는, 모형은 폴리스타이렌 발포재로 만들어지며 모래 안에 묻힌다. 녹은 금속이 몰드 속으로 부어지면, 폴리스타이렌 패턴은 증발한다. 셸(shell)몰드 주조에서는 고운 모래와 열경화성 수지의 혼합물을 달군 금속모형에 적용하고(알루미늄 또는 주철) 경화시켜 공간을 가진 껍질을 형성시킨다.

형상 매우 복잡한 형상이 가능하다(자동차 엔진블록을 생각하라).

디자인 노트 금속을 형상화하는 데 사형주조만큼 저렴하고 다용도로 쓰일 수 있는 공정은 거의 없다. 그것은 복잡한 형상을 가능하게 하지만, 표면이 거칠고 표면의 세부사항을 표현하기 어렵다. 이 공정은 다양한 두께를 가진 복잡한 주물에 특별히 이점을 갖는다. 돌출부, 언더컷, 인서트, 속이 빈 형상 모두 만들어낼 수 있다. 증발패턴 주조는 분리선을 남기지 않으므로 표면처리 요구조건을 줄인다. 최소 벽두께는 통상 경합금에 대해서는 3 mm이며, 철 합금에 대해서는 6 mm이다.

기술 노트 원칙적으로 무반응성, 비내화성(용융점 1800 ℃ 이하) 금속은 어느 것이나 사형주조가 가능하다. 특히, 알루미늄합금, 구리합금, 주철, 강철은 일상적으로 이 공정으로 성형된다. 납, 아연, 주석은 건조한 모래를 사용하여 주조될 수 있으나, 너무 낮은 온도에서 용융되므로 증발패턴 주조의 모형을 증발시키지 못한다.

경제성 수동식 사형주조를 위한 자본비용과 공구비용은 낮기 때문에, 작은 뱃치크기를 위한 매력적인 공정이다. 자동식 사형주조는 비싸지만 매우 복잡한 형상의 주조가 가능하다.

주요 제품 절삭가공 공구의 프레임과 본체, 엔진블록과 실린더헤드, 변속기 케이스, 기어 블랭크, 크랭크 축, 커넥팅롯드. 증발패턴 주조(매니폴드, 열교환기, 배관 연결부, 밸브 케이스, 기타 엔진부품).

환경 영향 몰드용 재료는 많은 경우에 재사용될 수 있다.

경쟁 공정 매몰주조, 다이캐스팅.

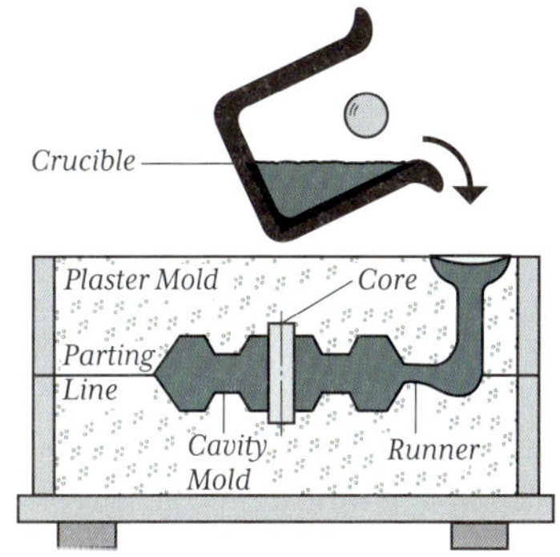

사형주조의 속성

무게 범위, kg	0.3~1000
최소 두께, mm	5~100
형상의 복잡성	중간/높음
허용공차, mm	1~3
표면거칠기, μm	12~25
경제적인 뱃치크기	1~1,000,000

매몰주조(Investment Casting)

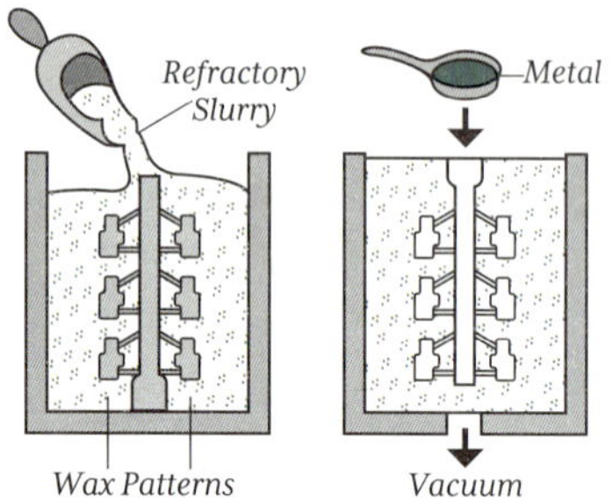

매몰주조의 속성

무게 범위, kg	0.001~20
최소 두께, mm	1~30
형상의 복잡성	중간/높음
허용공차, mm	0.1~0.4
표면거칠기, μm	1.6~3.2
경제적인 뱃치크기	1~50,000

무엇인가? 만일 당신이 입 안에 금니가 있다면 이 공정에 감사하라. 그것을 만드는 데 이 공정이 사용되기 때문이다. 로스트왁스(lost wax: 매몰주조의 옛 이름) 공정은 최소 3,000년 전부터 사용되어왔다. 이집트와 그리스에서는 기원전 1500년 훨씬 이전에 정교한 보석, 장식, 상징물들이 이 방법으로 만들어졌다. 매몰주조에서는, 왁스 모형을 만들고 (소형인 경우) 다수의 모형을 급탕 및 탕구 시스템과 함께 트리 형상으로 조립한다. 조립된 모형은 내화물 슬러리에 담그고, 다시 내화성 치장벽토로 싸바른 다음 건조되게 한다. 이 과정을 약 여덟 층이 형성될 때까지 반복하여 세라믹 매몰주조 셸을 만들어 낸다. 그 다음에 왁스는 녹여서 빼내고 세라믹 셸은 녹은 금속을 주입하기 전에 굽는다. 중력주조는 간단한 형상에는 적합하지만, 형상이 복잡하고 두께가 얇은 부위가 포함될 경우 몰드를 완전히 채우려면 공기압력, 진공, 또는 원심압력이 필요하다. 몰드는 주물을 꺼내기 위하여 부셔진다. 이 공정은 2,200 ℃ 이하의 용융점을 가진 대부분의 금속에 적합하다. 왁스 모형이 녹아내리기 때문에 윤곽선, 언더컷, 돌출부, 함몰부(recess)를 갖는 매우 복잡한 형상이 가능하다. 속이 빈 형상도 가능하다. 청동상은 속이 비었으며, 이 공정을 정교하게 사용하여 만들어진다.

형상 아무리 복잡한 형상도 가능하다.

디자인 노트 공정은 극히 다용도이며, 형태에 거의 구애받지 않고 자유롭다. 그것은 또한 소형 3차원 형상의 부품에서 뛰어난 세부사항의 재현을 가능하게 한다.

기술 노트 매몰주조는 높은 용융점을 가진 금속을 복잡한 형상으로 주조할 수 있는 몇 안 되는 공정 중 하나이다. 그것은 또한 용융점이 낮은 금속에도 사용될 수 있다. 전통적으로 매몰주조는 은, 구리, 금, 청동, 백랍, 납의 성형을 위해 사용되었다. 오늘날 가장 중요한 공업적인 용도는 니켈, 코발트, 철 기반의 합금으로 터빈블레이드를 만드는 것이다.

경제성 매몰주조는 작고 큰 뱃치크기에 모두 가능하다. 작은 뱃치크기의 경우 공정은 수작업에 의해 이루어지며, 자본비용 및 공구비용은 낮지만 노동비용이 커진다. 자동화된 경우, 자본비용은 높지만 품질관리와 생산속도가 높다. 생산속도는 다수의 몰드를 동시에 사용하여 높일 수 있다.

주요 제품 보석, 치과 임플란트, 조각상, 금속 조각 및 장식품, 고온 가스터빈과 그 비슷한 장비, 기념물 동상.

환경 영향 녹은 금속을 주조하는 데 관련된 통상적인 위험성은 있으나, 이러한 문제를 다루는 절차는 통상적인 것이다. 몰드 재료는 현재로는 재활용이 불가능하다.

경쟁 공정 다이캐스팅(800 ℃ 이하에서 녹는 금속), 사형주조.

고분자주조(Polymer Casting)

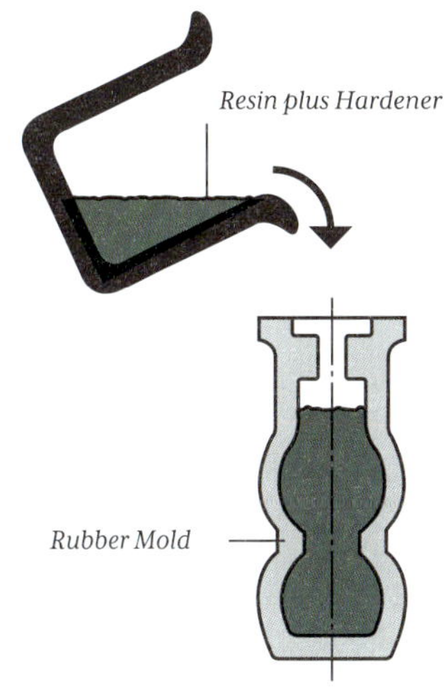

무엇인가? 많은 수지는 고분자화되기 전에 충분한 유동성을 가지므로 주조될 수 있다. 즉 압력을 가하지 않고서도 형상을 가진 몰드에 부어지고, 거기서 반응하고 응고된다. 몇몇 열가소성 고분자, 특히 아크릴과 대부분의 열경화성 고분자는 이렇게 고분자화되기 전에 주조가 가능하다.

형상 대부분의 형상이 가능하지만, 복잡한 형상에는 유연한 몰드가 필요하다.

디자인 노트 아크릴 같은 주조된 투명 고분자의 광학적 특성은 몰딩된 것보다 낫다. 충전재를 더할 수 있으나, 이 목적으로는 비슷한 공정으로 원심주조가 자주 사용된다. 대형 부품과 두꺼운 단면이 일반적이지만, 최종 부품의 질은 작업자의 기술에 크게 의존한다(기포 유입과 가스 발생이 모두 잠재적인 문제점).

기술 노트 메틸메타크릴레이트(아크릴)의 주조에서는, 단량체에 용해되는 중합개시제가 사용된다. 반응은 격렬하고 많은 열을 발생하므로 온도를 안전한계로 유지하고 단량체가 비등하는 것을 방지하려면 반드시 열을 배출해야 한다. 상당한 양의 수축이 일어나며(메틸메타크릴레이트의 경우 최대 21 %) 주조를 위한 몰드를 만들 때 고려해야 한다. 단속적 중합에 의해 만들어진 단량체-고분자 시럽을 사용하면 열과 수축 모두를 제어하는 데 도움이 된다.

경제성 요구되는 공구비용은 저렴하다. 강직(금속 또는 에폭시) 또는 유연(탄성중합체) 몰드가 모두 가능하다. 소형 몰드의 경우 100달러 이하이고, 대형 몰드의 경우 수천 달러까지도 들어간다.

주요 제품 엘리베이터 버킷, 베어링, 대형 기어, 시트, 튜브, 전자부품 캡슐화, 봉재, 볼링공, 에폭시 몰드에 사용되며, 원심주조는 파이프, 탱크, 용기에 쓰인다.

환경 영향 대부분의 고분자는 경화될 때 수증기를 방출하므로 적절한 환기가 중요하다.

경쟁 공정 사출성형, 압축성형(그러나 두 가지 모두 다이가 훨씬 고가).

고분자주조의 속성	
무게 범위, kg	0.1~700
최소 두께, mm	2~100
형상의 복잡성	높음
허용공차, mm	0.8~2
표면거칠기, μm	0.5~1.6
경제적인 뱃치크기	10~1,000

Shape Rolling

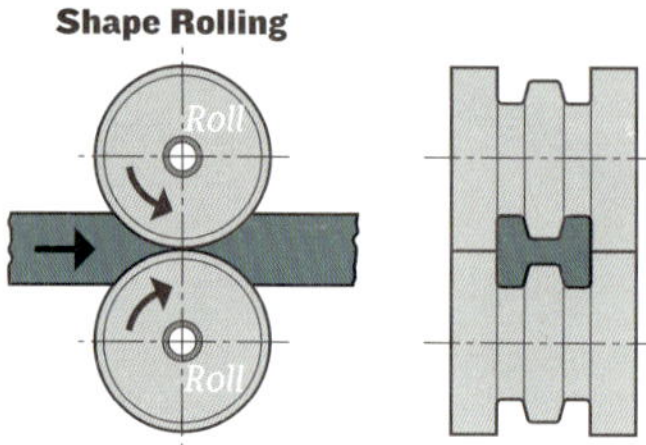

Die Forging

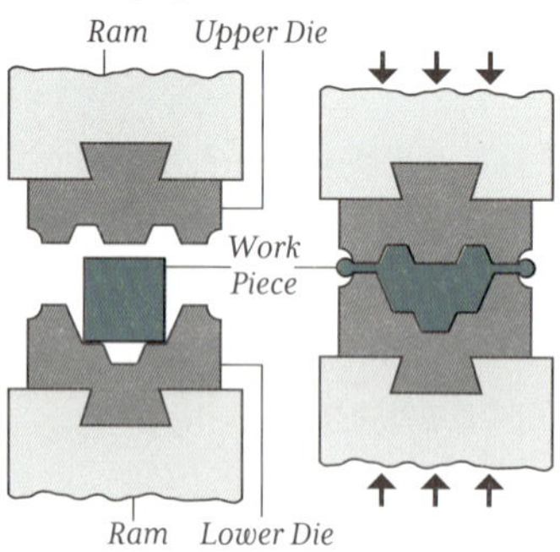

형상압연 및 형단조의 속성

무게 범위, kg	0.1~100
최소 두께, mm	2~100
형상의 복잡성	낮음
허용공차, mm	0.3~2
표면거칠기, μm	3.2~12.5
경제적인 뱃치크기	10,000~1,000,000

형상압연 및 형단조(Shape Rolling and Die Forging)

무엇인가? 압연과 단조에서 금속 주괴는 거대한 롤 또는 다이에 의해서 짓눌려지고 커다란 소성변형을 받으면서 형상화된다. 모든 강철 제품의 거의 90 %는 압연 또는 단조에 의해 가공된다. I-beam과 기타 연속형 단면은 형상압연에 의해 만들어진다. 열간압연에서 잉곳은 용융점의 약 2/3까지 가열되고, 일련의 롤 사이를 통과하도록 밀어 넣어져서 점진적으로 윤곽을 형성해간다. 이와는 대조적으로 열간 형단조에서는, 가열된 블랭크가 개방형 또는 밀폐형 다이 사이에 놓여 한 번의 압축 스트로크로 성형된다. 냉간 압연 및 단조에서는 금속 블랭크는 비록 변형되면서 약간의 열이 발생할지라도 처음에는 차갑다. 최종 형상을 만들기 위해서는 종종 연쇄적으로 다이가 사용된다.

형상 압연(각기둥 형상만 가능), 단조(단순고체 벌크 형상, 재진입 각은 불가능).

디자인 노트 이 공정은 특별히 뛰어난 기계적 특성을 가진 부품을 생산한다. 왜냐하면, 변형이 조직을 미세화하고 기공을 줄이는 방법이기 때문이다. 열간 압연 및 단조 중에 금속은 재결정되어 비교적 연하고, 표면이 산화될 수 있다. 냉간 압연 및 단조는 반대로 우수한 표면마감을 가져다주고, 매우 심한 가공경화를 유발하여 제품의 강도를 높여주지만 변형의 정도는 제한된다.

기술 노트 대부분의 금속은 압연 또는 단조가 가능하지만, 변형의 가능한 정도는 폭넓게 다르다. 가장 적합한 것은 소성가공을 위하여 고안된 일련의 알루미늄 및 마그네슘 합금('단련' 합금)과 구리합금, 강철이다.

경제성 압연과 단조를 위한 롤과 다이는 특별히 단단하고 비싼 재료로 만들어져야 하며, 이는 형상압연과 밀폐 형단조가 큰 배치크기에만 적합하다는 것을 의미한다.

주요 제품 압연(연속형 철근, 사각형 단면, I-beam), 단조(항공기 부품, 커넥팅롯드, 크랭크 축, 기어 블랭크, 밸브 몸체, 튜브와 호스의 몸체, 수동공구와 전동공구).

환경 영향 압연과 단조에 사용되는 윤활제는 유증기와 불쾌한 증기를 만들어내므로 원활한 환기가 필요하다.

경쟁 공정 압출(연속형 각기둥 섹션), 다이캐스팅, 사형주조, 매몰주조(고체 벌크 형상).

압출(Extrusion)

무엇인가? 치약을 튜브에서 짜는 것이 일종의 압출 공정이라 할 수 있다. 부드럽고 끈적거리는 치약 또는 산업공정에 쓰이는 고분자 또는 금속은 압력에 의해 형상을 가진 다이를 통하여 밀어 넣어지며, 제품은 다이 출구의 윤곽을 닮게 된다. 동시압출의 경우 두 재료가 동시에 압출되면서 서로 접합된다. 치약에 색상 스트립을 만들기 위하여 동원된 방법이 사용된다.

형상 각기둥 형상(고체 또는 속이 빈 형상).

디자인 노트 금속 압출은 1,700℃ 이하의 용융점을 가진 연성 재료에 국한되며, 흔히 알루미늄, 구리, 마그네슘, 저탄소강과 중탄소강, 저합금강, 스테인리스강 등이 해당된다. 치수공차는 크리프와 다이 마모 때문에 종종 기대치에 못 미친다. 그것은 냉간인발을 이차적인 공정으로 사용함으로써 개선될 수 있다. 대칭적인 단면, 일정한 벽두께, 완만한 곡률이 가장 성형되기 쉽다. 단면의 형상비는 강철의 경우 14:1, 마그네슘의 경우 20:1을 초과해서는 안 된다. 충격압출은 금속(알루미늄, 구리, 납, 마그네슘, 주석, 아연, 탄소강, 저합금강)의 냉간가공 공정이며 단조와 압출의 원리를 조합한 것이다. 고분자 압출은 분말이나 펠릿으로 시작하고, 회전하는 스크루에 의해 압력이 형성되어 고분자를 가열된 챔버와 다이를 통하여 밀어낸다. 대부분의 고분자는 압출될 수 있다(입자나 단섬유 강화재를 포함하는 것까지도). 세라믹 압출에서는 세라믹 분말이 고분자 바인더와 혼합되어 고분자처럼 압출된다. 그 다음에 압출된 부품은 구워지고, 바인더는 타서 날아가고, 세라믹 분말이 소결된다.

기술 노트 재료 압출에는 두 가지 형식이 존재한다. 직접압출(다이는 정지상태이며 금속이 그 안을 통과하는 경우)과 간접압출(다이가 이동하면서 금속을 압박하는 경우)이다. 간접압출은 빌릿(billet)과 다이 사이의 마찰력이 적으므로 압출에 필요한 힘은 낮지만, 장비가 더 복잡하고 제품의 길이가 제한된다.

경제성 금속의 경우, 단순한 형상으로 대량의 제품을 생산하는 데는 압연이 더 경제적이다. 고분자의 경우, 비록 자본비용이 높고 종종 이차적인 공정이 필요하긴 하지만 공구비용이 상대적으로 낮다.

주요 제품 튜빙, 창문틀 섹션, 빌딩과 자동차의 장식마감, 항공기 구조용 부품, 철도, 막대, 채널, 플라스틱 코팅된 와이어, 씰, 필라멘트, 필름, 시트, 펠릿, 벽돌.

환경 영향 특별한 문제가 없다.

경쟁 공정 금속(압연, 인발), 고분자(압출 블로몰딩).

Direct Extrusion

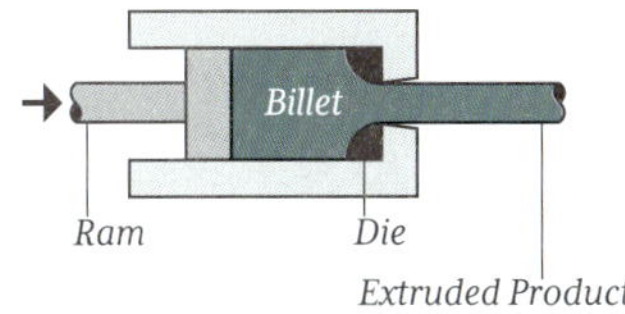

Indirect Extrusion

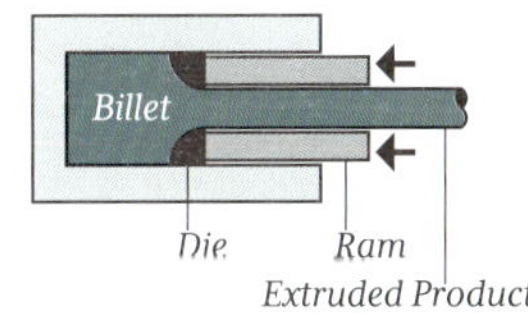

Polymer and Ceramic Extrusion

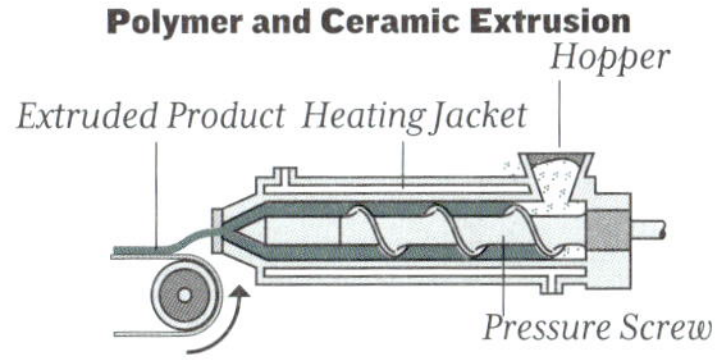

압출의 속성

무게 범위, kg	1~100
최소 두께, mm	0.1~900
형상의 복잡성	낮음
허용공차, mm	0.2~2
표면거칠기, μm	0.5~12.5
경제적인 뱃치크기	1,000~1,000,000

Image courtesy of IDTC International Design Trend Center

프레스성형(Press Forming), 롤포밍(Roll Forming), 스피닝(Spinning)

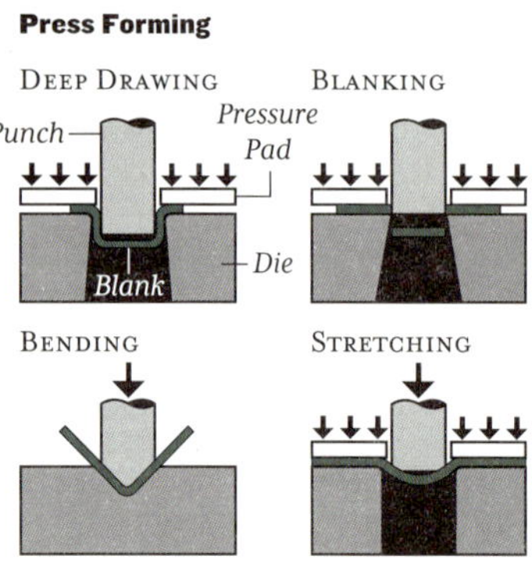

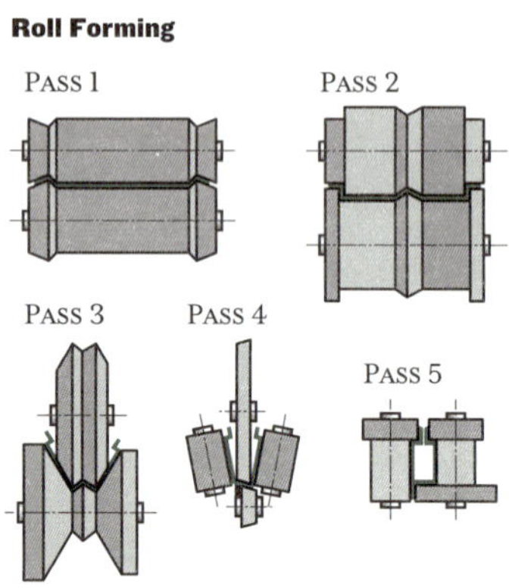

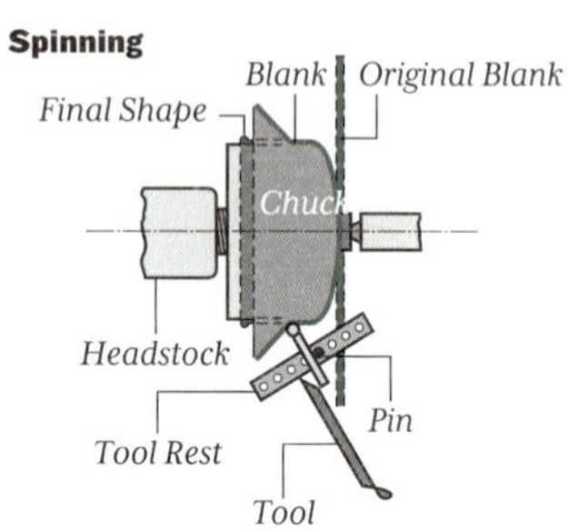

프레스성형, 롤포밍, 스피닝의 속성

무게 범위, kg	0.01~30
최소 두께, mm	0.2~5
형상의 복잡성	중간
허용공차, mm	0.1~0.8
표면거칠기, μm	0.5~12.6
경제적인 뱃치크기	25,000~250,000

무엇인가? 많은 제품들은 시트의 절단, 프레싱, 펀칭, 습곡, 스피닝에 의해 만들어 진다. 프레스성형은 다이와 프레스를 사용하는 일련의 시트성형 공정을 커버한다. 이는 블랭킹, 전단가공, 드로잉, 스트레칭을 포함한다. 그것들은 복잡한 형상을 성형하기 위하여 연속적으로 행해질 수 있다. 전용 금형을 사용해야 하므로, 공구비용이 높다. 롤포밍에서는, 박판 금속의 연속 스트립이 일련의 형상을 가진 롤 사이로 통과하면서 점진적으로 성형되어 원하는 프로파일에 도달하게 된다. 이 공정은 길이가 길고 일정한 (하지만 때로는 복잡한) 단면의 성형에 적합하다. 속이 빈 부품은 봉합용접을 공정에 접목시킴으로써 가능하다. 높은 공정속도, 공구비용과 자본비용 때문에 이 공정은 대량생산에 대해서만 경제적이다. 스피닝에서는 박판 금속의 원반형 블랭크가 회전하는 맨드렐 또는 성형블록 위에서 성형되는데, 강직성의 공구나 롤러로 회전하는 블랭크를 맨드렐에 밀어붙인다. 공구는 매우 간단하고, 나무 또는 금속으로 만들어지며, 따라서 저렴하다.

형상 프레스성형(평평하거나 곡면인 얇은 벽 형상), 롤포밍(각기둥 형상만 가능), 스피닝(곡면인 얇은 벽 형상).

디자인 노트 숙련된 금속 가공기술자는 드로잉, 굽힘, 성형 공정을 사용하여 시트를 복잡한 형상으로 만들 수 있다. 구멍, 곡선, 오목한 곳, 공동, 융기된 단면을 포함하는 형상은 흔하다. 시트성형은 시트스톡으로부터 시작되며, 습곡이 없는 거의 일정한 단면적을 만든다. 스피닝은 비록 재진입 형상이 가능하기는 하지만, 비교적 단순한 반구형, 원추형, 실린더 형상에 국한하여 사용된다.

기술 노트 시트 성형은 금속들, 특히 강철, 알루미늄, 구리, 니켈, 아연, 마그네슘, 티타늄에 가장 많이 적용된다. 고분자와 복합재료 시트는 비록 작업은 블랭킹과 전단가공에 국한될지라도, 공정이 가능하다.

경제성 시트성형 공정의 비용은 공구비용에 크게 의존한다. 전용 금형과 다이는 보통 비싸고, 공정을 경제적으로 만들기 위해서는 큰 뱃치크기가 필요하다. 스피닝과 같이 공구비용이 낮은 공정은 노동집약적이므로, 작은 뱃치크기에 아주 적합하다.

주요 제품 프레스성형(자동차 차체 부품, 케이스, 셸, 용기), 스탬핑과 블랭킹(와셔, 힌지, 팬, 컵과 같은 작은 기계부품), 롤포밍(건축물 장식마감, 창문틀, 지붕과 벽 패널, 형광등 고정, 커튼 막대, 미닫이문 레일, 자전거 바퀴, 스피닝: 로켓추진기관 케이스, 미사일 노즈콘, 압력용기, 주방용구, 광학반사판).

환경 영향 시트금속 성형은 특별한 환경훼손의 우려가 없다.

경쟁 공정 다이캐스팅, 사출성형.

열성형(Thermoforming)

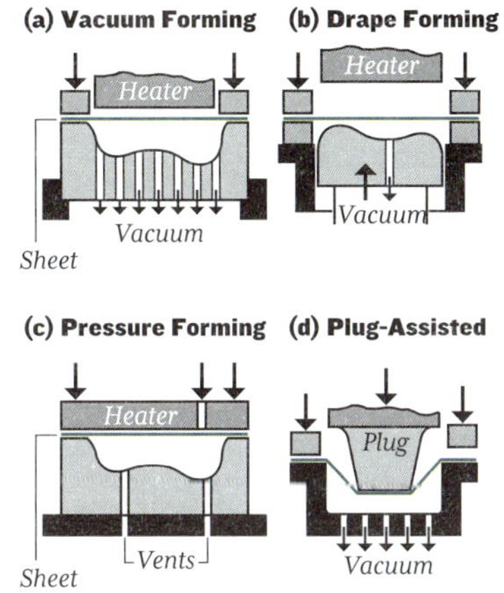

무엇인가? 대형 열가소성 시트몰딩은 열성형에 의해 경제적으로 만들 수 있다. 진공 열성형에서 열가소성 시트는 연화점까지 가열되고, 몰드의 윤곽에 맞추어 빨아들여지고, 그것의 프로파일을 닮게 된다. 그 다음에 냉각되며, 몰드에 달라붙어 응고된다. 드레이프 열성형에서는 형상을 만들기 위하여 부분적으로는 진공에 의존하고, 또 부분적으로는 뜨거운 고분자의 자연적인 처짐에 의존한다. 플러그지원 열성형에서는 압축 플러그를 사용하여 진공상태를 증가시킨다. 압력 열성형에서는 몇 기압의 압력을 사용하여 뜨거운 고분자 시트를 몰드에 밀어붙인다. 볼록형(male) 또는 오목형(female) 몰드가 모두 가능하며, 진공 열성형을 위한 몰드는 나무, 고분자 발포재, 알루미늄(큰 뱃치크기의 경우)을 절삭가공하여 만들 수 있다.

형상 곡면인 얇은 벽 형상.

디자인 노트 진공 성형의 낮은 압력 때문에 정밀한 세부사항의 재현은 불량하다. 더 높은 압력을 사용하는 압력성형은 더 뚜렷한 특징을 나타내 주지만 나무 몰드를 사용할 수 없으므로 더 비싸다. 몰드와 닿는 시트의 표면에는 흔적이 남는 경향이 있으므로, 금형은 보통 표면마감이 되어야 하는 면이 몰드의 반대쪽으로 놓이게 만든다. 색상을 넣은, 질감이 있는, 또는 미리 장식된 시트도 몰딩할 수 있으며, 표면처리 비용을 줄여 준다.

기술 노트 열성형은 열가소성 시트를 만드는 데 사용되며, 특히 ABS, PA, PC, PS, PP, PVC, 폴리술폰, PBT, PET, 발포재, 단섬유상화 열가소성 고분자에 주로 사용된다. 몰딩부품의 최대 깊이-대-너비 비율은 0.5~2 범위이다. 인서트는 함께 몰딩될 수 있다. 이 공정은 일회용 음료수 컵처럼 작은 제품부터 보트 선체만큼 대형 제품까지 매우 넓은 범위의 크기를 커버한다. 그리고 그것은 작고 큰 뱃치크기 모두에 경제적이다. 그것은 제품에 뛰어난 물리적 특성을 부여하지만, 성형을 개시하는 재료가 더 비싸다(펠릿이 아닌 시트를 사용). 제품은 성형된 후 트리밍해야 하며, 시트 자투리는 곧바로 재활용될 수 없다.

경제성 열성형 장비의 자본비용 및 공구비용은 모두 낮으나, 공정이 노동집약적일 수 있다.

주요 제품 가전제품, 냉장고 내부표면, 욕조, 샤워용 칸막이, 항공기 내장재 패널, 쟁반, 표지판, 보트 선체, 컵.

환경 영향 환경 관련 문제점은 없다.

경쟁 공정 사출성형(큰 뱃치크기), 회전성형.

열성형의 속성	
무게 범위, kg	0.003~50
최소 두께, mm	0.25~6
형상의 복잡성	낮음
허용공차, mm	0.5~1
표면거칠기, μm	0.3~1.6
경제적인 뱃치크기	10~100,000

성형 프로파일

적층법(Lay-up Methods)

Hand Lay-up

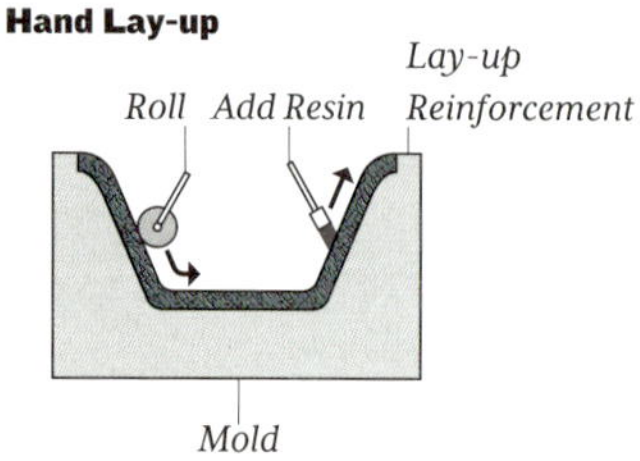

Vacuum Bag

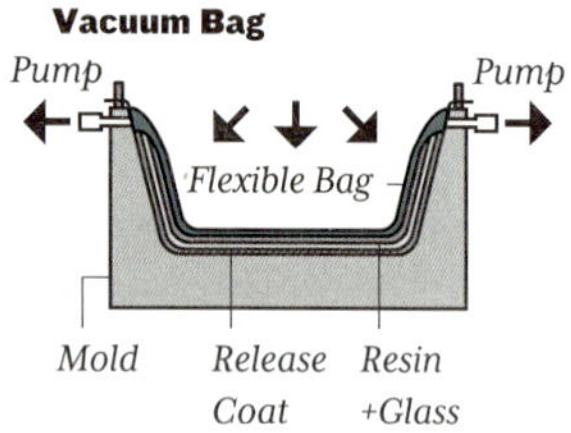

Pressure Bag

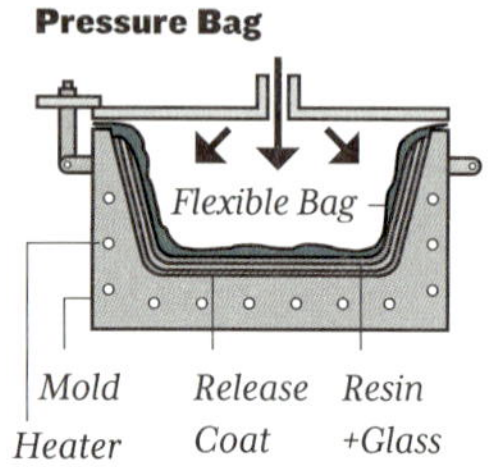

적층법의 속성

무게 범위, kg	1~6,000
최소 두께, mm	2~10
형상의 복잡성	낮음/중간
허용공차, mm	0.6~1
표면거칠기, μm	1~500
경제적인 뱃치크기	1~500

무엇인가? 고분자기지 복합재료는 낮은 밀도와 높은 탄력성에 힘입어 얇은 셸구조, 케이스, 바디 패널, 구조용 부품에서 시장 점유율이 점점 더 증가하고 있다. 그것들은 여러 가지 방법으로 성형될 수 있다.

수작업 적층법에서, 개방형 몰드(유리섬유강화 고분자, 나무, 석고, 시멘트 또는 경합금으로 만들어짐)는 수지에 의해 코팅되어 매끈한 표면을 제공한다. 이것이 경화되면, 강화재의 한 층을 수작업으로 놓고 브러시 또는 스프레이건으로 수지를 적용하며, 수지가 섬유 사이로 고루 분포되도록 롤러를 사용하여 눌러준다. 이 작업을 반복하여 한 층씩 쌓아나가 원하는 두께에 도달할 때까지 계속한다. 직조의 형태는 그것이 이중곡률을 닮는 능력을 좌우한다(치장능력). 랜덤 매트(glass wool)와 뜨개질한 섬유는 치장능력(drapability)이 우수하다. 직선 씨줄을 가지고 직조된 직물은 그렇지 못하다. 난연성 및 비활성 충전재는 비용을 절감하고 특성을 향상시키기 위하여 첨가된다. 스프레이 적층법의 경우, 토막낸 섬유와 혼합된 수지가 몰드 위에 뿌려진다. 그것은 강화재 분율이 높지 않아도 되는 대형부품에 사용된다. 진공백/압력백 몰딩의 경우, 강화재와 수지는 기존의 수작업 및 스프레이 적층법의 경우와 마찬가지로 몰드에 적용된다. 그 다음에 백으로 경화되는 복합재 부품을 덮어서 진공 또는 압력을 가하여 누름으로써 더 우수한 특성을 가진 치밀한 재료를 얻을 수 있다.

형상 단일 또는 이중 곡률을 가진 얇은벽 형상.

디자인 노트 적층법은 섬유강화 고분자의 잠재적인 가능성을 활용하는 데 최대의 자유도를 부여한다. 그것들은 일반적으로 두께에 비하여 넓은 표면적을 가진 형상에 국한된다. 보강 늑재(rib), 축받이통, 발포재 패널을 삽입하는 것이 모두 가능하다. 진공백 또는 압력백 방법은 수지의 공기방울이 제거되므로 수작업보다 높은 품질을 제공한다.

기술 노트 수지 시스템은 모두 열경화성이며, 폴리에스터, 에폭시, 비닐에스터, 페놀릭을 기반으로 한다. 강화재는 일반적으로 유리섬유이지만, 탄소섬유와 황마, 대마, 아마와 같은 자연섬유도 사용될 수 있다.

경제성 몰드 재료는 저렴할 수 있다(나무, 시멘트); 대형 몰딩제품과 작은 뱃치크기 모두 실용적이지만, 적층법은 노동집약적이다.

주요 제품 수작업 적층(보트 선체, 건물 패널, 차량 몸체, 덕트, 탱크, 썰매, 욕조, 샤워 칸막이), 진공백/압력백 몰딩(항공우주용 부품, 레이돔).

환경 영향 개방형 몰드는 수지의 증발을 일으키고, 증기는 건강에 해로울 수 있으므로, 적절한 환기가 중요하다.

경쟁 공정 프레스성형, 수지이송성형.

분말법(Powder Methods)

무엇인가? 만일 당신이 눈을 꽉꽉 뭉쳐서 모델링에 의해 눈사람을 만들었을 때, 당신은 분말을 컴팩션하고 소결한 셈이다. 많은 재료들이 분말법으로 가장 쉽게 성형된다. 이 기술은 형상화가 어려운 재료들(예: 세라믹, 내열금속)을 성형할 때 특별히 가치를 드러낸다. 이러한 재료들은 너무 취성이어서 소성변형이 불가능하며, 높은 용융점을 가지므로 쉽게 주조할 수도 없다. 분말소결에서는, 느슨하게 채워진 분말이 강철, 세라믹, 또는 흑연으로 만들어진, 형상을 가진 몰드에 채워져서, 보통 분말의 용융점의 2/3에 해당하는 온도에서 소결된다. 프레싱 후 소결에서는, 분말은 먼저 차가운 다이에서 압축되어 다루기에 충분한 강도를 얻고, 단독으로 서있는 물체로서 소결될 수 있도록 해준다. 핫프레싱에 의해서는 더 우수한 치밀화, 강도, 연성을 얻을 수 있으며, 이는 컴팩션과 소결을 하나의 공정으로 합친 것이다. 진공 핫프레싱은 산소와 질소에 의한 오염에 특별히 민감한 분말(예: 티타늄)에 사용된다. 열간등압프레싱(HIPing)에서는, 분말이 변형 가능한 금속 용기에 채워지고, 아르곤(압력전달 매체 역할을 함) 분위기 하에서 고온고압(1,100 ℃, 200 MPa)을 받게 된다. 분말압출 또는 분말 사출성형(금속 사출성형으로도 알려져 있음)에서는, 분말이 50 %까지의 고분자 바인더와 혼합된 다음 압출되거나 사출성형된다('압출' 참조). 만들어진 형상체는 고분자를 태워 없애고 분말입자를 결합시키는 별도의 공정에서 소결된다.

형상 각기둥 또는 단순한 3차원 형상.

디자인 노트 분말법은 재료의 선택에 크게 자유를 부여하시만(특히 여러 가지 다른 재료의 분말을 섞을 수 있어서 복합물을 만들어내는 것), 그 방법들은 만들 수 있는 형상에 제한을 받는다. 일반적으로 측벽들은 반드시 평행해야 하고, 언너컷은 입력 방향에 수직이어야 하며, 나사산, 측면 구멍, 재진입 홈과 같은 것들은 쉽게 몰딩에 포함될 수 없다. 게다가 소결 시에는 최대 35 %에 달하는 상당한 수축이 발생하므로 치수의 변화를 반드시 감당할 수 있어야 한다.

기술 노트 분말법은 황동, 청동, 철 기반의 합금, 스테인리스강, 코발트, 몰리브덴, 티타늄, 텅스텐, 베릴륨, 금속기지 복합재료, 세라믹에 일상적으로 사용된다.

경제성 분말법은 신속하고 재료를 효율적으로 사용하지만, 분말은 비싸다.

주요 제품 분말소결(필터, 다공성 베어링, 저밀도 세라믹), 프레싱 후 소결(작은 기어와 캠, 소형 베어링, 전기 및 자기 부품), HIPing(공구강과 텅스텐카바이드 절삭공구, 항공우주용 내열초합금 부품), 분말 사출성형(스파크플러그, 열 엔진 부품, 의료 및 치과 도구).

환경 영향 바인더를 태워 없애는 과정은 유독성 증기를 생성한다.

경쟁 공정 직접적으로 경쟁하는 공정은 없다.

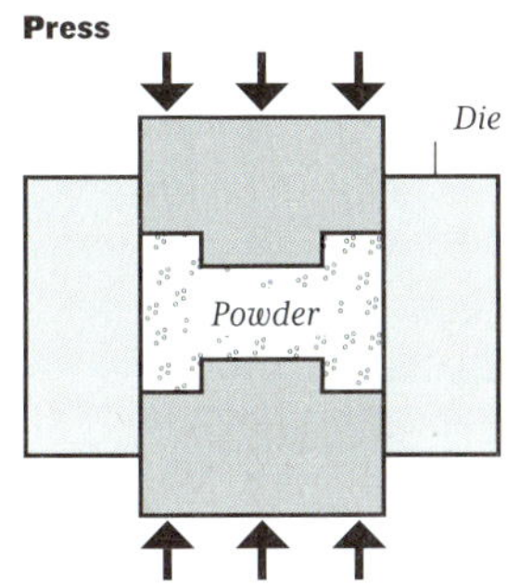

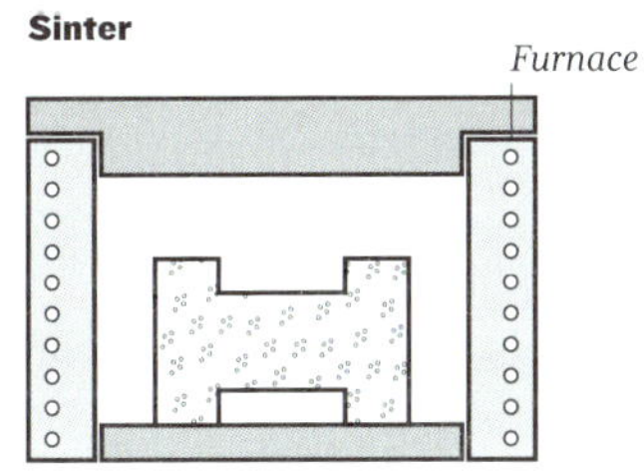

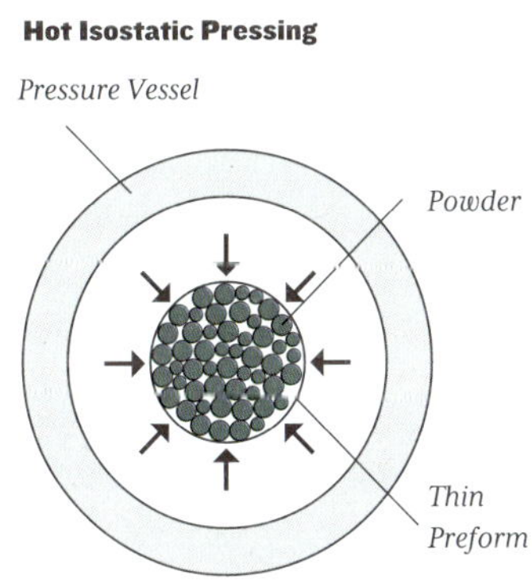

분말법의 속성

무게 범위, kg	0.01~5
최소 두께, mm	1.5~8
형상의 복잡성	낮음/중간
허용공차, mm	0.1~1
표면거칠기, μm	1.6~6.3
경제적인 뱃치크기	1,000~1,000,000

레이저 급속조형(Laser Prototyping)

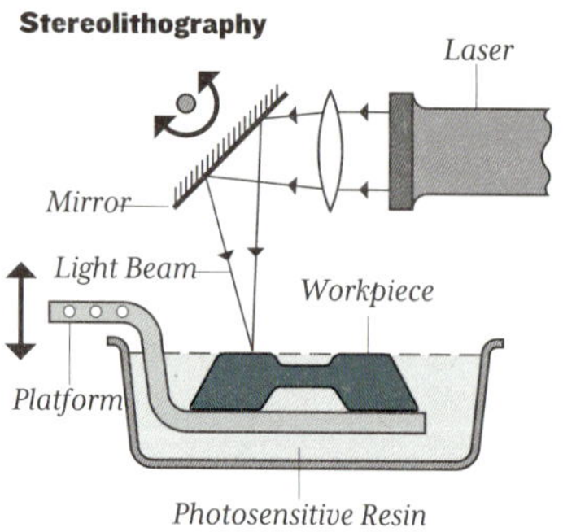

레이저 급속조형의 속성	
무게 범위, kg	0.1~20
최소 두께, mm	0.5~100
형상의 복잡성	높음
허용공차, mm	0.2~2
표면거칠기, μm	100~125
경제적인 뱃치크기	1~100

무엇인가? 모든 디자이너는 그들의 비전을 그것들이 사용되어야 할 상황에서 취급될 수 있고, 보일 수 있고, 시험될 수 있는 임의 수준의 복잡성을 가진, 현실적인 3차원 물체로 수월하게 변환하는 것을 꿈꾼다. 급속조형의 방법들은 이런 것을 가능하게 해주는데, 제조기술 중에서 가장 빠르게 성장하는 부문 중의 하나이다. 인풋은 부품의 형상을 묘사하는 CAD 파일이고, 아웃풋은 고분자, 금속, 또는 압축되고 적층된 종이로 만든 부품의 일회성 구현이다. 스테레오리소그래피(stereolithography: SL)에서는 액체 수지가 담긴 욕조의 표면을 스캔하는 UV 레이저빔에 의해 감광성의 수지가 고분자화된다. 각각의 스캔은 물체의 얇은 한 층씩을 만들어낸다. 한 번의 스캔이 완료되면 플랫폼은 약간(보통 0.1 mm) 낮아지며, 새로운 액체가 표면에 넘쳐흐르고, 그것은 다음 번 스캔에 의해 고분자화된다. 따라서 제품은 아래에서부터 위로 층층이 쌓이게 된다. 선택적 레이저소결(selective laser sintering: SLS)에서는 액체 수지 대신 미세한 열에 녹는 분말(열가소성 또는 왁스)이 사용된다. 분말은 스캐닝 레이저빔에 의해 녹아서 제품의 한 층을 만든다. 그 다음에 테이블이 낮추어지고 새로운 파우더의 층이 와이퍼에 의해 표면 위에 골고루 퍼지게 되면, 다음 스캔을 위한 준비가 완료된다. 이 방법은 현재 금속의 소결에까지 확장되었다. 적층된 대상체 제조(Laminated object manufacture: LOM)에서는 열가소성 수지로 코팅된 종이의 시트를 레이저로 잘라 각 층을 구성하는 슬라이스를 만든다. 종이는 롤러로부터 공급되고 한 슬라이스의 윤곽은 레이저에 의해 잘린다. 그런 다음에 가열된 롤러는 이 슬라이스를 이전에 잘려서 포개진 슬라이스들의 스택 위에 눌러 제자리에 접합시킨다. 이 공정은 레이저가 단지 슬라이스의 윤곽만을 추적하기 때문에 다른 두 가지보다 신속하다.

형상 고체 또는 속이 빈 복잡한 벌크 형상.

디자인 노트 ABS 또는 나일론을 사용한 급속조형은 디자이너에게 거의 무제한의 복잡함을 가진 시제품을 만들 수 있게 해준다. 모든 공정들이 느리다. SL과 SLS에서는 부피를 기준으로, LOM의 표면적을 기준으로 제품의 규모를 만드는 데 걸리는 시간 때문에 실용적인 크기는 약 300 mm로 제한된다.

기술 노트 급속조형 시스템은 매우 빠르게 진화하며, 실제로 디자이너의 모델 만들기 능력에 이미 중요한 부분이 되었다. 그것들의 속도와 정확도는 상승할 것이며, 앞으로 비용은 떨어질 것이다.

경제성 시제품을 만드는 비용은 크기와 공정에 따라 다르다($500~$5,000이라면 감을 잡을 수 있을 것). 이것은 더 빠른 공정이 나타나게 되면 줄어들 것이다.

주요 제품 급속조형은 떠오르는 개념의 3차원 모델을 구현하기 위하여 제품디자인에 널리 사용된다.

환경 영향 액체 수지는 휘발성이고, 미세한 분말은 폭발성이며, 레이저 빔은 눈에 손상을 입힐 수 있으므로, 모두 적절한 주의가 필요하다.

경쟁 공정 증착 급속조형(다음 쪽 참조).

증착 급속조형(Deposition Prototyping)

무엇인가? 웨딩케이크의 윗부분이 만들어지는 것을 생각해보라. 아이싱을 마치 치약처럼 짜서 입히는 것이다. 그 스케일을 100배로 줄이면 증착기반 급속조형의 기초가 마련된다. 인풋은 레이저 급속조형처럼 부품의 형상을 묘사하는 CAD 파일이고, 아웃풋은 고분자 또는 왁스로 만든 부품의 일회성 구현이다. 그림은 그 기술의 한 가지 변형을 보여준다. 용융증착모델링(fused deposition modeling: FDM)에서는 열가소성 수지 또는 왁스의 미세한 흐름이 가열된 2축 압출헤드에 의해 증착된다. 반 액체 상태의 고분자 또는 왁스는 가열된 헤드로부터 압출되어, 보통 0.1 mm 두께로 한 번에 한 층씩 바닥에서부터 차례로 증착된다. 이어지는 층은 열융합으로 결합된다. 이 공정은 ABS와 나일론을 성형할 수 있도록 잘 조정되어 있으며, 후처리로 경화시킬 필요가 없다(공정을 신속하게 함). 오버행 돌출부는 고분자가 매우 빠르게 경화되기 때문에 별도의 지지 없이 만들어질 수 있다. 탄도입자공정(ballistic particle manufacture: BPM)에서는 녹은 열가소성 수지의 입자들이 압전 제트에 의해 발사되어 대상체에 부딪히면 얼어붙는다. 제트 헤드가 표면을 스캔하고, 각 스캔마다 하나의 층을 생성하며, 일련의 열가소성 수지와 왁스가 제트에 사용될 수 있다. 진정한 3차원 프린팅에서는 열가소성 수지가 잉크젯프린터와 같이 최대 96개 선형배열 제트를 가진 프린터 헤드로부터 발사된다. 해상도는 프린터와 마찬가지로 약 300 dpi이다. 이 공정은 빠르게 진화하고 있으며, 제품을 신속하고 정확하게 만들어낼 수 있는 잠재력을 가지고 있다. 아직은 비록 이러한 작업을 할 수 있는 시스템이 상업적으로 가능하지 않더라도, 세 가지 공정 모두 세라믹이나 금속의 분말을 증착할 수 있도록 개조될 수 있다.

형상 고체 또는 속이 빈 복잡한 벌크 형상.

디자인 노트 ABS 또는 나일론을 사용한 급속조형은 디자이너에게 거의 무제한의 복잡함을 가진 시제품을 만들 수 있게 해준다.

기술 노트 급속조형 시스템은 매우 빠르게 진화하며, 실제로 디자이너의 모델 만들기 능력에 이미 중요한 부분이 되었다. 그것들의 속도와 정확도는 상승할 것이며, 앞으로 비용은 떨어질 것이다.

경제성 시제품을 만드는 비용은 크기와 공정에 따라 다르다(이해를 돕기 위해 표현하자면 $500~$5,000). 이것은 더 빠른 공정이 나타나게 되면 줄어들 것이다.

주요 제품 급속조형은 떠오르는 개념의 3차원 모델을 구현하기 위하여 제품디자인에 널리 사용된다.

환경 영향 특별히 해로운 것은 없다.

경쟁 공정 레이저 급속조형.

Fused Deposition Modeling

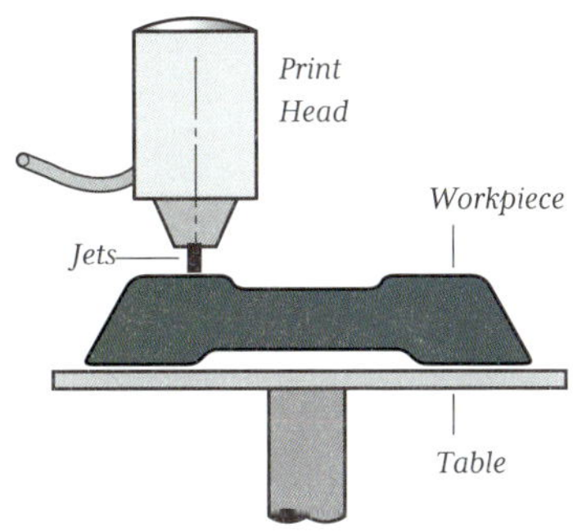

증착 급속조형의 속성

무게 범위, kg	0.1~10
최소 두께, mm	1.2~100
형상의 복잡성	높음
허용공차, mm	0.3~2
표면거칠기, μm	75~100
경제적인 뱃치크기	1~100

성형 프로파일

결합 프로파일

하나의 제품을 제조하는 데에는 여러 단계가 관련되고, 그 중 하나가 조립단계이며, 그것은 비용을 추가시키는 요인이다. 두 가지 기술이 경제적인 조립에 기여한다. 부품의 숫자를 최소화하고 조립을 쉽게 하는 디자인 기술, 그리고 재료, 연결부 형상, 제품의 수명이 다하기까지 요구되는 연결부의 성능에 가장 알맞은 결합공정을 선택하는 기술이다. 참고문헌 앞에 나오는 그림은 연결부의 기하학적 구조들을 그것의 일반적인 이름과 함께 보여준다. 이 절에는 다음 페이지에 목차로 열거된 대표적인 결합공정에 대한 정보를 정리하였다. 세 가지 부류로 넓게 구분할 수 있다. 접착, 기계적 잠금장치, 용접이다. 이어지는 페이지는 이러한 공정들에 대한 정보를 담고 있다. 공정의 선택은 또한 결합될 재료와 연결부 형상에 따라 좌우된다. 고분자를 용접하는 데 사용된 공정은 금속을 용접하기 위한 방법과 확연히 다르다. 덜 명백하게는, 접착제와 기계적 잠금장치 역시 재료에 따라 달라진다. 많은 공정은 강철과 강철, 폴리에틸렌과 폴리에틸렌 식으로 같은 재료로 만든 부품끼리만 결합할 수 있다. 다른 공정들은 금속과 유리, 고분자와 세라믹, 복합재료와 금속과 같이 서로 다른 종류의 재료를 결합할 수도 있다.

더 많은 정보가 필요하다면 다음의 참고문헌에 수록된 출처에서 얻을 수 있다.

http://dx.doi.org/10.1016/B978-0-08-098205-2.00021-4

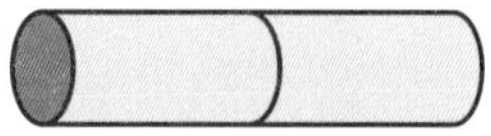
Cylinder to cylinder (butt)

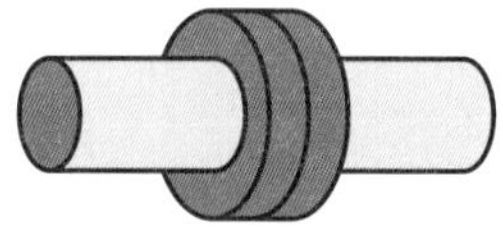
Cylinder to cylinder (flange)

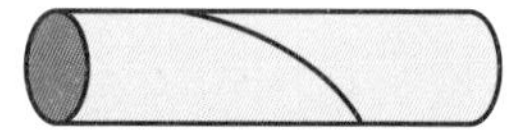
Cylinder to cylinder (scarf)

Cylinder to cylinder (sleeve)

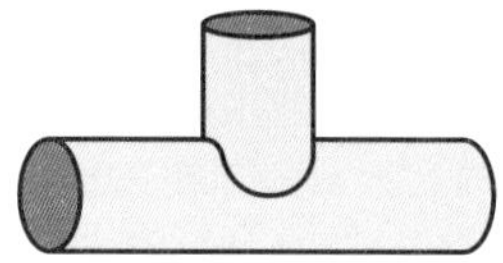
Cylinder (plain intersect)

Cylinder (sleeved intersect)

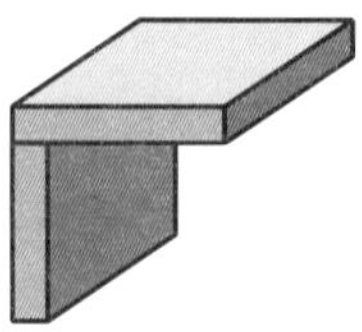
Plate to plate (corner)

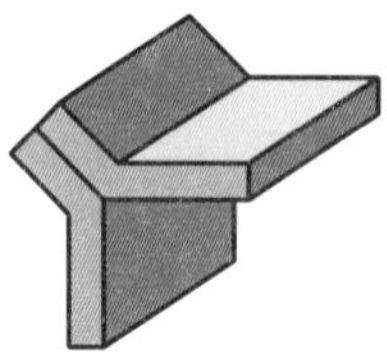
Plate to plate (edge)

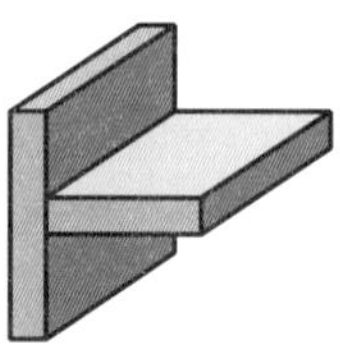
Plate to plate (tee)

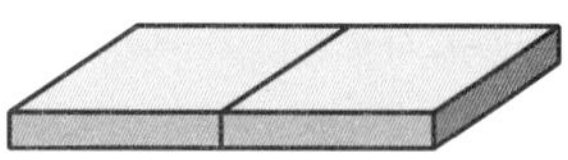
Plate to plate (butt)

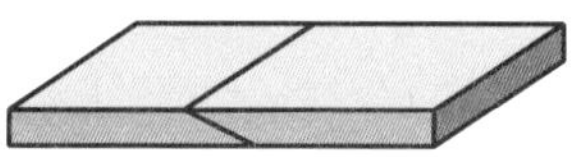
Plate to plate (scarf)

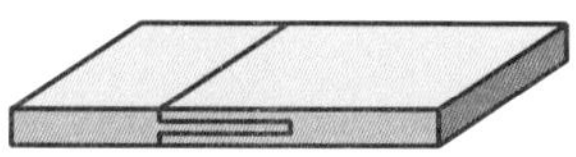
Plate to plate (tongue and groove)

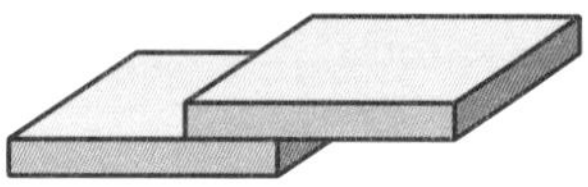
Plate to plate (single lap)

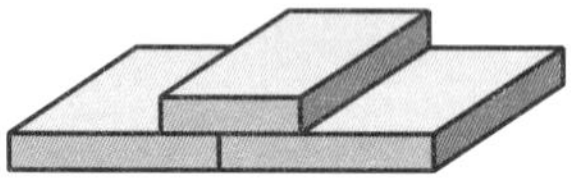
Plate to plate (strapped lap)

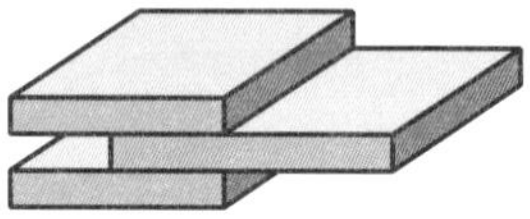
Plate to plate (double lap)

연결부의 기하학적 구조
결합공정의 선택은 연결부의 기하학적 구조에 의존한다. 기하학적 구조를 수정함으로써 때때로 더 저렴한 공정을 선택할 수 있다.

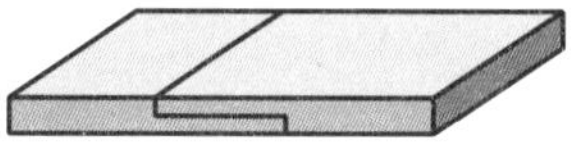
Plate to plate (landed lap)

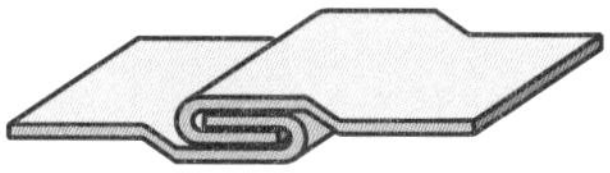
Plate to plate (locked lap)

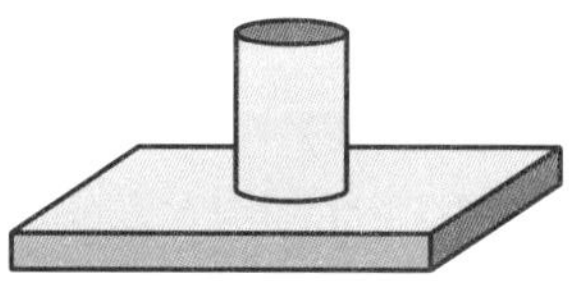

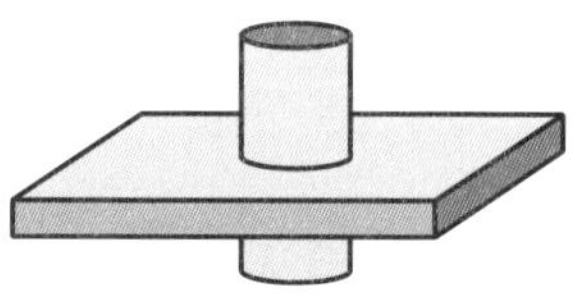

참고문헌

Bralla, J.G. (1998) "Handbook of Product Design for Manufacture," 2nd edition, McGraw-Hill, New York, NY, USA, ISBN 0-07-007139-X. (제조공정에 관한 방대한 정보를 집대성한 경전과 같은 책으로, 다양한 분야의 전문가들이 저술하였고 Bralla에 의해 편집되었다. 교육용 교재라기보다는 핸드북이다.)

DeGarmo, E.P., Black, J.T., and Kohser, R.A. (1984) "Materials and Processes in Manufacturing," Macmillan Publishing Company, New York, NY, USA, ISBN 0-471-29769-0. (재료에 대한 간략한 소개와 함께 제조공정에 중점을 둔 포괄적인 단행본. 금속 제조공정의 관점에서 다루었기 때문에, 고분자, 세라믹, 유리의 공정에 대해서는 훨씬 더 간략하게 처리하고 있다.)

Houldcroft, P. (1990) "Which Process?", Abington Publishing, Cambridge, UK. ISBN 1085573-008-1. (금속의 결합에 대하여 용접을 포함한 28개 공정을 다룬 간략한 소개 책자로, 대부분 TWI International[옛 명칭은 영국 용접연구소]의 전문성을 바탕으로 하고 있다. 좋은 책이지만, 아래 Wise의 책처럼 이해하기 어렵다.)

Hussey, R. and Wilson, J. (1996) "Structural Adhesives: Directory and Data Book," Chapman & Hall, London. (여러 공급자들로부터 생산된 구조용 접착제에 관한 데이터를 포괄적으로 정리해 놓은 책)

Kalpakijian, S. (1984) "Manufacturing Processes for Engineering Materials," Addison-Wesley, Reading, MA, USA. ISBN 0-201-11690-1. (모든 클래스의 재료에 대한 제조공정을 포괄적으로 다룬 책으로 교재로 널리 사용된다.)

Le Bacq, C., Jeggy, T. and Brechet, Y. (1999). "Logiciel d'aide a la pre-selection des procedes d'assemblage," INPG/CETIM, St Etienne, France.

Lesko, J. (1999) "Materials and Manufacturing Guide: Industrial Design," John Wiley & Sons, New York, NY, USA. ISBN 0-471-29769-0. (산업디자인에 다년간의 경험을 가진 컨설턴트에 의해 저술된 책으로, 재료와 제조공정에 대한 간단한 설명, 그림, 사진을 포함하고, 쓸모 있는 특성 매트릭스도 덧붙여져 있다.)

Swift, K. and Booker, J.D. (1998) "Process Selection: From Design to Manufacture," John Wiley & Sons, UK. ISBN 0-340-69249-9. (48개 공정에 대한 표준포맷 데이터 시트로, 그 중 10개는 결합에 대한 것이다.)

Wise, R.J. (1999) "Thermal Welding of Polymers," Abington Publishing, Cambridge, UK. (고분자의 용접 공정에 대한 정보를 편집한 것이며, 대부분 TWI International[옛 명칭은 영국 용접연구소]의 전문성을 바탕으로 하고 있다. 좋은 내용이지만, 이해하기 어렵다.)

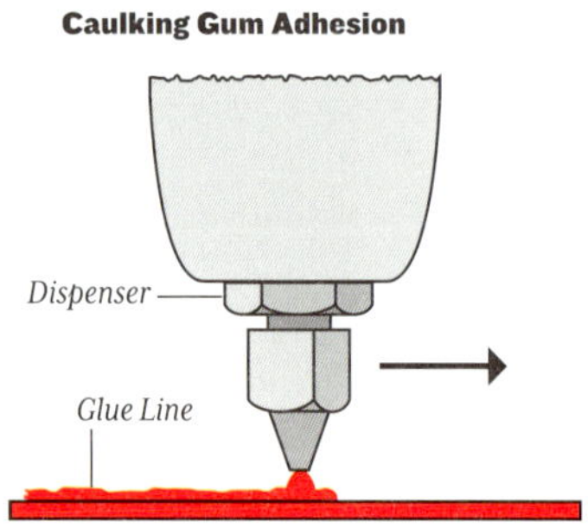

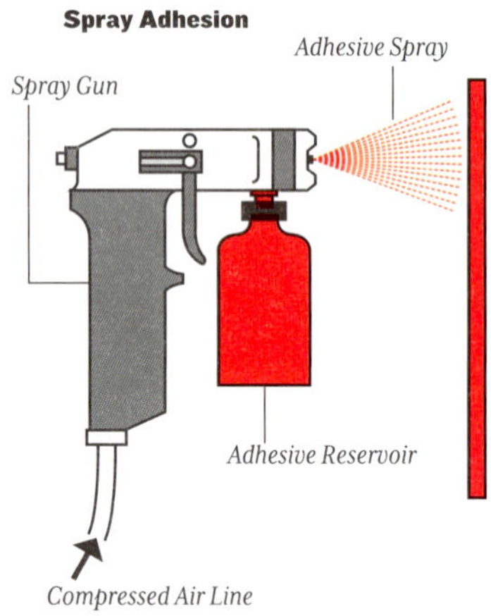

접착접합의 속성

연결부의 크기	무제한
최대 두께, mm	무제한
서로 다른 두께?	예
이종재료의 접합?	예
불투과성?	예
공정온도, ℃	16~180

접착제(Adhesives)

무엇인가? 접착제 또는 풀은 너무나 오래된 기술이라 언어의 일부가 되었을 정도이다. '우정을 돈독하게 하기 위하여(to cement a friendship)', '가족의 결속(the bonds of family)', '방침을 고수하는(adhering to policy)' 등과 같은 표현이다. 그리고 고대 기술과 관련해서는, 모든 초기 문명에서 녹말풀과 동물성 젤라틴으로부터 아교를 어떻게 만드는지 알고 있었으며, 역청과 아라비아고무를 사용하여 재료를 어떻게 결합하는지도 알고 있었던 듯하다. 합성접착제는 1900년 무렵에 나타났으며, 그 이후로 고분자화학의 발전에 따라 그것들의 범위와 성능은 크게 확장되었다. 구조용 합성접착제는 현재 모든 산업분야에서 쓰인다. 구조용 접착제는 비록 밀폐재로서의 이차적인 역할을 할 수도 있지만, 일정한 기계적인 기능을 수행하기 위하여 사용되는 것들을 의미한다. 많은 것들이 강직하여, 강성이 높은 결합을 만들지만, 유연한 접착제도 역시 디자인에 있어 중요한 역할을 담당한다. 각 그룹 내에서는 화학조성을 기준으로 분류하는 것이 보통이다.

연결부 유형 모든 기하학적 구조, 특히 겹치기 조인트.

디자인 노트 접착제는 디자인에 있어서의 자유로움을 제공하는 여러 특징들을 가지고 있다. 거의 대부분의 재료 또는 재료의 조합은 접착접합이 가능하다. 그것들은 매우 다른 두께일 수 있고(얇은 포일이 두꺼운 섹션에 결합될 수 있음), 공정온도는 낮아서 180℃를 넘는 것은 거의 없다. 일부 접착제의 유연성은 연결부의 어느 쪽에서든 열팽창의 차이를 견뎌낼 수 있다. 접착접합부는 통상 동등한 기계적 잠금장치보다 더 가벼우며, 접착제는 물과 공기에 불투과성인 연결부를 가능하게 해준다. 가장 크게 불리한 점은 사용온도의 제한이며(비록 일부는 260℃까지 사용할 수 있지만, 대부분의 접착제는 190℃ 이상에서는 불안정함), 장기적인 안정성이 불확실하고, 일부가 가진 용매는 불쾌한 느낌을 준다.

기술 노트 접착조인트는 찢김이나 벗김보다(이 두 가지는 피해야 함) 전단, 인장, 압축에 더 잘 저항한다. 전형적인 겹치기 전단강도는 8~45 MPa 범위이다. 전단하중을 받는 조인트는, 전단방향에 직각인 치수인 너비가 전단방향에 평행한 치수인 길이보다 더 중요하다. 맞대기 조인트는 접착면적이 클 경우에만 실용적이다. 높은 충격강도가 요구되는 경우를 제외하고는 얇은 접착두께(보통 25 μm)가 가장 좋다. 접착접합을 위한 기본 장비에는 고온 글루건(glue-guns)과 코킹건(caulking gun)이 포함되며, 두 가지 모두 반죽 또는 반액체 형태의 접착제를 바르는 데 사용된다. 스프레이건은 액체접착제를 적용하기 위하여 사용되며, 자동화될 수 있다. 브러시와 스프레이는 수작업에 사용된다.

환경 영향 접착제를 사용할 때에는 어디서나 양호한 환기가 필요하다.

경쟁 공정 기계적 잠금장치(비록 일반적으로 응력집중을 유발하는 구멍을 필요로 하지만).

아크릴 접착제(Acrylic Adhesives)

아크릴 접착제는 두 파트로 구성된 시스템으로 혼합되거나 자외선에 의해 활성화되었을 때 경화되어 강하고, 충격저항을 갖는 접착층을 형성한다. 대부분 나무-금속 접합에 쓰인다.

특징 내구성이 강하고, 질기며, 물 저항성이고, 광학적 투명이며, 광범위한 재료들을 접합할 수 있다.

주요 제품 항공우주, 자동차, 컴퓨터 부품.

시아노아크릴레이트 접착제(Cyanoacrylate Adhesives)

시아노아크릴레이트 접착제는 '순간접착제'로 잘 알려져 있다. 그것들은 단일 파트 시스템으로 습한 공기에 노출되면 몇 초 만에 경화되며 강하지만 취성인 접합부를 만들어 준다.

특징 시아노아크릴레이트 접착제는 거의 모든 것을 접합할 수 있으며, 순간적으로 접합되므로 가열이나 고정 등의 준비가 불필요하다.

주요 제품 소형 부품의 신속한 접합, 일반적인 생활용품 수리.

접착제에 대한 매트릭스

서로 다른 재료들의 접합

	금속	나무	고분자	탄성중합체	세라믹	섬유복합재료	금속
금속	아크릴, CA, 에폭시, PU, 페놀릭, 실리콘						
나무	아크릴, 에폭시, 페놀릭, Hot-melt	에폭시, 페놀릭, PVA					
고분자	아크릴, CA, 에폭시 페놀릭	에폭시, PU, 페놀릭, PVA	아크릴, CA, 에폭시, 페놀릭				
탄성중합체	CA, 에폭시, 실리콘	아크릴, 페놀릭, 실리콘	CA, 에폭시, 페놀릭, 실리콘	PU, 실리콘			
세라믹	아크릴, CA, 에폭시, Ceram	아크릴, CA, 에폭시, PVA	아크릴, 에폭시, PU, PVA, Ceram	아크릴, 에폭시, PU, PVA, 실리콘	아크릴, CA, 에폭시, Ceram		
섬유복합재료	아크릴, CA, 에폭시, 이미드	아크릴, CA, 에폭시, PVA	아크릴, 에폭시, PVA, 실리콘	에폭시, PU, 실리콘	CA, 에폭시, 실리콘	에폭시, 이미드, PES, 페놀릭	
금속	PU, Hot-melt	아크릴, PVA, Hot-melt	아크릴, PVA	아크릴, PU, PVA	아크릴, PU, PVA, Hot-melt	아크릴, PU, PVA	PVA, Hot-melt

PU : 폴리우레탄
Hot-melt : 열가소성
CA : 시아노아크릴레이트
PES : 폴리에스터
PVA : 폴리비닐아세테이트
Ceram : 세라믹기반 접착제

에폭시 및 에폭시-페놀릭(Epoxies and Epoxy-Phenolics)

에폭시와 에폭시-페놀릭은 열경화성 접착제로 높은 인장강도(최대 45 MPa)와 낮은 박피강도(1.8 kg/mm)를 가지며, 용매, 산, 염기, 염분에 대한 저항성을 갖는다. 나일론-에폭시는 가장 높은 강도를 가지며 알루미늄, 마그네슘, 강철을 접합하는 데 주로 쓰인다. 에폭시-페놀릭은 150~250 ℃ 범위까지 그것들의 강도를 유지하며, 금속, 유리, 페놀릭 수지를 결합하는 데 사용된다. 대부분은 두 파트로 구성된 시스템이며, 종류에 따라 20~175 ℃ 범위의 온도에서 경화한다. 가격 때문에 그것들은 비교적 소량으로 사용되지만, 이미드 기반 접착제와 함께 고성능 접착제 시장을 석권하고 있다.

특징 광범위한 기판에 양호한 접착성을 가지며, 낮은 수축과 우수한 기계적 특성을 −250~260 ℃ 범위까지 유지한다.

주요 제품 우주공학, 자동차, 조선 산업에 널리 쓰인다.

이미드 기반 접착제(Bismaleimides: BMI, Polyimides: PI)

이미드 기반 접착제는 에폭시처럼 섬유강화 고분자의 기지재로 널리 사용된다. 그것들은 대부분의 다른 유기질 접착제보다 우수한 고온성능을 가진다. 세라믹과 금속을 결합하는 데 사용된다.

특징 뛰어난 유전체 특성을 갖는다(이러한 이유로 레이돔에 사용됨). BMI는 −250~230 ℃ 범위의 온도까지 사용할 수 있다. PI는 300 ℃까지 가능하다.

주요 제품 레이돔.

페놀릭 접착제(Phenolic Adhesives)

페놀릭 접착제는 베이클라이트(Bakelite, 1905) 만큼이나 오래되었으며, 화학적으로도 베이클라이트를 닮았다. 페놀릭은 때때로 에폭시 및 네오프렌과 혼합되어 사용된다.

특징 고강도, 우수한 물 저항성과 열 저항성, 난연성.

주요 제품 합판, 파티클보드(chipboard), 적층목재 구조의 제조, 연삭숫돌과 브레이크 패드, 주조용 모래 바인더.

폴리우레탄(Polyurethanes)

폴리우레탄은 폴리우레탄과 이소시아네이트 기반의 접착제를 포함하며, 겹치기 전단강도 8 MPa 정도를 얻는다.

특징 광범위한 재료를 잘 접합하며, 질기고 유연성을 가지며, 물과 용매에 대한 저항성이 좋고, −250~80 ℃ 범위에서 성능을 잘 발휘한다.

주요 제품 자동차, 건축, 가구, 신발 산업에서 널리 쓰인다.

실리콘(Silicones: SIL)

실리콘은 합성고분자로 중심축 체인을 구성하는 탄소가 규소로 대체되어 있다. 대부분은 두 파트로 구성된 시스템이며, 그것들의 화학조성에 의해 뛰어난 유연성과 화학적 안정성을 갖추고 있다.

특징 유연하고, −115~260℃ 범위에서 쓸모 있는 특성을 가진다. 물, 자외선, 적외선에 대한 저항성이 좋다.

주요 제품 자동차, 건설, 해양 산업에서 접착제 및 씰로 사용된다.

핫멜트 접착제(Hot-melt Adhesives)

핫멜트 접착제는 PE, 나일론(PA), EVA, 폴리에스터와 같은 열가소성 수지를 기반으로 한다. 이러한 것들은 100~150℃ 범위로 가열하면 녹는다. 그것들의 화학조성을 수정함으로써 다른 재료에 부착되기 쉽게 만들어질 수 있다. 나무, 직물, 고분자, 탄성중합체, 금속을 결합하는 데 사용된다.

특징 빠르고 사용하기 쉽다. 용매의 증기가 발생하지 않는다. 특정한 용도에 맞게 수정될 수 있는 광범위한 화학조성을 갖는다.

주요 제품 시제품, 공예.

무산소성 접착제(Anaerobic Adhesives)

무산소성 접착제는 산소가 없을 경우 상온에서 경화된다.

특징 수축이 작으면서도 강한 접합부.

주요 제품 기계적 잠금장치의 나사잠김, 기어나 베어링의 고정, 대형 평판 패널.

세라믹기반 시멘트(Ceramic-based Cements)

세라믹기반 시멘트는 무기물 두 파트로 구성된 시스템이며 경화되면 고온에서 안정된 결합을 부여한다. 세라믹, 금속, 유리, 나무에 단열재를 접합하는 데 사용된다.

특징 화학적으로 안정된 접합을 1,600℃까지 사용할 수 있다.

주요 제품 가마나 가열로에서 내화성 벽돌의 결합, 주조용 바인더.

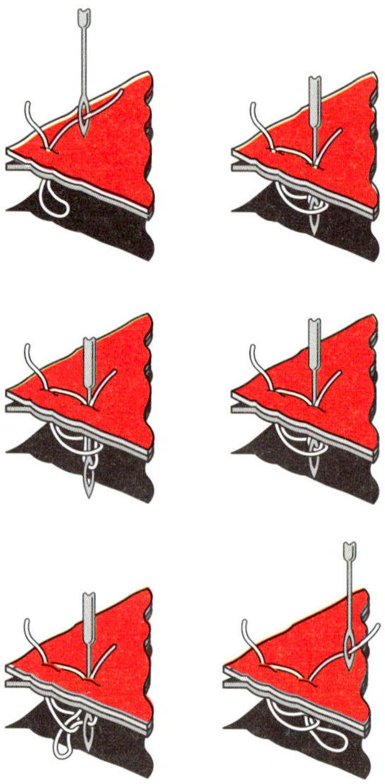

재봉의 속성	
연결부의 크기	무제한
최대 두께, mm	1~10
서로 다른 두께?	제한적
이종재료의 접합?	예
불투과성?	아니오
공정온도, ℃	16~30

재봉(Sewing)

무엇인가? 재봉은 매몰주조나 에나멜링과 마찬가지로 최소한 5,000년간 사용되어 왔다. 실제로 그보다 훨씬 더 오래 되었다는 증거도 있다. 재봉에서는 하나 이상의 연속섬유 실을 사용하여 일련의 바늘땀을 적용함으로써, 두 배 이상의 두께로 재료를 결합한다. 바늘땀에는 여러 가지 유형이 존재하며, 크게 나누어 하나의 실이 재료를 통과하여 고리형태를 만들고 다른 면에서 두 번째 실에 의해 고정되는 방법인 '박음질(lock stitch)'과, 하나의 실이 지그재그로 재료를 통과하는 '사슬뜨기(chain stitch)'가 있다. 재봉틀은 공정을 자동화한다. 그림은 단일 겹치기 조인트의 사슬뜨기를 보여주고 있다.

연결부 유형 겹치기와 맞대기.

디자인 노트 재봉은 결합될 수 있는 재료의 범위와 적용될 수 있는 형상을 감안하면 뛰어나게 융통성 있는 공정이다. 그것은 기계적 잠금장치는 물론 장식의 기능도 함께 제공하며, 종종 매우 정교한 수준으로 장식해준다.

기술 노트 서로 다른 종류의 재료도 결합할 수 있다. 전통적인 바느질에 사용되는 실 가닥에는 면, 실크, 아마, 셀룰로오스 유도체(rayon or viscose) 그리고 폴리에틸렌, 폴리에스터, 폴리아미드(나일론), 아라미드(Kevlar)로부터 인발하여 만든 고분자섬유가 있다. 금속 실을 가지고 재봉하는 것도 가능하다. 결합에 사용되는 실 또는 섬유는 인장력과 바늘땀을 만드는 데 관련된 곡률을 견딜 수 있을 만큼 충분히 강하고 유연해야 한다. 모든 직물, 종이, 골판지, 가죽, 고분자 필름은 재봉될 수 있다. 재봉은 만일 바늘구멍을 몰딩하거나 뚫을 수 있다면 금속, 유리, 복합재료에 직물이나 필름을 결합하는 데에도 사용할 수 있다. 다양한 연결부 형상이 가능하며, 일부는 단일겹치기 조인트 또는 단순 맞대기 조인트를 넘나드는 지그재그 바늘땀으로 이루어지고, 다른 것들은 잠금 겹치기 및 맞대기 배열을 가질 수 있도록 접어야 할 필요가 있다.

경제성 수동식 또는 소형 전기 재봉틀은 저렴하지만, 대형 자동기계는 비쌀 수 있다. 재봉은 결합할 수 있는 재료나 연결부의 배열구조를 감안할 때 신속하고, 저렴하고, 매우 융통성이 있다.

주요 제품 재봉은 의류산업에서 주요 결합공정이다. 텐트와 돛의 제작, 신발 제조와 책 제본에서 매우 중요하다. 그것은 고분자 시트를 결합하여 지갑, 주머니, 케이스, 여행용 도구를 만드는 데 사용된다.

환경 영향 골무는 바느질할 때 손을 보호하기 위하여 고안되었다. 이런 사소한 위험을 제외하고는, 재봉은 건강과 안전에 위협적이지 않으며, 친환경적이다.

경쟁 공정 접착제, 나사잠금장치.

리벳 및 스테이플(Rivets and Staples)

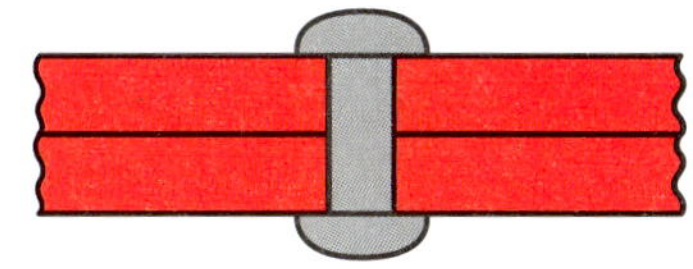

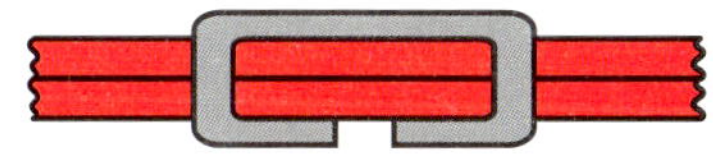

무엇인가? 기계적 잠금장치는 세 가지의 특별한 매력을 지녔다. 그것들은 열을 필요로 하지 않고, 이종재료를 결합할 수 있으며, 이러한 것들이 매우 다른 두께에라도 적용될 수 있다는 점이다. 리벳은 비행기 설계에 널리 쓰이며, 강도, 지속성, 신뢰성의 증빙이다. 리벳팅은 한 쪽 끝에 머리를 가진 긴 자루와 같은 못을 미리 뚫어진 구멍에 삽입하고, 특수망치로 반대편 끝을 두들겨서 새로운 머리 모양으로 만들면 공정이 마무리된다. 스테이플은 종이를 제본하거나 가죽과 천을 가구의 틀에 부착하는 방법으로 친숙하며, 신속하고 저렴하다. 그것들은 금속 시트를 묶는 데에도 사용될 수 있다. 스테이플러는 스프링의 도움을 받거나, 전기 또는 공압의 지원을 받아 스테이플에 힘을 가하여 그것이 재료를 뚫고 지나가 모루(anvil)의 홈을 따라 안쪽으로 다리를 접게 함으로써 재료를 하나로 묶는 작업을 한다. 블라인드 스테이플링에는 모루가 없으며, 스테이플의 다리는 단순히 하나의 재료를 통과하여 못처럼 다른 재료에 박히게 된다.

연결부 유형 겹치기.

디자인 노트 리벳과 스테이플 모두 비슷한 재료를 결합하는 데 사용되지만, 서로 다른 재료들을 그것들 사이에 강도의 큰 차이가 있더라도 결합하는 데(예: 가죽 또는 고분자를 강철 또는 알루미늄에 부착) 사용할 수 있다. 두 가지 모두 비록 잠금장치가 재료를 뚫은 곳에서 응력집중을 감당해야 하는 점을 감안하더라도 디자인에 커다란 융통성을 부여한다. 리벳의 머리 부분은 자루보다 2.5~3배 정도의 지름을 가져야 한다. 결합되는 재료 중 하나가 연할 경우, 뽑혀 나오는 것을 방지하기 위하여 그 쪽의 머리 아래에 와셔를 추가하는 것이 좋다. 스테이플은 재료가 얇을 경우에 좋으며, 금속은 최대 1 mm이고, 비금속은 10 mm까지 가능하다.

기술 노트 리벳과 스테이플은 주로 금속으로 되어 있으며, 강철, 알루미늄, 구리가 일반적이다. 고분자 리벳과 스테이플도 가능하다. 그것들은 열과 압력을 함께 사용하여 매듭지어진다. 시트, 그물망, 직조의 형태로 된 거의 모든 재료는 이들 방법으로 결합할 수 있다. 스테이플링은 와이어를 시트에 결합하는 데에도 사용될 수 있다.

경제성 리벳팅 및 스테이플링은 모두 매우 소량생산 공정일지라도 저렴하고, 신속하고, 경제적이다. 장비비용, 공구비용, 인건비 모두 낮다. 공정은 자동화될 수 있다.

주요 제품 스테이플링: 종이, 가죽, 옷, 섬유보드의 결합. 리벳팅은 항공우주, 자동차, 해양 산업에 매우 많이 사용되지만, 보다 넓은 범위에 잠재력을 가진다. 가죽 레이블을 청바지의 데님에 리벳팅하여 결합하는 것을 생각해보라.

환경 영향 조선소 작업장의 소리가 바로 리벳팅의 소리이다. 아주 시끄럽다. 스테이플링에 대한 지나친 지지자들은 자기 스스로를 스테이플링한다고 알려져 있다. 이러한 것을 제외하고는, 두 가지 모두 친환경적이다.

경쟁 공정 접착제, 재봉, 나사잠금장치.

리벳 및 스테이플의 속성

연결부의 크기	무제한
최대 두께, mm	0.01~10
서로 다른 두께?	제한적
이종재료의 접합?	예
불투과성?	씰과 함께라면
공정온도, °C	16~30

결합 프로파일

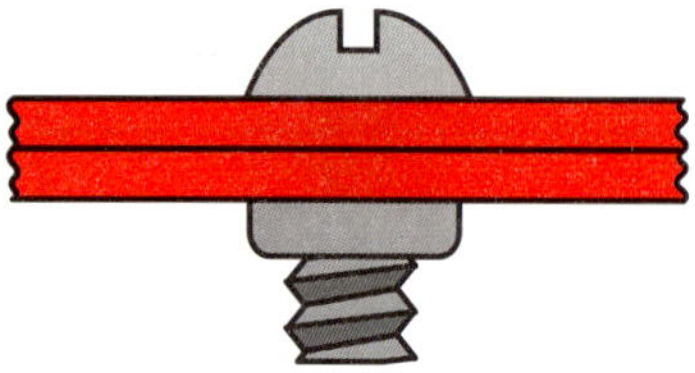

나사잠금장치의 속성

연결부의 크기	무제한
최대 두께, mm	무제한
서로 다른 두께?	예
이종재료의 접합?	예
불투과성?	씰과 함께라면
공정온도, ℃	16~30

나사잠금장치(Threaded Fastener)

무엇인가? '너트와 볼트까지' 고려한다는 것은 우리가 가장 기본으로 돌아감을 뜻한다. 나사는 공학만큼 오래되었다. 로마시대의 올리브기름 압착기는 거대한 나무 나사를 사용하였다. 나사잠금장치는 여러 가지 장점이 있어 기계적 잠금장치 중 가장 다양한 용도를 가진다. 열을 필요로 하지 않고, 이종재료의 매우 다른 두께라도 결합할 수 있으며, 다시 분리가 가능하다는 점이다. 일반적인 나사에는 미리 나사산을 가진 구멍을 뚫거나, 너트가 필요하지만, 자동태핑나사는 스스로 나사골을 가진 구멍을 만들어 나간다.

연결부 유형 겹치기가 가장 일반적이지만, 거의 모든 조인트는 나사잠금장치에 알맞게 수정될 수 있다.

디자인 노트 기계적 잠금장치는 분해가 용이하여 부품의 대체나 접근을 허용하기 때문에 디자인에 커다란 융통성을 부여한다. 그것들은 700℃까지도 사용할 수 있으며, 제대로 위치를 잡으면 높은 정밀도의 조립이 가능하다.

기술 노트 나사잠금장치는 흔히 탄소강, 스테인리스강, 나일론 또는 다른 강직성 고분자로 만들어진다. 스테인리스강과 니켈합금 나사는 고온이거나 부식성 환경에서 사용될 수 있다. 조이는 것은 아주 중요하다. 너무 적게 조이면 잠금장치가 헐거워지고, 너무 많이 조이면 잠금장치와 부품 모두가 손상될 수 있기 때문이다. 토크렌치를 사용하면 이런 문제를 해결할 수 있다. 느슨해지는 것을 방지하기 위하여 고정용 와셔 또는 접착제를 사용한다.

경제성 나사잠금장치는 저렴하고, 수작업일 경우 삽입하는 장비도 저렴하다. 그러나 삽입은 자동화하기 어려우며, 영구적인 결합에는 다른 방법(용접, 리벳, 접착제)이 훨씬 더 매력적이다.

주요 제품 나사잠금장치는 공학설계에서 매우 널리 통용된다. 그러나 점점 더 해체가 필요하거나 접근성의 확보가 중요한 제품에만 제한적으로 쓰이게 되었다. 그 까닭은 다른 결합방법들이 더 저렴하고, 느슨해질 염려가 없으며, 무게를 증가시키지 않고, 쉽게 자동화할 수 있기 때문이다.

환경 영향 나사잠금장치는 환경문제에 관해서는 흠잡을 데가 없다.

경쟁 공정 똑딱맞춤, 리벳 및 스테이플, 접착제, 재봉.

똑딱맞춤(Snap Fits)

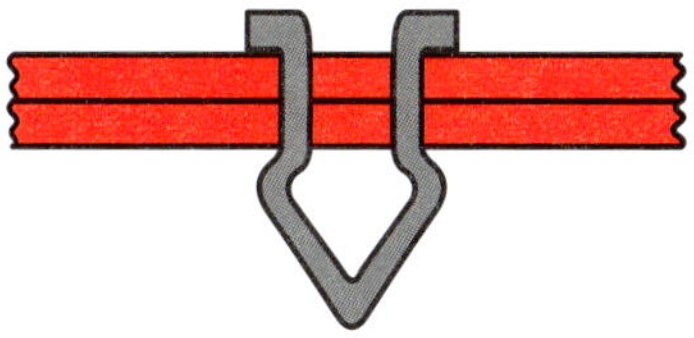

똑딱맞춤의 속성	
연결부의 크기	제한됨
최대 두께, mm	무제한
서로 다른 두께?	예
이종재료의 접합?	예
불투과성?	가능함
공정온도, ℃	16~30

무엇인가? 똑딱맞춤은 다른 기계적 잠금장치와 마찬가지로 열이 필요하지 않고, 이종재료를 결합할 수 있으며, 신속하고 저렴하며, 그렇게 디자인되었을 경우 분해도 가능하다. 조립 또는 분해 과정에서 요구되는 비교적 큰 탄성 변형을 똑딱이가 견뎌낼 수 있는 것이 중요하다. 비록 스프링 특성을 가진 금속 역시 좋기는 하지만, 고분자는 특히 이런 요구조건을 잘 만족한다.

연결부 유형 재료를 적절히 선택하기만 하면 모든 기하학적 구조는 똑딱맞춤에 알맞게 수정될 수 있다.

디자인 노트 똑딱맞춤은 형상, 재료, 색상, 질감이 제 각각인 부품들을 하나로 결합해주거나, 하나 이상의 방향으로 회전이 가능하도록 결합해준다(똑딱힌지). 똑딱맞춤에 의한 결합은 짝짓는 부품의 세부적인 형상에 따라 영구적일 수도 있고 또는 분리가 가능할 수도 있다. 이 공정은 디자인과 미학적인 다양성에 커다란 융통성을 부여한다.

기술 노트 최선의 선택은 큰 항복변형도(yield strain=항복강도/탄성계수)를 갖는 재료를 선택하는 것이며, 정확한 위치 확보와 확실한 결속을 보장하기에 충분하도록 탄성계수가 높아야 한다. 고분자는 금속보다 훨씬 높은 항복변형도 값을 갖는다(특히 SAN, 나일론, 폴리에틸렌, 폴리프로필렌). 탄성중합체는 모든 재료 중에서 가장 높은 값을 갖지만, 낮은 탄성계수 때문에 조립체가 너무 유연하게 되고 쉽게 빠질 수 있다는 단점이 있다. 금속 중에서는 스프링을 만드는 데 사용하는 재료(스프링강, 구리-베릴륨 합금, 냉간가공된 황동)가 같은 이유로 최선의 선택이나.

경제성 똑딱맞춤은 신속하고 저렴하며, 생산 및 사용 과정 모두에서 조립시간과 비용을 줄여준다. 수작업으로 조립할 경우 특별한 장비가 필요하지 않으며, 자동 조립에는 값비싼 장비가 필요하지만 공정은 매우 신속하다.

주요 제품 똑딱맞춤은 가능한 재료와 형상의 자유도에 의해 점점 더 많이 사용되고 있다. 흔히 소형 또는 중형 고분자 부품, 금속 케이스, 박판 부품 등을 결합하는 데 사용된다.

환경 영향 똑딱맞춤은 쉽게 분해되므로 재활용하기도 쉽다. 이러한 점에서, 그리고 다른 모든 속성에서도 친환경적이다.

경쟁 공정 접착제, 스테이플, 재봉, 나사잠금장치.

고온가스용접(Hot Gas Welding)

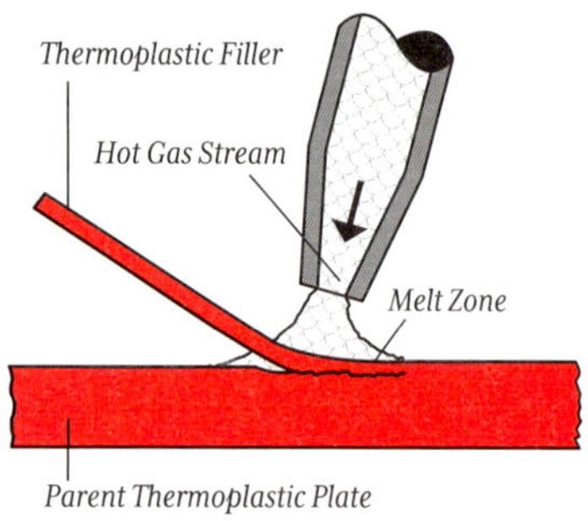

고온가스용접의 속성

연결부의 크기	무제한
최대 두께, mm	2.5~10
서로 다른 두께?	제한적
이종재료의 접합?	용융점이 비슷하다면
불투과성?	예
공정온도, ℃	200~300

무엇인가? 고온가스용접은 열가소성 고분자를 결합하는 하나의 방법으로 금속의 가스용접과 여러 면에서 매우 비슷하다. 용접 토치는 마치 고성능화된 헤어드라이어처럼 두피를 그슬릴 정도로 뜨거운(200~300℃) 가스의 흐름을 결합부와 같은 종류의 열가소성 고분자 막대 충전재에 집중시킨다. 고분자는 가열되면 매우 점성이 있게 되며, 금속과 같은 방식으로 흐르지는 않는다. 그 때문에 충전재가 필요하다. 충전재는 연화된 결합부에 눌려 들어가서 결합을 형성한다. 이 공정은 느리며 대량생산에는 적합하지 않지만, 쉽게 휴대할 수 있어서, 대형 고분자 부품을 조립하고 수리하는 데 가장 좋은 방법이다.

연결부 유형 모든 형상, 특히 맞대기와 겹치기가 필요한 판재.

디자인 노트 고온가스용접은 열가소성 고분자에 국한된다. 수작업으로 수행하는 공정이지만, 파이프, 안감(liner), 지붕 멤브레인 등 대형 구조물의 현장작업에 적합하다. 그것은 아주 얇은 재료에는 사용할 수 없으며, 2.5 mm 이상이어야 한다.

기술 노트 고온가스용접은 폴리에틸렌, PVC, 폴리프로필렌, 아크릴, 일부 ABS 혼합물, 기타 열가소성 고분자에 흔히 사용된다. 용접 도구에는 가스, 공기, 질소, CO_2를 가열하는 전기히터와 부품에 직접적으로 열을 쏘이는 노즐이 포함된다. 공기를 사용할 경우, 그것은 압축기 또는 송풍기에 의해 공급되지만, 질소나 CO_2를 사용할 경우에는 보다 복잡한 가스공급 장치가 필요하다.

경제성 장비비용과 설치시간이 모두 낮으므로, 이 공정이 현장에서 경제적으로 사용할 수 있게 해주지만, 그것은 느리므로 대량생산에는 적합하지 않다.

주요 제품 열가소성 고분자 파이프 및 도관의 설치와 수리, 대형 구조물의 화학 저항성 안감의 제작, 곡물저장소의 조립, 런던의 밀레니엄 돔과 같은 건축물의 고분자 지붕 결합에 사용된다.

환경 영향 약간의 뜨거운 공기뿐이므로 특별한 문제가 없다.

경쟁 공정 레이저용접, 나사잠금장치, 접착제.

핫바용접(Hot Bar Welding)

무엇인가? 고분자에 사용하는 모든 용접공정 중에서 가장 간단한 것으로, 핫바 용접은 부엌에서 음식을 넣은 냉동백을 봉하는 데 사용할 수 있다. 이 공정에서는 겹쳐진 열가소성 고분자 필름이 PTFE 코팅되었고 전기적으로 가열되는 뜨거운 막대들 사이에 끼어 있다. 하나의 막대에는 필름이 삽입되고 제거될 수 있도록 경첩이 달려 있다. 기계식 또는 공압식 구동기는 막대를 밀폐하고 죄는 힘을 가한다. 연결부 자체는 필름을 통한 전도에 의해 가열되므로, 필름의 두께는 0.5 mm 이내로 제한된다. 100 μm 열가소성 고분자 필름의 전형적인 용접에는 1~3초 정도가 소요된다. 충격전류용접은 핫바용접을 변형시킨 것으로, 핫바는 펄스전류에 의해 가열되므로 품질의 추가적인 관리가 가능하다.

연결부 유형 겹치기.

디자인 노트 공정은 열가소성 고분자에 국한되며 얇은 시트 사이의 겹치기 조인트에만 사용된다. 그러나 그것은 신속하고, 저렴하고, 깨끗하기 때문에 음식, 포장, 약품, 의료장비의 밀봉에 사용할 수 있다. 용접부의 형상은 핫바의 형상에 따라 결정되며, 복잡한 표면 윤곽을 가질 수도 있다.

기술 노트 시간, 온도, 핀치압력의 제어는 우수한 결합에 필수적이며, 펄스용접은 이들 중 처음 두 가지를 제어하는 하나의 방법이다. 결합을 형성하기 위한 시간 t는 고분자의 열확산도 a에 반비례하며, 시트의 두께 x의 제곱에 비례한다 ($t=x^2/2a$). 따라서 재료 또는 두께가 바뀔 경우 조정이 필요하다.

경제성 공정은 저렴하고, 신속하며, 저비용 장비 및 노구를 사용한다.

주요 제품 핫바용접과 충격전류용접은 식품산업에서 고분자 포장의 봉합에, 수축필름 포장에, 의료산업 및 일반 포장에 널리 사용된다. 그것들은 고분자 몰딩에 고분자 필름을 접합하는 데 사용되어 투명한 파일 주머니를 만드는 데, 그리고 여러 가지 다른 비슷한 용도에 사용된다.

환경 영향 이 공정은 깨끗하고, 화학물질과 관련이 없으며, 배출가스를 발생하지 않고, 에너지도 거의 소모하지 않는다. 한마디로 친환경적이다.

경쟁 공정 레이저용접, 접착제, 재봉.

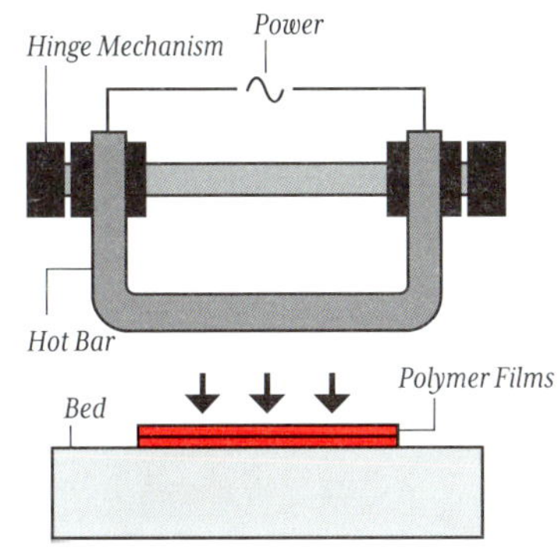

핫바용접의 속성

연결부의 크기	제한됨
최대 두께, mm	0.05~0.5
서로 다른 두께?	제한적
이종재료의 접합?	예
불투과성?	예
공정온도, ℃	180~280

결합 프로파일

열판용접(Hot Plate Welding)

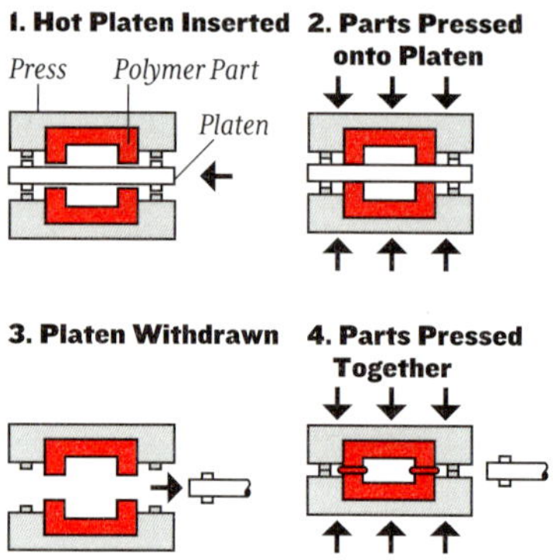

열판용접의 속성

연결부의 크기	제한됨
최대 두께, mm	1~30
서로 다른 두께?	제한적
이종재료의 접합?	아니오
불투과성?	예
공정온도, ℃	190~290

무엇인가? 핫바용접이 겹치기 조인트를 만드는 것에 거의 반대로, 열판용접은 벌크 열가소성 고분자 부품 사이에 맞대기 조인트를 만든다. 결합될 부품들은 치구 안에 놓이고, PTFE 코팅되었고 전기적으로 가열되는 뜨거운 열판을 향하여 치구가 부품을 눌러주면 표면은 녹고 그 아래의 재료는 연화된다. 압력이 제거되고, 열판이 철수된 다음 뜨거운 고분자 표면은 다시 눌려 서로 맞닿아서 냉각될 때까지 그 상태로 머물러 있다. 열판용접은 넓은 면적의 조인트를 형성하는 데 사용될 수 있으며, 예를 들면 대형 폴리에틸렌 가스 및 물 배관의 결합에 사용된다. 공정은 비교적 느리며, 소형의 경우 10초 정도부터 대형의 경우 1시간 정도의 용접시간이 필요하다.

연결부 유형 판과 판(맞대기).

디자인 노트 열판용접은 산화되는 문제가 용접품질을 떨어뜨릴 수 있는 나일론을 제외하고는 거의 모든 열가소성 고분자를 결합할 수 있다. 결합강도는 통상 모 재료의 강도와 같지만 연결부 디자인은 맞대기 배열로 제한된다. 만일 연결부가 곡선이나 각이 진 윤곽을 가졌다면, 형상을 가진 가열 도구를 사용하면 된다.

기술 노트 좋은 결합을 위해서는 열판의 정밀한 온도조절이 중요하다. 열판의 온도는 일반적으로 190~290℃ 사이이며, 결합되는 고분자에 따라 다르다. 압력은 수압이나 공압으로 적용된다. 대부분의 열가소성 고분자 부품은 열판용접으로 결합될 수 있지만, 이 공정은 폴리에틸렌, 폴리프로필렌, 심하게 가소화된 PVC로 만든 대형 부품의 결합에 가장 효과적이다. 그것은 강한 결합을 형성하며, 가스와 물에 대하여 불투과성이다.

경제성 장비와 공구는 비교적 저렴하지만, 공정은 느릴 수 있다.

주요 제품 이 공정은 자동차 유압 저장용기와 배터리 케이스를 만드는 데 사용되며, 가소화되지 않은 PVC 문틀과 창문틀을 결합하는 데, 가스와 물 분배를 위한 열가소성 고분자 배관을 결합하는 데, 그리고 하수구 및 직경 150 mm까지의 배출구에 사용된다. 또한 자동차 후미등 조립체, 물펌프, 냉장고 문처럼 소형부품에도 쓰인다.

환경 영향 공정은 깨끗하고, 불쾌한 화학물질이 관여되지 않으며, 일반적으로 친환경적이다.

경쟁 공정 고온가스용접, 마찰용접.

결합 프로파일

초음파용접(Ultrasonic Welding)

무엇인가? 만일 당신이 초음파를 사용하여 용접하고자 한다면, 당신은 초음파 발생기, 변환기(transducer), 승압기(booster), 그리고 소노트로드(sonotrode)라는 별난 이름을 가진 용접도구를 필요로 할 것이다. 초음파용접을 위한 발생기는 60 Hz의 전력을 20 kHz의 신호로 변환해준다. 변환기는 이것을 압전효과의 가역 반응에 의해 기계적 진동으로 변환한다. 승압기와 소노트로드는 이것을 용접구역으로 전달함으로써 10~30 μm의 진동 변위를 만들어낸다. 용접될 전 표면에 걸쳐 2~15 MPa의 정지압력이 적용되며, 그것들이 미끄러지고, 가열되고, 거칠게 되고, 접합되도록 전기를 통한다.

연결부 유형 판과 판(맞대기와 겹치기).

디자인 노트 초음파용접은 고분자와 금속 모두에서 신속하고, 강하고, 깨끗하고, 신뢰할 만한 용접부를 생성한다. 고분자에 대하여, 이 공정은 열가소성 필름과 시트에 주로 사용된다. 그것은 서로 다른 두께의 이종재료를 결합할 수 있으며, 점용접이나 시임용접을 적용할 수 있다. 대부분의 금속들 역시 초음파로 용접될 수 있다. 슬라이딩 표면에 약간의 온도상승이 있을 수 있지만, 재료의 용융점보다는 훨씬 아래이다. 대신에, 빠른 응력반전에 의해 표면 필름과 오염물질을 깨뜨리고, 약간의 확산과 함께 국부적인 소성에 의해 결합을 형성한다. 이 공정은 짧은 공정시간(예: 용접부 당 3초)과 비교적 낮은 온도를 제공하므로, 용접부에 근접한 재료의 손상을 최소화한다.

기술 노트 초음파용접은 일반적으로 얇은 재료(판재, 필름, 진신)의 결합에만 사용되거나, 또는 두꺼운 구조요소에 얇은 판재를 부착하는 경우에만 사용된다. 최대 두께는 금속의 경우 약 1 mm이다. 이 공정은 이종재료를 결합하는 데 쓸모가 있다. 공정온도가 낮고, 아크나 전류의 흐름이 개입되지 않기 때문에 이 공정은 예민한 전자부품에 적용될 수 있다. 최대 20 MPa까지의 연결부 전단강도가 얻어진다.

경제성 초음파용접은 신속하고 깨끗하다. 시간 당 1,000개까지 결합할 수 있다.

주요 제품 고분자(이 공정은 자동차, 가전제품, 의료, 섬유, 완구 산업에 널리 사용된다. 대표적인 조립체는 투명렌즈와 불투명한 몸체로 구성된 밀폐 후미등, 복층단열 음료수 컵, 장식용 다색상 명패 패널, 장난감이다.), 금속(얇은 시트의 점용접과 시임용접, 바이메탈에서 이종금속의 결합, 미소전자회로의 전기접점, 폭발물 또는 화학물질의 밀봉에 쓰인다.)

환경 영향 이 공정은 선망의 대상이 될 만큼 친환경 인증을 받았다. 그것은 정말 깨끗하며, 어떠한 연기, 화학물질, 전기, 기타 유해물질도 전혀 없다. 인풋 에너지는 거의 전부 연결부로 이송되고, 다른 가열공정에 비하여 훨씬 높은 에너지 효율을 보여준다.

경쟁 공정 나사잠금장치, 레이저용접.

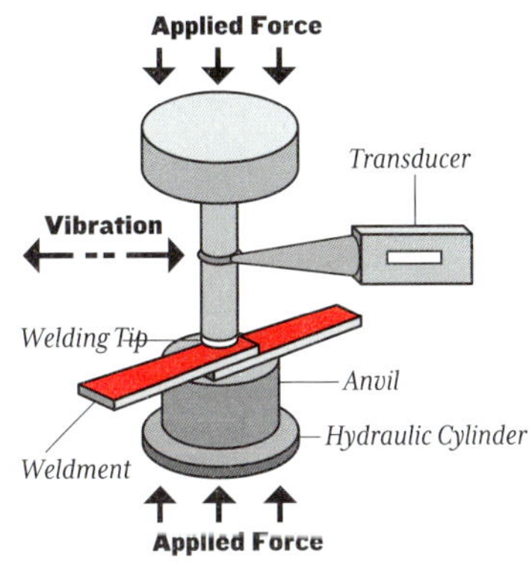

초음파용접의 속성

연결부의 크기	제한됨
최대 두께, mm	
(금속)	0.01~1
(고분자)	0.1~3
서로 다른 두께?	제한적
이종재료의 접합?	예
불투과성?	예
공정온도, ℃	
(금속)	300~600
(고분자)	100~250

Image courtesy of IDTC-International Design Trend Center

파워빔용접(Power-beam Welding)

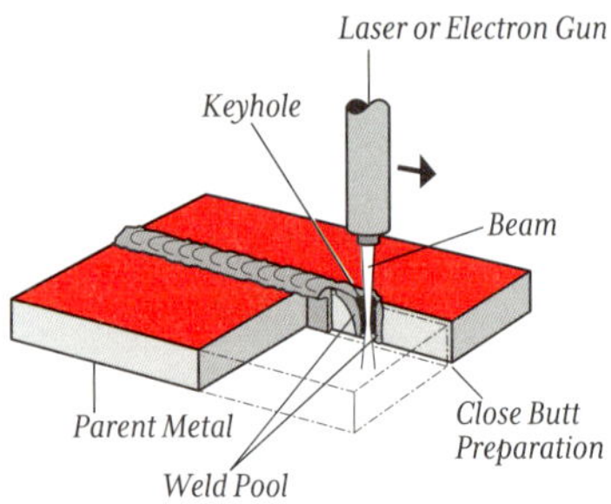

파워빔용접의 속성: 금속

연결부의 크기	제한됨
최대 두께, mm	
전자빔	1~200
레이저빔	0.2~20
서로 다른 두께?	제한적
이종재료의 접합?	예
불투과성?	예
공정온도, ℃	600~2,000

무엇인가? 전자빔과 레이저빔은 살인광선 같은 것이다. 눈에 보이지도 않고, 지극히 정확하며, 깨끗하다. 연기도 없고, 배출가스도 없으며, 폐기물도 발생하지 않는다. 두 가지 모두 금속의 용접에 사용할 수 있다. 레이저빔은 고분자도 용접할 수 있다. 전자빔 용접에서, 용융은 고속의 전자들이 집속된 빔의 열에 의해 생성된다. 전자가 진공상태에 놓인 전도체에 부딪히면 전자의 운동에너지는 열로 변환된다. 충전재 금속은 사용하지 않는다. 이 공정은 레이저빔용접보다 더 에너지 효율적이고, 높은 전력밀도와 두꺼운 물체를 용접할 수 있는 능력을 가지게 한다. 레이저빔용접에서, 열원은 간섭성 단색광의 가느다란 빔이다. 이 공정은 전자빔용접보다 더 정밀하고, 공기 중에서 수행되므로, 디자인에 더 큰 자유도를 허용하지만, 침투깊이는 얕다(금속에서 최대 20 mm). 피복가스가 용접부를 보호하기 위하여 주위의 노즐로부터 흘러나온다. 역시 충전재 금속은 사용하지 않는다. 얇고, 반투명이거나 불투명한 고분자 필름을 간단한 빔 스캐닝에 의해서 레이저 용접하는 것이 가능하지만, 그것은 레이저를 사용하는 최선의 방법은 아니다. 고분자 용접의 요령은 빔이 가장 유용한 곳, 연결부 계면에서 흡수되도록 배열하는 것이다. 이것은 투명한 고분자의 경우, 사람의 눈에는 보이지 않는 IR 또는 UV 흡수 염료의 필름을 용접부를 만들고자 하는 부위에 스프레이 함으로써 가능하다. 레이저빔은 많은 에너지 손실 없이 투명한 윗부분 시트를 통과한다(최대 두께 10 mm 가능). 그러나 계면의 염료에 부딪히면 강하게 흡수되어, 대부분의 재료는 차가운 상태로 유지된 채 계면의 고분자만을 녹여 용접부를 생성한다. 빔을 스캐닝하거나 대상체를 추적하면 폭 10 mm까지의 시임용접부가 가능하다.

연결부 유형 금속(모든 연결부 형상이 가능하다.), 고분자(겹치기 조인트).

디자인 노트 집속된 빔의 높은 전력밀도는 대상체에 최소의 입열로 금속의 좁은 용접을 가능하게 해주므로, 낮은 뒤틀림과 높은 용접속도를 얻을 수 있다. 충전재 금속을 사용하지 않으므로 짝짓는 부품의 정확한 절삭이 필요하다. 이 공정들은 다른 방법으로는 제작할 수 없는 제품을 가능하게 해준다.

계면 염료를 사용하지 않고 고분자, 특히나 투명한 고분자를 용접하는 것은 얇은 열가소성 필름과 시트의 결합에 국한된다. 염료를 사용하는 고분자의 용접은 더 잘 제어되며, 두꺼운 단면도 가능하다. 비록 그들의 용융점이 비슷해야 하지만, 이종재료들도 결합될 수 있다. 이 공정의 주요 특징은 비접촉이고, 지극히 깨끗하고 신속하다는 점이다.

기술 노트 전자빔은 1~100 kW의 전력을 가지므로, 1~200 mm 두께까지 금속판의 용접이 가능하지만, 공정은 진공챔버에서 이루어져야 하므로, 조립체의 크기에 제한이 따른다. 비록 레이저는 25 kW까지도 존재하지만, 레이저빔 장비는 더 낮은 빔 전력을 가진다(보통 0.5~5 kW). 레이저빔용접은 깨끗하고 진공챔버를 필요로 하지 않으므로 미세전자회로 산업에서 선호된다. 전자빔용접은 진공상태에서 이루어지므로 탄탈륨(Ta), 나이오븀(Nb), 몰리브덴(Mo), 텅스텐(W)과 같은

결합 프로파일

내열금속에 특히 적합하다. 레이저용접도 이런 재료에 사용될 수 있지만, 금속이 광택을 가지면 빔을 반사하기 때문에 금속은 광택표면이 없는 것이 필수적이다. 흡수력을 높이기 위한 코팅도 가능하다. 고분자에서 잘 디자인되고, 레이저용접된 겹치기 조인트의 강도는 종종 원래의 필름 또는 판의 강도를 능가한다. 얇은 필름의 경우, 용접속도는 30 m/min까지 올라갈 수 있지만, 필름의 두께가 1 mm가 되면 속도는 줄어들어 거의 1 m/min이 된다. 레이저 프로파일을 제어하면 용접과 절단을 동시에 행할 수 있다(cut-seal process). 만일 결합될 두 시트 중의 하나가 색상을 가지고 다른 것이 투명하다면, 색상을 가진 시트가 빔에서 더 멀리 떨어져 놓여야 한다.

경제성 파워빔 장비의 가격은 높으며, 전자빔용접의 경우 진공챔버의 공기를 빼야 하므로 가동시간이 더 길다. 그러나 이런 것에도 불구하고, 속도와 제어가능성이 이런 점을 보상해주며, 두 가지 모두 대량생산 공정에서 매력적인 고정이 된다. 자동차산업이나 미세전자부품 산업처럼 대량생산 공정일 경우, 큰 투자가 회수될 수 있다. 그리고 높은 용접속도, 단일패스 용접, 이차공정이 불필요하다는 점이 공정을 경제적으로 만든다.

주요 제품 전자빔용접은 자동차의 기어와 변속기, 항공기 엔진, 항공우주 부품을 조립하는 데, 대대적으로 사용된다. 고용량 전자빔 장비는 압력용기, 원자력발전소, 화학플랜트에 사용된다. 레이저빔용접은 미세전자부품과 풀무(bellows)나 시계스프링처럼 얇은 두께 부품의 결합처럼 정밀한 제어가 중요한 곳에 사용된다. 이 공정은 기어, 변속기 조립체와 같은 자동차 부품, 항공우주, 생활용품에도 점점 더 많이 사용된다. 고분자의 레이저용접은 식료품 포장과 생체의학 재료와 장비의 봉합에 사용된다. 구조용으로 사용하는 PET나 기타 고분자의 레이저용접을 사용하는 데 대한 관심이 커지고 있다.

환경 영향 전자빔은 X-선, 적외선, 자외선을 생성한다. 레이저빔은 특히나 눈에 해롭다. 두 가지 모두 적절한 보호가 필수적이며, 엄격한 안전수칙을 필요로 한다. 그러나 이것을 제외하고는, 이 공정들은 친환경 관점에서 매력적이다. 그것들은 깨끗하고, 화학물질이 관여되지 않으며, 폐기물을 발생시키지 않는다.

경쟁 공정 금속(저항용접, 나사잠금장치), 고분자(핫바용접).

Power-beam Welding: Polymers

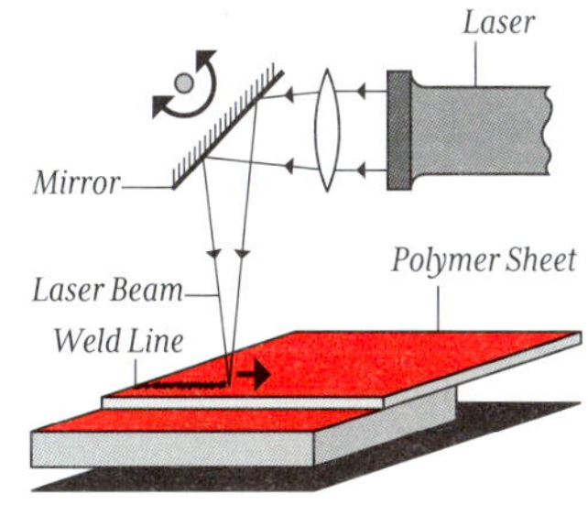

파워빔용접의 속성: 고분자

연결부의 크기	제한됨
최대 두께, mm	
직접가열	0.1~1
염색흡수	1~10
서로 다른 두께?	제한적
이종재료의 접합?	예
불투과성?	예
공정온도, ℃	200~300

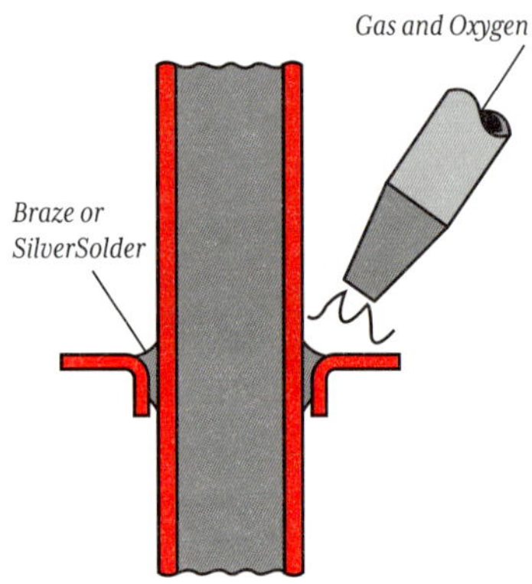

브레이징의 속성

연결부의 크기	무제한
최대 두께, mm	1~100
서로 다른 두께?	예
이종재료의 접합?	예
불투과성?	예
공정온도, ℃	450~600

브레이징(Brazing)

무엇인가? 결합되어야 할 부품이 용접에 필요한 온도를 견뎌낼 수 없을 때, 대안으로서 브레이징, 납땜, 기계적 잠금장치, 접착제를 사용한다. 브레이징은 이 중에서 가장 온도가 높다. 브레이징에서는, 용융점이 낮은 금속이 녹아서 두 고체 표면 사이의 공간으로 모세관 현상에 의해 끌려들어가 응고되도록 한다. 대부분의 브레이징 합금은 450 ℃ 이상에서 녹지만, 결합되는 금속의 용융점보다는 낮다. 브레이징 땜납은 가열된 결합부에 와이어, 포일, 분말 형태로, 플럭스로 코팅되거나 혼합되어 적용되며, 가스-에어 토치나 유도가열에 의해, 또는 가열로에 집어 넣음으로써 가열되어 녹는다. 처리된 부품은 공기 중에서 냉각된다.

연결부 유형 모든 연결부 형상이 가능하지만, 특히 맞대기, 엇턱이음(scarf), 겹치기.

디자인 노트 거의 모든 금속은 용융점이 650 ℃ 이상이기만 하면, 브레이징의 어떤 변종에 의해 결합될 수 있다. 이 공정은 이종재료를 결합할 수 있으며, 녹는점이 다르더라도 적용될 수 있다. 브레이징은 대량생산에 쉽게 적용될 수 있으며(저렴한 자전거의 결합), 연결부는 강하고, 영구적이고, 내구성이 높다. 연결부는 양호하고 강한 결합을 형성하기 위하여 0.02~0.2 mm 정도의 간극을 필요로 한다. 세라믹은 짝짓는 표면이 먼저 구리나 니켈로 금속표면화될 경우 브레이징이 가능하다.

기술 노트 브레이징 합금은 중간 온도(450~600 ℃)에서 녹고, 브레이징될 표면을 적시고(종종 표면과 합금을 형성함으로써), 양호한 유동성을 갖도록 디자인되었다. 가장 흔한 것은 황동과 유사한 조성을 바탕으로 한(여기서 이름이 유래됨) 것과 은을 바탕으로 한 것이다. 브레이징 황동(Cu 0.6, Zn 0.4)과 브레이징 청동(황동에 Mn 0.0025, Fe 0.01, Sn 0.01을 추가함)은 강철, 스테인리스강, 구리, 니켈을 결합하는 데 사용된다. 은 브레이징(Ag 0.3~0.6, Cu 0.15~0.5 + 약간의 Zn)은 같은 금속들을 결합하는 데 훨씬 더 낫다. 플럭스는 표면 오염(특히 산화물)을 제거하고, 표면장력을 낮춤으로써 젖음성(wettability)을 개선시키는 데 중요한 역할을 한다.

경제성 브레이징의 장비 및 공구 비용은 낮다. 토치 브레이징은 일정한 숙련도를 필요로 한다. 노(furnace) 브레이징은 자동화될 수 있으며, 특정한 숙련노동자를 필요로 하지 않는다. 이 공정은 소량생산에서 경제적이지만, 자동화될 경우 높은 생산속도가 가능하다.

주요 제품 브레이징은 배관을 결합할 때 널리 쓰이며, 자전거 프레임, 배관연결부, 그리고 주물의 수리와 기계부품의 조립 등에도 사용된다.

환경 영향 브레이징은 증기를 발생하며, 일부 플럭스는 유독성이므로, 양호한 환기와 정화가 중요하다. 그 외에는, 브레이징은 환경에 미치는 충격이 적고, 관련된 금속들은 무독성이다.

경쟁 공정 접착제, 납땜, 나사잠금장치.

납땜(Soldering)

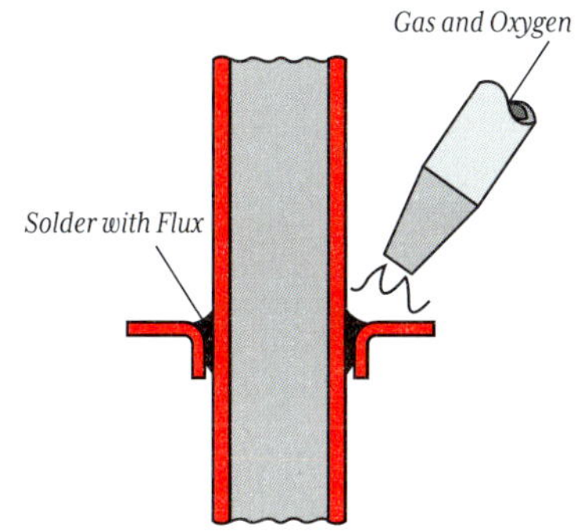

무엇인가? 납땜은 저온 브레이징이라 할 수 있다. 또는 다른 비유로 금속에 대한 풀칠이라 할 수 있다. 그것은 450℃ 이하에서 녹는 합금을 사용한다. 납땜 연결부는 브레이징 연결부보다 강도가 낮으며, 오히려 접착제에 가깝지만, 그것을 위한 장비가 더 간단하고 부품이 도달하는 온도가 훨씬 낮기 때문에, 전자장비의 조립에 요긴하게 사용된다. 납땜은 브레이징과 같은 방법으로 적용할 수 있거나 또는 마치 접착제처럼 금속의 표면을 조립하기 전에 전처리코팅(tinning)에 의해, 그리고 토치, 전기 납땜인두, 적외선 램프 어레이에 의해 가열하여 적용할 수 있다. 리플로 납땜에서는, 부품은 비등하는 불화탄화수소의 증기에 의해 가열되며, 이것은 부품 표면에 응집되어 잠열을 방출함으로써 신속하고 균일하게 부품을 가열해준다.

연결부 유형 모든 연결부 형상이 가능하지만, 특히 겹치기, 엇턱이음, 슬리브(sleeve).

디자인 노트 땜납은 전기전도체이며, 이것이 바로 전자산업에서 그들이 탁월한 지위를 가질 수 있도록 해주는 성질이다. 기계적 관점에서 그것들은 연한 금속이고, 높은 인장강도를 가지려면 납땜의 두께가 얇아야 하지만, 그러면 전단강도가 낮아지며(2 MPa 이하), 따라서 하중지탱 단면적에 비하여 연결부의 면적을 넓게 하거나(겹치기, 슬리브), 추가적인 기계적 강도가 부여되어야 한다(잠금 겹치기). 납땜으로는 매우 다른 두께와 크기를 가진 이종재료를 접합하는 것이 가능하다.

기술 노트 땜납은 낮은 용융점을 가진 금속들(납, 주석, 아연, 비스무스, 카드뮴, 인듐)의 합금이다. 어떤 두 금속이 합금되었을 때 가장 낮은 용융점은 공정(eutectic) 조성에서 얻어진다. 전기접점용 납-주석 땜납은 이런 조성을 가진다(주석 0.6, 납 0.4). 다른 용도를 위한 납-주석 땜납의 조성은 주석의 분율이 0.2~0.6이다. 주석-안티모니 땜납은 전기접점에 사용된다. 인듐-주석 땜납은 유리와 금속의 결합에 사용된다. 납땜에는 플럭스가 필요하다. 일부는 단순히 표면에 묻은 기름을 닦아내기 위한 용매이다. 다른 것은 산이며, 연결부가 만들어진 후에 반드시 제거되어야 하며, 그렇지 않으면 골칫거리를 만들어 낸다.

주요 제품 땜납은 전기접점을 만들고, 인쇄회로기판(PCB)을 생산하고 논리회로 반도체 칩을 거기에 결합하는 데 널리 사용되며, 가정용 배관 연결이나 자동차 라디에이터, 보석세공의 정밀한 부품을 만드는 데 사용된다.

경제성 브레이징과 마찬가지로, 납땜은 융통성 있는 공정이며, 높은 생산속도를 얻을 수 있지만, 작은 뱃치크기에 대해서도 경제적이다. 장비비용 및 공구비용은 낮으며, 그다지 숙련된 기술을 필요로 하지 않는다.

환경 영향 여기엔 문제가 있다. 중금속(특히 납, 카드뮴)은 친환경 측면에서 평판이 나쁘다. 그것들을 대체하도록 엄청난 압력을 받고 있다. 대안들이 나타나고 있지만, 그것들은 비용이 더 들고 사용하기 더 어렵다.

경쟁 공정 브레이징, 접착제, 나사잠금장치.

납땜의 속성

연결부의 크기	무제한
최대 두께, mm	1~10
서로 다른 두께?	예
이종재료의 접합?	예
불투과성?	예
공정온도, ℃	150~450

토치용접(Torch Welding: MMA or SMA)

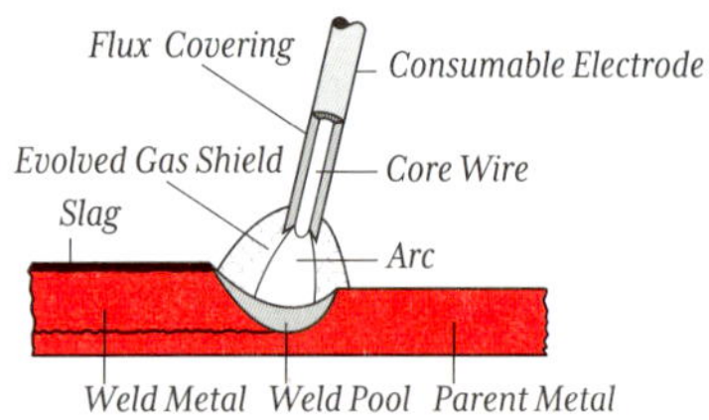

토치용접의 속성

연결부의 크기	무제한
최대 두께, mm	1~100
서로 다른 두께?	제한적
이종재료의 접합?	아니오
불투과성?	예
공정온도, ℃	1,500~1,700

무엇인가? 토치용접은 수동 금속아크(manual metal-arc) 용접 또는 피복 금속아크(shielded metal-arc) 용접으로도 알려져 있으며, 저비용의 장비를 사용하는 가장 중요한 범용 용접 및 표면덧살붙임 방법이다. 거기서 전기 아크는 플럭스코팅 소모성 용접봉(전극)과 부품 사이에 형성된다. 플럭스 코팅은 분해되어 피복가스를 만들어 주고, 용접 풀 위로 형성되는 슬래그는 금속이 산화되는 것을 막아준다. 금속과 플럭스를 적절히 선택하면, 비록 거의 전적으로 철 합금으로 국한되기는 하지만, 이 공정은 광범위한 용도에 사용될 수 있다.

연결부 유형 모든 조인트 형상.

디자인 노트 MMA는 사용하기 쉽고, 매우 융통성이 있어서, 일회성 또는 소량생산 공정에 우선적인 선택이 되지만, 자동화될 수 없기 때문에 대량생산 공정에는 적합하지 않다. 열팽창에 의해 발생하는 뒤틀림은 용접라인들이 대칭성을 갖도록 디자인하고, 용접부를 구조의 중립축에 대하여 균형 있게 배치함으로써 최소화할 수 있다. 용접 라인은 직선 또는 단순 곡선을 갖도록 디자인하는 것이 최선이며, 연결부는 반드시 용접 토치가 접근할 수 있도록 디자인되어야 한다.

기술 노트 탄소강, 저합금강, 스테인리스강, 주철, 특정 니켈합금들이 MMA용접에 의해 결합될 수 있다. 이종재료는 용접하기 어렵다. 용접봉 막대는 소모되어 용접부에 필요한 충전재 금속을 제공한다. 그러나 하나를 다 사용하고 나면 교체해야만 하고, 그리하여 공정을 중단시키며 결합부에 무작위의 응력을 야기한다. 플럭스는 각 용접 패스 사이의 청소작업에서 반드시 제거되어야 한다.

경제성 MMA용접은 다용도에 저비용 공정이고, 쉽게 이동할 수 있지만, 개별 용접봉의 제한적인 길이 때문에 쉽게 자동화될 수 없다.

주요 제품 MMA는 압력용기, 구조용 강철 공작물, 배관을 결합하는 데 사용되며, 조선공업이나 일반 공학 구조에 보강재를 부착하는 데 사용된다.

환경 영향 용접 증기는 건강에 해로울 수 있으며, 용접부로부터 방출되는 광선은 시력에 손상을 줄 수 있다. 양호한 환기와 용접 마스크와 색유리 고글의 사용으로 이런 문제를 극복할 수 있다.

경쟁 공정 MIG용접, TIG용접.

결합 프로파일

MIG용접(MIG Welding)

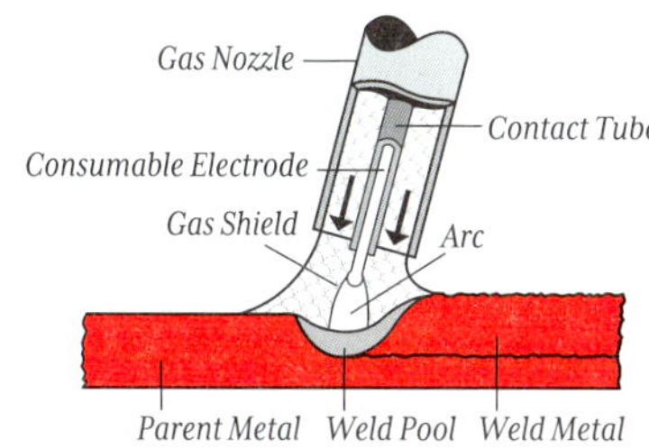

무엇인가? 금속불활성가스(metal inert-gas) 아크용접은 토치용접 및 TIG용접과 함께 세 가지의 막중한 용접공정의 하나이다. 여기서 전극은 플럭스로 피복되지 않은 와이어이다. 플럭스는 불활성가스의 흐름으로 대체되었으며, 그것이 소모성 와이어 전극과 부품 사이에 형성된 아크를 둘러싸고 있다. 와이어는 전극이 소비됨에 따라 코일로부터 연속적으로 공급된다. 토치용접과 비교하여 가장 큰 장점은 플럭스나 슬래그가 없으므로 더 깨끗한 용접을 제공하는 점, 그리고 이 공정은 자동화될 수 있다는 점이다. 그러나 불이익도 한 가지 있다. 가스를 필요로 하기 때문에, 이 공정은 더 비싸고 휴대가 어렵다. 그럼에도 불구하고 MIG는 모든 아크용접 공정 중에서 가장 다목적인 것으로 간주된다.

연결부 유형 맞대기, 겹치기.

디자인 노트 만일 당신이 알루미늄, 마그네슘, 티타늄, 스테인리스강, 심지어 연강에서도 고품질의 용접을 원한다면, 선택해야 할 공정은 MIG용접이다. 그것은 약간의 수정을 거쳐 필릿용접에도 가장 좋으며(MIG점용접) 따라서 겹치기 연결부에도 매우 적합하다. 열팽창에 의한 뒤틀림은 용접라인들이 대칭성을 갖도록 디자인하고, 용접부를 구조의 중립축에 대하여 균형 있게 배치함으로써 최소화할 수 있다. 용접 라인은 직선 또는 단순 곡선을 갖도록 디자인하는 것이 최선이며, 연결부는 반드시 용접 토치가 접근할 수 있도록 디자인하여야 한다.

기술 노트 아연을 제외한 일반 금속과 합금 대부분은 MIG로 용접이 가능하다. 이러한 모든 것의 용접에 필요한 전극 와이어(충전재)는 구할 수 있다. 피복 불활성가스는 보통 아르곤, 헬륨, 이산화탄소, 또는 이들의 혼합이며, 용접되는 재료에 알맞도록 선택된다. 이 공정은 슬래그 제거처리가 필요하지 않은 균일한 용접 비드를 만들며, 따라서 기계화와 용접로봇에 의한 작업에 적합하게 해준다. MIG는 대부분의 연결부 형상을 만들 수 있으며, 대부분의 방향으로 용접이 가능하지만, 평평하고 수평일 때 가장 효율적이다.

경제성 장비비용은 중간 정도이며, 공구비용은 낮다. MIG용접은 불활성가스의 비용 때문에 토치용접보다 비싸지만, 그러나 신속하고 노동력이 적게 필요하다.

주요 제품 MIG용접은 산업 전반에 수동식 및 자동식 모두 보편적으로 사용되며, 특히 조선, 구조공학, 화학플랜트나 전기공학, 가정용 장비, 자동차산업에 사용된다. 그것은 특히 용접이 어려운 비철금속(알루미늄, 마그네슘, 티타늄)의 용접에 요긴하게 사용된다.

환경 영향 건강에 해로운 정도는 전극과 부품의 조성에 따라 다르지만, 두 가지 모두 용접과정에서 공기 중에 증기로 나타난다. 용접부로부터 방출되는 광선은 눈에 해로우며, 용접마스크와 색유리 안전고글을 반드시 착용할 필요가 있다.

경쟁 공정 토치용접, TIG용접.

MIG용접의 속성

연결부의 크기	무제한
최대 두께, mm	1∼100
서로 다른 두께?	제한적
이종재료의 접합?	아니오
불투과성?	예
공정온도, ℃	600∼2,000

결합 프로파일

TIG용접(TIG Welding)

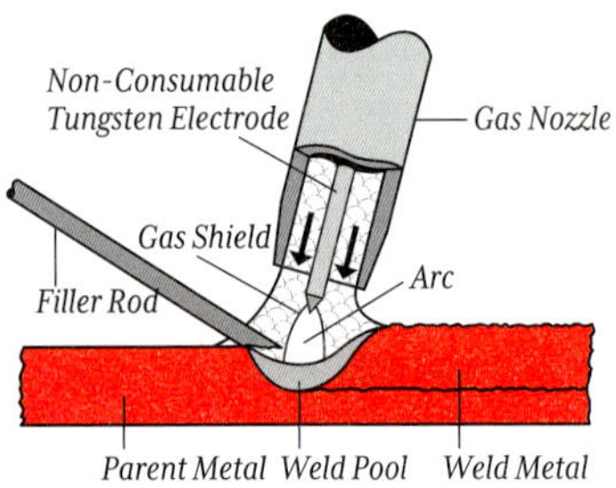

TIG용접의 속성

연결부의 크기	무제한
최대 두께, mm	0.2~10
서로 다른 두께?	제한적
이종재료의 접합?	아니오
불투과성?	예
공정온도, ℃	600~2,000

무엇인가? 텅스텐불활성가스(tungsten inert-gas: TIG)용접은 세 가지 막중한 방법 중 한 가지로(다른 두 가지는 토치용접과 MIG용접) 가장 깨끗하고 가장 정밀하지만, 또한 가장 비싸다. 한 가지 측면에서 그것은 MIG용접과 매우 비슷하다고 볼 수 있다. 아크는 비소모성 텅스텐전극과 부품 사이에서 발생하고, 불활성가스(아르곤, 헬륨, 이산화탄소)에 의해 피복되어 녹은 금속이 오염되는 것을 막는다. 그러나 이 경우에, 텅스텐전극은 극단적으로 높은 용융점 때문에 소모되지 않는다. 충전재 금속은 막대나 전선의 형태로 별도로 공급된다. TIG용접은 얇은 시트에 잘 적용되며 수동식으로 사용될 수 있지만, 쉽게 자동화될 수 있다. 용입 및 용착 속도는 MIG용접의 경우보다 훨씬 낮지만, 용접부의 정밀한 제어가 더 쉽다.

연결부 유형 모든 연결부 형상.

디자인 노트 가열과 충전재의 공급이 별도이기 때문에, 용접상황을 더 잘 제어할 수 있다. 그러므로 TIG용접은 거의 모든 금속으로 만들어질 수 있는 박판이나 정밀한 조립체에 사용된다. 깨끗한 표면과 잘 준비된 연결부가 중요하다. 주로 얇은 단면과 정밀하게 만들어진 연결부에 사용되기 때문이다.

기술 노트 TIG용접은 알루미늄, 마그네슘, 티타늄, 스테인리스강, 니켈과 같은 금속에서 매우 고품질의 용접부를 만든다. 주철과 연강 또한 쉽게 용접된다. 아크는 텅스텐전극을 오염시키지 않도록 고주파 AC 방전에 의해 시작된다. 그것은 이어서 DC 전류나 또는 방형파 AC 전류에 의해 유지되며, 용입의 제어에도 더 유리하다.

경제성 장비는 토치용접보다 더 비싸고 휴대성이 낮으며, 작업자에게는 높은 숙련도를 요구한다. 그러나, 정밀도가 보다 높고, 용접될 수 있는 금속의 선택의 폭이 넓으며, 용접의 품질이 좋다는 점으로, 높은 비용이 정당화되기도 한다.

주요 제품 TIG용접은 자동차, 항공우주, 원자력, 발전, 화학플랜트, 전기 및 가정용 장비 시장에서의 전용 자동용접 공정으로 가장 흔히 사용되는 것 중의 하나이다.

환경 영향 TIG용접은 다른 모든 아크용접 공정과 마찬가지로 동일한 예방책을 필요로 한다. 용접 풀로부터 발생하는 증기의 흡입을 방지하도록 환기가 필요하며, 방출되는 광선으로부터 보호하려면 작업자는 바이저 또는 색안경을 착용해야 한다.

경쟁 공정 토치용접, MIG용접.

저항용접(Resistance Welding)

무엇인가? 전구의 텅스텐필라멘트는 저항에 의해 약 2,000 ℃까지 가열된다. 그것은 대부분의 금속들을 녹이는 데 충분하고도 남는다. 저항용접은 가열이 필요한 곳(경계면)에 전류 I를 집중시켜 가열하는 데 의존한다(I^2R 가열). 저항 점용접에서, 겹쳐진 시트는 수냉 전극 사이에 끼어 눌려진다. 전류 펄스는 열을 발생시키고, 냉각된 전극은 표면을 냉각시키며, 열은 시트 사이의 계면에 국한시켜 거기서 금속이 녹고 용접부를 형성하게 한다. 프로젝션 점용접은 추가적인 기교(연결부 계면에 미리 형성된 덩어리)로 전류의 통로를 제한하여 열을 더욱 더 국한시킨다. 영리한 방안이다. 왜냐하면, 단조품, 주조품, 기계가공 부품에까지 이 공정의 적용을 늘리고, 여러 개의 용접부를 동시에 만들어낼 수 있음으로써 이 공정의 속도를 빠르게 하기 때문이다. 저항 시임용접에서 전극은 수냉된 휠이고, 그 사이에서 겹쳐진 시트가 롤링되어 시임용접부를 만든다.

연결부 유형 맞대기, 겹치기.

디자인 노트 저항용접은 리벳 또는 나사잠금장치에 비하여 훨씬 많은 장점을 가진다. 그것은 신속하고, 쉽게 자동화되며, 드릴링이나 펀칭을 필요로 하지 않고, 충전재나 플럭스도 필요로 하지 않는다. 그리고 더 가벼운 제품을 만든다. 연결부는 반드시 전극의 접근이 용이하도록 디자인되어야 한다.

기술 노트 저항용접은 일반적으로 모든 종류의 강철, 알루미늄, 마그네슘, 황동, 주철에 사용된다. 전극은 저항이 낮은 구리합금으로 만들어지며, 수냉이 가능하려면 속이 비어야 한다. 저항 점용접의 속도는 통상 분당 12~180 용접부이고, 프로젝션 점용접의 속도는 그보다 빠르다.

경제성 장비의 자본비용은 보통이며, 자동화될 경우 높아진다. 그러나 이 공정은 신속하고, 신뢰도가 높으며, 자동화가 가능하고, 용접후처리를 필요로 하지 않는다.

주요 제품 저항용접의 정말 대규모 사용자는 자동차 및 가전제품 산업이다. 항공기 구조에서는 문, 동체 스트링거, 외피, 데크, 보강 늑재(rib), 좌석 프레임을 조립하는 데 사용된다. 전자산업에서는 회로를 조립하기 위하여 최소화된 점용접이 매우 많이 사용된다. 저항 시임용접은 수밀(water-tight) 또는 기밀(gas-tight) 조립에 사용된다. 자동차의 연료탱크, 배관작업, 드럼, 캔이 예이다.

환경 영향 용접의 열과 섬광은 정상적인 예방책(안면차폐, 고글)을 필요로 한다. 그 밖의 환경부담은 최소 수준이다.

경쟁 공정 나사잠금장치, 접착제, 파워빔용접.

Resistance Spot Welding

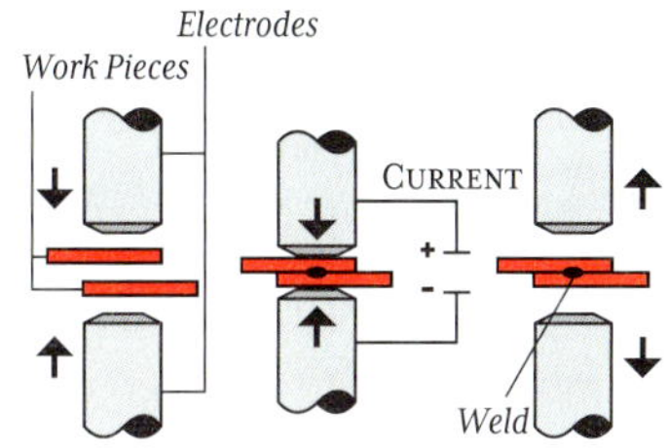

Projection Spot Welding

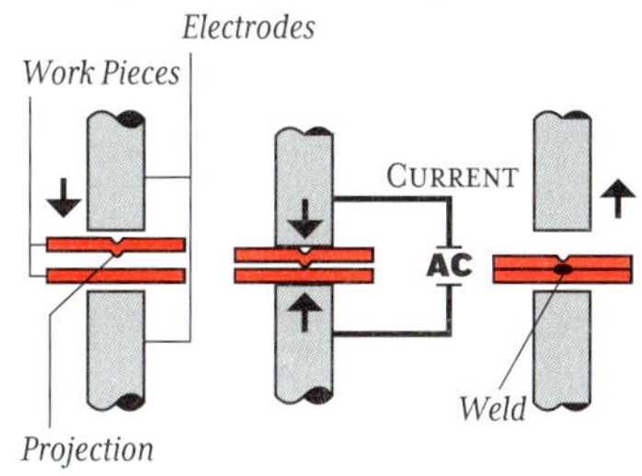

Seam Resistance Welding

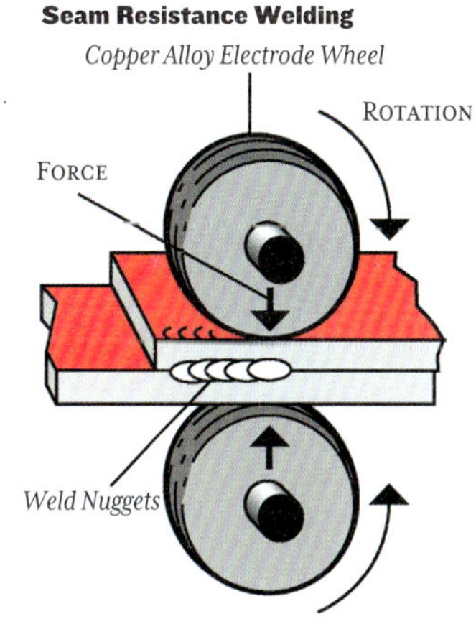

저항용접의 속성

연결부의 크기	무제한
최대 두께, mm	0.1~10
서로 다른 두께?	제한적
이종재료의 접합?	예
불투과성?	시임용접이라면
공정온도, ℃	600~2,000

마찰용접(Friction Welding)

무엇인가? 두 사람 사이에 마찰이 있을 경우, 열이 생성될 수는 있지만 그들이 결합되는 일은 드물다. 재료는 다른 것이 그들을 맞대고 문지르면 서로 달라붙을 확률이 높다. 마찰용접에서는, 하나의 부품이 고속으로 회전하거나 진동하면서 다른 것을 밀어붙여 접촉하게 되고, 맞닿는 계면에서 마찰열을 발생하여 뜨거운 상태에서 두 재료를 함께 단조되게 한다. 직접구동 마찰용접에서는, 모터가 부품에 연결되어 각 작업마다 시작과 정지를 반복한다. 관성 마찰용접에서는, 모터가 플라이휠을 구동하고, 플라이휠은 모터와는 분리된 상태에서 용접부를 만든다. 마찰교반용접에서는, 회전하는 비소모성 공구가 용접될 재료 위로 밀어붙여진다. 중앙 핀과 숄더가 결합될 두 부품을 누르면서 재료를 가열하고 소성변형 시킨다. 공구가 연결부 라인을 따라 이동함에 따라, 공구 앞부분의 재료가 공구 뒤쪽으로 쓸려가서 계면을 소멸시킨다. 용접의 질은 매우 우수하며(가장 우수한 용융용접만큼 우수), 공정은 친환경적이다.

연결부 유형 맞대기.

디자인 노트 마찰용접은 깨끗하고 고품질의 결합을 광범위하고 다양한 금속에 걸쳐 제공한다. 특히 금속기지 복합재료는 이 방식으로 결합될 수 있다. 이종재료도 결합될 수 있다. 하나의 예를 들면, 스테인리스강과 알루미늄의 용접이다. 녹는 것이 없으므로 보호용 플럭스나 가스가 필요하지 않다. 직선 또는 궤도 운동에 의해 원형이 아닌 형상도 결합이 가능하다.

기술 노트 소형 부품에 대해서는, 최고 80,000 rpm의 회전속도와 수 kg의 하중이 사용된다. 대형 부품의 경우에는, 최저 40 rpm까지의 회전속도와 수천 kg의 단조하중이 사용된다. 용접시간은 1~250초에 걸쳐 진행된다.

경제성 장비의 자본비용은 높으나, 공구비용은 낮다. 공정은 신속하고, 완전 자동화될 수 있다.

주요 제품 마찰용접은 자동차 부품, 농업기계를 결합하는 데 널리 사용되며, 고속도강 팁을 트위스트 드릴에 용접하는 데도 사용된다. 단조품을 축이나 막대에 결합하는 데, 허브 베어링을 액슬에 부착하는 데 가장 좋은 방법이다.

환경 영향 마찰용접은 깨끗하고 에너지 효율적이다.

경쟁 공정 토치용접, MIG용접, TIG용접, 초음파용접.

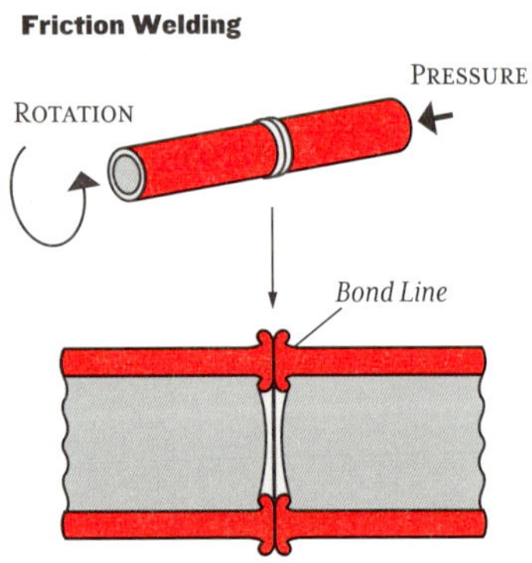

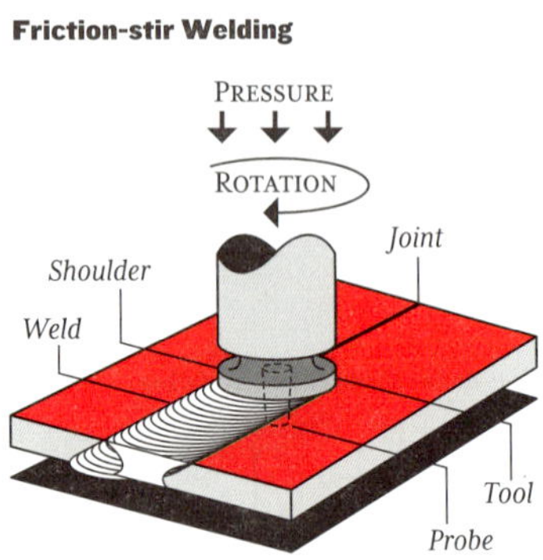

마찰용접의 속성

연결부의 크기	제한됨
최대 두께, mm	1~100
서로 다른 두께?	예
이종재료의 접합?	예
불투과성?	예
공정온도, ℃	400~1,200

결합 프로파일

확산접합 및 유리접합(Diffusion and Glaze Bonding)

무엇인가? 세라믹은 단단하고 깨지기 쉽기 때문에 그것들을 결합하는 것은 문제가 많다. 기계적 잠금장치는 일반적으로 구멍을 필요로 하며, 높은 조임력과 응력집중을 유발한다. 전통적인 용접은 실용적이지 못한 데, 세라믹의 용융점이 매우 높고 잔류응력에 따른 균열의 발생으로 이어지기 때문이다. 접착제는 세라믹에 달라붙지만, 세라믹이 자주 사용되는 환경인 300℃ 이상에서 신뢰성을 가지는 것은 거의 없다. 여기 두 공정(확산접합과 유리접합)은 이런 어려움을 피해갈 수 있게 해준다. 확산접합에서는, 결합될 표면은 깨끗하게 청소하고, 서로 눌러서 밀착시킨 다음 진공 혹은 제어된 분위기 하에서 가열한다. 고체상태 확산은 높은 품질의 접합을 만들어내지만, 공정은 느리고 온도는 높다. 확산접합은 세라믹과 금속에 모두 사용되며, 금속 중에서는 티타늄, 금속기지 복합재료, 특정 강철과 구리합금이 특별히 적합한 대상이다. 유리접합은 녹은 유리는 거의 모든 것을 적시고 결합한다는 사실에 의존한다. 이를 활용하기 위해서는, 결합될 표면은 먼저 곱게 연마된 유리슬러리의 얇은 층으로 코팅되어야 하고, 확산접합에 필요한 온도보다 훨씬 낮은 온도에서 녹는 유리 조성이어야 하며, 결합될 두 표면 사이에서 최대 호환성을 가져야 한다. 결합되는 계면에 낮은 압력이 가해지면서 결합체는 가열되고, 유리를 녹이면서 얇지만 강한 접합층을 형성한다.

연결부 유형 모든 연결부 형상.

디자인 노트 이 공정은 세라믹과 세라믹, 세라믹과 유리, 금속과 세라믹, 금속과 금속과 같은 다양한 재료들이 결합될 수 있게 해준다. 유리접합은 특히 다목적으로 사용될 수 있다. 낮은 용융점과 열팽창에 대한 요구조건을 만족하도록 유리의 조성을 조정함으로써 금속과 세라믹의 접합이 가능하다.

기술 노트 확산접합으로 재료를 결합하기 위해서는 그들의 용융점의 3/4 이상의 고온과, 접합면이 일체를 유지하도록 중간 정도의 압력이 필요하다. 세라믹은 용융점이 매우 높아서 공정온도 역시 높다. 유리접합은 양쪽 면을 밀착시켜 접합하면서도 훨씬 낮은 온도에서 녹는 계면층을 형성함으로써 이러한 문제점을 극복한다.

경제성 이러한 공정은 에너지 집약적이며 느리다. 그러나 어떤 재료 조합에 대해서는 이것이 유일한 선택이다.

주요 제품 금속(티타늄 항공기 패널의 결합, 이종금속이 반드시 결합되어야 하는 소형 부품들). 세라믹과 유리(이것들끼리의 접합 및 이것들과 금속의 접합).

환경 영향 에너지 수요가 크다는 한 가지 점을 제외하고는 환경에 대한 충격은 낮다.

경쟁 공정 세라믹(나사잠금장치, 접착제). 금속(나사잠금장치, 파워빔용접).

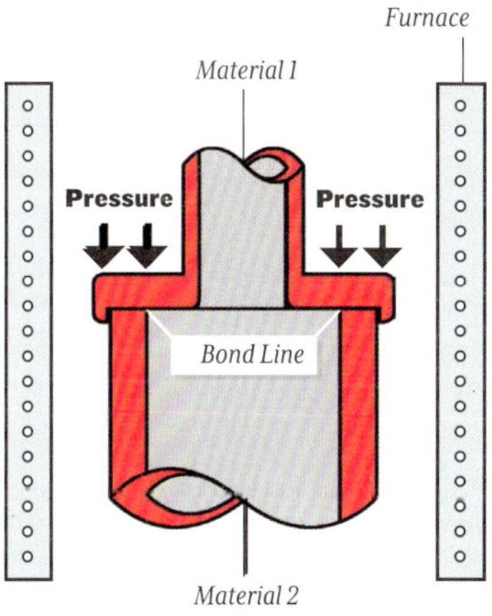

확산접합 및 유리접합의 속성

연결부의 크기	제한됨
최대 두께, mm	1~100
서로 다른 두께?	예
이종재료의 접합?	예
불투과성?	예
공정온도, ℃	600~1,800

결합 프로파일

표면처리 프로파일

어떤 제품의 거의 모든 부품에는 어떤 종류든 표면처리 공정이 적용된다. 표면처리 공정은 벌크 특성을 그대로 둔 채 표면의 열, 피로, 마찰, 부식, 미학적 품질을 향상시킨다. 그것은 경제적으로 매우 중요하며, 수명을 연장하고, 재료가 훨씬 가혹한 환경에서도 사용될 수 있게 해주며, 다기능성을 부여하며(예를 들면, 질기지만 화학적으로 반응성을 가진 기판에 내식성 표면을 만들거나, 또는 강하지만 금속성인 기판에 단열 표면을 만듦으로써), 그리고 물론 시각적 및 촉각적으로 제품의 특징을 이끌어내는 역할도 한다.

표면처리 공정의 선택은 그 공정이 적용될 재료와 그것이 수행할 기능에 달려 있다. 유리의 표면을 에칭하는 공정과 질감 있는 고분자에 적용하는 공정은 명백히 다르다. 좀 덜 명확하긴 하지만, 페인트와 전해코팅 역시 종종 재료에 따라 달라진다. 다음의 여러 쪽에서는 표면처리의 방법들에 대하여, 공정과 그것들의 역할, 그리고 그것들이 적용될 수 있는 재료를 알려주고 있다. 여기서는 제품의 시각적 및 촉각적 품질을 높이는 데 사용되는 가장 일반적인 공정들을 다룬다.

더 자세한 정보는 '참고문헌'에 열거된 출처에서 찾아볼 수 있다.

http://dx.doi.org/10.1016/B978-0-08-098205-2.00022-6

참고문헌

표면처리 공정에는 헷갈릴 정도로 다양성이 존재한다. 일부는 (페인팅처럼) 여러 가지 재료에 적용될 수 있다. 다른 것들은 (무전해도금처럼) 하나 또는 소수의 재료에 국한된다. 공정선택은 쉽지 않으며, 특히 현재 전 범위에 걸쳐 비교할 수 있는 통일된 정보의 출처가 존재하지 않기 때문이다. 표면공정 선택을 위한 주요 참고문헌은 일반적으로 말해서 하나의 공정 클래스 또는 재료 클래스에 초점이 맞추어져 있다. 예를 들면, 페인팅(Roodol, 1997); 코팅기술(Gabe, 1983; Rickerby and Matthews, 1991; Granger and Blunt, 1998); 열처리(Morton, 1991; Sudarshan, 1989); 부식방지(Strafford et al., 1984; Gabe, 1983); 전해도금(Canning, 1978) 등이다. 적은 숫자의 문헌들이 광범위한 리뷰를 시도하였지만(ASM, 1982; Poeton, 1999; CES, 2002), 모두 포괄적이라고 하기에는 거리가 멀다. 우리가 느끼기에 도움이 될 만한 출처들을 아래에 나열하였다. 훨씬 더 많은 정보를 인터넷에서 찾을 수 있으나, 그것들은 형평성과 질이 떨어진다. 우리는 이 절에 서술된 프로파일을 편집하기 위하여 인터넷과, 회사들로부터의 정보, 그리고 아래에 나열된 책들을 광범위하게 사용하였다.

ASM (1982) "ASM Metals Handbook, Volume 5: Surface Cleaning, Finishing, and Coating," Ninth edition, American Society for Metals, Materials Park, OH, USA. (유명한 핸드북 세트 중의 한 권으로 오직 표면공학에 충실한 책)

Bralla, J.G. (1998) "Handbook of Product Design for Manufacturing," Second edition, McGraw-Hill, New York, NY, USA. ISBN 0-07-007139. (제조공정에 관한 방대한 정보를 집대성한 경전과 같은 책으로, 다양한 분야의 전문가들이 저술하였고 Bralla에 의해 편집되었다.)

Canning, W. (1978) "The Canning Handbook on Electroplating," W. Canning Limited, Gt. Hampton St., Birmingham, UK.

CES4 (2002) "The Cambridge Engineering Selector," Version 4, Granta Design, Cambridge, UK, www.grantadesign.com.

Gabe, D.R. (1983) "Coating for Protection," The Institution of Production Engineering, London, UK.

Grainger, S. and Blunt, J. (1998) "Engineering Coatings, Design and Application," second edition, Abington Publishing, UK. ISBN 1-85573-008-1. (실무 엔지니어를 위한 전공서적으로 표면의 내마모성과 내식성을 향상시키는 공정에 관하여 상세하게 다루고 있다.)

Morton, P.H. (1991) "Surface Engineering and Heat Treatment," The Institute of Metals, London, UK.

Poeton (1999) "The Poeton Guide to Surface Engineering," www.poeton.co.uk/pands/sface/.

Rickerby, D.S. and Matthews, A. (1991) "Advanced Surface Coatings: A Handbook of Surface Engineering," Chapman and Hall, New York, NY, USA.

Roobol, N.R. (1997) "Industrial Painting, Principles and Practice," second edition, Hanser Gardner Publications, Cincinnati, OH, USA. ISBN 1-56990-215-1. (페인팅과 수지코팅에 대한 포괄적인 지침서)

Strafford, K.N., Dalta P.K. and Googan, C.G. (1984) "Coatings and Surface Treatment for Corrosion and Wear Resistance," Ellis Horwood Limited.

Sudarshan, T.S. (1989) "Surface Modification Technologies," Marcel Dekker, Inc., New York, NY, USA.

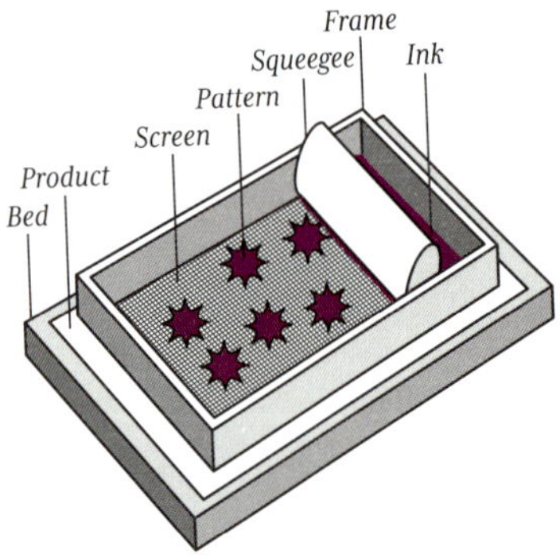

스크린프린팅의 속성

표면경도, Vickers	5~10
코팅 두께, μm	10~100
곡면 커버리지	불량
공정온도, ℃	15~25

스크린프린팅(Screen Printing)

무엇인가? 어느 거리든 걸어가다 보면 스크린프린팅의 예를 찾아볼 수 있다. 상점에서 상품을 선전하는 디스플레이와 포스터, 버스의 측면광고, 컴퓨터와 스테레오 장비의 상표와 제어패널, 스포츠가방과 티셔츠, 그리고 심지어 앤디 워홀의 팝아트 작품에서도 찾아볼 수 있다. 스크린프린팅은 일본 스텐실에서 그 유래를 찾을 수 있지만, 오늘날 우리가 아는 공정은 20세기 초 맨체스터의 Samuel Simon 사에 의한 특허로부터 유래된 것이다. 그는 손으로 그린 스텐실을 지지하기 위하여 틀에 팽팽하게 고정된 실크를 사용하였는데, 이는 William Morris가 그의 유명한 벽지와 직물 프린트를 만들어 내는 데 사용한 공정이기도 하다. 제1차 세계대전 중 미국에서 스크린프린팅은 산업프린팅 공정으로 시작하였으나, 1930년대 사진 스텐실의 발명은 공정에 혁명적인 변화를 몰고 왔다. 그것은 오늘날 연간 50억 달러의 산업이 되었다.

기능 색상, 반사도, 질감.

디자인 노트 이 공정은 고분자, 유리, 금속, 나무, 직물, 그리고 물론 종이와 보드에도 적용될 수 있다. 평평하거나 원통형 물건들이 프린트될 수 있다. 다색상 프린트도 가능하지만, 각 색상마다 별도의 스크린이 필요하다.

기술 노트 스크린은 나무 또는 알루미늄 프레임에 고운 비단 또는 나일론 망사를 팽팽하게 당겨 부착한 것이다. 망사는 광감응성 에멀젼 또는 필름으로 코팅되며, 그것이 마를 경우 망사의 구멍을 막는다. 필름은 프린트 될 이미지 또는 패턴에 자외선을 사용하여 노출되고, 노출된 부분만 경화된다. 스크린은 씻겨지고, 경화되지 않은 부분의 에멀젼이 제거되며, 스크린에 프린트 된 이미지의 개방형 스텐실을 남긴다. 스크린은 프레스에 장착되고, 프린트될 제품은 스크린 아래에 놓이며, 스크린의 상부는 잉크로 발라진다. 나무나 금속 손잡이에 고무 날이 달린 고무롤러(squeegee)로 스크린의 상부를 가로질러 훑어준다(거대한 자동차 와이퍼와 별반 다르지 않음). 그것이 잉크를 망사를 통해 제품의 표면으로 밀어내준다. 공정을 반복하기 위하여, 고무롤러는 다음 프린팅을 찍어 내기 전에 제 위치로 돌아오면서 스크린에 잉크를 묻히는 작업을 행한다. 에폭시 잉크는 긁힘방지 효과를 주며, 표준 에나멜 잉크를 공격하는 제품에도 사용할 수 있다.

경제성 장비의 자본비용은 낮다. 이 공정은 소량생산이나 단색 프린팅에 경제적이다. 각 색상은 별도로 적용되고, 등록이 필요하므로 색상을 추가할 때마다 비용이 추가된다.

주요 제품 포스터, 스티커, 티켓, 선반 스트립, 광고, 전시회 패널, 링 바인더, 마우스 매트, 사이트 보드, 사인, 티셔츠, 제어판, 컴퓨터 상표.

환경 영향 화학물질은, 특히 청소용 액체는 휘발성이고 독성이 있으므로, 양호한 환기와 작업자의 보호가 필요하다.

경쟁 공정 용매기반 및 수성 페인팅, 패드프린팅, 큐빅프린팅.

패드프린팅(Pad Printing)

무엇인가? 패드프린팅은 고무도장을 사용한 프린팅과 다소 비슷하다. 고무 대신에, 이미지는 강철 또는 구리판에 새겨지고, 거기서부터 고무 패드에 의해 들어 올려진다. 그것은 불규칙한 형상에 대하여, 그리고 실크스크린으로 쉽게 인쇄될 수 없는 형상에 대하여 장식 공정으로 사용된다. 공정의 단계는 다음과 같다. (1) 옮기고자 하는 이미지는 흔히 클리셰(cliche)로 알려진 인쇄판에 새겨진다. 클리셰는 잉크로 흥건하게 적셔진 다음 이미지 영역에만 잉크를 남기고 닦아낸다. 이미지 영역에서 용매가 증발하면서 실리콘 이송패드에 대한 잉크의 접착력이 향상된다. (2) 패드가 클리셰에 압착되어 잉크를 들어 올린다. 공기 중에 노출된 잉크의 바깥층부터 용매가 증발하면서 그것은 진득진득하고 점성이 늘어난다. (3) 패드는 장식될 부품에 압착되어 부품의 표면 형상을 따라 잉크를 묻힌다. 이 단계에서 설령 패드가 심하게 압착되더라도, 형상을 가진 패드는 슬라이딩에 의해 이미지가 번지는 일 없이 기판 표면으로부터 잘 빠져나갈 수 있도록 고안되었다. (4) 패드가 부품에 압착되었을 때, 잉크와 기판 사이의 점성이 잉크와 패드 사이의 점성보다 커야만 잉크가 완전하게 이송되는 결과를 만들고, 패드는 깨끗한 상태로 다음 작업을 위한 준비가 된다. 여러 개의 패드가 연속적으로 적용되는 자동화 방법들은 (이송 패드프린팅) 저렴한 다색상 장식을 가능하게 한다. 소량생산에는 수동식 기계들이 사용되는데, 이 경우에는 다색상으로 인쇄하려면 색상별로 별도의 단계와 준비시간을 필요로 한다.

기능 색상, 반사도, 실감

디자인 노트 패드프린팅의 이점은 불규칙한(골프공과 같은) 표면에 인쇄할 수 있는 능력과 젖은 상태에서 다색상을 인쇄할 수 있는 능력이다. 세부사항의 뛰어난 재현능력은 평평한 물건에도 패드프린팅이 매력적이게 만든다. 패드린팅은 스크린프린팅에 비해 상대적으로 작은 이미지로 제한되며, 보통 0.1 m^2 이하에 적용된다. 넓은 개방영역에는 사용되기 어려우며, 특별히 스크린이 붙은 클리셰를 필요로 한다.

기술 노트 고분자, 유리, 금속 제품 모두 인쇄될 수 있다. 3차원의 불규칙한 형상도 가능하다. 잉크는 유기용매(thinner)에 현탁된 물감 수지이다.

경제성 자본비용 및 공구비용은 낮다. 공정은 신속하고, 제품은 인쇄된 직후에 바로 취급이 가능하다.

주요 제품 컵, 펜, 유리 프레임, 라이터, 골프공.

환경 영향 시너는 유독한 증기를 발생할 수 있으므로 환기가 필요하다.

경쟁 공정 용매기반 및 수성 페인팅, 스크린프린팅, 큐빅프린팅.

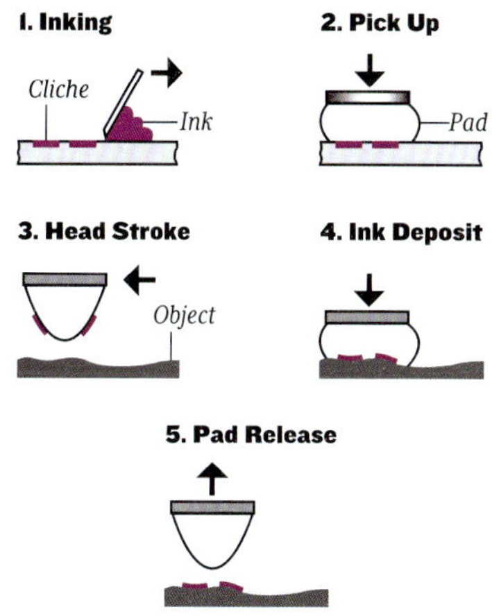

패드프린팅의 속성

표면경도, Vickers	5~10
코팅 두께, μm	6~10
곡면 커버리지	양호
공정온도, ℃	15~30

Image courtesy of IDTC-International Design Trend Center

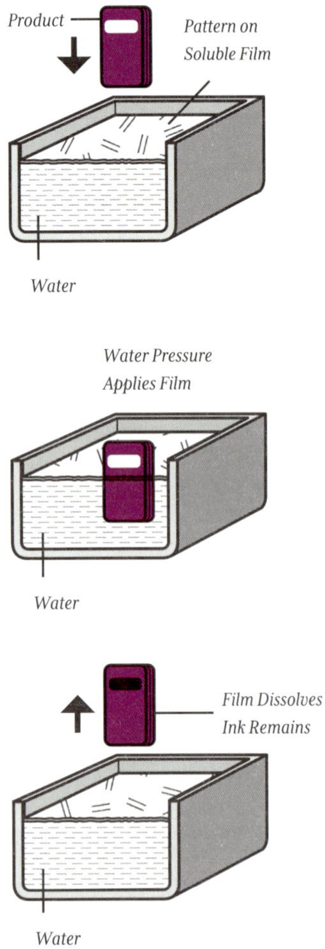

큐빅프린팅의 속성

큐빅프린팅의 속성	
표면경도, Vickers	5~10
코팅 두께, μm	6~10
곡면 커버리지	양호
공정온도, ℃	15~30

큐빅프린팅(Cubic Printing)

무엇인가? 전사법(transfer)은 모든 어린이에게 친숙한 것으로, 종이와 제품과 심지어 당신의 몸에 이미지를 적용하는 데 큰 어려움이 없는 방법이다. 이미지는 얇고 물에 녹는 필름에 인쇄되고, 물에 띄웠을 때 이미지는 자유롭게 떠다니며, 그것이 부착될 제품으로 이동될 수 있다. 큐빅프린팅은 이와 동일한 원리를 사용하되, 규모를 키우고, 상업적으로 실현가능하게 만든 것이다. 필름과 그 이미지는 수조의 표면에 띄워진다. 제품은 수조에 담겨지고, 거기서는 물의 압력이 이미지를 부품의 표면에 눌러 붙인다.

기능 색상, 반사도, 질감.

디자인 노트 큐빅프린팅은 매우 다양하게 쓰인다. 복잡하고, 곡률을 가진 형상에도 인쇄될 수 있으며, 이미지는 다색상일 수 있다. 위치 맞추기가 어렵기 때문에, 이미지는 보통 단번에 작업하도록 디자인되고 적용되므로 정밀한 맞추기는 불필요하다.

기술 노트 패턴이나 디자인은 물에 녹는 필름에 인쇄된다. 잉크를 활성화시키도록 특별히 처리된 필름은 물에 떠올라 거기서 녹아 장식용 잉크를 물 표면에 남기게 된다. 그러면 장식될 부품이 물속으로 눌러 넣어져 전사가 이루어진다. 잉크는 물체의 표면을 흐르면서 그것을 3차원으로 장식한다. 투명한 마감 코팅이 적용되어 인쇄된 표면을 보호한다. 고분자, 세라믹, 유리, 금속, 나무 제품들이 모두 인쇄될 수 있다. 3차원과 불규칙한 형상에 인쇄하는 것이 가능하다.

경제성 자본비용 및 공구비용은 낮다. 부품은 반드시 건조된 후에 마감 코팅이 이루어져야 하므로 공정이 비교적 느리다.

주요 제품 자동차(운전석 계기판, 콘솔, 운전대, 기어변속 손잡이, 스포일러, 범퍼, 차광판), 스포츠용품(테니스라켓, 낚싯대 릴, 개머리판, 헬멧, 골프채, 선글라스, 자전거), 컴퓨터용품(모니터 패널, 키보드, 마우스, PC노트북, 디지털카메라, 프린터), 가전제품(TV, 냉장고, 세탁기-건조기, 커피메이커, 전자레인지, 오디오), 주방용품(보관용기, 은제품, 유리잔 손잡이, 사발, 피처, 소금통, 후추통), 가구(결탁자, 커피 테이블, 문고리, 사진틀, 티슈 홀더, 시계).

환경 영향 큐빅프린팅은 특별히 심각한 환경문제를 일으키지 않는다.

경쟁 공정 용매기반 및 수성 페인팅, 스크린프린팅, 패드프린팅.

핫스탬핑(Hot Stamping)

무엇인가? 다음번에 책 표지가 금박으로 입혀진 글씨로 된 것을 보거든 핫스탬핑을 떠올려보라. 그것은 색상 있는 디자인, 로고, 글자, 이미지를 영구적으로 적용하는 건식 공정이다. 그것은 금박 또는 은박 글씨나 장식을 적용하는 방법으로서 가장 잘 알려진 것이다. 가열된(250~300℃) 금속 다이가 채색된 캐리어포일을 인쇄될 부품에 압착하는 방식이다. 핫스탬프는 다이의 볼록한 표면이 포일에 접촉하고 포일 표면의 채색 필름을 인쇄될 제품에 이송하면서 생성된다. 다이로부터의 압력이 표지에 필요한 오목한 곳을 만들어내고, 스탬핑된 글자를 마멸로부터 보호하며, 열이 표지 매개물을 제품에 들러붙게 한다.

기능 색상, 반사도, 질감.

디자인 노트 목각 글씨체는 볼록하거나 또는 평평한 영역에 핫스탬핑될 수 있다. 불규칙한 표면에 대해서는, 실리콘 판이 사용되어 열과 압력을 포일에 전달해준다. 금속 박편, 나뭇결 마감, 다색상 그래픽을 포함한 일련의 장식마감이 가능하다. 이 공정은 고분자, 나무, 가죽, 페이퍼, 비닐, 마일라, 그리고 폴리에스터와 아세테이트 같은 직물, 그리고 쉽지는 않지만 페인트된 금속에도 적용할 수 있다. 장식은 영구적이고 박리나 긁힘, 마멸에 저항성을 갖는다.

기술 노트 핫스탬핑 다이는 마그네슘, 황동, 또는 강철로 만들어진다. 저렴한 감광에칭 다이는 시제품이나 평평한 영역의 단기간 생산에 적합하다. 장기간 생산을 위한 다이는 황동 또는 강철을 깊게 파서 만든다. 포일은 네 층으로 만들어진다. 얇은 필름캐리어(일반적으로 폴리에스터), 이형제 코팅, 장식용 코팅(색소 또는 금속), 기판 재료에 알맞은 접착제로 구성된다.

경제성 장비비용은 낮다. 고분자나 알루미늄 포일의 핫스탬핑은 저렴하지만, 금박은 비쌀 수도 있다. 처리된 부품은 곧바로 취급되고 포장될 수 있다. 공정 준비시간은 최소 수준이므로 사용자는 단순히 포일이나 전사체의 롤을 교체함으로써 그래픽과 색상을 변경할 수 있다.

주요 제품 소매업 포장, 화장품 포장, 책 제본, 자동차 표면마감, 상업용 인쇄물, 소비용품, 컴퓨터 케이스, 카세트테이프.

환경 영향 잉크의 혼합이나 청소에 휘발성 유기화합물(VOC)이 관련될 필요가 없다. 다이가 뜨겁다는 점 외에는 공정은 공해물질과 무관하다.

경쟁 공정 용매기반 및 수성 페인팅, 패드프린팅, 큐빅프린팅.

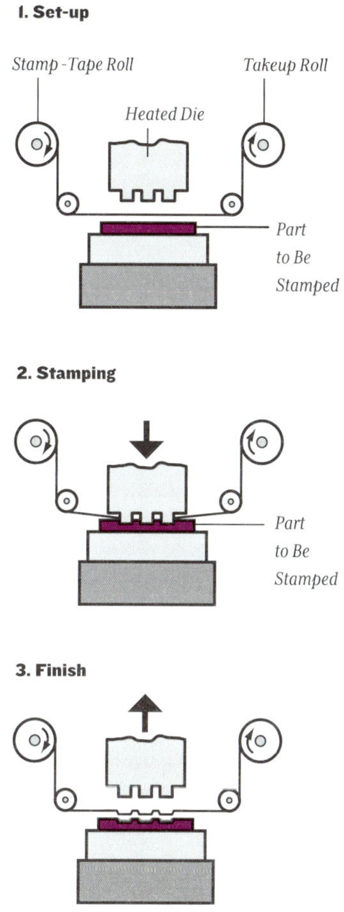

핫스탬핑의 속성

표면경도, Vickers	5~50
코팅 두께, μm	1~50
곡면 커버리지	불량
공정온도, ℃	150~300

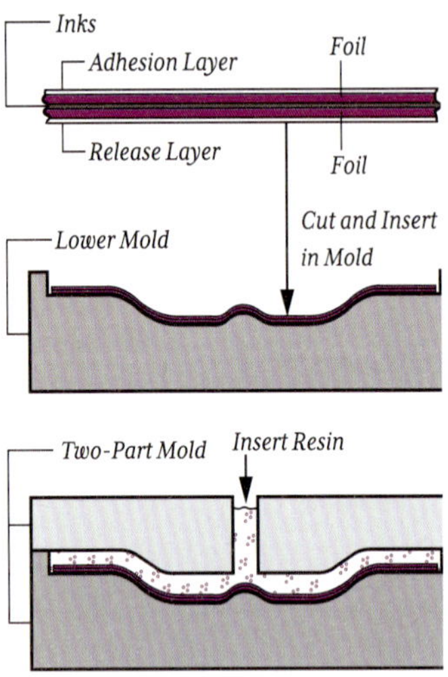

인몰드 장식의 속성

표면경도, Vickers	5~15
코팅 두께, μm	10~500
곡면 커버리지	평균~양호
공정온도, ℃	125~200

인몰드 장식(In-Mold Decoration: IMD)

무엇인가? IMD는 어떤 2차공정도 없이 정확하게 등록된 색상, 디자인, 프린트를 사출성형 부품에 적용할 수 있게 해준다. 완전 원색일 수도 있는 이미지는 '포일'이라고 불리는 폴리에스터 또는 폴리카보네이트 필름 위에 인쇄될 수 있다. 만일 제품이 평평하거나 가벼운 곡면만이 존재한다면, 포일은 연속적인 스트립으로 공급되거나 또는 잘라서 몰드에 직접 놓일 수 있다. 만일 진짜 3차원 부품이라면, 포일은 먼저 부품의 형상대로 열성형된 다음 몰드 공간에 놓여야 한다. 뜨거운 액체 수지는 포일 뒤에서 주입되어, 그것의 표면을 몰딩수지와 결합함으로써 일체화된 장식부품을 생성한다.

기능 색상, 질감, 패턴화, 프린팅, 마멸에 대한 저항성.

디자인 노트 그림은 보다 복잡한 포일의 형성과정을 보여준다. 장식용 코팅은 반대 순서로 포일에 적용되고, 이형제 코팅은 포일에 직접 적용되며, 그 다음에 다양한 색상 코팅을 하고, 마지막으로 접착제 층을 적용한다. 두 번째 표면에 그래픽을 인쇄함으로써, 디자인은 두 개의 얇은 고분자 층 가운데 놓이게 되어, 마모와 찢김으로부터 보호된다. 장식을 바꾸기 위해서는 몰드나 재료의 변화 없이 단지 포일만 바꾸는 것이 필요할 뿐이다.

기술 노트 연속적인 IMD 공정에서 수정된 핫스탬핑 포일은 롤러로부터 사출성형 몰드로 이동된다. 사출이 시작되면 녹은 고분자의 압력과 온도가 캐리어필름을 풀어 주고, 그것을 몰드와 결합하고, 다이 공간으로 눌러줌으로써 이차원 필름을 3차원 형상으로 몰딩한다. 그러나 패턴은 때때로 찌그러질 수 있다. 불연속 공정에서는, 포일은 잘라져서 몰드에 놓인다. 복잡한 형상이라면 삽입하기에 앞서 먼저 포일이 몰드 공간의 모양과 비슷하게 열성형될 필요가 있다. 폴리카보네이트를 포함한 대부분의 열가소성 고분자는(단, 폴리에틸렌은 제외) 문제없이 IMD에 의해 장식될 수 있다.

경제성 IMD는 간단하고 신속하며, 제조공정 상의 여러 단계를 줄일 수 있어서, 이전에는 비용이 많이 드는 핫스탬핑 공정을 별도로 필요로 했던 몰딩의 장식을 낮은 비용으로 가능하게 해주며, 광범위한 색상과 그래픽을 제공해준다.

환경 영향 IMD는 자동차산업에서의 엄격한 환경기준에 잘 부합한다. 심하게 오염되지 않은 이상, 재활용 고분자를 사용할 수 있다. 몰드수지와 필름은 모두 같은 종류의 재료로 만들어질 수 있으므로 재활용 가능성을 높여준다.

주요 제품 휴대전화 앞뒤 커버, 키패드, 렌즈, 컴퓨터 터미널, 자동차 히터 컨트롤, 운전석 계기판, 스위치, 신용카드.

경쟁 공정 핫스탬핑, 실크 스크린프린팅, 큐빅프린팅, 패드프린팅.

증착 금속표면화(Vapor Metalizing)

무엇인가? 거울은 과거에 은을 수은에 용해시키는 복잡한 공정을 거쳐 만들어지곤 하였다. 오늘날 그것들은 기체상태의 금속(주로 알루미늄)으로부터 부품에 뿌려져 얇은 코팅을 형성하는 공정인 물리증착(PVD) 금속표면화에 의해 만들어진다. 증기는 진공챔버 안에서 금속을 직접 가열하거나 전자빔가열에 의해 생성되고, 그로부터 차가운 부품에 응착된다. 마치 욕실 거울에 뜨거운 수증기가 응결되는 것과 매우 닮았다. PVD 금속표면화에서는 증기 원천과 부품 사이에 전위차가 존재하지 않는다. 이온도금에서는 증기가 이온화되고 전기장에 의해 가속된다(부품이 캐소드, 금속표면화 원천 재료가 애노드). 스퍼터링에서는 아르곤이온이 전기장에 의해 금속 타깃을 향하여 가속되며, 부품의 표면에 금속이온을 방출한다. 반응성 가스를 도입함으로써, 화합물도 형성할 수 있다(예를 들면, TiN 하드코팅을 얻기 위한 질소분위기에서의 Ti 스퍼터링).

기능 색상, 반사도, 질감; 경도, 마모, 전기전도, 수용액과 유기용매에 의한 부식에 대한 보호.

디자인 노트 금속표면화는 벌크 및 필름 고분자, 금속, 유리, 세라믹에 반사성 금속표면 마감을 얻기 위하여 널리 사용된다.

기술 노트 깨끗한 표면이 필수적이다. 알루미늄, 구리, 주석, 지르코늄, 기타 금속들이 증착할 될 수 있다.

경제성 자본비용은 높고, 공구비용은 낮다. 미학적인 측면에서, 빠른 속도와 품질 그리고 불쾌한 화학물질의 부재 때문에, 고분자와 세라믹에 대한 전기도금보다 PVD 금속표면화가 선호된다.

주요 제품 자동차 마감장식, 가전제품과 수방용품, 문과 창문의 하드웨어, 화장실 설치물, PCB 기판.

환경 영향 대량생산, 우수한 품질, 청결한 공정으로, 특히 불쾌한 화학물질을 발생시키지 않는 것은 이 공정을 친환경 관점에서 매력적이게 한다.

경쟁 공정 전기도금, 비전해도금.

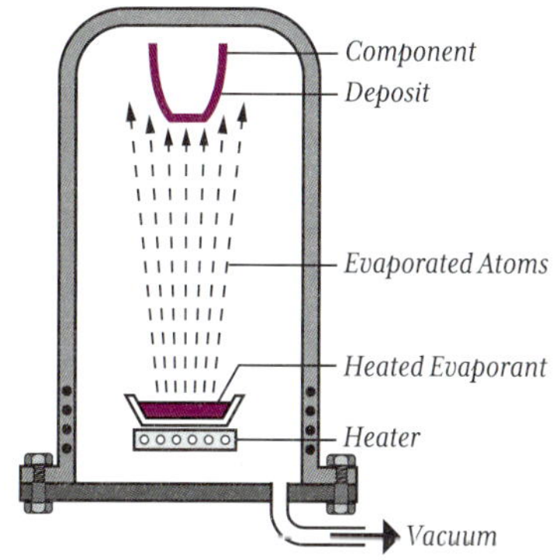

증착 금속표면화의 속성

표면경도, Vickers	10~40
코팅 두께, μm	1~80
곡면 커버리지	평균~양호
공정온도, ℃	18~120

표면처리 프로파일

전기도금(Electro-Plating)

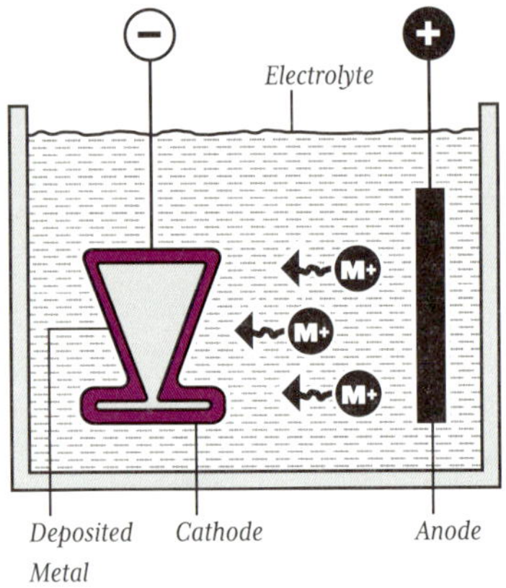

무엇인가? 볼타(Alessandro Volta)가 1800년에 전기배터리를 어떻게 만드는지 발견했을 때, 그는 전기화학의 발전을 촉발시켰다. 1806년까지 다작 발명가 Humphrey Davy는 금속의 염과 용액으로부터 도금하는 방법을 개발하였다(전기도금). 부품(캐소드)과 금속표면화의 원천 재료(애노드)는 수성 전해액에 잠겨 있고, 직류전기가 원천으로부터 부품으로 금속이온을 이동시켜서 얇은 금속코팅을 생성한다.

기능 색상, 질감, 반사도; 부식저항, 마모저항, 전기전도도, 양호한 전기접점.

디자인 노트 미학적인 목적의 도금은 수저나 식기류에 은과 금을 도금한 데(Sheffield Plate)서, 그리고 반짝이고 내구성이 높은 표면을 만들어낸 크롬과 니켈의 도금에서 비롯되었다. 현재 대부분의 고분자는 도금될 수 있지만, 사용 중에 코팅이 부서지거나 벗겨지지 않도록 조심해야 한다. 대단히 복잡한 형상을 도금하는 능력은 도금욕조의 '표면 커버리지(surface coverage)'라 불리는 것에 따라 달라진다. 어떤 것은 매우 낮은 표면 커버리지를 가지며, 평면 또는 완만한 곡률의 표면만이 도금될 수 있다는 의미이다. 다른 것들은 오목한 재진입 특징을 갖는 복잡한 형상도 도금할 수 있으나, 종종 비밀스럽고 특허가 걸린 첨가제를 도금욕조에 추가함으로써 가능하다.

기술 노트 거의 모든 금속은 전기도금이 가능하다. 고분자(ABS, PET, ABS/폴리카보네이트, 폴리페닐렌 산화물, 폴리술폰, 폴리프로필렌, 나일론, 폴리에스터, 폴리아세탈, 폴리스타이렌, 폴리카보네이트, 에폭시/유리)와 기타 비전도성 재료는 반드시 먼저 어떤 전기전도성 재료로 코팅되어야 한다. 세척과 표면준비는 필수적이다. 코팅 두께의 범위는 1 mm까지도 일상적으로 가능하지만, 보통은 1~50 μm이다. 두꺼운 코팅은 일반적으로 플라즈마 스프레이, 용융도금, 클래딩과 같은 다른 공정에 의해 더 저렴하고 편리하게 만들어질 수 있다. 도금의 공정온도는 5~80 ℃ 범위이다. 코팅가능성(coatability)은 얼마나 쉽게 도금을 적용할 수 있는지를 뜻하며, 다음과 같이 알루미늄, 연강, 황동, 구리의 순서로 증가한다. 많은 전기도금 제품에는 잔류응력이 남지만, 그것은 열처리에 의해 감소될 수 있다.

경제성 전기도금을 위한 장비비용은 비교적 높지만, 공구비용은 낮다. 특히 작은 부품 또는 면적에 얇게 도금하는 경우, 큰 뱃치크기의 공정이 가능하므로 전기도금을 아주 경쟁력 있는 공정으로 만들어준다.

주요 제품 기술적 및 미학적 관점에서, 엄청나게 넓은 범위의 용도를 갖는 전기도금의 참 모습은 아래에 열거된 재료들의 리스트를 훑어봄으로써 느낄 수 있다.

환경 영향 많은 전기도금욕조는 환경 및 건강 위험을 유발한다. 어떤 것들은 허용될 수 없는 화학성분을 포함한다. 특히 시아노겐(cyanogen)을 함유한 것들은 정말 끔찍하다. 화학 공해물질과 유독성 기체로부터의 방호를 위한 특별한 주의가 필요하며, 도금욕조의 액체물질을 배출, 폐기하는 것에도 마찬가지이다. 카드뮴은 유독성이며, 지금은 많은 유럽 국가들이 도금으로 사용하는 것을 금지하고 있

전기도금의 속성

표면경도, Vickers	코팅재료에 따라 다름
코팅 두께, μm	1~1,000
곡면 커버리지	도금욕조에 따라 다름
공정온도, ℃	5~80

Image courtesy of IDTC-International Design Trend Center

다. 더욱 불쾌한 공정의 하나인 크롬 도금 역시 대안을 찾고 있으나 아직 찾지 못하고 있다. 니켈은 알레르기 반응을 일으킬 수 있으므로 피부접촉을 피해야 한다. 그러나 이런 우울한 이야기들이 보편적인 것은 아니다. 전기도금은 구리, 금, 은, 주석, 아연의 코팅에 널리 사용되고 있다.

경쟁 공정 용매기반 및 수성 페인팅, 기계적 연마, 전해연마, 무전해도금, 애노다이징, 증착 금속표면화.

알루미늄

알루미늄 전기도금은 알루미늄 용융도금을 대체할 수 있으나, 잘 쓰이지 않는다.

황동

황동 램프 및 트레이, 저가의 마감장식, 자동차 내장재 하드웨어, 튜브형 가구, 가정용품, 장난감, 장식함 하드웨어, 기념품, 강철에 대한 고무의 접착성 향상.

청동

청동 저가 보석, 출입문 장식, 하드웨어, 트로피, 핸드백 프레임, 니켈과 크롬의 밑칠, 베어링 표면, 식탁용품, 가정용 기구.

코발트

코발트합금 전기도금, 거울, 반사경, 높은 경도가 요구되는 용도.

코발트-니켈

코발트-니켈 자기테이프, 디지털컴퓨터의 메모리드럼용 영구자석 코팅, 전기성형.

구리

구리 밑칠(접착성 향상, 수소취성 방지), 전선코팅, 열처리와 화학적 밀링 중의 임시코팅, 드로잉 중의 윤활제, 주방용품의 열전도성 코팅, 전기성형.

금

금 펜촉, 보석, 시계, 화장품 가방, 악기, 반사경, 명찰, 안경테, 팔찌, 트로피, 기념품, 전기접점, 스프링, 전자부품, 실험장치.

니켈

얇은 크롬 전기도금의 니켈 바탕, 자동차의 장식마감, 가전제품, 사무용 기계류, 일반 소비용품, 전기성형, 마모되거나 잘못 가공된 부분의 육성.

로듐

보석 의상을 위한 로듐저항 처리, 휘장, 상징 마크, 악기, 의료 및 수술 장비, 실험실 장비, 광학제품, 전기접점, 반사경과 거울.

은

은제 식탁용품, 촛대, 담배 라이터와 악기, 베어링, 수술도구, 화학장비, 전기접점.

주석

음식 및 음료수용 주석용기, 냉장고 증발관, 음식 및 낙농 기구, 하드웨어, 가전 및 전자 제품, 구리선, 베어링.

주석-니켈

주석-니켈 주방용품, 수술도구, 화학용 펌프, 밸브와 유동제어장치, 해양부식 방지.

주석-아연

주석-아연 라디오 및 텔레비전 부품, 케이블 연결기, 알루미늄과 맞닿은 강철 부품의 갈바닉 부식방지.

아연

아연 가전 및 자동차 부품, 작은 부품의 표면처리(파이프 연결기, 볼트, 너트, 리벳, 와셔, 못, 경첩, 걸이, 고리), 전기 전선관, 사일로 및 연결봉, 스크린, 전화교환 장비.

무전해도금(Electro-less Plating)

무엇인가? 무전해도금은 전기를 공급하지 않는 전기도금이다. 이는 전기를 공급하지 않는 대신에 금속이 다른 금속의 이온을 포함한 용액에 놓일 때 생기는 전위차(electro-potential difference)를 활용한다. 금속염 용액에 존재하는 화학환원제의 작용에 의해 용액으로부터 나온 금속이온은 부품의 표면에 퇴적된다. 니켈 무전해도금의 경우(이 공정의 가장 중요한 상업적 용도), 염은 염화니켈이며 환원제는 차아인산나트륨이다. 일단 시작되면 반응은 계속 지속될 수 있으며, 코팅의 두께에 대한 이론적인 제한은 없다. 무전해도금은 일반 전기도금을 사용할 수 없거나 사용하기 어려울 때 사용한다. 예를 들면, 복잡한 내부 표면을 도금해야 하거나, 부품의 치수 정확도가 중요한 경우이다.

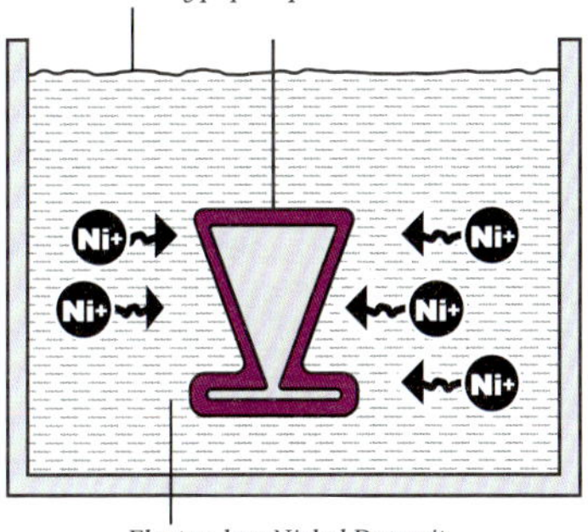

무전해도금의 속성

표면경도, Vickers	600~1,100
코팅 두께, μm	20~200
곡면 커버리지	매우 우수
공정온도, ℃	20~50

기능 표면경도와 마모저항, 부식방지, 전기전도도, 투자율, 미학적 요소.

디자인 노트 대부분의 금속과 고분자는 코팅될 수 있다. 무전해도금은 흔히 비금속재료에 적용되어, 이어지는 전기도금을 위한 전도성 베이스로 사용된다. 코팅의 균일성은 우수하며, 매우 복잡한 형상의 부품에서도 양호하다.

기술 노트 현재 무전해도금에 주로 사용되는 것은 니켈(Ni, NiP, NiB, SiC나 PTFE를 포함하는 니켈 복합코팅)과 구리이다. 강자성 합금인 Co-P, Ni-Co-P, Ni-Fe-P는 자기 테이프와 디스크 위에 도금될 수 있다. 고분자는 비전도성이고 니켈의 환원을 촉진시키지 않기 때문에 특별한 공정 단계가 고분자에는 필요하다. 이 경우에는 접착이 오로지 기판 표면과 코팅의 기계적 결합에 의해 얻어진다. 이를 향상시키기 위하여, 고분자는 통상적으로 산성용액 또는 유기용매로 에칭하여 표면을 거칠게 함으로써 결합될 수 있는 위치를 더 많이 만들어 준다.

경제성 무전해도금은 전기도금보다 비용이 많이 드나, 니켈 도금의 경우 약 50 % 더 비싸다. 도금되는 속도가 훨씬 느리며 화학물질 가격도 높다. 그러나 장비비용과 에너지비용은 낮다. 이러한 비용의 차이에도 불구하고, 두 공정 사이의 선택은 경제적 요인이나 생산량 보다는 물리적인 원리에 의해 결정된다.

주요 제품 열방출체(heat sink), 저널베어링, 피스톤헤드, 랜딩기어 부품, 직조기 래칫, 레이더 도파관, 컴퓨터 드라이브 메커니즘, 컴퓨터 메모리 드럼과 디스크, 새시, 커넥터, 회전자 날개, 고정자 링, 컴프레서 회전날개와 임펠러, 전기톱 엔진.

환경 영향 화학폐기물의 배출과 관련된 일반적인 문제에 직면해야 하지만, 그밖에 공정 자체는 무독성이다.

경쟁 공정 전기도금, 증착 금속표면화.

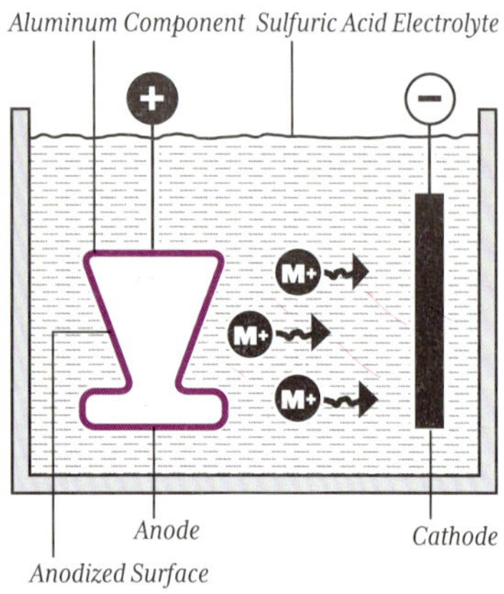

애노다이징의 속성

표면경도, Vickers	600~1,000
코팅 두께, μm	1~500
곡면 커버리지	양호
공정온도, ℃	0~40

Image courtesy of IDTC-International Design Trend Center

애노다이징(Anodizing)

무엇인가? 알루미늄은 반응성 금속이지만, 일상용품에서 그것은 부식되거나 또는 변색되지 않는다. 그 까닭은 얇은 산화막(Al_2O_3)이 표면에 저절로 형성되기 때문이며, 이 막은 보이지는 않지만 매우 강한 방식능력을 가진다. 막은 두꺼워질 수 있으며 그 구조는 애노다이징에 의해 제어될 수 있다. 이 공정은 전해법이며, 전해질은 일반적으로 묽은(15 %) 황산이다. 애노다이징되는 대상체가 전해조의 애노드(+)가 되며, 비활성 캐소드(−)와의 사이에 수 볼트의 전위차를 가진다. 이는 산화막을 경계로 매우 큰 전위차구배를 만들며, 그것이 산화막의 두께를 증가시킨다. 산화막이 두꺼워질수록 부식방지 성능은 더 좋아지고, 색상을 넣거나 패턴화도 가능하다.

기능 색상, 반사도, 부식과 마모에 대한 보호.

디자인 노트 애노다이징은 알루미늄에 가장 일반적으로 적용되지만, 마그네슘, 티타늄, 지르코늄, 아연도 이 방식으로 처리될 수 있다. 애노다이징에 의해 형성된 산화막은 경질이고, 마멸저항과 부식저항이 좋다. 산화막은 미세다공질로, 염료를 흡수할 수 있어서 금속에 매력적인 금속색상 광택과 함께 반사성을 부여한다. 그리고 그것은 패턴화도 가능하다.

기술 노트 세 가지 주요 전해질이 사용된다. '약한 용해' 전해조는 붕산을 기반으로 한다. 그것들은 얇은(0.1~1 μm) 비다공질 산화막을 형성한다. '중간 용해' 전해조는 크롬산 3~10 %, 황산 20 %, 옥살산 5 %의 용액을 기반으로 한다. 이는 두 층의 산화막을 형성하는데, 얇고 비다공질인 초기장벽층이 먼저 형성되고, 그 위에 다공질 층이 형성된다. '강한 용해' 전해조는 인산 기반의 전해질을 포함한다. 염료를 받아들이는 산화막의 능력은 합금의 조성에 의존한다. 순 알루미늄과 Al-5Mg 합금이 아주 적합하다.

경제성 장비비용은 상당히 높은 편이지만, 공구비용은 낮다. 이 공정에 대한 대안 처리로는 크롬산염처리와 인산염처리가 있다. 비용의 순위는 애노다이징 > 크롬산염처리 > 인산염처리 순서이다.

주요 제품 애노다이징은 알루미늄을 보호하고 색상을 입히는 데 일상적으로 사용된다. 알루미늄, 티타늄, 탄탈룸의 애노다이징 장벽층은 전자산업에서 박막 저항 및 커패시터 부품의 근거이다. 애노다이징 필름은 인쇄산업에서 광 리소그래피 프린팅 판으로 활용된다.

환경 영향 공정에 사용되는 화학물질은 공격적이지만 관리가능하다. 사용하고 난 애노다이징 용액의 폐기는 재활용 사이클을 필요로 한다.

경쟁 공정 용매기반 및 수성 페인팅, 전기도금, 무전해도금, 증착 금속표면화, 화학적 연마, 전해연마.

기계적 연마(Mechanical Polishing)

무엇인가? '침 뱉어 닦기'는 열심히 일하는 것에 대한 비유이고, 여기에 적절한 문구이다. 기계적 연마는 느리고 비용이 많이 들며, 절대적으로 필요한 경우에만 사용되어야 한다. 그것들 중에도 여러 가지 변형이 존재한다. 래핑(lapping), 호닝(honing), 폴리싱(polishing)이 있다. 모두 왁스, 오일, 다른 액체에 현탁시킨 미세한 연마제를 사용하며, 연마 디스크, 벨트, 형상을 가진 성형판으로 표면을 문질러 연마한다.

기능 색상, 반사도, 질감, 마모저항, 마찰감소, 향상된 피로저항.

디자인 노트 거의 모든 금속이나 세라믹은 적절한 공구와 기술을 사용하여 연마될 수 있다. 연마는 주로 콘, 실린더, 평면, 구형의 표면에 적용되지만, 대형 거울의 포물면도 연마된다. 높은 반사도를 주는 다른 연마방법들도 존재하지만(전해연마, 화학적 연마), 정확한 광학시스템이나 정밀기계 부품처럼 높은 정밀도가 필수적인 경우, 기계적 연마가 유일한 선택이 된다.

기술 노트 연마에는 회전하는 휠 또는 벨트를 사용하며 윤활제가 포함되거나 포함되지 않은 연마제를 사용한다. 연삭(grinding)에서보다 더 적은 물질이 제거되며 더 부드러운 표면을 만들어 낸다. 연마는 거칠게 하기(roughening), 그리이징(greasing), 광내기(buffing), 착색버핑(color buffing)의 네 단계로 나누어진다. 거칠게 하기 단계에서 착색 단계까지, 점점 더 미세하고 더 연한 연마제가 사용되며 압력도 감소된다. 연마제는 고체막대 또는 액체의 형태로 사용할 수 있다. 고체가 수작업에 쓰이는 반면, 액체는 자동기계 공정에서 가장 좋다. 막대를 교체하는 데 들어가는 시간이 필요 없기 때문에 공정 시간이 줄어든다.

경제성 수작업 연마의 장비비용 및 공구비용은 낮지만(사본비용 $100~$1,000, 공구비용 $10~$200), 생산속도가 낮다. 자동연마는 비싸지만(자본비용 $20,000~$1,000,000, 공구비용 $1,000~$10,000), 생산속도가 높다. 기계적 연마는 고가이다. 필요 이상으로 요구되는 일은 반드시 피해야 한다.

주요 제품 피스톤, 핀, 기어, 축, 리벳, 밸브와 파이프 이음새, 정밀광학 장비용 렌즈와 거울(0.1 μm보다 높은 정밀도로 연삭 및 연마되어야 함).

환경 영향 위험은 특정한 가동방식, 부품의 종류와 그것의 표면코팅, 사용되는 연삭시스템에 따라 달라진다.

경쟁 공정 전해연마, 화학적 연마.

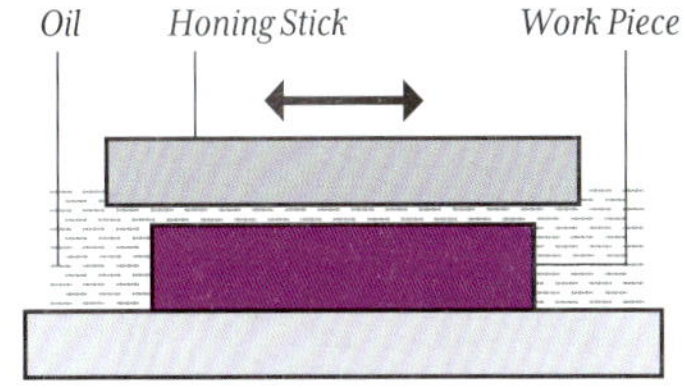

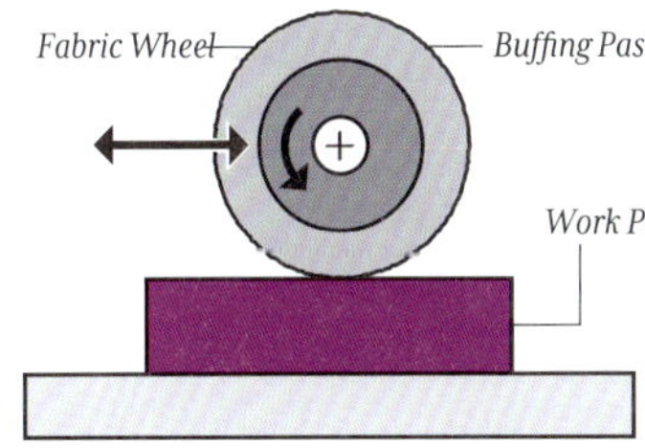

기계적 연마의 속성

표면경도, Vickers	기질과 동일
코팅 두께, μm	해당없음
곡면 커버리지	불량
공정온도, ℃	0~30

전해연마(Electro-Polishing)

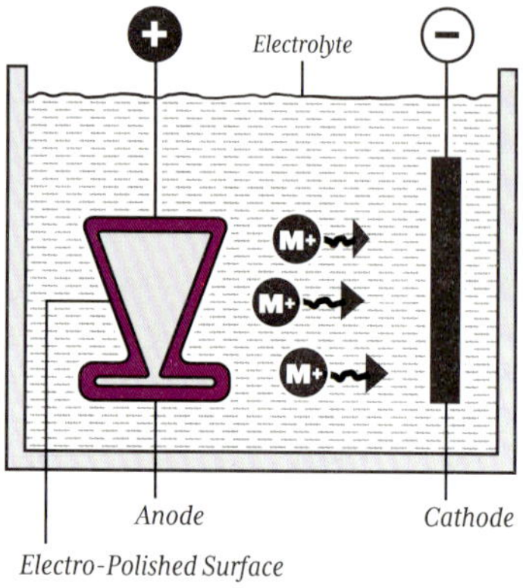

전해연마의 속성

표면경도, Vickers	기질과 동일
코팅 두께, μm	해당 없음
곡면 커버리지	평균
공정온도, ℃	0~90

무엇인가? 전해연마는 전기도금의 역공정이다. 그것은 기계적 연마의 높은 비용으로부터 벗어나게 해주지만, 정밀도가 훨씬 낮다는 단점이 있다. 대상 부품은 애노드로서 저전압의 직류전원 양극(+)에 연결되고, 캐소드는 음극(–)에 연결되며, 두 가지 모두 전도성 용액에 잠긴다. 공정 중에는 산화물 또는 염의 층이 부품의 표면에 형성된다. 이 층이 용해를 제어하며 거친 표면의 높은 부위가 낮은 부위보다 빨리 용해된다. 최종 결과는 매끈하고 광택을 가진 금속표면을 얻게 된다.

기능 색상, 반사도, 질감.

디자인 노트 대부분의 금속은 전해연마가 가능하다. 전해연마 표면은 광택이 나며 열과 빛의 뛰어난 반사도를 가진다. 그러나 표면은 기존의 연마된 표면보다 경면 같은 반사도는 떨어진다. 기계적 연마에서보다 더 복잡한 형상을 연마할 수 있으나, 드러난 표면에 비하여 구멍, 오목한 부위, 틈새구멍 부위는 덜 연마된다.

기술 노트 전해연마는 스테인리스강, 연강 및 저합금강, 알루미늄, 황동, 아연 다이캐스팅 합금, 베릴륨동(Cu-Be), 니켈, 은, 몰리브덴, 텅스텐에 적합하다. 특별한 전처리/후처리가 필요하지 않다. 이 공정으로 얻을 수 있는 가장 경제적인 표면처리는 0.4 μm이며, 0.05 μm도 얻을 수는 있으나 비용이 많이 든다.

경제성 이 공정은 보통 특별한 공구를 필요로 하지 않으며, 따라서 모든 수준의 공정에 대하여 경제적이다. 그것은 기계적 연마보다 노동력이 덜 필요하고 장비 비용도 저렴하지만, 초기 자본비용이 높을 수 있다. 어떤 부품 하나의 공정시간은 3~10분 정도이나 세척 및 헹굼과 기타 전처리 및 후처리 단계들에 시간이 필요하다.

주요 제품 20 mm^2 정도로 작은 면적의 부품에까지 사용(소형 전기접점, 리벳, 나사), 1 m^2 크기의 부품까지 사용 가능(대형 금속 패널).

환경 영향 많은 전해연마욕조는 환경적으로 그리고 건강상의 위험을 초래한다. 어떤 것들은 허용될 수 없는 화학성분을 포함한다. 특히 시아노겐을 함유한 것들은 특별히 조심할 필요가 있다. 화학 공해물질과 유해기체로부터의 방호를 위한 특별한 예방이 필요하며, 연마 매개물을 폐기하는 일 역시 주의가 필요하다.

경쟁 공정 기계적 연마, 화학적 연마, 전기도금, 무전해도금, 증착 금속표면화.

화학적 연마(Chemical Polishing)

무엇인가? 만일 거친 표면을 가진 비누 막대가 물에 잠겼다면, 들어갔을 때보다 매끈한 표면을 가진 채로 나올 것이다. 그 까닭은 표면거칠기의 골짜기에서보다 봉우리에서 국부적인 농도구배가 더 가파르기 때문에 비누가 더 빨리 녹는 것이다. 화학적 연마도 유사한 원리에 의존한다. 그것은 첨가제를 포함하는 산성 욕조에서 잘 제어된 화학적 용해에 의해 표면이 매끈해지는 것이며, 표면경계층을 형성함으로써 돌출부가 평면이나 표면의 함몰부보다 빨리 용해되도록 하는 것이다. 외부로부터의 전력 공급은 없다. 이 공정은 연마속도를 향상시키기 위하여 보통 고온에서 수행된다. 화학적 연마는 전해연마처럼 표면에 광택을 내기 위한 방법이며, 반사도를 향상시키지만, 기계적 연마의 치수정밀도는 기대하지 않는다. 물론 훨씬 저렴하다.

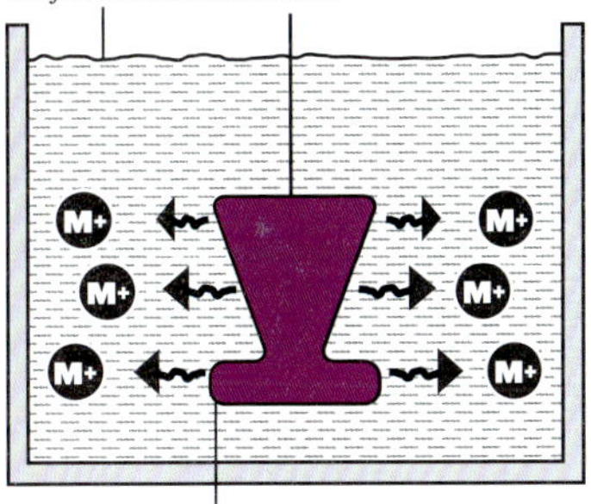

기능 색상, 반사도, 질감.

디자인 노트 화학적 연마는 막힌 구멍이나 다른 오목한 부위를 가진 물건을 연마하는 데 매우 자유롭고 편리하다. 그것은 다른 형상의 부품들을 동시에 처리할 수 있다. 표면의 반사도는 전해연마에 의한 것보다 낮으며, 화학적으로 연마된 표면은 종종 이어서 애노다이징 처리되어 맑고, 색상이 없는 보호 산화막을 생성한다.

기술 노트 알루미늄, 구리, 스테인리스강은 흔히 화학적 연마로 처리된다. 화학적 연마 욕조는 일반적으로 인산, 질산, 황산, 염산, 유기산, 그리고 특별한 계면활성제와 안정제의 배합을 기반으로 한다. 어떤 것들은 과산화물을 바탕으로 하기도 한다. 공정은 욕조의 화학조성, 온도, 담금시간에 의해 제어된다.

경제성 화학적 연마가 더 저렴하기 때문에 전해연마를 대체하려는 경향이 있다. 이 공정은 설립하는 비용과 가동하는 비용이 저렴하다. 전력공급이나 비싼 신반을 설치할 필요가 없으며, 자본비용과 노동비용이 낮다.

주요 제품 보석, 면도기 부품, 자동차 장식마감, 만년필, 탐조등 반사경, 건축물 장식마감, 가전제품, 우주선 부품의 보호를 위한 열반사 장치.

환경 영향 여기에 포함된 화학물질은 공격적이지만 관리가능하다. 사용하고 난 화학적 연마액의 폐기는 재활용 사이클을 필요로 한다.

경쟁 공정 기계적 연마, 전기연마, 증착 금속표면화, 전기도금, 무전해도금.

화학적 연마의 속성

표면경도, Vickers	기질에 따라 다름
코팅 두께, μm	해당 없음
곡면 커버리지	양호
공정온도, ℃	55~140

용매기반페인팅(Solvent-Based Painting)

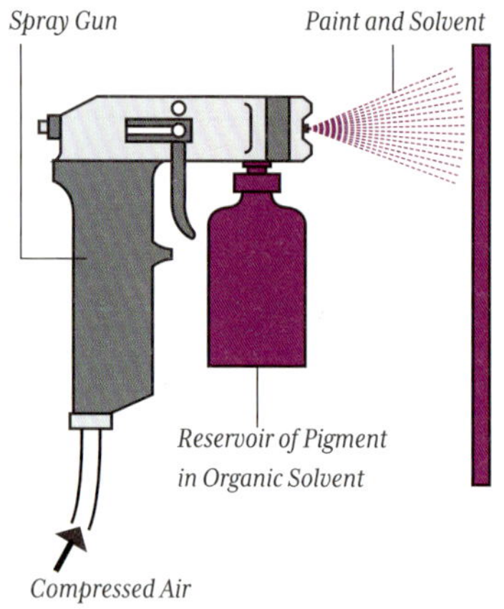

용매기반페인팅의 속성

표면경도, Vickers	10~16
코팅 두께, μm	10~1,000
곡면 커버리지	양호
공정온도, ℃	10~100

무엇인가? 페인트의 건조를 지켜보는 것은 따분함과 동의어이다. 그러나 현대적인 페인트는 따분함과는 거리가 멀다. 용매기반페인팅에서, 채색성분(안료)은 결합제(수지)와 함께 휘발성 유기용매(VOC)에 현탁되어 있다. 표면에 얇게 뿌려지면 용매는 증발하고, 수지는 안료를 제자리에 위치하도록 해주어 장식성 있는 보호막을 형성한다. 오늘날에도 몇몇 페인트는 이것과 별로 차이가 없다. 현재 새롭게 개발되는 것에는 몇 초 만에 건조되고, 퇴색저항 색상, 부드러운 질감, 시각적 효과, 강력한 보호특성, 등등의 성능을 가진 조성들이 있다. 그런데 문제가 있다. 용매기반페인트는 환경적으로 좋지 않으며, 그들의 미래가 위협받을 정도로 좋지 않다.

기능 색상, 질감, 촉감; 부식과 박테리아에 대한 보호, 마모방지.

디자인 노트 용매기반페인트는 매끈하고, 가장 균일한 코팅을 가져다주며 색상의 제어도 가장 좋은 까닭에 자동차산업과 대부분의 제품디자이너는 이것을 고집한다. 금속 페인트는 얇은 조각(flake)의 알루미늄 분말을 코팅에 혼합시킨 것이다. 이것은 하나의 비법으로서, 코팅을 충분히 얇게 함으로써 금속 박편이 하나의 평면에 놓이게 하여, 다른 각도에서 보았을 때 색상이 뒤집히지 않도록 하는 것이다. 색상은 다양한 파장의 빛의 차등 흡수와 반사에 의해 결정된다. 눈에 보이는 색상은 그 각도에서 보았을 때 가장 적게 흡수된 파장에 해당한다.

기술 노트 페인트는 브러싱, 담금, 스프레이 방식으로 적용되며, 충분히 깨끗하다면 원칙적으로 어떠한 표면에도 적용할 수 있다.

경제성 페인트는 비용 대비 효율적이다. 장비비용은 자동화되지 않은 페인팅의 경우 낮지만, 장비가 자동화되면 높아질 수 있다. 페인트는 연간 750억 달러의 산업이다.

주요 제품 전체 페인트의 절반 정도는 빌딩의 장식과 보호에 쓰이며, 다른 절반은 공업제품, 특히 자동차와 가전제품에 사용된다. 해양 용도에서는 고성능 부식방지와 생물오염방지 조성에 대하여 중요한 시장을 형성한다. '프린터 잉크'는 출판과 포장에 있어서 중요한 역할을 하는 페인트이다.

환경 영향 용매기반 페인트로부터 증발하는 용매기체(VOC)는 유독성이고, 햇빛과 반응하여 스모그를 형성하며, 일반적으로 환경에 적대적이다. 자동차 메이커들과 다른 제조업자들은 요구되는 환경표준에 부합하도록 점점 심하게 압력을 받고 있다. 이제 용매는 반드시 회수하거나, 태우거나, 재활용되어야 한다. 그것들을 수성페인트(그러나 천천히 건조됨) 또는 고분자 파우더코팅으로 대체하려는 장려책이 늘어나고 있다. 그러나 아직은 동일한 품질의 표면을 제공하지 못한다.

경쟁 공정 수성페인팅, 파우더코팅, 전해도장.

수성페인팅(Water-Based Painting)

무엇인가? 수성(또는 라텍스) 페인트는 합성수지와 안료에 유착작용제가 더해진 것이며, 계면활성제에 의해 물속에 분산되어 있다. 그것들은 물의 증발에 의해 건조된다. 물이 증발하면서 유착작용제는 수지의 입자들이 서로 달라붙어 연속적인 코팅을 형성하도록 돕는다.

기능 색상, 질감, 촉감; 부식, 곰팡이, 박테리아에 대한 저항, 마모저항.

디자인 노트 수성페인트는 아크릴, 우레탄, 폴리비닐아세테이트(PVA) 또는 에폭시 분산을 기반으로 한다. 아크릴 유화액은 외장용도로 사용되는데, 그들의 뛰어난 내후성과 함께 황변(yellowing)하지 않는 특성이 우수하기 때문이다. 수성우레탄은 가죽이나 고분자 코팅과 같이 양호한 유연성과 인성이 중요한 곳에 적합하지만, 그들의 주된 결점은 높은 가격이다. PVA와 에폭시는 우수한 내후성을 가져다준다. 수성페인트는 많은 유기용매기반 페인트보다 건조에 오랜 시간이 필요하며, 표면마감의 질이 떨어진다.

기술 노트 수성페인트는 반드시 동결로부터 보호되어야 하며, 최소한 10℃ 이상에서 적용되어야 한다. 습도와 온도의 제어는 건조시간에 결정적인 영향을 미친다. 때로는 열경화가 필요하다. 안료는 반드시 물과 호환성이어야 한다. 금속입자들은 물과의 화학반응을 피하기 위하여 페인트에 섞기 전에 보통 코팅된다. 여러 가지 기존의 바인더(알킬, 아크릴, 에폭시)는 화학적으로 카르복실, 하이드록실, 아미드와 같은 극성을 띄는 그룹을 부착함으로써 수용성으로 만들 수 있다. 분산은 지름이 0.1μm보다 작은 바인더의 아주 작은 입자들이 물에 분산된 것이다. 유화액 또는 라텍스는 입자 크기가 훨씬 크다(0.1μm 이상)는 점에서 분산과 다르다. 그것들은 물에서의 침전에 의해 생기며 기계적으로 분산되어야 할 필요가 없다.

경제성 용매기반 페인트 시스템은 흔히 제한적인 자본투자만으로 수성페인트 시스템으로 전환될 수 있다. 수성페인트의 비용은 타입에 따라 다르다. 그것들은 동등한 용매기반 페인트보다 가격이 저렴할 수 있다.

주요 제품 마루, 나무 래커, 장식용 페인트, 자동차 도장, 고분자 코팅, 잉크, 접착제.

환경 영향 수성페인트는 VOC 배출과 작업자의 유해성 공해물질에 대한 노출을 줄여 주며, 화재에 대한 위험도 없다. 비록 용매기반 페인트가 빨리 마르고 좋은 접착력과 함께 좋은 표면마감을 준다 하더라도, 수성페인트가 용매기반 페인트를 점차로 대체하고 있다.

경쟁 공정 용매기반 페인팅, 파우더코팅, 전해도장.

수성페인팅의 속성

표면경도, Vickers	10~16
코팅 두께, μm	10~1,000
곡면 커버리지	양호
공정온도, ℃	10~100

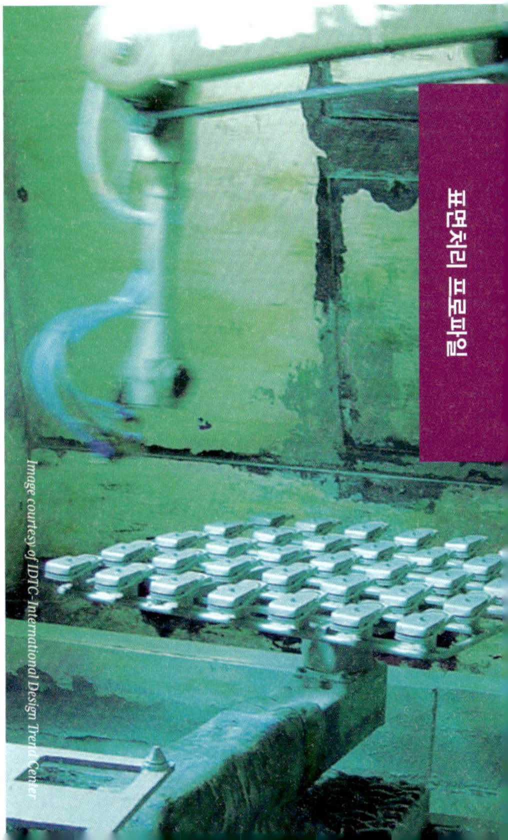

Image courtesy of IDTC-International Design Trend Center

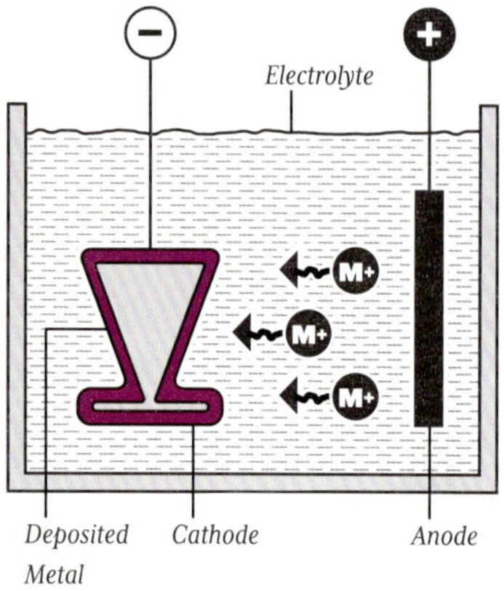

전해도장의 속성

표면경도, Vickers	5~15
코팅 두께, μm	10~30
곡면 커버리지	양호
공정온도, ℃	25~230

전해도장(Electro-Painting)

무엇인가? 전해도장에서는 대상 부품이 전해질 셀에서 캐소드가 된다. 애노드는 비활성이며 (보통 흑연 또는 스테인리스강) 전해질은 안료가 유화되어 있는 수성용액이다. 캐소드에서는 알칼리 환경이 형성되어 래커를 응고시킨다. 안료의 전기를 띤 안료입자는 전기장에 의해 이끌려 부품의 표면으로 이동하여 거기서 강하게 결합된 필름을 형성한다. 필름의 두께는 비교적 얇지만(10~30 μm) 부식에 대한 저항이 우수하며, 특히 침적된 후에 150~230 ℃에서 구워지면 더욱 좋다. 그 위에 다른 페인트의 층이 더해진다. 이 원리는 전기도금과 비교될 수 있으며, 자동차산업에서 널리 사용된다.

기능 색상, 반사도; 부식저항.

디자인 노트 이 공정은 주로 대형의 복잡한 부품에 균일한 밑칠을 얻기 위하여 사용된다. 그것은 같은 색상으로 코팅되는 대량생산 제품들에 적합한 공정이다. 예로서는 금속제 창틀과 문틀, 자동차 차체 표면의 밑칠용 백색 페인트의 전해도장을 들 수 있다. 페인트 층은 표면 전체에 균일하게 분포되며, 다른 방법으로는 접근이 불가능한 구역조차도 일정한 두께를 가진다. 가장 큰 단점은 한 가지로 균일한 색상이어야 한다는 점이다.

기술 노트 전해도장 필름은 담그기 탱크에서 침적된다. 전해조는 수지농축액과 안료농축액을 탈이온수에 용해시킨 것이고, 소량의 가용해제와 발포방지제가 추가된다. 전해조의 비휘발성 고체 농도는 그 종류와 구성에 따라 약 10~20 % 범위에서 변한다. 이 공정은 때때로 자동전달(autophoretic) 페인트를 사용한다. 이것은 전해조 안에서 금속의 촉매작용에 의해 페인트 재료(안료)가 금속 표면에 침적되는 수성페인트이다. 현재까지는 오직 철합금만이 상업적으로 이용가능한 전해도장 페인트를 활성화시킬 수 있다. 튜브형 자동차 프레임은 튜브의 전체 길이를 따라 내부와 외부를 모두 어려움 없이 코팅할 수 있기 때문에 이 방법으로 코팅된다.

경제성 공구비용은 낮고, 자본비용은 중간 정도이다.

주요 제품 자동차 차체의 언더코팅, 전자제품의 단색 코팅, 건축용 패널과 프레임.

환경 영향 사용 후 전해조 액체의 처리를 제외하면, 공정은 특별한 환경위험을 유발하지 않는다.

경쟁 공정 용매기반페인팅, 수성페인팅, 파우더코팅.

파우더코팅(Powder Coating)

무엇인가? 먼지 입자는 먼지와 스크린 사이의 전하 차이 때문에 텔레비전 표면에 달라붙는다. 이런 효과는 정전기 파우더코팅에서 실용적인 목적으로 사용된다. 그것은 금속 또는 전도체 부품에 장식과 보호목적 표면마감을 적용하는 데 효율적으로 널리 사용되는 공정이다. 파우더는 곱게 갈은 안료와 수지의 혼합물이며 음전기로 대전된 노즐을 통해 코팅될 표면에 뿌려진다. 전기를 띈 파우더 입자는 전기적으로 접지된 부품의 표면에 달라붙는다. 전하의 차이에 의해 부품으로 파우더가 이끌리게 되고, 전기적으로 부도체인 파우더 층의 두께가 가장 얇은 위치로 파우더가 끌리므로, 파우더 손실을 최소화하면서 균일한 층을 형성한다. 그 다음에 부품은 파우더 층을 녹여 매끈한 코팅으로 만들기 위해 경화용 오븐에서 가열된다. 얻어지는 것은 균일하고, 우수한 품질에 내구성을 가진, 매력적인 표면마감의 코팅이다. 고분자 화염코팅에서 분말 형태(80~200 μm)의 열가소성 고분자는 깔때기(hopper)로부터 가스-공기 화염 속으로 채워지고 화염에 의해 녹아서 코팅될 표면으로 날아간다. 이 공정은 다용도이며, 기계화될 수도 있고 수동으로 작동될 수도 있으며, 두께 1 mm 까지도 형성할 수 있다. 광범위한 열가소성 고분자 파우더가 사용될 수 있으며, 공정도 저렴하다. 시선이 닿는 곳만(line-of-sight) 코팅이 가능한 점과 다른 공정에 비하여 표면마감이 떨어진다는 점에서는 불리하다.

뜨거운 도넛을 고운 설탕에 담그면 바삭하고 달콤한 껍질이 만들어진다. 유동상(fluidized-bed) 코팅은 이와 매우 흡사한 방식으로 적용된다. 200~400 ℃로 가열된 부품은 코팅파우더를 포함하고 공기의 흐름에 의해 유동상화된 탱크에 1~10초 동안 잠기게 된다. 뜨거운 부품이 입자를 녹여 달라붙게 함으로써 우수한 접착성을 가진 두꺼운 코팅이 형성된다. 정전기상(electrostatic-bed) 코팅에서는 유동상 자체는 비슷하지만 공기의 흐름이 정전기상으로 들어오면서 전하를 띄게 된다. 이온화된 공기는 위쪽으로 이동하면서 입자를 대전시켜 하전된 입자의 구름을 형성한다. 접지된 부품은 챔버에 들어오면서 하전된 입자에 의해 덮이게 된다. 부품의 예열은 필요하지 않지만, 코팅 후 열경화는 필요하다. 이 공정은 간단한 기하학적 구조를 가진 소형 부품에 특히 적합하다.

기능 색상, 질감, 촉감; 물 및 유기질 부식에 대한 저항; 마모방지.

디자인 노트 파우더코팅의 용도는 고분자를 녹이고, 경화시키고, 필름을 형성하는 데 필요한 공정온도를 지속할 수 있는 부품으로 제한되지만, 그러나 모든 금속들이 포함된다. 공정은 쉽게 자동화될 수 있고, 얇은(50 μm) 필름을 만들 수 있으며, 모서리 커버리지가 좋다. 1회 적용으로 두꺼운 필름을 형성할 수 있고, 일반적으로 코팅의 인성이 수성기반의 경쟁공정보다 더 우수하다. 파우더코팅은 넓고 다양한 범위의 광택과 질감으로 얻어질 수 있다.

기술 노트 정전기 파우더코팅은 강철, 알루미늄, 마그네슘, 황동, 구리, 주철, 그리고 대부분의 금속합금에 통상적으로 적용된다. 비금속에도 그것들의 표면이 먼

Electrostatic Powder Coating

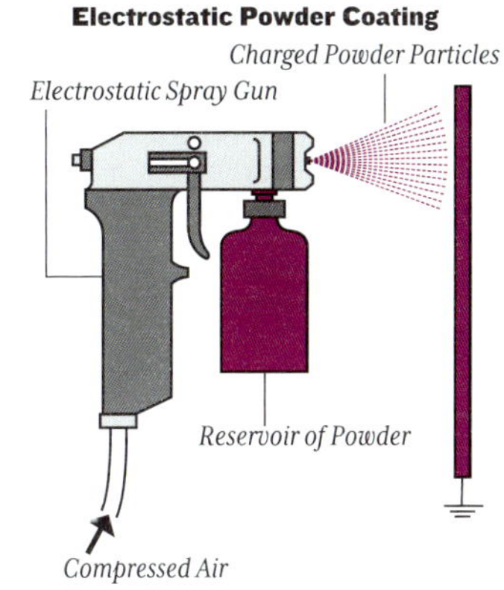

Polymer Flam Coating

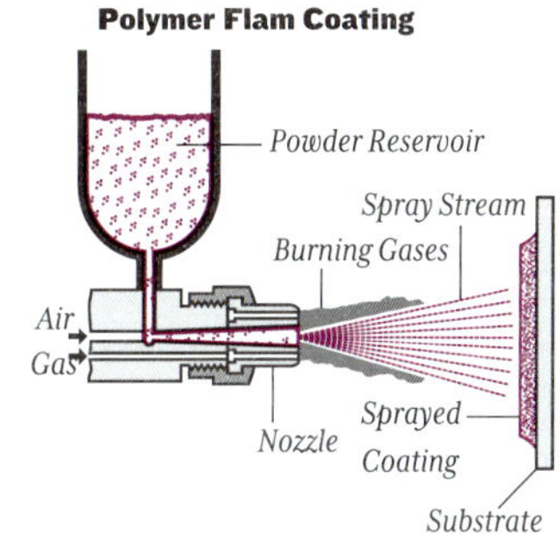

Fluidized Bed Coating

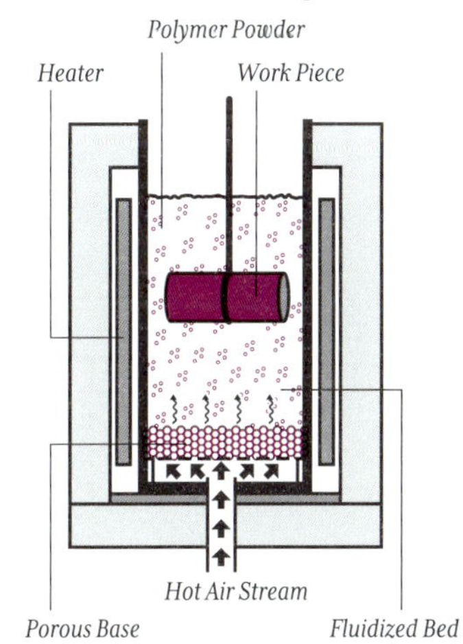

파우더코팅의 속성

표면경도, Vickers	10~16
코팅 두께, μm	50~2,000
곡면 커버리지	양호
공정온도, ℃	125~400

저 전도체로 만들어진 다음에 적용될 수 있다. 낮은 온도에서 경화되는 파우더의 개발에 힘입어 파우더코팅은 세라믹, 나무, 고분자와 같은 비금속 표면에도 적용될 수 있게 되었다. 전형적인 코팅 재료는 나일론, 폴리에스터, 폴리에틸렌, 폴리프로필렌, 폴리염화비닐(PVC), 폴리비닐리딘 플루오라이드(PVDF), 에틸렌아크릴산(EAA) 혼성중합체이다.

거의 모든 금속, 세라믹, 나무는 고분자 화염스프레이에 의해 코팅될 수 있으며, 정전기 파우더코팅과는 달리 표면이 전도체로 되어 있어야 할 필요가 없다. 전형적인 코팅재료는 저밀도 및 고밀도 폴리에틸렌, 폴리프로필렌, 열가소성 폴리에스터, 폴리아미드(나일론 11)이다. 표면을 150~250 ℃ 범위로 예열하는 것이 필요할 수도 있다.

유동상 코팅은 나일론, PVC, 아크릴, 폴리에틸렌, 폴리프로필렌, 실리콘, EVA, 폴리스타이렌의 코팅에 잘 사용할 수 있다. 공정은 표면 커버리지가 좋고, 특히 불규칙한 형상에도 적용할 수 있으며, 내부 및 외부 표면을 동시에 코팅할 수 있다. 파우더의 낭비가 거의 없이 짧은 시간에 두꺼운 코팅이 가능하다.

경제성 파우더코팅은 가장 급성장하는 표면처리 기술로, 현재 산업용 표면처리 공정의 10 % 이상을 차지한다. 정전기 고분자코팅의 경우, 자본비용은 보통이고 공구비용은 낮지만, 장비는 휴대할 수 없으므로 기본적으로 작업장 공정이다. 코팅의 속도는 5~20 μm/sec 정도이다. 고분자 화염스프레이의 경우, 자본비용이 낮고 공구비용도 낮으며, 장비는 이동할 수 있다. 부품의 크기에도 제한이 없다. 코팅속도는 10~30 μm/sec 정도이다. 유동상 코팅의 경우, 자본비용은 고분자 화염스프레이보다 높으며 공구비용은 낮다. 코팅속도는 20~50 μm/sec 정도이다.

주요 제품 자동차산업(휠, 범퍼, 허브 캡, 도어 손잡이, 장식마감과 강조 부품, 트럭 바닥, 방열기, 필터, 각종 엔진부품들), 가전제품(레인지와 냉장고의 전면 및 측면 패널, 세탁기 상부와 뚜껑, 건조기 드럼, 에어컨 캐비닛, 온수기, 식기세척기 선반, 마이크로웨이브 오븐의 공간, 파우더코팅은 많은 세탁기 및 건조기 부품의 법낭에나멜을 대체하였다), 건축물(창문틀과 문틀, 모듈러 가구), 생활용품(조명장치, 안테나, 전기부품, 골프클럽, 스키의 폴과 바인딩, 자전거, 컴퓨터 캐비닛, 샤프연필, 펜).

환경 영향 이 공정은 용매를 사용하지 않고, 유해한 휘발성 유기물질(VOC)을 발생하지 않으므로, 작업자가 높은 수준의 유독성에 노출되지 않는다. 공기오염, 화재위험, VOC는 낮다. 넘치거나 과도하게 스프레이 된 파우더는 회수되어 재활용되고, 새로운 재료와 함께 혼합되어 다시 스프레이 될 수 있으며, 이는 활용률을 무게기준으로 99 %까지 증가시킨다.

경쟁 공정 애노다이징, 용매기반페인팅, 수성페인팅.

에나멜링(Enameling)

무엇인가? 에나멜링은 유리로 페인팅하는 것이다. 그것은 뛰어난 내구성을 가진 코팅을 만들어낸다. 이집트 파라오의 에나멜 처리된 데스마스크는 오늘날까지도 3,000년 전에 그것들이 만들어졌을 때처럼 밝고, 생생하고, 완벽하게 보인다(Tutankhamen, 1358 BC~1340 BC). 바인더와 착색제를 가진 얇은 유리분말의 층이 페인팅, 스프레이, 스크린프린팅에 의해 에나멜 처리될 물체에 적용된다. 그 유리층은 일반적으로 주철, 강철, 구리, 은, 또는 심지어 금(투탕카멘의 경우)으로 된 대상체에 녹아 붙어 연속적이고 강하게 결합된 착색유리코팅을 만들어낸다. 그것은 고온공정이며, 에나멜링될 대상은 반드시 유리분말의 녹는점까지 가열되어야 하므로, 공정을 사용할 수 있는 범위는 금속이나 세라믹으로 제한된다.

기능 색상, 질감, 반사도; 부식저항; 긁힘저항.

디자인 노트 에나멜 코팅은 뛰어난 경도, 마모저항, 부식저항을 가지며, 무제한의 다양한 색상이 가능하다.

기술 노트 에나멜링에 사용되는 유리는 쉽게 흐를 수 있어야 하고, 습하고 금속 표면에 잘 결합할 수 있어야 하며, 바탕 금속과 아주 조금만 다른 열팽창계수를 가져야 한다. 이는 산화붕산의 함량이 높은(35 %까지) 유리를 사용함으로써 얻어지는데, 그것은 또한 강한 결합력과 광택이 나는 색상을 가져다준다. 실제적으로 에나멜링은 두 가지의 다른 유리를 결합시킨다. 바탕 코팅은 금속과 강한 결합을 형성하는 것을 돕는 산화코발트와 산화니켈을 포함한다. 두 번째 코팅은 색상과 장식을 책임진다. 얻어지는 코팅은 열충격을 견딜 수 있는 극도로 내구성이 높은 코팅이다.

경제성 에나멜링은 저렴하지 않고, 느리면서 에너지집약적이다. 그것의 선택은 품질과 비용의 균형에 달렸으며, 그것의 내구성과 미학적인 품질은 뛰어나다.

주요 제품 가정용(욕조, 세탁기, 식기세척기, 히터, 레인지 상판, 벽난로, 가스 및 전기솥, 시계 면판, 주방기기), 볼 수 없는 곳(온수공급기, 저장탱크, 자동차 배기장치, 인쇄회로기판, 열교환기), 볼 수 있는 곳(도로표지판, 철도표지판, 벽화), 건축산업(건축물 내부 및 외부 패널, 처마널(fascia), 삼각들보(spandrel), 칸막이).

환경 영향 이 공정은 고온을 필요로 하는 것 외에는 친환경적이다. 에나멜링된 표면은 쉽게 청소할 수 있다(낙서조차도 손상 없이 제거될 수 있다). 긁힘에 대한 저항성과 함께 위생적으로도 뛰어나다.

경쟁 공정 용매기반페인팅, 수성페인팅, 파우더코팅(다만 어느 것에서도 에나멜링에 필적하는 경도와 내구성을 얻기는 어렵다).

Spray Coat

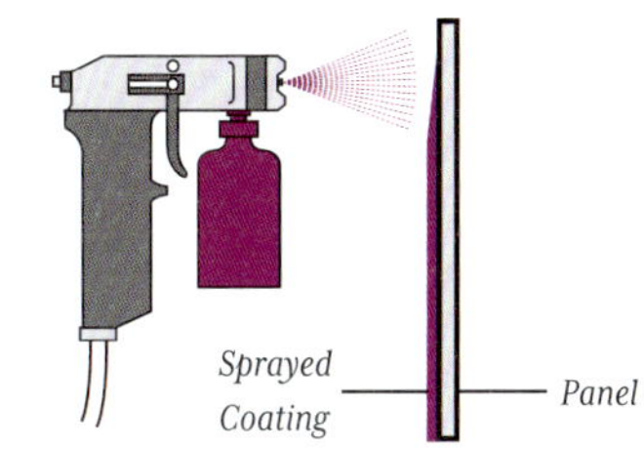

Fuse and Bond

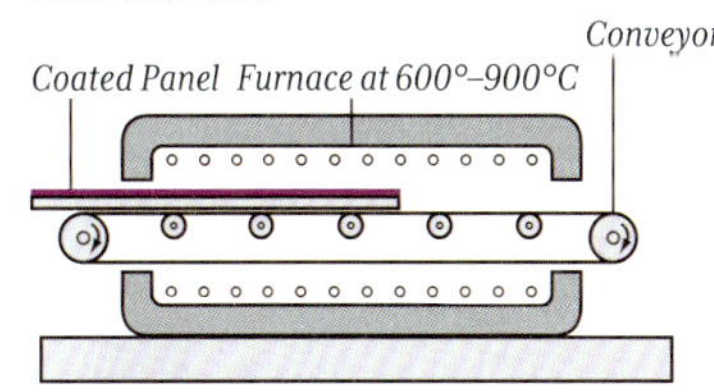

에나멜링의 속성

표면경도, Vickers	7,000~10,000
코팅 두께, μm	500~1,000
곡면 커버리지	양호
공정온도, ℃	600~900

에칭(Etching)

Acid Etching

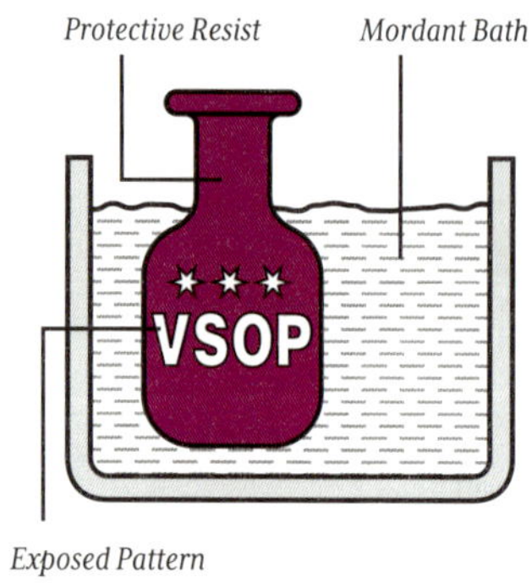

Sand Etching

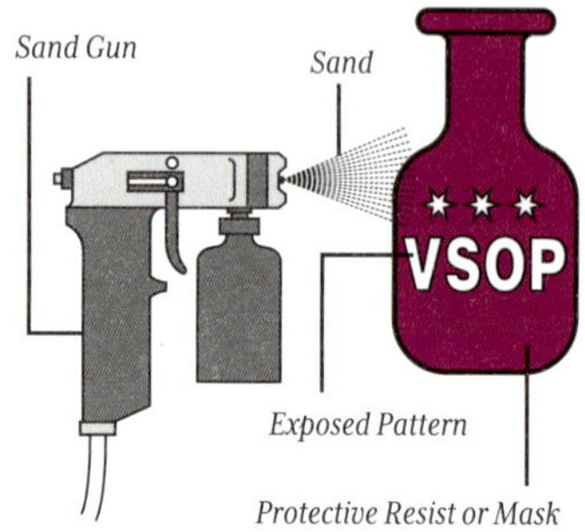

에칭의 속성

표면경도, Vickers	7,000~10,000
코팅 두께, μm	500~1,000
곡면 커버리지	공정에 따라 다름
공정온도, ℃	18~60

무엇인가? 에칭에는 세 가지 기본공정이 존재한다. 화학적 에칭은 유리, 금속, 고분자 대상체를 장식하는 데 널리 쓰인다. 에칭되어야 할 영역 또는 패턴은 산 또는 매염제(mordant)에 노출시킨다. 에칭되지 말아야 할 영역은 왁스 내식막으로 보호된다. 유리는 과거에 불화수소산에 의해 에칭되어 왔으나, 이는 유독한 연기를 뿜는 특별히 기분 나쁜 화학물질이다. 오늘날 이것은 특허상품인 에칭젤(etch-gel), 모래에칭, 다이아몬드공구를 사용한 판화술로 대부분 대체되었다. 구리, 아연, 니켈, 강철은 황산, 질산, 염산의 다양한 조합에 의해 에칭된다.

모래에칭은 가압된 가스흐름에 실린 각이 진 모래입자의 제트를 사용하여 마스크에 의해 보호되지 않은 표면을 침식함으로써 에칭한다. 이 방법은 금속, 세라믹, 고분자에 잘 사용된다.

전기에칭은 금속을 에칭하는 무독성 방법이다. 여기서는 산 욕조(acid bath)는 다시는 바뀔 필요가 없는 구리황산염(구리 에칭용) 또는 아연황산염(아연 에칭용) 중 하나로 대체된다. 필요한 부분이 왁스 내식막에 의해 보호된 대상체는 전해연마 욕조의 애노드(+)가 되며, 왁스 내식막에 의해 보호되지 않은 표면이 에칭된다.

기능 색상, 질감, 패턴, 장식.

디자인 노트 에칭은 유리와 금속의 패턴화에 널리 사용된다. 디자인의 자유는 내식용 왁스패턴을 만드는 기술에 의해서만 제한된다.

기술 노트 유리, 타일, 나무, 돌, 금속, 고분자의 에칭을 위한 기술이 존재한다. 화학적 에칭에 사용되는 산은 그것들의 본성에 따라, 특별히 공격적이며 특별한 용기와 취급 및 폐기에 주의가 필요하다. 모래에칭은 요구조건이 덜하지만 제어능력이 떨어진다.

경제성 화학적 에칭은 느리고 비싸다. 모래에칭과 전기에칭은 신속하고 저렴하다.

주요 제품 유리, 금속, 고분자, 나무로 된 대상체의 장식. 미술품: 보석, 장식, 시계, 책갈피, 금속판에 에칭된 사진, 메달보석, 길거리 미술, 행사 포스터, 전등 스위치. 광고: 명판, 명함, 브로셔를 위한 그래픽 판, 상, 연례보고서의 표지 요소, 제품에 부착될 로고 또는 태그, 엘리베이터 버튼 패널, 출입문의 사인, 명패, 계급장, 면판, 사무실 장식.

환경 영향 화학적 에칭은 독성 연기, 공격적 화학물질, 그리고 사용하고 난 욕조의 배출의 어려움 등 중대한 환경문제를 야기한다. 모래에칭과 전기에칭은 이런 문제를 일으키지 않는다.

경쟁 공정 질감넣기.

질감넣기(Texturing)

무엇인가? 질감은 여러 가지 방법으로 넣을 수 있다. 무늬를 가진 금형 안에서 주조 또는 몰딩함으로써, 또는 무늬를 가진 롤 사이로 압연함으로써(계단의 바닥으로 사용되는 '다이아몬드 무늬 발판'이 이렇게 만들어짐) 생성된다. 크림핑에 의한 방법으로는, 무늬를 가진 다이 사이에서 박판을 프레스하여 만들며, 반짝이는 반사 패턴을 넣기 위해서는 최대 0.8 mm 두께까지의 미리 도금한 박판을 사용할 수 있고, 그것은 또한 굽힘강성과 굽힘강도를 높이기 위하여 사용되며, 상자나 캔에 얇은 두께의 재료를 사용할 수 있게 해준다. 샌드블라스트나 연삭연마에 의해서는, 랜덤하게 또는 무늬를 가지는 방식으로('닦은 알루미늄'과 같은) 표면에 미세한 거칠기를 만들어 준다. 레이저 질감넣기는, 보통 롤이나 다이에 적용되는 방법으로, 펄스레이저 빔으로 롤 표면에 작은 자국들을 정밀하게 제어된 패턴으로 만들어주면 그 다음 압연공정 중에 그 무늬가 부품으로 옮겨진다. 전기 질감넣기는, 방전가공(EDM)과 비슷한 공정이지만, 형상을 가진 흑연전극을 사용하여 부품의 표면을 매끄럽게 하거나 표면에 질감을 줄 수 있다. 화학적 판화술(에칭과 화학적 연마)에 의해서는 몰드, 롤, 다이에, 또는 부품 자체에 무늬를 새겨 질감을 얻는다.

기능 색상, 질감, 느낌, 마찰(그립).

디자인 노트 기술적 및 미학적 이유에서 모두 질감넣기는 디자인에 중요하다. 그것은 사소한 결함, 긁힘, 자국 등을 감추는 동시에 시각적으로 흥미로운 표면을 가져다주므로, 제품의 외모를 향상시킬 수 있다. 그것은 그립을 향상시킬 수 있으며 제품의 촉감적 품질에도 기여한다.

기술 노트 사실상 어떤 재료에서든지 위에서 언급한 이런저런 방법으로 질감이 얻어질 수 있다. 표면에 무늬를 가진 롤 또는 크림핑에 의한 질감넣기는 박판과 같이 단순한 형상에만 제한된다. 전기 질감넣기, 화학적 판화술, 무늬를 가진 금형 방법은 형상에 구애받지 않고 매우 자유롭다.

경제성 비용은 공정에 따라 달라진다. 샌드블라스팅이나 무늬를 가진 롤 같은 일부 공정은 빠르고 저렴하다. 레이저 질감넣기나 화학적 판화술 같은 다른 것들은 더 느리고 따라서 더 비싸다.

주요 제품 크게 나누어 두 가지 용도가 있다. 하나는 시각적 특징을 전달하기 위함이고, 다른 하나는 제품에 촉각적 특성을 만들어내기 위함이다.

환경 영향 질감넣기 공정은 특별한 환경위험을 유발하지 않는다.

경쟁 공정 에칭.

질감넣기의 속성

표면경도, Vickers	기질에 따라 다름
공정온도, ℃	18~30

찾아보기

ㅊ

ㅋ

ㅌ

재료와 디자인

지은이 | Mike Ashby · Kara Johnson
옮긴이 | 권오양 · 이캐시연주
펴낸이 | 조승식
펴낸곳 | (주)도서출판 북스힐

등록 | 제22-457호
주소 | 01043 서울 강북구 한천로 153길 17
홈페이지 | www.bookshill.com
전자우편 | bookswin@unitel.co.kr
전화 | 02-994-0071
팩스 | 02-994-0073

2015년 11월 25일 1판 1쇄 인쇄
2015년 11월 30일 1판 1쇄 발행

값 33,000원
ISBN 978-89-5526-995-6

* 잘못된 책은 구입하신 서점에서 바꿔 드립니다.